STUDIES ON
ABELIAN GROUPS

ÉTUDES SUR LES
GROUPES ABÉLIENS

STUDIES ON ABELIAN GROUPS

ÉTUDES SUR LES GROUPES ABÉLIENS

EDITED BY

B. CHARLES

Professeur à la Faculté des sciences de Montpellier

Symposium on the theory of Abelian groups,
held at Montpellier University in June 1967

SPRINGER-VERLAG
BERLIN - HEIDELBERG - NEW YORK

DUNOD
PARIS

P R E F A C E

Le colloque sur la théorie des groupes abéliens qui s'est tenu à Montpellier du 5 au 10 Juin 1967, faisait suite au colloque de New Mexico 1962, dont les actes ont été publiés dans le livre : *Topics in Abelian groups* (Scot, Foresman and Company - Chicago 1963), et au colloque de Tihany 1963, dont les actes ont été publiés dans le livre : *Proceedings of the Colloquium on Abelian Groups* (Akademiai Kiado - Budapest 1964).

On peut, un peu arbitrairement, faire remonter la théorie des groupes abéliens à la démonstration par Prüfer en 1923 du Théorème : "Un p-groupe abélien dénombrable sans élément de hauteur infinie est somme directe de groupes cycliques". D'abord l'oeuvre de pionniers, la théorie des groupes abéliens a conquis de nombreux adeptes parmi les jeunes chercheurs, surtout depuis la parution des livres de I. Kaplanski : *Infinite Abelian groups* (Ann. Arbor, the University of Michigan Press, 1954) et de L. Fuchs : *Abelian Groups* (Publishing House of the Hungarian Academy of Science, Budapest, 1958). C'est un fait positif qu'elle soit actuellement une branche de l'algèbre en plein développement.

La théorie des groupes abéliens s'occupe essentiellement des problèmes de structure, et c'était là l'objet du Colloque de Montpellier, en mettant l'accent sur les méthodes homologiques et topologiques. Les méthodes homologiques sont utilisées systématiquement depuis une dizaine d'années, et se sont révélées très fructueuses, même si elles n'ont peut-être pas répondu à tous les espoirs mis en elles. Les méthodes topologiques, bien qu'assez anciennes, se sont longtemps limitées à la topologie p-adique et à la topologie finie sur les groupes d'homomorphismes. Depuis quelques années de nouvelles topologies ont été introduites avec fruit. Bien entendu les autres méthodes conservent leur droit : Algèbre générale, anneau des endomorphismes, groupe des automorphismes, dualité.

Le colloque de Montpellier a été un succès par le nombre et la qualité de ses participants. Je tiens à remercier chaleureusement tous ceux qui ont contribué à sa réalisation :

Le Professeur L. Fuchs sans les encouragements duquel je n'aurai sans doute pas osé me lancer dans une telle entreprise.

Les participants du colloque, dont beaucoup sont venus d'Universités lointaines.

Le Ministère de l'Education Nationale, la Faculté des Sciences de Montpellier, la Société Méridionale d'Expansion et de Recherche Scientifique et le Centre National de la Recherche Scientifique pour leur aide financière.

LISTE DES PARTICIPANTS ET DES CONFERENCES

Les conférences faites sont indiquées entre parenthèses, celles qui sont publiées dans le présent volume étant indiquées par le numéro qu'elles ont dans la table des matières.

ARNAL R.	Collège Scientifique Universitaire, Perpignan.
BAER R.	Mathematisches Seminar der Universität, Frankfurt am Main ([1] et [2]).
BALCERZYK S.	Universytetu Mikoloja Kopernika, Torun. (On some homological properties of abelian groups).
BEAUMONT R.A.	University of Washington, Seattle. ([3]).
CHARLES B.	Faculté des Sciences, Montpellier. ([4]).
CORNER A.L.S.	Worcester College, Oxford. (A class of pure subgroups of the Specker group).
CUTLER D.O.	University of California, Davis. ([5]).
FALTINGS K.	Mathematisches Seminar der Universität, Frankfurt am Main. ([6]).
FUCHS L.	University of Miami, Coral Gables. ([7]).
GRÄBE P.J.	Mathematisches Seminar der Universität, Frankfurt am Main. ([8]).
HAIMO F.	Washington University, Saint Louis. ([9]).
HAUSEN J.	Mathematisches Seminar der Universität, Frankfurt am Main. ([10]).
HEAD T.J.	University of Alaska, College.
HILL P.	University of Houston, Houston. ([11]).
HULANICKI A.	Universytetu Mikoloja Kopernika, Torun.
IRWIN J.M.	Wayne State University, Detroit. ([12]).
JANVIER M.	Faculté des Sciences, Montpellier.
KOLETTIS G.	University of Notre Dame, Notre Dame. ([13]).
КУЛИКОВ Л.А.	МОСКОВСКИЙ УНИВЕРСИТЕТ (АЛГЕБРАИЧЕСКИ КОМПАКТНЫЕ ГРУППЫ.)
LEFRANC M.	Faculté des Sciences, Montpellier.
LIEBERT W.	New Mexico State University, Las Cruces. ([14]).
MADER A.	University of Hawaii, Honolulu. ([15]).
MARANDA J.	Université de Montréal. ([16]).
MARTY R.	Collège Scientifique Universitaire, Perpignan. ([17]).
MEGIBBEN C.	University of Houston, Houston. ([11]).
MINES R.	New Mexico State University, Las Cruces. ([18]).
NUNKE R.J.	University of Washington, Seattle. ([19]).
OPPELT J.A.	University of Virginia, Charlottesville.

RANGASWAMY K.M.	University of Illinois, Urbana. (On regular endomorphism rings).
REID J.	Syracuse University, Syracuse.
RICHMAN F.	New Mexico State University, Las Cruces. ([21]).
DE ROBERT E.	Faculté des Sciences, Montpellier.
TARWATER D.	Western Michigan University, Kalamazoo.
WALKER C.P.	New Mexico State University, Las Cruces. ([22]).
WALKER E.A.	New Mexico State University, Las Cruces. ([20]).
WALLER J.D.	Institute for Defense Analyses, Arlington. ([23]).
WARFIELD R.B.	University of Cambridge, Cambridge. (Homomorphism and duality for torsion free groups).

T A B L E   D E S   M A T I E R E S

KOLLINEATIONEN PRIMÄRER PRAEMODULN

Von Reinhold BAER

Helmut HASSE zum 70 Geburtstag gewidmet

Unter einem Praemodul verstehen wir eine abelsche Gruppe A zusammen mit einem ausgezeichneten Verband $\mathfrak{A}$ von Untergruppen von A , der 0 und A und Durchschnitte und Summen seiner Teilmengen enthält. Zwei Fragen werden uns hier interessieren :

1) Wann ist der Praemodul A , $\mathfrak{A}$ ein Modul ; genauer : wann gibt es einen Endomorphismenring Δ von A derart, dass $\mathfrak{A}$ genau die Menge der Δ-zulässigen Untergruppen von A ist ?

2) Wann lassen sich Kollineationen von A durch Isomorphismen von A induzieren ?

Beide Fragen lassen sich als Verallgemeinerungen von Fragen auffassen, die im Bereich der Vektorräume über Körpern als Grundprobleme auftreten und ihre Beantwortung in den Fundamentalsätzen der projektiven Geometrie finden. In Trans AMS 52, 283-343, (1942) haben wir diese Sätze wesentlich verallgemeinert ; siehe besonders p. 303. In der vorliegenden Untersuchung werden diese Sätze eine weitgehende Verallgemeinerung finden, die man etwa als den Übergang von p-Gruppen, die ja Moduln über p-adischen Zahlen sind, zu beliebigen Moduln über den p-adischen Zahlen umreißen kann.

Die Frage 1 findet ihre Antwort in Satz 5.1 und die Frage 2 in Satz 6.1. Diese beiden Sätze sind im wesentlichen - und dies scheint uns bemerkenswert - Spezialfälle eines umfassenden Existenzsatzes (§ 4).

Im § 2 finden sich Vorbereitungen mehr technischer Natur, während im § 3 die mit einer Kollineation verträglichen Homomorphismen untersucht werden. Satz 3.6 dürfte unabhängiges Interesse besitzen.

§ 1. DIE KATEGORIE DER PRAEMODULN.

Wie schon in der Einleitung erwähnt, ist ein Praemodul ein Paar M, $\mathfrak{M}$ mit folgenden Eigenschaften :

Es ist M eine abelsche Gruppe ; die Komposition ihrer Elemente heiße Addition : a+b .

Es ist $\mathfrak{M}$ eine Menge von Untergruppen von M , die 0 und M und mit irgendeiner Teilmenge ihren Durchschnitt und ihre Summe enthält.

Den Praemodul M , $\mathfrak{M}$ werden wir oft auch kurz mit M bezeichnen. Ist T irgendeine Teilmenge von M, so gibt es T enthaltende Untergruppen in $\mathfrak{M}$ [wie etwa M selbst] und der Durchschnitt $T\mathfrak{M}$ all dieser T enthaltenden Untergruppen aus $\mathfrak{M}$ gehört auch zu $\mathfrak{M}$: Dies ist *die von* T *aufgespannte* $\mathfrak{M}$*-Untergruppe* $T\mathfrak{M}$. Ist insbesondere t irgendein Element aus M, so nennen wir $t\mathfrak{M}$ *die von* t *erzeugte zyklische* $\mathfrak{M}$*-Untergruppe von* M.

DER RING DER SKALARE. Ein Skalar des Praemoduls M ist ein Endomorphismus σ der abelschen Gruppe M mit $X\sigma \subseteq X$ für jedes X aus $\mathfrak{M}$. Natürlich ist der Endomorphismus σ von M dann und nur dann ein Skalar des Praemoduls M, wenn

$x\sigma$ für jedes x aus M zu $x\mathfrak{M}$ gehört.

Man überzeugt sich mühelos davon, daß die Menge der Skalare des Praemoduls M ein Ring $\Delta = \Delta(M) = \Delta(M,\mathfrak{M})$ von Endomorphismen der abelschen Gruppe M ist.

Natürlich sind alle Untergruppen aus $\mathfrak{M}$ auch Δ-zulässige Untergruppen von M. Weiter gilt das

LEMMA 1.1. *Die folgenden Eigenschaften des Praemoduls* $M,\mathfrak{M}$ *sind äquivalent :*

(a) *Es gibt eine Menge* Λ *von Operatoren auf* M *derart, daß* $\mathfrak{M}$ *die Menge der* Λ*-zulässigen Untergruppen von* M *ist.*

(b) $\mathfrak{M}$ *ist die Menge der* Δ*-zulässigen Untergruppen von* M.

(c) $x\mathfrak{M} = x\Delta$ *für jedes* x *aus* M.

Der einfache Beweis dieses Lemma sei dem Leser überlassen. Dieses Lemma liefert eine triviale Charakterisierung der Moduln unter den Praemoduln. - Daß es Praemoduln gibt, die keine Moduln sind, sich nicht als Moduln auffassen lassen, zeigt die folgende Bemerkung : Ist $M,\mathfrak{M}$ ein Praemodul, der sich als Modul auffassen lässt, so enthält $\mathfrak{M}$ sicherlich alle vollinvarianten Untergruppen von M. Es ist aber sehr einfach, Beispiele von Praemoduln zu bilden, die dieser einfachsten Bedingung nicht genügen.

SUB - UND FAKTOR-PRAEMODULN. Ist $M,\mathfrak{M}$ ein Praemodul, ist weiter S eine Untergruppe aus $\mathfrak{M}$, so sei $\mathfrak{M}_S$ die Menge der in S enthaltenen Untergruppen aus $\mathfrak{M}$. Das Paar S, $\mathfrak{M}_S$ ist ebenfalls ein Praemodul : der Subpraemodul S von M. - Entsprechend sei $\mathfrak{M}_{M/S}$ die Menge der Untergruppen von M/S, die die Form X/S mit $S \subseteq X$ und X aus $\mathfrak{M}$ haben. Wieder ist M/S, $\mathfrak{M}_{M/S}$ ein Praemodul : der Faktorpraemodul M/S von M.

Wenn keine Gefahr einer Verwechslung besteht, werden wir statt $\mathfrak{M}_S$ und $\mathfrak{M}_{M/S}$ kurz $\mathfrak{M}$ sagen. - Weiter wollen wir die Faktorpraemoduln der Unterpraemoduln des Praemoduls M auch kurz als die Faktoren des Praemoduls M bezeichnen.

DIE MORPHISMEN DER PRAEMODULN. Sind $M,\mathfrak{M}$ und N, $\mathfrak{N}$ zwei Praemoduln, so sei unter einem Homomorphismus σ des Praemoduls M in den Praemodul N folgendes verstanden :

a) σ ist eine eindeutige und additive Abbildung der abelschen Gruppe M in die abelsche Gruppe N .

b) $X\sigma$ gehört zu $\mathfrak{N}$ für jedes X aus $\mathfrak{M}$.

c) Die Menge $Y\sigma^{-1}$ aller s aus M mit $s\sigma$ in Y gehört zu $\mathfrak{M}$ für jedes Y aus $\mathfrak{M}$.

Insbesondere gehört also das Bild $M\sigma$ zu $\mathfrak{N}$ und der Kern $O\sigma^{-1}$ zu $\mathfrak{M}$.

Ist $M\sigma = N$, so heißt σ ein Epimorphismus ; ist $O\sigma^{-1} = 0$, so heißt σ ein Monomorphismus. Schließlich ist σ ein Isomorphismus, wenn σ gleichzeitig ein Epi- und ein Monomorphismus ist. Vorsilben wie Auto - und Endo - werden in üblicher Weise benutzt.

Ist M , $\mathfrak{M}$ ein Praemodul, so ist $\mathfrak{M}$ ein modularer Verband, der durch das Vorhandensein der zyklischen Subpraemoduln eine etwas spezielle Natur hat. Die in den sog. Isomorphiesätzen auftretenden kanonischen Isomorphismen erweisen sich als Praemodulisomorphismen, so daß diese Isomorphiesätze auch in der Praemodultheorie angewandt werden können.

UNABHÄNGIGKEIT. Die Teilmenge $\mathfrak{T}$ von $\mathfrak{M}$ ist unabhängig, wenn

$$X \cap \sum_{Y \in \mathfrak{M} - X} Y = 0 \quad \text{für jedes } X \text{ aus } \mathfrak{T}$$

gilt, und die Teilmenge $\mathfrak{U}$ von M heißt unabhängig, wenn die Menge der $u\mathfrak{M}$ mit u in $\mathfrak{U}$ unabhängig ist. Natürlich ist eine Teilmenge $\mathfrak{S}$ von $\mathfrak{M}$ [bzw. von M] dann und nur dann unabhängig, wenn jede endliche Teilmenge von $\mathfrak{S}$ unabhängig ist.

§ 2. PRIMÄRE PRAEMODULN.

Von den möglichen, verschieden scharfen Definitionen eines primären Praemoduls scheint die folgende unseren Zwecken angemessen zu sein, die auf dem Begriff des $\mathfrak{w}$-Praemoduls beruht, der durch die folgende Eigenschaft $\mathfrak{w}$ definiert wird :

$\mathfrak{w}$: *Jede nicht leere Teilmenge von* $\mathfrak{M}$ *enthält eine und nur eine maximale Untergruppe.*

In diesem Falle ist also $\mathfrak{M}$ durch Enthaltensein invers wohlgeordnet. Der invertierte Ordnungstyp der von 0 verschiedenen Untergruppen in $\mathfrak{M}$ ist eine endliche oder unendliche Ordinalzahl, die wir mit e(M) bezeichnen. Dann ist also e(0) = 0 ; ist weiter M die Additionsgruppe der ganzen p-adischen Zahlen und $\mathfrak{M}$ die Menge der Ideale, so ist $e(M) = \omega$; ist schließlich M eine zyklische Gruppe von Primzahlpotenzordnung p^n und $\mathfrak{M}$ die Menge aller Untergruppen von M , so ist e(M) = n . Dieses letzte Beispiel möge als Begründung dafür angesehen werden, daß wir e(M) *als Exponenten des* $\mathfrak{w}$-*Praemoduls* M bezeichnen. - Wir bemerken noch, daß man leicht $\mathfrak{w}$-Praemoduln mit vorgegebener Ordinalzahl als Exponenten konstruieren kann.

Schließlich sei darauf hingewiesen, daß für Unterpraemoduln X, Y eines $\mathfrak{w}$-Praemoduls M stets eine der beiden Relationen $X \subseteq Y$ und $Y \subseteq X$ gilt. Wir sagen dafür auch kurz : X *und* Y *sind vergleichbar.*

LEMMA 2.1. (a) *$\mathfrak{w}$-Praemoduln sind zyklisch.*

(b) *Sub - und Faktor-Praemoduln von $\mathfrak{w}$-Praemoduln sind $\mathfrak{w}$-Praemoduln.*

(c) *Ist* M *ein $\mathfrak{w}$-Praemodul und* S *in* $\mathfrak{M}$*, so ist* $e(M) = e(M/S)+\check{e}(S)$.

(d) *Ist* M *ein $\mathfrak{w}$-Praemodul und* S *in* $\mathfrak{M}$*, so folgt* $S = 0$ *aus* $e(M) = e(M/S)$ *und erst recht aus* $M \cong M/S$.

BEWEIS. Ist M ein $\mathfrak{w}$-Praemodul, so ist entweder $M = 0$ und gewiß zyklisch ; oder aber es ist $M \neq 0$ und es gibt unter den von M verschiedenen Untergruppen aus $\mathfrak{M}$ eine und nur eine maximale M^*. Dann gibt es Elemente x in M, die nicht in M^* liegen ; und aus $x\mathfrak{M} \not\subseteq M^*$ folgt $M = x\mathfrak{M}$. Also gilt (a) .

Ist M ein $\mathfrak{w}$-Praemodul und S in $\mathfrak{M}$, so ist $\mathfrak{M}_S$ die Menge aller in $\mathfrak{M}$ enthaltenen Untergruppen von S und $\mathfrak{M}_{M/S}$ ist im wesentlichen mit der Menge aller in $\mathfrak{M}$ enthaltenen Obergruppen von S identisch. Mit $\mathfrak{M}$ haben also auch $\mathfrak{M}_S$ und $\mathfrak{M}_{M/S}$ die Eigenschaft $\mathfrak{w}$ woraus (b) folgt ; und da jede Untergruppe in $\mathfrak{M}$ wegen $\mathfrak{w}$ entweder S echt enthält oder in S enthalten ist, ist der Ordnungstypus von $\mathfrak{M}$ gleich der Summe des Ordnungstyps der Menge der in $\mathfrak{M}$ enthaltenen Obergruppen von S plus dem der Menge der in $\mathfrak{M}$ enthaltenen echten Untergruppen von S . Hieraus folgt (c). - Aus $M \cong M/S$ folgern wir $e(M) = e(M/S)$ und hieraus folgt wegen (c) weiter $e(S) = 0$, woraus schließlich $S = 0$ und damit (d) folgt.

DEFINITION 2.2. *Der Praemodul* M *ist primär, wenn alle seine zyklischen Subpraemoduln der Bedingung $\mathfrak{w}$ genügen.*

Wegen Lemma 2.1. (a) ist der Subpraemodul S des primären Praemoduls M dann und nur dann zyklisch, wenn der Praemodul S der Bedingung $\mathfrak{w}$ genügt. - Aus Lemma 2.1. (b) folgern wir, daß alle Faktoren eines primären Praemoduls ebenfalls primär sind. - Ist M eine abelsche Primärgruppe und $\mathfrak{M}$ die Menge aller Untergruppen von M , so ist M natürlich primär im Sinne der Definition 2.2. Ist M ein Modul über den p-adischen Zahlen und $\mathfrak{M}$ die Menge aller [zulässigen] Untermoduln von M , so ist M ebenfalls primär.

BEZEICHNUNG 2.3. Ist M ein primärer Praemodul, so sei $e(x) = e(x\mathfrak{M})$ für jedes x aus M .

BEISPIEL 2.4. Die folgende Konstruktion möge zeigen [und wird im folgenden auch entsprechend ausgenutzt werden] , daß primäre Praemoduln nicht alle erwarteten

Eigenschaften haben. Es sei M irgendeine abelsche Gruppe, p eine Primzahl und $J \neq 0$ eine Untergruppe von M derart, daß M/J elementar abelsch der Ordnung p^2 ist. $\mathfrak{M}$ bestehe aus 0 und allen Obergruppen von J.

Ist x ein Element aus M, das nicht in J enthalten ist, so ist $x\mathfrak{M}$ eine Obergruppe von J und $x\mathfrak{M}/J$ ist zyklisch der Ordnung p, so daß $\mathfrak{M}_{x\mathfrak{M}}$ genau aus $0, J$ und $x\mathfrak{M}$ besteht : $x\mathfrak{M}$ ist ein $\mathfrak{w}$-Praemodul vom Exponenten 2. Ist $x \neq 0$ ein Element aus J, so ist $x\mathfrak{M} = J$ ein $\mathfrak{w}$-Praemodul vom Exponenten 1. Es folgt, daß der Praemodul M primär ist, von zwei Elementen erzeugt wird, und die Exponenten 2 nicht überschreiten. Obgleich M nicht zyklisch ist, ist $J \neq 0$ in allen von 0 verschiedenen Subpraemoduln von M enthalten. $\mathfrak{M}$ enthält $p+4$ Untergruppen ; im Falle $p = 2$ ist der Verband $\mathfrak{M}$ zum Verband der Untergruppen einer Quaternionengruppe isomorph.

LEMMA 2.5. *Ist* M *ein primärer Praemodul und* λ *irgendeine Ordinalzahl, so ist die Menge* M_λ *aller Elemente* x *aus* M *mit* $e(x) < \lambda$ *eine Untergruppe aus* $\mathfrak{M}$.

BEWEIS. Wir betrachten zunächst zwei Elemente a und b aus M. Da M primär ist, genügen die Subpraemoduln von $(a+b)\mathfrak{M}$ der Bedingung $\mathfrak{w}$, sind also insbesondere durch die Enthaltenseinsbeziehung [linear oder vollständig] geordnet. Von den beiden Subpraemoduln $a\mathfrak{M} \cap (a+b)\mathfrak{M}$ und $b\mathfrak{M} \cap (a+b)\mathfrak{M}$ von $(a+b)\mathfrak{M}$ ist also einer im andern enthalten, so daß wir o.B.d.A.

$$a\mathfrak{M} \cap (a+b)\mathfrak{M} \subseteq b\mathfrak{M} \cap (a+b)\mathfrak{M}$$

annehmen können. Hieraus folgt dann insbesondere :

$$(+) \qquad a\mathfrak{M} \cap (a+b)\mathfrak{M} \subseteq a\mathfrak{M} \cap b\mathfrak{M}.$$

Weiter folgt aus dem Dedekindschen Modulsatz und den Isomorphiesätzen :

$$(a+b)\mathfrak{M}/[a\mathfrak{M} \cap (a+b)\mathfrak{M}] \simeq [a\mathfrak{M}+(a+b)\mathfrak{M}]/a\mathfrak{M} = $$
$$= [a\mathfrak{M}+b\mathfrak{M}]/a\mathfrak{M} \simeq b\mathfrak{M}/[a\mathfrak{M} \cap b\mathfrak{M}] \; ;$$

und hieraus ergibt sich wegen Lemma 2.1. die folgende Exponentengleichung :

$$e(a+b) = e[(a+b)\mathfrak{M}/(a\mathfrak{M} \cap (a+b)\mathfrak{M})]+e[a\mathfrak{M} \cap (a+b)\mathfrak{M}] =$$
$$= e[b\mathfrak{M}/(a\mathfrak{M} \cap b\mathfrak{M})]+e[a\mathfrak{M} \cap (a+b)\mathfrak{M}] \leq \qquad [\text{wegen } (+)]$$
$$\leq e[b\mathfrak{M}/(a\mathfrak{M} \cap b\mathfrak{M})]+e(a\mathfrak{M} \cap b\mathfrak{M}) = e(b).$$

Damit haben wir gezeigt :

(a) $e(a+b) \leq \max[e(a), e(b)]$ für a, b in M.

Hieraus folgt durch eine naheliegende vollständige Induktion :

(b) $e(\sum_{i=1}^{n} a_i) \leq \max[e(a_1), \ldots, e(a_n)]$ für $a_1, \ldots, a_n$ aus M.

Aus (b) folgt mühelos, daß M_λ eine Untergruppe von M ist. Diese Untergruppe von M ist natürlich auch eine Summe zyklischer Subpraemoduln und gehört deshalb zu $\mathfrak{M}$.

HILFSSATZ 2.6. *Sind* a, b *von* 0 *verschiedene Elemente des primären Praemoduls* M, *ist*

$$b\mathfrak{M} \cap a\mathfrak{M} = 0 \neq a\mathfrak{M} \cap (a+b)\mathfrak{M} ,$$

so ist $b\mathfrak{M} \cap (a+b)\mathfrak{M} = 0$ *und*

$$e(b) < e(b)+e[a\mathfrak{M} \cap (a+b)\mathfrak{M}] = e(a+b) = e(a) .$$

BEWEIS. Wir erinnern zunächst daran, daß die Subpraemoduln des w-Praemoduls $(a+b)\mathfrak{M}$ durch die Enthaltenseinsbeziehung [linear oder vollständig] geordnet sind. Weiter folgt aus unseren Voraussetzungen sofort $a\mathfrak{M} \cap (a+b)\mathfrak{M} \not\subseteq b\mathfrak{M}$, so daß a fortiori $a\mathfrak{M} \cap (a+b)\mathfrak{M} \not\subseteq b\mathfrak{M} \cap (a+b)\mathfrak{M}$ ist. Also wird

$$b\mathfrak{M} \cap (a+b)\mathfrak{M} \subseteq a\mathfrak{M} \cap (a+b)\mathfrak{M} ,$$

woraus

$$b\mathfrak{M} \cap (a+b)\mathfrak{M} \subseteq a\mathfrak{M} \cap b\mathfrak{M} = 0$$

und damit unsere erste Behauptung folgt.

Hieraus, aus den Isomorphiesätzen und der Voraussetzung ergibt sich nun

$$(a+b)\mathfrak{M} = (a+b)\mathfrak{M}/[b\mathfrak{M} \cap (a+b)\mathfrak{M}] \cong$$
$$\cong [(a+b)\mathfrak{M}+b\mathfrak{M}]/b\mathfrak{M} = [a\mathfrak{M} \oplus b\mathfrak{M}]/b\mathfrak{M} \cong a\mathfrak{M} ,$$

woraus wir $e(a) = e(a+b)$ folgern. Ebenso ergibt sich aus Lemma 2.1., (c)

$$\begin{aligned} e(a+b) &= e[(a+b)\mathfrak{M}/(a\mathfrak{M} \cap (a+b)\mathfrak{M})]+e[a\mathfrak{M} \cap (a+b)\mathfrak{M}] \\ &= e[(a\mathfrak{M} \oplus b\mathfrak{M})/a\mathfrak{M}]+e[a\mathfrak{M} \cap (a+b)\mathfrak{M}] = \\ &= e(b)+e[a\mathfrak{M} \cap (a+b)\mathfrak{M}] . \end{aligned}$$

Aus der Voraussetzung $a\mathfrak{M} \cap (a+b)\mathfrak{M} \neq 0$ folgt $0 < e[a\mathfrak{M} \cap (a+b)\mathfrak{M}]$; und hieraus ergibt sich unsere zweite Behauptung, da ja $\sigma < \sigma + \beta$ für Ordinalzahlen σ, β mit $0 < \beta$ gilt.

LEMMA 2.7. *Die folgenden Eigenschaften der unabhängigen, von* 0 *verschiedenen Elemente* a,b *des primären Praemoduls* M *sind äquivalent :*

(a) $e(a) \leq e(b)$.

(b) $e(a+b) \leq e(b)$.

(c) $0 = a\mathfrak{M} \cap (a+b)\mathfrak{M}$.

(d) *Es gibt ein Element* c *mit* $0 = a\mathfrak{M} \cap c\mathfrak{M}$ *und* $a\mathfrak{M} \oplus b\mathfrak{M} = b\mathfrak{M} + c\mathfrak{M} = c\mathfrak{M} \oplus a\mathfrak{M}$.

(e) *Ist* x *ein Element mit* $a\mathfrak{M} \oplus b\mathfrak{M} = b\mathfrak{M} + x\mathfrak{M} = x\mathfrak{M} + a\mathfrak{M}$, *so ist* $0 = a\mathfrak{M} \cap x\mathfrak{M}$.

BEWEIS. Ist $\lambda = e(b)+1$, so folgt aus der Gültigkeit von (a) , daß a und b und also auch a+b in $\mathfrak{M}_\lambda$ liegen ; Anwendung von Lemma 2.5. ergibt dann $e(a+b) < \lambda$, so daß $e(a+b) \leq e(b)$ ist : (b) folgt aus (a). - Daß umgekehrt (a) aus (b) folgt, ergibt sich dann aus $b - (a+b) = -a$. Damit ist die Äquivalenz von (a) und (b) dargetan.

Gilt (c) nicht, so folgt $e(b) < e(a)$ aus Hilfssatz 2.6. Damit ist gezeigt, daß (c) eine Folge von (a) ist. Gilt (c), so ergibt die Wahl $c = a+b$ die

Gültigkeit von (d). Wir nehmen als nächstes die Gültigkeit von (d) an. Ist dann c ein Element mit

$$a\mathfrak{M}\oplus b\mathfrak{M} = b\mathfrak{M}+c\mathfrak{M} = c\mathfrak{M}\oplus a\mathfrak{M} = S ,$$

so ist gewiß

$$b\mathfrak{M} \cong S/a\mathfrak{M} \cong c\mathfrak{M} ,$$

also $e(b) = e(c)$. Weiter ist

$$a\mathfrak{M} \cong S/b\mathfrak{M} \cong c\mathfrak{M}/(c\mathfrak{M} \cap b\mathfrak{M}) ,$$

woraus $e(a) \leq e(c) = e(b)$ und also (a) sich ergibt. Damit ist die Äquivalenz von (a) - (d) dargetan.

Gilt (a), ist x ein Element mit

$$S = a\mathfrak{M}\oplus b\mathfrak{M} = b\mathfrak{M}+x\mathfrak{M} = x\mathfrak{M}+a\mathfrak{M} ,$$

so ist

$$b\mathfrak{M} \cong S/a\mathfrak{M} \cong x\mathfrak{M}/(x\mathfrak{M} \cap a\mathfrak{M}) .$$

Aus $x\mathfrak{M} \cap a\mathfrak{M} \neq 0$ und Lemma 2.1. (c) folgte dann $e(a) \leq e(b) < e(x)$. Da aber x in S liegt, ergibt sich aus Lemma 2.5. - vergl. besonders Beweisschritt (a) - $e(x) \leq e(b)$, ein Widerspruch. Damit haben wir (e) aus den äquivalenten Eigenschaften (a) - (d) hergeleitet. - Gilt schließlich (e), so gilt auch (c) ; und damit haben wir die Äquivalenz der Bedingungen (a) - (e) dargetan.

BEMERKUNG 2.8. Genügen die Elemente a,b,x den Bedingungen von Lemma 2.7 (e), so ist $x = a'+b'$ mit $a\mathfrak{M} = a'\mathfrak{M}$ und $b\mathfrak{M} = b'\mathfrak{M}$.

HILFSSATZ 2.9. *Sind* a,b,c *drei unabhängige Elemente aus dem primären Praemodul* M *mit* $e(a) \leq e(b) \leq e(c)$, *so ist*

$$(a\mathfrak{M}+b\mathfrak{M}) \cap (c-b)\mathfrak{M} = 0 ,$$
$$a\mathfrak{M} \cap [(c-b)\mathfrak{M}+(b-a)\mathfrak{M}] = 0 ,$$
$$(a\mathfrak{M}+c\mathfrak{M}) \cap [(c-b)\mathfrak{M}+(b-a)\mathfrak{M}] = (c-a)\mathfrak{M} .$$

BEWEIS. Wir folgern zunächst aus Hilfssatz 2.6. und unseren Voraussetzungen, daß

(1) $a\mathfrak{M} \cap (c-a)\mathfrak{M} = 0$,

(2) $b\mathfrak{M} \cap (c-b)\mathfrak{M} = 0$,

(3) $a\mathfrak{M} \cap (b-a)\mathfrak{M} = 0$

ist. Anwendung des Dedekindschen Modulsatzes ergibt dann

(4) $(a\mathfrak{M}+b\mathfrak{M}) \cap (c-b)\mathfrak{M} = (a\mathfrak{M}+b\mathfrak{M}) \cap (c\mathfrak{M}+b\mathfrak{M}) \cap (c-b)\mathfrak{M} =$
$= b\mathfrak{M} \cap (c-b)\mathfrak{M} = 0$,

da ja a,b,c unabhängig sind. Weiter wird

(5) $a\mathfrak{M} \cap [(c-b)\mathfrak{M}+(b-a)\mathfrak{M}] =$
$= a\mathfrak{M} \cap (a\mathfrak{M}+b\mathfrak{M}) \cap [(c-b)\mathfrak{M}+(b-a)\mathfrak{M}] =$
$= a\mathfrak{M} \cap [(b-a)\mathfrak{M}+[(c-b)\mathfrak{M} \cap (a\mathfrak{M}+b\mathfrak{M})]] =$
$= a\mathfrak{M} \cap (b-a)\mathfrak{M} = 0$ wegen (3), (4).

Wir setzen weiter

$$D = (a\mathfrak{M}+c\mathfrak{M}) \cap [(c-b)\mathfrak{M}+(b-a)\mathfrak{M}]$$

und sehen sofort, daß

$$(c-a)\mathfrak{M} \subseteq D \subseteq a\mathfrak{M}+c\mathfrak{M} = a\mathfrak{M}+(c-a)\mathfrak{M}$$

gilt. Anwendung des Dedekindschen Modulsatzes ergibt dann

$$D = (c-a)\mathfrak{M}+(D \cap a\mathfrak{M}) = (c-a)\mathfrak{M}$$

wegen (5) und

$$D \cap a\mathfrak{M} = a\mathfrak{M} \cap [(c-b)\mathfrak{M}+(b-a)\mathfrak{M}] = 0 ,$$

womit alles bewiesen ist.

LEMMA 2.10. *Es seien* A, B, C *von* 0 *verschiedene Subpraemoduln des Praemoduls* M *mit folgenden Eigenschaften :*

(a) $A+B = B+C = C+A$ *und* $A \cap B = 0$;

(b) A, B, C *genügen der Bedingung* $\mathfrak{w}$;

(c) $e(B) \leq e(A)$.

Sind dann a *und* b *Elemente mit*

(d) $a \in A$, $b \in B$, $a+b \in C$,

so gilt :

(1) $e(b) \leq e(a)$.

(2) $e(B/b\mathfrak{M}) \leq e(A/a\mathfrak{M})$.

(3) *Ist* $b \neq 0$, *so ist* $A/a\mathfrak{M} \simeq C/(a+b)\mathfrak{M} \simeq B/b\mathfrak{M}$ *und also* $e(A/a\mathfrak{M}) = e(B/b\mathfrak{M})$.

BEWEIS. Die Subpraemoduln $A \cap C$ und $B \cap C$ des $\mathfrak{w}$-Praemoduls C sind miteinander vergleichbar. Ist erstens $B \cap C \subseteq A \cap C$, so ist $B \cap C \subseteq A \cap B = 0$ [wegen (a)] und also $B \cap C = 0$. Ist zweitens $A \cap C \subseteq B \cap C$, so wird $A \cap C \subseteq A \cap B = 0$ [wegen (a)] und also $A \cap C = 0$. Hieraus und aus (a) folgt dann

$$B = B/(A \cap B) \simeq (A+B)/A = (A+C)/A \simeq C/(A \cap C) = C ,$$

$$C/(B \cap C) \simeq (B+C)/B = (A+B)/B \simeq A/(A \cap B) = A ,$$

so dass wegen (c) und Lemma 2.1., (c)

$$e(A)+e(B \cap C) = e(C/(B \cap C))+e(B \cap C) = e(C) = e(B) \leq e(A)$$

wird, woraus natürlich $e(B \cap C) = 0$ folgt. Hieraus ergibt sich aber wieder $B \cap C = 0$; und damit haben wir allgemein

(4) $B \cap C = 0$

bewiesen.

Aus dem Dedekindschen Modulsatz, (d) und (4) ergibt sich

$$C \cap (a\mathfrak{M}+b\mathfrak{M}) = C \cap [(a+b)\mathfrak{M}+b\mathfrak{M}] = (a+b)\mathfrak{M}+(C \cap b\mathfrak{M}) = (a+b)\mathfrak{M} ;$$

und wir notieren :

(5) $(a+b)\mathfrak{M} = C \cap (a\mathfrak{M}+b\mathfrak{M})$.

Aus dem Dedekindschen Modulsatz zusammen mit (a), (d) folgern wir

(6) $a\mathfrak{M} = A \cap (a\mathfrak{M}+B)$, $b\mathfrak{M} = B \cap (b\mathfrak{M}+A)$.

Aus (4), (6), (a), (d) und dem Dedekindschen Modulsatz ergibt sich dann

$$A/a\mathfrak{M} = A/[A \cap (a\mathfrak{M}+B)] \simeq (A+B)/(a\mathfrak{M}+B) = (B+C)/[(a+b)\mathfrak{M}+B]$$
$$\simeq C/[C \cap (B+(a+b)\mathfrak{M})] = C/[(a+b)\mathfrak{M}+(B \cap C)] = C/(a+b)\mathfrak{M} .$$

Wir halten fest

(7) $A/a\mathfrak{M} \simeq C/(a+b)\mathfrak{M}$.

Ist $b = 0$, so ist $a = a+b$ in $A \cap C$ enthalten und aus (4), (a) ergibt sich

$$B = B/(B \cap C) \simeq (B+C)/C = (A+C)/C \simeq A/(A \cap C) \simeq [A/a\mathfrak{M}]/[(A \cap C)/a\mathfrak{M}] .$$

Hieraus folgt wegen Lemma 2.1., (c)

$$e(B) = e([A/a\mathfrak{M}]/[(A \cap C)/a\mathfrak{M}]) \leq$$
$$\leq e([A/a\mathfrak{M}]/[(A \cap C)/a\mathfrak{M}])+e[(A \cap C)/a\mathfrak{M}] = e(A/a\mathfrak{M}) .$$

Also gilt :

(8) Ist $b = 0$, so ist $B \simeq A/(A \cap C) \simeq [A/a\mathfrak{M}]/[(A \cap C)/a\mathfrak{M}]$ und $e(B) \leq e(A/a\mathfrak{M})$.

Wir nehmen an, dass $b \neq 0$ ist. Wäre $(a+b)\mathfrak{M} \subseteq A \cap C$, so lägen a und $a+b$ beide in A , so daß b in $A \cap B = 0$ liegen würde [vergl. (a), (d)] , was unmöglich ist. Also gilt $(a+b)\mathfrak{M} \not\subseteq A \cap C$. Da aber $(a+b)\mathfrak{M}$ und $A \cap C$ beide Subpraemoduln des w-Praemoduls C sind, folgt $A \cap C \subset (a+b)\mathfrak{M}$. Hieraus und aus (d), (6), (7) ergibt sich dann

$$B/b\mathfrak{M} = B/[B \cap (b\mathfrak{M}+A)] \simeq (A+B)/(A+b\mathfrak{M}) =$$
$$= (A+C)/(A+(a+b)\mathfrak{M}) \simeq C/[C \cap (A+(a+b)\mathfrak{M})] =$$
$$= C/[(a+b)\mathfrak{M}+(A \cap C)] \simeq C/(a+b)\mathfrak{M} \simeq A+a\mathfrak{M}$$

[wegen des Dedekindschen Modulsatzes]. Wir haben gezeigt :

(9) Ist $b \neq 0$, so ist $B/b\mathfrak{M} \simeq A/a\mathfrak{M}$ und also $e(A/a\mathfrak{M}) = e(B/b\mathfrak{M})$.

Diese Aussage (9) ist mit (3) identisch.

Ist $b = 0$, so ist $e(b) = e(0) = 0 \leq e(a)$. Ist aber $b \neq 0$, so ergibt Anwendung von (9), (c) und Lemma 2.1., (c), dass

$$e(B/b\mathfrak{M})+e(b) = e(B) \leq e(A) = e(A/a\mathfrak{M})+e(a) = e(B/b\mathfrak{M})+e(a)$$

und also wieder $e(b) \leq e(a)$ ist. Damit haben wir (1) bewiesen ; und (2) ergibt sich durch eine naheliegende Kombination von (8) und (9).

BEMERKUNG 2.11. Ist $\mathbb{P}_p$ der Ring der ganzen p-adischen Zahlen, so sei

$$M = \{\bar{b}\} \oplus \bar{a}\,\mathbb{P}_p \quad \text{mit} \quad p^2\bar{b} = 0$$

ein Modul über den p-adischen Zahlen und $\mathfrak{M}$ sei die Menge des $\mathbb{P}_p$-Untermoduln von M . Dann ist M primär. Wir setzen $A = \bar{a}\,\mathbb{P}_p$, $B = \{\bar{b}\}$, $C = (\overline{a+b})\mathbb{P}_p$. Dann ist $e(B) = 2 < \omega = e(A)$, so dass A,B,C den Bedingungen (a), (b), (c) des

Lemma 2.10. genügen. Ist weiter $a = p^3\bar{a}$ und $b = 0$, so genügen diese Elemente den Bedingungen (d) des Lemma 2.10. Schließlich ist

$$e(B/b\mathfrak{M}) = e(B) = 2 < 3 = e(A/a\mathfrak{M}) ;$$

und dies zeigt, dass Lemma 2.10., (3) ohne die Annahme $b \neq 0$ falsch sein würde.

Der Subpraemodul S des Praemoduls M heisst [bekanntlich] *gross*, wenn

$$S \cap X \neq 0 \quad \text{für jeden Subpraemodul } X \neq 0 \text{ von } M .$$

Hat etwa der Praemodul M die Eigenschaft $\mathfrak{w}$, so ist jeder von 0 verschiedene Subpraemodul von M gross. In vielen interessanten Fällen ist der sog. Sockel ein minimaler grosser Subpraemodul ; vergl. etwa abelsche Torsionsgruppen. Aber im allgemeinen kann man nichts derartiges erhoffen.

Man überzeugt sich mühelos davon, dass der Subpraemodul S von M dann und nur dann gross ist, wenn

$$S \cap x\mathfrak{M} \neq 0 \quad \text{für jedes } x \neq 0 \text{ aus } M$$

gilt.

LEMMA 2.12. *Ist der primäre Praemodul* $M = \sum_{X \in \mathfrak{S}} X$ *direkte Summe der Subpraemoduln aus der Menge* $\mathfrak{S}$, *ist weiter* X^* *für jedes* X *aus* $\mathfrak{S}$ *ein grosser Subpraemodul von* X, *so ist* $\sum_{X \in \mathfrak{S}} X^*$ *ein grosser Subpraemodul von* M .

BEWEIS. Wir betrachten zunächst zwei Elemente a,b aus M mit $a\mathfrak{M} \cap b\mathfrak{M} = 0$. Weiter sei x^* für $x = a,b$ ein von 0 verschiedenes Element aus $x\mathfrak{M}$. Wir setzen $G = a^*\mathfrak{M} \oplus b^*\mathfrak{M}$. Sei $u \neq 0$ ein Element aus $a\mathfrak{M} \oplus b\mathfrak{M}$ mit $G \cap u\mathfrak{M} = 0$. Wäre $u\mathfrak{M} \cap a\mathfrak{M} \neq 0$, so folgte aus der Eigenschaft $\mathfrak{w}$ und $a \neq 0$ auch $0 \neq u\mathfrak{M} \cap a^*\mathfrak{M} \subseteq u\mathfrak{M} \cap G$, ein Widerspruch. Also ist $u\mathfrak{M} \cap a\mathfrak{M} = 0$ und entsprechend gilt $u\mathfrak{M} \cap b\mathfrak{M} = 0$.

Da u in $a\mathfrak{M} \oplus b\mathfrak{M}$ liegt, gibt es eindeutig bestimmte Elemente a' in $a\mathfrak{M}$ und b' in $b\mathfrak{M}$ mit $u = a'+b'$. Dann wird

$$a'\mathfrak{M} \oplus b'\mathfrak{M} = b'\mathfrak{M} \oplus u\mathfrak{M} = u\mathfrak{M} \oplus a'\mathfrak{M} .$$

Wir setzen

$$\overline{G} = G \cap (a'\mathfrak{M} \oplus b'\mathfrak{M}) .$$

Ist $\overline{a}\mathfrak{M} = a'\mathfrak{M} \cap a^*\mathfrak{M}$ und $\overline{b}\mathfrak{M} = b'\mathfrak{M} \cap b^*\mathfrak{M}$ [Lemma 2.1., (a)] so wird

$$\overline{G} = \overline{a}\mathfrak{M} \oplus \overline{b}\mathfrak{M} ;$$

und hieraus folgt

$$\overline{G} = (a'\mathfrak{M} + \overline{G}) \cap (\overline{G} + b'\mathfrak{M}) .$$

Aus dem Dedekindschen Modulsatz und

$$a'\mathfrak{M} \subseteq \overline{G} + a'\mathfrak{M} \subseteq a'\mathfrak{M} \oplus u\mathfrak{M}$$

folgern wir

$$\overline{G} + a'\mathfrak{M} = a'\mathfrak{M} + [u\mathfrak{M} \cap (\overline{G} + a'\mathfrak{M})] .$$

Wäre $u\mathfrak{M} \cap (\overline{G} + a'\mathfrak{M}) = \Gamma$, so wäre $\overline{G} \subseteq a'\mathfrak{M}$ und daraus würde

$b\mathfrak{M} = b'\mathfrak{M} \cap b^*\mathfrak{M} = 0$ folgen. Da $b\mathfrak{M}$ die Eigenschaft $\mathcal{W}$ hat und $b^* \neq 0$ ist, würde dies $b' = 0$ ergeben, woraus wir $u\mathfrak{M} = a'\mathfrak{M} \subseteq a\mathfrak{M}$ und $u\mathfrak{M} = u\mathfrak{M} \cap a\mathfrak{M} = 0$ folgern würden. Dies ist ein Widerspruch, aus dem sich $u\mathfrak{M} \cap (\overline{G}+a'\mathfrak{M}) \neq 0$ ergibt. Entsprechend folgt $u\mathfrak{M} \cap (\overline{G}+b'\mathfrak{M}) \neq 0$. Da $u\mathfrak{M}$ die Eigenschaft $\mathcal{W}$ hat, folgt

$$0 \neq [u\mathfrak{M} \cap (\overline{G}+a'\mathfrak{M})] \cap [u\mathfrak{M} \cap (\overline{G}+b'\mathfrak{M})] =$$
$$= u\mathfrak{M} \cap [(\overline{G}+a'\mathfrak{M}) \cap (\overline{G}+b'\mathfrak{M})] = u\mathfrak{M} \cap \overline{G} \subseteq u\mathfrak{M} \cap G = 0$$

im Widerspruch zu unserer Annahme über u. Damit haben wir gezeigt :

(1) Sind a,b Elemente mit $a\mathfrak{M} \cap b\mathfrak{M} = 0$, ist $a^* \neq 0$ in $a\mathfrak{M}$ und $b^* \neq 0$ in $b\mathfrak{M}$ enthalten, ist schliesslich $u \neq 0$ ein Element aus $a\mathfrak{M}+b\mathfrak{M}$, so ist $(a^*\mathfrak{M}+b^*\mathfrak{M}) \cap u\mathfrak{M} \neq 0$.

Wir betrachten Subpraemoduln U^*, U, V^*, V von M mit folgenden Eigenschaften : $U \cap V = 0$, U^* ist ein grosser Subpraemodul von U und V ist ein grosser Subpraemodul von V.

Ist $x \neq 0$ ein Element aus $U \oplus V$, so gibt es eindeutig bestimmte Elemente u in U und v in V mit $x = u+v$. Ist erstens $u = 0$, so ist $0 \neq x = v$ und $V^* \cap x\mathfrak{M} \neq 0$ folgt aus $0 \subset x\mathfrak{M} \subseteq V$ verbunden mit der Tatsache, dass V^* ein grosser Subpraemodul von V ist. Entsprechend folgt $U^* \cap x\mathfrak{M} \neq 0$ aus $v = 0$. Sei schliesslich $u \neq 0$ und $v \neq 0$. Aus der Eigenschaft $\mathcal{W}$ und Lemma 2.1., (a) folgt

$$u\mathfrak{M} \cap U^* = u^*\mathfrak{M} \quad \text{und} \quad v\mathfrak{M} \cap V^* = v^*\mathfrak{M}.$$

Da U^* gross in U und V^* gross in V ist, ergibt sich $u^* \neq 0$ und $v^* \neq 0$. Natürlich ist $u\mathfrak{M} \cap v\mathfrak{M} = 0$. Anwendung von (1) ergibt :

$$0 \subset x\mathfrak{M} \cap (u^*\mathfrak{M}+v^*\mathfrak{M}) \subseteq x\mathfrak{M} \cap (U^*+V^*).$$

Damit haben wir gezeigt

(2) Sind U,V Subpraemoduln von M mit $U \cap V = 0$, ist U^* gross in U und V^* gross in V, so ist U^*+V^* gross in $U \oplus V$.

Hieraus folgt durch vollständige Induktion :

(3) Ist $\mathfrak{E}$ eine endliche, unabhängige Menge von Subpraemoduln von M, ist X^* für X aus $\mathfrak{E}$ ein grosser Subpraemodul von X, so ist $\sum_{X \in \mathfrak{E}} X^*$ ein grosser Subpraemodul von $\sum_{X \in \mathfrak{E}} X$.

Aus (3) folgt sofort Lemma 2.12., wenn wir nur bedenken, dass jedes Element einer Summe von Subpraemoduln bereits in einer endlichen Teilsumme enthalten ist.

HILFSSATZ 2.13. *Sind* i, n *ganze Zahlen mit* $0 \leq i \leq n$, *ist* $\mathfrak{E}$ *eine* n*-elementige und unabhängige Teilmenge des primären Praemoduls* M, *wird der Subpraemodul* S *von* M *von* i *[oder weniger] Elementen erzeugt, so gibt es eine* $(n-i)$*-elementige, von* S *unabhängige Teilmenge von* $\mathfrak{E}$.

TERMINOLOGISCHE ERINNERUNG. Sind $\mathfrak{U}$ und $\mathfrak{V}$ Teilmengen des Praemoduls M mit $\sum_{u\in\mathfrak{U}} u\mathfrak{M} \cap \sum_{v\in\mathfrak{V}} v\mathfrak{M} = 0$, so heissen $\mathfrak{U}$ und $\mathfrak{V}$ unabhängig.

BEWEIS. Es ist trivial, dass der Hilfssatz für $i = 0$ und $i = n$ richtig ist, woraus auch eine Gültikeit für $n = 1$ folgt.

Ist $i = 1$, so ist S zyklisch und hat also die Eigenschaft $\mathfrak{w}$, da M primär ist. Für jedes x aus $\mathfrak{E}$ sei $\overline{x} = \sum_{x\neq y\in\mathfrak{E}} y\mathfrak{M}$. Dann ist $\bigcap_{x\in\mathfrak{E}} \overline{x} = 0$ wegen der Unabhängigkeit von $\mathfrak{E}$.

Da die Subpraemoduln von S durch die Enthaltenseinsbeziehung linear geordnet sind gibt es unter den endlich vielen Subpraemoduln $S \cap \overline{x}$ für x aus $\mathfrak{E}$ einen minimalen $\overline{e} \cap S$. Es folgt, dass

$$S \cap \overline{e} = S \cap \bigcap_{x\in\mathfrak{E}} \overline{x} = 0$$

ist, womit die Gültigkeit unseres Hilfssatzes für $i=1$ und alle positiven n erwiesen ist.

Wäre unser Hilfssatz falsch, so gäbe es ein kleinstes positives n, für das er falsch wäre ; und aus einer Vorbemerkung folgt $1 < n$. Zu diesem n gibt es ein kleinstes i mit $0 \leq i \leq n$, für das unser Hilfssatz falsch ist ; und aus dem schon bewiesenen folgt $1 < i < n$ [woraus sogar $2 < n$ folgt]. Es gibt dann eine n-elementige unabhängige Teilmenge $\mathfrak{E}$ und einen von i (oder weniger) Elementen erzeugten Subpraemodul S von M mit folgender Eigenschaft :

(+) Keine (n-i)-elementige Teilmenge von $\mathfrak{E}$ ist von S unabhängig.

Wird der Subpraemodul T von M von $j < i$ Elementen erzeugt, so folgt aus der Minimalität von i die Existenz einer (n-j)-elementigen, von T unabhängigen Teilmenge von $\mathfrak{E}$. Diese Bemerkung werden wir mehrfach anzuwenden haben. Insbesondere lässt sich S nicht von i-1 Elementen erzeugen.

Es gibt einen von i-1 Elementen erzeugten Subpraemodul T von S mit zyklischem S/T. Aus der eben angegebenen Minimaleigenschaft von i folgt die Existenz einer (n-i+1)-elementigen Teilmenge $\mathfrak{T}$ von $\mathfrak{E}$, die von T unabhängig ist. Ist $T^* = \sum_{x\in\mathfrak{T}} x\mathfrak{M}$, so ist $T \cap T^* = 0$. Weiter ist

$$S \cap T^* = (S \cap T^*)/(T \cap T^*) \simeq [(S \cap T^*)+T]/T \subseteq S/T$$

mit zyklischem S/T [da S/T die Eigenschaft $\mathfrak{w}$ hat]. Nun haben wir unseren Hilfssatz schon für $i = 1$ und beliebiges n, insbesondere n-1, bewiesen. Wir können ihn also auf den zyklischen Subpraemodul $S \cap T^*$ und die unabhängige (n-i+1)-elementige Teilmenge $\mathfrak{T}$ von M anwenden. Es folgt die Existenz einer von $S \cap T^*$ unabhängigen, (n-i)-elementigen Teilmenge $\mathfrak{F}$ von $\mathfrak{T}$. Ist $F = \sum_{x\in\mathfrak{F}} x\mathfrak{M}$, so wird $F \subseteq T^*$, da $\mathfrak{F}$ ein Teil von $\mathfrak{T}$ ist. Also ergibt sich

$$S \cap F = (S \cap T^*) \cap F = 0$$

im Widerspruch zu (+) ; und aus diesem Widerspruch ergibt sich unser Hilfssatz.

LEMMA 2.14. *Die folgenden Eigenschaften des primären Praemoduls* M, *der positiven ganzen Zahl* n *und der [endlichen oder unendlichen] positiven Ordinalzahl* ν *sind äquivalent.*

(a) *Es gibt* n *unabhängige Elemente des Exponenten* ν *in* M .

(b) *Wird der Subpraemodul* S *von* M *von weniger als* n *Elementen erzeugt, so gibt es ein Element* s *in* M *mit*

$$S \cap s\mathfrak{M} = 0 \quad \textit{und} \quad e(s) = \nu .$$

Genügt der primäre Praemodul M den äquivalenten Eigenschaften (a) und (b), so sagen wir, dass M den ν-Freiheitsgrad n hat.

BEWEIS. Dass (b) aus (a) folgt, ist in Hilfssatz 2.13. enthalten ; und dass (a) aus (b) folgt, ergibt sich durch eine naheliegende vollständige Induktion.

§ 3. KERN UND EXPONENT EINES MIT EINER KOLLINEATION VERTRÄGLICHEN HOMOMORPHISMUS.

Sind A,$\mathfrak{A}$ und B,$\mathfrak{B}$ Praemoduln, so sei unter einer *Kollineation von* A *auf* B eine eineindeutige, monoton zunehmende Abbildung σ des Verbandes $\mathfrak{A}$ auf den Verband $\mathfrak{B}$ verstanden. Es ist klar, dass Produkte von Kollineationen, wenn definiert, wieder Kollineationen sind, und dass es zu jeder Kollineation die inverse gibt.

Natürlich genügt eine Kollineation Regeln wie den folgenden :

(3.1.) Der Durchschnitt der Bilder ist das Bild des Durchschnitts.

(3.2.) Die Summe der Bilder ist das Bild der Summe.

(3.3.) Kollineationen bilden w-Praemoduln auf w-Praemoduln vom gleichen Exponenten ab.

Ist insbesondere A primär, so wird jeder zyklische Subpraemodul a$\mathfrak{A}$ von A durch die Kollineation σ auf einen w-Subpraemodul $(a\mathfrak{A})^\sigma$ von B abgebildet, der [wegen Lemma 2.1.,(a)] zyklisch ist.

Also gilt :

(3.4.) Kollineationen bilden zyklische Subpraemoduln primärer Praemoduln auf zyklische Subpraemoduln ab.

Einfachste Beispiele zeigen, dass die Umkehrung hiervon falsch ist, und dass Kollineationen primäre Praemoduln nicht immer auf primäre Praemoduln abbilden. Immerhin gilt dies wieder trivial :

(3.4.*) Ist σ eine Kollineation des primären Praemoduls A auf den Praemodul B , so ist B dann und nur dann primär, wenn auch σ^{-1} zyklische Subpraemoduln auf zyklische Subpraemoduln abbildet. Natürlich bilden Kollineationen unabhängige Mengen von Subpraemoduln auf unabhängige Mengen ab. -

Ist σ eine Kollineation des Praemoduls A auf den Praemodul B und η ein [Gruppen-]Homomorphismus der abelschen Gruppe A in die abelsche Gruppe B, so heissen η *und* σ *verträglich*, wenn

$$a\eta \text{ für alle } a \text{ aus } A \text{ in } (a\mathfrak{A})\sigma \text{ liegt.}$$

Z.B. sind die in § 1 diskutierten Skalare des Praemoduls A genau die mit der 1-Kollineation verträglichen Endomorphismen von A. Diese sind aber im allgemeinen keine Praemodulhomomorphismen, wie das folgende einfache Beispiel zeigt :

Es sei $A = U \oplus V$ die direkte Summe zweier Gruppen U,V, die beide zur Gruppe der rationalen Zahlen der Form ip^j mit Primzahl p und ganzen Zahlen i,j isomorph sind. Wir können dann U und V folgendermassen darstellen :

$$U = \{u_i \text{ mit } pu_i = u_{i-1}, \quad i = 0, \pm 1, \pm 2, \ldots\},$$

$$V = \{v_i \text{ mit } pv_i = v_{i-1}, \quad i = 0, \pm 1, \pm 2, \ldots\}.$$

Der Verband $\mathfrak{A}$ bestehe aus $0, A$ und den Untergruppen $A_i = \{u_i, v_i\}$.

Der durch

$$\left.\begin{array}{l} u_i\sigma = u_{i-1} \\ v_i\sigma = v_i \end{array}\right\} \text{ für } i = 0, \pm 1, \pm 2, \ldots$$

definierte Gruppenendomorphismus σ ist mit der 1-Kollineation verträglich, also ein Skalar. Aber

$$A_i\sigma = \{u_{i-1}, v_i\}$$

und

$$A_i\sigma^{-1} = \{u_{i+1}, v_i\}$$

gehören beide nicht zu $\mathfrak{A}$, so dass σ beide Bedingungen für Praemodulhomomorphismen verletzt.

HILFSSATZ 3.5. *Sind* A *und* B *Praemoduln, ist* α *ein* [*Gruppen-*]*Homomorphismus von* A *in* B *und* β *eine mit* α *verträgliche Kollineation von* A *auf* B, *sind* a,b *Elemente aus* A *derart, dass*

(a) $a\mathfrak{A}, b\mathfrak{A}$ *und* $(a+b)\mathfrak{A}$ *die Eigenschaft* $\mathfrak{w}$ *haben und*

(b) $e(b) \leq e(a)$ *und* $a\mathfrak{A} \cap b\mathfrak{A} = 0$ *ist,*

so gilt :

(1) $(a\mathfrak{A})\beta$, $(b\mathfrak{A})\beta$ *und* $[(a+b)\mathfrak{A}]\beta$ *haben die Eigenschaft* $\mathfrak{w}$.

(2) $e(b\alpha) \leq e(a\alpha)$.

(3) $e[(b\mathfrak{A})\beta/(b\alpha)\mathfrak{B}] \leq e[(a\mathfrak{A})\beta/(a\alpha)\mathfrak{B}]$.

(4) *Ist* $b\alpha \neq 0$, *so ist*

$$(a\mathfrak{A})\beta/(a\alpha)\mathfrak{B} \simeq [(a+b)\mathfrak{A}]\beta/[(a+b)\alpha]\mathfrak{B} \simeq (b\mathfrak{A})\beta/(b\alpha)\mathfrak{B}$$

und also

$$e[(a\mathfrak{A})\beta/(a\alpha)\mathfrak{B}] = e[(b\mathfrak{A})\beta/(b\alpha)\mathfrak{B}].$$

BEMERKUNG. Da $a\alpha$ in dem $\mathfrak{w}$-Praemodul $(a\mathfrak{A})\beta$ und $b\alpha$ in dem $\mathfrak{w}$-Praemodul $(b\mathfrak{A})\beta$ liegt, sind $e(a\alpha)$ und $e(b\alpha)$ wohl definiert.

BEWEIS. Aus (a) folgt sofort (1) und aus (b) folgt dann :

(b*) $e[(b\mathfrak{A})\beta] = e(b) \leq e(a) = e[(a\mathfrak{A})\beta]$

(b**) $(a\mathfrak{A})\beta \cap (b\mathfrak{A})\beta = 0$.

Da $a\mathfrak{A}+b\mathfrak{A} = b\mathfrak{A}+(a+b)\mathfrak{A} = (a+b)\mathfrak{A}+a\mathfrak{A}$ ist, ist auch

$$(a\mathfrak{A})\beta+(b\mathfrak{A})\beta = (b\mathfrak{A})\beta+[(a+b)\mathfrak{A}]\beta = [(a+b)\mathfrak{A}]\beta+(a\mathfrak{A})\beta .$$

Nehmen wir also die durch das Schema

A	B	C	a	b
$(a\mathfrak{A})\beta$	$(b\mathfrak{A})\beta$	$[(a+b)\mathfrak{A}]\beta$	$a\alpha$	$b\alpha$

angedeutete Ersetzung in Lemma 2.10. vor, so ergeben sich die Aussagen (2), (3), (4) mühelos aus den Aussagen (1), (2), (3) des Lemma 2.10.

Wir sagen, dass der primäre Praemodul M den *Freiheitsgrad* 2 hat, wenn es *zu jedem* $x \neq 0$ *aus* M *ein* y *in* M *mit* $x\mathfrak{M} \cap y\mathfrak{M} = 0$ *und* $e(x) \leq e(y)$ gibt.

SATZ 3.6. *Ist* A *ein primärer Praemodul vom Freiheitsgrad* 2, *ist* σ *eine Kollineation von* A *auf den Praemodul* B , *ist* $\alpha \neq 0$ *ein mit* σ *verträglicher Homomorphismus der Gruppe* A *in die Gruppe* B , *so gilt :*

(a) *Für* x *aus* A *haben* $(x\mathfrak{A})\sigma$ *und* $(x\alpha)\mathfrak{B}$ $[\subseteq (x\mathfrak{A})\sigma]$ *die Eigenschaft* $\mathfrak{w}$

(b) *Es gibt eine Ordinalzahl* μ *mit*

(b.1.) $0\alpha^{-1} = A_{\mu+1}$

(b.2.) $e[(x\mathfrak{A})\sigma/(x\alpha)\mathfrak{B}] \leq \mu$ *für alle* x *aus* A ,

(b.3.) $e[(x\mathfrak{A})\sigma/(x\alpha)\mathfrak{B}] = \mu$ *für alle* x *aus* A *mit* $x\alpha \neq 0$.

Diese Ordinalzahl μ ist eindeutig durch α bestimmt und heisse *Exponent* $\varepsilon(\alpha)$ von α und unter dem Exponenten $\varepsilon(0)$ des Homomorphismus 0 werde das Symbol ∞ verstanden, das grösser als jede Ordinalzahl ist.

BEWEIS. Da A primär ist, hat jeder zyklische Subpraemodul $x\mathfrak{A}$ von A die Eigenschaft $\mathfrak{w}$. Da σ eine Kollineation ist, ist dann auch $(x\mathfrak{A})\sigma$ ein $\mathfrak{w}$-Praemodul. Da α mit σ verträglich ist, liegt $x\alpha$ in $(x\mathfrak{A})\sigma$. Also ist $(x\alpha)\mathfrak{B} \subseteq (x\mathfrak{A})\sigma$, so dass auch $(x\alpha)\mathfrak{B}$ ein $\mathfrak{w}$-Praemodul ist. Damit haben wir (a) bewiesen.

Da $\alpha \neq 0$ ist, ist die zum Kern $0\alpha^{-1}$ komplementäre Teilmenge $A-0\alpha^{-1}$ von A nicht leer. In $A-0\alpha^{-1}$ gibt es dann ein Element m mit minimalem Exponenten e(m) . Wir notieren, dass

(1) $m\alpha \neq 0$ ist und

(2) aus $e(x) < e(m)$ stets $x\alpha = 0$ folgt.

Wir setzen

(3) $\mu = e[(m\mathfrak{A})\sigma/(m\alpha)\mathfrak{B}]$.

Sei x aus A mit $m\mathfrak{A} \cap x\mathfrak{A} = 0$ und $e(m) \leq e(x)$.
Wir können Hilfssatz 3.5., (2), (4) anwenden und erhalten :

$$\mu = e[(x\mathfrak{A})\sigma/(x\alpha)\mathfrak{B}] \quad \text{und} \quad e(m\alpha) \leq e(x\alpha) .$$

Aus $0 \neq m\alpha$ folgen $0 < e(m\alpha) \leq e(x\alpha)$ und $x\alpha \neq 0$. Damit haben wir gezeigt :

(4) Ist x ein Element aus A mit $m\mathfrak{A} \cap x\mathfrak{A} = 0$ und $e(m) \leq e(x)$, so ist $x\alpha \neq 0$ und $\mu = e[(x\mathfrak{A})\sigma/(x\alpha)\mathfrak{B}]$.

Sei x irgendein Element aus A mit $e(m) \leq e(x)$. Ist erstens $m\mathfrak{A} \cap x\mathfrak{A} = 0$, so folgen $x\alpha \neq 0$ und $\mu = e[(x\mathfrak{A})\sigma/(x\alpha)\mathfrak{B}]$ aus (4). Ist zweitens $m\mathfrak{A} \cap x\mathfrak{A} \neq 0$, so erinnern wir uns daran, dass 2 der Freiheitsgrad von A ist. Es folgt die Existenz eines Elements y in A mit $x\mathfrak{A} \cap y\mathfrak{A} = 0$ und $e(x) \leq e(y)$. Wäre $m\mathfrak{A} \cap y\mathfrak{A} \neq 0$, so folgte aus der Eigenschaft $\mathfrak{w}$, dass

$$0 \subset m\mathfrak{A} \cap x\mathfrak{A} \subseteq m\mathfrak{A} \cap y\mathfrak{A} \subseteq y\mathfrak{A}$$

oder

$$0 \subset m\mathfrak{A} \cap y\mathfrak{A} \subseteq m\mathfrak{A} \cap x\mathfrak{A} \subseteq x\mathfrak{A}$$

ist. In beiden Fällen wäre aber $x\mathfrak{A} \cap y\mathfrak{A} \neq 0$ im Widerspruch zu unserer Wahl von y. Also ist $m\mathfrak{A} \cap y\mathfrak{A} = 0$ und Anwendung von (4) zeigt :

$$y\alpha \neq 0 \quad \text{und} \quad \mu = e[(y\mathfrak{A})\sigma/(y\alpha)\mathfrak{B}] .$$

Wäre $x\alpha = 0$, so folgte aus Hilfssatz 3.5.,(3), angewandt auf x und y, dass

$$e(x) = e[x\mathfrak{A}] = e[(x\mathfrak{A})\sigma] = e[(x\mathfrak{A})\sigma/(x\alpha)\mathfrak{B}] \leq \mu$$

ist. Weiter ist wegen $m \neq 0$ und (3) stets

$$\mu < \mu + e[(m\alpha)\mathfrak{B}] = e[(m\mathfrak{A})\sigma/(m\alpha)\mathfrak{B}] + e[(m\alpha)\mathfrak{B}] =$$
$$= e[(m\mathfrak{A})\sigma] = e(m) \leq e(x) \leq \mu$$

ein Widerspruch, aus dem $x\alpha \neq 0$ folgt.
Wegen $e(x) \leq e(y)$ und $x\mathfrak{A} \cap y\mathfrak{A} = 0$ können wir wieder Hilfssatz 3.5., (4) anwenden und erhalten :

$$e[(x\mathfrak{A})\sigma/(x\alpha)\mathfrak{B}] = e[(y\mathfrak{A})\sigma/(y\alpha)\mathfrak{B}] = \mu .$$

Damit haben wir allgemein gezeigt :

(5) Ist x ein Element aus A mit $e(m) \leq e(x)$, so ist $x\alpha \neq 0$ und $\mu = e[(x\mathfrak{A})\sigma/(x\alpha)\mathfrak{B}]$.

Kombination von (2) und (5) ergibt (b.3.) und

(6) $0\alpha^{-1} = A_{e(m)}$.

Aus (5), (6) folgt (6.3.).
Wegen (1) ist $m\alpha \neq 0$, also $e(m\alpha) = \nu \neq 0$. Weiter ist

$$e(m) = e[(m\mathfrak{A})\sigma/(m\alpha)\mathfrak{B}] + e[(m\alpha)\mathfrak{B}] = \mu + \nu ,$$

so dass

(7) $0\alpha^{-1} = A_{e(m)} = A_{\mu+\nu}$ mit $0 < \nu = e(m\alpha)$

ist.

Ist $x\alpha = 0$, so folgt $e(x) < e(m)$ aus (6). Ist erstens $x\mathfrak{A} \cap m\mathfrak{A} = 0$, so folgt aus Hilfssatz 3.5., (3), dass

$$e(x) = e[(x\mathfrak{A})\sigma/(x\alpha)\mathfrak{B}] \leq e[(m\mathfrak{A})\sigma/(m\alpha)\mathfrak{B}] = \mu$$

ist. Ist zweitens $x\mathfrak{A} \cap m\mathfrak{A} \neq 0$, so ergibt sich aus Freiheitsgrad 2 die Existenz eines Elementes h mit $e(m) \leq e(h)$ und $m\mathfrak{A} \cap h\mathfrak{A} = 0$. Da $x\mathfrak{A} \cap m\mathfrak{A} \neq 0$ ist und $m\mathfrak{A}$ die Eigenschaft $\mathfrak{w}$ hat, folgt sogar $x\mathfrak{A} \cap h\mathfrak{A} = 0$. Aus (5) und Hilfssatz 3.5., (3), (5) folgern wir

$$e(x) = e[(x\mathfrak{A})\sigma/(x\alpha)\mathfrak{B}] \leq e[(h\mathfrak{A})\sigma/(h\alpha)\mathfrak{B}] = \mu .$$

Also gilt :

(8) Ist $x\alpha = 0$, so ist $e[(x\mathfrak{A})\sigma/(x\alpha)\mathfrak{B}] = e(x) \leq \mu$.

Aus (8) und (2) folgt (b.1.) und aus (8) und (b.3.) ergibt sich (b.2.). Verbindung von (7) und (b.1.) ergibt :

(9') $A_{\mu+1} = A_{\mu+\nu}$

und hieraus folgt :

(9") es gibt kein Element x in A mit $\mu < e(x) < \mu+e(m\alpha)$.

BEMERKUNG 3.7. **A.** Sei $A = U \oplus V \oplus W$ die direkte Summe zweier zyklischer Gruppen U, V der Ordnung p^2 und einer zyklischen Gruppe W der Ordnung p und $\mathfrak{A}$ bestehe aus 0 und allen Untergruppen X mit $pA+W \subseteq X \subseteq A$. Man überzeugt sich sofort davon, dass A primär ist, da

$$e(x) = \begin{cases} 0 & \text{für } x = 0 \\ 1 & \text{für } x \neq 0 \text{ in } pA+W \\ 2 & \text{für } x \text{ nicht in } pA+W \end{cases}$$

ist. Der [Gruppen-]Endomorphismus α sei durch

$$x\alpha = \begin{cases} x & \text{für } x \text{ in } U \oplus V \\ 0 & \text{für } x \text{ in } W \end{cases}$$

definiert. Dann ist α mit der 1-Kollineation von A verträglich, d.h. α ist ein Skalar. Aber es gilt :

$$A_1 = 0 \subset 0\alpha^{-1} = W \subset pA+W = A_2 .$$

Ohne die Voraussetzung, dass 2 der Freiheitsgrad von A sei, braucht also der Kern von α nicht zu $\mathfrak{A}$ zu gehören. Diese Voraussetzung ist also für die Gültigkeit von (b.1.) unentbehrlich.

B. Sei $A = U \oplus V$ die direkte Summe zweier unendlicher zyklischer Gruppen U und V. Sei p irgendeine Primzahl ; und $\mathfrak{A}$ bestehe aus 0, p^iU, $U+p^iV$ für $0 \leq i$. Dann ist A ein zyklischer, primärer Praemodul vom Exponenten 2ω.

Sei α der durch

$$x\alpha = \begin{cases} x & \text{für } x \text{ in } U \\ px & \text{für } x \text{ in } V \end{cases}$$

definierte Monomorphismus von A. Dieser ist mit der 1-Kollineation verträglich, also ein Skalar. Es ist

$$e[(u\mathfrak{A})\sigma/(u\alpha)\mathfrak{A}] = 0 \quad \text{für } u \text{ in } U ,$$
$$e[(v\mathfrak{A})\sigma/(v\alpha)\mathfrak{A}] = 1 \quad \text{für } v \neq 0 \text{ in } V .$$

Ohne die Voraussetzung, daß 2 der Freiheitsgrad von $\mathfrak{A}$ ist, braucht also auch (b.3.) nicht zu gelten.

FOLGERUNG 3.8. *Ist* A *ein primärer Praemodul vom Freiheitsgrad* 2, *ist* σ *eine Kollineation von* A *auf den Praemodul* B, *ist* $\alpha \neq 0$ *ein mit* σ *verträglicher Homomorphismus der Gruppe* A *in die Gruppe* B *, so gilt :*

(I) *Dann und nur dann ist* α *eineindeutig, wenn* $x\alpha \neq 0$ *für ein* $x \neq 0$ *aus* A *mit minimalem Exponenten* $e(x)$ *gilt.*

(II) *Dann und nur dann ist* α *eineindeutig und* $\varepsilon(\alpha) = 0$ *, wenn* $(x\mathfrak{A})\sigma = (x\alpha)\mathfrak{B}$ *für wenigstens ein* $x \neq 0$ *aus* A *gilt.*

BEMERKUNG. Da die Exponenten Ordinalzahlen sind, so gibt es stets unter den $x \neq 0$ aus A eines mit minimalem Exponenten $e(x)$.

BEWEIS. Aus Satz 3.6., (b.1.) und $x\alpha \neq 0$ folgt $0\alpha^{-1} = A_{\mu+1}$ für geeignetes μ und hieraus folgt $e(x) \nleq \mu+1$, d.h. $\mu+1 \leq e(x)$. Aus $y\alpha = 0$ folgt dann $e(y) \leq \mu+1 \leq e(x)$. Ist insbesondere x ein Element mit minimalem positivem Exponenten, so folgt hieraus $e(y) = 0$, also $y = 0$, also $0\alpha^{-1} = 0$, so dass α eineindeutig ist. Hieraus folgt (I).

Es gebe ein $x \neq 0$ mit $(x\mathfrak{A})\sigma = (x\alpha)\mathfrak{B}$. Da dann auch $x\mathfrak{A}$ und $(x\mathfrak{A})\sigma$ von 0 verschieden sind, folgt $x\alpha \neq 0$. Aus Satz 3.6., (b.3) ergibt sich dann

$$\mu = e[(x\mathfrak{A})\sigma/(x\alpha)\mathfrak{B}] = e(0) = 0 .$$

Anwendung von Satz 3.6., (b.1.) ergibt $0\alpha^{-1} = A_1 = 0$, so dass α eineindeutig ist. Ist $y \neq 0$ aus A , so ist $y\alpha \neq 0$ wegen $0\alpha^{-1} = 0$; und Anwendung von Satz 3.6., (b.3.) ergibt wieder $0 = \mu = e[(y\mathfrak{A})\sigma/(y\alpha)\mathfrak{B}]$. Es folgt $(y\mathfrak{A})\sigma/(y\alpha)\mathfrak{B} = 0$, so dass $(y\mathfrak{A})\sigma = (y\alpha)\mathfrak{B}$ ist. Hieraus folgert man (II).

FOLGERUNG 3.9. *Ist* A *ein primärer Praemodul vom Freiheitsgrad* 2, *ist* σ *eine Kollineation von* A *auf den Praemodul* B *, sind* α, β *von* 0 *verschiedene mit* σ *verträgliche Homomorphismen der Gruppe* A *in die Gruppe* B *, so gilt :*

(I) *Ist* $e(x) \leq e(y)$ [*für* x,y *aus* A] *und* $y\alpha = y\beta$ *, so ist* $x\alpha = x\beta$.

(II) *Dann und nur dann ist* $\alpha = \beta$ *, wenn es zu jedem* x *aus* A *ein* y *aus* A *mit* $e(x) \leq e(y)$ *und* $y\alpha = y\beta$ *gibt.*

BEMERKUNG. (II) lässt sich besonders gut anwenden, wenn es in A Elemente mit maximalem Exponenten gibt.

BEWEIS. Mit α und β ist auch $\alpha-\beta$ ein Homomorphismus der Gruppe A in die Gruppe B . Da α und β mit σ verträglich sind, gilt $a(\alpha-\beta) = a\alpha - a\beta \in (a\mathfrak{A})\sigma$ für jedes a aus A , so dass

(+) $\alpha-\beta$ mit σ verträglich ist.

Natürlich ist nichts zu beweisen, wenn $\alpha = \beta$ ist. Wir können also $\alpha \neq \beta$, d.h $\alpha-\beta \neq 0$ annehmen. Wegen Satz 3.7., (b.1.) gibt es eine Ordinalzahl μ mit

$$0(\alpha-\beta)^{-1} = A_{\mu+1} \,.$$

Aus $y\alpha = y\beta$ folgt dann die Zugehörigkeit von y zu $A_{\mu+1}$; und dies ist mit $e(y) \leq \mu$ gleichwertig. Ist $e(x) \leq e(y)$, so ist auch $e(x) \leq \mu$, so dass x in $A_{\mu+1}$ liegt. Es folgt $x(\alpha-\beta) = 0$, d.h. $x\alpha = x\beta$. Damit ist (I) bewiesen ; und (II) folgert man mühelos aus (I).

FOLGERUNG 3.10. *Ist* A *ein primärer Praemodul vom Freiheitsgrad* 2, *so ist der Endomorphismus* η *der Gruppe* A *dann und nur dann gleich* 1, *wenn*

(a) η *ein Skalar* [*d.h. mit der* 1-*Kollineation verträglich*] *ist und es*

(b) *zu jedem* x *aus* A *ein* y *aus* A *mit* $e(x) \leq e(y)$ *und* $y\eta = y$ *gibt.*

Folgt sofort aus Folgerung 3.9., (II).

FOLGERUNG 3.11. *Sind* A *und* B *primäre Praemoduln vom Freiheitsgrad* 2, *ist* σ *eine Kollineation von* A *auf* B , *ist* α *ein mit* σ *und* β *ein mit* σ^{-1} *verträglicher Gruppenhomomorphismus, so sind* α *und* β [*dann und nur dann*] *zueinander reziproke Praemodulisomorphismen zwischen* A *und* B , *wenn es zu jedem* x *aus* A *ein* y *aus* A *mit* $e(x) \leq e(y)$ *und* $y\alpha\beta = y$ *gibt.*

BEWEIS. Aus unseren Voraussetzungen und Folgerung 3.10. ergibt sich sofort $\alpha\beta = 1$.

Ist x in A und $x\alpha = 0$, so ist auch $x = x\alpha\beta = 0$, woraus $0 = 0\alpha^{-1}$ folgt. Ist a ein Element in A und $b = a\alpha$, so wird $b\beta = a\alpha\beta = a$, woraus $B\beta = A$ folgt.

Ist b ein Element aus dem primären Praemodul B , so ergibt sich aus Satz 3.6., (a), daß $(b\mathfrak{B})\sigma^{-1}$ und $(b\beta)\mathfrak{A}$ beide $\mathfrak{w}$-Praemoduln und also zyklisch sind. Folglich gibt es ein Element a in A mit $(b\mathfrak{B})\sigma^{-1} = a\mathfrak{A}$ [und $b\mathfrak{B} = (a\mathfrak{A})\sigma$] . Da α mit σ verträglich ist, wird

$$(a\alpha)\mathfrak{B} \subseteq (a\mathfrak{A})\sigma = b\mathfrak{B} \,;$$

und da β mit σ^{-1} verträglich ist, ergibt sich hieraus

$$a\mathfrak{A} = [(a\alpha)\beta]\mathfrak{A} \subseteq [(a\alpha)\mathfrak{B}]\sigma^{-1} \subseteq (b\mathfrak{B})\sigma^{-1} = a\mathfrak{A} \,,$$

woraus sich

$$a\mathfrak{A} = [(a\alpha)\mathfrak{B}]\sigma^{-1} \quad \text{und} \quad (a\alpha)\mathfrak{B} = (a\mathfrak{A})\sigma = b\mathfrak{B}$$

ergeben. Wäre $b\beta = 0$ so würde sich aus Satz 3.6., (b.1.) ergeben, daß $x\beta = 0$ für jedes x mit $e(x) \leq e(b)$ ist. Aus $(a\alpha)\mathfrak{B} = b\mathfrak{B}$ folgt $e(a\alpha) = e(b)$, so daß $a = a\alpha\beta = 0$ wird, woraus $b\mathfrak{B} = (a\mathfrak{A})\sigma = 0$ und also auch $b = 0$ folgt. Damit haben wir aber gezeigt, daß β ein Gruppenisomorphismus von B auf A ist, woraus wegen $\beta\alpha\beta = \beta$ dann auch $\beta\alpha = 1$ folgt. Damit haben wir gezeigt, daß α und β zueinander reziproke Gruppenisomorphismen sind. Da α mit σ und β mit σ^{-1} verträglich ist, folgt hieraus, daß α und β sogar zueinander reziproke Praemodulisomorphismen sind.

ANHANG : DER BIMODUL DER MIT EINER KOLLINEATION VERTRÄGLICHEN HOMOMORPHISMEN.

Auf Grund der vorhergehenden Überlegungen können wir die formalen Eigenschaften der Menge der mit einer Kollineation verträglichen Homomorphismen analysieren. Dies soll in diesem Anhang geschehen.

(3.12). *Sind die Homomorphismen* α *und* β *der Gruppe* A *in die Gruppe* B *mit der Kollineation* σ *des Praemoduls* $A, \mathfrak{A}$ *auf den Praemodul* $B, \mathfrak{B}$ *verträglich, so ist auch*

(I) $\alpha \pm \beta$ *mit* σ *verträglich.*

(II) *Ist überdies* A *ein primärer Praemodul vom Freiheitsgrad* 2, *so ist*

(a) *dann und nur dann* $\varepsilon(\beta) < \varepsilon(\alpha)$, *wenn es ein Element* x *in* A *mit* $(x\alpha)\mathfrak{B} \subset (x\beta)\mathfrak{B}$ *gibt ; und*

(b) $\min[\varepsilon(\alpha), \varepsilon(\beta)] \leq \varepsilon(\alpha \pm \beta)$.

BEWEIS. Ist x ein Element aus A, so liegen $x\alpha$, $x\beta$ und also auch $x\alpha \pm x\beta = x(\alpha \pm \beta)$ in $(x\mathfrak{A})\sigma$, woraus die Verträglichkeit von $\alpha \pm \beta$ mit σ folgt.

Wir nehmen im folgenden an, dass A primär vom Freiheitsgrade 2 ist. Dann hat insbesondere jedes $(x\mathfrak{A})\sigma$ die Eigenschaft $\mathfrak{w}$, so dass $(x\alpha)\mathfrak{B}$ und $(x\beta)\mathfrak{B}$ als Subpraemoduln von $(x\mathfrak{A})\sigma$ vergleichbar sind. Ist etwa $0 \subset (x\alpha)\mathfrak{B} \subseteq (x\beta)\mathfrak{B}$, so folgt aus Satz 3.6., (b.3.)

$$\begin{aligned}\varepsilon(\alpha) &= e[(x\mathfrak{A})\sigma/(x\alpha)\mathfrak{B}] = \\ &= e[(x\mathfrak{A})\sigma/(x\beta)\mathfrak{B}] + e[(x\beta)\mathfrak{B}/(x\alpha)\mathfrak{B}] = \\ &= \varepsilon(\beta) + e[(x\beta)\mathfrak{B}/(x\alpha)\mathfrak{B}] .\end{aligned}$$

Hieraus ergibt sich die Äquivalenz der drei Aussagen :

$$\varepsilon(\beta) < \varepsilon(\alpha) \,, \quad 0 \neq e[(x\beta)\mathfrak{B}/(x\alpha)\mathfrak{B}] \,, \quad (x\alpha)\mathfrak{B} \subset (x\beta)\mathfrak{B} \,;$$

und (II.a.) ist leicht aus dem soeben bewiesenen abzuleiten.

Beim Beweis von (II.b.) können wir o.B.d.A. annehmen, dass $\varepsilon(\alpha) \leq \varepsilon(\beta)$ und $\beta \neq 0$ ist. Dann ist auch $\alpha \neq 0$. Wegen $\varepsilon(\beta) = \varepsilon(-\beta)$ genügt es dann $\varepsilon(\alpha) \leq \varepsilon(\alpha+\beta)$ zu beweisen ; und hierbei können wir o.B.d.A. annehmen, dass $\alpha+\beta \neq 0$ ist.

Ist $\lambda = \max[\varepsilon(\beta), \varepsilon(\alpha+\beta)]$, so folgt aus $\beta \neq 0 \neq \alpha+\beta$ und Satz 3.6., (b.1.) die Existenz eines Elements x in A mit $\lambda < e(x)$. Aus $\varepsilon(\alpha) \leq \varepsilon(\beta)$ und (II.a) folgern wir $0 \subset (x\beta)\mathfrak{B} \subseteq (x\alpha)\mathfrak{B}$; und hieraus ergibt sich $x(\alpha+\beta)\mathfrak{B} \subseteq (x\alpha)\mathfrak{B}$. Anwendung von (II.a.) ergibt das gewünschte $\varepsilon(\alpha) \leq \varepsilon(\alpha+\beta)$.

(3.13). *Ist der Homomorphismus* α *der Gruppe* A *in die Gruppe* B *mit der Kollineation* σ *des Praemoduls* A, $\mathfrak{A}$ *auf den Praemodul* B, $\mathfrak{B}$ *verträglich, ist der Homomorphismus* β *der Gruppe* B *in die Gruppe* C *mit der Kollineation* τ *des Praemoduls* B, $\mathfrak{B}$ *auf den Praemodul* C, $\mathfrak{C}$ *verträglich, so ist auch*

(I) *der Homomorphismus* $\alpha\beta$ *von* A *in* C *mit der Kollineation* $\sigma\tau$ *von* A, $\mathfrak{A}$ *auf* C, $\mathfrak{C}$ *verträglich.*

(II) *Sind überdies* A *und* B *primäre Praemoduln vom Freiheitsgrad* 2 *und* α *und* β *beide von* 0 *verschieden, so sind die folgenden drei Eigenschaften äquivalent :*

(a) $\alpha\beta = 0$.

(b) $\varepsilon(\alpha)+\varepsilon(\beta) \neq \varepsilon(\alpha\beta)$.

(c) $e(x) \leq \varepsilon(\alpha)+\varepsilon(\beta)$ *für jedes* x *aus* A .

BEWEIS. Ist x irgendein Element aus A , so folgt $(x\alpha)\mathfrak{B} \subseteq (x\mathfrak{A})\sigma$ aus der Verträglichkeit von α und σ ; und es folgt $[(x\alpha)\beta]\mathfrak{C} \subseteq [(x\alpha)\mathfrak{B}]\tau$ aus der Verträglichkeit von β und τ . Dann wird

$$[x(\alpha\beta)]\mathfrak{C} = [(x\alpha)\beta]\mathfrak{C} \subseteq [(x\alpha)\mathfrak{B}]\tau \subseteq [(x\mathfrak{A})\sigma] = (x\mathfrak{A})(\sigma\tau) ,$$

womit die Verträglichkeit von $\alpha\beta$ und $\sigma\tau$ dargetan ist.

Wir nehmen nun zusätzlich an, dass A und B primäre Praemoduln vom Freiheitsgrad 2 sind, und dass sowohl α als auch β von 0 verschieden ist. Dann sind $\varepsilon(\alpha),\varepsilon(\beta)$ und $\varepsilon(\alpha)+\varepsilon(\beta)$ wohlbestimmte Ordinalzahlen.

Ist $\alpha\beta = 0$, so ist $\varepsilon(\alpha)+\varepsilon(\beta) < \infty = \varepsilon(\alpha\beta)$ und wir haben (b) aus (a) hergeleitet.

Ist umgekehrt $\alpha\beta \neq 0$, so gibt es ein Element x aus A mit $x\alpha\beta \neq 0$. Erst recht ist $x\alpha \neq 0$. Dann wird wegen Satz 3.6., (b.3.)

$$\begin{aligned}\varepsilon(\alpha)+\varepsilon(\beta) &= e[(x\mathfrak{A})\sigma/(x\alpha)\mathfrak{B}]+e[((x\alpha)\mathfrak{B})\tau/((x\alpha)\beta)\mathfrak{C}] = \\ &= e[(x\mathfrak{A})\sigma\tau/((x\alpha)\mathfrak{B})\tau]+e[((x\alpha)\mathfrak{B})\tau/(x(\alpha\beta))\mathfrak{C}] = \\ &= e[(x\mathfrak{A})\sigma\tau/(x(\alpha\beta))\mathfrak{C}] = \varepsilon(\alpha\beta) ,\end{aligned}$$

da ja eine Kollineation τ den Faktorpraemodul U/V auf den Faktorpraemodul $U\tau/V\tau$ abbildet. Damit haben wir (a) aus (b) hergeleitet und die Äquivalenz von (a) und (b) dargetan.

Aus Satz 3.6. (b.1.) folgern wir für x aus A die Äquivalenz der folgenden Aussagen :

$$e(x) \leq \varepsilon(\alpha\beta) \ ; \ x\alpha\beta = 0 \ ; \ e(x\alpha) \leq \varepsilon(\beta) .$$

Weiter ist $x\alpha = 0$ sowohl mit $e(x\alpha) = 0$ als auch mit $e(x) \leq \varepsilon(\alpha)$ äquivalent ; und hieraus folgt a fortiori $e(x) \leq \varepsilon(\alpha)+\varepsilon(\beta)$. Ist aber $x\alpha \neq 0$, so wird $\varepsilon(\alpha) = e[(x\mathfrak{A})\sigma/(x\alpha)\mathfrak{B}]$; und $e(x\alpha) \leq \varepsilon(\beta)$ ist mit

$$\begin{aligned}e(x) &= e[(x\mathfrak{A})\sigma] = e[(x\mathfrak{A})\sigma/(x\alpha)\mathfrak{B}]+e[(x\alpha)\mathfrak{B}] = \\ &= \varepsilon(\alpha)+e(x\alpha) \leq \varepsilon(\alpha)+\varepsilon(\beta)\end{aligned}$$

äquivalent. Damit haben wir gezeigt :

(+) Die Eigenschaften $e(x) \leq \varepsilon(\alpha\beta)$, $x\alpha\beta = 0$ und $e(x) \leq \varepsilon(\alpha)+\varepsilon(\beta)$ sind für jedes x aus A äquivalent.

Aus (+) ergibt sich die Äquivalenz von (a) und (c).

SATZ 3.14. *Ist* σ *eine Kollineation des Praemoduls* A , $\mathfrak{A}$ *auf den Praemodul* B , $\mathfrak{B}$, *so ist*

(I) *die Menge* $\Delta(\sigma)$ *der mit* σ *verträglichen Homomorphismen der Gruppe* A *in die Gruppe* B *ein* $\Delta(A)$-$\Delta(B)$-*Bi-Modul.*

(II) *Sind überdies* A *und* B *primäre Praemoduln des Freiheitsgrades 2, ist* ν *eine Ordinalzahl, so ist die Menge* $\Delta_\nu(\sigma)$ *aller* α *aus* $\Delta(\sigma)$ *mit* $\nu \leq \varepsilon(\alpha)$ *ein* $\Delta(A)$-$\Delta(B)$-*Unter-Bi-Modul von* $\Delta(\sigma)$.

BEWEIS. Da der O-Homomorphismus von A in B mit σ verträglich ist, ist $\Delta(\sigma)$ nicht leer. Aus (3.12, I) folgt dann, dass $\Delta(\sigma)$ eine additive abelsche Gruppe ist ; und aus (3.13, I) ergibt sich, dass $\Delta(A)$ von links und $\Delta(B)$ von rechts auf $\Delta(\sigma)$ operiert : $\Delta(\sigma)$ ist ein $\Delta(A)$-$\Delta(B)$-Bi-Modul. -Entsprechend ergibt sich aus (3.12, II.b.),dass $\Delta_\nu(\sigma)$ eine Untergruppe von $\Delta(\sigma)$ ist. Aus (3.13, II) folgern wir $\varepsilon(\alpha)+\varepsilon(\beta) = \varepsilon(\alpha\beta)$, falls α und β zu $\Delta(\sigma)$ gehören und $\alpha\beta \neq 0$ ist ; und nun sieht man auch, dass $\Delta_\nu(\sigma)$ ein $\Delta(A)$-$\Delta(B)$-Unter-Bi-Modul von $\Delta(\sigma)$ ist.

BEMERKUNG 3.15. Ist insbesondere A = B und $\sigma = 1$, so wird $\Delta(1)$ weiter nichts als der Ring der Skalare des Praemoduls A ; und die ad II erscheinenden $\Delta_\nu(1)$ bilden eine Familie von Idealen dieses Ringes.

SATZ 3.15. *Sind* A *und* B *primäre Praemoduln vom Freiheitsgrad 2, ist* σ *eine Kollineation von* A *auf* B *und* α *ein mit* σ *verträglicher Homomorphismus der Gruppe* A *in die Gruppe* B , *so sind die folgenden Eigenschaften äquivalent :*

(1) α *ist ein Isomorphismus von* A *auf* B *und* α^{-1} *ist mit* σ^{-1} *verträglich.*

(2) *Es gibt einen mit* σ^{-1} *verträglichen Homomorphismus* β *von* B *in* A *mit* $\alpha\beta = 1$.

(3) *Es gibt einen mit* σ^{-1} *verträglichen Homomorphismus* β *von* B *in* A *mit* $\beta\alpha = 1$.

(4) α *ist ein Epimorphismus von* A *auf* B *mit* $\varepsilon(\alpha) = 0$.

BEWEIS. Es ist klar, dass (3) aus (1) folgt. Gilt (3), so folgt aus $\beta\alpha = 1$, dass α ein Epimorphismus von A auf B ist ; und Anwendung von (3.13,II) ergibt:

$$\varepsilon(\beta)+\varepsilon(\alpha) = \varepsilon(1) = 0 ,$$

da ja wegen der Definition des Exponenten ε in Satz 3.6, (b.3.)

$$\varepsilon(1) = e[x\mathfrak{A}/x\mathfrak{A}] = 0 \quad \text{für jedes } x \neq 0 \text{ aus } A$$

gilt. Aber eine Summe zweier Ordinalzahlen ist dann und nur dann 0, wenn sie es beide sind : $\varepsilon(\alpha) = \varepsilon(\beta) = 0$. Damit haben wir (4) aus (3) hergeleitet.

Gilt (4), so folgt aus $\varepsilon(\alpha) = 0$ und Satz 3.6, (b.1.), dass α ein Monomorphismus und also ein Isomorphismus von A auf B ist. Hieraus ergibt sich die Existenz des zu α reziproken Isomorphismus α^{-1} von B auf A. Weiter können wir jetzt

$$(x\mathfrak{A})\sigma = (x\alpha)\mathfrak{B} \quad \text{für jedes } x \text{ aus } A$$

folgern, da ja $0 = \varepsilon(\alpha) = e[(x\mathfrak{A})\sigma/(x\alpha)\mathfrak{B}]$ ist. Hieraus ergibt sich

$$(y\mathfrak{B})\sigma^{-1} = ([(y\alpha^{-1})\alpha]\mathfrak{B})\sigma^{-1} = ([(y\alpha^{-1})\mathfrak{A}]\sigma)\sigma^{-1} = (y\alpha^{-1})\mathfrak{A} \quad \text{für } y \text{ aus } B,$$

womit die Verträglichkeit von α^{-1} und σ^{-1} dargetan ist :

(1) folgt aus (4) und folglich sind (1), (3), (4) äquivalent.

Es ist klar, dass (2) aus (1) folgt. Gilt (2), so können wir auf β die bereits bewiesene Äquivalenz von (1) und (3) anwenden : β ist ein Isomorphismus von B auf A und β^{-1} ist mit $(\sigma^{-1})^{-1} = \sigma$ verträglich. Also wird

$$\beta^{-1} = (\alpha\beta)\beta^{-1} = \alpha \quad \text{und folglich} \quad \beta = \alpha^{-1}.$$

Wir haben (1) aus (2) hergeleitet und die Äquivalenz von (1) - (4) bewiesen.

BEMERKUNG 3.16. **A**. Es genügt nicht, in (1) zu fordern, dass α ein Isomorphismus von A auf B ist, wie das folgende Beispiel zeigt : Es sei $\mathbb{P}$ der Ring der ganzen p-adischen Zahlen und $\mathbb{K}$ der Körper aller p-adischen Zahlen. Weiter sei A die direkte Summe von wenigstens 2 zur Additionsgruppe von $\mathbb{K}$ isomorphen Gruppen und $\mathfrak{A}$ die Menge der $\mathbb{P}$-zulässigen Untergruppen von A. Der Praemodul A, $\mathfrak{A}$ ist also ein Modul über den p-adischen Zahlen ; und er ist vom Freiheitsgrad 2.

α sei die Abbildung : $a \longrightarrow pa$. Dies ist ein Isomorphismus von A, der mit der 1-Kollineation verträglich ist und es ist $\varepsilon(\alpha) = 1$, wie man leicht einsieht. Aus Satz 3.15. folgt sofort, dass der zu α reziproke Isomorphismus nicht mit 1 verträglich ist.

Dieses Beispiel zeigt auch, dass in Satz 3.6., (b.1.) die Aussage $0\alpha^{-1} = A_{\mu+1}$ nicht besagt, dass $\mu+1$ der kleinste mögliche Index von A ist. In unserem Falle ist $\mu = 1$, aber $0\alpha^{-1} = 0 = A_1$.

B. Es genügt nicht, in (4) zu fordern, dass $\varepsilon(\alpha) = 0$ ist, wie das folgende Beispiel zeigt : Sei A eine freie abelsche Gruppe des Ranges 2 und a, b eine Basis von A. Weiter bestehe $\mathfrak{A}$ aus 0, A, {a}, {b} und allen {ia+jb} mit teilerfremden i, j. Ist $x \neq 0$ ein Element aus A, so liegt x in einer und nur einer der von 0 und A verschiedenen Untergruppen aus $\mathfrak{A}$; diese bilden eine Partition von A.

Sei n irgendeine ganze Zahl mit $1 < n$ und α der x auf nx abbildende Monomorphismus von A. Dieser ist offenbar mit der 1-Kollineation verträglich und es gilt : $(x\alpha)\mathfrak{A} = x\mathfrak{A}$ für alle x aus A, so dass $\varepsilon(\alpha) = 0$ ist, obgleich $A\alpha = nA \subset A$ ist.

Natürlich ist unser Praemodul A primär vom Freiheitsgrad 2.

Im § 4 werden wir zeigen, daß es unmöglich ist, Beispiele dieser Art mit dem [im § 4 definierten] Freiheitsgrad 3 zu konstruieren, dies sehr im Gegensatz zu der ad **A** konstruierten Familie von Beispielen.

ZUSATZ 3.17. *Sind* A *und* B *primäre Praemoduln vom Freiheitsgrad* 2, *enthält* A *ein Element* a *vom Exponenten* $e(a) = 1$, *so sind die folgenden Eigenschaften des mit der Kollineation* σ *von* A *auf* B *verträglichen Homomorphismus* α *von* A *in* B *äquivalent.*

(1) α *ist ein Isomorphismus von* A *auf* B *und* α^{-1} *ist mit* σ^{-1} *verträglich.*

(2) α *ist ein Isomorphismus von* A *auf* B .

BEWEIS. Es ist klar, dass (2) aus (1) folgt. - Gilt (2), so ist α insbesondere ein Epimorphismus von A auf B . Weiter gibt es in A ein Element a mit $e(a) = 1$. Insbesondere ist $a \neq 0$ und also auch $a\alpha \neq 0$. Es liegt also a nicht in $0\alpha^{-1} = A_{\varepsilon(\alpha)+1}$ [Satz 3.6., (b.1.)], so dass $1 \nleq \varepsilon(\alpha)$ ist. Es folgt $\varepsilon(\alpha) = 0$. Damit haben wir Bedingung (4) des Satzes 3.15. aus unserer Bedingung (2) abgeleitet ; und hieraus folgt (1).

BEMERKUNG 3.18. Das in Bemerkung 3.16.,**B** konstruierte Beispiel zeigt, dass es nicht genügt, in (2) zu fordern, dass α ein Monomorphismus von A in B ist.

§ 4. DIE EXISTENZ VON MIT GEGEBENEN KOLLINEATIONEN VERTRÄGLICHEN HOMOMORPHISMEN.

Der primäre Praemodul M *besitzt den Freiheitsgrad* 3 , wenn er folgender Bedingung genügt :

Zu jedem Element m *in* M *gibt es drei unabhängige Elemente* x,y,z *in* M *mit* $e(m) \leq e(x) = e(y) = e(z)$.

Es ist klar, dass aus Freiheitsgrad 3 auch Freiheitsgrad 2 [im Sinne von §3] folgt ; doch scheint uns die gegenwärtige Definition über das erwartete Mass hinaus schärfer zu sein ; vergl. hierzu Lemma 2.14. - Freiheitsgrad 3 ist kollineationsinvariant.

EXISTENZSATZ : A *und* B *seien primäre Praemoduln vom Freiheitsgrad* 3 *und* σ *sei eine Kollineation von* A *auf* B . *Dann gilt :*

(I) *Ist* α *ein mit* σ *verträglicher Homomorphismus der Gruppe* $A_{\nu+1}$ *in die Gruppe* $B_{\nu+1}$, *gibt es drei unabhängige Elemente vom Exponenten* ν *in* A , *so gibt es einen mit* σ *verträglichen und mit* α *auf* $A_{\nu+1}$ *übereinstimmenden Homomorphismus der Gruppe* A *in die Gruppe* B .

(II) *Ist* a *ein Element aus* A *und* a^* *ein Element aus* $(a\mathfrak{A})\sigma$, *so gibt es einen mit* σ *verträglichen und* a *auf* a^* *abbildenden Homomorphismus der Gruppe* A *in die Gruppe* B .

Dieser Satz stellt eine wesentliche Verallgemeinerung von Trans. AMS 52, p. 298, Theorem II.1.1. dar. Unser Beweis hier ähnelt dem dortigen sehr ; die wesentliche Mehrarbeit wurde in den §§2, 3 geleistet.

Der Beweis wird sich als Endergebnis einer Reihe von Hilfssätzen ergeben, in denen wir vom Freiheitsgrad 3 nicht immer vollen Gebrauch machen werden. Alle anderen in diesem Existenzsatz gemachten Voraussetzungen werden stillschweigend benutzt werden.

Ebenso naheliegende wie wohlbekannte Beispiele zeigen die Unentbehrlichkeit der Voraussetzung vom Freiheitsgrad 3.

(4.1.) *Sind* x,y *unabhängige Elemente in* A *mit* $e(x) \leq e(y)$, *liegt* t *in* $(y\mathfrak{A})\sigma$, *so gibt es ein und nur ein Element* $S(x;t,y)$ *in* $(x\mathfrak{A})\sigma$ *mit*

$$S(x;t,y) \equiv t \quad \text{modulo} \quad [(x-y)\mathfrak{A}]\sigma' .$$

BEWEIS. Ist $x = 0$, so ist $S(0;t,y) = 0$. Wir können also im folgenden $x \neq 0$ annehmen. Aus $0 < e(x) \leq e(y)$ und $x\mathfrak{A} \cap y\mathfrak{A} = 0$ folgt $x\mathfrak{A} \cap (x-y)\mathfrak{A} = 0$ wegen Lemma 2.7. Also ist

$$x\mathfrak{A} \oplus y\mathfrak{A} = y\mathfrak{A} + (x-y)\mathfrak{A} = (x-y)\mathfrak{A} \oplus x\mathfrak{A}$$

und hieraus folgt

$$(y\mathfrak{A})\sigma \subseteq [(x-y)\mathfrak{A}]\sigma \oplus [x\mathfrak{A}]\sigma .$$

Das Element t in $(y\mathfrak{A})\sigma$ kann man also auf eine und nur eine Art in der Form

$$t = t' + t'' \quad \text{mit} \quad t' \quad \text{in} \quad [(x-y)\mathfrak{A}]\sigma \quad \text{und} \quad t'' \quad \text{in} \quad [x\mathfrak{A}]\sigma$$

darstellen und t'' ist das gewünschte eindeutig bestimmte Element $t'' = S(x;t,y)$.

(4.2.) *Sind* x,y,z *unabhängige Elemente aus* A *mit* $e(x) \leq e(y) \leq e(z)$, *ist* t *ein Element in* $(z\mathfrak{A})\sigma$, *so ist* $S(x;t,z) = S(x;S(y;t,z),y)$.

BEWEIS. Wegen $S(0;u,v) = 0$ können wir o.B.d.A. $x \neq 0$ annehmen. Das Element

$$S(x;S(y;t,z),y)-t = [S(x;S(y;t,z),y)-S(y;t,z)]+[S(y;t,z)-t]$$

liegt wegen (4.1.) und Hilfssatz 2.9. in

$$\begin{aligned} [(x\mathfrak{A})\sigma+(z\mathfrak{A})\sigma] \cap [[(x-y)\mathfrak{A}]\sigma+[(y-z)\mathfrak{A}]\sigma] &= \\ = \{[x\mathfrak{A}+z\mathfrak{A}] \cap [(x-y)\mathfrak{A}+(y-z)\mathfrak{A}]\}\sigma &= \\ = [(x-z)\mathfrak{A}]\sigma . \end{aligned}$$

Damit haben wir gezeigt, dass $S(x;S(y;t,z),y)$ der [in (4.1.) enthaltenen] $S(x;t,z)$ eindeutig bestimmenden Definition genügt, woraus unsere Behauptung folgt

(4.3.) *Sind* x,y *unabhängige Elemente in* A *mit* $e(x) \leq e(y)$, *ist* s *ein Element in* $(x\mathfrak{A})\sigma$, *so gibt es ein Element* t *in* $(y\mathfrak{A})\sigma$ *mit* $s = S(x;t,y)$.

BEWEIS. Da s in $(x\mathfrak{A})\sigma$ und also in

$$\begin{aligned} (x\mathfrak{A})\sigma+(y\mathfrak{A})\sigma = [x\mathfrak{A}+y\mathfrak{A}]\sigma = [(x-y)\mathfrak{A}+y\mathfrak{A}]\sigma &= \\ = [(x-y)\mathfrak{A}]\sigma+(y\mathfrak{A})\sigma \end{aligned}$$

liegt, gibt es Elemente r in $(x-y)\mathfrak{A}\sigma$ und t in $(y\mathfrak{A})\sigma$ mit $s = r+t$. Anwendung von (4.1.) ergibt dann $s = S(x;t,y)$.

(4.4.) *Sind* x,y,z *Elemente aus* A *mit* $e(x) \leq e(y) \leq e(z)$ *und* $(x\mathfrak{A}+y\mathfrak{A}) \cap z\mathfrak{A} = 0$, *besitzt* A *den* $e(z)$-*Freiheitsgrad* 3, *liegt* t *in* $(z\mathfrak{A})\sigma$, *so ist*

$$S(x+y;t,z) = S(x;t,z)+S(y;t,z) .$$

Ist A ein primärer Praemodul und ν eine Ordinalzahl, so sagen wir, dass A *den* ν-*Freiheitsgrad* 3 hat, wenn A drei unabhängige Elemente vom Exponenten ν enthält ; vergl. Lemma 2.14.

BEWEIS. Dies ist trivialerweise richtig, wenn $x = 0$ ist. Wir nehmen also im folgenden stets $x \neq 0$ an. Wir bemerken weiter, dass wegen $(x\mathfrak{A}+y\mathfrak{A}) \cap z\mathfrak{A} = 0$ auch

$$x\mathfrak{A} \cap z\mathfrak{A} = y\mathfrak{A} \cap z\mathfrak{A} = (x+y)\mathfrak{A} \cap z\mathfrak{A} = 0$$

ist, so dass die drei Werte $S(x+y;t,z)$, $S(x;t,z)$ und $S(y;t,z)$ durch (4.1.) eindeutig definiert sind.

FALL 1. x,y sind unabhängig.

Dann sind [bekanntlich] $x\mathfrak{A}, y\mathfrak{A}, z\mathfrak{A}$ wegen $(x\mathfrak{A}+y\mathfrak{A}) \cap z\mathfrak{A} = 0$ unabhängig. Hieraus und aus $e(x) \leq e(y) \leq e(z)$ ergibt sich wegen Lemma 2.7.

$$y\mathfrak{A} \cap (z-y)\mathfrak{A} = 0 \quad \text{und} \quad e(z) = e(z-y) .$$

Also ist auch

$$x\mathfrak{A} \oplus y\mathfrak{A} \oplus z\mathfrak{A} = x\mathfrak{A} \oplus y\mathfrak{A} \oplus (z-y)\mathfrak{A} .$$

Entsprechend folgt aus Lemma 2.7.

$$x\mathfrak{A} \cap (y-x)\mathfrak{A} = 0 \quad \text{und} \quad e(y) = e(y-x) ,$$

woraus

$$x\mathfrak{A} \oplus y\mathfrak{A} \oplus z\mathfrak{A} = x\mathfrak{A} \oplus (y-x)\mathfrak{A} \oplus (z-y)\mathfrak{A}$$

mit $e(x) \leq e(y-x) \leq e(z-y)$ folgen. Anwendung von Hilfssatz 2.9. ergibt dann

$$[(z-y)-x]\mathfrak{A} = [(z-y)\mathfrak{A}+x\mathfrak{A}] \cap [[(z-y)-(x-y)]\mathfrak{A}+[(x-y)-x]\mathfrak{A}] =$$
$$= [(z-y)\mathfrak{A}+x\mathfrak{A}] \cap [(z-x)\mathfrak{A}+y\mathfrak{A}]$$

und also auch

$$[(z-y-x)\mathfrak{A}]\sigma = [(z-y)\mathfrak{A})\sigma+(x\mathfrak{A})\sigma] \cap [(z-x)\mathfrak{A}]\sigma+(y\mathfrak{A})\sigma] .$$

Das Element

$$S(x;t,z)+S(y;t,z)-t = v-t$$

liegt in diesem Durchschnitt, da ja [wegen (4.1.)]

$$S(x;t,z) \text{ in } (x\mathfrak{A})\sigma \text{ und } S(y;t,z)-t \text{ in } ((y-z)\mathfrak{A})\sigma$$
$$S(y;t,z) \text{ in } (y\mathfrak{A})\sigma \text{ und } S(x;t,z)-t \text{ in } ((x-z)\mathfrak{A})\sigma$$

liegt.

Weiter liegt $v = (v-t)+t$ in

$$[(x\mathfrak{A})\sigma+(y\mathfrak{A})\sigma] \cap [((z-x-y)\mathfrak{A})\sigma+(z\mathfrak{A})\sigma] =$$
$$= \{[x\mathfrak{A}+y\mathfrak{A}] \cap [(z-x-y)\mathfrak{A}+z\mathfrak{A}]\}\sigma =$$
$$= \{[x\mathfrak{A}+y\mathfrak{A}] \cap [(x+y)\mathfrak{A}+z\mathfrak{A}]\}\sigma =$$
$$= [(x+y)\mathfrak{A}]\sigma ;$$

die letzte Gleichung ergibt sich aus dem Dedekindschen Modulsatz und der Unabhängigkeit von x,y,z . Damit haben wir aber gezeigt, dass v in $[(x+y)\mathfrak{A}]\sigma$ und $v-t$ in $[((x+y)-z)\mathfrak{A}]\sigma$ liegt ; und hieraus und aus (4.1.) folgt

$$S(x;t,z)+S(y;t,z) = v = S(x+y;t,z) \ ,$$

womit unsere Behauptung im Falle 1 bewiesen ist.

FALL 2. Die Paare x,y und $y,x+y$ sind abhängig.

In diesem Falle sind $x\mathfrak{A} \cap y\mathfrak{A} \neq 0$ und $y\mathfrak{A} \cap (x+y)\mathfrak{A} \neq 0$. Da beide Subpraemoduln des ω-Praemoduls $y\mathfrak{A}$ sind, sind sie vergleichbar und es folgt :

$$D = x\mathfrak{A} \cap y\mathfrak{A} \cap (x+y)\mathfrak{A} \neq 0 \ .$$

Da $e(D) \leq e(x) \leq e(z)$ ist, folgt $D+z\mathfrak{A} \subseteq A_{e(z)+1}$ aus Lemma 2.5. Da A den $e(z)$-Freiheitsgrad 3 hat, gibt es wegen Lemma 2.14. ein Element v in A mit

$$v\mathfrak{A} \cap [D+z\mathfrak{A}] = 0 \quad \text{und} \quad e(v) = e(z) \ .$$

Aus **Lemma** 2.12. ergibt sich, dass $D \oplus z\mathfrak{A}$ ein grosser Subpraemodul von $x\mathfrak{A} \oplus z\mathfrak{A}$, $y\mathfrak{A} \oplus z\mathfrak{A}$ und $(x+y)\mathfrak{A} \oplus z\mathfrak{A}$ ist. Hieraus und aus $v\mathfrak{A} \cap (D+z\mathfrak{A}) = 0$ folgt

$$v\mathfrak{A} \cap (x\mathfrak{A} \oplus z\mathfrak{A}) = v\mathfrak{A} \cap (y\mathfrak{A} \oplus z\mathfrak{A}) = v\mathfrak{A} \cap ((x+y)\mathfrak{A} + z\mathfrak{A}) = 0 \ .$$

Aus $x\mathfrak{A} \cap v\mathfrak{A} = 0$ und $e(x) \leq e(v)$ folgt wegen Lemma 2.7., [(a)-(c)] , daß

$$x\mathfrak{A} \cap (x+y)\mathfrak{A} = 0$$

ist ; und wegen $D \subseteq x\mathfrak{A}$ ergibt sich hieraus

$$D \cap (x+v)\mathfrak{A} = 0 \ .$$

Anwendung des Dedekindschen Modulsatzes und der schon bewiesenen Unabhängigkeit von x,y,z ergibt dann

$$(x\mathfrak{A}+v\mathfrak{A}) \cap (D+z\mathfrak{A}) = D+[z\mathfrak{A} \cap (x\mathfrak{A}+v\mathfrak{A})] = D$$

und also

$$(x+v)\mathfrak{A} \cap (D+z\mathfrak{A}) = (x+v)\mathfrak{A} \cap (x\mathfrak{A}+v\mathfrak{A}) \cap (D+z\mathfrak{A}) =$$
$$= (x+v)\mathfrak{A} \cap D = 0 \ .$$

Wegen Lemma 2.12. ist $D \oplus z\mathfrak{A}$ ein grosser Subpraemodul von $y\mathfrak{A} \oplus z\mathfrak{A}$; und aus

$$(x+v)\mathfrak{A} \cap (D+z\mathfrak{A}) = 0$$

folgt nun

$$(x+v)\mathfrak{A} \cap (y\mathfrak{A} \oplus z\mathfrak{A}) = 0 \ .$$

Damit haben wir die Unabhängigkeit der folgenden Elementetripel dargetan :

$$x,v,z; \ y,v,z; \ x+y, \ v,z; \ y,x+v,z \ .$$

Weiter folgt aus Lemma 2.5. und Lemma 2.7 , [(a)-(c)] :

$$e(x) \leq e(v) = e(z) \ ; \ e(y) \leq e(v) = e(z) \ ,$$
$$e(x+y) \leq e(v) = e(z) \ ; \ e(y) \leq e(x+v) = e(z) \ .$$

Mehrfache Anwendung von Fall 1 ergibt dann

$$S(v;t,z)+S(x+y;t,z) = S(v+x+y;t,z) =$$
$$= S(v+x;t,z)+S(y;t,z) =$$
$$= S(v;t,z)+S(x;t,z)+S(y;t,z)$$

und hieraus ergibt sich wieder das gewünschte

$$S(x+y;t,z) = S(x;t,z)+(Sy;t,z) .$$

FALL 3. - $S(x;t,z) = S(-x;t,z)$.
Dies ist der Spezialfall $x+y = 0$ von Fall 2.

FALL 4. $x+y$, y sind unabhängig.

Dann folgt wieder aus Lemma 2.5., dass

$$e(x+y) \leq e(y) = e(-y) \leq e(z)$$

ist und natürlich sind auch $x+y$, $-y$, z unabhängig. Anwendung von Fall 1 und 3 ergibt

$$S(x+y;t,z)-S(y;t,z) = S(x+y;t,z)+S(-y;t,z) = S(x;t,z) ,$$

womit wir wieder die gewünschte Additionsformel bewiesen haben.

Da die Fälle 1, 2, 4 alle Möglichkeiten erschöpfen, ist (4.4.) voll bewiesen.

Ist ν eine Ordinalzahl und M ein primärer Praemodul, so ist die Menge M_ν aller x aus M mit $e(x) < \nu$ nach Lemma 2.5. ein Subpraemodul von M. Ist σ eine Kollineation von M auf dem primären Praemodul N, so induziert σ eine Kollineation von M_ν auf den Subpraemodul N_ν, die wir im folgenden auch mit σ bezeichnen werden.

(4.5.) *Sind* M *und* N *primäre Praemoduln, enthält* M *drei unabhängige Elemente vom Exponenten* ν , *ist* σ *eine Kollineation von* M *auf* N , *ist* a *ein Element aus* M *mit* $e(a) = \nu$ *und* a^* *ein Element aus* $(a\mathfrak{M})\sigma$, *so gibt es einen mit* σ *verträglichen und* a *auf* a^* *abbildenden Homomorphismus von* $M_{\nu+1}$ *in* $N_{\nu+1}$.

BEWEIS. Da M nach Voraussetzung den ν-Freiheitsgrad 3 hat, folgt aus Lemma 2.14. die Existenz von Elementen b, c in M mit

(a) a,b,c sind unabhängig und

(b) $e(a) = e(b) = e(c) = \nu$.

Wir setzen

(c) $b^* = S(b;a^*,a)$ und $c^* = S(c;a^*,a)$.

Aus (a), (b), (c) und (4.2.) folgern wir zunächst

$b^* = S(b;c^*,c)$ und $c^* = S(c;b^*,b)$.

Bedenken wir weiter, dass wegen (4.1.) die Elemente a^*, b^* durch die Beziehungen

$$a^* \in (a\mathfrak{M})\sigma, \quad a^*-b^* \in [(a-b)\mathfrak{M}]\sigma, \quad b^* \in (b\mathfrak{M})\sigma$$

verknüpft sind, so folgt aus Symmetriegründen, (a), (b) und (4.1.), dass $a^* = S(a;b^*,b)$ und entsprechend $a^* = S(a;c^*,c)$ gilt. Diese Resultate und (c) können wir in folgender Aussage zusammenfassen :

(d) Sind x,y zwei verschiedene von den drei Elementen a,b,c, so ist $x^* = S(x;y^*,y)$.

Sei x,y,z irgendeine Permutation der drei Elemente a,b,c. Weiter sei das Element u in $M_{\nu+1}$ von x und von y unabhängig.

Ist erstens u von $x\mathfrak{M}+y\mathfrak{M}$ unabhängig, so sind die drei Elemente u,x,y unabhängig und es ist $e(u) \leq \nu = e(x) = e(y)$. Anwendung von (4.2.) und (d) ergibt $S(u;x^*,x) = S(u;y^*,y)$.

Ist zweitens u von $x\mathfrak{M}+y\mathfrak{M}$ abhängig, so folgt aus der Eigenschaft $\mathfrak{w}$, dass die Subpraemoduln $u\mathfrak{M} \cap (x\mathfrak{M}+y\mathfrak{M}) \neq 0$ und $u\mathfrak{M} \cap (x\mathfrak{M}+z\mathfrak{M})$ vergleichbar sind. Wäre der zweite Durchschnitt auch von 0 verschieden, so ergäbe sich

$$0 \neq u\mathfrak{M} \cap (x\mathfrak{M}\oplus y\mathfrak{M}) \cap (x\mathfrak{M}\oplus z\mathfrak{M}) = u\mathfrak{M} \cap x\mathfrak{M} = 0,$$

ein Widerspruch. Also sind u,x,z und ebenso u,y,z unabhängige Elementetripel mit $e(u) \leq \nu = e(x) = e(y) = e(z)$. Anwendung von (4.2.) und (d) ergibt

$$S(u;x^*,x) = S(u;z^*,z) = S(u;y^*,y).$$

Zusammenfassend haben wir erhalten :

(e) Ist x,y,z irgendeine Permutation der Elemente a,b,c, ist u ein Element aus $M_{\nu+1}$, das von x und y unabhängig ist, so ist

$$S(u;x^*,x) = S(u;y^*,y).$$

Ein Element u aus $M_{\nu+1}$ ist von höchstens einem der drei unabhängigen Elemente a,b,c abhängig. Also folgt aus (e) weiter :

(f) Es gibt eine eindeutige Abbildung α von $M_{\nu+1}$ in N mit $u\alpha = S(u;x^*,x)$ falls u und das Element x aus dem Tripel a,b,c unabhängig sind.

Da $S(u;x^*,x) = u\alpha$ in $(u\mathfrak{M})\sigma$ liegt, da weiter $e[(u\mathfrak{M})\sigma] = e[u\mathfrak{M}] = e(u) \leq \nu$ ist, so gilt sogar

(g) $M_{\nu+1}\alpha \subseteq N_{\nu+1}$ und $(u\alpha)\mathfrak{R} \subseteq (u\mathfrak{M})\sigma$ für jedes u aus $M_{\nu+1}$.

Wir betrachten zwei Elemente u,v aus $M_{\nu+1}$. Da die drei Elemente a,b,c unabhängig sind, folgt aus Hilfssatz 2.13 die Existenz eines Elements z in dem Tripel a,b,c mit $(u\mathfrak{M}+v\mathfrak{M}) \cap z\mathfrak{M} = 0$. Aus (f) folgt

$$u\alpha = S(u;z^*,z), (u+v)\alpha = S(u+v;z^*,z), v\alpha = S(v;z^*,z)$$

und aus (4.4.) folgt wegen $e(u) \leq e(v) \leq \nu = e(z)$ oder $e(v) \leq e(u) \leq \nu = e(z)$, dass

$$(u+v)\alpha = S(u+v;z^*,z) = S(u;z^*,z)+S(v;z^*,z) = u\alpha+v\alpha$$

ist. Damit haben wir gezeigt :

(h) $(u+v)\alpha = u\alpha+v\alpha$ für u,v in $M_{\nu+1}$.

Aus (h), (g), (f), (d) folgt, dass α ein mit σ verträglicher Homomorphismus der Gruppe $M_{\nu+1}$ in $N_{\nu+1}$ mit $a\alpha = a$ ist. Damit haben wir (4.5.) bewiesen.

(4.6.) *Es seien* λ,μ *Ordinalzahlen mit* $0 < \lambda < \mu$. *Weiter seien* M, N *primäre Praemoduln und* σ *eine Kollineation von* M *auf* N. *Es gebe drei unabhängige Elemente vom Exponenten* λ *in* M *und es gebe drei unabhängige Elemente vom Exponenten* μ *in* M. *Ist dann* α *ein mit* σ *verträglicher Homomorphismus der*

Gruppe $M_{\lambda+1}$ *in die Gruppe* $N_{\lambda+1}$ *, so gibt es einen mit* σ *verträglichen Homomorphismus* β *der Gruppe* $M_{\mu+1}$ *in die Gruppe* $N_{\mu+1}$ *mit*

$$h\beta = h\alpha \text{ für } h \text{ in } M_{\lambda+1} .$$

BEWEIS. Sei a ein Element aus M mit $e(a) = \lambda$; ein solches gibt es nach Voraussetzung. Da es nach Voraussetzung drei unabhängige Elemente von Exponenten μ in M gibt, so gibt es wenigstens ein Element b in M mit $e(b) = \mu$ und $a\mathfrak{M} \cap b\mathfrak{M} = 0$. Da $a\alpha$ in $(a\mathfrak{M})\sigma$ liegt, folgt aus (4.3) die Existenz eines Elements b^* in $(b\mathfrak{M})\sigma$ mit $a\alpha = S(a;b^*,b)$.

Da es drei unabhängige Elemente vom Exponenten μ in M gibt, folgt aus (4.5.) die Existenz eines mit σ verträglichen Homomorphismus β von $M_{\mu+1}$ in $N_{\mu+1}$ mit $b\beta = b^*$. Aus (4.1.) und $a\alpha = S(a;b^*,b)$ folgen die Bedingungen

$$a\alpha \in (a\mathfrak{M})\sigma,\ b^*-a\alpha \in [(b-a)\mathfrak{M}]\sigma,\ b^* \in (b\mathfrak{M})\sigma .$$

Da β ein mit σ verträglicher Homomorphismus ist, folgt aus $b^* = b\beta$, dass

$$a\beta \in (a\mathfrak{M})\sigma,\ b^*-a\beta \in [(b-a)\mathfrak{M}]\sigma,\ b^* \in (b\mathfrak{M})\sigma$$

ist ; und aus der Unabhängigkeit von a,b zusammen mit $e(a) = \lambda < \mu = e(b)$ ergibt sich wegen (4.1.), dass $a\beta = S(a;b^*,b) = a\alpha$ ist.

Der von β in $M_{\lambda+1}$ induzierte Homomorphismus ist mit σ verträglich und erfüllt $a\alpha = a\beta$ mit $e(a) = \lambda$. Da es drei unabhängige Elemente vom Exponenten λ in $M_{\lambda+1}$ gibt, können wir Folgerung 3.9. wegen Lemma 2.5. anwenden : α und der von β in $M_{\lambda+1}$ induzierte Homomorphismus sind identisch. Damit ist (4.6.) bewiesen.

BEWEIS *von* (I). Es sei α ein mit der Kollineation σ verträglicher Homomorphismus der Gruppe $A_{\nu+1}$ in die Gruppe $B_{\nu+1}$ und es gebe 3 unabhängige Elemente vom Exponenten ν in A .

Sei Λ die Menge aller Ordinalzahlen λ mit folgenden Eigenschaften :

(a) $\nu \leq \lambda$

(b) Es gibt drei unabhängige Elemente vom Exponenten λ in A . Da A den Freiheitsgrad 3 hat, gilt :

(c) Zu jedem a in A gibt es ein λ in Λ mit $e(a) \leq \lambda$.

FALL 1. A enthält Elemente von maximalem Exponenten μ .

Wegen (c) liegt μ in Λ und die Existenz der gesuchten Erweiterung β von α folgt mühelos aus (4.6.).

FALL 2. A enthält keine Elemente von maximalem Exponenten.

Dann konstruiert man mühelos durch transfinite Induktion eine Folge von Ordinalzahlen λ_ρ mit folgenden Eigenschaften :

(d.1.) $\lambda_0 = \nu, \lambda_{\rho'} < \lambda_{\rho''}$ für $\rho' < \rho''$.

(d.2.) Ist μ eine Limeszahl, so ist $\lambda_\mu = \sum_{\rho<\mu} \lambda_\rho$.

(d.3.) Jedes $\lambda_{\rho+1}$ gehört zu Λ .

(d.4.) $A = A_{\lambda_\tau}$ für eine geeignete Limeszahl τ .

Ebenfalls durch transfinite Induktion konstruiert man für jedes ρ mit $0 \leq \rho \leq \tau$ einen mit σ verträglichen Homomorphismus β_ρ von

$A_{\lambda_\rho+1}$ in $B_{\lambda_\rho+1}$, wenn ρ keine Limeszahl ist

A_{λ_ρ} in B_{λ_ρ} , wenn ρ eine Limeszahl ist

mit folgenden Eigenschaften :

$\beta_0 = \alpha$;

für $\rho' < \rho''$ stimmen $\beta_{\rho''}$ und $\beta_{\rho'}$ auf dem Definitionsbereich von $\beta_{\rho'}$ überein ;

und zwar ist β_μ für Limeszahlen μ eindeutig als "Vereinigungshomomorphismus" der β_ρ mit $\rho < \mu$ bestimmt, da

$\lambda_\mu = \sum_{\rho<\mu} \lambda_\rho$, $A_{\lambda_\mu} = \bigcup_{\rho<\mu} A_{\lambda_\mu}$

ist, während wir bei der Konstruktion von $\beta_{\rho+1}$ bei konstruiertem β_ρ stets (4.6.) benutzen können. Natürlich ist $\beta_\tau = \beta$ der gesuchte Erweiterungshomomorphismus von α , womit (I) in beiden Fällen voll bewiesen ist.

BEWEIS *von* (II). Ist a ein Element aus A und a^* ein Element aus $(a\mathfrak{A})\sigma$, so gibt es eine Ordinalzahl ν mit folgenden Eigenschaften :

$e(a) \leq \nu$ und es gibt drei unabhängige Elemente vom Exponenten ν .

Denn der Freiheitsgrad des primären Praemoduls A ist 3.

Natürlich gibt es dann ein Element h vom Exponenten ν mit $a\mathfrak{A} \cap h\mathfrak{A} = 0$.
Aus (4.3.) folgt die Existenz eines Elements h in $(h\mathfrak{A})\sigma$ mit $a^* = S(a;h^*,h)$.

Da es drei unabhängige Elemente vom Exponenten ν in A gibt, folgt aus (4.5.) die Existenz eines mit σ verträglichen Homomorphismus α von $A_{\nu+1}$ in $B_{\nu+1}$ mit

$h\alpha = h^*$.

Aus (4.1.) und $a^* = S(a;h^*,h)$ folgen die Bedingungen

$$a^* \in (a\mathfrak{A})\sigma, a^*-h^* \in [(a-h)\mathfrak{A}]\sigma, h^* \in (h\mathfrak{A})\sigma .$$

Da α mit σ verträglich ist, gilt :

$$a\alpha \in (a\mathfrak{A})\sigma, a\alpha-h^* = a\alpha-h\alpha \in [(a-h)\mathfrak{A}]\sigma, h^* = h\alpha \in (h\mathfrak{A})\sigma .$$

Also folgt $a\alpha = a^*$ aus (4.1.).

Wegen (I) gibt es einen mit σ verträglichen, α in $A_{\nu+1}$ induzierenden Homomorphismus β der Gruppe A in die Gruppe B . Natürlich ist

$$a\beta = a\alpha = a^*;$$

und damit haben wir auch (II) bewiesen.

ZUSATZ. *Sind* A *und* B *primäre Praemoduln des Freiheitsgrades 3, ist* σ *eine Kollineation von* A *auf* B *, so sind die folgenden Eigenschaften des mit* σ *verträglichen Homomorphismus* α *von* A *in* B *äquivalent :*

(1) α *ist ein Isomorphismus von* A *auf* B *und* α^{-1} *ist mit* σ^{-1} *verträglich.*

(2) $\varepsilon(\alpha) = 0$.

BEWEIS. Dass (2) aus (1) folgt, ergibt sich aus Satz 3.15. - Wir nehmen umgekehrt die Gültigkeit von (2) an. Dann folgt aus Satz 3.6., (b.1.), dass

$$\underline{0\alpha^{-1}} = A_{\varepsilon(\alpha)+1} = A_1 = 0$$

und α also ein Monomorphism ist.

Sei $\nu > 0$ eine Ordinalzahl derart, dass A drei unabhängige Elemente vom Exponenten ν enthält. Dann enthält $A_{\nu+1}$ drei unabhängige Elemente vom maximalen Exponenten ν ; und $B_{\nu+1} = A_{\nu+1}\sigma$ enthält drei unabhängige Elemente vom maximalen Exponenten ν . Ist a irgendein Element aus A mit $e(a) = \nu$, so ist $a \neq 0$ und also $a\alpha \neq 0$. Folglich wird [Satz 3.6., (b.3.)]

$$0 = \varepsilon(\alpha) = e[(a\mathfrak{A})\sigma/(a\alpha)\mathfrak{B}] ,$$

woraus sich

$$(a\alpha)\mathfrak{B} = (a\mathfrak{A})\sigma \quad \text{und} \quad a\mathfrak{A} = [(a\alpha)\mathfrak{B}]\sigma^{-1}$$

ergeben. Wir wenden den Existenzsatz II auf $B_{\nu+1}$, $A_{\nu+1}$ an.
Es folgt die Existenz eines mit σ^{-1} verträglichen Homomorphismus η von $B_{\nu+1}$ in $A_{\nu+1}$ mit $(a\alpha)\eta = a$.

Da $a\alpha$ ein Element von maximalem Exponenten in $B_{\nu+1}$ ist, und da $B_{\nu+1}$ primär vom Freiheitsgrad 3 und also auch vom Freiheitsgrad 2 ist, folgen $\alpha\eta = 1$ und $\eta\alpha = 1$ aus Folgerung 3.11. Insbesondere ist α ein Isomorphismus von $A_{\nu+1}$ auf $B_{\nu+1}$.

Sei Θ die Menge der Ordinalzahlen ν derart, dass A drei unabhängige Elemente vom Exponenten ν enthält. Da A primär vom Freiheitsgrad 3 ist, folgt

$$A = \bigcup_{\nu\in\Theta} A_{\nu+1} .$$

Wir haben schon

$$A_{\nu+1}\alpha = B_{\nu+1} \quad \text{für jedes} \quad \nu \in \Theta$$

gezeigt. Also ist α ein Epimorphismus von A auf B ; Bedingung (4) des Satzes 3.15. wird von α erfüllt : α ist ein Isomorphismus von A auf B und α^{-1} ist mit σ^{-1} verträglich.

§ 5. PRAEMODULN UND MODULN.

Ist M ein primärer Praemodul, so wollen wir die folgenden *Bezeichnungen* benutzen :

Λ = Menge der Ordinalzahlen ν derart, dass M drei unabhängige Elemente vom Exponenten ν enthält

M_ρ = Menge der Elemente x aus M mit $e(x) < \rho$; dies ist nach Lemma 2.5. eine Untergruppe aus $\mathfrak{M}$.

Δ = Ring der Skalare des Praemoduls M.

Δ_ρ = Menge der Skalare σ von M mit $M_\rho\sigma = 0$.

SATZ 5.1. *Ist* M *ein primärer Praemodul vom Freiheitsgrad* 3, *so ist*

(a) $x\mathfrak{M} = x\Delta$ *für jedes* x *aus* M,

(b) $\mathfrak{M}$ *die Menge der* Δ*-zulässigen Untergruppen von* M,

(c) *jedes* Δ_ρ *ein zweiseitiges Ideal des Ringes* Δ *mit* $\Delta_\gamma \subseteq \Delta_\delta$ *für* $\delta \leq \gamma$ *und* $\bigcap_{\lambda\in\Lambda}\Delta_\lambda = 0$.

(d) *Ist* λ *aus* Λ *und* u *ein Element aus* M *mit* $e(u) = \lambda$, *so ist* $\Delta_{\lambda+1} = \{\sigma \in \Delta$ *mit* $u\sigma = 0\}$ *; und der* Δ*-Rechtsmodul* $\Delta/\Delta_{\lambda+1}$ *ist ein* $\mathfrak{w}$*-Praemodul vom Exponenten* λ.

(e) *Der Ring* Δ *ist vollständig bezgl. der* $\Delta_{\lambda+1}$ *mit* $\lambda \in \Lambda$.

Dies besagt : Ist Ξ_λ für jedes λ in Λ eine Restklasse aus $\Delta/\Delta_{\lambda+1}$, ist weiter $\Xi_\alpha \subseteq \Xi_\beta$ für $\beta \leq \alpha$, so gibt es einen und nur einen in allen Ξ_λ enthaltenen Endomorphismus ξ in Δ.

BEWEIS. Ist x ein Element aus M und y ein Element aus $x\mathfrak{M}$, so folgt aus dem Existenzsatz (II) [des § 4] die Existenz eines x auf y abbildenden, mit der Kollineation 1 verträglichen Endomorphismus η. Natürlich ist η ein Skalar, also aus Δ. Damit haben wir $x\mathfrak{M} \subseteq x\Delta$ gezeigt. Da $x\Delta \subseteq x\mathfrak{M}$ aus der Definition der Skalare folgt, ergibt sich $x\Delta = x\mathfrak{M}$: wir haben (a) bewiesen und (b) ist eine einfache Folgerung aus (a).

Natürlich ist Δ_ρ ein Rechtsideal von Δ, da ja M_ρ eine Untergruppe aus $\mathfrak{M}$ ist. Ist x ein Element aus M und δ ein Skalar, so liegt $x\alpha$ in $x\mathfrak{M}$, woraus $e(x\delta) \leq e(x)$ und $M_\rho\delta \subseteq M_\rho$ folgen. Dann ist aber $M_\rho[\delta\Delta_\rho] \subseteq M_\rho\Delta_\rho = 0$ und also $\delta\Delta_\rho \subseteq \Delta_\rho$. Es folgt, dass Δ_ρ ein zweiseitiges Ideal in Δ ist. - Ist $\delta \subseteq \gamma$, so ist $M_\delta \subseteq M_\gamma$ und also $\Delta_\gamma \subseteq \Delta_\delta$. - Da schliesslich jedes Element x aus M in einem M_γ liegt, nämlich in $M_{e(x)+1}$ und sogar in einem $M_{\lambda+1}$ mit λ aus Λ, da M den Freiheitsgrad 3 hat, gilt $[\bigcap_{\lambda\in\Lambda}\Delta_\lambda = 0$ und sogar]

(1) $0 = \bigcap_{\lambda\in\Lambda}\Delta_{\lambda+1}$.

Damit haben wir (c) bewiesen.

Ist a ein Element aus M mit $e(a) = \lambda$, so liegt a in $M_{\lambda+1}$ und es folgt $a\Delta_{\lambda+1} = 0$. Ist weiter σ ein Skalar aus Δ mit $a\sigma = 0$, so erinnern wir uns daran, dass es in M drei unabhängige Elemente gleichen Exponentens $\geq \lambda$ gibt. Aus Hilfssatz 2.13. folgt die Existenz eines Elements b mit $a\mathfrak{M} \cap b\mathfrak{M} = 0$ und $e(a) = \lambda \leq e(b)$. Wir können Satz 3.6., (b.1.) [oder Folgerung 3.9., (I)] anwenden und es folgt $M_{\lambda+1} = 0$. Also gehört α zu $\Delta_{\lambda+1}$ und wir haben gezeigt, dass

$$\Delta_{\lambda+1} = \{\sigma \in \Delta \text{ mit } a\sigma = 0\} .$$

Man überzeugt sich nun von der Δ-Rechtsmodulisomorphie :

$$a\mathfrak{M} = a\Delta \cong \Delta/\Delta_{\lambda+1} .$$

Damit haben wir (d) bewiesen ; und wir können die zweite Aussage noch etwas prägnanter notieren :

(2) Gibt es in M Elemente vom Exponenten λ [z.B. wenn λ in Λ liegt], so ist der Δ-Rechtsmodul $\Delta/\Delta_{\lambda+1}$ ein $\mathfrak{w}$-Praemodul vom Exponenten λ .

Sei Ξ_λ für jedes λ aus Λ eine Restklasse aus $\Delta/\Delta_{\lambda+1}$ und für $\mu < \nu$ sei Ξ_ν eine Teilmenge von Ξ_μ . Alle Skalare aus Ξ_λ induzieren in der Untergruppe $M_{\lambda+1}$ denselben Endomorphismus ξ_λ und ξ_ν induziert ξ_μ in $M_{\mu+1}$. Da der primäre Praemodul M den Freiheitsgrad 3 hat, ist

$$M = \bigcup_{\lambda\in\Lambda} M_{\lambda+1} .$$

Hieraus folgt die Existenz von einem und nur einem Endomorphismus ξ der Gruppe M , der auf $M_{\lambda+1}$ mit λ aus Λ genau mit ξ_λ übereinstimmt. Man sieht sofort ein, dass ξ ein Skalar ist ; und aus (1) folgern wir, dass ξ der Durchschnitt aller Ξ_λ ist : wir haben auch (e) bewiesen.

BEMERKUNG 5.2. Wir haben nicht entscheiden können, ob die Rechtsideale des Ringes Δ stets der Bedingung $\mathfrak{w}$ genügen.

Satz 5.1. legt die Betrachtung der folgenden Struktur nahe : es sei R ein Ring mit 1 und $\mathfrak{P}$ sei eine Menge zweiseitiger Ideale mit folgenden Eigenschaften :

(1) $R \in \mathfrak{P}$.

(2) Jede nicht leere Teilmenge von $\mathfrak{P}$ enthält ein und nur ein maximales Ideal [Wohlordnung].

(3) $0 = \bigcap_{J\in\mathfrak{P}} J$.

(4) Für jedes $X \in \mathfrak{P}$ hat der Verband der Rechtsideale von R/X die Eigenschaft $\mathfrak{w}$.

(5) R ist vollständig bezgl. $\mathfrak{P}$.

Das Paar $R,\mathfrak{P}$ werde dann auch als *$\mathfrak{P}$-primärer Ring* bezeichnet.

Der Modul M über R heisse *$\mathfrak{P}$-zulässig*, wenn er folgender Bedingung genügt :

(6) Ist x ein Element aus M , so ist die Menge aller r aus R mit $xr = 0$ ein Ideal aus $\mathfrak{P}$.

Natürlich sind Untermoduln und direkte Summen $\mathfrak{P}$-zulässiger R-Moduln wieder $\mathfrak{P}$-zulässige R-Moduln.

SATZ 5.3. *Die folgenden Eigenschaften des primären Praemoduls M sind äquivalent :*

(A) *Der Ring $\Delta(M)$ der Skalare von M ist bezgl. der Familie Δ_ρ primär* *und* M *ist bezgl. dieser Familie zulässig.*

(B) *Es gibt einen primären Praemodul, der sich als direkte Summe dreier zu dem Praemodul* M *isomorpher Praemoduln darstellen lässt.*

(C) *Der Praemodul* M *lässt sich in einen primären Praemodul des Freiheitsgrades* 3 *einbetten.*

BEWEIS. Dass (B) aus (A) und (C) aus (B) folgt, ist ziemlich evident ; und dass (A) aus (C) folgt, ergibt sich leicht aus Satz 5.1.

§ 6. KOLLINEATIONEN UND SEMILINEARE ABBILDUNGEN.

Ist M ein Modul über dem Ringe P und N ein Modul über dem Ringe R , so verstehen wir unter *einer semilinearen Abbildung von* M *auf* N ein Paar $\alpha = (\alpha', \alpha'')$ mit folgenden Eigenschaften :

α' ist ein Isomorphismus der Gruppe M auf die Gruppe N ;

α'' ist ein Isomorphismus des Ringes P auf den Ring R ;

$(xy)^{\alpha'} = x^{\alpha'} y^{\alpha''}$ für x aus M und y aus P .

Es ist klar, dass die Abbildung $X \rightarrow X^{\alpha'}$ eine Kollineation des Verbandes der P-zulässigen Untergruppen [=Untermoduln] X von M auf den Verband der R-zulässigen Untergruppen von N ist : die von α induzierte Kollineation.

Wir erinnern daran, dass $\Delta = \Delta(M) = \Delta(M, \mathfrak{M})$ der Ring der Skalare des Praemoduls M ist.

SATZ 6.1. *Sind* A *und* B *primäre Praemoduln vom Freiheitsgrade* 3, *so wird jede Kollineation* σ *von* A *auf* B *durch eine semilineare Abbildung des* $\Delta(A)$*-Moduls* A *auf den* $\Delta(B)$*-Modul* B *induziert.*

BEWEIS. Es gibt ein Element $u \neq 0$ in A mit minimalem Exponenten $e(a) = \mu$. Natürlich ist dann

$$\mu = e(a) = e(a\mathfrak{A}) = e[(a\mathfrak{A})\sigma]$$

und $a\mathfrak{A}$ und $(a\mathfrak{A})\sigma$ sind beide $\mathfrak{w}$-Praemoduln und also zyklisch. Es gibt folglich ein Element b mit $(a\mathfrak{A})\sigma = b\mathfrak{B}$; und man überzeugt sich, dass $e(b) = \mu$ und b ein Element von minimalem Exponenten $[\neq 0]$ aus B ist.

Anwendung des Existenzsatzes (II) des § 4 zeigt die Existenz eines a auf b abbildenden, mit σ verträglichen Homomorphismus η der Gruppe A in die Gruppe B .

Da A und B primäre Praemoduln vom Freiheitsgrad 3 sind, haben sie wegen Lemma 2.14 auch den Freiheitsgrad 2. Da η mit σ verträglich und $a\eta = b \neq 0$ ist, wird

$$\varepsilon(\eta) = e[(a\mathfrak{A})\sigma/(a\eta)\mathfrak{B}] = e[b\mathfrak{B}/b\mathfrak{B}] = 0 .$$

Wir können den Zusatz des § 4 anwenden :

(+) η ist ein Isomorphismus von A auf B .

Anwendung von Satz 3.6., (b.3.) ergibt dann :

$0 = \varepsilon(\eta) = e[(x\mathfrak{A})\sigma/(x\eta)\mathfrak{B}]$ für jedes $x \neq 0$ aus A und hieraus folgt

(++) $(x\mathfrak{A})\sigma = (x\eta)\mathfrak{B}$ für jedes x aus A .

Also wird die Kollineation σ durch den Isomorphismus η induziert.

Sei nun ρ ein Skalar des Praemoduls A . Dann folgt aus (++), dass $\eta^{-1}\rho\eta = \rho^{\bar{\eta}}$ ein Skalar des Praemoduls B ist. Natürlich ist $\bar{\eta}$ ein Isomorphismus des Ringes $\Delta(A)$ auf den Ring $\Delta(B)$ und für a in A und ρ in $\Delta(A)$ gilt :

$$(a\rho)\eta = (a\eta)(\eta^{-1}\rho\eta) = (a\eta)\rho^{\bar{\eta}},$$

so dass das Paar $\eta, \bar{\eta}$ eine semilineare Abbildung des Moduls A über $\Delta(A)$ auf den Modul B über $\Delta(B)$ ist, die natürlich σ induziert.

Mathematisches Seminar
der Universität
Frankfurt am Main

DUALISIERBARE MODULN UND PRAEMODULN

Von Reinhold BAER

Helmut KNESER zum 70 Geburtstag gewidmet

Unter einem Praemodul verstehen wir ein Paar $A, \mathfrak{A}$, wobei A eine abelsche Gruppe und $\mathfrak{A}$ ein 0 und A enthaltender Verband von Untergruppen von A ist, der mit irgendeiner Teilmenge auch ihre Summe und ihren Durchschnitt enthält ; vergl. Baer [4; § 1] für die Grundbegriffe der Praemodultheorie. Die Praemoduln $A, \mathfrak{A}$ und $B, \mathfrak{B}$ heißen dual zueinander und beide heißen dualisierbar, wenn es eine eineindeutige, monoton abnehmende Abbildung von $\mathfrak{A}$ auf $\mathfrak{B}$ gibt.

Zunächst wollen wir an zwei wohlbekannte Dualitätskriterien erinnern :

A. Zu dem Vektorraum V über dem Körper K gibt es dann und nur dann einen dualen, wenn der Rang von V über K endlich ist ; vergl. etwa Baer [3 ; p. 96, Existence Theorem] .

B. Zu der abelschen Gruppe A gibt es dann und nur dann eine duale abelsche Gruppe, wenn A eine Torsionsgruppe mit endlichen Primärkomponenten ist; vergl. Baer [1 ; p. 122, Theorem] .

Beide Sätze haben es mit Moduln zu tun ; es handelt sich für uns darum, sie in umfassende Kriterien über die Dualisierbarkeit von Moduln einzubetten. Hierbei kann der Dualisierbarkeitsbegriff enger oder weiter gefasst werden, je nachdem, ob man fordert, dass die duale Struktur einer verwandten Klasse von Moduln angehört oder ein beliebiger Praemodul sein darf. Diese Kriterien finden sich in Satz 6.2. bezw. Satz 6.1.

Neuartige Phaenomene liefert die Diskussion des Dualitätskriteriums für Moduln über Bewertungsringen [§ 5]. Hier sei nur darauf hingewiesen, dass man Vollständigkeitskriterien für Bewertungsringe erhalten kann, wenn man die Existenz von dualen Moduln fordert ; vergl. besonders Zusatz 5.6. und 5.7.

Für ganz andersartige Verallgemeinerungen des Dualitätsproblems sei auf Kaplansky [1] und [2 ; p. 79/80] verwiesen.

Die benötigten Grundtatsachen aus der Theorie der Praemoduln finden sich in Baer [4]. Die dort eingeführten Begriffe und Bezeichnungen werden wir hier meist ohne besondere Erklärung benutzen.

§ 1. DER BEGRIFF DER DUALITÄT.

Sind $A, \mathfrak{A}$ und $B, \mathfrak{B}$ Praemoduln, so sei unter einer *Korrelation des Praemoduls* A *auf den Praemodul* B eine eineindeutige, monoton abnehmende Abbildung von $\mathfrak{A}$ auf $\mathfrak{B}$ verstanden. Diese vertauscht Summen und Durchschnitte ; und die zu einer Korrelation reziproke Abbildung ist wieder eine Korrelation. Produkte von zwei Korrelationen sind, wenn definiert, Kollineationen ; und Produkte von Korrelation und Kollineation sind, wenn definiert, Korrelationen.

Existiert eine Korrelation des Praemoduls A auf den Praemodul B , so heissen A *und* B *dual zueinander ;* und der Praemodul M heisse *dualisierbar,* wenn es einen zu M dualen Praemodul gibt.

TOTAL DIREKTE SUMMEN. Der Praemodul M ist die totale direkte Summe der Menge $\mathfrak{S}$ von Subpraemoduln von M , wenn gilt :

(a) $M = \sum_{X \in \mathfrak{S}} X$.

(b) $0 = X \cap \sum_{Y \in \mathfrak{S} - X} Y$ für jedes X aus $\mathfrak{S}$.

(c) $S = \sum_{X \in \mathfrak{S}} (S \cap X)$ für jeden Subpraemodul S von M .

Die Aussagen (a) und (b) besagen, dass die Gruppe $M = \sum^{o}_{X \in \mathfrak{S}} X$ die direkte Summe der Untergruppen in $\mathfrak{S}$ ist. - Genügt die Menge $\mathfrak{S}$ den Bedingungen (a), (b), (c), so deuten wir dies kurz durch

$$M = \sum^{oo}_{X \in \mathfrak{S}} X$$

an. Es folgt weiter : ist M die totale direkte Summe von $\mathfrak{S}$, so ist jeder Subpraemodul S von M die totale direkte Summe aller $S \cap X$ mit X in $\mathfrak{S}$.

Ist eine Menge $\mathfrak{T}$ von Praemoduln gegeben, so konstruiert man ihre totale direkte Summe folgendermassen :

die Gruppe M ist die direkte Summe aller Gruppen X in $\mathfrak{T}$;

eine Untergruppe U von M gehört dann und nur dann zu $\mathfrak{M}$, wenn $U = \sum_{X \in \mathfrak{T}} (U \cap X)$ ist. Man sieht sofort, dass dieser "äussere" Begriff der totalen direkten Summe sich mit dem zuerst definierten "inneren" Begriff deckt.

Man überzeugt sich mühelos von folgender Tatsache :

Ist der Praemodul M die totale direkte Summe der Menge $\mathfrak{S}$ von Subpraemoduln von M , so ist M dann und nur dann dualisierbar, wenn jeder Praemodul in $\mathfrak{S}$ dualisierbar ist.

Diesen einfachen Reduktionssatz werden wir - implizit und explizit - häufig benutzen.

Faktoren dualisierbarer Praemoduln sind dualisierbar.

Ist nämlich σ eine Korrelation des Praemoduls M auf den Praemodul N , sind A,B Subpraemoduln von M mit $A \subseteq B$, so sind die Faktorpraemoduln $B/A, \mathfrak{M}$ und $A^{\sigma}/B^{\sigma}, \mathfrak{N}$ zueinander dual.

Dieses recht triviale Prinzip wird uns ständig nützlich sein.

§ 2. DER ENDLICHKEITSSATZ FÜR DUALISIERBARE PRAEMODULN.

Die fraglichen Endlichkeitskriterien haben sämtlich ihre Quelle in einer leichten Verallgemeinerung des wohlbekannten Satzes, dass ein Vektorraum dann und nur dann in der Kategorie der Vektorräume dualisierbar ist, wenn sein Rang endlich ist. Hierzu definieren wir :

Der Praemodul M ist vom *Vektorraumtyp*, wenn der Verband $\mathfrak{M}$ dem Verbande der Unterräume eines Vektorraumes über einem nicht notwendig kommutativen Körper isomorph ist.

Zur Klärung dieses Begriffes sei an ein paar hierhergehörige geometrische Begriffsbildungen erinnert : der Praemodul $P, \mathfrak{P}$ heisse *Punkt*, wenn $P \neq 0$ ist und $\mathfrak{P}$ nur aus 0 und P besteht. Summen zweier verschiedener Punkte werden *Geraden* genannt.

LEMMA 2.1. *Der Praemodul* M *ist dann und nur dann vom Vektorraumtyp, wenn*

(a) M *eine Summe von Punkten ist und*

(b) *Geraden in* M *wenigstens drei Punkte tragen.*

BEWEIS. Die Notwendigkeit der Bedingungen (a), (b) ist klar. Gelten umgekehrt die Bedingungen (a), (b), so leiten wir eine Reihe von [abstrakten] Eigenschaften des Verbandes $\mathfrak{M}$ ab.

(I) $\mathfrak{M}$ ist ein modularer Verband.

Denn $\mathfrak{M}$ ist ein Verband von Untergruppen einer abelschen Gruppe.

(II) Teilmengen von $\mathfrak{M}$ besitzen obere und untere Grenzen, nämlich Summe und Durchschnitt.

(III) Jedes Element aus $\mathfrak{M}$ ist Summe seiner Punkte.

Dies folgt wegen (I), (II), (a) aus wohlbekannten Sätzen der Verbandstheorie.

(IV) $\mathfrak{M}$ ist ein komplementierter Verband.

Ist nämlich $X \in \mathfrak{M}$, so gibt es ein bezgl. $X \cap Y = 0$ maximales Y in $\mathfrak{M}$ [Maximumprinzip der Mengenlehre]. Wäre $X+Y \subset M$, so gäbe es wegen (a) einen nicht in $X+Y$ enthaltenen Punkt P in M. Es folgte $X \cap (Y+P) = 0$ aus (I), ein Widerspruch der das gewünschte $M = X \oplus Y$ nach sich zieht.

(V) Ist $\mathfrak{S}$ eine Teilmenge von $\mathfrak{M}$ und der Punkt $P \subseteq \sum_{X \in \mathfrak{S}} X$, so gibt es eine endliche Teilmenge $\mathfrak{C}$ von $\mathfrak{S}$ mit $P \subseteq \sum_{X \in \mathfrak{C}} X$.

Denn Punkte sind zyklisch.

(VI) $\mathfrak{M}$ ist verbandsunzerlegbar [d.h. keine echte totale direkte Summe].

Folgt aus (b).

Es ist aber ein bekannter Satz aus den Grundlagen der Geometrie - vgl. etwa Baer [3 ; p. 302, Theorem] - dass Verbände mit den Eigenschaften (a), (b), (I) - (VI) dem Verband der Unterräume eines Vektorraumes isomorph sind.

SATZ 2.2. *Der Praemodul* M *vom Vektorraumtyp ist dann und nur dann dualisierbar, wenn der Rang von* M *endlich ist.*

BEWEIS. Ist erstens M von endlichem Range, so ist der Verband $\mathfrak{M}$ isomorph dem Verbande aller Unterräume des Vektorraumes V über dem Körper K ; und der Rang von V über K ist endlich. Der zu V adjungierte Raum V^* über K [=Raum aller linearen Abbildungen von V in K], ein Linksvektorraum über K, wenn V ein Rechtsvektorraum über K ist, hat denselben endlichen Rang wie K ; und die Annullatorbeziehung stellt die gewünschte Korrelation zwischen V und V^* her ; vergl. Baer [3 ; p. 32, Theorem 3]. Mit V ist aber auch M dualisierbar.

Wir nehmen zweitens an, dass der Rang von M unendlich ist. Dann gibt es eine Folge von Punkten P_i in M mit

$$P_{i+1} \cap \sum_{j=1}^{i} P_j = 0 \text{ ;}$$

und hieraus folgt die Unabhängigkeit der Punkte P_i .
Wir setzen

$$S = \sum_{i=1}^{\infty} P_i \text{ .}$$

Dies ist ein Subpraemodul von M und die Punkte P_i bilden eine Basis von S . Da M vom Vektorraumtyp ist, trägt die Gerade P_i+P_{i+1} einen dritten Punkt Q_i und es ist

$$P_i \oplus P_{i+1} = P_{i+1} \oplus Q_i = Q_i \oplus P_i \quad \text{für} \quad i = 1,2,\ldots \text{ .}$$

Wir setzen

$$H = \sum_{i=1}^{\infty} Q_i \text{ .}$$

Aus $P_n+P_{n+1} = P_n+Q_n$ und $P_n+P_{n-1} = P_n+Q_{n-1}$ folgert man leicht $H+P_n = S$ für jedes n .
Wäre $P_n \subseteq H$, so gäbe es eine ganze Zahl k mit

$$P_n \subseteq \sum_{i=1}^{k} Q_i \text{ ;}$$

und aus $P_j+P_{j+1} = P_j+Q_j$ und $P_j+P_{j-1} = P_j+Q_{j-1}$ folgert man leicht $n \leq k+1$ und

$$\sum_{i=1}^{k+1} P_n = \sum_{i=1}^{k} Q_i \text{ ,}$$

ein Widerpruch. Damit folgt aber, dass $S = H \oplus P_n$ für jedes n gilt : H ist eine Hyperebene in S .

Wäre M dualisierbar, so wäre auch S dualisierbar. Sei $\mathfrak{S}$ der Verband der Subpraemoduln des Subpraemoduls S von M . Es existiert dann ein Praemodul T und eine eineindeutige, monoton abnehmende Abbildung σ von $\mathfrak{S}$ auf $\mathfrak{T}$.

Da H eine Hyperebene in S ist, ist H^σ ein Punkt in $\mathfrak{T}$. Wir setzen

$$P_n^* = \sum_{i \neq n} P_i \text{ .}$$

Dann ist

$$S = P_n \oplus P_n^* \text{ ,}$$

so dass P_n^* eine Hyperebene in S ist. Weiter ist $0 = \bigcap_{n=1}^{\infty} P_n^*$.

Es folgt, dass jedes $P_n^{*\sigma}$ ein Punkt in T ist, und dass $T = \sum_{n=1}^{\infty} P_n^{*\sigma}$ ist. Der Punkt H^σ in T ist in einer endlichen Teilsumme enthalten. Also gibt es eine ganze Zahl m mit

$$H^\sigma \subseteq \sum_{n=1}^{m} P_n^{*\sigma} .$$

Es folgt

$$H \supseteq \bigcap_{n=1}^{m} P_n^* \supseteq P_{m+1}$$

im Widerspruch zu

$$S = H \oplus P_{m+1} .$$

Dieser Widerspruch beendet den Beweis.

FOLGERUNG 2.3. *Ist der Praemodul* M *dualisierbar, ist jeder Faktorpraemodul von* M *, der eine Summe von Punkten ist, vom Vektorraumtyp, so ist jede Menge unabhängiger Subpraemoduln von* M *endlich.*

BEWEIS. Sei $\mathfrak{S}$ eine Menge unabhängiger Subpraemoduln von M. Wir können annehmen, dass jeder Subpraemodul aus $\mathfrak{S}$ von Null verschieden ist. Dann wählen wir in jedem $X \in \mathfrak{S}$ ein Element $x^* \neq 0$ aus, und die Menge $\mathfrak{S}^*$ all dieser x^* ist eine unabhängige Elementenmenge mit $|\mathfrak{S}| = |\mathfrak{S}^*|$. In jedem zyklischen Subpraemodul $x^*\mathfrak{M}$ gibt es einen maximalen Subpraemodul X^{**}, so dass $x^*\mathfrak{M}/X^{**}$ ein Punkt ist. Wir setzen

$$F = \sum_{X \in \mathfrak{S}} x^*\mathfrak{M} / \sum_{X \in \mathfrak{S}} X^{**} .$$

Da die beiden Summen direkt sind, ist

$$F \simeq \sum_{X \in \mathfrak{S}}^{\oplus} [x^*\mathfrak{M}/X^{**}]$$

eine direkte Summe von $|\mathfrak{S}|$ Punkten. Nach Voraussetzung ist F vom Vektorraumtyp. Da M dualisierbar ist, ist auch F dualisierbar. Anwendung von Satz 2.2. ergibt die Endlichkeit des Ranges von F, also die Endlichkeit von $\mathfrak{S}$.

FOLGERUNG 2.4. *Der zyklische Praemodul* M *sei dualisierbar und der Durchschnitt der maximalen Subpraemoduln von* M *sei gleich* 0. *Dann ist* M *eine Summe endlich vieler Punkte.*

BEWEIS. Sei N ein zu M dualer Praemodul und σ eine Korrelation von M auf N. Ist $\mathfrak{S}$ die Menge aller maximalen Subpraemoduln von M, so ist S^σ die Menge aller Punkte von N. Da $0 = \bigcap_{X \in \mathfrak{S}} X$ ist, ist $N = \sum_{X \in \mathfrak{S}} X^\sigma$ eine Summe von Punkten. Ist P irgendein Punkt in N, so gibt es einen maximalen, $P \cap Q = 0$ erfüllenden Subpraemodul Q von N. Da N eine Summe von Punkten ist, würde $P+Q \subset N$ die Existenz eines nicht in $P+Q$ enthaltenen Punktes R aus N nach sich ziehen. Dann wäre aber $Q \subset Q+R$ und also $P \cap (Q+R) \neq 0$, woraus der Widerspruch $P \subseteq Q+R$ und also $Q+R = P+Q$ folgen würde. Wir haben gezeigt, dass $P+Q = N$ ist. Ist $\mathfrak{H}$ die Menge aller Hyperebenen in N, so ist $0 = \bigcap_{h \in \mathfrak{H}} H$, weil N eine Summe von Punkten ist und es zu jedem Punkt in N eine dazu komplementäre Hyperebene gibt. Hieraus folgt, dass $M = \sum_{h \in \mathfrak{H}} H^\sigma$ eine Summe von Punkten ist. Da M zyklisch ist, ist M also auch eine Summe endlich vieler Punkte.

Wir haben offenbar ein wenig mehr bewiesen, nämlich die

FOLGERUNG 2.4*. *Ist der Praemodul* M *dualisierbar und der Durchschnitt seiner maximalen Subpraemoduln gleich* 0, *so ist* M *eine Summe von Punkten.*

Unter den in Folgerung 2.4 über M gemachten Voraussetzungen kann man sogar zeigen, dass M eine totale direkte Summe von Subpraemoduln ist, die vom Vektorraumtyp sind und endlichen Rang haben.

LEMMA 2.5. *Der dualisierbare Praemodul* M *besitze eine Menge* $\mathfrak{T}$ *von Subpraemoduln mit folgenden Eigenschaften :*

(a) *Liegen* X *und* Y *in* $\mathfrak{T}$, *so ist* $X \subseteq Y$ *oder* $Y \subset X$.

(b) $\bigcap_{X \in \mathfrak{T}} X = 0$.

Dann enthält jeder maximale Subpraemodul von M *wenigstens ein* X *aus* $\mathfrak{T}$.

BEWEIS. Da M dualisierbar ist, so gibt es eine Korrelation σ von M auf einen Praemodul N. Die Menge $\mathfrak{T}^\sigma$ der X^σ mit X aus $\mathfrak{T}$ genügt selbsvertändlich der Vergleichbarkeitsbedingung (a) und der Bedingung

(b') $\sum_{X \in \mathfrak{T}} X^\sigma = N$.

Ist A ein maximaler Subpraemodul von M, so ist A^σ ein Punkt in N und also zyklisch. Aus (a), (b') folgt dann die Existenz eines X in $\mathfrak{T}$ mit $A^\sigma \subseteq X^\sigma$ und hieraus folgt das gewünschte $X \subseteq A$.

§ 3. DIE ZERLEGBARKEIT DUALISIERBARER MODULN IN PRIMÄRE.

Wir wollen hier eine Klasse von Ringen beschreiben, die in ihrer Idealstruktur grosse Ähnlichkeit mit den kommutativen Ringen haben, und deren Eigenschaften so ausgewählt sind, dass die Moduln über ihnen die von uns benötigten gruppen-bezw. praemodultheoretischen Eigenschaften haben.

Alle betrachteten Ringe R besitzen eine Ringeins 1. Statt "zweiseitiges Ideal" werden wir stets kurz "Ideal" sagen. Aus der Existenz der 1 und dem Maximumprinzip der Mengenlehre folgt die Existenz maximaler Ideale.

(3.1.) *Ist* J *ein maximales Ideal in* R, *sind* U, V *Ideale in* R, *die nicht in* J *enthalten sind, so ist auch* UV, *und erst recht* $U \cap V$, *nicht in* J

enthalten.

BEWEIS. Es ist nämlich $R = J+U = J+V$ und also

$$J \subset R = R^2 = (J+U)(J+V) = J^2+UJ+JV+UV = J+UV ,$$

woraus $UV \not\subseteq J$ folgt.

Das Ideal Q *in* R *heisse primär, wenn es in einem und nur einem maximalen Ideal, dem zugehörigen maximalen Ideal, enthalten ist.*

Primäre Ideale sind von R verschieden und jedes von R verschiedene Ideal ist in wenigstens einem maximalen Ideal enthalten, im allgemeinen aber in mehreren. Maximale Ideale sind stets primär. Ist Q ein primäres Ideal und J das zugehörige maximale Ideal, ist L ein Ideal mit $Q \subseteq L \subset R$, so ist auch L primär und J gehört zu L, da ja L in einem maximalen Ideal enthalten ist.

(3.2.) *Die folgenden Eigenschaften der endlich vielen Primärideale* $Q_1,\dots,Q_n$ *und des maximalen Ideals* J *sind äquivalent :*

(a) J *gehört zu einem der* Q_i .

(b) $Q_1 \cap \dots \cap Q_n \subseteq J$.

(c) $Q_1 \dots Q_n \subseteq J$.

BEWEIS. Es ist klar, dass (b) aus (a) und (c) aus (b) folgt. Gilt (c), so gibt es ein kleinstes k mit $Q_1 \dots Q_k \subseteq J$.
Natürlich ist $1 \leq k \leq n$. Ist insbesondere $k = 1$, so gehört J zu Q_1 . Ist aber $1 < k$, so gilt wegen der Minimalität von k gleichzeitig

$$Q_1 \dots Q_{k-1} \not\subseteq J, [Q_1 \dots Q_{k-1}] Q_k \subseteq J ;$$

und aus (3.1.) folgt

$Q_k \subseteq J$, d.h. die Zugehörigkeit von J zu Q_k, wegen der Maximalität von J. Damit haben wir (a) aus (c) abgeleitet : (a) - (c) sind äquivalent.

(3.3.) *Sind die zu den endlich vielen Primäridealen* $Q_1,\dots,Q_n$ *gehörenden maximalen Ideale paarweise verschieden, so ist*

(A) $R = Q_1 \dots Q_i + Q_{i+1} \dots Q_n$ *für jedes* i *mit* $0 \leq i < n$ *und*

(B) $Q_1 \cap \dots \cap Q_n = \sum Q_{i_1} \dots Q_{i_n}$,

wobei die Summe über alle Permutationen $j \longrightarrow i_j$ *der Zahlen* $j = 1,\dots,n$ *zu erstrecken ist.*

BEWEIS. Sei $0 < i < n$. Wäre

$$W = Q_1 \dots Q_i + Q_{i+1} \dots Q_n \subset R ,$$

so folgte aus der Existenz der Ringeins und dem Maximumprinzip der Mengenlehre die Existenz eines maximalen Ideals J mit $W \subseteq J$. Aus (3.2.) folgt dann die Existenz von Zahlen a,b mit $1 \leq a \leq i$, $i+1 \leq b \leq n$ derart, dass J sowohl zu Q_a als auch zu Q_b gehört. Dies widerspricht unserer Voraussetzung. Also ist $W = R$ und (A) ist bewiesen.

Da die Aussage (B) sicherlich für $n = 1$ richtig ist, können wir annehmen, dass $1 < n$ und

$$(+)\quad Q_1 \cap \ldots \cap Q_{n-1} = \sum Q_{i_1} \ldots Q_{i_{n-1}}$$

ist, wobei die Summe über alle Permutationen der Zahlen $j = 1,\ldots,n-1$ zu erstrecken ist.

Weiter gilt trivialerweise

$$(++)\quad \sum Q_{i_1} \ldots Q_{i_n} \subseteq Q_1 \cap \ldots \cap Q_n ,$$

wobei die Summe über alle Permutationen der Zahlen $j = 1,\ldots,n$ zu erstrecken ist.

Aus (A) folgt $R = Q_1 \ldots Q_{n-1} + Q_n$. Insbesondere gibt es Elemente p_n in $Q_1 \ldots Q_{n-1}$ und q in Q_n mit $1 = p+q$. Ist nun d ein Element aus $\bigcap_{i=1} Q_i$, so liegt $d = dp+dq$ in

$$Q_n Q_1 \ldots Q_{n-1} + [Q_1 \cap \ldots \cap Q_{n-1}] Q_n \subseteq Q_n Q_1 \ldots Q_{n-1} + \sum Q_{i_1} \ldots Q_{i_{n-1}} Q_n ,$$

wobei die Summe über alle Permutationen $j \rightarrow i_j$ der Zahlen $j = 1,\ldots,n-1$ zu erstrecken ist. Also wird

$$Q_1 \cap \ldots \cap Q_n \subseteq Q_n Q_1 \ldots Q_{n-1} + \sum Q_{i_1} \ldots Q_{i_{n-1}} Q_n$$

und hieraus folgt in Verbindung mit (++) sofort unsere Behauptung (B).

BEMERKUNG. Wir haben nicht entscheiden können, ob man (B) durch $Q_1 \cap \ldots \cap Q_n = Q_1 \ldots Q_n$ ersetzen kann. Dies ist offenbar mit der Kommutativität der Multiplikation von Primäridealen, zu denen verschiedene maximale Ideale gehören, äquivalent.

Ist J ein maximales Ideal, so gibt es natürlich primäre Ideale [wie etwa J selbst], deren zugehöriges maximales Ideal J ist. Wir nennen diese primären Ideale die zu J gehörigen Primärideale ; und wir fordern :

(I) *Gehören die Primärideale* A, B *zum gleichen maximalen Ideal, so ist* $A \subseteq B$ *oder* $B \subset A$.

(II.r) *Rechtsideale in* R *sind zweiseitig.*

Ist J ein maximales Ideal in R, so ist R/J ein Ring mit 1, der wegen (II.r) keine eigentlichen Rechtsideale besitzt und also bekanntlich ein Körper ist.

Sei M ein [Rechts-]Modul über R. Ist x ein Element aus M, so ist *die Ordnung* $o(x)$ *von* x die Menge der Elemente r aus R mit $xr = 0$. Natürlich ist $o(x)$ ein Rechtsideal, wegen (II.r) also ein Ideal. Es folgt

(3.4.) $o(x) \subseteq o(xr)$ *für* x *aus* M *und* r *aus* R.

Definieren wir entsprechend *die Ordnung* $o(T)$ *der Teilmenge* T *von* M als die Menge aller r aus R mit $Tr = 0$, so ist auch $o(T)$ ein Ideal und es gilt :

(3.5.) $o(T) = o(TR) = o(\sum_{t \in T} tR)$.

Ist J ein maximales Ideal in R , so ist die J-Komponente von M durch

M_J = Menge aller x aus M , deren Ordnung $o(x)$ ein zu J gehöriges Primärideal oder R ist

definiert.

(3.6.) *M_J ist für jedes maximale Ideal J ein Untermodul von M .*

BEWEIS. Ist x ein Element aus M_J und r ein Element aus R , so ist entweder $x = 0$ oder $o(x)$ ist ein zu J gehöriges Primärideal. Aus (3.4.) folgt $o(x) \subseteq o(xr)$, so dass entweder $xr = 0$ oder $o(xr)$ ein zu J gehöriges Primärideal ist und also xr gewiss zu M_J gehört.

Sind x,y Elemente aus M_J , so gehört $x+y$ gewiss dann zu M_J , wenn x oder $x+y$ gleich 0 ist. Wir nehmen also an, dass weder x noch y noch $x+y$ gleich 0 ist. Nach Voraussetzung sind $o(x)$ und $o(y)$ zu J gehörige Primärideale ; und aus (I) folgt die Vergleichbarkeit der Ideale $o(x)$ und $o(y)$. Wir nehmen o.B.d.A. an, dass $o(x) \subseteq o(y)$ ist. Dann gilt aber sicherlich

$$(x+y)o(x) = 0 ;$$

und hieraus folgt $o(x) \subseteq o(x+y) \subset R$, woraus sich nach einer früheren Bemerkung ergibt, dass $o(x+y)$ ein zu J gehöriges Primärideal ist, und dass also $x+y$ zu M_J gehört.

(3.7.) *Ist $\mathfrak{C}$ eine endliche Menge von maximalen Idealen aus R , liegt $x \neq 0$ in $\sum_{J \in \mathfrak{C}} M_J$, so ist $o(x)$ nur in maximalen Idealen aus $\mathfrak{C}$ enthalten und $o(x)$ enthält einen Durchschnitt von Primäridealen, die zu maximalen Idealen aus $\mathfrak{C}$ gehören.*

BEWEIS. Es ist $x = \sum_{J \in \mathfrak{C}} x(J)$, wobei die $x(J)$ geeignete Elemente aus M_J sind. Die Menge $\mathfrak{C}'$ der J aus $\mathfrak{C}$ mit $x(J) \neq 0$ ist wegen $x \neq 0$ nicht leer. Es ist $x = \sum_{J \in \mathfrak{C}'} x(J)$ und jedes $o[x(J)]$ mit J aus $\mathfrak{C}'$ ist ein zu J gehöriges Primärideal. Es ist

$$x \bigcap_{J \in \mathfrak{C}'} o[x(J)] = 0 \quad \text{und also} \quad \bigcap_{J \in \mathfrak{C}'} o[x(J)] \subseteq o(x) .$$

Damit ist die zweite Aussage bewiesen.

Ist nun L ein maximales Ideal mit $o(x) \subseteq L$, so ist erst recht

$$\bigcap_{J \in \mathfrak{C}'} o[x(J)] \subseteq o(x) \subseteq L ;$$

und aus (3.9.) folgern wir, dass L eines der J aus $\mathfrak{C}'$ ist und also zu $\mathfrak{C}$ gehört.

(3.8.) *Die Summe der M_J ist ihre direkte Summe.*

BEWEIS. Wäre dies falsch, so gäbe es ein maximales Ideal J mit

$$0 \neq M_J \cap \sum_{X \neq J} M_X .$$

Ist dann $x \neq 0$ in diesem Durchschnitt enthalten, so gibt es eine endliche Menge $\mathfrak{C}$ von J verschiedener maximaler Ideale mit

$$x \in \sum_{X \in \mathfrak{C}} M_X .$$

Wegen (3.7.) ist $o(x)$ nur in maximalen Idealen aus $\mathfrak{C}$ enthalten. Also ist $o(x) \not\subseteq J$, so dass $o(x)$ zwar von R verschieden, aber kein zu J gehöriges Primärideal sein kann. Dies widerspricht der Zugehörigkeit von $x \neq 0$ zu M_J; und aus diesem Widerspruch folgt (3.8.).

Als *Torsionsuntermodul* $\mathfrak{t}M$ *von* M bezeichnen wir $\mathfrak{t}M = \sum_J M_J$, wobei die Summe über alle maximalen Ideale zu erstrecken ist ; und die Elemente aus $\mathfrak{t}M$ heissen *Torsionselemente.*

(3.9.) *Die folgenden Eigenschaften des Elements* $x \neq 0$ *in* M *sind äquivalent :*

(a) x *ist ein Torsionselement.*

(b) *Es gibt eine endliche Menge* $\mathfrak{C}$ *von Primäridealen in* R *mit* $\bigcap_{Q \in \mathfrak{C}} Q \subseteq o(x)$.

(c) *Es gibt endlich viele paarweise zu verschiedenen maximalen Idealen gehörige Primärideale* $Q_1, \ldots, Q_n$ *in* R *mit* $Q_1 \cap \ldots \cap Q_n \subseteq o(x)$.

BEWEIS. Ist erstens x ein Torsionselement, so gibt es eine endliche Menge $\mathfrak{C}$ von maximalen Idealen aus R mit $x \in \sum_{J \in \mathfrak{C}} M_J$. Anwendung von (3.7.) zeigt die Gültigkeit von (b).

Gilt zweitens (b), so gibt es eine kleinste endliche Menge $\mathfrak{C}$ von Primäridealen mit $\bigcap_{Q \in \mathfrak{C}} Q \subseteq o(x)$. Gehörten die Ideale $A \neq B$ aus $\mathfrak{C}$ zum gleichen maximalen Ideal J, so sind A und B wegen (I) vergleichbar. Wir können o.B.d.A. annehmen, dass $A \subseteq B$ ist. Dann wird

$$\bigcap_{Q \in \mathfrak{C} - B} Q = \bigcap_{Q \in \mathfrak{C}} Q \subseteq o(x)$$

im Widerspruch zur Minimalität von $\mathfrak{C}$. Also gehören die Primärideale aus $\mathfrak{C}$ paarweise zu verschiedenen maximalen Idealen. Bedenken wir noch, dass jedes Produkt von Idealen in seinem Durchschnitt enthalten ist, so sehen wir, daß (c) aus (b) folgt.

Um zu zeigen, dass (a) aus (c) folgt, betrachten wir endlich viele, paarweise zu verschiedenen maximalen Idealen gehörige Primärideale $Q_1, \ldots, Q_n$ und ein Element x in M mit $Q_1 \cap \ldots \cap Q_n \subseteq o(x)$. Ist $n = 1$, so ist x gewiss ein Torsionselement. Wir können also annehmen, dass $1 < n$ und jedes Element y aus M mit

(+) $Q_1 \cap \ldots \cap Q_{n-1} \subseteq o(y)$

ein Torsionselement ist. Aus (3.3., A) folgt $R = \bigcap_{i=1}^{n-1} Q_i + Q_n$. Folglich gibt es Elemente u in $\bigcap_{i=1}^{n-1} Q_i$ und v in Q_n mit $1 = u+v$. Da

$$uQ_n \subseteq [\bigcap_{i=1}^{n-1} Q_i]Q_n \subseteq \bigcap_{i=1}^{n} Q_i \subseteq o(x) ,$$

$$v\bigcap_{i=1}^{n-1} Q_i \subseteq Q_n \bigcap_{i=1}^{n-1} Q_i \subseteq \bigcap_{i=1}^{n} Q_i \subseteq o(x)$$

ist, so wird

$$(xu)Q_n \subseteq xo(x) = 0 \quad \text{und} \quad Q_n \subseteq o(xu) ,$$

$$(xv)\bigcap_{i=1}^{n-1} Q_i \subseteq xo(x) = 0 \quad \text{und} \quad \bigcap_{i=1}^{n-1} Q_i \subseteq o(xv) .$$

Selbstverständlich ist xu ein Torsionselement ; und aus (+) folgt, dass auch xv eines ist. Also ist $x = xu+xv$ ein Torsionselement ; und wir haben die Äquivalenz von (a) - (c) bewiesen.

(3.10.) $\mathfrak{t}M$ *ist die totale direkte Summe der Primärkomponenten* M_J [*für alle maximalen Ideale* J] .

BEWEIS. Aus (3.8.) folgt bereits $\mathfrak{t}M = \sum_J^{\infty} M_J$. Ist x ein Element aus $\mathfrak{t}M$, so betrachten wir den Untermodul $N = xR$ von M . Da x in $\mathfrak{t}M$ liegt, gibt es wegen (3.9.) eine endliche Menge $\mathfrak{C}$ von Primäridealen mit $\bigcap_{Q \in \mathfrak{C}} Q \subseteq o(x)$. Anwendung von (3.9.) auf N in der umgekehrten Richtung ergibt $x \in \mathfrak{t}N$ und also $N = xR = \mathfrak{t}N$. Es folgt $N = \mathfrak{t}N = \sum_J N_J$ und hieraus folgt

$$x = \sum x_J \quad \text{mit} \quad x_J \in N_J \subseteq N \cap M_J .$$

Damit haben wir

$$xR = \sum_J [xR \cap M_J] \quad \text{für jedes } x \text{ in } \mathfrak{t}M$$

gezeigt ; und hieraus folgert man mühelos

$$U = \sum_J [U \cap M_J]$$

für jeden Untermodul U von $\mathfrak{t}M$, so dass $\mathfrak{t}M = \sum_J^{\circ} M_J$ ist.

Wir führen noch ein weiteres Postulat ein.

(III) *Jedes von* R *verschiedene Ideal ist Durchschnitt primärer Ideale.*

Dieses Postulat besagt nicht, dass die von R verschiedenen Ideale sich als Durchschnitt endlich vieler primärer Ideale darstellen lassen. Vielmehr ist es offenbar mit folgendem Postulat gleichwertig :

(III*) *Jedes Ideal aus* R *ist Durchschnitt der es enthaltenden primären Ideale.*

Denn R ist Durchschnitt der leeren Menge von Idealen.

SATZ 3.11. *Genügt der Ring* R *den Bedingungen* (I), (II.r) *und* (III), *ist der* R-*Modul* M *in der Kategorie der Praemoduln dualisierbar, so ist* $M = \mathfrak{t}M$ *ein Torsionsmodul.*

BEWEIS. Ist $x \neq 0$ ein Element aus M, so ist mit M auch der Untermodul xR von M dualisierbar. Ist $\mathfrak{P}$ die Menge der maximalen Untermoduln von xR und $D = \bigcap_{X \in \mathfrak{P}} X$, so ist auch xR/D dualisierbar. Wir können Folgerung 2.4. anwenden und erhalten, daß xR/D eine Summe endlich vieler Punkte ist. Dies ist gleichwertig damit, daß 0 der Durchschnitt endlich vieler maximaler Untermoduln von xR/D ist ; und dies ist wiederum gleichwertig mit

(1) $D = \bigcap_{X \in \mathfrak{P}} X$ ist der Durchschnitt endlich vieler maximaler Untermoduln von xR.

Die Abbildung $r \longrightarrow xr$ bewirkt eine Isomorphie der R-Rechtsmoduln R/o(x) und xR. Anwendung von (1) ergibt :

(2) Es gibt eine endliche Menge $\mathfrak{C}$ maximaler Ideale in R, die o(x) enthalten derart, dass $\bigcap_{J \in \mathfrak{C}} J$ genau der Durchschnitt aller o(x) enthaltenden maximalen Ideale ist.

Anwendung von (3.2.) ergibt : Ist J ein maximales Ideal mit $\bigcap_{X \in \mathfrak{C}} X \subseteq J$, so ist $X \subseteq J$ für wenigstens ein X in $\mathfrak{C}$. Da aber X und J maximale Ideale sind, ist $X = J$, gehört also zu $\mathfrak{C}$. In Verbindung mit (2) ergibt sich nun :

(3) Die Menge $\mathfrak{C}$ der o(x) enthaltenden maximalen Ideale in R ist endlich.

Sei J irgendein maximales Ideal aus R mit $o(x) \subseteq J$. Wir betrachten den Durchschnitt Q der Menge $\mathfrak{A}$ aller Primärideale X von R mit $o(x) \subseteq X \subseteq J$. Diese Menge $\mathfrak{A}$ ist wegen (I) vollständig durch die Enthaltenseinsbeziehung geordnet. Mit xR ist auch der isomorphe Modul R/o(x) und sein epimorphes Bild R/Q dualisierbar. Ist L ein maximales Ideal von R mit $Q \subseteq L$, so folgt aus Lemma 2.5., dass L wenigstens ein X aus $\mathfrak{A}$ enthält und daraus folgt $L = J$, da X primär mit zugehörigem maximalen Ideal J ist. Das zeigt aber, dass auch Q primär mit zugehörigem maximalen Ideal J ist. Wir haben gezeigt :

(4) Ist J ein maximales Ideal von R mit $o(x) \subseteq J$, ist Q der Durchschnitt aller zu J gehörigen, o(x) enthaltenden Primärideale, so ist auch Q ein zu J gehöriges, o(x) enthaltendes Primärideal.

Zu jedem X auf $\mathfrak{C}$ gehört wegen (4) ein eindeutig bestimmtes minimales o(x) enthaltendes, zu X gehöriges primäres Ideal X^*. Aus (4) folgt :

$\bigcap_{X \in \mathfrak{C}} X^*$ = Durchschnitt aller o(x) enthaltenden primären Ideale.

Wegen (III^*) [und $x \neq 0$] ist o(x) Durchschnitt aller o(x) enthaltenden primären Ideale.

Es folgt $o(x) = \bigcap_{X \in \mathfrak{C}} X^*$.

Da $\mathfrak{C}$ wegen (3) endlich ist, haben wir gezeigt :

(5) $o(x)$ ist für $x \neq 0$ der Durchschnitt endlich vieler primärer Ideale.

Anwendung von (3.9.) ergibt, dass x ein Torsionselement und also $M = \mathfrak{t}M$ ist.

§ 4. MODULN ÜBER PRIMÄREN RINGEN.

Ein Ring R mit 1 möge *primär* heissen, wenn er den folgenden Bedingungen genügt :

(P.I) *Jedes Rechtsideal und Linksideal ist zweiseitig.*

(P.II) *Die Menge der von* 0 *verschiedenen Ideale ist durch die Beziehung des Enthaltenseins invers wohlgeordnet vom Ordnungstyp* ω .

DISKUSSION. **A.** Postulat (P.I) ist die "symmetrisierte" und verschärfte Form von § 3, (II.r.). - Aus (P.II) folgt, dass es ein und nur ein maximales Ideal gibt, dass also jedes Ideal primär im Sinne des § 3 ist. Es folgt, dass auch die Postulate (I) und (III) des § 3 erfüllt sind, die Ringe mithin "zulässig" sind.

B. Es würde nicht genügen zu fordern, dass die Rechtsideale zweiseitig sind. Dies zeigt ein Beispiel von Baer [2 ; p. 310/311], dessen Rechtsideale zweiseitig sind und dessen Rechtsidealkette aus 0 , dem maximalen Ideal und R besteht. Eine modultheoretische Charakterisierung der Bedingung, dass auch die Linksideale zweiseitig sind, enthält Baer [2 ; p. 308, Theorem II.4.] . Man kann auch zeigen :

Ist jedes Rechtsideal zweiseitig, gilt (P.II), so ist dann und nur dann jedes Linksideal zweiseitig, wenn R frei von Nullteilern ist.

C. Die Beschränkung auf den Ordungstyp ω in (P.II) stellt für unsere Zwecke kaum einen Verlust an Allgemeinheit dar. Wäre nämlich der Ordnungstyp $\mu > \omega$, so gäbe es ein Idealpaar A, B mit folgenden Eigenschaften : $A \subset B$, B/A ist ein minimales Ideal von R/A und der Verband der von 0 verschiedenen Ideale von R/A hat den Ordnungstyp $\omega+1$. Sehen wir dann R/A als Modul über R an , so überzeugt man sich leicht davon, dass R/A in der Kategorie der R-Moduln nicht dualisierbar ist : ein etwaiger zu R/A dualer R-Modul wäre zyklisch mit Untermodulverband vom Ordungstyp $1+\omega^*$ und so etwas kommt im Idealverband von R nicht vor.

Überdies hat mir Herr Dr. Brungs mitgeteilt, daß unter Voraussetzung der Nullteilerfreiheit die ω-Voraussetzung aus den übrigen Annahmen abgeleitet werden kann.

D. Wäre 0 ein maximales Ideal, so wäre R ein Körper und die Moduln über R wären die Vektorräume, deren Dualitätstheorie von unserem Standpunkt aus als wohlbekannt angesehen werden kann.

Es gibt in R ein und nur ein maximales Ideal P, das auch durch die folgende einfache Eigenschaft charakterisiert werden kann.

(4.1.) *Ein Element aus* R *ist dann und nur dann eine Einheit [besitzt ein Inverses], wenn es nicht in* P *liegt. –* R/P *ist also ein Körper.*

Den einfachen Beweis können wir dem Leser überlassen ; vergl. etwa Baer [2, p. 304, (iv)].

(4.2.) *Jedes von* 0 *verschiedene Ideal in* R *hat die Form* P^i *mit* $0 \leq i < \omega$ *und* $0 = \bigcap_{i=0}^{\infty} P^i$.

Vergl. Baer [2, p. 304, (v)] .

(4.3.) *Ist* p *irgendein Element aus* P *, das nicht in* P^2 *liegt, so ist* $P^i = p^i R = Rp^i$.

Vergl. Baer [2, p. 305] .

(4.4.) R *ist nullteilerfrei.*

Ergibt sich leicht aus den aufgezählten Eigenschaften.

(4.5.) *Zu jedem Element* $t \neq 0$ *aus* R *gibt es einen Automorphismus* $\tau = \tau(t)$ *des Ringes* R *mit* $tr = r^{\tau}t$ *für jedes* r *aus* R *. – Insbesondere genügt* R *der Ore-schen Bedingung :*

$$xy = y^{\tau(x)}x = yx^{\tau(y)^{-1}} \quad \textit{für } x \neq 0 \neq y \textit{ aus } R .$$

BEWEIS. Wegen (P.I) und (4.4.) gibt es zu jeden r aus R eindeutig bestimmte Elemente r' , r" aus R mit

$$tr = r't \ , \ rt = tr'' .$$

Die Abbildungen $r \longrightarrow r'$ und $r \longrightarrow r''$ sind wegen (4.4.) offenbar additiv und multiplikativ ; und sie sind zueinander reziprok. Also ist $r \longrightarrow r'$ der gesuchte Automorphismus τ, woraus natürlich die Ore-sche Bedingung in der oben angegebenen scharfen Form folgt.

Aus der Ore-schen Bedingung folgt bekanntlich, dass sich R auf eine und im wesentlichen nur eine Weise in einen *Quotientenkörper* K einbetten lässt, dessen Elemente sich auf die Form xy^{-1} mit $y \neq 0$ und x , y aus R bringen lassen. Aus (4.5.) folgt dann, dass R von allen inneren Automorphismen von K auf sich abgebildet wird.

(4.6.) *Die* R*-Ideale von* K *haben genau die Form* $P^i = p^i R = Rp^i$ *mit* $i = 0, \pm 1, \pm 2, \ldots$ *; und es ist* $K = \bigcup_{0>i} P^i$.

Dies ergibt sich sofort aus den Vorbemerkungen.

Der R-Modul K/R enthält für jedes i genau einen zyklischen Untermodul vom Exponenten i, nämlich P^{-i}/R und es ist $K/R = \bigcup_{i\geq 0} P^{-i}/R$. Wir wollen diesen R-Modul [mit Prüfer] als *R-Modul vom Typ* P^{∞} [vom Exponenten ω^*] bezeichnen. - Ausserdem sei noch auf die zu K isomorphen R-Moduln hingewiesen : vom Körpertyp. Dann müssen wir noch die zyklischen R-Moduln aufzählen : diese sind entweder isomorph zu R/P^i mit $0 \leq i < \omega$ und zyklisch vom Exponenten i ; oder isomorph zu R und zyklisch vom Exponenten ω.

Die folgende Darstellung einer allgemeinen Theorie der R-Moduln hat grosse Ähnlichkeit mit der Theorie der Moduln über kommutativen Bewertungsringen, wie sie etwa Kaplansky [2, p. 42/54] entwickelt hat. Da wir aber vom Kommutativgesetz der Multiplikation keinen Gebrauch machen wollen - es würde ja die Vektorräume über Körpern ausschliessen, für die alles stimmt - müssen wir die benötigten Fakten ableiten. Wir werden uns vielfach mit Beweisskizzen begnügen können, und wir werden uns auf solche Fakten beschränken, die wir wirklich benötigen.

Der R-Modul D heisse *R-Modul mit Division* oder dividierbarer R-Modul, wenn $D = DP$ ist. Natürlich ist dann

$$D = DRp = Dp$$

und also

$$D = Dp^i = DP^i .$$

Ist U ein maximaler Untermodul des R-Moduls M, so ist M/U zyklisch und hieraus folgt $M/U \sim R/P$. Aus dieser Bemerkung ergibt sich, dass M dann und nur dann ein R-Modul mit Division ist, wenn M keine maximalen Untermoduln besitzt.

Ist M ein R-Modul, so enthält M dividierbare Untermoduln z.B. 0. Summen dividierbarer Untermoduln sind selbstverständlich auch dividierbar. Insbesondere ist die Summe aller dividierbaren Untermoduln ein dividierbarer Untermodul : der umfassendste dividierbare Untermodul.

(4.7.) *Dividierbare Untermoduln sind direkte Summanden.*

BEWEIS. Ist D ein dividierbarer Untermodul des R-Moduls M, so gibt es $X \cap D = 0$ erfüllende Untermoduln von M wie etwa $X = 0$; und unter diesen gibt es maximale [Maximumprinzip der Mengenlehre]. Sei E maximal unter den $X \cap D = 0$ erfüllenden Untermoduln von M.

Ist x irgendein Element aus M und liegt x nicht in E, so ist $E \subset E+xR$. Aus der Maximalität von E folgt

$$(E+xR) \cap D \neq 0 .$$

Also gibt es ein Element $d \neq 0$ in $(E+xR) \cap D$ und hieraus folgt die Existenz eines Elements e in E und eines Elements r in R mit $d = e+xr$. Wäre $r = 0$, so wäre $0 \neq d = e$ in $D \cap E = 0$ enthalten, was absurd ist. Also ist $r \neq 0$ und r hat die Form sp^i mit $i \geq 0$ und s einer Einheit in R. Da d in dem dividierbaren Untermodul D liegt, gibt es ein Element d' in D mit $d = d'p^i$. Da s eine Einheit ist, existiert s^{-1} und $d'' = d's^{-1}$ ist auch ein Element aus D. Es folgt

$$e = d-xr = d''sp^i-xsp^i = (d''-x)r$$

oder $(x-d'')r = -e$ liegt in E und $x \equiv x-d \mod D$.

Wäre nun $D \oplus E \subset M$, so gäbe es eine Restklasse $K \neq 0$ in $M/(D+E)$. Aus den Überlegungen des vorigen Absatzes ergibt sich $Kr = 0$ für ein $r \neq 0$ aus R. Natürlich hat r die Form $p^k t$ mit $k \geq 0$ und t einer Einheit aus R. Dann ist aber auch $Krt^{-1} = Kp^k = 0$. Es folgt die Existenz einer Restklasse $W \neq 0$ in $M/(D+E)$ mit $Wp = 0$. Aus den Überlegungen des vorigen Absatzes erschliessen wir die Existenz eines Elements w in W mit wp in E.

Da w nicht in $D+E$ liegt, folgt aus der Maximalität von E, daß $(E+wR) \cap D \neq 0$ ist. Es gibt also Elemente f in E und v in R mit $f+wv = t \neq 0$ in D. Wieder folgt $v \neq 0$. Wäre v eine Einheit, so läge

$$w = wv\,v^{-1} = (t-f)v^{-1} = tv^{-1}-fv^{-1}$$

in $D+E$, ein Widerspruch. Also ist $v = pq$ mit q in R. Es folgt, dass $t = f+wv = f+wpq$ in $D \cap E = 0$ liegt ; und dies widerspricht $t \neq 0$. Aus diesem Widerspruch folgt unsere Behauptung.

(4.8.) *Dividierbare Moduln sind direkte Summen von Moduln vom Typ* K *bezw.* K/R.

BEWEIS. Ist $L = \sum\limits_{\nu}^{\circ} L_\nu$ ein Untermodul des dividierbaren Moduls M, wobei jedes $L_\nu \simeq K$ oder $\simeq K/R$ ist, so nennen wir dies eine zulässige direkte Zerlegung. Wir bilden die Menge Ξ aller Paare $(U, \mathfrak{Z})$, wobei $\mathfrak{Z}$ eine zulässige direkte Zerlegung von $U \subseteq M$ ist. Sind $U_i, \mathfrak{Z}_i$ zwei Paare aus Ξ mit $U_1 \subseteq U_2$ derart, dass $\mathfrak{Z}_1$ von $\mathfrak{Z}_2$ in U_1 induziert wird, so setzen wir $(U_1, \mathfrak{Z}_1) < (U_2, \mathfrak{Z}_2)$. Man überzeugt sich leicht davon, dass dies eine teilweise Ordnung von Ξ ist und dass man das Maximumprinzip der Mengenlehre anwenden kann : es gibt ein maximales Paar $(A, \mathfrak{A})$ in Ξ.

Natürlich ist A ein dividierbarer Untermodul von M ; und aus (4.7.) folgt die Existenz eines Untermoduls B von M mit $M = A \oplus B$. Wäre $B \neq 0$, so gibt es in B ein Element $b_0 \neq 0$. Mit M ist auch B dividierbar. Also gibt es Elmente b_i in B mit $pb_{i+1} = b_i$ für $0 \leq i$. Wir setzen $W = \sum\limits_{i=0}^{\infty} b_i R$. Es ist klar, dass W vom Typ K oder K/R ist und es ist klar, dass $W \cap A = 0$ ist. Das Paar $(A \oplus W, \mathfrak{B})$, wo $\mathfrak{B}$ die um W erweiterte Zerlegung $\mathfrak{A}$ ist, gehört zu Ξ im Widerspruch zur Maximalität von $(A, \mathfrak{A})$. Also ist $B = 0$ und $M = A$ in der gewünschten Weise zerlegbar.

ORDUNG UND EXPONENT : Ist x ein Element eines R-Moduls M, so folgt

$$o(x) = o(xR)$$

aus (P.I). Diese Ordnung ist entweder 0 oder sie hat wegen (4.2.) die Form P^i. Im zweiten Falle ist $xR \cong R/P^i$ und man sieht, daß

$$i = e(x) = e(xR)$$

ist. Ist aber $o(x) = o(xR) = 0$, so ist $e(x) = e(xR) = \omega$. Vergl. hierzu auch Baer [2 ; p. 305, Theorem II.2.1]. Hierbei sei unter dem Exponenten $e(xR)$ des zyklischen Moduls xR der Ordnungstyp der Menge von 0 verschiedenen Untermoduln von xR verstanden ; und wir setzen $e(x) = e(xR)$.

Man überzeugt sich leicht von $e(x+y) \leq \max[e(x),e(y)]$; und es ergibt sich :

(4.9.) *Die Menge* eM *aller Elemente* x *mit* $o(x) \neq 0$ *ist ein Untermodul von* M. *Er ist mit der Menge aller* x *mit* $e(x) < \omega$ *identisch. - Ebenso ist die Menge* e_iM *aller* x *mit* $e(x) \leq i$ *ein Untermodul von* M *; es ist dies der umfassendste* $XP^i = 0$ *erfüllende Untermodul.*

Wir sagen, dass *der Exponent des* R-*Moduls* M *endlich* ist, wenn $MP^m = 0$ für geeignetes [und also für fast alle] m gilt.

(4.10.) *Ist der Exponent des* R-*Moduls* M *endlich, so ist* M *eine direkte Summe zyklischer Untermoduln.*

Für den Beweis vergl. etwa Baer [2 ; p. 310, A].

REINE UNTERMODULN : Der Untermodul U des R-Moduls M heisse *rein*, wenn

$$UP^i = U \cap MP^i \quad \text{für alle } i$$

gilt.

(4.11.) *Ist* U *ein reiner Untermodul des* R-*Moduls* M, *so ist* $(U+MP^n)/MP^n$ *ein reiner Untermodul von* M/MP^n.

BEWEIS. Ist $0 \leq i \leq n$, so folgt aus dem Dedekindschen Modulsatz, der Reinheit von U und $P^i \supseteq P^n$, dass

$$(U+MP^n) \cap MP^i = (U \cap MP^i)+MP^n = UP^i+MP^n$$

ist. Hieraus folgt

$$[(U+MP^n)/MP^n] \cap [M+MP^n]P^i = [(U+MP^n) \cap MP^i]/MP^n = [UP^i+MP^n]/MP^n = [U+MP^n]P^i/MP^n ,$$

woraus die behauptete Reinheit folgt.

(4.12.) *Sei* U *ein Untermodul des* R-*Moduls* M *und der Exponent von* U *sei endlich. Dann und nur dann ist* U *ein direkter Summand von* M, *wenn* U *rein in* M *ist.*

BEWEIS. Natürlich sind direkte Summanden rein. Wir nehmen also an, dass U

ein reiner Untermodul von M ist. Nach Voraussetzung gibt es eine ganze Zahl n mit $UP^n = 0$. Aus (4.11.) folgt, dass $(U+MP^n)/MP^n$ ein reiner Untermodul von M/MP^n ist. Da die Exponenten aller Untermoduln von M/MP^n endlich sind, ist jeder Untermodul von M/MP^n wegen (4.10.) eine direkte Summe zyklischer Moduln. Man verifiziert leicht, dass $(U+MP^n)/MP^n$ ein direkter Summand von M/MP^n ist ; vergl. etwa Kaplansky [2 ; p. 15, Theorem 5] . Also gibt es einen Untermodul V von M mit $MP^n \subseteq V$ und

$$M/MP^n = [(U+MP^n)/MP^n] \oplus [V/MP^n] .$$

Dann ist

$$M = (U+MP^n)+V = U+V$$

und

$$U \cap V \subseteq (U \cap V)+MP^n = (U+MP^n) \cap V = MP^n ,$$

$$U \cap V \subseteq U \cap MP^n = UP^n = 0 ,$$

$$U \cap V = 0 ,$$

wie sich aus dem Dedekindschen Modulsatz und der Reinheit von U ergibt. Es folgt $M = U \oplus V$, wie behauptet.

SATZ 4.13. *Ist* M *ein Modul über dem primären Ring* R *, enthält* $\mathfrak{e}_1 M$ *keine unendlichen direkten Summen, so ist*

(a) $\mathfrak{e} M$ *ein direkter Summand von* M *und*

(b) $\mathfrak{e} M$ *ist eine direkte Summe endlich vieler direkter Summanden, die zyklisch oder vom Typ* P^∞ *sind.*

Für die Bedeutung von $\mathfrak{e} M$ und $\mathfrak{e}_1 M$ vergl. (4.9.).

BEWEIS. Es ist $(\mathfrak{e}_1 M)P = 0$, so dass $\mathfrak{e}_1 M$ ein Vektorraum über dem Körper R/P ist. Aus unserer Voraussetzung ergibt sich, dass der Rang dieses Vektorraumes endlich ist.

Sei D die Summe aller dividierbaren Untermoduln von $\mathfrak{e} M$. Nach (4.7.) ist D ein direkter Summand von M und es gibt einen Untermodul N mit $M = D \oplus N$. Natürlich ist dann

$$\mathfrak{e}_1 D = D \cap \mathfrak{e}_1 M,\ \mathfrak{e} N = N \cap \mathfrak{e} M,\ \mathfrak{e}_1 N = N \cap \mathfrak{e}_1 M .$$

Es folgt aus (4.8.), dass D eine direkte Summe von Untermoduln des Typus P^∞ ist, deren Anzahl endlich ist, da auch $\mathfrak{e}_1 D$ ein Vektorraum endlichen Ranges und $D \subseteq \mathfrak{e} M$ ist. Wir fassen zusammen :

(a) D ist eine direkte Summe endlich vieler Untermoduln vom Typ P^∞ und ein direkter Summand von M .

(b) $N \cong M/D$ hat die folgenden Eigenschaften :

(b.1.) $\mathfrak{e}_1 N$ ist ein Vektorraum endlichen Ranges über dem Körper R/P ;

(b.2.) 0 ist der einzige dividierbare Untermodul von $\mathcal{e}N$.

Wir betrachten die absteigende Kette von Untermoduln $\mathcal{e}_1 N \cap (\mathcal{e} N)P^i = \mathcal{e}_1 N \cap NP^i$. Diese bricht nach endlich vielen Schritten ab . Ist etwa

$$\mathcal{e}_1 N \cap NP^k = \mathcal{e}_1 N \cap NP^{k+1} = \dots = \mathcal{e}_1 N \cap NP^{k+j} = \dots ,$$

so überzeugt man sich leicht, dass die Elemente aus $\mathcal{e}_1 N \cap NP^k$ in dividierbaren Untermoduln von $\mathcal{e}N$ liegen. Anwendung von (b.2.) ergibt $\mathcal{e}_1 N \cap NP^k = 0$; und hieraus folgt $(\mathcal{e} N)P^k = 0$, so dass der Exponent von $\mathcal{e}N$ endlich ist. Natürlich ist $\mathcal{e}N$ rein in N . Anwendung von (4.12) ergibt :

(c) $\mathcal{e}N$ ist ein direkter Summand von N .

Anwendung von (4.10.) ergibt, dass $\mathcal{e}N$ eine direkte Summe zyklischer Untermoduln ist, deren Anzahl gleich dem endlichen Range von $\mathcal{e}_1 N$ ist. Also gilt wegen (b.1.)

(d) $\mathcal{e}N$ ist eine direkte Summe endlich vieler zyklischer Untermoduln.

Satz 4.13. folgt nun leicht aus (a) - (d) .

VOLLSTÄNDIGE PRIMÄRE RINGE : Der primäre Ring R heisse vollständig, wenn er der folgenden Bedingung genügt :

(P.III) *Ist* C_i *für* $i = 0,1,2,\dots$ *eine Restklasse aus* R/P^i , *ist* C_{i+1} *für jedes* i *in* C_i *enthalten, so ist* $\bigcap_{i=0}^{\infty} C_i$ *nicht leer.*

Wegen (4.2.) ist dieser Durchschnitt sogar ein eindeutig bestimmtes Element.- Diese Bemerkung kann man benutzen, um zu zeigen, dass sich jeder primäre Ring auf eine und im wesentlichen nur eine Art in einen vollständigen Ring einbetten lässt. - Für eine Charakterisierung der vollständigen primären Ringe vergl. Baer [2 ; p. 307, Theorem II. 2.3.] .

Ist p ein Element des vollständigen primären Ringes R mit $P = pR = Rp$, so läßt sich jedes Element aus R treu in der Form

$$\sum_{i=0}^{\infty} r_i p^i \qquad \text{mit } r_i = 0 \text{ oder Einheit aus } R$$

darstellen ; und jeder derartige Ausdruck ist die p-adische Entwicklung eines Elements aus R . Es liegt also nahe, diese Ringe als p-adische oder P-adische Ringe zu bezeichnen.

LEMMA 4.14. *Ist* M *ein Modul über dem vollständigen, primären Ring* R , *ist* E *ein endlich erzeugbarer Untermodul von* M , *ist* M *frei von nicht trivialen, dividierbaren Untermoduln, so ist auch* M/E *frei von dividierbaren, nicht trivialen Untermoduln.*

BEWEIS. Nach Voraussetzung gibt es endlich viele Elemente b_i mit

$$E = \sum_{i=1}^{n} b_i R .$$

Wir betrachten Elemente $a_o, a_1, \dots$ mit

$$a_{i+1}p \equiv a_i \mod E .$$

Dann gibt es Elemente r_{ji} in R mit

$$a_{i+1}p - a_i = \sum_{j=1}^{n} b_j r_{ji} .$$

Da R vollständig ist, gibt es Elemente s_{ji} in R mit

$$s_{ji} = \sum_{k=o}^{\infty} r_{j i+k} p^k .$$

Wir setzen

$$\bar{a}_i = a_i + \sum_{j=1}^{n} b_j s_{ji} \quad \text{für } i = 0,1,\dots .$$

Dann verifiziert man

$$\bar{a}_{i+1}p - \bar{a}_i = 0 \quad \text{für } i = 0,1,\dots .$$

Da aber M von dividierbaren, nicht trivialen Untermoduln frei ist, folgt hieraus $\bar{a}_i = 0$ für $i = 0,1,\dots$; und folglich ist

$$a_i \equiv 0 \mod E \quad \text{für } i = 0,1,\dots .$$

Damit haben wir gezeigt :

M/E enthält keinen Untermodul vom Typ K oder K/R .

Anwendung von (4.8.) zeigt, dass M/E frei ist von dividierbaren, nicht trivialen Untermoduln.

SATZ 4.15. *Die folgenden Eigenschaften des Moduls* M *über dem vollständigen, primären Ring* R *sind äquivalent :*

(I) M *ist eine direkte Summe endlich vieler zyklischer Untermoduln der Ordnung* 0 [*d.h. frei endlichen Ranges*] .

(II) M *ist endlich erzeugbar und alle Elemente aus* M *haben die Ordnung* 0

(III)
- (a) *Alle Elemente aus* M *haben die Ordnung* 0 .
- (b) M *ist frei von dividierbaren, nicht trivialen Untermoduln.*
- (c) *Mengen unabhängiger Untermoduln von* M *sind endlich.*

BEWEIS. Es ist fast trivial, dass (II) aus (I) folgt. - Dass umgekehrt (I) aus (II) folgt, zeigt man fast wörtlich genau so wie Kaplansky [2 ; p. 44, zweiter Absatz des Beweises von Theorem 16] die entsprechende Aussage beweist.

Dass (III) aus den äquivalenten Aussagen (I) und (II) folgt, sieht man ohne zu grosse Mühe ein. - Wir nehmen schliesslich die Gültigkeit von (III) an. Dann gibt es einen Untermodul E von M mit folgenden Eigenschaften :

(d.1.) E ist frei endlichen Ranges .

(d.2.) M/E ist frei von Elementen der Ordnung 0 .

Es gibt einen E enthaltenden Modul F mit $F/E = \mathfrak{e}_1(M/E)$; und aus der Endlichkeit des Ranges von E folgern wir die des Vektorraumes E/EP und hieraus die des Vektorraumes $F/E = \mathfrak{e}_1(M/E)$. Aus Lemma 4.14. folgt, dass M/E frei ist von dividierbaren, nicht trivialen Untermoduln ; und aus Satz 4.13. folgern wir, dass M/E eine direkte Summe endlich vieler zyklischer Untermoduln mit Ordnung $\neq 0$ ist. Aus der endlichen Erzeugbarkeit von E und M/E folgt die von M ; und damit haben wir (II) aus (III) abgeleitet, die Äquivalenz von (I) - (III) bewiesen.

FOLGERUNG 4.16. *Die folgenden Eigenschaften des Moduls* M *über dem vollständigen, primären Ring* R *sind äquivalent :*

(A) M *ist eine direkte Summe endlich vieler Untermoduln, die zyklisch oder vom Typ* K/R *oder vom Typ* K *sind.*

(B) *Mengen unabhängiger Untermoduln von* M *sind endlich.*

Dies ergibt sich durch Kombination von (4.7.), (4.8.), Satz 4.13. und Satz 4.15.

LEMMA 4.17. *Ist* $M \neq 0$ *ein Modul über dem primären Ring* R *, ist der Durchschnitt aller von* 0 *verschiedenen Untermoduln von* M *selbst von* 0 *verschieden, so ist* M *zyklisch mit von* 0 *verschiedener Ordnung oder vom Typ* P^∞ .

Dies ist eine leichte Verschärfung eines Teils von Baer [2 ; p. 308, Theorem II. 2.4.] .

BEWEIS. Sei S der Durchschnitt aller von 0 verschiedenen Untermoduln von M . Nach Voraussetzung ist $S \neq 0$.

Natürlich ist $S = sR$ für jedes $s \neq 0$ aus S . Es folgt $SP \subset S$ und also $SP = 0$.

Ist $x \neq 0$ ein Element aus M , so ist $S \subseteq xR$. Es folgt die Existenz von Elementen $r \neq 0$ in R mit xr aus S . Also ist $o(xR/S) \neq 0$ und hieraus folgt $o(x) \neq 0$. Mit anderen Worten :

(a) $M = \mathfrak{e}M$ ist frei von Elementen der Ordnung 0 und $\mathfrak{e}_1 M = S$ ist zyklisch.

Sind x und y irgend zwei Elemente aus M , so folgt aus (a) und Satz 4.13., dass xR+yR eine direkte Summe zyklischer Untermoduln ist. Da aber $\mathfrak{e}_1[xR+yR]$ zyklisch ist, so ist xR+yR zyklisch. Aus der Zyklizität von xR+yR und (P.II) folgt die Vergleichbarkeit von xR und yR . Damit haben wir gezeigt :

(b) Sind x und y Elemente aus M , so liegt x in yR oder y liegt in xR .

Eine einfache Kombination von (a) und (b) liefert unsere Behauptung.

§ 5. DUALISIERBARE MODULN ÜBER PRIMÄREN RINGEN.

In diesem Abschnitt werden wir stets voraussetzen, dass R ein primärer Ring [im Sinne des § 4] ist. Die Vollständigkeit von R wird manchmal vorausgesetzt und manchmal nicht ; und gelegentlich werden wir sie auch beweisen.

Wir beginnen mit dem Nachweis, dass die dualisierbaren Moduln über primären Ringen in der Klasse der im § 4 behandelten Moduln zu finden sind.

LEMMA 5.1. *Ist* M *ein* [*in der Kategorie der Praemoduln*] *dualisierbarer Modul über dem primären Ring* R, *so gilt :*

(a) *Ist* F *ein Faktor von* M, *so ist jede Menge unabhängiger Untermoduln von* F *endlich.*

(b) *Ist* F *ein Faktor von* M, *so ist* $\mathfrak{e}F$ *ein direkter Summand von* F *und* $\mathfrak{e}F$ *ist eine direkte Summe endlich vieler Untermoduln, die zyklisch oder vom Typ* P^{∞} *sind.*

(c) *Ist überdies* R *vollständig, so ist* M [*und auch jeder Faktor von* M] *eine direkte Summe endlich vieler Untermoduln, die zyklisch oder vom Typ* K/R *oder vom Typ* K *sind.*

BEWEIS. Ist der Modul X über R ein Punkt, so ist X zyklisch und also $XP \subset X$, woraus $XP = 0$ folgt. Ist der Faktor V von M eine Summe von Punkten, so ist folglich $VP = 0$ und hieraus ergibt sich, dass V ein Vektorraum über dem Körper R/P ist. Anwendung der Folgerung 2.3. ergibt die Gültigkeit von (a) . Hieraus folgt in Verbindung mit Satz 4.13. die Gültigkeit von (b) ; und aus Folgerung 4.16. ergibt sich (c).

CHARAKTERE : Unter einem *Charakter* des R-Moduls M werde ein R-Homomorphismus von M in K/R verstanden. Ist f ein Character von M, so wollen wir das Bild des Elements x aus M mit fx bezeichnen.

Dann gilt

$$f(x+y) = fx+fy \quad \text{für } x,y \text{ aus } M,$$

$$f(xr) = (fx)r \quad \text{für } x \text{ aus } M \text{ und } r \text{ aus } R .$$

Es ist klar, dass Summen von Charakteren wieder Charaktere sind. Ist f ein Charakter und r aus R, so werde rf durch

$$(rf)x = r(fx) \quad \text{für } x \text{ aus } M$$

definiert. Dies ist wohlbestimmt, da ja K/R ein R-Bimodul ist. Es ist klar, dass rf ebenfalls additiv ist. Ist s aus R und x aus M, so gilt

$$(rf)(xs) = r[f(xs)] = r[(fx)s] = [r(fx)]s = [(rf)x]s$$

und rf ist ebenfalls ein Charakter. Unter Benutzung all dieser Überlegungen und Definitionen erweist sich :

(5.2.) *Die Menge* $\operatorname{Ch} M$ *der Charaktere von* M *ist ein* R-*Linksmodul.*

BEMERKUNG. Man könnte natürlich auch Ch M zum Rechtsmodul über einem zu R antiisomorphen Ringe machen. Doch scheint uns der gewählte Weg sachgemässer und natürlicher zu sein : wir müssten ja einen bestimmten Antiisomorphismus von R auszeichnen.

PERPENDIKULARITÄT.

Ist T eine Teilmenge von M, so ist $T^{\perp}$ die Menge aller f aus Ch M mit $fT = 0$.	Ist C eine Teilmenge von Ch M, so ist $C^{\perp}$ die Menge aller x aus M mit $Cx = 0$.
$T^{\perp}$ ist ein Untermodul von Ch M.	$C^{\perp}$ ist ein Untermodul von M.
Aus $A \subseteq B$ folgt $B^{\perp} \subseteq A^{\perp}$	Aus $A \subseteq B$ folgt $B^{\perp} \subseteq A^{\perp}$
$T \subseteq T^{\perp\perp}$	$C \subseteq C^{\perp\perp}$
$T^{\perp\perp\perp} = T^{\perp}$.	$C^{\perp\perp\perp} = C^{\perp}$.

LEMMA 5.3. $U = U^{\perp\perp}$ *für jeden Untermodul* U *von* M.

BEWEIS. Natürlich ist $U \subseteq U^{\perp\perp}$. Ist w ein Element aus M, das nicht in U enthalten ist, so gibt es unter den U, aber nicht w enthaltenden Untermoduln von M einen maximalen V [Maximumprinzip der Mengenlehre]. Ist X ein Untermodul von M mit $V \subset X$, so liegt w in X. Also liegt $V+w$ in jedem von 0 verschiedenen Untermodul von M/V. Anwendung von Lemma 4.17. zeigt, dass M/V zyklisch mit von 0 verschiedener Ordnung oder vom Typ P^{∞} ist. Es folgt die Existenz eines R-Isomorphismus von M/V in K/R ; und hieraus ergibt sich die Existenz eines Charakters f mit $fV = 0$, $fw \neq 0$. Also ist $wU^{\perp} \neq 0$, so dass w nicht in $U^{\perp\perp}$ liegt. Hieraus folgt die Behauptung $U = U^{\perp\perp}$.

Da Ch M ebenfalls ein R-Modul ist, so können wir auch den Charaktermodul Ch Ch M bilden und alles über Ch M bewiesene auf Ch Ch M anwenden, wenn wir nur die nötigen Rechts-links-Vertauschungen vornehmen. Insbesondere ist Ch Ch M ein Rechts-R-Modul. Um Konfusion zu vermeiden, müssen wir zur Bezeichnung der Perpendikularitätsbeziehung zwischen Ch M und Ch Ch M ein anderes Symbol verwenden : wir ersetzen "$\perp$" durch "$\perp\!\!\perp$". Weiter sei für jedes c aus Ch M und d aus Ch Ch M das Bild von c bei d mit cd bezeichnet ; wie gesagt, in all diesen Formeln wird die Reihenfolge umgekehrt.

Ist x ein Element aus M, so werde mit $\bar{x}$ die durch die Formel

$$f\bar{x} = fx \quad \text{für } f \text{ aus Ch } M$$

definierte Abbildung von Ch M in K/R bezeichnet.

(5.4.) *Die Abbildung* $x \longrightarrow \bar{x}$ *ist ein Monomorphismus des* R-*Moduls* M *in den* R-*Modul* Ch Ch M.

BEWEIS. Jedes $\bar{x}$ ist eine eindeutige Abbildung von Ch M in K/R . Aus der Definition der Charakteraddition folgt die Additivität von $\bar{x}$; und aus

$$(rf)\bar{x} = (rf)x = r(fx) = r(f\bar{x}) \quad \text{für} \quad r \quad \text{aus} \quad R$$

ergibt sich die R-Zulässigkeit von $\bar{x}$. Also ist $\bar{x}$ ein Charakter von Ch M , gehört zu Ch Ch M .

Aus

$$f\overline{a+b} = f(a+b) = fa+fb = f\bar{a}+f\bar{b}$$

folgt die Additivität der Abbildung $x \longrightarrow \bar{x}$.

Ist $\bar{x} = 0$, so ist $fx = 0$ für alle Charaktere f , so dass x zu $[\text{Ch } M]^{\perp} = 0^{\perp\perp} = 0$ wegen Lemma 5.3. gehört : die Abbildung $x \longrightarrow \bar{x}$ ist eineindeutig.

Schliesslich gilt

$$f\overline{xr} = f(xr) = (fx)r = (f\bar{x})r = f(\bar{x}r)$$

für alle f aus Ch M und r aus R ; und aus der schon bewiesenen Eineindeutigkeit der Abbildung $x \longrightarrow \bar{x}$ folgern wir $\overline{xr} = \bar{x}r$, womit (5.4.) voll bewiesen ist.

SATZ 5.5. *Ist der primäre Ring* R *vollständig, so sind die folgenden Eigenschaften des* R-*Moduls* M *äquivalent :*

(1) *Die Abbildung* $x \longrightarrow \bar{x}$ *ist ein Isomorphismus von* M *auf* Ch Ch M .

(2) *Die beiden Perpendikularitätsabbildungen sind zueinander reziproke Korrelationen zwischen dem Rechts-*R-*Modul* M *und dem Links-*R-*Modul* Ch M .

(3) *Der* R-*Modul* M *ist in der Kategorie der Praemoduln dualisierbar.*

(4) M [*und jeder Faktor von* M] *ist eine direkte Summe von endlich vielen Untermoduln, die zyklisch oder vom Typ* K/R *oder vom Typ* K *sind.*

BEWEIS. Wir nehmen zuerst die Gültigkeit von (1) an. Ist T eine Teilmenge von M , so sind die folgenden vier Eigenschaften des Charakters f in Ch M äquivalent :

$$f \in T^{\perp}, fT = 0, f\bar{T} = 0, f \in \bar{T}^{\perp\!\!\perp} .$$

Also gilt :

(a) $T^{\perp} = \bar{T}^{\perp\!\!\perp}$ für jede Teilmenge T von M .

Ist weiter C eine Teilmenge von Ch M , so sind die folgenden vier Eigenschaften des Elements x in M äquivalent :

$$x \in C^{\perp}, Cx = 0, C\bar{x} = 0, \bar{x} \in C^{\perp\!\!\perp} .$$

Da aber wegen (1) jedes Element in $C^{\perp\!\!\perp}$ die Form $\bar{x}$ mit x in M hat, so folgt:

(b) $\overline{C^{\perp}} = C^{\perp\!\!\perp}$ für jede Teilmenge C von Ch M .

Aus Lemma 5.3. folgern wir schliesslich :

(c') $U = U^{\perp\perp}$ für jeden Untermodul U von M .

(c") $V = V^{\perp\!\!\perp\perp\!\!\perp}$ für jeden Untermodul V von Ch M .

Ist V ein Untermodul von Ch M, so ergibt Anwendung von (c"), (b) und (a) :
(d) $V = V^{\perp\!\perp\,\perp\!\perp} = \overline{V^{\perp}}^{\perp\!\perp} = V^{\perp\perp}$.

Die Aussagen (c') und (d) zusammen ergeben genau (2) ; also folgt (2) aus (1).

(3) ist eine wesentliche Abschwächung von (2). Dass (4) aus (3) folgt, ist wegen der Vollständigkeit von R in Lemma 5.1., (c) enthalten.

Wir setzen schliesslich die Gültigkeit von (4) voraus. Man verifiziert mühelos als erstes die Gültigkeit der folgenden beiden Aussagen :

(e') $Ch(A \oplus B) = B^{\perp} \oplus A^{\perp} \cong Ch\, A \oplus Ch\, B$,

wenn A, B Rechts-R-Moduln sind.

(e") $Ch(A \oplus B) = B^{\perp\!\perp} \oplus A^{\perp\!\perp} \cong Ch\, A \oplus Ch\, B$,

wenn A, B Links-R-Moduln sind.

Kombiniert man (e') und (e") mit der Bedingung (4), so sieht man, dass es zum Beweis von (1) genügt, diese Eigenschaft (1) für die vier Typen

$$R/P^i, R, K/R, K$$

zu beweisen. Jede dieser vier Strukturen X ist ein R-Bi-Modul. Wenn X als Rechts-R-Modul angesehen wird, werden wir X_R schreiben ; und wenn X als Links-R-Modul angesehen wird, so deuten wir dies durch ${}_RX$ an. Man überzeugt sich nun unter wesentlicher Benutzung der Vollständigkeit von R von der Gültigkeit der folgenden Isomorphieen :

$$Ch[(R/P^i)_R] \cong {}_R(R/P^i), Ch\, Ch[(R/P^i)_R] \cong (R/P^i)_R \;;$$

$$Ch[R_R] \cong {}_R[K/R] \;,\; Ch\, Ch[R_R] \cong R_R \;;$$

$$Ch[(K/R)_R] \cong {}_RR \;,\; Ch\, Ch[(K/R)_R] \cong K_R \;.$$

Beim Nachweis dieser Isomorphieen ergeben sich auch die gewünschten Gleichungen :

$$\overline{[R/P^i]_R} = [R/P^i]_R \;,\; \overline{R_R} = R_R \;,$$

$$\overline{[K/R]_R} = [K/R]_R \;,\; \overline{K_R} = K_R \;.$$

Damit ist dann die Äquivalenz von (1) - (4) bewiesen.

DISKUSSION *von Satz* 5.5. **A.** Sei $\mathfrak{H}_R$ die Kategorie aller Rechts-R-Moduln, die direkte Summen von endlich vielen Untermoduln sind, die zyklisch oder vom Typ K/R oder vom Typ K sind ; und ${}_R\mathfrak{H}$ sei die entsprechende Kategorie von Links-R-Moduln. Die Äquivalenz der Aussagen (2) und (4) besagt dann, dass $\mathfrak{H}_R$ und ${}_R\mathfrak{H}$ zueinander duale Kategorieen sind.

B. Ist $\mathfrak{M}_R$ die Kategorie aller Rechts-R-Moduln, so besagt die Äquivalenz von (3) und (4), dass $\mathfrak{H}_R$ genau die Teilkategorie aller in der Kategorie aller Praemoduln dualisierbaren Moduln aus $\mathfrak{M}_R$ ist.

C . Die Vollständigkeit von R wurde nur bei der Ableitung von (4) aus (3) und der Ableitung von (1) aus (4) benutzt. Man sieht sofort, dass die Vollständigkeit für die Ableitung von (1) aus (4) unentbehrlich ist. Es bleibt die Frage zu erörtern, inwieweit die Vollständigkeit von R für die Äquivalenz von (3) und (4) unentbehrlich ist. Wir wenden uns dieser Frage jetzt zu.

ZUSATZ 5.6. *Enthält der Rechts-Modul* M *über dem primären Ring* R *einen Faktor vom Typ* $R \oplus R \oplus R$, *so sind die folgenden Eigenschaften von* M *und* R *äquivalent :*

(I) *Es gibt einen zu* M *dualen Links-R-Modul.*

(II) (a) R *ist vollständig.*
(b) *Es gibt einen zu* M *dualen Praemodul.*

BEWEIS. Gilt (I), so gilt gewiss auch (II.b.). Weiter gibt es einen Faktor F von M mit folgenden Eigenschaften :

(a) $F = A \oplus B \oplus C$ mit $A \simeq B \simeq C \simeq R$ [F,A,B,C sind Rechts-R-Moduln].

(b) Es gibt eine Korrelation λ von F auf einen Links-R-Modul L .

Sei $\overline{R}$ die P-adische Abschliessung von R . Um (II.a.) zu beweisen, müssen wir $R = \overline{R}$ verifizieren.

Zunächst folgern wir aus (a) und (b), dass

(c') $L = 0^{\lambda} = (A+B)^{\lambda} \oplus (B+C)^{\lambda} \oplus (C+A)^{\lambda}$

mit

(c") $(A+B)^{\lambda} \simeq (B+C)^{\lambda} \simeq (C+A)^{\lambda} \simeq {}_R(K/R)$

ist. Hieraus folgt insbesondere, dass sich L nicht nur als Links-R-Modul, sondern sogar als Links-$\overline{R}$-Modul auffassen lässt. Dann existiert aber nach Satz 5.5. eine Korrelation μ von L auf einen Rechts-$\overline{R}$-Modul

(d') $J \simeq A^{\lambda\mu} \oplus B^{\lambda\mu} \oplus C^{\lambda\mu}$

mit

(d") $A^{\lambda\mu} \simeq B^{\lambda\mu} \simeq C^{\lambda\mu} \simeq \overline{R}$.

Dann ist $\lambda\mu$ eine Kollineation von F auf J . Wegen (a) und (d'), (d") folgt aus einem anderwärts bewiesenen Satze - vergl. Baer [4 ; p.35 , Satz 6.1.] - die Isomorphie von R und $\overline{R}$. Da $\overline{R}$ die Abschliessung von R ist, folgt hieraus : $R = \overline{R}$ ist vollständig. Damit haben wir (II) aus (I) hergeleitet.

Dass (I) aus (II) folgt, ist im Satz 5.5. enthalten.

ZUSATZ 5.7. *Die folgenden Eigenschaften des primären Ringes* R *sind äquivalent :*

(I) *Der freie Rechts-*R*-Modul des Ranges* 2 *besitzt einen dualen Links-*R*-Modul.*

(II) R *und seine* P-*adische Abschliessung* $\overline{R}$ *sind gleichmächtig.*

BEWEIS. Sei $F = aR \oplus bR$ der freie Rechts-R-Modul des Ranges 2 . Weiter stellen wir uns einen Links-R-Modul L folgendermassen dar :

$$L = \sum_{i=o}^{\infty} Ra_i \oplus \sum_{i=o}^{\infty} Rb_i$$

mit

$$0 = Pa_o = Pb_o, 0 \neq a_o, 0 \neq b_o, pa_{i+1} = a_i, pb_{i+1} = b_i \; .$$

Man sieht sofort, dass L gleichzeitig ein Links-R-Modul ist.

Existiert erstens ein zu F dualer Links-R-Modul, so können wir annehmen, dass es eine Korrelation λ von F auf L mit

$$(aR)^\lambda = \sum_{i=o}^{\infty} Ra_i, (bR)^\lambda = \sum_{i=o}^{\infty} Rb_i$$

gibt.

Ein Untermodul C von F genügt dann und nur dann der Bedingung

(+) $F = aR \oplus C = C \oplus bR$,

wenn

$C = (a+be)R$ mit e einer Einheit aus R

ist. Hieraus folgt ;

(a) Die Anzahl der (+) erfüllenden Untermoduln C von F ist genau die Mächtigkeit von R .

Durch λ werden die (+) erfüllenden Untermoduln von F auf die

(++) $L = (aR)^\lambda \oplus D = D \oplus (bR)^\lambda$

erfüllenden Untermoduln D von L abgebildet. Ein Untermodul D von L genügt (++) dann und nur dann, wenn

$D = \sum_{i=o}^{\infty} R(a_i + eb_i)$ mit e einer Einheit aus $\overline{R}$ ist.

Hieraus folgt :

(b) Die Anzahl der (++) erfüllenden Untermoduln D von L ist genau die Mächtigkeit von $\overline{R}$.

Da die Menge der (+) erfüllenden Untermoduln von F gleichmächtig der Menge der (++) erfüllenden Untermoduln von L ist, ergibt sich aus (a), (b) die Gleichmächtigkeit von R und $\overline{R}$: (II) folgt aus (I).

Wir nehmen umgekehrt an, dass R und $\overline{R}$ gleichmächtig sind. Dann gibt es auch eine eineindeutige Abbildung σ der Menge der Einheiten in R auf die Menge der Einheiten in $\overline{R}$. Wir führen weiter den freien Modul G vom Range 2 über $\overline{R}$ ein :

$$G = u\overline{R} \oplus v\overline{R} \; .$$

Dann gibt es eine eineindeutige Abbildung τ der Menge aller zyklischen Untermoduln von F auf die Menge aller zyklischen Untermoduln von G, nämlich

$$(aP^i)^\tau = u\overline{P}^i\ ,\ (bP^i)^\tau = v\overline{P}^i\ ,$$

$$[(aP^i+bp^je)R]^\tau = (u\overline{p}^i+b\overline{p}^je^\sigma)\overline{R} \quad \text{für Einheiten } e \text{ aus } R,$$

wobei $\overline{P}$ das eindeutig bestimmte maximale Ideal in $\overline{R}$ und $\overline{P} = \overline{p}^{\overline{R}}$ ist. Man überzeugt sich dann davon, dass τ durch eine Kollineation ρ von F auf G induziert wird.

Der Links-R-Modul L ist gleichzeitig ein Links-$\overline{R}$-Modul ; und aus Satz 5.5. folgt die Existenz einer Korrelation λ von G auf L. Dann ist $\rho\lambda$ die gesuchte Korrelation des Rechts-R-Modul F auf den Links-R-Modul L : (I) folgt aus (II).

BEMERKUNG 5.8. Ist R ein primärer Ring, so sind der freie Rechts-R-Modul R des Ranges 1 und der Links-R-Modul K/R trivialerweise dual zueinander und diese Bemerkung lässt sich wesentlich verallgemeinern. Man kann also nicht hoffen, bei "Rang 1" Auskünfte über R zu erhalten, die den in Zusatz 5.6. und 5.7. gewonnenen Einsichten entsprechen.

ZUSATZ 5.9. *Ist* R *ein primärer Ring und* M *ein Rechts-R-Modul ohne Elemente der Ordnung* 0 *, so sind die folgenden Eigenschaften von* M *äquivalent :*

(A) M *ist eine direkte Summe endlich vieler Untermoduln, die zyklisch oder vom Typ* P^∞ *sind.*

(B) *Es gibt einen zu* M *dualen Links-*$\overline{R}$*-Modul.*

(C) M *ist in der Kategorie der Praemoduln dualisierbar.*

BEWEIS. Wir bemerken zunächst, dass M gleichzeitig ein $\overline{R}$-Modul ist. Satz 5.5. zeigt nun, dass (A) aus (C) und (B) aus (A) folgt ; und es ist klar, dass (C) aus (B) folgt.

§ 6. DUALISIERBARKEIT NICHT PRIMÄRER MODULN.

Um die Resultate der § 3 und § 5 kombinieren zu können, betrachten wir Moduln über einer Ringklasse mit folgenden Eigenschaften :

Jeder Ring R dieser Klasse ist nullteilerfrei, besitzt eine Ringeins 1 und genügt den folgenden Postulaten :

(A.I) *Alle Rechtsideale und alle Linksideale in* R *sind zweiseitig.*

(A.II) *Es gibt mindestens zwei maximale Ideale in* R .

Dieses Postulat hat den Zweck, sowohl Körper als auch die in § 4 eingeführten primären Ringe von der Betrachtung auszuschließen.

Wir erinnern daran, dass ein Ideal in R primär heisst, wenn es in einem und nur einem maximalen Ideal aus R , dem zugehörigen maximalen Ideal, enthalten ist.

(A.III) *Die Menge der zu einem maximalen Ideal gehörigen Primärideale ist absteigend wohlgeordnet vom Ordnungstyp* ω ; *ihr Durchschnitt ist* 0 .

(A.IV) *Jedes Ideal aus* R *ist Durchschnitt der es enthaltenden Primärideale.*

Wir weisen darauf hin, dass die dieser Klasse angehörigen Ringe auch allen in § 3 gestellten Anforderungen genügen ; hätten wir (A.II) **fortgelassen und** ω in (A.III) durch $\omega+1$ ersetzt, so erhielten wir die Postulate für die Primärringe des § 4.

Aus (A.I) und der Nullteilerfreiheit folgt wieder die Gültigkeit der Oreschen Bedingung, so dass R sich in seinen Quotientenkörper K einbetten lässt, dessen Elemente sich auf die Form

$$xy^{-1} \text{ mit } x,y \text{ in } R \text{ und } y \neq 0$$

bringen lassen ; vergl. (4.5.).

Ist J irgendein maximales Ideal aus R , so sei R_J die Menge der Quotienten

$$xy^{-1} \text{ mit } x,y \text{ in } R \text{ und } y \text{ nicht in } J .$$

Man sieht leicht ein, dass R_J ein R enthaltender Unterring von K ist, dass JR_J das einzige maximale Ideal aus R_J ist, und dass R_J ein primärer Ring im Sinne des § 4 ist.

Wir werden im folgenden stets stillschweigend annehmen, dass alle betrachteten Ringe R den oben aufgezählten Bedingungen genügen.

SATZ 6.1. *Die folgenden Eigenschaften des Moduls* M *über* R *sind äquivalent:*

(1) M *ist in der Kategorie der Praemoduln dualisierbar.*

(2) (a) *Ist* $x \neq 0$ *ein Element aus* M , *so gibt es endlich viele Primärideale* $Q_1,\dots,Q_n$ *in* R *mit* $Q_1 \cap \dots \cap Q_n \subseteq o(x)$.

(b) *Ist* J *ein maximales Ideal aus* R , *so ist* M_J *die direkte Summe endlich vieler Untermoduln, die zyklisch oder vom Typ* K/R_J *sind.*

TERMINOLOGISCHE ERINNERUNG. Bedingung (2.a) besagt, dass $M = tM$ ein Torsionsmodul im Sinne des § 3 ist ; vergl. (3.9.).

Ist x ein Element aus M , so ist die Ordnung o(x) von x die Menge aller r aus R mit $xr = 0$.

Ist J ein maximales Ideal aus R , so ist die J-Komponente M_J von M die Menge aller Elemente x aus R mit der Eigenschaft :

$$x = \sigma \text{ oder } o(x) \text{ ist ein zu } J \text{ gehöriges Primärideal.}$$

BEWEIS. Wir nehmen zunächst an, dass M in der Kategorie der Praemoduln dualisierbar ist. Dann folgt aus Satz 3.11., dass $M = tM$; und dies ist wegen (3.9.) mit (2.a) äquivalent :

(α) Aus (1) folgt (2.a).

Wir nehmen weiter an, dass M der Bedingung (2.a) genügt, also $M = tM$ ein Torsionsmodul ist. Aus (3.10.) ergibt sich, dass

$$M = tM = \sum_J^{\infty} M_J$$

die totale direkte Summe seiner Primärkomponenten M_J ist. Es folgt sofort :

(β) Der Torsionsmodul M ist dann und nur dann in der Kategorie der Praemoduln dualisierbar, wenn jede Primärkomponente M_J es ist.

Jedes M_J ist aber nicht nur ein R-Modul, sondern sogar ein R_J-Modul ohne Elemente der Ordnung 0 . Da R_J primär im Sinne des § 4 ist, folgt aus Zusatz 5.9. :

(γ) M_J ist dann und nur dann in der Kategorie der Praemoduln dualisierbar, wenn M_J eine direkte Summe endlich vieler Untermoduln ist, die zyklisch oder vom Typ K/R_J sind.

Satz 6.1. folgt sofort aus (α), (β), (γ).

SATZ 6.2. *Die folgenden Eigenschaften des Rechts-Moduls* M *über* R *sind äquivalent :*

(1') *Es gibt einen zu* M *dualen Links-R-Modul.*

(2') (a) M *ist ein Torsionsmodul.*
(b) *Ist* J *ein maximales Ideal aus* R *, so ist* M_J *die direkte Summe endlich vieler zyklischer Untermoduln.*

BEWEIS. Folgt leicht aus Satz 6.1., wenn man sich nur klar macht, dass es zu Moduln vom Typ K/R_J für maximales J keine dualen Links-R-Moduln gibt, da ein solcher zyklisch und primär, wegen (2.a) also von endlichem Exponenten sein müsste.

LITERATURVERZEICHNIS

BAER Reinhold

[1] Dualism in abelian groups. Bull. AMS 43, p. 121-124, (1937).

[2] A unified theory of projective spares and finite abelian groups. Trans. AMS 52, p. 283-343, (1942).

[3] Linear algebra and projective geometry. Acad. Press. New-York, (1952).

[4] Kollineationen primärer Praemoduln. Etudes sur les groupes abéliens, p. 1-36, Dunod, Paris (1968).

KAPLANSKY Irving

[1] Dual modules over a valuation ring. Proc. AMS 4, p. 213-219, (1953).

[2] Infinite abelian groups. University of Michigan Press ; Ann Arbor (1954).

Mathematisches Seminar der Universität
Frankfurt am Main.

ABELIAN GROUPS G WHICH SATISFY $G \cong G \oplus K$ FOR EVERY DIRECT SUMMAND K OF G.

by Ross A. BEAUMONT

The study of abelian groups with isomorphic proper subgroups [1] and groups with isomorphic proper direct summands [2] by R.S. Pierce and the author suggests the consideration of abelian groups G such that $G \cong G \oplus K$ for *every* direct summand K of G.

All groups considered are abelian.

DEFINITION 1. *A group* G *is an* S-*group if* $G \cong G \oplus K$ *for every direct summand* K *of* G.

Corner's results [3] provide examples of groups G such that $G \cong G \oplus G$, but G is not an S-group. Indeed, there is a countable reduced torsion free group H such that $H \oplus H \cong H \oplus H \oplus H \oplus H$ but $H \oplus H \ncong H \oplus H \oplus H$ let $G = H \oplus H$. Then $G \cong G \oplus G$, but $G \ncong G \oplus H$. However, if $K \cong K \oplus K$ for every direct summand K of G, then G is an S-group. For if K is a direct summand of G, we have $G = K \oplus L \cong K \oplus K \oplus L \cong K \oplus G$.

Suppose that G is an infinite group which is determined by its group of mappings. That is, if $\mathrm{Map}(H,H) \cong \mathrm{Map}(G,G)$ for any group H, then $H \cong G$. The following proposition shows that G is an S-group.

PROPOSITION 1. *Let* G *be an infinite group such that* K *is a direct summand of* G. *Then*

$$\mathrm{Map}(G,G) \cong \mathrm{Map}(G \oplus K, G \oplus K)$$

PROOF. We first observe that for any group H, $\mathrm{Map}(G,H) \cong \sum_{g \in G}^{*} \oplus H_g$, where $H_g \cong H$ for all $g \in G$. Moreover, it is immediate that if $H = \sum_{\mu \in M}^{*} \oplus H_\mu$, then $\mathrm{Map}(G,H) \cong \sum_{\mu \in M}^{*} \oplus \mathrm{Map}(G,H_\mu)$. Let $|G| = \alpha \geq \aleph_0$. Since $|K| \leq \alpha$, it follows that $|G \oplus K| = \alpha$. Now $G = K \oplus L$ for some subgroup L, and by the above observations,

$$\begin{aligned} \mathrm{Map}(G,G) = \mathrm{Map}(G,K \oplus L) &\cong \mathrm{Map}(G,K) \oplus \mathrm{Map}(G,L) \\ &\cong \left(\sum_{\alpha}^{*} \oplus K\right) \oplus \left(\sum_{\alpha}^{*} \oplus L\right). \end{aligned}$$

Here, the symbols $\sum_{\alpha}^{*} \oplus K$ and $\sum_{\alpha}^{*} \oplus L$ stand for the complete direct sum of α copies of K and L, respectively.

We also have

$$\begin{aligned} \mathrm{Map}(G \oplus K, G \oplus K) &= \mathrm{Map}(G \oplus K, K \oplus L \oplus K) \\ &\cong \mathrm{Map}(G \oplus K, K) \oplus \mathrm{Map}(G \oplus K, L) \oplus \mathrm{Map}(G \oplus K, K) \\ &\cong (\sum_\alpha^* \oplus K) \oplus (\sum_\alpha^* \oplus K) \oplus (\sum_\alpha^* \oplus L) . \end{aligned}$$

Since $\alpha \geq \aleph_0$, it follows that $\sum_\alpha^* \oplus K \cong (\sum_\alpha^* \oplus K) \oplus (\sum_\alpha^* \oplus K)$. Hence $\mathrm{Map}(G,G) \cong \mathrm{Map}(G \oplus K, G \oplus K)$.

The investigation of S-groups is facilitated by the consideration of certain general classes of groups.

DEFINITION 2.(+) *A non-empty class* C *of groups is intrinsic if* (a) C *is closed under homomorphic images, and* (b) C *is closed under direct sums.*

LEMMA 1. *If* C *is an intrinsic class, then every group* G *contains a unique maximum subgroup* $G_C \in C$.

PROOF. Let $\{H_\alpha\}$, $\alpha \in A$, be the set of all C-subgroups of G. Since C is nonempty, it follows from (a) of Definition 2 that the trivial subgroup $\{0\}$ of G is a C-subgroup. Hence, $\{H_\alpha\}$, $\alpha \in A$, is not empty. By (b) of Definition 2, $\sum_{\alpha \in A} \oplus H_\alpha \in C$. There is a homomorphism $f : \sum_{\alpha \in A} \oplus H_\alpha \longrightarrow G$, where f is the identity map on each component H_α. Thus, $G_C = f(\sum_{\alpha \in A} \oplus H_\alpha) \in C$ by (a) of Definition 2. Suppose that S is any C-subgroup of G. Then, $S = H_\alpha$ for some $\alpha \in A$, and $f(S) = S \subseteq G_C$. Hence G_C is the unique maximum C-subgroup of G.

The classes $\mathcal{D}$ of all divisible groups, $\mathcal{F}$ for all torsion groups, and $\mathcal{P}$ of all p-groups are intrinsic classes.

LEMMA 2. *If* $G_1 \cong G_2$, *then* $(G_1)_C \cong (G_2)_C$.

PROOF. This in an immediate consequence of (a) of Definition 2 and Lemma 1.

LEMMA 3. *If* $G = \sum_{\lambda \in \Lambda} \oplus G_\lambda$, *then* $G_C = \sum_{\lambda \in \Lambda} \oplus (G_\lambda)_C$.

PROOF. By (b) of Definition 2, and Lemma 1, $G_C \supseteq \sum_{\lambda \in \Lambda} \oplus (G_\lambda)_C$. Let π_λ be the projection of G onto G_λ. By (a) of Definition 2, $\pi_\lambda(G_C) \subseteq (G_\lambda)_C$. Thus, if $x \in G_C$, $x = \pi_{\lambda_1}(x)+\ldots+\pi_{\lambda_k}(x) \in \sum_{\lambda \in \Lambda} \oplus (G_\lambda)_C$. Hence $G_C \subseteq \sum_{\lambda \in \Lambda} \oplus (G_\lambda)_C$.

(+) Note de l'éditeur : La notion de classe intrinsèque équivaut à celle de sous-groupe fonctoriel. R. Beaumont et B. Charles nous ont indiqué que si l'on pose (b') C est fermé pour les sommes directes finies, (c) tout groupe G contient un sous-groupe maximal unique $G_C \in C$, alors on a :

$$(a)+(b) \Longleftrightarrow (a)+(b)+(c) \Longleftrightarrow (a)+(b')+(c) \Longleftrightarrow (a)+(c)$$

so that $G_C = \sum_{\lambda\in\Lambda} \oplus (G_\lambda)_C$.

DEFINITION 3. *A group* G *splits with respect to an intrinsec class* C *if* G_C *is a direct summand of* G .

LEMMA 4. *If* G *splits with respect to an intrinsic class* C *, then any direct summand of* G *splits with respect to* C .

PROOF. $G = G_C \oplus H$ and suppose $G = K \oplus L$. Then $G_C = K_C \oplus L_C$ by Lemma 3, and $G = K_C \oplus L_C \oplus H$. Thus, $K = K_C \oplus (L_C \oplus H) \cap K$, since $K_C \subseteq K$ and K_C is a direct summand of G .

LEMMA 5. *If* G *splits with respect to an intrinsic class* C *and* K *is a complementary summand of* G_C *, then* $K_C = \{0\}$.

PROOF. $G = G_C \oplus K$, and by Lemma 4, $K = K_C \oplus L$. Thus, $G + G_C \oplus K_C \oplus L$, where $G_C \oplus K_C \in C$ by (b) of Definition 2. Hence $G_C \supseteq G_C \oplus K_C$, and this implies $K_C = \{0\}$.

THEOREM 1. *Let* G *be a group which splits with respect to an intrinsic class* C *, say,* $G = G_C \oplus K$. *Then* G *is an S-group if and only if* G_C *is an S-group and* K *is an S-group.*

PROOF. Suppose first that G is an S-group. Let L be a direct summand of G_C . It follows from (a) of Definition 2 that $L_C = L$. Further, L is a direct summand of G . Therefore, $G \cong G \oplus L$, and by Lemma 3.

$$(G \oplus L)_C = G_C \oplus L_C = G_C \oplus L .$$

By Lemma 2, $G_C \cong G_C \oplus L$. Hence, G_C is an S-group. Let M be a direct summand of K . Then M is a direct summand of G and we have

$$G_C \oplus K = G \cong G \oplus M = G_C \oplus K \oplus M .$$

By Lemma 3, $(G_C \oplus K)_C = G_C \oplus K_C$ and $(G_C \oplus K \oplus M)_C = G_C \oplus K_C \oplus M_C$. By Lemma 2, the isomorphism between $G_C \oplus K$ and $G_C \oplus K \oplus M$ induces an isomorphism between $(G_C \oplus K)_C$ and $(G_C \oplus K \oplus M)_C$. Therefore,

$$(G_C \oplus K)/(G_C \oplus K_C) \cong (G_C \oplus K \oplus M)/(G_C \oplus K_C \oplus M_C) .$$

By Lemma 5, $K_C = \{0\}$, and consequently $M_C = \{0\}$. Therefore, $K \cong K \oplus M$, so that K is an S-group.

Conservely, suppose that G_C and K are S-groups. Let M be a direct summand of G , say $G = M \oplus L$. By Lemma 4, $M = M_C \oplus R$ and $L = L_C \oplus T$. By Lemma 3, $G_C = M_C \oplus L_C$. Hence,

$$G = M \oplus L = (M_C \oplus R) \oplus (L_C \oplus T) = (M_C \oplus L_C) \oplus (R \oplus T) = G_C \oplus (R \oplus T) .$$

Since $G = G_C \oplus K$, we have $K \cong G/G_C \cong R \oplus T$. Therefore, $K = R' \oplus S'$, where $R' \cong R$, $S' \cong S$. We have

$$G \oplus M = (G_C \oplus K) \oplus (M_C \oplus R) \cong (G_C \oplus M_C) \oplus (K \oplus R) \cong (G_C \oplus M_C) \oplus (K \oplus R') .$$

Since G_C is an S-group and $G_C = M_C \oplus L_C$, we have $G_C \cong G_C \oplus M_C$. Since K is an S-group and $K = R' \oplus S'$, we have $K \cong K \oplus R'$. Therefore, $G \oplus M \cong G_C \oplus K = G$ so that G is an S-group.

Since all groups split with respect to the intrinsic class of divisible groups, Theorem 1 has the following corollary.

COROLLARY 1. *Let* D *be the maximum divisible subgroup of* G, *so that* $G = D \oplus R$, *where* R *is reduced. Then* G *is an* S-*group if and only if* D *is an* S-*group and* R *is an* S-*group.*

By applying Theorem 1 to the intrinsic classes of torsion groups and p-groups, results analogous to Corollary 1 are obtained for splitting mixed groups and groups which have a primary component as a direct summand, respectively.

COROLLARY 2. *Let* G *be a torsion group. Then* G *is an* S-*group if and only if each primary component* G_p *of* G *is an* S-*group.*

PROOF. Since $G = \sum_{p\in\pi} \oplus G_p$, G splits with respect to the intrinsic class of p-groups for each prime p. If G is an S-group, then each G_p is an S-group by Theorem 1. Conversely, suppose that each G_p is an S-group and $G = K \oplus L$. Then $G_p = K_p \oplus L_p$ and $G_p \cong G_p \oplus K_p$ for each p. Therefore,
$G = \sum_{p\in\pi} \oplus G_p \cong \sum_{p\in\pi} \oplus (G_p \oplus K_p) \cong (\sum_{p\in\pi} \oplus G_p) \oplus (\sum_{p\in\pi} \oplus K_p) = G \oplus K$. Hence, G is an S-group.

Several results on the characterization of S-groups can be unified by the next definition.

DEFINITION 3. *A class* $\mathcal{K}$ *of groups is a class determined by cardinals if there is a set* $A(\mathcal{K})$ *and a mapping* f *such that* (a) $f(G,\alpha)$ *is a cardinal number for each* $G \in \mathcal{K}$ *and* $\alpha \in A(\mathcal{K})$, (b) *if* $G \in \mathcal{K}$ *and* $H \in \mathcal{K}$ *then* $G \cong H$ *if and only if* $f(G,\alpha) = f(H,\alpha)$ *for all* $\alpha \in A(\mathcal{K})$, (c) *if* $G \in \mathcal{K}$ *and* $G = K \oplus L$, *then* $K \in \mathcal{K}$, $L \in \mathcal{K}$ *and* $f(G,\alpha) = f(K,\alpha)+f(L,\alpha)$ *for all* $\alpha \in A(\mathcal{K})$, *and* (d) $\mathcal{K}$ *is closed under finite direct sums.*

The class $\mathcal{D}$ of all divisible groups is a class determined by cardinals. Let $A(\mathcal{D}) = \{0\} \cup \pi$, where π is the set of all primes. For $G \in \mathcal{D}$, define $f(G,0) = r_0(G)$, the torsion free rank of G, and $f(G,p) = r_p(G)$, the p-rank of G. The class $\mathcal{P}_C$ of direct sums of countable reduced p-groups in a class determined by cardinals. The result that $\mathcal{P}_C$ is closed under direct summands is due to Kaplansky [4]. Let $A(\mathcal{P}_C)$ be the set of all ordinals less that Ω, the least uncountable ordinal. For $G \in \mathcal{P}_C$, define $f(G,\alpha)$ to be the α-th Ulm invariant of G. The class Σ of direct sums of cyclic groups is also a class determined by cardinals. Here, $A(\Sigma) = \{0\} \cup \{p^i | p \in \pi, i \in N\}$ (N is the set of natural numbers), and for $G \in \Sigma, f(G,0) = r_0(G)$, the torsion free rank of G , and $f(G,p^i)$ is the number of cyclic summands of G of order p^i . The class $\mathcal{B}$ of closed p-groups is a class determined by cardinals. Let $A(\mathcal{B}) = \{p^i | i \in N\}$ and $f(G,p^i)$ be the number of cyclic summands of order p^i for a basic subgroup B of G . A final example of a class determined by cardinals is the class $\mathcal{F}$ of completely decomposable torsion free groups. Here $A(\mathcal{F})$ is the set of all types and $f(G,\alpha)$ for $G \in \mathcal{F}$ and $\alpha \in A(\mathcal{F})$ is the number of summands of G of type α.

THEOREM 2. *Let* $G \in \mathcal{K}$ *, where* $\mathcal{K}$ *is a class determined by cardinals. Then* G *is an* S*-group if and only if* $f(G,\alpha) = 0$ *or* $f(G,\alpha) \geq \aleph_0$ *for all* $\alpha \in A(\mathcal{K})$.

PROOF. Suppose that G is an S-group. Then $G \cong G \oplus G$. Therefore $f(G,\alpha) = f(G \oplus G,\alpha) = f(G,\alpha)+f(G,\alpha)$. Hence $f(G,\alpha) = 0$ or $f(G,\alpha) \geq \aleph_0$ for all $\alpha \in A(\mathcal{K})$. Conversely, suppose that $f(G,\alpha) = 0$ or $f(G,\alpha) \geq \aleph_0$ for all $\alpha \in \mathcal{K}$ and let K be a direct summand of G . Then $G = K \oplus L$, where $K \in \mathcal{K}$, $L \in \mathcal{K}$, and $f(G,\alpha) = f(K,\alpha)+f(L,\alpha)$ for all $\alpha \in A(\mathcal{K})$. Thus, $f(K,\alpha) \leq f(G,\alpha)$ for each α . We have, $f(G \oplus K,\alpha) = f(G,\alpha) + f(K,\alpha) = f(G,\alpha)$ for each α . Therefore $G \oplus K \cong G$, and G is an S-group.

Note that it follows from the proof of Theorem 2, that if $G \in \mathcal{K}$, where $\mathcal{K}$ is a class determined by cardinals, then G is an S-group if and only if $G \cong G \oplus G$.

The examples given after Definition 3 provide classes of groups for which the S-groups are characterized.

For torsion groups, the problem of determining S-groups can be restricted to p-primary reduced groups. This follows from Corollaries 1 and 2 and the fact that divisible S-groups are characterized by Theorem2. If a p-primary reduced group G is an S-group, then it follows from the proof of Theorem 2 that $f(G,\alpha)$ is 0 or infinite for all $\alpha < \tau$, where τ is the length of G and $f(G,\alpha)$ is the α-th Ulm invariant of G . If G is a direct sum of countable groups, it is a consequence of Theorem 2 that this condition is also sufficient.

We conclude with the rather obvious result that a group which is an infinite direct sum of copies of the same group is an S-group.

LEMMA 6. *Let* $G = \sum_{i<\omega} \oplus G_i$ *, where* $G_i \cong G$ *for each* i *. Then* G *is an* S*-group.*

PROOF. Suppose that $G = K \oplus L$. Then $G_i = K_i \oplus L_i$, where $K_i \cong K$, $L_i \cong L$ for each i . Hence

$$G = \sum_{i<\omega} \oplus G_i = \sum_{i<\omega} \oplus (K_i \oplus L_i) = (\sum_{i<\omega} \oplus K_i) \oplus (\sum_{i<\omega} \oplus L_i)$$
$$= K_0 \oplus [(\sum_{0<i<\omega} \oplus K_i) \oplus (\sum_{i<\omega} \oplus L_i)] = K_0 \oplus \sum_{0<i<\omega} \oplus (K_i \oplus L_{i-1}) \cong K \oplus G.$$

THEOREM 3. *Let* $G = \sum_{\alpha \in A} \oplus H_\alpha$, *where* $|A| \geq \aleph_0$ *and* $H_\alpha \cong H$ *for each* α . *Then* G *is an S-group.*

PROOF. Partition the index set A into $\aleph_0$ disjoint subsets A_i such that $|A_i| = |A|$. Then $G = \sum_{\alpha \in A} \oplus H_\alpha = \sum_{i<\omega} \oplus (\sum_{\alpha \in A_i} \oplus H_\alpha) = \sum_{i<\omega} \oplus G_i$, where $G_i = \sum_{\alpha \in A_i} H_\alpha \cong G$ for each i . By Lemma 6, G is an S-group.

Theorem 2 provides examples of S-groups which do not have the form $\sum_{\alpha \in A} \oplus H_\alpha$. For example, a closed p-group $\bar{B}$ such that each Ulm invariant of $\bar{B}$ is $\aleph_0$. A torsion free example is furnished by the complete direct sum of countably many copies of Z .

It is interesting to note that if G and H are in a class $\mathcal{K}$ determined by cardinals, then the first two Kaplansky test problems [5] have affirmative answers.

If $G \cong H \oplus U$ and $H \cong G \oplus V$,then $f(G,\alpha) = f(H,\alpha)+f(U,\alpha)$ and $f(H,\alpha) = f(G,\alpha)+f(V,\alpha)$ for all $\alpha \in A(\mathcal{K})$. Hence $f(G,\alpha) \geq f(H,\alpha)$ and $f(H,\alpha) \geq f(G,\alpha)$, which implies $f(G,\alpha) = f(H,\alpha)$, for all $\alpha \in A(\mathcal{K})$. Hence $G \cong H$.

If $G \oplus G = H \oplus H$, then $f(G,\alpha)+f(G,\alpha) = f(H,\alpha)+f(H,\alpha)$ for all $\alpha \in A(\mathcal{K})$. Hence $f(G,\alpha) = f(H,\alpha)$ for all $\alpha \in A(\mathcal{K})$, so that $G \cong H$.

REFERENCES

[1] BEAUMONT R.A. - PIERCE R.S., Partly transitive modules and modules with proper isomorphic submodules, Trans. Am. Math. Soc. 91, p. 209-219, (1959).

[2] BEAUMONT R.A. - PIERCE R.S., Isomorphic direct summands of abelian groups, Math. Ann. 153, 21-37, (1964).

[3] CORNER A.L.S., On a conjecture of Pierce concerning direct decompositions of abelian groups, Proceeding of the Colloquium on Abelian Groups, Pub. House Hung. Acad. Sci. Budapest, (1964).

[4] KAPLANSKY I., Projective modules, Annals of Math., 68, p. 371-77, (1958).

[5] KAPLANSKY I., Infinite Abelian Groups, University of Michigan Press, Ann Arbor, (1954).

University of Washington
Seattle, Washington (U.S.A.)

SOUS-GROUPES FONCTORIELS ET TOPOLOGIES

par Bernard CHARLES

Notre étude se place dans la catégorie des groupes abéliens, de sorte que nous dirons souvent groupe pour groupe abélien. Nous utiliserons les notations suivantes : N ensemble des entiers ≥ 0 , n entier ≥ 0 , $C(n)$ groupe cyclique d'ordre $n > 0$, $C(p^\infty)$ groupe quasi-cyclique associé à l'entier premier p , Z groupe additif des entiers, dG partie divisible de G , d_pG partie p-divisible de G , tG sous-groupe de torsion de G , G_p composante primaire de G , $G[n] = \{g \in G | ng = 0\}$, $[g,h,\dots]$ sous-groupe engendré par les éléments $g,h,\dots$, ω premier ordinal limite, $\longrightarrow$ homomorphisme, $\rightarrowtail$ monomorphisme, $\twoheadrightarrow$ épimorphisme.

Dans les deux premiers paragraphes nous passons rapidement en revue les propriétés générales des sous-groupes fonctoriels, radicaux et socles et nous abordons certains problèmes particuliers. Les démonstrations des propriétés connues ou faciles sont souvent omises. Parmi les questions abordées signalons :

Prolongement d'un sous-groupe fonctoriel défini sur une classe de groupes. Le prolongement est toujours possible, en particulier un sous-groupe totalement invariant se prolonge à un sous-groupe fonctoriel.

Caractérisation des groupes sans torsion séparables au moyen d'une famille de sous-groupes fonctoriels.

Recherche des radicaux d'un p-groupe. Il existe d'autres radicaux que les $p^\alpha G$ ce qui a pour conséquence qu'on peut lire dans le socle $G[p]$ d'un p-groupe d'autres invariants que ceux qui résultent de la considération des $G[p] \cap p^\alpha G$. Ce fait ne semble pas avoir été exploré.

Recherche des socles. On peut facilement déterminer tous les socles pour un groupe de torsion.

Systèmes semi-rigides : Nous formalisons la démonstration donnée par L. Fuchs [5] d'un résultat de L. Kulikov [6].

Dans le dernier paragraphe nous discutons les différentes topologies qu'il est possible de faire intervenir en théorie des groupes abéliens. Les topologies les plus intéressantes font toujours intervenir de façon essentielle des sous-groupes fonctoriels. Parmi les questions abordées signalons :

Limites inductives strictes de groupes abéliens topologiques. Caractérisations topologiques des petits homomorphismes et énoncé de conditions suffisantes pour que tout homomorphisme d'un p-groupe G dans un p-groupe A soit petit.

Sous-groupes fonctoriels et complétion

Topologies associées à un radical.

§ 1. SOUS-GROUPES FONCTORIELS.

DEFINITION 1.1. *On a défini un sous-groupe fonctoriel* F *dans la catégorie des groupes abéliens si à chaque groupe* G *on a associé un sous-groupe* $F(G)$, *la condition suivante étant vérifiée :*

$$u : G \longrightarrow G' \text{ implique } uF(G) \subseteq F(G') \qquad (1)$$

Si l'on désigne par $F(u)$ l'homomorphisme $F(G) \longrightarrow F(G')$ induit par u il est clair que F est un foncteur additif. Au foncteur F il est naturel d'associer le foncteur défini par $\overline{F}(G) = G/F(G)$. Au groupe G se trouve alors associée la suite exacte $F(G) \rightarrowtail G \twoheadrightarrow \overline{F}(G)$. Ceci a un sens dans une catégorie abélienne $\mathcal{A}$ et permet de faire jouer la dualité. En passant à la catégorie duale $\mathcal{A}^o$ on obtient la suite exacte $F(G)^o \twoheadleftarrow G^o \leftarrowtail \overline{F}(G)^o$ et l'on pose $F^o(G^o) = F(G)^o$, $\overline{F}^o(G^o) = \overline{F}(G)^o$. On passe donc du foncteur F au foncteur $\overline{F}^o$ en combinant la dualité des catégories avec le passage de sous-objet à objet quotient dans une catégorie abélienne. Dans la suite nous dualiserons les définitions et laisserons au lecteur le soin de dualiser les propositions.

TERMINOLOGIE. Ce que nous appelons ici sous-groupe fonctoriel est appelé *pré-radical* par J. Maranda [8] et sous-foncteur de l'identité par R. Nunke [10].

COMMUTATION AVEC SOUS-GROUPE ET QUOTIENT.

PROPOSITION 1.2. *Si* $A \overset{\chi}{\rightarrowtail} B \overset{\sigma}{\twoheadrightarrow} C$ *est une suite exacte de groupes abéliens et* F *un sous-groupe fonctoriel on a (en identifiant* A *avec son image dans* B *):*

$$F(A) \subseteq A \cap F(B) \qquad (F(B)+A)/A \subseteq F(C) \qquad (2)$$

TERMINOLOGIE. On dit que A est *F-pur* dans B si $(F(B)+A)/A = F(C)$ et *F-copur* dans B si $F(A) = A \cap F(B)$.

COMMUTATION AVEC SOMME DIRECTE ET PRODUIT DIRECT.

PROPOSITION 1.3. *Soit* F *un sous-groupe fonctoriel et* $(G_i)_{i\in I}$ *une famille de groupe abéliens. Si* $\bigoplus_{i\in I} G_i \subseteq G \subseteq \prod_{i\in I} G_i$ *on a* $\bigoplus_{i\in I} F(G_i) \subseteq F(G) \subseteq \prod_{i\in I} F(G_i)$.

On a des homomorphismes $u_i : G_i \rightarrowtail G$ et $v_i : G \twoheadrightarrow G_i$ qui résultent de $\bigoplus_{i\in I} G_i \subseteq G \subseteq \prod_{i\in I} G_i$, et nous identifions G_i avec son image dans G. On a $F(G_i) \subseteq F(G)$, d'où $\bigoplus_{i\in I} F(G_i) \subseteq F(G)$. On a $v_i u_i = 1$ d'où $F(G_i) = v_i u_i F(G_i) \subseteq v_i F(G)$, d'où $v_i F(G) = F(G_i)$ puisque par ailleurs $v_i F(G) \subseteq F(G_i)$. Il en résulte $F(G) \subseteq \prod_{i\in I} F(G_i)$.

COROLLAIRE 1.4. $F(\bigoplus_{i\in I} G_i) = \bigoplus_{i\in I} F(G_i)$, $F(\prod_{i\in I} G_i) \subseteq \prod_{i\in I} F(G_i)$.

La première partie du corollaire résulte de $F(\bigoplus_{i\in I} G_i) \subseteq (\bigoplus_{i\in I} G_i) \cap \prod_{i\in I} F(G_i) = \bigoplus_{i\in I} F(G_i)$.

PROBLEME 1. *Recherche des sous-groupes fonctoriels qui commutent avec le produit direct.*

Notons que les foncteurs $G[n]$, nG , dG commutent avec le produit direct, mais non le foncteur tG . R. Nunke [10] a caractérisé les sous-groupes fonctoriels qui commutent avec le produit direct et vérifient la condition : Il existe un cardinal $\mathfrak{m}$ tel que $g \in F(G)$ implique l'existence d'un sous-groupe H de G tel que $|H| \leq \mathfrak{m}$ et $g \in F(H)$.

NOTIONS RELATIVES A PLUSIEURS SOUS-GROUPES FONCTORIELS.

Si F et K sont des sous-groupes fonctoriels on définit de façon évidente la relation $F \leq K$ et les foncteurs $F \cap K$, $F+K$. Pour la composition il y a lieu de considérer les deux lois :

$$(F,K) \longmapsto FK \text{ définie par } (FK)(G) = F(K(G)) \text{ .}$$

$$(F,K) \longmapsto F{*}F \text{ définie par } \overline{F{*}K} = \overline{FK}$$

PROBLEME 2. *Conditions pour que* $FK = KF$ *(ou* $F{*}K = K{*}F$*)* .

A titre d'exemple remarquons que les foncteurs $nG (n \in N)$ commutent entre eux, mais que $pp^{\omega} = p^{\omega+1} \neq p^{\omega}p = p^{\omega}$.

ITERATION D'UN SOUS-GROUPE FONCTORIEL.

On peut associer à un sous-groupe fonctoriel F les deux suites ordinales (F^{α}) et (F_{α}) définies par :

$$F^{o} = 1 \text{ , } \quad F^{\alpha+1} = FF^{\alpha} \text{ , } \quad F^{\beta} = \bigcap_{\alpha<\beta} F^{\alpha} \quad (\beta \text{ ordinal limite})$$

$$F_{o} = 0 \text{ , } \quad F_{\alpha+1} = F\, F_{\alpha} \text{ , } \quad F_{\beta} = \sum_{\alpha<\beta} F_{\alpha} \quad (\beta \text{ ordinal limite})$$

La suite (F^{α}) est décroissante et la suite (F_{α}) croissante.

RECHERCHE DES SOUS-GROUPES FONCTORIELS.

Les propriétés suivantes faciles à vérifier permettent une première réduction de ce problème très général :

a) Tout sous-groupe fonctoriel sur la catégorie des groupes de torsion est de la forme $F(G) = \bigoplus_{p\in\Pi} F_p(G_p)$, où F_p est un sous-groupe fonctoriel sur la catégorie des p-groupes.

b) Si F est un sous-groupe fonctoriel défini sur la catégorie des groupes divisibles on a $F(G) = \bigoplus_{p\in\Pi} F_p(G_p)$ ou $F(G) = G$.

c) Si F est un sous-groupe fonctoriel défini sur la catégorie des p-groupes divisibles on a $F(G) = G[p^n]$ ou $F(G) = G$.

d) Si F est un sous-groupe fonctoriel sur la catégorie des groupes abéliens il est de la forme $F(G) = F'(dG)+F''(G')$ où F' est un sous-groupe fonctoriel sur la catégorie des groupes divisibles, F'' un sous-groupe fonctoriel sur la catégorie des groupes réduits, $G = G' \oplus dG$, $uF''(G') \subseteq F'(dG)$ pour tout $u = G' \longrightarrow dG$.

Si F est un sous-groupe fonctoriel et G un groupe il est clair que $F(G)$ est un sous-groupe totalement invariant de G . Il est alors naturel de se poser la question suivante : Etant donné un groupe B et un sous-groupe totalement invariant A de B , existe-t-il un sous-groupe fonctoriel F tel que $F(B) = A$. La réponse est positive en vertu du théorème suivant :

THEOREME 1.5. *Soit* $\mathcal{C}$ *une classe de groupes abéliens et supposons choisi pour chaque* $G \in \mathcal{C}$ *un sous-groupe* $K(G)$ *tel que l'on ait :* $\forall B$, $B' \in \mathcal{C}$ *et* $\alpha : B \longrightarrow B'$ *on a* $\alpha K(B) \subseteq K(B')$. *Alors* $F_1(G) = \sum_{\substack{B\in\mathcal{C}\\ \alpha: B\to G}} \alpha K(B)$ *et* $F_2(G) = \sum_{\substack{C\in\mathcal{C}\\ \beta: G\to C}} \beta^{-1}(K(C))$ *sont des sous groupes fonctoriels vérifiant* $F_1 \leq F_2$ *et* $F_1(G) = K(G) = F_2(G)$ *pour tout* $G \in \mathcal{C}$. *De plus pour qu'un sous-groupe fonctoriel* F *vérifie* $F(G) = K(G)$ *pour tout* $G \in \mathcal{C}$ *il faut et il suffit que* $F_1 \leq F \leq F_2$.

Le caractère de sous-groupe fonctoriel de F_1 et F_2 est facile à vérifier. L'inégalité $F_1 \leq F_2$ résulte de $(\beta\alpha)(K(B)) \subseteq K(C)$ pour tout diagramme $B \xrightarrow{\alpha} G \xrightarrow{\beta} C$ tel que B , $C \in \mathcal{C}$. Les égalités $F_1(G) = K(G) = F_2(G)$ pour $G \in \mathcal{C}$ s'obtiennent en utilisant l'homomorphisme 1_G . La fin du théorème résulte de ce que F_1 et F_2 sont respectivement le plus petit sous-groupe fonctoriel et le plus grand sous-groupe fonctoriel qui coïncident avec K sur $\mathcal{C}$.

PROBLEME 3. *Conditions sur* $\mathcal{C}$ *et* K *pour que* $F_1 = F_2$.

Exemple : Si l'on prend $\mathcal{C} = \{Z\}$ et $K(Z) = nZ$ où $n > 0$ on vérifie facilement que $F_1(G) = nG$ et $F_2(G) = \bigcap_{\alpha: G\to Z} \alpha^{-1}(nZ) \supseteq nG$, la dernière inclusion étant en général stricte. Nous allons appliquer les foncteurs $R_n(G) = \bigcap_{\alpha: G\to Z} \alpha^{-1}(nZ)$ à l'étude d'une classe de groupes.

UNE CARACTERISATION DES GROUPES SANS TORSION SEPARABLES.

PROPOSITION 1.6. *Soit* $\mathcal{F}$ *la classe des groupes abéliens* G *sans torsion tels que tout élément de* G *soit contenu dans un sous-groupe pur cyclique. Les propriétés suivantes sont équivalentes pour* $G \in \mathcal{F}$ *:*

(i) G *est séparable, c'est-à-dire tout sous-groupe de type fini de* G *est contenu dans un facteur direct de type fini.*

(ii) *Tout sous-groupe pur cyclique de* G *est facteur direct.*

(iii) $R_n(G) = nG$ *pour tout entier* $n > 0$.

(iv) $R_p(G) = pG$ *pour tout entier premier* p .

Pour l'équivalence de (i) et (ii) voir L. Fuchs [4] page 178. Comme (iii) $\Longrightarrow$ (iv) est évident il reste à démontrer (ii) $\Longrightarrow$ (iii) et (iv) $\Longrightarrow$ (ii).

(ii) $\Longrightarrow$ (iii) . Comme $nG \subseteq R_n(G)$ il suffit de démontrer que sous l'hypothèse (ii) on a $g \notin nG \Longrightarrow g \notin R_n(G)$. On a une décomposition $G = [h] \oplus K$ avec

$g \in [h]$. On a $g \notin n[h]$ et par suite $g \notin K+n[h]$. Considérons $\alpha : G \longrightarrow Z$ défini par $\alpha(h) = 1$ et $\alpha(K) = 0$. On a $\alpha^{-1}(nZ) = K+n[h]$, donc $g \notin R_n(G)$.

(iv) $\Longrightarrow$ (ii) . Soit $p_o,\ldots,p_n,\ldots$ la suite des nombres premiers et $[g]$ un sous-groupe pur cyclique de G . Pour chaque n on a $g \notin p_nG$, donc il existe $\alpha_n : G \longrightarrow Z$ tel que $\alpha_n(g) \notin p_nZ$. Considérons $\alpha = (\alpha_o,\ldots,\alpha_n,\ldots) : G \longrightarrow Z^N$. Comme $\alpha(g) = (\alpha_o(g),\ldots,\alpha_n(g),\ldots)$ on a pour chaque n : $\alpha(g) \notin p_nZ^N$. Il en résulte que $[\alpha(g)]$ est pur dans Z^N , donc facteur direct puisque Z^N est séparable. On en déduit un épimorphisme $\theta : G \longrightarrow Z$ tel que $\theta(g) = 1$, donc $[g]$ est facteur direct.

COROLLAIRE. (R. Nunke). *Si* p *est un entier premier,* $A = \prod_{i\in N}[e_i]$ *où* $[e_i] \cong Z$, $B = \bigoplus_{i\in N}[e_i]$, *alors le groupe* $G = B+pA$ *n'est pas séparable.*

Si $\alpha : G \longrightarrow Z$ alors il existe un entier k tel que $\alpha(pe_i) = 0$ pour $i \geq k$. Comme $pe_i \in \alpha^{-1}(pZ)$ il en résulte $pA \subseteq \alpha^{-1}(pZ)$ d'où finalement

$$pG = p^2A+pB \subset pA+pB = R_p(G)$$

§ 2. RADICAUX ET SOCLES.

DEFINITION ET PROPRIETES ELEMENTAIRES.

DEFINITION 2.1. *Un radical est un sous-groupe fonctoriel* R *vérifiant la condition :*

Pour tout groupe G *on a* $R(G/R(G)) = 0$ (ou $R_2 = R$) .

DEFINITION 2.1'. *Un socle est un sous-groupe fonctoriel* S *vérifiant la condition :*

Pour tout groupe G *on a* $S(S(G)) = S(G)$ (ou $S^2 = S$) .

Nous utilisons la dualité comme il a été indiqué au début du paragraphe précédent et nous laissons au lecteur le soin d'écrire les propriétés duales.

PROPOSITION 2.2. *Soit* $A \overset{\chi}{\rightarrowtail} G \overset{\sigma}{\twoheadrightarrow} G/A$ *une suite exacte. Si* R *est un radical et* $A \subseteq R(G)$ *alors on a* $R(G/A) = R(G)/A$.

PROPOSITION 2.3. *Si* R *est un radical et* G *un groupe,* R(G) *est le plus petit sous-groupe* A *de* G *tel que* $R(G/A) = 0$.

REMARQUE. $R(G) \subseteq A$ n'entraîne pas toujours $R(G/A) = 0$ comme on le voit en prenant $R = p^\omega$, $G = \prod_{i\in N} C(p^i)$, $A = \bigoplus_{i\in I} C(p^i)$.

PROPOSITION 2.4. *L'intersection d'une famille de radicaux est un radical.*

PROBLEME 4. *Conditions pour que la somme de deux radicaux soit un radical.*

PROBLEME 4'. *Conditions pour que l'intersection de deux socles soit un socle.*

PROPOSITION 2.5. *Le composé* RR' *de deux radicaux* R *et* R' *est un radical.*

Les propositions 2.4 et 2.5 montrent que si R est un radical, les itères R^α (α ordinal) sont encore des radicaux.

PROPOSITION 2.6. *Si* R *est un radical et* $\alpha \leq \beta$ *on a* $R^\alpha(G/R^\beta(G)) = R^\alpha(G)/R^\beta(G)$.

RADICAL ET PROBLEME DE STRUCTURE.

PROPOSITION 2.7. *Soit* X *une classe de groupes abéliens. On obtient un radical* R_X *en posant* $R_X(G) = \bigcap_{H \in X} \mathrm{Ker}(u : G \longrightarrow H)$.

PROPOSITION 2.8. *Si* R *est un radical on a* $R = R_X$ *où* $X = \{H \mid R(H) = 0\}$.

PROPOSITION 2.9. *Si* X *est une classe de groupes abéliens, la classe* $\overline{X} = \{G \mid R_X(G) = 0\}$ *est la fermeture de la classe* X *pour sous-groupe et produit direct quelconque.*

COROLLAIRE 2.10. *La formule* $X \longmapsto R_X$ *établit une bijection entre les radicaux et les classes de groupes abéliens fermées pour sous-groupe et produit direct quelconque.*

Si R est un radical, les résultats qui précèdent permettent de décomposer le problème de structure pour les groupes abéliens en deux étapes.

1. Description des groupes G tels que $R(G) = 0$. Si R est défini par une classe X , cela revient à fermer la classe X pour sous-groupe et produit direct.
2. L'étape 1 étant supposée effectuée, description d'un groupe G à partir de ses facteurs d'Ulm généralisés $R^\alpha(G)/R^{\alpha+1}(G)$.

Si l'on se réfère au cas classique $R = p^\omega$ on voit qu'on pourra tout au plus espérer trouver des conditions d'existence d'un groupe G ayant des facteurs d'Ulm généralisés donnés. On ne pourra espérer un théorème d'unicité que pour des classes restreintes. Déjà pour le cas classique $R = p^\omega$ on a des résultats satisfaisants seulement dans le cas des p-groupes. Le problème qui parait le plus abordable est le suivant :

PROBLEME 5. *Conditions pour l'existence d'un groupe* G *ayant des facteurs d'Ulm donnés (i.e. généralisation aux groupes quelconques des résultats obtenus pour les p-groupes par* L. Kulikov *et* L. Fuchs*).*

RECHERCHE DES RADICAUX.

C'est un problème très général que nous n'allons aborder que dans le cas des p-groupes.

PROPOSITION 2.11. *Si* R *est un radical et* G *un p-groupe on a* $R(G) = p^n G$ *pour un entier* n *ou* $R(G) \subseteq p^\omega G$.

L'image d'un p-groupe par un homomorphisme étant un p-groupe on peut raisonner dans la catégorie des p-groupes. D'après la proposition 2.8 on a $R = R_X$ où X est la classe des p-groupes H tels que $R(H) = 0$. Deux cas sont à distinguer

1. La classe X est bornée, c'est-à-dire il existe un plus petit entier n tel que $p^n H = 0$ pour tout $H \in X$. Il est alors facile de voir que X est engendrée par $C(p^n)$, donc $R(G) = p^n G$.

2. La classe X n'est pas bornée. Alors X contient tous les groupes $C(p^n)$ donc tous les p-groupes sans éléments de hauteur infinie, ce qui entraine $R(G) \subseteq p^\omega G$.

PROBLEME 6. *Si* R *est un radical et* G *un p-groupe, existe-t-il un ordinal* α *tel que* $R(G) = p^\alpha G$.

La réponse est négative. Voici un contre-exemple qui nous a été indiqué par Ch. Megibben et R. Nunke : Considérons K et H p-groupes de longueur $\omega+1$ tels que $K^1 \cong H^1 \cong C(p)$, K dénombrable, H/H^1 torsion complet (d'une façon générale on désigne par G^1 le sous-groupe $\bigcap_{n>0} nG$ et G torsion complet signifie que G coïncide avec le sous-groupe de torsion de son complété Z-adique, ou p-adique s'il s'agit d'un p-groupe). Si R désigne le radical associé à $\{K\}$ nous allons montrer que $R(H \oplus K) = H^1$, or on a $0 \subset H^1 = p^\omega H \subset p^\omega(H \oplus K) = H^1 \oplus K^1$. Tout revient à démontrer que si u est un homomorphisme $H \longrightarrow K$ alors $u(H^1) = 0$, ce qui nécessite deux étapes.

1. Si $\overline{u} : \overline{H} = H/H^1 \longrightarrow \overline{K} = K/K^1$ alors il existe un entier n tel que $\overline{u}(\overline{H}[p] \cap p^n\overline{H}) = 0$. Cela résulte de ce que tout homomorphisme de $\overline{H}$ dans $\overline{K}$ est petit (R. Pierce [11]). Nous donnerons une démonstration topologique de cette propriété au prochain paragraphe.

2. Posons $H^1 = [h]$, $K^1 = [k]$. Il existe $h' \in H$ tel que $h = p^{n+1}h'$. De $p^{n+1}h' \in H^1$ résulte $up^n h' = \lambda k$, d'où $uh = \lambda pk = 0$, ce qui achève la démonstration.

Il résulte de ce qui précède qu'on peut lire dans le socle $G[p]$ d'un groupe G *d'autres invariants* que ceux qui résultent de la considération de la suite de sous-groupes $G[p] \cap p^\alpha G$. Ce fait très intéressant ne semble pas avoir été exploré.

PROBLEME 7. *Si* R *est un radical et* G *un groupe sans torsion a-t-on* $R^{\omega+1}(G) = R^\omega(G)$.

La réponse est positive si $R(G) = nG$ ou dG . Mais la réponse est négative dans le cas $R = R_{\{Z\}}$. (L. Fuchs, commutation orale).

RECHERCHE DES SOCLES.

D'après ce qu'on a vu sur la recherche des sous-groupes fonctoriels on peut se limiter à considérer des groupes réduits.

PROPOSITION 2.12. *Si* S *est un socle et* G *un p-groupe réduit on a* $S(G) = G[p^n]$ *ou* $S(G) = G$.

Les propositions 2.7', 2.8', 2.9' (duales des propositions 2.7, 2.8, 2.9), montrent que $S(G) = S_Y(G) = \sum_{H\in Y} \mathrm{im}(u : H \longrightarrow G)$ où Y est la classe des p-groupes tels que $S(H) = H$, classe qui est fermée pour quotient et somme directe. Deux cas sont à distinguer :

1. La classe Y est bornée, donc engendrée par un groupe $C(p^n)$. Il est alors immédiat que $S(G) = G[p^n]$.

2. La classe Y n'est pas bornée. Compte tenu de ce qu'un p-groupe est quotient d'une somme directe de p-groupes cycliques on voit que Y contient tous les p-groupes, donc $S(G) = G$.

SYSTEMES SEMI-RIGIDES.

Un système de groupes abéliens $(H_t)_{t\in T}$ est dit ***semi-rigide*** si l'on obtient une relation d'ordre en posant $t \leq s \Longleftrightarrow \mathrm{Hom}(H_t,H_s) \neq 0$. Si $s \neq t$ cela implique que $\mathrm{Hom}(H_s,H_t) = 0$ ou $\mathrm{Hom}(H_t,H_s) = 0$. Comme exemple citons les groupes sans torsion de rang 1.

Nous noterons T_Σ la classe des groupes qui sont somme directe de groupes de la forme H_t . Si $G \in T$ (avec une décomposition donnée) nous noterons $G(t)$ la somme directe des facteurs $\simeq H_t$ et si $R \subseteq T$ nous poserons :

$$G(R) = \bigoplus_{t\in R} G(t) \qquad \overline{G}(R) = \bigoplus_{t\notin R} G(t)$$

Dans ce qui suit nous supposons le système $(H_t)_{t\in T}$ semi-rigide et T muni de la relation d'ordre correspondante. Nous désignons par S_t le socle associé à $\{H_s | s \geq t\}$ et par S_t^* le socle associé à $\{H_s | s > t\}$. Il est facile de vérifier que :

$$S_t(G) = \bigoplus_{s\geq t} G(s) \ , \ S_t^*(G) = \bigoplus_{s>t} G(s) \ , \ S_t(G) = S_t^*(G) \oplus G(t)$$

Nous allons reproduire, en la formalisant, la démonstration donnée par L. Fuchs [5] d'un résultat de L. Kulikov [6] :

THEOREME 2.13. *Si* T *est un système semi-rigide de groupes abéliens,* $G = A \oplus B \in T_\Sigma$, A *possède un système dénombrable de générateurs* $(a_1,\dots,a_n,\dots)$, *alors* $A = \bigoplus_{t\in T} A(t)$ *où chaque* $A(t)$ *est isomorphe à un facteur direct d'un* $G(t)$.

Le caractère additif de S_t et S_t^* donne :

$$S_t(G) = S_t(A) \oplus S_t(B) \ , \ S_t^*(G) = S_t^*(A) \oplus S_t^*(B)$$

En posant $A_o = A \cap [G(t)+S_t^*(B)]$, $B_o = B \cap [G(t) \oplus S_t^*(A)]$ on obtient :

$$S_t(A) = A_o \oplus S_t^*(A) \text{ , } S_t(B) = B_o \oplus S_t^*(B)$$

$$S_t(G) = A_o \oplus S_t^*(A) \oplus B_o \oplus S_t^*(B) = A_o \oplus B_o \oplus S_t^*(G)$$

La dernière égalité montre qu'on peut remplacer $G(t)$ par $A_o \oplus B_o$ dans la décomposition $G = \bigoplus_{s\in T} G(s)$. Si l'on fait le remplacement pour un nombre fini d'indices $t_1, t_2, \dots, t_n$ on obtient :

$$G = A_1 \oplus \dots \oplus A_n \oplus B_1 \oplus \dots \oplus B_n \oplus \overline{G}(t_1, \dots, t_n)$$

De cette décomposition on déduit :

$$A = A_1 \oplus \dots \oplus A_n \oplus \overline{A}_n \quad \text{avec} \quad \overline{A}_n = A \cap [B_1 \oplus \dots \oplus B_n \oplus \overline{G}(t_1, \dots, t_n)]$$

$$B = B_1 \oplus \dots \oplus B_n \oplus \overline{B}_n \quad \text{avec} \quad \overline{B}_n = B \cap [A_1 \oplus \dots \oplus A_n \oplus \overline{G}(t_1, \dots, t_n)]$$

Si $t \in \{t_1, \dots, t_n\}$ la propriété $\overline{A}_n \oplus \overline{B}_n \cong \overline{G}(t_1, \dots, t_n)$ entraine que les foncteurs S_t et S_t^* coïncident sur $\overline{A}_n \oplus \overline{B}_n$, d'où si $t = t_j$:

$$S_t(G) = S_t\Big(\sum_{i\in I}(A_i \oplus B_i)\Big) \oplus S_t^*(\overline{A}_n \oplus \overline{B}_n) = A_j \oplus B_j \oplus S_t^*(G)$$

Ceci montre qu'on peut remplacer $A_j \oplus B_j$ par $G(t_j)$ dans la décomposition $G = A_1 \oplus \dots \oplus A_n \oplus B_1 \oplus \dots \oplus B_n \oplus \overline{A}_n \oplus \overline{B}_n$, d'ou finalement pour G la décomposition :

$$G = G(t_1) \oplus \dots \oplus G(t_n) \oplus \overline{A}_n \oplus \overline{B}_n$$

Il en résulte pour A la nouvelle décomposition :

$$A = A \cap [G(t_1) \oplus \dots \oplus G(t_n) \oplus \overline{B}_n] \oplus \overline{A}_n$$

Le premier facteur qui est isomorphe à $A_1 \oplus \dots \oplus A_n$ peut être mis sous la forme $C_1 \oplus \dots \oplus C_n$ avec $C_1 \cong A_1, \dots, C_n \cong A_n$, d'où :

$$A = C_1 \oplus \dots \oplus C_n \oplus \overline{A}_n \quad \text{avec} \quad A \cap [G(t_1) \oplus \dots \oplus G(t_n)] \subseteq C_1 \oplus \dots \oplus C_n$$

Considérons maintenant $a_1, \dots, a_k$. On peut trouver $t_1, \dots, t_n$ tels que $a_1, \dots, a_k \in G(t_1) \oplus \dots \oplus G(t_n)$. En construisant $C_1, \dots, C_n$ comme plus haut on a $a_1, \dots, a_k \in C_1 \oplus \dots \oplus C_n$. Soit b_{k+1} la composante de a_{k+1} dans $\overline{A}_n$, relativement à la décomposition $A = C_1 \oplus \dots \oplus C_n \oplus \overline{A}_n$. En ce plaçant dans $\overline{A}_n \oplus \overline{B}_n$ on peut construire comme plus haut $C_{n+1}, \dots, C_{n+m}$ tels que b_{k+1} soit dans $C_{n+1} \oplus \dots \oplus C_{n+m}$ etc... On obtient finalement $A = \bigoplus_{i=1}^{\infty} C_i$ avec C_i facteur direct de $G(t_i)$, ce qui démontre le théorème.

§ 3. TOPOLOGIES.

Pendant longtemps les méthodes topologiques en théorie des groupes abéliens se sont limitées à l'utilisation de la topologie p-adique (ou Z-adique) sur un groupe abélien et de la topologie finie sur un groupe d'homomorphismes. Puis des exemples de plus en plus variés ont été considérés. On peut définir les méthodes topologiques comme utilisation de foncteurs $Ab \longrightarrow \overline{Ab}$ et $Ab \times Ab \longrightarrow \overline{Ab}$ où Ab désigne la catégorie des groupes abéliens et $\overline{Ab}$ la catégorie des groupes abéliens topologiques. Les topologies les plus intéressantes qu'on peut mettre sur un groupe abélien ou sur un groupe d'homomorphismes font intervenir de façon essentielle des sous-groupes fonctoriels.

TOPOLOGIES SUR UN GROUPE ABELIEN OU SUR UN GROUPE D'HOMOMORPHISMES.

Les topologies les plus utiles sur un groupe abélien A semblent être les suivantes :

$\mathcal{C}_p$: Topologie p-adique.

$\mathcal{C}_d$: Topologie discrète.

$\mathcal{C}_p^*$: Limite inductive des topologies induites par $\mathcal{C}_p$ sur les $A[p^n]$, lorsque A est un p-groupe.

Cette dernière topologie a été mentionnée dans [1] où il est indiqué sans démonstration qu'un p-groupe est torsion-complet (c'est-à-dire coïncide avec le sous-groupe de torsion de son complété p-adique) si et seulement si il est complet pour la topologie $\mathcal{C}_p^*$. Partant d'un point de vue tout à fait différent D. Cuttle. et R. Stringall [3] ont introduit la topologie $\mathcal{C}_p^*$ à partir de la notion de grand sous-groupe (R. Pierce [11]) et ont montré qu'un p-groupe est torsion-complet si et seulement si il est complet pour la topologie $\mathcal{C}_p^*$. Cette propriété peut aussi être rattachée à des propriétés plus générales des limites inductives.

Sur un groupe d'homomorphismes Hom(G,A) les topologies les plus utiles semblent être la topologie p-adique et les topologies suivantes :

$\mathcal{C}_s$: Topologie finie, c'est-à-dire topologie de la convergence uniforme sur les parties finies de G , le groupe A étant muni de la topologie discrète.

$\mathcal{C}_b$: Topologie de la convergence bornée lorsque G et A sont des p-groupes c'est-à-dire topologie de la convergence uniforme sur les $G[p^n]$, le groupe A étant muni de la topologie discrète.

Cette topologie ne semble pas avoir été encore explicitement utilisée, mais comme nous l'indiquerons plus loin elle intervient implicitement dans R. Pierce [11] .

Signalons encore que W. Liebert [7] a utilisé avec succès la topologie de la convergence uniforme sur les parties finies de G , le groupe A étant muni de la topologie p-adique.

LIMITES INDUCTIVES DE GROUPES ABELIENS TOPOLOGIQUES.

Considérons la situation particulière suivante dans la catégorie des groupes abéliens topologiques : $G = \bigcup_n G_n$ où G est un groupe et (G_n) une suite croissante de sous-groupes de G . Chaque sous-groupe G_n est muni d'une topologie linéaire $\mathcal{C}_n$, et l'on note $\mathcal{V}_n$ l'ensemble des sous-groupes ouverts de G_n . On suppose que pour tout n la topologie $\mathcal{C}_{n+1}$ induit $\mathcal{C}_n$ sur G_n . On munit G de la topologie $\mathcal{C}$ admettant comme base de voisinages de 0 la famille $\mathcal{V}$ des sous-groupes V de G tels que $V \cap G_n \in \mathcal{V}_n$ pour tout n . Notre but est de transposer un certain nombre de propriétés classiques pour la catégorie des espaces vectoriels topologiques.

LEMME 3.1. *Etant donné* $V_n \in \mathcal{V}_n$ *on peut trouver* $V_{n+1} \in \mathcal{V}_{n+1}$ *tel que* $G_n \cap V_{n+1} = V_n$.

On peut trouver $V \in \mathcal{V}_{n+1}$ tel que $G_n \cap V \subseteq V_n$. Montrons qu'en posant $V_{n+1} = V+V_n$ on a $G_n \cap V_{n+1} = V_n$. Soit $g_n = v+v_n$ où $g_n \in G_n$, $v \in V$, $v_n \in V_n$. On a $v = v_n - g_n \in G_n$, donc $v \in V \cap G_n \subseteq V_n$, donc $g_n \in V_n$, c'est-à-dire $(V+V_n) \cap G_n = V_n$.

PROPOSITION 3.2. *La topologie* $\mathcal{C}$ *induit la topologie* $\mathcal{C}_n$ *sur* G_n .

Soit $V_n \in \mathcal{V}_n$. On peut former une suite $V_{n+k} \in \mathcal{V}_{n+k}$ $(k = 0,1,\ldots)$ telle que $V_{n+k} \cap G_{n+k-1} = V_{n+k-1}$ $(k = 1,2,\ldots)$. On a $V_{n+k} \cap G_n = V_n$ comme on le voit par récurrence sur k :

$$V_{n+k} \cap G_n = V_{n+k} \cap G_{n+k-1} \cap G_n = V_{n+k-1} \cap G_n = V_n$$

En posant $V = \sum_k V_{n+k} = \bigcup_k V_{n+k}$ on a $V \cap G_n = \bigcup_k (V_{n+k} \cap G_n) = V_n$

PROPOSITION 3.3. *La topologie* $\mathcal{C}$ *est la plus fine des topologies* $\mathcal{C}'$ *induisant* $\mathcal{C}'_n \leq \mathcal{C}_n$ *sur* G_n *pour tout* n .

Soit $\mathcal{C}'$ induisant $\mathcal{C}'_n \leq \mathcal{C}_n$ sur G_n pour tout n et V' un voisinage de 0 pour $\mathcal{C}'$. D'après les axiomes de groupes topologiques il existe W_1 voisinage de 0 pour $\mathcal{C}'$ tel que $W_1+W_1 \subseteq V'$, puis W_2 tel que $W_2+W_2 \subseteq W_1$ et de façon générale W_n tel que $W_n+W_n \subseteq W_{n-1}$. Par récurrence sur n on voit que $W_1+\ldots+W_{n-2}+W_{n-1} + W_n+W_n \subseteq V'$. Il en résulte que $W_1+\ldots+W_{n-1}+W_n \subseteq W_1+\ldots+W_{n-1}+W_{n-1} \subseteq V'$. Pour chaque n on peut trouver $V_n \in \mathcal{V}_n$ tel que $V_n \subseteq G_n \cap W_n$. Alors $V = \sum_n V_n$ est un voisinage de 0 pour $\mathcal{C}$ qui vérifie $V \subseteq \sum_n W_n \subseteq W_1+W_1 \subseteq V'$.

COROLLAIRE 3.4. *Pour qu'un homomorphisme* $u : G \longrightarrow G'$ *soit continu il faut et il suffit que la restriction de* u *à chaque* G_n *soit continue.*

COROLLAIRE 3.5. $(G, \mathcal{C})$ *est la limite inductive des* $(G_n, \mathcal{C}_n)$.

PROPOSITION 3.6. *Si* $\mathcal{F}$ *est un filtre de Cauchy minimal sur* G *(c'est-à-dire* $\mathcal{F} + \mathcal{V} = \mathcal{F}$ *) il existe un entier* n *tel que* $\mathcal{F}$ *découpe un filtre sur* G_n .

Supposons le contraire. Pour chaque n on peut trouver $M_n \in \mathcal{F}$ et V_n

voisinage de 0 dans G tel que $M_n \cap (G_n+V_n) = \emptyset$. On peut prendre les V_n décroissants. Posons $W = \sum_n (V_n \cap G_n)$ et soit $M \in \mathcal{F}$ petit d'ordre W . On a $W \subseteq G_n + \sum_{m>n} (V_n \cap G_m) = G_n+V_n$. Il en résulte $M_n \cap (G_n+W) \subseteq M_n \cap (G_n+V_n) = \emptyset$. Montrons que $M \cap G_n = \emptyset$ ce qui impliquera $M = \emptyset$ en contradiction avec $M \in \mathcal{F}$, donc démontrera la proposition. On a $M \cap G_n \subseteq (M_n+W) \cap G_n$ or $(M_n+W) \cap G_n = \emptyset$ équivaut à $M_n \cap (G_n+W) = \emptyset$.

COROLLAIRE 3.7. *Si* G_n *est fermé dans* G *pour tout* n , *alors* G *est complet si et seulement si* G_n *est complet pour tout* n .

PROPOSITION 3.8. *Si* G_n *est fermé dans* G_{n+1} *pour tout* n , *alors* G_n *est fermé dans* G *pour tout* n .

En effet si G_n est fermé dans G_{n+1} pour tout n on voit par récurrence que G_n est fermé dans G_{n+k} pour tout n et tout k , d'où

$$\overline{G}_n = \bigcup_k (\overline{G}_n \cap G_{n+k}) = \bigcup_k G_n = G_n$$

COMPLÉTÉ D'UNE LIMITE INDUCTIVE.

Nous nous limiterons à l'étude d'un exemple. Rappelons d'abord que si G est un groupe abélien muni d'une topologie linéaire on peut obtenir son complété sous la forme $\hat{G} = \varprojlim_{\mathcal{V}} G/A$ où $\mathcal{V}$ est une base de voisinages de 0 formée de sous-groupes. Les éléments de $\hat{G}$ sont des systèmes $(x_A+A)_{A\in\mathcal{V}}$ où $x_A \in G$ et tels que $A \subseteq B$ implique $x_A \in x_B+B$. L'homomorphisme canonique $\omega : G \longrightarrow \hat{G}$ s'obtient en posant $\omega(x) = (x+A)_{A\in\mathcal{V}}$.

Considérons un p-groupe G muni de la topologie $\mathcal{C}'$ admettant comme base de voisinages de 0 la famille de sous-groupes $p^\alpha G$ où $\alpha < \lambda = \ell(G)$, la longueur $\ell(G)$ de G étant supposée être un ordinal limite. On munit $G_n = G[p^n]$ de la topologie $\mathcal{C}_n$ induite par $\mathcal{C}'$ et on considère aussi sur G la limite inductive $\mathcal{C}$ des topologies $\mathcal{C}_n$.

PROPOSITION 3.9. *Le complété de* $(G,\mathcal{C})$ *est, en tant que groupe, identique au sous-groupe de torsion du complété de* $(G,\mathcal{C}')$.

Le complété de $(G,\mathcal{C}')$ est $\varprojlim_{\alpha} (G/p^\alpha G)$, c'est-à-dire l'ensemble des familles $(x_\alpha+p^\alpha G)_{\alpha<\lambda}$ où $x_\alpha \in G$ et où $\alpha \leq \beta$ implique $x_\beta \in x_\alpha+p^\alpha G$. Il est clair qu'un élément d'ordre fini du complété de $(G,\mathcal{C})$ a pour ordre une puissance de p . La condition $p^n(x_\alpha+p^\alpha G)_{\alpha<\lambda} = 0$ équivaut à $p^n x_\alpha \in p^\alpha G$ pour tout $\alpha < \lambda$. De $x_{\alpha+n}-x_\alpha \in p^\alpha G$ on déduit $p^n x_\alpha \in p^{\alpha+n}G$ donc on peut trouver $y_\alpha \in p^\alpha G$ tel que $p^n x_\alpha = p^n y_\alpha$ ce qui montre que si $p^n(x_\alpha+p^\alpha G)_{\alpha<\lambda} = 0$ on peut, quitte à changer x_α en $x_\alpha - y_\alpha$, supposer que $p^n x_\alpha = 0$ pour tout $\alpha < \lambda$. Il en résulte que $(x_\alpha+p^\alpha G)_{\alpha<\lambda} \in \hat{G}_n$, ce qui démontre la proposition.

PETITS HOMOMORPHISMES.

Dans ce paragraphe G et A sont des p-groupes. Un homomorphisme $u : G \longrightarrow A$ est dit borné s'il appartient au sous-groupe de torsion $t\,\mathrm{Hom}(G,A)$ du groupe $\mathrm{Hom}(G,A)$. Pour que u soit borné il faut et il suffit que son noyau contienne un sous-groupe de la forme p^nG ou encore que son image soit bornée.

THEOREME 3.10. *Si* G *et* A *sont des p-groupes les propriétés suivantes sont équivalentes pour un homomorphisme* $u : G \longrightarrow A$.

(i) *Si* (x_n) *est une suite de Cauchy p-adique bornée de* G, *alors* $(u(x_n))$ *est une suite de Cauchy discrète.*

(ii) *Si* (x_n) *est une suite de Cauchy pour* $\mathcal{C}_p^*$, *alors* $(u(x_n))$ *est une suite de Cauchy discrète.*

(iii) u *est continu lorsqu'on munit* G *de* $\mathcal{C}_p^*$ *et* A *de* $\mathcal{C}_d$.

(iv) $\forall k$ *entier positif il existe* n *entier positif tel que* $u(G[p^k] \cap p^nG) = 0$.

(v) u *est dans l'adhérence de* $t\,\mathrm{Hom}(G,A)$ *pour* $\mathcal{C}_b$.

Compte tenu de ce que nous venons d'exposer sur les limites inductives l'équivalence de (i), (ii), (iii), (iv) résulte de considérations topologiques élémentaires. Montrons l'équivalence de (iv) et (v).

(v) $\Longrightarrow$ (iv). Cela résulte de ce qu'un homomoprhisme borné est nul sur un sous-groupe p^nG et de ce qu'une suite de Cauchy pour $\mathcal{C}_b$ est constante sur $G[p^k]$ à partir d'un certain rang.

(iv) $\Longrightarrow$ (v). Si $u : G \longrightarrow A$ vérifie (iv), étant donné $k \geq 0$ il existe $n \geq 0$ tel que $u(G[p^k] \cap p^nG) = 0$. On peut trouver une décomposition $G = H \oplus H'$ avec H borné et $G[p^k] \cap H' \subseteq G[p^k] \cap p^nG$. En posant $u_k = uv_k$ où v_k est la projection $G \longrightarrow H$ on obtient une suite (u_k) qui converge vers u pour la topologie $\mathcal{C}_b$. Or u_k est borné puisque H est borné.

DEFINITION 3.11. *Un homomorphsime* $u : G \longrightarrow A$ *où* G *et* A *sont des p-groupes est dit petit s'il vérifie l'une des propriétés équivalentes* (i), (ii), (iii), (iv), (v).

Les petits homomorphsines de G dans A forment un sous-groupe de $\mathrm{Hom}(G,A)$ que l'on note $\mathrm{Hom}_s(G,A)$.

THEOREME 3.12. *Le groupe* $\mathrm{Hom}_s(G,A)$ *est complet pour la topologie* $\mathcal{C}_b$.

Soit (u_k) une suite de Cauchy pour $\mathcal{C}_b$, dans $\mathrm{Hom}_s(G,A)$. La suite (u_k) est constante à partir d'un certain rang sur chaque $G[p^n]$, d'où l'existence de $u = \lim u_k$ au sens de la topologie $\mathcal{C}_b$.

COROLLAIRE 3.13. *Le groupe* $\mathrm{Hom}_S(G,A)$ *est complet pour la topologie p-adique.*

Comme $\mathcal{C}_b \leq \mathcal{C}_p$ l'adhérence p-adique de $\mathrm{Hom}_S(G,A)$ dans $\mathrm{Hom}(G,A)$ est $\mathrm{Hom}_S(G,A)$. Comme $\mathrm{Hom}(G,A)$ est algébriquement compact réduit, donc complet pour la topologie p-adique, il en est de même de $\mathrm{Hom}_S(G,A)$.

DEFINITION 3.14. *Un sous-groupe* L *d'un p-groupe* G *est dit grand s'il est ouvert pour la topologie* $\mathcal{C}_p^*$. *(*R. Pierce [11] *appelle grand sous-groupe ce qui s'appellerait ici grand sous-groupe totalement invariant).*

Avec cette définition on peut dire qu'un homomorphisme $u : G \longrightarrow A$ est petit si son noyau est grand.

REMARQUE. Les topologies $\mathcal{C}_p^*$ et $\mathcal{C}_b$ apparaissent implicitement dans R. Pierce [11]. Leur introduction explicite permet de simplifier la présentation d'une partie importante des résultats de R. Pierce.

CONDITIONS POUR QUE $\mathrm{Hom}_S(G,A) = \mathrm{Hom}(G,A)$.

THEOREME 3.14. *On a* $\mathrm{Hom}_S(G,A) = \mathrm{Hom}(G,A)$ *si les conditions suivantes sont réalisées :*

(a) G *est un p-groupe tel que* $p^\omega G = 0$ *et les* $G[p^n]$ $(n = 1,2,\ldots)$ *sont des espaces de Baire pour la topologie induite par la topologie p-adique* $\mathcal{C}_p$.

(b) A *est un groupe dénombrable réduit.*

Nous supposerons dans ce qui suit G muni de la topologie $\mathcal{C}_p^*$. Par définition $\mathcal{C}_p^*$ induit la même topologie que $\mathcal{C}_p$ sur les $G[p^n]$.

LEMME 3.15. *On a les propriétés suivantes pour* G *muni de* $\mathcal{C}_p^*$ *(sous l'hypothèse* (a)*) :*

(i) *Si* H *est un sous-groupe ouvert de* G *, alors* pH *est ouvert.*

(ii) *Si* H *est un sous-groupe fermé de* G *d'indice* $\leq \aleph_0$ *, alors* H *est ouvert.*

(i) est immédiate. Pour démontrer (ii) considérons H sous-groupe fermé de G d'indice $\leq \aleph_0$. Le groupe $H \cap G[p^n]$ est fermé dans $G[p^n]$ et d'indice $\leq \aleph_0$ dans $G[p^n]$, donc est ouvert puisque $G[p^n]$ est un espace de Baire. D'après la définition de $\mathcal{C}_p^*$ il en résulte que H est ouvert.

Démonstration du Théorème. A étant réduit on a $\{0\} = p^\lambda A$ où λ est la longueur de A . Nous allons montrer par récurrence sur α que les $u^{-1}(p^\alpha A)$ sont ouverts, donc en particulier $u^{-1}(0)$, ce qui entrainera que u est petit.

$u^{-1}(p^\alpha A)$ ouvert entraine $u^{-1}(p^{\alpha+1}A)$ ouvert : cela résulte de la partie (i) du lemme compte tenu de $u^{-1}(p^{\alpha+1}A) \supseteq pu^{-1}(p^\alpha A)$.

$u^{-1}(p^\alpha A)$ ouvert pour $\alpha < \beta$ ordinal limite entraine $u^{-1}(p^\beta A)$ ouvert :

On a $u^{-1}(p^{\alpha}A) = \bigcap_{\alpha<\beta} u^{-1}(p^{\alpha}A)$. Le sous-groupe $\bigcap_{\alpha<\beta} u^{-1}(p^{\alpha}A)$ est fermé comme intersection de sous-groupes ouverts (donc fermés). Il est d'indice dénombrable puisque A est dénombrable. Il est donc ouvert d'après la partie (ii) du lemme.

COROLLAIRE 3.16. *On a* $\mathrm{Hom}_S(G,A) = \mathrm{Hom}(G,A)$ *si les conditions suivantes sont réalisées :*

(a') G *est un p-groupe tel que* $p^{\omega}G = 0$ *et* G *est d'indice* $\leq \aleph_0$ *dans son complété* $\hat{G}$ *pour la topologie* $\mathcal{C}_p^*$.

(b) A *est un p-groupe dénombrable.*

Cela résulte de ce que les $G[p^n]$ sont des espaces de Baire. En effet les $\hat{G}[p^n]$ sont des espaces de Baire car métrisables complets et $G[p^n]$ est d'indice $\leq \aleph_0$ dans $\hat{G}[p^n]$.

Ce corollaire redonne des résultats de R. Pierce [11] et Ch. Megibben [9].

SOUS-GROUPES FONCTORIELS ET COMPLETION.

Soit G un groupe abélien topologique et $\omega : G \longrightarrow \hat{G}$ un complété de G . Si F est un sous-groupe fonctoriel on a $\omega(F(G)) \subseteq F(\hat{G})$ et il est naturel de poser le problème suivant :

PROBLEME 8. *Trouver des conditions pour que l'on ait* $F(\hat{G}) = \overline{\omega(F(G))}$

Nous allons indiquer des conditions pour les foncteurs $F(G) = G[n]$ et $F(G) = nG$.

PROPOSITION 3.17. *Soit* G *un groupe abélien muni d'une topologie linéaire et* $\omega : G \longrightarrow \hat{G}$ *un complété de* G . *Pour que* $\hat{G}[n] = \overline{\omega(G[n])}$ *il suffit que* A *sous-groupe ouvert de* G *implique* nA *fermé.*

La continuité de l'homomorphisme $x \longmapsto nx$ entraine que $\hat{G}[n]$ est fermé, donc $\overline{\omega(G[n])} \subseteq \hat{G}[n]$. Pour montrer l'inclusion opposée nous utiliserons une représentation de G sous la forme $\varprojlim (G/A)$ où la limite projective est prise pour A parcourant une base $\mathcal{V}$ de voisinages de 0 formée de sous-groupes. Soit $x = (x_A+A) \in \hat{G}[n]$ c'est-à-dire $nx_A \in A$ pour tout $A \in \mathcal{V}$. Il faut montrer que $x_A \in y_A+A$ pour un $y_A \in G[n]$ (car d'une façon générale si $H \subseteq G$ l'adhérence de $\omega(H)$ dans $\hat{G}$ est formée des familles $(x_A+A) \in \hat{G}$ telles que $x_A \in H+A$ pour tout $A \in \mathcal{V}$) . D'après la définition de $\hat{G}$ si A , $B \in \mathcal{V}$ sont tels que $A \subseteq B$ on doit avoir $x_A \in x_B+B$, d'où $nx_A \in nx_B+nB$, d'où $nx_B \in A+nB$. Les $A \in \mathcal{V}$ tels que $A \subseteq B$ (B fixé) formant une base de voisinages de 0 on a

$$nx_B \in \bigcap_{A\in\mathcal{V}} (A+nB) = \overline{nB} = nB$$

On en déduit qu'il existe $y_B \in G[n]$ tel que $y_B \in x_B+B$, donc

$$x = (x_A+A) = (y_A+A) \in \overline{\omega(G[n])} .$$

COROLLAIRE 3.18. *Si les hypothèses de la proposition 3.17 sont vérifiées pour tout entier* $n > 0$ *on a les propriétés suivantes :*

(i) $t\hat{G} = t\overline{(\omega(tG))}$

(ii) *Si* G *est sans torsion il en est de même de* $\hat{G}$.

Avant de donner des conditions pour que $n\hat{G} = \overline{\omega(nG)}$ nous allons étudier de façon générale le cas où F est un radical.

Nous aurons besoin de la proposition suivante :

PROPOSITION 3.19. *Soit* G *un groupe abélien topologique,* H *un sous-groupe de* G *,* $\omega : G \longrightarrow \hat{G}$ *un complété de* G *,* $\hat{H} = \overline{\omega(H)}$ *,* $\phi : G \longrightarrow G/H$ *,* $\psi : \hat{G} \longrightarrow \hat{G}/\hat{H}$ *,* $\overline{\omega} : x+H \longmapsto \omega(x)+\hat{H}$ *. Alors* $\overline{\omega}\phi = \psi\omega$ *et si* $\Omega : G/H \longrightarrow K$ *est un complété de* G/H *il existe* Ω' *unique tel que* $\Omega = \Omega'\overline{\omega}$ *(en d'autres termes* $\hat{G}/\hat{H}$ *est intermédiaire entre* G/H *et son complété).*

Tout d'abord il est clair que la définition de $\overline{\omega}$ est cohérente et que $\overline{\omega}\phi = \psi\omega$. D'après la définition du complété de G il existe Ω'' unique tel que $\Omega\phi = \Omega''\omega$. De $\Omega\phi H = 0$ résulte $\Omega''\omega H = 0$, d'où $\Omega''\hat{H} = 0$ puisque Ω'' est un homomorphsime continu. Il en résulte $\Omega'' = \Omega'\psi$, d'où $\Omega\phi = \Omega''\omega = \Omega'\omega\psi = \Omega'\overline{\omega}\phi$, d'où $\Omega = \Omega'\overline{\omega}$ puisque ϕ est surjectif. L'unicité de Ω' résulte de ce que ψ est surjectif.

COROLLAIRE 3.20. *Si* H *est ouvert il en est de même de* $\hat{H}$.

G/H étant discret est complet, $\hat{G}/\hat{H}$ est aussi discret, ce qui implique $\hat{H}$ ouvert dans $\hat{G}$.

PROPOSITION 3.21. *Soit* G *un groupe abélien topologique et* $\omega : G \longrightarrow \hat{G}$ *un complété de* G . *Si* R *est un radical tel que* $R(G)$ *soit ouvert alors on a* $\omega(R(G)) \subseteq R(\hat{G}) \subseteq \overline{\omega(R(G))}$.

La première inclusion résulte simplement de ce que R est un sous-groupe fonctoriel. La deuxième inclusion résulte du corollaire 3.20 qui permet d'écrire :

$$R(\hat{G}/\overline{\omega(R(G))}) \simeq R(G/R(G)) = 0$$

La proposition 2.3 donne alors $R(\hat{G}) \subseteq \overline{\omega(R(G))}$.

PROPOSITION 3.22. *Soit* G *un groupe abélien muni d'une topologie linéaire et* $\omega : G \longrightarrow \hat{G}$ *un complété de* G *. Pour que* $n\hat{G} = \overline{\omega(nG)}$ *il suffit qu'il existe une base de voisinages de* 0 *formée d'une suite décroissante* (V_i) *de sous-groupes tels que les* nV_i *soient ouverts pour tout* i .

Comme n est un radical et nG ouvert il suffit de montrer que $x \in \overline{\omega(nG)}$ implique $x \in n\hat{G}$. On a $x = \lim \omega(x_i)$ où $x_i \in nG$ et l'on peut supposer que $x_{i+1}-x_i \in nV_i$. De $x_o \in nG$ résulte $x_o = ny_o$. Comme $x_1-x_o \in nV_o$ on a

$x_1 - x_o = nz_1$, d'où $x_1 = ny_1$ où l'on a posé $y_1 = z_1 + y_o$. De proche en proche on construit une suite (y_i) telle que $ny_i = x_i$, $y_i - y_{i-1} \in V_{i-1}$. La suite (y_i) est une suite de Cauchy, donc aussi $(\omega(y_i))$ et en posant $y = \lim y_i$ on a $x = ny$, ce qui démontre la proposition.

COROLLAIRE 3.23. *La topologie du complété p-adique est la topologie p-adique.*

TOPOLOGIE ASSOCIEE A UN RADICAL.

Etant donné un radical R et un ordinal λ on peut munir un groupe abélien G de la topologie $\mathcal{C}(R,\lambda)$ qui admet comme base de voisinages de 0 les $R^\alpha(G)$ où $\alpha < \lambda$. La topologie $\mathcal{C}(R,\lambda)$ est fonctorielle en ce sens qu'on obtient un foncteur $Ab \longrightarrow \overline{Ab}$ en posant $G \longmapsto (G, \mathcal{C}(R,\lambda))$ pour tout groupe G et $u \longmapsto u$ pour tout homomorphisme u . On peut supposer que λ est un ordinal limite car si $\lambda = \sigma+1$ la considération de la topologie $\mathcal{C}(R,\lambda)$ équivaut à la considération du seul sous-groupe $R^\sigma(G)$, c'est-à-dire du radical R^σ .

PROPOSITION 3.24. *Soit* G *un groupe abélien muni de la topologie* $\mathcal{C}(R,\lambda)$ *où* R *est un radical,* $\omega : G \longrightarrow \hat{G}$ *un complété de* G . *Alors pour tout* $\alpha < \lambda$ *on a* $\omega(R^\alpha(G)) \subseteq R^\alpha(\hat{G}) \subseteq \overline{\omega(R^\alpha(G))}$.

C'est une particularisation de la proposition 3.12, compte tenu de ce que R^α est un radical et $R^\alpha(G)$ un sous-groupe ouvert de G .

PROBLEME 9. *Les hypothèses étant celles de la proposition précédente, trouver des conditions pour que* $R^\alpha(\hat{G}) = \overline{\omega(R^\alpha(G))}$ *pour tout* $\alpha < \lambda$.

D'après J. Maranda [8], on peut associer à chaque radical R une notion de fermeture pour les sous-groupes d'un groupe. (Cette notion a aussi été considérée par S. Chase [2] dans un cas particulier) :

DEFINITION 3.25. *Etant donné un radical* R *et un groupe abélien* G *on appelle R-fermeture d'un sous-groupe* B *de* G *le sous-groupe* $\overline{B}$ *défini par* $\overline{B}/B = R(G/B)$.

On a les propriétés suivantes qui justifient le terme R-fermeture :

1. Pour tout sous-groupe B on a $B \subseteq \overline{B}$.
2. Pour tout sous-groupe B on a $\overline{B} = \overline{\overline{B}}$. Cela résulte du calcul suivant :

$$R(G/\overline{B}) \simeq R((G/B)/(\overline{B}/B)) = R((G/B)/R(G/B)) = 0$$

3. Si B et C sont des sous-groupes de G tels que $B \subseteq C$ alors $\overline{B} \subseteq \overline{C}$. La considération de $u : G/B \longrightarrow G/C$ donne $uR(G/B) = u(\overline{B}/B) = (\overline{B}+C)/C \subseteq R(G/C) = \overline{C}/C$. On en déduit $\overline{B}+C \subseteq \overline{C}$, d'où $\overline{B} \subseteq \overline{C}$.

D'après une idée de J. Rotman il est naturel de mettre sur G la topologie la moins fine pour laquelle tous sous-groupe R-fermé de G est fermé. Si l'on prend comme radical $R = d$ (partie divisible), J. Rotman a démontré que le complété d'un groupe de torsion réduit est le groupe de cotorsion associé.

BIBLIOGRAPHIE

[1] CHARLES B., Etude des groupes abéliens primaires de type $\leq \omega$, Ann. Univ. Saraviensis (1955), 184-199.

[2] CHASE S., On group extensions and a problem of J.H.C. Whitehead, Topics in abelian groups, Chicago (1963).

[3] CUTLER D. - STRINGALL R., A topology for primary abelian groups, Structure des groupes abéliens, Paris (1968).

[4] FUCHS L., Abelian groups, Budapest (1958).

[5] FUCHS L., Notes on abelian groups I, Acta Math. Sci. Hung., 11 (1960), 117-125.

[6] КУЛИКОВ Л.Я., О ПРЯМЫХ РАЗЛОЖЕНИЯХ ГРУПП, УКР. МАТ. ЖУРН, 4 (1952) 230-275 et 347-372.

[7] LIEBERT W., Endomorphism rings of abelian p-groups, Etudes sur les groupes abéliens, p. 239-258, Dunod, Paris (1968).

[8] MARANDA J., Injectives structures, Trans. Amer. Math. Soc. 110 (1964), 98-135.

[9] MEGIBBEN Ch., Large subgroups and small homomorphsims, Michigan Math. J., 13 (1966), 153-160.

[10] NUNKE R.J., Purity and subfonctors of the identity, Topics in Abelian groups, Chicago, (1963).

[11] PIERCE R.S., Homomorphisms of primary abelian groups, Topics in Abelian groups, Chicago, (1963).

Université de Montpellier
Faculté des Sciences.

A TOPOLOGY FOR PRIMARY ABELIAN GROUPS*

by Doyle O. CUTLER and Robert W. STRINGALL

Let B be a p-primary abelian group without elements of infinite height, let B be a basic subgroup of G and $\overline{B}$ the torsion subgroup of the completion of B with respect to the p-adic topology. If η_o is the collection of all fully invariant subgroups of G with the additional property that $L \in \eta_o$ implies $B+L = G$, for all basic subgroups B of G, then η_o induces a Hausdorff topology on G whose completion $\hat{G}$ is isomorphic to $\overline{B}$. (†) If H is a pure subgroup of G and if B is a basic subgroup of H, then the topology constructed for H and the relative topology agree. Homomorphisms between p-groups without elements of infinite height are continuous. Moreover, if H_1 is a dense subgroup of G_1 and if G has no elements of infinite height, then any homomorphism of H_1 onto G can be extended uniquely to a homomorphism of G_1 onto $\hat{G}$.

1. PRELIMINARIES

Throughout this paper p represents a fixed prime number, ω the natural numbers, Z the integers and Q the rational numbers. All groups under consideration will be assumed to be additively written, p-primary and abelian. Also, $h(x)$ (or $h_G(x)$) and $E(x)$ denote, respectively, the p-height of x in G and the exponential order of x. The nth Ulm invariant of G will be denoted by $f_G(n)$. With few exceptions, the notation of [1] and [3] will prevail.

For a p-group G, let $\mathcal{T}_p$ denote the p-adic topology on G. That is $\mathcal{T}_p$ is the topology induced on G by taking as a fundamental system of neighborhoods the collection of subgroups of the form p^nG $n = 0,1,\ldots$. The topology $\mathcal{T}_p$ is clearly Hausdorff if G has no elements of infinite height, and in this case, the

---

(†) - It was noted by B. Charles that, in the case of a primary abelian group, G, with no elements of infinite height, this topology might be the same topology as the inductive limit topology (in the category of topological abelian groups) of the topologies induced on $G[p^n]$ $(n \in \omega)$ by the p-adic topology on G (see Charles [2], p. 195). It turns out that the topologies are the same as is easily seen once one observes that in the case of primary groups with no elements of infinite height the large subgroups are exactly the unbounded fully invariant subgroups. To see this one might look at the characterization of these fully invariant subgroups in [6].

It was also noted that the point of view considered in this paper was quite different.

* - This work was partially supported by National Science Foundation (Research Grant N°. GP5367).

function $d : G \times G \longrightarrow Q$ defined by $d(x,y) = \frac{1}{n}$ if $x-y \in p^nG-p^{n+1}G$ makes $\mathcal{J}_p$ a metric topology.

If G is a group with no element of infinite height and B is a basic subgroup of G then it is easily seen that any group topology on G in which B is dense and whose completion is $\overline{B}$ cannot be metric.

Before the definition of the group topology can be given, it is necessary that the concept of "large subgroup" be presented. The following is for the most part only a summary of the results introduced by R.S. Pierce [5] which will be needed in the following section.

DEFINITION 1.1. *Let* G *be a p-primary abelian group and* L *a fully invariant subgroup of* G *. If* B *is a basic subgroup of* G *, then* L *is said to be B-large provided* $B+L = G$ *. If* L *is B-large for every basic subgroup* B *of* G *, then* L *is said to be a large subgroup of* G *.*

LEMMA 1.2. *If* L_1 *and* L_2 *are large subgroups of* G *, then* $L_1 \cap L_2$ *is a large subgroup of* G *.*

LEMMA 1.3. *If* L *is a large subgroup of* G *, then for each* $n = 0,1,2,\ldots$ p^nL *is a large subgroup of* G *.*

With the following modification of Kaplansky's theory of U-sequence, a useful characterization of large subgroups can be obtained.

DEFINITION 1.4. *A sequence* $\overline{n} = \langle n_0,n_1,\ldots\rangle$ *with* $n_0,n_1,n_2,\ldots$ *nonnegative integers is called a finite U-sequence for* G *if*

(i) $n_0 < n_1 < n_2 < \ldots$

(ii) $n_k+1 < n_{k+1}$ *implies* $f_G(n_k) \neq 0$ *, and*

(iii) *if* G *has finite length* ℓ *, then* $n_{k-1} < \ell < n_k = \ell+1$ *for some* $k \geq 0$ *. The Ulm sequence of an element* $x \in G$ *is defined to be*

$$U_G(x) = \langle h_G(x), h_G(px), h_G(p^2x), \ldots \rangle .$$

Sequences are partially ordered componentwise. Moreover, if G is a group of infinite length, and if $\overline{m} = m_0,m_1,\ldots$ is any sequence of numbers, then it is possible to define a U-sequence $n = n_0,n_1,\ldots$ such that $\overline{m} \leq \overline{n}$.

THEOREM 1.5. *Let* $\overline{n}$ *be a finite U-sequence for* G *. Define*

$$G\{\overline{n}\} = \{x \in G \mid U_G(x) \geq \overline{n}\} .$$

Then $G\{\overline{n}\}$ *is a large subgroup of* G *and*

$$\overline{n} \longrightarrow G\{\overline{n}\}$$

is a one-to-one, order reversing correspondence between the set of all finite U-sequences for G *and the set of all large subgroups of* G *.*

It should be notices at this point that if two p-groups G , H have isomorphic basic subgroups, then there is a one-to-one correspondence between the corresponding collections of large subgroups. Moreover, in this case, a U-sequence for G is a U-sequence for H, and conversely. Consequently, if G is a pure subgroup of H and if G and H have a common basic subgroup, then a U-sequence for one is a U-sequence for the other. Also, if n is such a U-sequence, then $G\{\bar{n}\} = H\{\bar{n}\} \cap G$.

LEMMA 1.6. *Let* L *be a large subgroup of a basic group* $B = \sum B_i$ *where* B_i *is a direct sum of cyclic groups of order* p^i.

(i) *If* $x = \sum_{i=1}^{n} b_i \in L$ *where* $b_i \in B_i$ *for each* $i=1,\ldots,k$, *then each* $b_i \in L$.

(ii) *If* $b_i, b_i' \in B_i$ *and* $b_i - b_i' \in L$, *then either* $h(b_i) = h(b_i')$ *or both* b_i, b_i' *are in* L.

PROOF. (i) Let $\bar{n}$ be the finite U-sequence corresponding to L. Then $x \in L$ implies that $U_B(x) \geq \bar{n}$. But, clearly, $U_B(b_i) \geq U_B(x)$ for $i = 1,\ldots,k$. Therefore, $b_i \in B\{\bar{n}\} = L$ for all $i = 1,\ldots,k$.

(ii) If $b_i \notin L$, then there must exist a positive integer n such that $h(p^n(b_i - b_i')) > h(p^n b_i)$. It follows that $h(p^n b_i) = h(p^n b_i')$. Since both b_i and b_i' are in B_i and since B_i is a direct sum of cyclic groups of order p^i, $h(b_i) = h(b_i')$.

LEMMA 1.7. *Let* $f : F \longrightarrow G$ *be a homomorphism. Suppose that* L *is a large subgroup of* G. *Then* $f^{-1}(L)$ *contains a large subgroup of* F.

LEMMA 1.8. *Let* L *be a large subgroup of* G *and* B *a basic subgroup of* G. *Then* $L \cap B$ *is a basic subgroup of* L. *Moreover, if* $B = \sum_{i \in I} \{b_i\}$, *then* $L \cap B = \sum_{i \in I} (L \cap \{b_i\})$.

2. THE TOPOLOGICAL GROUP $(G,+,\mathcal{J}_L)$ AND ITS COMPLETION

In the construction of the topology $\mathcal{J}_L$ on the p-group G, the development of Bourbaki [1] will be followed.

If η_o is the collection of all large subgroups of G, then the results stated in the foregoing section imply that η_o is a filter base on G. This filter base induces a group topology $\mathcal{J}_L$ on G with the property that η_o is a fundamental system of neighborhoods of the identity. Moreover, if G has no elements of infinite height, then, since the subgroups $p^nG (n = 0,1,\ldots)$ are clearly large, $\mathcal{J}_L$ is a Hausdorff topology. The topology $\mathcal{J}_L$ will be referred to as the L-topology.

LEMMA 2.1. *Let* B *be a basic subgroup of* G *and* H *a pure subgroup of* G *containing* B. *Then the L-topology on* H *is the relative topology with respect to the L-topology on* G.

PROOF. This is clear in view of the remarks following lemma 1.6.

LEMMA 2.2. *If* G *and* H *are p-groups, then every homomorphism of* G *into* H *is continuous with respect to the corresponding L-topologies.*

PROOF. Let f be a homomorphism of G into H. Let U be open in H and suppose $y \in V = f^{-1}(U)$. Since U is open there exist a large subgroup L of H and an element $x \in H$ such that $f(y) \in x+L \subset U$. By Lemma 1.7., there exists a large subgroup $L' \subset f^{-1}(L)$. If $V' = y+L'$, then $y \in V'$ and $f(V') = f(y+L') \subset U$. Hence V is open.

For the remainder of the paper, unless otherwise indicated, G will represent a p-primary abelian group without element of infinite height and B a basic subgroup of G with a fixed decomposition $B = \sum_{n\in\omega} B_n$ where $B_n = \sum_{\alpha\in\Gamma_n} \{x_\alpha^n\}, E(x_\alpha^n) = n$ for all $\alpha \in \Gamma_n, n \in \omega$.

If $\mathcal{U} = \{V_L : L \in \eta_o\}$ where $V_L = \{(x,y) : x,y \in G$ and $x-y \in L\}$, then $\mathcal{U}$ is a uniformity on G (i.e., is a filter base for a uniform structure) and the uniform topology induced by $\mathcal{U}$ is, obviously, the topology $\mathcal{J}_L$. A filter $\mathcal{F}$ on G is said to be a Cauchy filter on G if and only if for every $V_L \in \mathcal{U}$ there exists an $X \in \mathcal{F}$ such that $X \times X \subseteq V_L$. A Cauchy filter is said to be minimal if it does not property contain another Cauchy filter. Every Cauchy filter contains a unique minimal Cauchy filter, and $\mathcal{F}$ is a minimal Cauchy filter if and only if $\{V_L(X) : V_L \in \mathcal{U}$ and $X \in \mathcal{F}\}$ is a base for $\mathcal{F}$.

Let $\hat{G}$ be the collection of all minimal Cauchy filters on G. If $V_L \in \mathcal{U}$ let $\hat{V}_L = \{(\mathcal{F}_1,\mathcal{F}_2) : \mathcal{F}_1,\mathcal{F}_2 \in \hat{G}$ and $\mathcal{F}_1,\mathcal{F}_2$ have a V_L-small set in common$\}$. (A subset X of G is said to be V_L-small if and only if $X \times X \subseteq V_L$). If $\hat{\mathcal{U}} = \{\hat{V}_L : V_L \in \mathcal{U}\}$, then $\hat{\mathcal{U}}$ is a uniformity on $\hat{G}$, and $\hat{G}$ is a complete, Hausdorff, uniform space. The map $x \xrightarrow{i} \mathcal{F}_x$ of G into $\hat{G}$ where $\mathcal{F}_x$ is the neighborhood filter of x (i.e., the filter generated by $\{x+L : L \in \eta_o\}$) is an embedding of the uniform space G into $\hat{G}$ as a dense subspace. The mappings $+ : G \times G \longrightarrow G((x,y) \longrightarrow x+y)$ and $- : G \longrightarrow G(x \longrightarrow -x)$ are uniformly continuous, and if $\mathcal{F}_1$ and $\mathcal{F}_2$ are Cauchy filters, then the images under these mappings of the filters $\mathcal{F}_1 \times \mathcal{F}_2$ and $\mathcal{F}_1$ are Cauchy filter bases. It follows that "+" and "-" can be uniquely extended to uniformly continuous functions of $\hat{G} \times \hat{G}$ into $\hat{G}$ and $\hat{G}$ into $\hat{G}$, respectively. These functions induce on $\hat{G}$ a topological group structure which in turn induces the given topological group structure on G as a subspace.

Let $\mathcal{F}$ be a Cauchy filter on G. The filter $\mathcal{F}$ converges to 0 if and only if for every $L \in \eta_o$ there exists an $X \in \mathcal{F}$ such that $X \subseteq L$. Consequently, if $\mathcal{F}$ does not converges to 0, then there exists an $L \in \eta_o$ such that $X \nsubseteq L$ for all $X \in \mathcal{F}$. Let $x \in \hat{G}$, the completion of G, let $\mathcal{F}$ be a Cauchy filter in

$\hat{G}$ converging to x and $\mathcal{F}_G = \{G \cap X : X \in \mathcal{F}\}$ the trace of $\mathcal{F}$ on G. It follows that $\mathcal{F}_G$ is a Cauchy filter on G. Now, x has finite order if and only if there exists a positive integer n such that for every $L \in \eta_o$ there exists an $X \in \mathcal{F}_G$ such that $\sum_{i=1}^{n} X \subseteq L$. Consequently, x has infinite order if and only if for every positive integer n there exists an $L' \in \eta_o$ such that $\sum_{i=1}^{n} X \not\subseteq L'$ for all $X \in \mathcal{F}_G$.

DEFINITION 2.2. *If* $\mathcal{F}$ *is a filter on* G, *then define* $n\mathcal{F}$ *to be* $\{nX : X \in \mathcal{F}\}$.

LEMMA 2.3. *Let* $(G,+,\mathfrak{J})$ *be a Hausdorff topological group and let* $\hat{G}$ *be its completion. Let* $\mathcal{F}$ *be a minimal Cauchy filter on* G, $\mathcal{F}_G$ *its trace on* G *and* η_o *a fundamental system of neighborhoods of the identity of* G *consisting of subgroups of* G. *If* $x \in \hat{G}$ *is the element to which* $\mathcal{F}$ *converges, then* x *has infinite order if and only if for each positive integer* n *there exists an* $L \in \eta_o$ *such that* $nX \not\subseteq L$ *for all* $X \in \mathcal{F}_G$.

PROOF. Suppose that $x \in \hat{G}$ is of infinite order. Let n be any positive integer and let $L \in \eta_o$ be such that $\sum_{i=1}^{n} X \not\subseteq L$ for all $X \in \mathcal{F}_G$. Let $X' \in \mathcal{F}_G$. Since $\mathcal{F}_G$ is a Cauchy filter there exists $X'' \in \mathcal{F}_G$ such that $X'' \times X'' \subseteq V_L$. If $Y = X'' \cap X'$, then $Y \times Y \subseteq V_L$. Let $z \in (\sum_{i=1}^{n} Y) - L$. Then $z = \sum_{i=1}^{n} y_i$ where each $y_i \in Y$ $i = 1,\dots,n$. Note that $y_1 - y_j \in L$ for $j = 2,\dots,n$ and thus $z = ny_1 + \ell$ for some $\ell \in L$. Consequently, $ny_1 \notin L$ and $nY \not\subseteq L$. Therefore $nX \not\subseteq L$ implies that $\sum_{i=1}^{n} X \not\subseteq L$.

LEMMA 2.4. *Let* $\{x_i\}_{i \in \omega}$ *be a bounded Cauchy sequence in* G *with respect to the p-adic topology. If* $\mathcal{F}$ *is the filter generated by the filter base* $\{S_n : n \in \omega\}$ *where* $S_n = \{x_i : i \geq n\}$, *then* $\mathcal{F}$ *is a Cauchy filter with respect to the L-topology.*

PROOF. If L is a large subgroup of G, then $L = G\{\overline{n}\}$ for some finite U-sequence $\overline{n} = (i_1, i_2, \dots)$. Choose $n_o > i_k$ where p^k is a bound for the sequence $\{x_i : i \in \omega\}$. Then if $x_i, x_j \in S_{n_o}$ it follows that $x_i - x_j \in p^{n_o}G$ which in turn implies that $\mathcal{U}_G(x_i - x_j) \geq \overline{n}$. Thus, $x_i - x_j \in L$ for all $x_i, x_j \in S_{n_o}$ and, consequently, $\mathcal{F}$ is a Cauchy filter.

LEMMA 2.5. *Any large subgroup of* B *is closed with respect to the p-adic topology on* B.

PROOF. Let L a large subgroup of B and suppose $x \in B - L$. Write $x = \sum_{i=1}^{k} b_i$ where $b_i \in B_i (i = 1,\dots,k)$ and $b_k \neq 0$. Clearly, $(x + p^{k+1}B) \cap L = \emptyset$ since $L \cap B = \sum (L \cap B_i)$. Therefore, $B - L = \bigcup_{x \in B-L} (x + p^{k+1}B)$ is open.

THEOREM 2.6. *Let* $\tilde{B}$ *and* $\hat{B}$ *be the completions of* B *under the p-adic and L-topologies, respectively. Let* i *be the identity map on* B *and consider* i *as a map from the topological group* $(B,+,\mathcal{J}_L)$ *to the topological group* $\langle B,+,\mathcal{J}_p\rangle$. *Then* i *is continuous and can be uniquely extended to a continuous, one-to-one homomorphism from* $\hat{B}$ *to* B. *Moreover, the image of* $\hat{B}$ *under* i *contains the torsion subgroup of* B.

PROOF. By proposition 5, page 246 of [1], i can be extended uniquely to a continuous homomorphism f of $\hat{B}$ into $\tilde{B}$. By proposition 9, page 249 of [1] and the foregoing lemma, f is injective. Since the filter induced by a bounded Cauchy sequence in the p-adic topology is a Cauchy filter with respect to the L-topology, the image of f contains the torsion subgroup of $\tilde{B}$.

The following result shows that the completion of B with respect to the large topology is in fact a torsion group.

LEMMA 2.7. *The group* $\hat{B}$ *is a torsion group.*

PROOF. Since the result follows easily if B has finite length, it may be assumed that the length of B is infinite. Suppose to the contrary that $\hat{x} \in \hat{B}$ has infinite order. Let $\mathcal{F}$ be a minimal Cauchy filter in B converging to $\bar{x}$, and let $\mathcal{F}_B$ be the trace of $\mathcal{F}$ on B. Clearly, $\mathcal{F}_B$ is a Cauchy filter on B. Let η_0 denote the collection of all large subgroups of B. Since $\hat{x}$ has infinite order, it is possible to choose by Lemma 2.3. $\bar{L}_n \in \eta_0$ for each $n \in \omega$ such that $p^n X \not\subseteq \bar{L}_n$ for all $X \in \mathcal{F}_B$. Define, inductively, $L_1 = p\bar{L}_1$, $L_n = p^n(L_{n-1} \cap \bar{L}_n)$ and note that Lemmas 1.2 and 1.3 imply that $L_1, L_2, \ldots$ are large subgroups of B. For each $n \in \omega$, let $X_n \in \mathcal{F}$ be such that $X_n \times X_n \subseteq V_{L_n}$ and $X_n \subseteq X_{n-1}$ for $n > 1$. Choose $x_1 \in X_1$ such that $px_1 \notin L_1$. Then x_1 may be written as $x_1 = \sum_{i=1}^{k_1} b_{i,1}$ where $b_{i,1} \in B_i$ for $i = 1,\ldots,k_1$. In general, choose $x_n \in X_n$ such that $p^n x_n \notin L_n$ and write $x_n = \sum_{i=1}^{k_n} b_{i,n}$ where $b_{i,n} \in B_i$. Note that if $n > m$, then $x_n - x_m \in L_m$. Moreover, if $n > m$, then, since $L_m = L_m \cap B = \sum_{i\in\omega} L_m \cap B_i = \sum_{i\in\omega}\sum_{\alpha\in\Gamma_n}(L_m \cap \{x_\alpha^n\})$, it follows that $b_{i,n} - b_{i,m} \in L_m$ (taking $b_{i,m} = 0$ if $i > k_m$). Also, for each positive integer n there exists a positive integer i_0 such that $p^n b_{i_0,n} \notin L_n$. Consequently, it is possible to choose increasing sequences of positive integers $i_1, i_2, \ldots$ and $j_1, j_2, \ldots$ such that $E(b_{j_k,i_k}) < E(b_{j_{k+1},i_{k+1}})$. Moreover, these sequences can be selected so as to satisfy the condition $h(b_{j_k,i_k}) < h(b_{j_{k+1},i_{k+1}})$. For suppose to the contrary that there exists a positive integer q such that $h(b_{j_k,i_k}) < q$ for all $k \in \omega$. Recall that $x_{i_q} = \sum_{m=1}^{k_{i_q}} b_{m,i_q}$ and that $p^{i_q}(x_{i_q}) \neq 0$. It follows that $q \leq k_{i_q}$. Now if $r > k_{i_q}$, then $b_{j_r,i_r} \in L_{i_q}$. But this is impossible because of the height restriction and the fact that $L_{i_q} \subseteq p^q B$. Therefore, the sequences can be selected as described. Now, let $\bar{m} = (h(b_{j_1,j_1}), h(pb_{j_2,j_2}), h(p^2 b_{j_3,i_3}), \ldots)$ and let $\bar{n}$ be a finite U-sequence for B such that $\bar{m} < \bar{n}$. Let $\hat{L} = B(\bar{n})$. Since $\mathcal{F}$ is a

Cauchy filter, there exists $Y \in \mathfrak{F}$ such that $Y \times Y \subseteq V_{\hat{L}}$. Choose $y \in Y$ and write y as $y = \sum_{i=1}^{i} c_i$ where each $c_i \in B_i$. Pick $y' \in Y \cap X_{i_{k+1}}$ and write $y' = \sum_{i=1}^{k'} a_i$ where each $a_i \in B_i$. Note that the choice of y' depends on the choice of y . Clearly, $y'-x_{i_{k+1}} \in L_{i_{k+1}}$. Now, $x_{i_{k+1}} = \sum_{m=1}^{k_{i_{k+1}}} b_{m,i_{k+1}}$ and hence, by Lemma 1.6., $a_{j_{k+1}} - b_{j_{k+1},i_{k+1}} \in L_{i_{k+1}}$. Again, by Lemma 1.6., $h(a_{j_{k+1}}) = h(b_{j_{k+1},i_{k+1}})$. Moreover, $p^{i_{k+1}}(a_{j_{k+1}}) \notin L_{i_{k+1}}$ since $p^{i_{k+1}}(b_{j_{k+1},i_{k+1}}) \notin L_{i_{k+1}}$, and therefore $p^{i_{k+1}}(a_{j_{k+1}}) \neq 0$. On the other hand, j_{k+1} is clearly greater than k and hence $a_{j_{k+1}} \in \hat{L}$ by Lemma 1.6. and the fact that $y-y' \in \hat{L}$. But, this implies that $h(p^{i_{k+1}} a_{j_{k+1}}) > h(p^{i_{k+1}} b_{j_{k+1},i_{k+1}})$ which is a contradiction. Thus $\hat{x}$ must be of finite order.

THEOREM 2.8. *Let* B *be a basic group and* $\overline{B}$ *the torsion subgroup of the completion of* B *with respect to the p-adic topology. If* $\hat{B}$ *is the completion of* B *with respect to the L-topology, then* $\hat{B}$ *and* $\overline{B}$ *are isomorphic.*

THEOREM 2.9. *Let* B *be a basic group and* $\hat{B}$ *its completion with respect to the L-topology. Let* G *be any p-group and* H *a dense subgroup of* G *such that the topology on* H *induced by the L-topology of* G *is the L-topology of* H . *Then :* (i) *any homomorphism of* H *into* B *can be uniquely extended to a homomorphism of* G *into* $\hat{B}$,

(ii) *if* G *is complete and Hausdorff with respect to the L-topology on* G , *then any isomorphism of* H *onto* B *can be uniquely extended to an isomorphism of* G *onto* $\hat{B}$.

PROOF. By Lemma 2.2. homomorphisms are continuous. Moreover, B is clearly dense in $\hat{B}$, and $\hat{B}$ is Hausdorff. Thus proposition 5 , page 246 of [1] can be applied.

COROLLARY 2.10. *Let* G *be any p-group without elements of infinite height and suppose* B *is a basic subgroup of* G *and* $\hat{B}$ *its L-completion. Then* $\hat{G}$ *is isomorphic to* $\hat{B}$ *and this isomorphism can be selected so as to agree with the natural embedding of* B *in* $\hat{B}$.

PROOF. Since $G = B + p^n G$ for all $n \in \omega$, it is clear that B is dense in G. It follows that B is dense in $\hat{G}$ since G is dense in $\hat{G}$ and since relative topology on G agrees with the L-topology on G .

THEOREM 2.11. *Let* G_1 *and* G_2 *be p-groups and suppose* G_2 *has no elements of infinite height. Let* H_1 *be a dense in* G_1 *with respect to the L-topology and let* $\hat{G}_2$ *be the completion of* G_2 *with respect to the L-topology on* G_2 .

Then any homomorphism of H_1 *into* G_1 *can be uniquely extended to a homomorphism of* G_1 *into* $\hat{G}_2$ *. Moreover, if* G_1 *has no elements of infinite height then any isomorphism of* G_1 *onto* G_2 *can be uniquely extended to an isomorphism of* $\hat{G}_1$ *onto* $\hat{G}_2$.

PROOF. See proposition 5 , page 246 in [1] .

COROLLARY 2.12. *If* G *is a p-group without elements of infinite height, then any endomorphism (automorphism) of* G *can be uniquely extended to an endomorphism (automorphism) of* $\hat{G}$.

BIBLIOGRAPHY

[1] BOURBAKI N., General topology, Reading, Mass., (1966).

[2] CHARLES B., Etude des groupes abéliens primaires de type $\leq \omega$, Ann. Univ. Saraviensi, 4 (1955), p. 184-199.

[3] FUCHS L., Abelian Groups, Budapest, (1958).

[4] KAPLANSKY I., Infinite Abelian Groups, Ann. Arbor, (1954).

[5] PIERCE R.S., Homomorphisms of primary Abelian groups, Topics in Abelian Groups, Chicago, (1963).

[6] SHIFFMAN M., The ring of automorphisms of an abelian group, Duke Math. J., 6 (1940), p. 579-597.

24 University of California

Davis, California (U.S.A.)

AUTOMORPHISMENGRUPPEN ENDLICHER ABELSCHER p-GRUPPEN.

von Kai FALTINGS

Die Struktur der Automorphismengruppe einer abelschen p-Gruppe wurde zuerst für den endlichen Fall von K. Shoda [3] beschrieben. Später hat L. Fuchs [2] den allgemeinen Fall untersucht, und für abzählbare, reduzierte p-Gruppen konnte H. Freedman [1] die Ergebnisse von Shoda weitgehend übertragen. In der vorliegenden Arbeit wollen wir die Struktur der Automorphismengruppe Γ einer endlichen abelschen p-Gruppe etwas genauer untersuchen, wobei unser Interesse hauptsächlich den Normalteilern von Γ gilt.

Sind U und V vollinvariante Untergruppen der endlichen abelschen p-Gruppe A und ist $U \subseteq V$, so ist die Menge aller Automorphismen von A, die auf V/U die 1 induzieren, ein Normalteiler von Γ, den wir mit (V,U) bezeichnen. Die Faktorgruppe $\Gamma/(V,U)$ ist dann gleich der von Γ in V/U induzierten Gruppe von Automorphismen. U und V heißen benachbart, falls es keine echt in V enthaltene, U echt enthaltende vollinvariante Untergruppe von A gibt. Es zeigt sich, daß in diesem Fall $\Gamma/(V,U)$ die Gruppe aller Automorphismen von V/U ist (Lemma 1.4.).

Die Menge pA aller p-fachen von Elementen aus A ist eine vollinvariante Untergruppe von A und also ist $(pA,0)$ ein Normalteiler von Γ. Durch Satz 2.8. und Lemma 2.10. wird eine -freilich noch unvollständige - Klassifikation der in $(pA,0)$ enthaltenen Normalteiler von Γ gegeben.

Sei P der maximale p-Normalteiler von Γ und sei $p > 3$ angenommen. Wir werden zeigen, daß dann die Menge aller $\alpha \in P$ mit $\alpha^{p^k} = 1$ für jedes $k \geq 0$ eine Untergruppe von P ist (Korollar 3.3.). -

BEZEICHNUNGEN.

$[x \,;\mathfrak{R}(x)]$ = Menge aller x mit der Eigenschaft $\mathfrak{R}$

$\{\ldots\}$ = von den eingeschlossenen Elementen (Teilmengen) erzeugte Untergruppe

$a \circ b = a^{-1}b^{-1}ab \qquad H \circ K = \{[a \circ b \,;\, a \in H \text{ und } b \in K]\}$

$a^b = b^{-1}ab$

charakteristisch = invariant unter allen Automorphismen

vollinvariant = invariant unter allen Endomorphismen

$H \subseteq G$: = : H ist eine Untergruppe von G

$H \subset G$: = : H ist eine Untergruppe von G mit $H \neq G$

$H \trianglelefteq G$: = : H ist ein Normalteiler von G

$U \underline{<} V$: = : U und V sind vollinvariante Untergruppen einer abelschen Gruppe A, es ist $U \subseteq V$ und für jede vollinvariante Untergruppe X von A folgt aus $U \subseteq X \subseteq V$ stets $X = U$ oder $X = V$

$U < V$: = : $U \underline{<} V$ und $U \neq V$

$o(G)$ = Ordnung der endlichen Gruppe G

$o(g)$ = Ordnung des Elements g

$Exp(G)$ = Exponent der endlichen Gruppe G

Z = Ring der ganzen rationalen Zahlen

$nA = [na; a \in A]$ für eine abelsche Gruppe A und $n \in Z$

$A[n] = [a\ ;\ a \in A$ und $na = 0]$

$(X : n) = [a\ ;\ a \in A$ und $na \in X]$ für $X \subseteq A$ und $n \in Z$

$Aut\ (G)$ = Automorphismengruppe der Gruppe G

$End\ (A)$ = Endomorphismenring der abelschen Gruppe A

Sind U und V Untergruppen der abelschen Gruppe A und gilt $U \subseteq V$, so sei

$$(V,U) = [\alpha\ ;\ \alpha \in Aut(A) \text{ und } V(\alpha-1) \subseteq U]$$

und

$$\langle V,U \rangle = [\sigma\ ;\ \sigma \in End(A) \text{ und } V\sigma \subseteq U]\ .$$

Für eine endliche abelsche p-Gruppe A sei

$$C^i = pA+(0:p^i)\ ,\quad C_i = (0:p) \cap p^iA\ ,$$

$$\Gamma = Aut(A)\ ,$$

$$N^i = (C^i,0)\ ,\quad N_i = (A,C_i)\ ,\quad N_j^k = N^k \cap N_j\ ,$$

P = Durchschnitt der p-Sylowuntergruppen von Γ
= maximaler p-Normalteiler von Γ .

Eine abelsche p-Gruppe heißt *homogen*, falls sie eine direkte Summe isomorpher zyklischer Gruppen ist. Ist A eine endliche abelsche p-Gruppe und F_i eine Untergruppe von A, so ist F_i eine *homogene Komponente vom Exponenten* p^i *von* A, falls gilt :

(1) F_i ist ein homogener direkter Summand von A

(2) $Exp(F_i) = p^i$ oder $F_i = 0$

(3) A/F_i ist frei von zyklischen direkten Summanden der Ordnung p^i oder $A/F_i = 0$.

1. p-NORMALTEILER VON Γ

HILFSSATZ 1.1. : *Sei* A *eine abelsche Gruppe und sei* A *die direkte Summe der Untergruppen* $A_i, i = 1,\dots,n$. *Ist* V *eine vollinvariante Untergruppe von* A , *so ist* V *die direkte Summe der Gruppen* $V \cap A_i, i = 1,\dots,n$.

BEWEIS. Wir definieren $\sigma_i \in \mathrm{End}(A)$ durch

$$\sigma_i = \begin{cases} 1 & \text{auf } A_i \\ 0 & \text{auf } A_j \text{ mit } i \neq j \end{cases} ;$$

dann ist $\sum_{i=1}^{n} \sigma_i = 1$.

Ist V eine vollinvariante Untergruppe von A und ist $v \in V$, so gilt

$$v = v\sum_{i=1}^{n}\sigma_i = \sum_{i=1}^{n} v\sigma_i \in \sum_{i=1}^{n}{}^{\circ}(V \cap A_i) ,$$

also ist

$$V \subseteq \sum_{i=1}^{n}{}^{\circ}(V \cap A_i) .$$

Da natürlich auch

$$\sum_{i=1}^{n}{}^{\circ}(V \cap A_i) \subseteq V$$

gilt, ist $V = \sum_{i=1}^{n}{}^{\circ}(V \cap A_i)$, was zu zeigen war.

HILFSSATZ 1.2. *Sei* **A** *eine endliche abelsche p-Gruppe,* $\{a\}$ *ein zyklischer direkter Summand der Ordnung* p^i *von* A *und sei* $k \geq 0$. *Dann ist* $p^k(0:p^i)$ *die von* $p^k a$ *erzeugte vollinvariante Untergruppe von* A .

BEWEIS. Sei B eine Basis von A , die das Element a enthält, und sei $b \in B$. sei

$$b' = \begin{cases} b & \text{falls } o(b) \leq o(a) \\ p^n b \text{ mit } o(p^n b) = o(a) & \text{falls } o(b) > o(a) . \end{cases}$$

Sei $\sigma \in \mathrm{End}(A)$ definiert durch $a\sigma = b'$ und $x\sigma = 0$ für alle $x \in B$ mit $x \neq a$. Es folgt, daß die von $p^k a$ erzeugte vollinvariante Untergruppe von A das Element $p^k b'$ enthält ; da aber die Elemente b' für $b \in B$ eine Basis von $(0:p^i)$ bilden, ist damit die Behauptung bewiesen.

DEFINITION. Seien U und V Untergruppen der abelschen Gruppe A und sei $U \subseteq V$. Dann sind U und V *vollinvariante, benachbarte Untergruppen* von A , falls U und V vollinvariante Untergruppen von A sind und für jede vollinvariante Untergruppe X von A aus $U \subseteq X \subseteq V$ stets $X = U$ oder $X = V$ folgt.

BEZEICHNUNG : $U \leq V$ bezeichnet ein Paar vollinvarianter, benachbarter Untergruppen mit $U \subseteq V$. Ist zusätzlich $U \neq V$, so schreiben wir $U < V$.

LEMMA 1.3. *Sei* A *eine endliche abelsche p-Gruppe vom Exponenten* p^m , *sei* $U < V \subseteq A$ *und sei* $A = F_1 \oplus \dots \oplus F_m$ *eine Darstellung von* A *als eine direkte*

Summe homogener Komponenten F_i *vom Exponenten* p^i. *Dann ist* V/U *elementar abelsch, und es existieren Zahlen* j *und* k *mit* $1 \leq j \leq m$ *und* $k \geq 0$ *derart, daß* $V = U+p^kF_j$ *gilt.*

BEWEIS. Sei $p(V/U) \neq 0$ angenommen. Dann ist $pV \nsubseteq U$, woraus sich $U \subset pV+U \subseteq V$ ergibt. Da U und V benachbart sind, ist also $V = pV+U$, und daraus folgt

$$0 \neq V/U = (pV+U)/U = p(V/U),$$

ein Widerspruch zur Endlichkeit von A. Damit ist gezeigt, daß V/U elementar abelsch ist.-

Wegen $U \subset V$ gibt es ein j mit $1 \leq j \leq m$ derart, daß $U \cap F_j \subset V \cap F_j$ und $U \cap F_i = V \cap F_i$ für alle $i > j$ gilt (für $i > m$ sei $F_i = 0$). Sei $V \cap F_j = p^kF_j$.

Ist nun $U \cap F_n = V \cap F_n$ für alle $n < j$, so ist $V = U+p^kF_j$ nach Hilfssatz 1.1., und dies ist gerade die Behauptung. Sei also angenommen, es gebe ein $i < j$ mit $U \cap F_i \subset V \cap F_i$ und sei $p^{k'} = \operatorname{Exp}(V \cap F_i)$.

Es können folgende Fälle auftreten :

1. FALL : Es ist $k = k'$. Dann ergibt sich

$$U \subset U+p^k(0:p^j) \subset V$$

durch Anwendung von Hilfasstz 1.2.

2. FALL : Es ist $k > k'$. Dann ergibt sich

$$U \subset U+p^{k'}(0:p^i) \subset V$$

durch Anwendung von Hilfssatz 1.2.

In beiden Fällen ergibt sich also ein Widerspruch ; damit ist $U \cap F_n = V \cap F_n$ für alle $n < j$ gezeigt und Lemma 1.3. ist bewiesen.

LEMMA 1.4. *Sei* A *eine endliche abelsche p-Gruppe und sei* $U \leq V \subseteq A$. *Dann wird jeder Endomorphismus von* V/U *von einem Endomorphismus von* A *induziert.*

BEWEIS. Sei $U < V \subseteq A$ und sei $V = U+p^kF_j$ mit $p^{k+1}F_j = U \cap F_j$ (nach Lemma 1.3.). Dann ist

$$V/U = (U+p^kF_j)/U \cong p^kF_j/(U \cap p^kF_j) = p^kF_j/p^{k+1}F_j,$$

und da F_j homogen ist, wird jeder Endomorphismus von $p^kF_j/p^{k+1}F_j$ von einem Endomorphismus von F_j induziert, der seinerseits von einem Endomorphismus von A induziert wird. Damit ist Lemma 1.4. bewiesen.

SATZ. 1.5. *Sei* A *eine endliche abelsche p-Gruppe und sei* Γ *die Gruppe aller Automorphismen von* A. *Dann ist* $\bigcap\,[(V,U)\ ;\ U \leq V \subseteq A]$ *der maximale p-Normalteiler von* Γ.

BEWEIS. Sei $P = \bigcap [(V,U)\ ;\ U \leq V \subseteq A]$ und $J = \bigcap [\langle V,U\rangle\ ;\ U \leq V \subseteq A]$. Da J ein nilpotentes Ideal des Endomorphismenrings von A ist, ist $J+1$ ein p-Normalteiler von Γ, und da $P \subseteq J+1$ gilt, ist auch P ein p-Normalteiler von Γ. Ist umgekehrt Δ irgendein p-Normalteiler von Γ, so ist wegen Lemma 1.4. für alle Untergruppen U und V von A mit $U \leq V$ die von Δ in V/U induzierte Gruppe von Automorphismen ein p-Normalteiler von $\mathrm{Aut}(V/U)$, also gleich 1 da V/U nach Lemma 1.3. elementar abelsch ist. Also ist $\Delta \subseteq (V,U)$ für alle Untergruppen U und V mit $U \leq V \subseteq A$, was zu zeigen war.

SATZ 1.6. *Sei* A *eine endliche abelsche p-Gruppe,* Γ *die Gruppe aller Automorphismen von* A *und sei* P *der maximale p-Normalteiler von* Γ. *Dann ist*

$$P = \bigcap [(V,U)\ ;\ U \leq V \subseteq (0:p)]\ .$$

BEWEIS. Wegen Satz 1.5. gilt natürlich $P \subseteq \bigcap [(V,U)\ ;\ U \leq V \subseteq (0:p)]$. Es genügt also, zu zeigen, daß $\bigcap [(V,U)\ ;\ U \leq V \subseteq (0:p)]$ ein p-Normalteiler von Γ ist.

Sei $I = \bigcap [\langle V,U\rangle\ ;\ U \leq V \subseteq (0:p)]$ und sei $\sigma \in I$. Es gilt

$$(p^{m-i+1}A \cap (0:p)) \leq (p^{m-i}A \cap (0:p))$$

für $i = 1,\dots,m$ nach Hilfssatz 1.2. und daraus ergibt sich $(0:p)\sigma^m = 0$. Nun ist

$$p^{i-1}(0:p^i)\sigma^m \subseteq (0:p)\sigma^m = 0$$

für $i = 1,\dots,m$, woraus sich

$$\sigma^{m^2} = 0$$

ergibt. Folglich ist I ein Nilideal, und deshalb ist $I+1 = \bigcap [(V,U)\ ;\ U \leq V \subseteq (0:p)]$ ein p-Normalteiler von Γ, was zu zeigen war.

BEMERKUNGEN : A. Aus Satz 1.6. ergibt sich sofort $\Gamma/P \cong \prod_{i=1}^{m} GL_{\varepsilon_i}(p)$, wobei ε_i die $(i-1)$-te Ulmsche Invariante von A ist.

B. Satz 1.6. (für $p > 3$) und Bemerkung A sind Spezialfälle von Theorem 4.10 und Corollary 3.4 der Arbeit [1] von H. Freedman.

2. NORMALTEILER VON Γ, DIE pA FIXIEREN.

HILFSSATZ 2.1. : *Sei* A *eine endliche abelsche p-Gruppe und sei* $(N_j^k-1)^2 = 0$. *Dann ist* N_j^k *eine elementar abelsche p-Gruppe, und die Abbildung* $\phi_1 : \alpha \rightsquigarrow (\alpha-1)$ *induziert einen Isomorphismus von* N_j^k *auf* $\mathrm{Hom}(A/C^k, C_j)$.

BEWEIS. Sei α^{ϕ_1} für alle $\alpha \in N_j^k$ durch $\alpha^{\phi_1} = \alpha-1$ definiert. Wegen

$(N_j^k-1)^2 = 0$ ist ϕ_1 ein Homomorphismus von N_j^k in die additive Gruppe des Endomorphismenrings von A.

Sei π der kanonische Epimorphismus von A auf A/C^k. Ist $\alpha \in N_j^k$, so gibt es wegen $C^k \subseteq \mathrm{Ker}(\alpha^{\phi_1})$ und $A\alpha^{\phi_1} \subseteq C_j$ ein eindeutig bestimmtes Element

$$\alpha^\phi \in \mathrm{Hom}(A/C^k, C_j)$$

mit

$$\alpha^{\phi_1} = \pi\alpha^\phi .$$

Sind α und β Elemente aus N_j^k, so ist

$$\pi(\alpha\beta)^\phi = (\alpha\beta)^{\phi_1} = \alpha^{\phi_1}+\beta^{\phi_1} = \pi(\alpha^\phi+\beta^\phi) ,$$

und da π ein Epimorphismus ist, folgt

$$(\alpha\beta)^\phi = \alpha^\phi+\beta^\phi ,$$

d.h. ϕ ist ein Homomorphismus von N_j^k in $\mathrm{Hom}(A/C^k,C_j)$.

Der Homomorphismus $\psi : \mathrm{Hom}(A/C^k,C_j) \longrightarrow N_j^k$ sei durch

$$\sigma^\psi = 1+\pi\sigma \quad \text{für alle} \quad \sigma \in \mathrm{Hom}(A/C^k,C_j)$$

definiert. Dann ist für alle $\alpha \in N_j^k$

$$\alpha^{\phi\psi} = (\alpha^\phi)^\psi = 1+\pi\alpha^\phi = 1+\alpha^{\phi_1} = \alpha$$

und es ist für alle $\sigma \in \mathrm{Hom}(A/C^k,C_j)$

$$\pi(\sigma^{\psi\phi}) = \pi(1+\pi\sigma)^\phi = (1+\pi\sigma)^{\phi_1} = \pi\sigma ,$$

und da π ein Epimorphismus ist, folgt daraus

$$\sigma^{\psi\phi} = \sigma \quad \text{für alle} \quad \sigma \in \mathrm{Hom}(A/C^k,C_j) .$$

Es ist also $\phi\psi = 1$ und $\psi\phi = 1$, woraus die Behauptung folgt. -

DEFINITION : *Sei* A *eine endliche abelsche p-Gruppe und* Δ *ein Normalteiler von* Γ *mit* $\Delta \subseteq (pA,0) \cap P$. *Sei*

$$\mathfrak{R}_\Delta = [(k,j) : -1 \leq k , 0 \leq j \text{ und } C^{k+1}(\Delta-1) \subseteq C_j] .$$

Sind (k,j) *und* (k',j') *aus* $\mathfrak{R}_\Delta$, *so ist* $(k,j)\mathfrak{r}(k',j')$ *dann und nur dann, wenn eine der folgenden Aussagen wahr ist :*

(a) $k = k'$ und $j \leq j'$ und $(k,j') \in \mathfrak{R}_\Delta$

(b) $j = j'$ und $k \geq k'$ und $(k',j+1) \notin \mathfrak{R}_\Delta$.

Sind (k,j) *und* (k',j') *aus* $\mathfrak{R}_\Delta$, *so ist* $(k,j) \leq (k',j')$ *dann und nur dann, wenn eine endliche Teilmenge* $[y_1,y_2,\dots,y_n]$ *von* $\mathfrak{R}_\Delta$ *existiert, derart, daß*

$(k,j) = y_1$,

$y_i \mathfrak{r}\, y_{i+1}$ für $i = 1,\dots,n-1$ und

$y_n = (k',j')$

gilt.

LEMMA 2.2. *Die Relation* $\leq$ *ist eine Partialordnung auf* $\mathfrak{R}_\Delta$.

BEWEIS. Die Relation $\leq$ ist wegen der Bedingung (a) der Defintion reflexiv und nach Definition auch transitiv. Die Antisymmetrie ergibt sich ebenfalls sofort aus (a) und (b), denn aus $(k,j) \leq (k',j')$ folgt $k \geq k'$ und $j \leq j'$.

DEFINITION : *Ist* A *eine endliche abelsche p-Gruppe und* Δ *ein Normalteiler von* Γ *mit* $\Delta \subseteq (pA,0) \cap P$, *so sei* $\mathfrak{M}_\Delta$ *die Menge der bezüglich* $\leq$ *maximalen Elemente aus* $\mathfrak{R}_\Delta$.

HILFSSATZ 2.3. *Sei* A *eine endliche abelsche p-Gruppe und* Δ *ein Normalteiler von* Γ *mit* $\Delta \subseteq (pA,0) \cap P$.
Dann gilt :

(a) *Es ist* $\mathfrak{M}_\Delta = \emptyset$ *dann und nur dann, wenn* $\Delta = 1$ *gilt.*

(b) *Ist* $0 \subset C^{k+1}(\Delta-1) \subseteq C_j$, *so gibt es ein Element* $(k',j') \in \mathfrak{M}_\Delta$ *mit* $(k,j) \leq (k',j')$ *und* $(k,j') \in \mathfrak{R}_\Delta$.

BEWEIS. Sei $0 \subset C^{k+1}(\Delta-1) \subseteq C_j$. Dann gibt es eine Zahl $j' \geq j$ mit $(k,j') \in \mathfrak{R}_\Delta$ und $(k,j'+1) \notin \mathfrak{R}_\Delta$, und nach Definition ist dann $(k,j)\mathfrak{T}(k,j')$. Sei $k' \leq k$ mit $(k',j'+1) \notin \mathfrak{R}_\Delta$ und $(k'-1,j'+1) \in \mathfrak{R}_\Delta$. Wegen

$$C^{k'+1}(\Delta-1) \subseteq C^{k+1}(\Delta-1) \subseteq C_{j'},$$

ist $(k',j') \in \mathfrak{R}_\Delta$, und nach Definition ist $(k,j')\mathfrak{T}(k',j')$, woraus sich $(k,j) \leq (k',j')$ ergibt. Damit ist (b) bewiesen.

Ist $\Delta = 1$, so ist $A(\Delta-1) = 0$. Ist dann $(k,j) \in \mathfrak{R}_\Delta$, so ist wegen $(k,j+1) \in \mathfrak{R}_\Delta$

$$(k,j)\mathfrak{T}(k,j+1) ,$$

und daraus ergibt sich $(k,j) \notin \mathfrak{M}_\Delta$. Also ist $\mathfrak{M}_\Delta = \emptyset$. Ist $\Delta \neq 1$, so ist $A(\Delta-1) \neq 0$ und aus der schon bewiesenen Behauptung (b) folgt $\mathfrak{M}_\Delta \neq \emptyset$. Damit ist (a) bewiesen.

HILFSSATZ 2.4. *Sei* A *eine endliche abelsche p-Gruppe und sei* $\gamma = 1+\sigma \in (pA,0) \cap P$. *Dann sind* $1-\sigma$, $1-\sigma^2$ *und* $1+\sigma^2$ *Elemente der normalen Hülle von* γ *in* P .

BEWEIS. Nach Freedman ([1] ; Theorem 5.3.) ist $(pA,0) \cap P = N_1N^1$; sei also $\gamma = \alpha\beta$ mit $\alpha \in N_1$ und $\beta \in N^1$. Wegen $A(\alpha-1) \subseteq C_1$ und $C_1 \subseteq pA \subseteq C^1$ ist dann $(\alpha-1)(\beta-1) = 0$, so daß

$$\alpha\beta = 1+(\alpha-1)+(\beta-1)$$

und

$$\alpha^{-1}\beta^{-1} = 1+(1-\alpha)+(1-\beta)$$

gilt (denn es ist $\alpha^{-1}-1 = 1-\alpha$ wegen $(\alpha-1)^2 = 0$) .

Daraus ergibt sich

$$\alpha o \beta = ((\alpha\beta) o \beta)^{\beta-1} = 1-\sigma^2 \in \{\gamma^P\} ,$$

und weiter ist

$$1-\sigma = \alpha^{-1}\beta^{-1} \in \{\gamma^P\}$$

und $1+\sigma^2 = (1-\sigma^2)^{-1} \in \{\gamma^P\}$, womit bereits alles gezeigt ist.

HILFSSATZ 2.5. *Sei* A *eine endliche abelsche p-Gruppe, sei* $\alpha \in P$ *mit* $(\alpha-1)^2 = 0$ *und sei* $\gamma = 1+\sigma$ *ein Element aus* $(pA,0) \cap P$. *Dann ist* $1+\sigma^\alpha-\sigma$ *ein Element der normalen Hülle von* γ *in* P .

BEWEIS. Nach Hilfssatz 2.4. ist $1-\sigma \in \{\gamma^P\}$ und folglich ist

$$(1+\sigma)^\alpha(1-\sigma) = 1+\sigma^\alpha-\sigma-\sigma^\alpha\sigma \in \{\gamma^P\} .$$

Sei $\tau = \alpha-1$; dann ist $\alpha^{-1} = 1-\tau$ und daraus ergibt sich

$$\sigma^\alpha\sigma = (1-\tau)\sigma(1+\tau)\sigma = \sigma^2-(\tau\sigma)^2 ,$$

und wegen $A\sigma\tau\sigma \subseteq (0:p)\tau\sigma \subseteq ((0:p) \cap pA)\sigma = 0$ ist $\sigma^\alpha\sigma = \sigma^2$. Multiplikation mit $1+\sigma^2$ liefert nun das gewünschte Ergebnis, denn nach Hilfssatz 2.4. ist $1+\sigma^2 \in \{\gamma^P\}$. -

LEMMA 2.6. *Sei* A *eine endliche abelsche p-Gruppe, sei* Δ *ein Normalteiler von* Γ *mit* $\Delta \subseteq (pA,0) \cap P$ *und sei* $(k,j) \in \mathfrak{M}_\Delta$. *Dann ist* $N^k_{j+1}N^{k+1}_j \subseteq \Delta$.

BEWEIS. Wegen $(k,j+1) \notin \mathfrak{R}_\Delta$ und $(k-1,j+1) \in \mathfrak{R}_\Delta$ ist

$$C^{k+1}(\Delta-1) \in C_j ,$$
$$C^{k+1}(\Delta-1) \notin C_{j+1}$$

und

$$C^k(\Delta-1) \subseteq C_{j+1} .$$

Es gibt also Elemente $a \in C^{k+1}$ und $\delta = 1+\sigma \in \Delta$ derart, daß

$$a\sigma = b' \in C_j \quad \text{und} \quad b' \notin C_{j+1}$$

gilt ; wegen $C^k(\Delta-1) \subseteq C_{j+1}$ ist dann $a \notin C^k$. Folglich ist $\{a\}$ ein zyklischer direkter Summand der Ordnung p^{k+1} von A . Wegen $b' \in C_j$ und $b' \notin C_{j+1}$ gibt es einen zyklischen direkten Summanden $\{b\}$ der Ordnung p^{j+1} von A mit $p^jb = b'$.

Wir zeigen nun, daß $N^k_{j+1} \subseteq \Delta$ gilt. Ist $j+1 = m$, so ist $N^k_{j+1} = 1 \subseteq \Delta$; sei also $j+1 < m$ angenommen.

Sei B eine Basis von A , die das Element b enthält und sei

$$x \in B \text{ mit } o(x) > o(b) .$$

Sei $h > 0$ so gewählt, daß $o(p^hx) = o(b)$ ist und sei τ ein Endomorphismus von A mit

(1) $b\tau \in \{p^hx\}$ und $z\tau = 0$ für alle $z \in B$ mit $z \neq b$.

Dann ist $\tau^2 = 0$, also $1+\tau \in \Gamma$, und wegen Satz 1.6. ist sogar $1+\tau = \alpha \in P$.

Anwendung von Hilfssatz 2.5. ergibt

$$1+\sigma^{\alpha}-\sigma \in \Delta \;;$$

da aber $\mathrm{Im}(\tau) \subseteq pA$ gilt, ist $\alpha^{-1}\sigma = (1-\tau)\sigma = \sigma$, und daraus folgt

(2) $1+\sigma\tau \in \Delta$.

Sei D eine Basis von A, die das Element a enthält und sei

$$y \in D \text{ mit } o(y) \geq o(a) \text{ und } y \neq a .$$

Der Endomorphismus τ_1 von A sei durch $y\tau_1 = a$ und $z\tau_1 = 0$ für alle $z \in D$ mit $z \neq y$ definiert. Dann ist $(\tau_1)^2 = 0$, also $1+\tau_1 = \alpha_1 \in \Gamma$. Sei

$$\tau\alpha_1^{-1} = \sum_{v\in B}\tau(v) \text{ mit } A\tau(v) \subseteq \{v\}$$

für alle $v \in B$. Wegen $\mathrm{Im}(\sigma\tau) \subseteq C_{j+1}$ ist auch $\mathrm{Im}(\sigma\tau\alpha_1^{-1}) \subseteq C_{j+1}$, und wegen

$$\sigma\tau\alpha_1^{-1} = \sum_{v\in B}\sigma\tau(v)$$

ist $\sigma\tau(v) = 0$ für $o(v) \leq o(b)$. Daraus ergibt sich

$$\sigma\tau\alpha_1^{-1} = \sum_{o(v)>o(b)} \sigma\tau(v) .$$

Da nun $\tau(v)$ für $o(v) > o(b)$ der Bedingung (1) (mit $x = v$) genügt, ergibt sich aus (2)

$$1+\sigma\tau(v) \in \Delta \quad \text{für alle } v \in B \text{ mit } o(v) > o(b) .$$

Nun ist aber

$$\prod_{o(v)>o(b)}(1+\sigma\tau(v)) = 1+ \sum_{o(v)>o(b)} \sigma\tau(v)$$

und daraus ergibt sich

$$1+\sigma\tau\alpha_1^{-1} \in \Delta .$$

Also ist

$$(1+\sigma\tau\alpha_1^{-1})^{\alpha_1}(1-\sigma\tau) \in \Delta ,$$

d.h.

$$1+\tau_1\sigma\tau \in \Delta .$$

Wählen wir nun in (1) den Endomorphismus τ mit $b\tau = p^h x$, so bilden die Elemente $\sigma\tau$ und $\tau_1\sigma\tau$ modulo $\langle C^k,0\rangle$ eine Basis von $\mathrm{Hom}(A/C^k,C_{j+1})$, und durch Anwendung von Hilfssatz 2.1. ergibt sich $N_{j+1}^k \subseteq \Delta$, was zu zeigen war.

Die Aussage $N_j^{k+1} \subseteq \Delta$ ergibt sich nun durch Dualisierung folgendermaßen :

Ist $k+1 = m$, so ist $N_j^{k+1} = 1 \subseteq \Delta$; sei also $k+1 < m$ angenommen.

Sei B eine Basis von A, die das Element a enthält und sei

$$x \in B \text{ mit } o(x) > o(a) .$$

Sei τ ein Endomorphismus von A mit

(1^*) $x\tau \in \{a\}$ und $z\tau = 0$ für alle $z \in B$ mit $z \neq x$.

Dann ist $\tau^2 = 0$, also $1+\tau \in \Gamma$, und wegen Satz 1.6. ist sogar $1+\tau = \alpha \in P$.

Anwendung von Hilfssatz 2.5. ergibt

$$1+\sigma^{\alpha}-\sigma \in \Delta .$$

Wegen $(0:p)\tau = 0$ und $A\sigma \subseteq (0:p)$ ist $\sigma\alpha = \sigma$, und daraus folgt

(2^*) $1-\tau\sigma \in \Delta$.

Sei D eine Basis von A, die das Element b enthält, sei

$$y \in D \text{ mit } o(y) \geq o(b) \text{ und } y \neq b$$

und sei $h \geq 0$ so gewählt, daß $o(p^h y) = o(b)$ ist. Der Endomorphismus τ_1 von A sei durch $b\tau_1 = p^h y$ und $z\tau_1 = 0$ für alle $z \in D$ mit $z \neq b$ definiert. Dann ist $\tau_1^2 = 0$, also $1+\tau_1 = \alpha_1 \in \Gamma$. Sei $\alpha_1\tau = \sum_{w\in B}\tau(w)$ mit $z\tau(w) = 0$ für alle $z \in B$ mit $z \neq w$. Wegen $C^{k+1}\tau\sigma = 0$ ist auch $C^{k+1}\alpha_1\tau\sigma = 0$, und wegen

$$\alpha_1\tau\sigma = \sum_{w\in B}\tau(w)\sigma$$

ist $\tau(w)\sigma = 0$ für $o(w) \leq o(a)$. Daraus ergibt sich

$$\alpha_1\tau\sigma = \sum_{o(w)>o(a)}\tau(w)\sigma\ .$$

Da nun $\tau(w)$ für $o(w) > o(a)$ der Bedingung (1^*) (mit $x = w$) genügt, ergibt sich aus (2^*)

$$1-\tau(w)\sigma \in \Delta \text{ für alle } w \in B \text{ mit } o(w) > o(a).$$

Nun ist aber

$$\prod_{o(w)>o(a)}(1-\tau(w)\sigma) = 1-\sum_{o(w)>o(a)}\tau(w)\sigma$$

und daraus folgt

$$1-\alpha_1\tau\sigma \in \Delta\ .$$

Also ist

$$(1-\alpha_1\tau\sigma)^{\alpha_1}(1+\tau\sigma) \in \Delta\ ,$$

d.h.

$$1-\tau\sigma\tau_1 \in \Delta\ .$$

Wählen wir nun in (1^*) den Endomorphismus τ mit $x\tau = a$, so bilden die Elemente $\tau\sigma$ und $\tau\sigma\tau_1$ modulo $\langle C^{k+1},0\rangle$ eine Basis von $\mathrm{Hom}(A/C^{k+1},C_j)$. Anwendung von Hilfssatz 2.1. ergibt $N_j^{k+1} \subseteq \Delta$, was zu zeigen war. Damit ist Lemma 2.6. bewiesen.

LEMMA 2.7. *Sei* A *eine endliche abelsche p-Gruppe und sei* Δ *ein Normalteiler von* Γ *mit* $\Delta \subseteq (pA,0) \cap P$. *Dann gilt*

$$\Delta \subseteq \prod_{(k,j)\in\mathfrak{M}_\Delta} N_j^k\ .$$

BEWEIS. Ist $\Delta = 1$, so ist $\mathfrak{M}_\Delta = \emptyset$ nach Hilfssatz 2.3., (a) und die Behauptung ist bewiesen; wir können also $\Delta \neq 1$ annehmen. Nach Hilfssatz 2.3., (a) ist dann $\mathfrak{M}_\Delta \neq \emptyset$.

Sei $1 \neq \delta = 1+\sigma \in \Delta$ und sei $A = F_1 \oplus \dots \oplus F_m$ eine Darstellung von A als eine direkte Summe homogener Komponenten F_i vom Exponenten p^i. Der Endomorphismus σ_i von A sei für $i = 1,\dots,m$ durch

$x\sigma_i = x\sigma$ für alle $x \in F_i$ und

$y\sigma_i = 0$ für alle $y \in F_j$ mit $j \neq i$

definiert. Dann ist

$$\sigma = \sum_{i=1}^{m} \sigma_i ,$$

und es ist $\sigma_i \sigma_j = 0$ für $i < j$. Folglich gilt

$$\prod_{i=1}^{m} (1+\sigma_i) = 1+\sum_{i=1}^{m} \sigma_i = 1+\sigma .$$

Sei $(k,j) \in \mathfrak{R}_\Delta$. Dann gilt für $i = 1,\dots,m$

$$C^{k+1}\sigma_i = [C^{k+1} \cap F_i]\sigma \subseteq C^{k+1}\sigma \subseteq C^{k+1}(\Delta-1) \subseteq C_j .$$

Ist nun $\sigma_i = 0$ für ein i, so ist natürlich $1+\sigma_i \in N_j^k$ für ein $(k,j) \in \mathfrak{M}_\Delta$ wegen $\mathfrak{M}_\Delta \neq \emptyset$. Ist andererseits $\sigma_i \neq 0$, so ist

$$0 \neq C^i\sigma_i \subseteq C^i(\Delta-1) \subseteq C_{j'},$$

für ein j' mit $(i-1,j') \in \mathfrak{R}_\Delta$, und durch Anwendung von Hilfssatz 2.3., (b) ergibt sich die Existenz eines Elements $(k,j) \in \mathfrak{M}_\Delta$ mit $(i-1,j') \leq (k,j)$ und $C^i\sigma_i \subseteq C_j$. Da $k \leq i-1$ und $C^{i-1}\sigma_i = 0$ gilt, ist $C^k\sigma_i = 0$ und $A\sigma_i \subseteq C_j$. Anwendung von Hilfssatz 2.1. ergibt

$$1+\sigma_i \in N_j^k \text{ mit } (k,j) \in \mathfrak{M}_\Delta ,$$

und damit ist Lemma 2.7. bewiesen.

SATZ 2.8. *Sei* A *eine endliche abelsche p-Gruppe und sei* Δ *ein Normalteiler von* Γ *mit* $\Delta \subseteq (pA,0) \cap P$. *Dann gilt*

$$\prod_{(k,j)\in\mathfrak{M}_\Delta} N_{j+1}^k N_j^{k+1} \subseteq \Delta \subseteq \prod_{(k,j)\in\mathfrak{M}_\Delta} N_j^k .$$

Der Beweis ergibt sich unmittelbar durch Anwendung von Lemma 2.6. und Lemma 2.7.

HILFSSATZ 2.9. *Sei* A *eine endliche abelsche p-Gruppe und sei* Δ *ein Normalteiler von* Γ *mit* $N_{j+1}^k N_j^{k+1} \subset \Delta \subseteq N_j^k$ *für geeignete* k,j *mit* $k \geq 0$ *und* $j \geq 0$ *und* $k \neq j$. *Dann gilt* $\Delta = N_j^k$.

BEWEIS. Wegen $k \neq j$ ist $(N_j^k-1)^2 = 0$, so daß nach Hilfssatz 2.1. die Abbildung $\alpha \rightsquigarrow (\alpha-1)$ einen Isomorphismus von N_j^k auf $\mathrm{Hom}(A/C^k,C_j)$ induziert. Nun ist

$$N_j^k/N_{j+1}^k N_j^{k+1} \cong N^*/N^{**} ,$$

wobei

$$N^* = N_j^k/N_{j+1}^k \cong \mathrm{Hom}(A/C^k,C_j)/\mathrm{Hom}(A/C^k,C_{j+1})$$
$$\cong \mathrm{Hom}(A/C^k,C_j/C_{j+1})$$

und

$$N^{**} = N_{j+1}^k N_j^{k+1}/N_{j+1}^k \cong N_j^{k+1}/N_{j+1}^{k+1} \cong \mathrm{Hom}(A/C^{k+1},C_j/C_{j+1})$$

ist, woraus sich

$$N^*/N^{**} \cong \mathrm{Hom}(C^{k+1}/C^k,C_j/C_{j+1})$$

ergibt. Ist nun $A = F_1 \oplus \dots \oplus F_m$ eine Darstellung von A als eine direkte Summe homogener Komponenten, so ist $C^{k+1}/C^k \cong F_{k+1}/pF_{k+1}$ und $C_j/C_{j+1} \cong F_{j+1}[p]$, so daß

$$N_j^k/N_{j+1}^k N_j^{k+1} \cong \mathrm{Hom}(F_{k+1}/pF_{k+1}, F_{j+1}[p])$$

gilt.

Sei nun $H_{k,j}$ definiert durch

$$H_{k,j} = \left[1+\sigma \; ; \; \begin{array}{l} \sigma \in \mathrm{End}\,(A) \text{ mit } F_{k'}\sigma = 0 \text{ für } k' \neq k \\ \text{und } F_k\sigma \subseteq F_j[p] \end{array} \right] ;$$

lann ist $H_{k,j} \cong \mathrm{Hom}(F_k/pF_k, F_j[p])$, und es gilt

$$H_{k+1,j+1} \subseteq N_j^k \quad \text{und} \quad H_{k+1,j+1} \cap N_{j+1}^k N_j^{k+1} = 1 .$$

Es ist also $H_{k+1,j+1}$ ein Komplement von $N_{j+1}^k N_j^{k+1}$ in N_j^k.

Sei nun $\delta \in \Delta$ mit $\delta \notin N_{j+1}^k N_j^{k+1}$. Dann ist also $\delta = \alpha\beta$ mit $\alpha \in N_{j+1}^k N_j^{k+1}$ und $1 \neq \beta \in H_{k+1,j+1}$. Da nach Voraussetzung $N_{j+1}^k N_j^{k+1} \subseteq \Delta$ gilt, ist

$$1 \neq \beta = 1+\sigma \in \Delta .$$

Sei $a \in F_{k+1}$ mit $0 \neq a\sigma \in F_{j+1}[p]$. Dann gibt es ein $b \in F_{j+1}$ mit $p^j b = a\sigma$, und wegen $k \neq j$ gibt es eine Basis B von A, die die Elemente a und b enthält, derart, daß $B \cap F_i$ für $i = 1,\dots,m$ eine Basis von F_i ist.

Sei F_{j+1} nicht zyklisch angenommen und sei $x \in B \cap F_{j+1}$ mit $x \neq b$. Der Endomorphismus τ von A sei durch $b\tau = x$ und $z\tau = 0$ für alle $z \in B$ mit $z \neq b$ definiert. Dann ist $\tau^2 = 0$, also $1+\tau \in \Gamma$, und es ist (mit $\gamma = 1+\tau$)

$$\begin{aligned} \gamma\circ(1+\sigma) &= \gamma^{-1}(1-\sigma)\gamma(1+\sigma) \\ &= 1+\sigma-\gamma^{-1}\sigma\gamma \\ &= 1-\sigma\tau \end{aligned}$$

wegen $\gamma^{-1}\sigma = \sigma$. Auf diese Weise erhalten wir eine Basis von $H_{k+1,j+1}$ in Δ, und daraus ergibt sich die Behauptung.

LEMMA 2.10. *Sei* A *eine endliche abelsche p-Gruppe und sei* Δ *ein Normalteiler von* Γ. *Dann gilt* $\Delta \cap (pA,0) \subseteq P$ *oder* $\Delta \supseteq (pA,0) \cap P$.

BEWEIS. Ist A elementar abelsch oder ist $(0:p) \subseteq pA$, so ist die Behauptung richtig, denn im ersten Fall ist $P = 1$ und im zweiten Fall ist $(pA,0) \subseteq P$. Sei also $(0:p) \nsubseteq pA$ und A nicht elementar abelsch angenommen. Sei $i \geq 1$ mit $N_0 \supset N_1 \supset N_{i+1}$ und $N^0 \supset N^1 = N^i \supset N^{i+1}$. Sei F_1 eine homogene Komponente vom Exponenten p von A und sei $A = F_1 \oplus K$; wegen $(0:p) \nsubseteq pA$ ist dann $F_1 \neq 0$, und es gilt $\mathrm{Exp}(K) \geq p^{i+1}$ (wegen $C^{i+1} \neq C^i$ enthält K sogar zyklische direkte Summanden der Ordnung p^{i+1}).

Sei nun Δ ein Normalteiler von Γ und sei $\Delta \cap (pA,0) \nsubseteq P$ angenommen. Dann gibt es also ein Element $\delta \in \Delta \cap (pA,0)$ mit $\delta \notin P$. Wegen

$$(pA,0)/((pA,0) \cap P) \cong \mathrm{Aut}(F_1)$$

ist $\delta = \beta\gamma$ mit $\beta \in (pA,0) \cap P$ und $F_1\gamma = F_1$ so, daß γ auf K die 1 induziert ; und da $\delta \notin P$ gilt, induziert γ einen nichttrivialen Automorphismus auf F_1. Ist also $\gamma = 1+\sigma$, so ist $K\sigma = 0$ und es gibt ein $a \in F_1$ mit $0 \neq a\sigma \in F_1$. Sei B eine Basis von A, die das Element a enthält und sei $b \in B$ mit $o(b) = p^{i+1}$.

Sei $\tau \in \mathrm{End}(A)$ definiert durch $b\tau = a$ und $z\tau = 0$ für alle $z \in B$ mit $z \neq b$; dann ist $\alpha = 1+\tau \in N^1$.

Es ist $\gamma\tau = \tau$ und $\gamma^{-1}\tau = \tau$ und daraus folgt

$$\begin{aligned}\gamma o\alpha &= \gamma^{-1}(1-\tau)\gamma(1+\tau) = (\gamma^{-1}-\tau)(\gamma+\tau)\\ &= 1-\tau\gamma+\tau ,\end{aligned}$$

also ist

(*) $\gamma o\alpha = 1-\tau\sigma$.

Nach Freedman ([1] ; Theorem 5.3.) ist $\beta = \beta_1\beta_2$ mit $\beta_1 \in N_1$ und $\beta_2 \in N^1$, und es gilt

$$\beta o\alpha = (\beta_1\beta_2)o\alpha = (\beta_1 o\alpha)^{\beta_2}(\beta_2 o\alpha) ,$$

wobei

$$\beta_2 o\alpha = 1 \quad \text{und} \quad \beta_1 o\alpha \in N_1^1 = N_i^i$$

ist. Sei

$$\eta = (\beta\gamma)o\alpha = (\beta o\alpha)^{\gamma}(\gamma o\alpha)$$

und sei Λ die normale Hülle von η in Γ ; dann ist $\mathfrak{M}_\Lambda = [(i,0)]$ wegen (*) und $\beta o\alpha \in N_i^i$, woraus sich mit Hilfe von Satz 2.8. und Hilfssatz 2.9. ergibt

(+) $N^1 = N^i = N_0^i = \Lambda \subseteq \Delta$.

Es gibt ein Element $a_1 \in F_1$ mit $a_1(\gamma^{-1}-1) \neq 0$; sei B_1 eine Basis von A, die das Element $a_1(\gamma^{-1}-1)$ enthält und sei $b_1 \in B_1$ mit $o(b_1) = p^{i+1}$.

Sei $\tau_1 \in \mathrm{End}(A)$ definiert durch $a_1(\gamma^{-1}-1)\tau_1 = p^i b_1$ und $z\tau_1 = 0$ für alle $z \in B_1$ mit $z \neq a_1(\gamma^{-1}-1)$; dann ist $\alpha_1 = 1+\tau_1 \in N_1$.

Ist nun $\eta_1 = \alpha_1 o(\beta\gamma)$ und ist Λ_1 die normale Hülle von η_1 in Γ, so ergibt sich $\mathfrak{M}_{\Lambda_1} = [(0,i)]$, und daraus folgt

(++) $N_1 = N_i = N_i^0 = \Lambda_1 \subseteq \Delta$

wegen Satz 2.8. und Hilfssatz 2.9. Aus (+) und (++) ergibt sich nun

$$N_1 N^1 \subseteq \Delta ,$$

und nach Freedman ([1] ; Theorem 5.3.) folgt daraus die Behauptung.

3. EIGENSCHAFTEN VON p-NORMALTEILERN VON Γ .

HILFSSATZ 3.1. : *Sei* A *eine endliche abelsche p-Gruppe, sei* $p > 3$ *und sei* Δ *eine Untergruppe von* P *mit* $\Delta^p = 1$. *Dann ist* $\Delta \subseteq (pA,0)$.

BEWEIS. Der Beweis erfolgt durch Induktion nach $\mathrm{Exp}(A) = p^m$. Ist $m \leq 2$, so gilt $P^p = 1$ und es ist $P \subseteq (pA,0)$, so daß die Behauptung wahr ist. Sei also $m > 2$ und sei der Hilfssatz 3.1. für p-Gruppen A mit $\mathrm{Exp}(A) < p^m$ schon bewiesen.

Sei Δ eine Untergruppe von P mit $\Delta^p = 1$ und sei $\alpha = 1+\sigma \in \Delta$. Da α modulo $(pA,0)$ ein Element des maximalen p-Normalteilers von $\Gamma/(pA,0)$ und $\mathrm{Exp}(pA) < \mathrm{Exp}(A)$ ist, gilt

$$\alpha \in (p^2A,0) = (A,(0:p^2))$$

nach Induktionsvoraussetzung. Nun ist wegen $\sigma \in P-1$ und

$$(0:p^2) \geq ((0:p^2) \cap pA)+(0:p)$$

nach Satz 1.5.

$$(0:p^2)\sigma \subseteq ((0:p^2) \cap pA)+(0:p) \ ;$$

weiter gilt

$$((0:p^2) \cap pA)+(0:p) \geq ((0:p^2) \cap p^2A)+(0:p)$$

und

$$((0:p^2) \cap pA)+(0:p) \geq (0:p^2) \cap pA \ ,$$

und daraus ergibt sich

$$(((0:p^2) \cap pA)+(0:p))\sigma \subseteq ((0:p^2) \cap p^2A)+((0:p) \cap pA)$$

nach Satz 1.5. Weiter gilt

$$((0:p^2) \cap p^2A)+((0:p) \cap pA) \geq ((0:p^2) \cap p^2A) \ ,$$

also ist

$$(((0:p^2) \cap p^2A)+((0:p) \cap pA))\sigma \subseteq p^2A \ ;$$

und wegen $p^2A\sigma = 0$ ergibt sich $A\sigma^5 = 0$, also $\sigma^5 = 0$. Da nun $p > 3$ ist, folgt

$$(1+\sigma)^p = 1+p\sigma+n_1p\sigma^2+n_2p\sigma^3+n_3p\sigma^4$$

für passende ganze Zahlen n_i , $i = 1,2,3$.

Sei nun angenommen, es wäre $\alpha = 1+\sigma \notin (pA,0)$; dann wäre also $\mathrm{Im}(p\sigma) \neq 0$. Da $\mathrm{Im}(p\sigma) \subseteq (0:p)$ ist, gibt es ein k mit $0 \leq k < m$ derart, daß

$$\mathrm{Im}(p\sigma) \subseteq C_k \quad \text{und} \quad \mathrm{Im}(p\sigma) \not\subseteq C_{k+1}$$

gilt. Wegen Satz 1.6. ist aber

$$\mathrm{Im}(pn_{i-1}\sigma^i) \subseteq C_{k+1} \quad \text{für } i \geq 2 \ ,$$

woraus sich der Widerspruch $(1+\sigma)^p \neq 1$ ergibt. Es gilt also $\alpha = 1+\sigma \in (pA,0)$ und damit ist der Hilfssatz 3.1. bewiesen.

BEMERKUNG. Für $p = 2$ ist die Behauptung von Hilfssatz 3.1. sicherlich falsch, denn die Multiplikation mit -1 erzeugt einen zyklischen 2-Normalteiler der Ordnung 2, der im allgemeinen nicht in $(pA,0)$ enthalten ist.

Auch im Fall $p = 3$ ist Hilfssatz 3.1. nicht richtig, wie das folgende Gegenbeispiel zeigt :

Sei A eine endliche abelsche 3-Gruppe mit $9A \neq 0$ und sei B eine Basis von A. Sei A so gewählt, daß B Elemente der Ordnungen 3 und 9 enthält. Seien a, b und c aus B mit $o(a) = 3^m (3^m = \mathrm{Exp}(A))$, $o(b) = 9$ und $o(c) = 3$. Der Endomorphismus σ von A sei durch

$$a\sigma = b\,, \quad b\sigma = c \quad \text{und} \quad c\sigma = -pb\,,$$

$z\sigma = 0$ für alle $z \in B$ mit $z \neq a,b,c$ definiert.
Dann ist $(0:p)\sigma \subseteq C_1$ und $C_1\sigma = 0$, also $1+\sigma \in P$ nach Satz 1.6., und es gilt $1+\sigma \notin (pA,0)$ wegen $pa\sigma = pb \neq 0$. Wegen $\mathrm{Im}(\sigma^2) \subseteq (0:p)$ ist $p\sigma^2 = 0$, und daraus folgt

$$(1+\sigma)^3 = 1+3\sigma+\sigma^3\,.$$

Nun ist

$$a(3\sigma+\sigma^3) = 3b+(-3b) = 0\,,$$
$$b(3\sigma+\sigma^3) = 3c+(-3c) = 0$$

und

$$c(3\sigma+\sigma^3) = -9b+(-3c\sigma) = 0$$

also ist $(1+\sigma)^3 = 1$. Es ist also $\{1+\sigma\}$ eine Untergruppe von P mit $\{1+\sigma\} \nsubseteq (pA,0)$ und $\{1+\sigma\}^p = 1$.

SATZ 3.2. *Sei* A *eine endliche abelsche p-Gruppe und sei* Δ *eine Untergruppe von* P. *Sei*

(a) $p > 3$

oder

(b) $p > 2$ *und* Δ *ein Normalteiler von* Γ.

Sei $k \geq 0$. *Dann sind äquivalent :*

(i) $\Delta \subseteq (p^kA,0)$

(ii) $\Delta^{p^k} = 1$.

BEWEIS. Sei $1+\sigma \in (p^kA,0) \cap P$; dann ist $A\sigma \subseteq (0:p^k)$ und wegen

$$(0:p^{k-1})+(pA \cap (0:p^k)) \leq (0:p^k)$$

gilt

$$A\sigma^2 \subseteq (0:p^{k-1})+(pA \cap (0:p^k))\,.$$

Nun ist

$$(p^kA,0) \subseteq (pA+(0:p^{k-1}),(0:p^{k-1}))$$

und daraus ergibt sich

$$A\sigma^3 \subseteq (0:p^{k-1})\,.$$

Es folgt $A((1+\sigma)^p-1) \subseteq (0:p^{k-1})$, d.h. es ist

$$((p^kA,0) \cap P)^p \subseteq (p^{k-1}A,0) \cap P ,$$

und daraus folgt

$$((p^kA,0) \cap P)p^k = 1 .$$

Damit ist gezeigt, daß (ii) aus (i) folgt.

Sei umgekehrt (ii) angenommen und sei $p > 3$. Ist $k = 0$ oder $k = 1$, so ergibt sich (i) durch Anwendung von Hilfssatz 3.1. Sei also $k > 1$ angenommen und sei der Satz für $j = k-1$ bereits vewiesen. Wegen $P \subseteq (p^{m-1}A,0)$ können wir $k < m-1$ annehmen.

Sei $\delta \in \Delta$; dann ist $\{\delta^p\}p^{k-1} = 1$, also $\{\delta^p\} \subseteq (p^{k-1}A,0)$ nach Induktionsvoraussetzung, und daraus ergibt sich

$$\{\Delta^p\} \subseteq (p^{k-1}A,0) .$$

Es ist also $Exp(\Delta(p^{k-1}A,0)/(p^{k-1}A,0)) \leq p$, woraus sich durch Anwendung von Hilfssatz 3.1.

$$\Delta(p^{k-1}A,0) \subseteq (p^kA,0)$$

ergibt ; und daraus folgt (i) .

Sei (ii) angenommen, sei $p > 2$ und sei Δ ein Normalteiler von Γ . Dann gibt es eine ganze Zahl j mit den Eigenschaften

$$\Delta \subseteq (p^{j+1}A,0)$$

und

$$\Delta \nsubseteq (p^jA,0) .$$

Die von Δ in p^jA induzierte Gruppe von Automorphismen ist dann ein in $(p^{j+1}A,0) = (p(p^jA),0)$ enthaltener p-Normalteiler der Automorphismengruppe von p^jA . Aus Lemma 2.6. ergibt sich nun die Existenz eines Elements $1+\sigma \in \Delta$ mit den Eigenschaften :

(+) $1+\sigma \in (p^jA,p^{m-1}A) \cap (p^jA \cap (0:p^{m-j-1}),0)$

(++) $p^j\sigma \neq 0$.

Wegen $\Delta \nsubseteq (p^jA,0)$ ist dabei $j \leq m-2$.

Aus (+) ergibt sich

$$p^{j-1}A\sigma \in p^{m-2}A+[p^{j-1}A \cap (0:p)]$$

und

$$[p^{j-1}A \cap (0:p^{m-j})]\sigma \subseteq p^{j-1}A \cap (0:p) .$$

Wegen $j \leq m-2$ ist nun

$$p^{j-1}A \cap (0:p) \leq p^{m-2}A+[p^{j-1}A \cap (0:p)]$$

und

$$p^{m-2}A+[p^jA \cap (0:p)] \leq p^{m-2}A+[p^{j-1}A \cap (0:p)] ,$$

woraus sich

$$p^{j-1}A\sigma^2 \subseteq [p^jA \cap (0:p)]$$

und

$$p^{j-1}A\sigma^3 = 0$$

wegen (+) ergibt ; es ist also $(1+\sigma)^p \in (p^{j-1}A, p^{m-1}A)$. Weiter ist

$$[p^{j-1}A \cap (0:p^{m-j})]\sigma^2 \subseteq p^jA \cap (0:p)$$

und

$$[p^{j-1}A \cap (0:p^{m-j})]\sigma^3 = 0 ,$$

und daraus ergibt sich

$$(1+\sigma)^p \in (p^{j-1}A \cap (0:p^{m-j}), 0) .$$

Da außerdem $p^{j-1}((1+\sigma)^p - 1) \neq 0$ ist, haben wir gezeigt :

(+') $(1+\sigma)^p \in (p^{j-1}A, p^{m-1}A) \cap (p^{j-1}A \cap (0:p^{m-(j-1)-1}), 0)$

(++') $p^{j-1}((1+\sigma)^p - 1) \neq 0$.

Durch vollständige Induktion ergibt sich daraus

$$(1+\sigma)^{p^j} \neq 1$$

und daraus folgt

$$\Delta^{p^j} \neq 1 .$$

Damit ist gezeigt, daß aus $\Delta \nsubseteq (p^kA, 0)$ stets $\Delta^{p^k} \neq 1$ folgt, und damit ist Satz 3.2. bewiesen.

KOROLLAR 3.3. *Sei* Γ *die Gruppe aller Automorphismen einer endlichen abelschen p-Gruppe vom Exponenten* p^m *und sei* P *der maximale p-Normalteiler von* Γ .

(a) *Ist* $p > 2$ *, so existiert für jedes* k *mit* $0 \leq k \leq m-1$ *ein und nur ein maximaler Normalteiler vom Exponenten* p^k *von* Γ .

(b) *Ist* $p > 3$ *, so ist für jedes* $k \geq 0$ *die Menge der Lösungen der Gleichung* $\alpha^{p^k} = 1$ *in* P *eine Untergruppe von* Γ .

BEMERKUNGEN. A. Ob im Fall $p > 3$ auch die Menge aller p-ten Potenzen von Elementen aus P eine Untergruppe ist, ist eine offene Frage ; jedoch ist P im allgemeinen sicher nicht regulär (im Sinne von Ph. Hall), da es p-Gruppen A mit $[(pA,0) \cap P] \circ \{P^p\} \neq 1$ gibt.

B. Für $p > 3$ ergibt sich Korollar 3.3. (a) aus Corollary 4.11 von H. Freedman [1] .

LEMMA 3.4. *Sei* A *eine endliche abelsche p-Gruppe mit* $p > 3$ *und sei* Δ *eine von* $(pA,0)$ *normalisierte Untergruppe von* P . *Dann sind äquivalent :*

(i) Δ *ist eine elementar abelsche p-Gruppe*

(ii) *Es gilt* $\Delta \subseteq N_1$ *oder* $\Delta \subseteq N^1$.

BEWEIS. Daß (i) aus (ii) folgt, ist klar ; sei also (i) angenommen. Aus Satz 3.2. ergibt sich dann

$$\Delta \subseteq (pA, 0) = (A, (0:p)) .$$

Sei nun angenommen, die Behauptung wäre falsch, d.h. es wäre

$$\Delta \not\subseteq N_1 \quad \text{und} \quad \Delta \not\subseteq N^1 \;;$$

dann gibt es also Elemente $1+\sigma \in \Delta$ und $1+\tau \in \Delta$ mit

$$1+\sigma \notin N_1 \quad \text{und} \quad 1+\tau \notin N^1 \;.$$

Wegen $1+\sigma \notin N_1$ gibt es ein Element $x \in A$ mit $x\sigma \notin C_1$. Dann ist $x \notin pA$ und $x\sigma \notin pA$, und wegen $\Delta \subseteq P$ ist $x \notin (0:p)$. Da $x\sigma \in (0:p)$ gilt, gibt es eine Basis von A, die x und $x\sigma$ enthält, und daraus erhalten wir eine direkte Zerlegung $A = D \oplus F$ von A derart, daß $x \in D$ und F eine homogene Komponente vom Exponenten p von A mit $x\sigma \in F$ ist. Wegen $1+\tau \notin N^1$ gibt es ein $y \in F$ mit $0 \neq y\tau \in D \cap pA$.

Wir unterscheiden nun zwei Fälle :

(A) $1+\sigma \in N^1$

(B) $1+\sigma \notin N^1$

FALL A. Sei γ ein Automorphismus von A, der auf D die 1 induziert und $x\sigma$ auf y abbildet. Dann ist

$$x\gamma^{-1}\sigma\gamma\tau = y\tau \neq 0 \quad \text{und} \quad x\tau\gamma^{-1}\sigma\gamma = 0$$

wegen $1+\sigma \in N^1$. Da nun $\gamma \in (pA,0)$ gilt, ist

$$(1+\sigma)^\gamma \in \Delta$$

und es ist $(1+\sigma)^\gamma(1+\tau) \neq (1+\tau)(1+\sigma)^\gamma$, ein Widerspruch zur Kommutativität von Δ.

FALL B. Es sind wieder zwei Fälle zu unterscheiden :

FALL B1 : es ist $x\sigma^2 \neq 0$. Sei γ der Automorphismus von A, der auf D die 1 und auf F die Multiplikation mit 2 induziert. Dann gilt

$$x\gamma^{-1}\sigma\gamma\sigma = 2x\sigma^2 \quad \text{und} \quad x\sigma\gamma^{-1}\sigma\gamma = nx\sigma^2$$

mit $2n \equiv 1 \mod p$. Da Δ abelsch und $x\sigma^2 \neq 0$ ist, folgt $n \equiv 2 \mod p$, woraus sich $1 \equiv 4 \mod p$, also $p = 3$ ergibt. Dies ist aber ein Widerspruch zur Voraussetzung $p > 3$.

FALL B2. Es ist $x\sigma^2 = 0$. Sei $y \in F$ mit $y\sigma \neq 0$; dann ist $\{x\sigma\} \cap \{y\} = 0$ und es ist $F = \{x\sigma\} \oplus \{y\} \oplus H$. Sei γ ein Automorphismus von A mit

$$x\sigma\gamma^{-1} = 2y \quad \text{und} \quad y\gamma^{-1} = x\sigma \;,$$

der auf D und auf H die 1 induziert. Dann ist $\gamma \in (pA,0)$, und es gilt

$$x\gamma^{-1}\sigma\gamma\sigma = y\sigma \neq 0 \qquad \text{und} \qquad x\sigma\gamma^{-1}\sigma\gamma = 2y\sigma\gamma = 2y\sigma \neq y\sigma$$

und daraus ergibt sich der Widerspruch $\sigma^\gamma\sigma \neq \sigma\sigma^\gamma$.

Damit ist Lemma 3.4. bewiesen.

KOROLLAR 3.5. : *Sei* Γ *die Automorphismengruppe einer endlichen abelschen p-Gruppe mit* $p > 3$. *Dann gibt es höchstens zwei maximale elementar abelsche p-Normalteiler von* Γ.

LITERATUR

[1] FREEDMAN H., The automorphisms of countable primary reduced Abelian groups, Proc. London Math. Soc. (3) 12 (1962) 77-99.

[2] FUCHS L., On the automorphism group of abelian p-groups, Publ. Math. Debrecen 7 (1960), 122-129.

[3] SHODA K., Über die Automorphismen einer endlichen abelschen Gruppe, Math. Ann. 100 (1928), 674-686.

Mathematisches Seminar der Universität
6 Frankfurt an Main
Robert-Mayer-Str. 6-8

NOTE ON PURITY AND ALGEBRAIC COMPACTNESS FOR MODULES

by Laszlo FUCHS

1. In this note we wish to study how some results concerning purity in abelian group theory can be extended to R-modules in general and to modules over Noetherian rings R , in particular. All rings are assumed to have an identity 1 and all modules are unitary left modules.

Our definition of purity is the same as what we used in [4] : P is a pure submodule of M if P is a direct summand in every submodule N of M which contains P and for which N/P is finitely generated. If this is the case, we say that the exact sequence $0 \longrightarrow P \longrightarrow M \longrightarrow M/P \longrightarrow 0$ is pure-exact, and it represents a pure-extension of P by M/P . It turns out that the pure-extensions of an R-module A by an R-module C form a subgroup $\mathrm{Pext}^1_R(C,A)$ in $\mathrm{Ext}^1_R(C,A)$, and if we start with a short pure-exact sequence, then there are long exact sequences connecting Hom_R and Pext^1_R in the usual fashion (Cf. also Walker [8]).

If R is (left) Noetherian, then direct limits of pure-exact sequences are again pure-exact. By making use of this result, we can show that the application of the functors $\otimes_R$ and Tor^R_n to a short pure-exact sequence yields again short pure-exact sequences.

Finally, we show that both $\mathrm{Hom}_R(C,A)$ and $\mathrm{Ext}^1_R(C,A)$ are algebraically compact abelian groups if A is an (equationally) compact module over a Noetherian ring R .

We shall follow the notation of [6].

2. PURITY. The modules we consider now are over an arbitrary ring R . As stated, a submodule P of the module M is *pure* if (i) $P \subseteq N \subseteq M$ and (ii) N/P is finitely generated imply that P is a direct summand of N . If in the exact sequence $0 \longrightarrow P \xrightarrow{\mu} M \longrightarrow M^* \longrightarrow 0$, μ maps P onto a pure submodule of M , then we call the sequence *pure-exact*. The following characterisation of purity will be used.

LEMMA 1. *The exact sequence* $E : 0 \longrightarrow A \longrightarrow B \longrightarrow C \longrightarrow 0$ *is pure-exact if and only if, for every finitely generated* R-*module* F *and for every* R-*homomorphism* $\phi : F \longrightarrow C$, *the exact sequence*

$$E\phi : 0 \longrightarrow A \longrightarrow N \longrightarrow F \longrightarrow 0$$

induced by E *is splitting.*

Recall (Mac Lane [6, p. 65]) that $E\phi$ is defined by the commutative diagram

$$\begin{array}{lccccccccc} E\phi : & 0 & \longrightarrow & A & \longrightarrow & N & \longrightarrow & F & \longrightarrow & 0 \\ & & & \| & & \downarrow & & \downarrow{\scriptstyle\phi} & & \\ E\ \ : & 0 & \longrightarrow & A & \longrightarrow & B & \longrightarrow & C & \longrightarrow & 0 \end{array}$$

where the rows are exact and the right square is pull-back. If $E\phi$ splits for every ϕ of the stated kind, then we let F range over all finitely generated submodules of C with ϕ the injection maps. Then N is simply a submodule of B satisfying (i) and (ii) above, whence the pure-exactness of E is immediate. Conversely, if E is pure-exact and $\phi : F \longrightarrow C$ with a finitely generated F, then we write $\phi : F \xrightarrow{\pi} F' \xrightarrow{\rho} C$ with an epimorphism π and monomorphism ρ. By the definition of pure-exactness, $E\rho$ splits, hence so does $(E\rho)\pi = E(\rho\pi) = E\phi$.

Evidently, the condition of Lemma 1 is equivalent to the fact that every $\phi : F \longrightarrow C$ of the stated kind factors through $B \longrightarrow C$.

3. THE GROUP OF PURE-EXTENSIONS. If the exact sequence $E : 0 \longrightarrow A \longrightarrow B \longrightarrow C \longrightarrow 0$ of R-modules and R-homomorphisms is pure-exact, then we call E (or B) a *pure-extension* of A by C. The set of (equivalence classes of) pure-extensions of A by C is a subset of $\mathrm{Ext}^1_R(C,A)$ which we shall denote by $\mathrm{Pext}^1_R(C,A)$; this is in accordance with the notation introduced by Harrison [5] for abelian groups.

LEMMA 2. $\mathrm{Pext}^1_R(C,A)$ *is a subgroup of* $\mathrm{Ext}^1_R(C,A)$.

If we represent an $E \in \mathrm{Ext}^1_R(C,A)$ by a factor system (f,g) (see Mac Lane [6, p. 69]), then $E \in \mathrm{Pext}^1_R(C,A)$ is equivalent to the condition that (f,g) - when cut down to a finitely generated submodule F of C - assumes the form $(\delta_C h, \delta_R h)$ with a function $h : F \longrightarrow A$. Hence the subgroup character of Pext^1_R is evident. (This can also be proved by using the Baer sum as described in [6]). Hence $\mathrm{Pext}^1_R(C,A)$ may be called the *group of pure-extensions* of A by C.

THEOREM 1. $\mathrm{Pext}^1_R(C,A)$ *is an additive bifunctor on the category of left R-modules to the category of abelian groups. It is contravariant in the first and covariant in the second variable.*

Knowing that for Ext^1_R the corresponding result holds, in view of Lemma 2 it suffices to show that if $\alpha : A \longrightarrow A'$, $\gamma : C' \longrightarrow C$, then $\mathrm{Ext}^1_R(\gamma,\alpha)$ maps $\mathrm{Pext}^1_R(C,A)$ into $\mathrm{Pext}^1_R(C',A')$. This is proved in two steps, by making use of $\mathrm{Ext}^1_R(\gamma,\alpha) = \mathrm{Ext}^1_R(1_C,\alpha).\mathrm{Ext}^1_R(\gamma,1_A)$.

We start with the pure-exact sequence E, with a $\phi : F \longrightarrow C$, F finitely generated, and consider the following commutative diagram with exact rows :

$$\begin{array}{lccccccccc}
E\phi & : 0 & \longrightarrow & A & \longrightarrow & N & \longrightarrow & F & \longrightarrow & 0 \\
 & & & \| & & \downarrow & & \downarrow{\scriptstyle \phi} & & \\
E & : 0 & \longrightarrow & A & \longrightarrow & B & \longrightarrow & C & \longrightarrow & 0 \\
 & & & {\scriptstyle \alpha}\downarrow & & \downarrow & & \| & & \\
\alpha E & : 0 & \longrightarrow & A' & \longrightarrow & B' & \longrightarrow & C & \longrightarrow & 0 \\
 & & & \| & & \uparrow & & \uparrow{\scriptstyle \phi} & & \\
(\alpha E)\phi & : 0 & \longrightarrow & A' & \longrightarrow & N' & \longrightarrow & F & \longrightarrow & 0
\end{array}$$

We wish to verify the pure-exactness of αE , that is, $(\alpha E)\phi$ is splitting. By assumption, $E\phi$ splits, hence so does $\alpha(E\phi) = (\alpha E)\phi$. We conclude : $\mathrm{Ext}^1_R(1_C,\alpha)$ maps $\mathrm{Pext}^1_R(C,A)$ into $\mathrm{Pext}^1_R(C,A')$.

Next we start with the pure-exact sequence E and with $\phi : F \longrightarrow C'$, F finitely generated, to obtain the following commutative diagram with exact rows :

$$\begin{array}{lccccccccc}
E & : 0 & \longrightarrow & A & \longrightarrow & B & \longrightarrow & C & \longrightarrow & 0 \\
 & & & \| & & \uparrow & & \uparrow{\scriptstyle \gamma} & & \\
E\gamma & : 0 & \longrightarrow & A & \longrightarrow & B & \longrightarrow & C' & \longrightarrow & 0 \\
 & & & \| & & \uparrow & & \uparrow{\scriptstyle \phi} & & \\
(E\gamma)\phi & : 0 & \longrightarrow & A & \longrightarrow & N & \longrightarrow & F & \longrightarrow & 0
\end{array}$$

In order to conclude that $(E\gamma)\phi$ splits, notice that by hypothesis, $E(\gamma\phi)$ splits, and that $(E\gamma)\phi = E(\gamma\phi)$. This shows that $\mathrm{Ext}^1_R(\gamma,1_A)$ maps $\mathrm{Pext}^1_R(C,A)$ into $\mathrm{Pext}^1_R(C',A)$ completing the proof.

The restriction of $\mathrm{Ext}^1_R(\gamma,\alpha)$ to $\mathrm{Pext}^1_R(C,A)$ can be denoted by $\mathrm{Pext}^1_R(\gamma,\alpha)$.

Next we turn our attention to the connecting homomorphisms.

LEMMA 3. *If* $E : 0 \longrightarrow A \longrightarrow B \longrightarrow C \longrightarrow 0$ *represents an element of* $\mathrm{Pext}^1_R(C,A)$, *then for every* R-*module* M , *the images of the connecting homomorphisms* $E_*: \mathrm{Hom}_R(M,C) \longrightarrow \mathrm{Ext}^1_R(M,A)$ *and* $E^*: \mathrm{Hom}_R(A,M) \longrightarrow \mathrm{Ext}^1_R(C,M)$ *belong to* $\mathrm{Pext}^1_R(M,A)$ *and* $\mathrm{Pext}^1_R(C,M)$, *respectively.*

Recall that the connecting homomorphisms map $\eta \in \mathrm{Hom}_R(M,C)$ upon $E\eta$ and $\chi \in \mathrm{Hom}_R(A,M)$ upon χE . Since $E \in \mathrm{Pext}^1_R(C,A)$, both $E\eta$ and χE belong to the corresponding Pext^1_R as was shown in the preceding theorem.

What has been proved so far implies that the exact sequences (1) and (2) in the following theorem make sense.

THEOREM 2. *Let* $E : 0 \longrightarrow A \xrightarrow{\alpha} B \xrightarrow{\beta} C \longrightarrow 0$ *be a pure-exact sequence. Then the following induced sequences are exact for every* R-*module* M *;*

$$0 \longrightarrow \mathrm{Hom}_R(C,M) \longrightarrow \mathrm{Hom}_R(B,M) \longrightarrow \mathrm{Hom}_R(A,M) \longrightarrow$$
$$\xrightarrow{E^*} \mathrm{Pext}^1_R(C,M) \xrightarrow{\beta^*} \mathrm{Pext}^1_R(B,M) \xrightarrow{\alpha^*} \mathrm{Pext}^1_R(A,M) \;, \qquad (1)$$

$$0 \longrightarrow \mathrm{Hom}_R(M,A) \longrightarrow \mathrm{Hom}_R(M,B) \longrightarrow \mathrm{Hom}_R(M,C) \longrightarrow$$
$$\xrightarrow{E_*} \mathrm{Pext}^1_R(M,A) \xrightarrow{\alpha_*} \mathrm{Pext}^1_R(M,B) \xrightarrow{\beta_*} \mathrm{Pext}^1_R(M,C) \;. \qquad (2)$$

The exactness at all places follows trivially from the usual exact sequences connecting Hom and Ext , except for $\mathrm{Pext}^1_R(B,M)$ and $\mathrm{Pext}^1_R(M,B)$. We verify the following stronger statements : (a) if $E_1 \in \mathrm{Ext}^1_R(C,M)$ such that $E_1\beta \in \mathrm{Pext}^1_R(B,M)$, then $E_1 \in \mathrm{Pext}^1_R(C,M)$; (b) if $E_2 \in \mathrm{Ext}^1_R(M,A)$ satisfies $\alpha E_2 \in \mathrm{Pext}^1_R(M,B)$, then $E_2 \in \mathrm{Pext}^1_R(M,A)$. From (a) and (b) , the exactness follows at once at the mentioned places.

Our argument for (a) is based on the following commutative diagram which has exact rows :

$$\begin{array}{llccccccccc}
(E_1\beta)\psi & : 0 & \longrightarrow & M & \longrightarrow & Y' & \longrightarrow & F & \longrightarrow & 0 \\
 & & & \| & & \downarrow & & \downarrow\psi & & \\
E_1\beta & : 0 & \longrightarrow & M & \longrightarrow & Y & \longrightarrow & B & \longrightarrow & 0 \\
 & & & \| & & \downarrow & & \downarrow\beta & & \\
E_1 & : 0 & \longrightarrow & M & \longrightarrow & X & \longrightarrow & C & \longrightarrow & 0 \\
 & & & \| & & \uparrow & & \uparrow\phi & & \\
E_1\phi & : 0 & \longrightarrow & M & \longrightarrow & X' & \longrightarrow & F & \longrightarrow & 0
\end{array}$$

where F is finitely generated. Since E is pure-exact, there is a $\psi : F \longrightarrow B$ such that $\beta\psi = \phi$. If we choose such a ψ ,then the top and bottom rows are equivalent extensions. Hypothesis of (a) asserts that the top row splits, hence so does the bottom row, proving that $E_1 \in \mathrm{Pext}^1_R(M,C)$.

The argument for (b) is not the dual. We have now the commutative diagram

$$\begin{array}{llccccccccc}
E_2\phi & : 0 & \longrightarrow & A & \longrightarrow & X' & \longrightarrow & F & \longrightarrow & 0 \\
 & & & \| & & \downarrow & & \downarrow\phi & & \\
E_2 & : 0 & \longrightarrow & A & \longrightarrow & X & \longrightarrow & M & \longrightarrow & 0 \\
 & & & \downarrow\alpha & & \downarrow & & \| & & \\
\alpha E_2 & : 0 & \longrightarrow & B & \longrightarrow & Y & \longrightarrow & M & \longrightarrow & 0 \\
 & & & \| & & \uparrow & & \uparrow\phi & & \\
(\alpha E_2)\phi & : 0 & \longrightarrow & B & \longrightarrow & Y' & \longrightarrow & F & \longrightarrow & 0
\end{array}$$

with exact rows and finitely generated F . The hypothesis of (b) is that $(\alpha E_2)\phi [= \alpha(E_2\phi)]$ splits. Thus $E_2\phi$ lies in the kernel of the induced homomorphism $\mathrm{Ext}^1_R(F,A) \longrightarrow \mathrm{Ext}^1_R(F,B)$, hence there exists an $\eta \in \mathrm{Hom}_R(F,C)$ such that $E\eta = E_2\phi$. By Lemma 1, the pure-exactness of E implies that $E\eta$ splits, hence $E_2 \in \mathrm{Pext}^1_R(M,A)$, in fact.

The exactness of (1) and (2) [with $\longrightarrow 0$ at the end] for abelian groups has been proved by Harrison [5]. A continuation of (1) and (2) with Pext_R^n for $n \geq 2$ has been shown by Walker [8]. She considers Pext in a more general setting and derives Theorem 2 from general results on relative homological algebra. Our proof is independent of this deep theory.

4. PURITY OVER NOETHERIAN RINGS. From now on we assume R is a (left) Noetherian ring.

First we consider direct systems $\mathcal{A} = \{A_i (i \in I), \pi_i^j\}$ where A_i are R-modules, I is a directed index set such that for $i \leq j$ in I there is a homomorphism $\pi_i^j : A_i \longrightarrow A_j$ satisfying the usual conditions : π_i^i = identity map of A_i, and $\pi_j^k \pi_i^j = \pi_i^k$ for $i \leq j \leq k$. There is a canonical map π_i of A_i into the direct limit A_* of the system $\mathcal{A}$ such that $\pi_i = \pi_j \pi_i^j$ for $i \leq j$. If $\mathcal{A}$, $\mathcal{B} = \{B_i (i \in I), \rho_i^j\}$ are two direct systems with the same I, then by a homomorphism $\phi : \mathcal{A} \longrightarrow \mathcal{B}$ is meant a set of homomorphisms $\phi_i : A_i \longrightarrow B_i$ making the diagrams

$$\begin{array}{ccc} A_i & \xrightarrow{\pi_i^j} & A_j \\ \phi_i \downarrow & & \downarrow \phi_j \\ B_i & \xrightarrow[\rho_i^j]{} & B_j \end{array} \qquad (i \leq j)$$

commute. ϕ induces a homomorphism $\phi_* : A_* \longrightarrow B_*$ such that $\phi_* \pi_i = \rho_i \phi_i$ where $\rho_i : B_i \longrightarrow B_*$ is the canonical map for $\mathcal{B}$. (For details we refer to Eilenberg - Steenrod [2]).

THEOREM 3. *Let* R *be Noetherian and* $\mathcal{A} = \{A_i (i \in I), \pi_i^j\}$, $\mathcal{B} = \{B_i (i \in I), \rho_i^j\}$, $\mathcal{C} = \{C_i (i \in I), \sigma_i^j\}$ *direct systems of* R-*modules. If* $\phi : \mathcal{A} \longrightarrow \mathcal{B}$, $\psi : \mathcal{B} \longrightarrow \mathcal{C}$ *are homomorphisms such that*

$$0 \longrightarrow A_i \xrightarrow{\phi_i} B_i \xrightarrow{\psi_i} C_i \longrightarrow 0 \qquad (3)$$

is pure-exact for every $i \in I$, *then the induced sequence*

$$0 \longrightarrow A_* \xrightarrow{\phi_*} B_* \xrightarrow{\psi_*} C_* \longrightarrow 0$$

of direct limits is likewise pure-exact.

Direct limits of exact sequences are exact, thus we have to show only the purity of $\phi_* A_*$ in B_*. Let F be a finitely generated R-module and $\alpha : F \longrightarrow C_*$. If $f_1, \ldots, f_n$ are generators of F connected, say, by the defining relations

$$r_{k1} f_1 + \ldots + r_{kn} f_n = 0 \qquad (k = 1, \ldots, m) \qquad (4)$$

where $r_{k\ell} \in R$, then we have $r_{k1}(\alpha f_1)+\dots+r_{kn}(\alpha f_n) = 0$ in C_* for $k = 1,\dots,m$. There exists an index $i \in I$ such that, for some $c_{i\ell} \in C_i$,

$$\alpha f_\ell = \sigma_i c_{i\ell} \quad (\ell = 1,\dots,n),$$

thus $\sigma_i(r_{k1}c_{i1}+\dots+r_{kn}c_{in}) = 0$ for every k. There exists an index $j \geq i$ such that $\sigma_i^j(r_{k1}c_{i1}+\dots+r_{kn}c_{in}) = 0$ $(k = 1,\dots,m)$. This shows that the linear extension of the correspondence $f_\ell \longrightarrow \sigma_i^j c_{i\ell}$ $(\ell = 1,\dots,n)$ respects the defining relations (4), hence it is a homomorphism $\alpha_j : F \longrightarrow C_j$. The pure-exactness of (3) implies that there is a homomorphism $\beta_j : F \longrightarrow B_j$ such that $\psi_j\beta_j = \alpha_j$. Because of $\psi_* \rho_j = \sigma_j \psi_j$ and $\alpha = \sigma_j\alpha_j$, $\beta = \rho_j\beta_j : F \longrightarrow B_*$ satisfies $\psi_*\beta = \alpha$, as we wished to prove.

COROLLARY 1. *Every pure-exact sequence of modules over a Noetherian ring is the direct limit of splitting exact sequences.*

Let $0 \longrightarrow A \xrightarrow{\phi} B \xrightarrow{\psi} C \longrightarrow 0$ be a pure-exact sequence. C is the direct limit of its finitely generated submodules C_i and B is the direct limit of the submodules $B_i = \psi^{-1}C_i$. If we put $A_i = A$ for all i, then for all i the exact sequence $0 \longrightarrow A_i \xrightarrow{\phi_i} B_i \xrightarrow{\psi_i} C_i \longrightarrow 0$ splits where ϕ_i acts as ϕ and ψ_i is the restriction of ψ. Since the maps between direct limits are natural, it follows that the ϕ_i, ψ_i induce ϕ and ψ, thus the direct limit of our splitting exact sequences must be the given sequence.

The last result enables us to derive a rather general assertion on covariant functors. (For abelian groups, this was proved by Yahya [9]).

THEOREM 4. *Let* R *and* S *be Noetherian rings and* F *a covariant additive functor on the category of* R*-modules to the category of* S*-modules. If* F *commutes with direct limits and if*

$$0 \longrightarrow A \xrightarrow{\phi} B \xrightarrow{\psi} C \longrightarrow 0 \qquad (5)$$

is a pure-exact sequence of R*-modules, then*

$$0 \longrightarrow F(A) \xrightarrow{F(\phi)} F(B) \xrightarrow{F(\psi)} F(C) \longrightarrow 0 \qquad (6)$$

is a pure-exact sequence of S*-modules.*

Because of the corollary, we can think of (5) as the direct limit of splitting exact sequences (3). By the covariance and additivity of F, the induced sequences

$$0 \longrightarrow F(A_i) \xrightarrow{F(\phi_i)} F(B_i) \xrightarrow{F(\psi_i)} F(C_i) \longrightarrow 0$$

are splitting exact. F commutes with direct limits, hence (6) is the direct limit of these splitting exact sequences, and therefore, by Theorem 3, it is pure-exact.

Since both the tensor product and its derived functors satisfy the hypotheses of the preceding theorem (Cartan - Eilenberg [1, p. 99-100]), we have at once

COROLLARY 2. *Let* R *be a left Noetherian ring,* M *a right* R*-module and* (5) *a pure-exact sequence of left* R*-modules. Then the induced sequences*

$$0 \longrightarrow M\otimes_R A \longrightarrow M\otimes_R B \longrightarrow M\otimes_R C \longrightarrow 0$$

and

$$0 \longrightarrow \mathrm{Tor}_n^R(M,A) \longrightarrow \mathrm{Tor}_n^R(M,B) \longrightarrow \mathrm{Tor}_n^R(M,C) \longrightarrow 0$$

(for every n*) are pure-exact.*

This result still holds if M is in addition a left module over a left Noetherian ring S .

Corollary 2 for abelian groups was proved in [3].

5. ALGEBRAIC COMPACTNESS OF CERTAIN Hom AND Ext. We are still assuming that R is a (left) Noetherian ring.

Recall that an R-module A is called $\mathfrak{m}$*-compact* (for an infinite cardinal $\mathfrak{m}$) if each system of equations over A with at most $\mathfrak{m}$ unknowns is solvable in A whenever every subsystem with a finite number of unknowns admits a solution in A . It is called *compact* if it is $\mathfrak{m}$-compact for every cardinal $\mathfrak{m}$; if $\mathfrak{m} \geq |R|$ (= cardinality of R), then $\mathfrak{m}$-compactness implies compactness. (Cf. Mycielski [7] , Fuchs [4]).

In view of the results in [4] , we have

THEOREM 5. *The following conditions are equivalent for a module* A *over a Noetherian ring* R *:*

(a) A *is* $\mathfrak{m}$*-compact ;*

(b) *If* $0 \longrightarrow M \longrightarrow B \longrightarrow C \longrightarrow 0$ *is pure-exact with* $|C| \leq \mathfrak{m}$*, then* $0 \longrightarrow \mathrm{Hom}_R(C,A) \longrightarrow \mathrm{Hom}_R(B,A) \longrightarrow \mathrm{Hom}_R(M,A) \longrightarrow 0$ *is exact ;*

(c) $\mathrm{Pext}_R^1(C,A) = 0$ *for all* C *with* $|C| \leq \mathfrak{m}$.

An analogous result holds for compactness.

Theorems 6 and 7 generalize the corresponding results on abelian groups (Cf. [3]).

THEOREM 6. *Let* A , C *be left modules over the Noetherian ring* R , *and* C *a right module over a Noetherian ring* S . *If* A *is compact, then* $\mathrm{Hom}_R(C,A)$ *is a compact* S*-module.*

It is known (see e.g. [1] or [6]) that $\mathrm{Hom}_R(C,A)$ is a left S-module such that, for $s \in S$, $\eta \in \mathrm{Hom}_R(C,A)$, we have $(s\eta)(c) = \eta(cs)$. Let

$$\sum_i s_{\lambda i}\phi_i = \eta_\lambda \qquad (\eta_\lambda \in \mathrm{Hom}_R(C,A)) \qquad (7)$$

with $s_{\lambda i} \in S$, $\lambda \in \mathcal{L}$ be a system of equations which is finitely solvable ; $\{\phi_i\}_{i \in I}$ is an arbitrary set of unknowns. We have to show that the whole system is solvable for ϕ_i in $\mathrm{Hom}_R(C,A)$.

Let $\{c_j\}_{j\in J}$ denote a generating system for C ; they satisfy certain defining relations, say, $\sum_j r_{\mu j} c_j t_{\mu j} = 0$ with $r_{\mu j} \in R$, $t_{\mu j} \in S$, $\mu \in \mathcal{M}$.

Then ϕ_i is an R-homomorphism of C into A if and only if it maps generators c_j of C into A such that, in addition to satisfying the R-homomorphism laws,

$$\sum_j r_{\mu j} \phi_i (c_j t_{\mu j}) = 0 \qquad (8)$$

hold for every $\mu \in \mathcal{M}$.

From (7) we get the equations

$$\sum_i \phi_i (c_j s_{\lambda i}) = \eta_\lambda (c_j) \; . \qquad (9)$$

Les us consider $\phi_i(c_j s)$ for all i,j and $s \in S$ as unknowns in the system consisting of (8), (9) and equations expressing the R-homomorphism laws for the ϕ_i . This is a system over A . Our hypothesis on (7) guarantees that this system is finitely solvable. By the compactness of A , the whole system is solvable in A . A solution defines R-homomorphisms $\phi_i : C \longrightarrow A$ satisfying (7).

If S is the ring of integers, then $\mathrm{Hom}_R(C,A)$ is simply an algebraically compact group. Since injective modules are necessarily compact (Cf. [4]), we obtain :

COROLLARY 3. *If* A , C *are modules over a Noetherian ring* R *and* A *is* R-*injective, then* $\mathrm{Hom}_R(C,A)$ *is an algebraically compact group.*

Les us turn to the group $\mathrm{Ext}^1_R(C,A)$.

THEOREM 7. *If* A , C *are modules over a Noetherian ring* R *such that* A *is compact, then* $\mathrm{Ext}^1_R(C,A)$ *is an algebraically compact group.*

An element of $\mathrm{Ext}^1_R(C,A)$ can be represented by a factor system (f,g) where $f : C \times C \longrightarrow A$, $g : R \times C \longrightarrow A$ are functions satisfying certain equations (see Mac Lane [6, p. 67] where these equations are not stated explicitly, but they can easily be derived from the definitions of f,g). Following the method of proof of Theorem 6 , a system of equations over $\mathrm{Ext}^1_R(C,A)$ can be transcribed into a system of equations over A where the unknowns are $f(c_j,c_k)$ and $g(r_i,c_j)$ for all $c_j, c_k \in C$ and $r_i \in R$. These equations, together with the equations which f and g have to satisfy, form a system of equations over A which is finitely solvable whenever the given system has this property. The conclusion is now evident.

REFERENCES

[1] CARTAN H. - EILENBERG S., Homological algebra, Princeton, (1956).

[2] EILENBERG S. - STEENROD N., Foundations of algebraic topology, Princeton, (1952).

[3] FUCHS L., Notes on abelian groups. I , Annales Univ. Sci. Budapest, 2, (1959), p. 5-23.

[4] FUCHS L., Algebraically compact modules over Noetherian rings, Indian Journal of Mathematics (to appear).

[5] HARRISON D.K., Infinite abelian groups and homological methods, Annals of Math. 69, (1959), p. 366-391.

[6] MAC LANE S., Homology, New-York, (1963).

[7] MYCIELSKI J., Some compactifications of general algebras, Coll. Math. 13, (1964), 1-9.

[8] WALKER C.P., Relative homological algebra and abelian groups, Ill. J. Math., 10, (1966), p. 186-209.

[9] YAHYA S.M., P-pure exact sequences and the group of p-pure extensions, Annales Univ. Sci. Budapest, 5, (1962), p. 179-191.

University of Miami

Coral Gables, Florida (U.S.A.)

DER ITERIERTE EXT-FUNKTOR, SEINE PERIODIZITÄT UND DIE DADURCH DEFINIERTEN KLASSEN ABELSCHER GRUPPEN

Von P.J. GRÄBE

EINLEITUNG. Für beliebige abelsche Gruppen G und H definieren wir *die links-iterierte Ext-Kette* $\mathfrak{L}$ induktiv durch die Regeln :

$$E_0(G,H) = G \quad \text{und} \quad E_{i+1}(G,H) = \mathrm{Ext}(E_i(G,H),H) \quad \text{für} \quad i \geq 0 \,.$$

Die Gruppe G heisst *rechts H-periodisch* (und H heisst *links G-periodisch*) *bezüglich* $\mathfrak{L}$, wenn es ganze Zahlen i und j mit $0 \leq i < j$ derart gibt, dass

$$E_i(G,H) \simeq E_j(G,H) \,.$$

Wir nennen eine Klasse $\mathfrak{K}$ von Gruppen G rechts-periodisch bezüglich $\mathfrak{L}$, wenn es eine Gruppe H mit den folgenden Eigenschaften gibt :

alle G aus $\mathfrak{K}$ sind rechts-periodisch bezüglich $\mathfrak{L}$;
und es gibt ein F in $\mathfrak{K}$ mit $E_i(F,H) \neq 0$ für alle i .

Die zweite Bedingung ist nötig für den Trivialfall, der auftritt wenn etwa $H = 0$ ist.

Eine rechts-periodische Klasse heisst maximal, wenn sie von keiner rechts-periodischen Klasse echt umfasst wird.

Ist p eine Primzahl, so sei $\mathfrak{K}_p$ die Klasse aller (abelschen) Gruppen G mit der Eigenschaft

$\mathfrak{K}_p$: *In einer direkten Zerlegung einer Basisuntergruppe der p-Komponente von* G *kommen nur endlich viele zyklische Gruppen von gegebener Ordnung vor.*

Dann gilt : Jede rechts-periodische Klasse ist in einem $\mathfrak{K}_p$ enthalten und die $\mathfrak{K}_p$ sind die (natürlich einzigen) maximalen rechts-periodischen Klassen bezüglich $\mathfrak{L}$ (Satz A).

Entsprechend nennen wir eine Klasse $\mathfrak{K}$ links-periodisch bezüglich $\mathfrak{L}$, wenn es eine Gruppe G mit den folgenden Eigenschaften gibt :

alle H aus $\mathfrak{K}$ sind links G-periodisch bezüglich $\mathfrak{L}$;
und es gibt ein F in $\mathfrak{K}$ mit $E_i(G,F) \neq 0$ für alle i .

Wir haben bisher noch nicht entscheiden können, ob es maximale links-periodische Klassen gibt ; und erst recht konnten wir keinen Überblick über sie gewinnen.

Für beliebige Gruppen G und H definieren wir nun die rechts-iterierte Ext-Kette $\mathfrak{R}$:

$$E^0(G,H) = H \quad \text{und} \quad E^{i+1}(G,H) = \mathrm{Ext}(G,E^i(G,H)) \quad \text{für} \quad i \geq 0 \,.$$

Die Gruppe G heisst rechts H-periodisch (und H heisst links G-periodisch) bezüglich $\mathfrak{R}$, wenn es ganze Zahlen i und j mit $0 \leq i < j$ derart gibt, dass

$$E^i(G,H) \simeq E^j(G,H) \;.$$

Wie zuvor heisst eine Klasse $\mathfrak{H}$ rechts-periodisch bezüglich $\mathfrak{R}$, wenn es eine Gruppe H mit den folgenden Eigenschaften gibt :

alle G aus $\mathfrak{H}$ sind rechts H-periodisch bezüglich $\mathfrak{R}$;

und es gibt ein F in $\mathfrak{H}$ mit $E^i(F,H) \neq 0$ für alle i .

Definiert man nun entsprechend eine links-periodische Klasse, so ergibt sich, dass die Klasse aller abelschen Gruppen sowohl die maximale links-periodische als auch die maximale rechts-periodische Klasse bezüglich $\mathfrak{R}$ ist (Satz B und C).

Herrn Professor Reinhold Baer möchte ich für viele wertvolle Hinweise und manches anregende Gespräch danken. Auch Herrn Dr. P. Grosse danke ich für sein förderndes Interesse. Seine Untersuchungen ([5], [6]) waren für mich besonders anregend.

BEZEICHNUNGEN.

$A \oplus B, \sum_i^{o} A_i$	direkte Summe
$\sum_i^{*} A_i$	cartesische Summe
tG	Torsionsuntergruppe von G
r_pG	Mächtigkeit einer Menge linear unabhängiger Elemente mit p-Potenzordnung, die maximal bezüglich dieser Eigenschaft ist
Z	additive Gruppe der ganzen Zahlen
R	additive Gruppe der rationalen Zahlen
$Z(n)$	zyklische Gruppe der Ordnung n
$Z(p^\infty)$	quasizyklische oder Prüfersche Gruppe
$P(p)$	additive Gruppe der ganzen p-adischen Zahlen

Alle betrachteten Gruppen sind abelsch mit Addition als Komposition.

1. GRUNDBEGRIFFE UND LEMMATA.

Eine Untergruppe H von G heisst rein in G , wenn $nH = H \cap nG$ ist, für jede ganze Zahl n .

Eine Untergruppe B einer p-Gruppe G heisst eine Basisuntergruppe von G , wenn folgende Bedingungen erfüllt sind :

(i) B ist eine direkte Summe zyklischer Gruppen

(ii) B ist rein in G

(iii) G/B ist teilbar.

Jede p-Gruppe enthält eine bis auf Isomorphie eindeutig bestimmte Basisuntergruppe (Fuchs [3] p. 98 u.f.). Da B eine direkte Summe zyklischer p-Gruppen ist, so können wir die direkten Summanden gleicher Ordnung zusammenfassen. Dann lässt sich B in der Form

$$B = \sum_{i=1}^{\infty}{}^{o} B_i$$

schreiben, wobei B_i die direkte Summe aller direkten Summanden der Ordnung p^i ist. Die eindeutig bestimmte Anzahl dieser zyklischen direkten Summanden der Ordnung p^i bezeichnen wir mit $r(G,p^i)$. Ist G eine beliebige Gruppe, so sei $r(G,p^i)$ als $r(G_p,p^i)$ aufzufassen, wobei G_p die p-Komponente von G ist.

Wir nennen eine Gruppe G algebraisch kompakt, wenn G ein direkter Summand von jeder Gruppe ist, die G als reine Untergruppe enthält.

Sind A und B zwei Gruppen, so bezeichnen wir die Gruppe der Homomorphismen von A in B mit $\mathrm{Hom}(A,B)$. Ist E eine B enthaltende Gruppe und α ein Epimorphismus von E auf A mit B als Kern, so heisst E eine Erweiterung von B durch A . Die Klassen äquivalenter Erweiterungen von B durch A bilden bei geeigneter Definition der Addition wieder eine Gruppe, die wir mit $\mathrm{Ext}(A,B)$ beziechnen. (Siehe etwa Baer [1], p. 220).

Aus der exakten Folge $0 \longrightarrow A \longrightarrow B \longrightarrow C \longrightarrow 0$ ergibt sich für jedes G eine exakte Folge

$$0 \longrightarrow \mathrm{Hom}(C,G) \longrightarrow \mathrm{Hom}(B,G) \longrightarrow \mathrm{Hom}(A,G)$$
$$\longrightarrow \mathrm{Ext}(C,G) \longrightarrow \mathrm{Ext}(B,G) \longrightarrow \mathrm{Ext}(A,G) \longrightarrow 0 .$$

(Siehe auch Baer [1], p. 220-221).

Eine Folge $0 \longrightarrow A \xrightarrow{\alpha} B \xrightarrow{\beta} C \longrightarrow 0$ heisst rein-exakt, wenn $A\alpha$ rein in B ist. Die Homomorphismen α und β induzieren Homomorphismen α' und β' von $\mathrm{Ext}(B,G)$ in $\mathrm{Ext}(A,G)$ bzw. von $\mathrm{Ext}(C,G)$ in $\mathrm{Ext}(B,G)$. Ist die Folge $0 \longrightarrow A \xrightarrow{\alpha} B \xrightarrow{\beta} C \longrightarrow 0$ rein-exakt, so ist auch

$$\mathrm{Ext}(C,G) \xrightarrow{\beta'} \mathrm{Ext}(B,G) \xrightarrow{\alpha'} \mathrm{Ext}(A,G) \longrightarrow 0$$

rein-exakt (Fuchs [5] Theorem 3.2.).

Eine Cotorsionsgruppe sei eine Gruppe G mit der Eigenschaft, dass $\mathrm{Ext}(F,G) = 0$ ist für alle torsionsfreien Gruppen F . Diese Eigenschaft ist äquivalent damit, dass $\mathrm{Ext}(R,G) = 0$ ist (Harrison [7] p. 370). Das Torsionsprodukt zweier Gruppen A und B bezeichnen wir mit $\mathrm{Tor}(A,B)$ und das Tensorprodukt mit $A \otimes B$.

LEMMA 1. *Ist* B *eine Cotorsionsgruppe, so ist* $\mathrm{Ext}(A,B) \cong \mathrm{Ext}(tA,B)$ *für alle Gruppen* A .

BEWEIS. Da die Folge $0 \longrightarrow tA \longrightarrow A \longrightarrow A/tA \longrightarrow 0$ exakt ist, so ist auch

$$\mathrm{Ext}(A/tA,B) \longrightarrow \mathrm{Ext}(A,B) \longrightarrow \mathrm{Ext}(tA,B) \longrightarrow 0$$

exakt. Da ferner A/tA torsionsfrei ist und B eine Cotorsionsgruppe, so ist $\mathrm{Ext}(A/tA,B) = 0$ und folglich $\mathrm{Ext}(A,B) \cong \mathrm{Ext}(tA,B)$. Damit ist das Lemma bewiesen.

LEMMA 2. *Ist* P *eine* p*-Gruppe und* Q *eine* q*-Gruppe, wobei* q *und* p *verschiedene Primzahlen sind, so ist* $\mathrm{Ext}(P,Q) = 0$.

Da jede Erweiterung einer q-Gruppe Q durch eine p-Gruppe P zerfällt, so folgt die Behauptung.

LEMMA 3. *Für beliebige Gruppen* A,B *ist* $\mathrm{Ext}(A,B)$ *eine Cotorsionsgruppe, und wenn ferner* A *eine Torsionsgruppe ist, so ist* $\mathrm{Ext}(A,B)$ *reduziert und* $\mathrm{Hom}(A,B)$ *eine Cotorsionsgruppe.*

BEMERKUNG. Obwohl Aussagen in Lemma 3 und 4 sich zum Teil auch bei Harrison [7],(p. 373-385) und Nunke [9],(p. 229) finden, sind die Beweise der Bequemlichkeit des Lesers wegen eingefügt.

BEWEIS. Es ist nach Cartan-Eilenberg [2],(p. 116)

$$\mathrm{Ext}(F,\mathrm{Ext}(A,B)) \simeq \mathrm{Ext}(\mathrm{Tor}(F,A),B)$$

für beliebige Gruppen F,A und B. Ist F eine torsionsfreie Gruppe, so ist bekanntlich $\mathrm{Tor}(F,A) = 0$. (Siehe etwa Fuchs in [10] p.17). Aus $\mathrm{Ext}(F,\mathrm{Ext}(A,B)) = 0$ folgt also, dass $\mathrm{Ext}(A,B)$ eine Cotorsionsgruppe ist. Sei A eine Torsionsgruppe. Es ist nach [2] p. 116

$$\mathrm{Hom}(R,\mathrm{Ext}(A,B)) \oplus \mathrm{Ext}(R,\mathrm{Hom}(A,B)) \simeq \mathrm{Ext}(R \otimes A,B) \oplus \mathrm{Hom}(\mathrm{Tor}(R,A),B) .$$

Nach Fuchs [3] p. 251 ist $R \otimes A = 0$, da R teilbar und A eine Torsionsgruppe ist. Da ferner $\mathrm{Tor}(R,A) = 0$ ist, so erhält man erstens $\mathrm{Hom}(R,\mathrm{Ext}(A,B)) = 0$. Da sich R durch von null verschiedene Homomorphismen in jede teilbare Gruppe ungleich null abbilden lässt, so ist $\mathrm{Ext}(A,B)$ reduziert. Wegen $\mathrm{Ext}(R,\mathrm{Hom}(A,B)) = 0$ folgt, dass $\mathrm{Hom}(A,B)$ eine Cotorsionsgruppe ist.

LEMMA 4. *Dann und nur dann ist* $\mathrm{Ext}(R/Z,G) \simeq G$, *wenn* G *eine reduzierte Cotorsionsgruppe ist.*

BEWEIS. Angenommen es ist $\mathrm{Ext}(R/Z,G) \simeq G$. Da R/Z eine Torsionsgruppe ist, so folgt nach Lemma 3, dass $\mathrm{Ext}(R/Z,G)$ eine reduzierte Cotorsionsgruppe ist.

Sei umgekehrt G eine reduzierte Cotorsionsgruppe. Aus der exakten Folge $0 \longrightarrow Z \longrightarrow R \longrightarrow R/Z \longrightarrow 0$ ergibt sich eine exakte Folge

$$0 \longrightarrow \mathrm{Hom}(R/Z,G) \longrightarrow \mathrm{Hom}(R,G) \longrightarrow \mathrm{Hom}(Z,G)$$
$$\longrightarrow \mathrm{Ext}(R/Z,G) \longrightarrow \mathrm{Ext}(R,G) \longrightarrow \mathrm{Ext}(Z,G) \longrightarrow 0 .$$

Da G reduziert ist, so ist $\mathrm{Hom}(R,G) = 0$ und da G eine Cotorsionsgruppe ist, so ist $\mathrm{Ext}(R,G) = 0$. Es ist ferner $\mathrm{Hom}(Z,G) \simeq G$ und es folgt $G \simeq \mathrm{Ext}(R/Z,G)$. Damit ist das Lemma bewiesen.

FOLGERUNG 4. *Ist die p-Gruppe* P *eine reduzierte Cotorsionsgruppe, so ist* $\mathrm{Ext}(Z(p^\infty),P) \simeq P$.

Da nach Lemma 4 der Isomorphismus $\mathrm{Ext}(\sum_p^{\circ} Z(p^\infty),P) \simeq P$ gilt, so folgt die Behauptung unmittelbar aus Lemma 2.

LEMMA 5. *Ist* $0 \longrightarrow A \xrightarrow{\alpha} B \xrightarrow{\beta} C \longrightarrow 0$ *eine rein-exakte Folge,* β' *der von* β *induzierte Homomorphismus von* $\mathrm{Ext}(C,G)$ *in* $\mathrm{Ext}(B,G)$ *und* G *eine derartige Gruppe, dass* $\mathrm{Ext}(C,G)\beta'$ *entweder torsionsfrei oder eine Torsionsgruppe ist, so gilt* $\mathrm{Ext}(B,G) \simeq \mathrm{Ext}(C,G)\beta' \oplus \mathrm{Ext}(A,G)$. *Falls* $\mathrm{Hom}(A,G) = 0$ *ist, so ist*

$$\mathrm{Ext}(C,G)\beta' \simeq \mathrm{Ext}(C,G) .$$

BEWEIS. Nach Lemma 3 ist $\mathrm{Ext}(C,G)$ eine Cotorsionsgruppe. Da jedes epimorphe Bild einer Cotorsionsgruppe wieder eine Cotorsionsgruppe ist (Fuchs [9] p. 12), so ist $\mathrm{Ext}(C,G)\beta'$ eine Cotorsionsgruppe. Da ferner eine Cotorsionsgruppe, die torsionsfrei oder eine Torsionsgruppe ist, algebraisch kompakt ist (Fuchs [10] p. 13), so ist $\mathrm{Ext}(C,G)\beta'$ nach Voraussetzung des Lemmas algebraisch kompakt. Die Folge $0 \longrightarrow A \xrightarrow{\alpha} B \xrightarrow{\beta} C \longrightarrow 0$ ist rein-exakt und ebenso

$$\mathrm{Ext}(C,G) \xrightarrow{\beta'} \mathrm{Ext}(B,G) \xrightarrow{\alpha'} \mathrm{Ext}(A,G) \longrightarrow 0 .$$

Es folgt also, dass $\mathrm{Ext}(C,G)\beta'$ ein direkter Summand von $\mathrm{Ext}(B,G)$ ist, und infolgedessen ist $\mathrm{Ext}(B,G) \simeq \mathrm{Ext}(C,G)\beta' \oplus \mathrm{Ext}(A,G)$. Die zweite Aussage ergibt sich mit Hilfe der exakten Folge

$$0 \longrightarrow \mathrm{Hom}(C,G) \longrightarrow \mathrm{Hom}(B,G) \longrightarrow \mathrm{Hom}(A,G)$$
$$\longrightarrow \mathrm{Ext}(C,G) \xrightarrow{\beta'} \mathrm{Ext}(B,G) \xrightarrow{\alpha'} \mathrm{Ext}(A,G) \longrightarrow 0 .$$

Damit ist das Lemma bewiesen.

LEMMA 6. *Sei* F *eine torsionsfreie Gruppe und* D *eine minimale teilbare Gruppe, die* F *enthält. Dann und nur dann ist* $\mathrm{Ext}(Z(p^\infty),F) \simeq \sum_n^{\circ} P(p)$, *mit* n *endlich, wenn* $r_p(D/F) = n$. *Insbesondere ist* $n = 1$ *wenn* $F = Z$ *oder* $F = P(p)$.

BEWEIS. Da $Z(p^\infty)$ eine Torsionsgruppe und F torsionsfrei ist, so ist nach einem Satz von Eilenberg - MacLane, siehe [3] p. 244,

$$\mathrm{Ext}(Z(p^\infty),F) \simeq \mathrm{Hom}(Z(p^\infty),D/F) .$$

Da D/F teilbar ist, so ist $r_p(D/F)$ die Anzahl der zu $Z(p^\infty)$ isomorphen direkten Summanden in D/F . Da ferner jedes epimorphe Bild von $Z(p^\infty)$, das ungleich null ist, wieder zu $Z(p^\infty)$ isomorph ist und bekanntlich

$$\mathrm{Hom}(Z(p^\infty),Z(p^\infty)) \simeq P(p)$$

ist, so folgt die Behauptung aus der Isomorphie von

$$\mathrm{Hom}(Z(p^\infty),\textstyle\sum_n^{\circ} Z(p^\infty)) \quad \text{und} \quad \sum_n^{\circ} \mathrm{Hom}(Z(p^\infty),Z(p^\infty))$$

(Fuchs [4] p. 208).

Ist $F = Z$, so ist $D/F \simeq R/Z$ und $r_p(R/Z) = 1$, d.h. $\mathrm{Ext}(Z(p^\infty),Z) \simeq P(p)$.

Ist nun $F = P(p)$, so ist

$$\mathrm{Ext}(Z(p^\infty),P(p)) \simeq \mathrm{Ext}(Z(p^\infty),\mathrm{Ext}(Z(p^\infty),Z)) \simeq \mathrm{Ext}(\mathrm{Tor}(Z(p^\infty),Z(p^\infty)),Z)$$

(Cartan - Eilenberg [2] p. 116). Aus einem Ergebnis von Nunke ([8] Lemma 1.1.) folgt $\mathrm{Tor}(\sum_p^{\circ} Z(p^\infty),Z(p^\infty)) \simeq \mathrm{Tor}(Z(p^\infty),Z(p^\infty))$. Da aber bekanntlich $\mathrm{Tor}(R/Z,Z(p^\infty)) \simeq Z(p^\infty)$ (siehe etwa Fuchs in [9] p. 17), so ist $\mathrm{Tor}(Z(p^\infty),Z(p^\infty)) \simeq Z(p^\infty)$, und es folgt $\mathrm{Ext}(Z(p^\infty),P(p)) \simeq \mathrm{Ext}(Z(p^\infty),Z) \simeq P(p)$.

Damit ist das Lemma bewiesen.

FOLGERUNG 6. *Es ist* $\mathrm{Ext}(Q,P(p)) = 0$ *für alle* q*-Gruppen* Q *mit* $q \neq p$.

BEWEIS. Da $\mathrm{Tor}(Q,Z(p^\infty)) = 0$ für $p \neq q$ ist (Nunke [8] Lemma 1.1.), so ist

$$\mathrm{Ext}(Q,P(p)) \simeq \mathrm{Ext}(Q,\mathrm{Ext}(Z(p^\infty),Z)) \simeq \mathrm{Ext}(\mathrm{Tor}(Q,Z(p^\infty)),Z) = 0 .$$

2. DIE LINKS-ITERIERTE EXT-KETTE $\mathfrak{L}$.

Sei $\mathfrak{K}_p$ die Klasse aller Gruppen G mit der Eigenschaft, dass $r(G,p^i)$ für alle i endlich ist.

SATZ A. *Jede rechts-periodische Klasse ist in einem* $\mathfrak{K}_p$ *enthalten und die* $\mathfrak{K}_p$ *sind die einzigen maximalen rechts-periodischen Klassen bezüglich* $\mathfrak{L}$.

Zunächst beweisen wir

HILFSSATZ A1. *Ist* p *eine Primzahl,* i *eine positive ganze Zahl, und sind* G,F *Gruppen derart, dass* $\sum_{j\leq i} r(G,p^j) = \mathfrak{n}$ *unendlich und* $\mathrm{Ext}(Z(p^i),F) \neq 0$ *ist, si ist* $\sum_{j\leq i} r(\mathrm{Ext}(G,F),p^j) \geq 2^{\mathfrak{n}}$.

BEWEIS. Ist $\sum_{j\leq i} r(G,p^j) = \mathfrak{n}$ unendlich, so gibt es eine positive ganze Zahl $k \leq i$, so dass $r(G,p^k) = \mathfrak{n}$. Da $\sum_{\mathfrak{n}}^{\circ} Z(p^k)$ algebraisch kompakt und rein in G ist, so besizt G einen zu $\sum_{\mathfrak{n}}^{\circ} Z(p^k)$ isomorphen direkten Summanden. Nach Voraussetzung ist $\mathrm{Ext}(Z(p^i),F) \simeq F/p^iF \neq 0$. Es ist also auch $F/p^kF \neq 0$. Eine Gruppe der Form F/p^kF ist beschränkt und folglich eine direkte Summe endlicher zyklischer Gruppen (Fuchs [3] p. 44). Sei $Z(p^l)$ ein zyklischer direkter Summand von F/p^kF. Natürlich ist $1 \leq k \leq i$. Da

$$\mathrm{Ext}(\sum_{\mathfrak{n}}^{\circ} Z(p^k),F) \simeq \sum_{\mathfrak{n}}^{*} \mathrm{Ext}(Z(p^k),F) \simeq \sum_{\mathfrak{n}}^{*} F/p^kF ,$$

so enthält $\mathrm{Ext}(\sum_{\mathfrak{n}}^{\circ} Z(p^k),F)$ einen zu $\sum_{\mathfrak{n}}^{*} Z(p^l) \simeq \sum_{2^{\mathfrak{n}}}^{\circ} Z(p^l)$ isomorphen direkten Summanden. Da aber $\mathrm{Ext}(\sum_{\mathfrak{n}}^{\circ} Z(p^k),F)$ ein direkter Summand von $\mathrm{Ext}(G,F)$ ist, so ist $r(\mathrm{Ext}(G,F),p^l) \geq 2^{\mathfrak{n}}$, woraus die Behauptung folgt.

HILFSSATZ A2. *Ist* p *eine Primzahl,* i *eine positive ganze Zahl, und sind* G,F *Gruppen derart, dass* $\sum_{j\leq i} r(G,p^j) = \mathfrak{n}$ *unendlich und* $\mathrm{Ext}(Z(p^i),F) \neq 0$ *ist, so ist* G *nicht rechts* F*-periodisch bezüglich der links-interierten Ext-Kette* $\mathfrak{L}$.

BEWEIS. Wegen Hilfssatz A1 ist

$$\sum_{j\leq i} r(G,p^j) < \sum_{j\leq i} r(\mathrm{Ext}(G,F),p^j) .$$

Wenden wir nun den Hilfssatz auf die Gruppen $E_n(G,F)$ der iterierten Ext-Kette $\mathfrak{L}$ an, so folgt durch vollständige Induktion nach n :

$$\sum_{j\leq i} r(E_0,p^j) < \sum_{j\leq i} r(E_1,p^j) < \dots < \sum_{j\leq i} r(E_{n-1},p^j) < \sum_{j\leq i} r(E_n,p^j) < \dots$$

Es kann also G nicht rechts F-periodisch sein. Damit ist der Hilfssatz bewiesen.

Zum Beweis der Periodizität der Klassen $\mathfrak{K}_p$ verifizieren wir

LEMMA A. *Ist* G *eine Gruppe aus der Klasse* $\mathfrak{K}_p$ *und* $B = \sum_{i=1}^{\infty\,\circ} B_i$ *eine Basisuntergruppe der p-Komponente* G_p *von* tG, *so gelten folgende Aussagen :*

i) $E_1(G,P(p)) \simeq \mathrm{Ext}(G_p,P(p))$.

ii) $E_2(G,P(p)) \simeq E_3(G,P(p)) \simeq \mathrm{Ext}(\sum_{i=1}^{*} B_i,P(p)) \simeq \sum_{i=1}^{\infty\,*} B_i \oplus \sum_{\Gamma_G}^{*} P(p)$, *wobei* $\Gamma_G = 2^{\aleph_0}$ *falls* B *unendlich ist und* $\Gamma_G = 0$ *für* B *endlich.*

iii) *Dann und nur dann ist* $E_1(G,P(p)) = 0$, *wenn* $G_p = 0$ *ist.*

iv) *Dann und nur dann ist* $E_2(G,P(p)) = 0$ *wenn* $G_p = pG_p$ *ist.*

v) *Die Klasse aller Gruppen* G *aus* $\mathfrak{H}_p$ *mit der Eigenschaft* $E_i(G,P(p)) \neq 0$ *für alle* i, *ist die Klasse aller* G *mit* $G_p \neq pG_p$.

BEWEIS. Da $P(p)$ eine Cotorsionsgruppe ist, so folgt aus Lemma 1

$$E_1(G,P(p)) = \mathrm{Ext}(G,P(p)) \simeq \mathrm{Ext}(tG,P(p)) \simeq \mathrm{Ext}(\sum_q^{\circ} G_q, P(p)) ,$$

wobei G_q die Primärkomponenten von tG sind. Da nach Folgerung 6 $\mathrm{Ext}(G_q,P(p)) = 0$ für alle $q \neq p$, so folgt $E_1(G,P(p)) \simeq \mathrm{Ext}(G_p,P(p))$. Damit ist i) gezeigt. Ist also $G_p = 0$, so ist auch $E_1(G,P(p)) = 0$. Ist umgekehrt $G_p \neq 0$, so besitzt G_p für geeignetes k einen zu $Z(p^k)$ isomorphen direkten Summanden, wobei $1 \leq k \leq \infty$. Da $\mathrm{Ext}(Z(p^k),P(p)) \neq 0$ für $1 \leq k \leq \infty$ ist, so ist also $\mathrm{Ext}(G_p,P(p)) \neq 0$. Damit ist die Aussage iii) auch nachgewiesen.

Ist B eine Basisuntergruppe von G_p, so ist die Folge

$$0 \longrightarrow B \longrightarrow G_p \xrightarrow{\beta} G_p/B \longrightarrow 0$$

rein-exakt. G_p/B ist eine teilbare p-Gruppe, und da $\mathrm{Ext}(Z(p^\infty),P(p))$ wegen Lemma 6 zu $P(p)$ isomorph ist, so ist $\mathrm{Ext}(G_p/B,P(p))$ torsionsfrei. Da B eine Torsionsgruppe und $P(p)$ torsionsfrei ist, so ist $\mathrm{Hom}(B,P(p)) = 0$. Es ist also nach Lemma 5 $\mathrm{Ext}(G_p/B,P(p))\beta' \simeq \mathrm{Ext}(G_p/B,P(p))$, und setzen wir $F_1 = \mathrm{Ext}(G_p/B,P(p))$, so folgt $\mathrm{Ext}(G_p,P(p)) \simeq F_1 \oplus \mathrm{Ext}(B,P(p))$. Die Gruppen B_i in $B = \sum_{i=1}^{\infty\circ} B_i$ sind nach der Definition von $\mathfrak{H}_p$ für alle i endlich. Es folgt also

$$\mathrm{Ext}(B,P(p)) = \mathrm{Ext}(\sum_{i=1}^{\infty\circ} B_i,P(p)) \simeq \sum_{i=1}^{\infty *}\mathrm{Ext}(B_i,P(p)) \simeq \sum_{i=1}^{\infty *} B_i ,$$

denn es ist nach Fuchs [3] p. 243

$$\mathrm{Ext}(Z(p^i),P(p)) \simeq P(p)/p^iP(p) \simeq Z(p^i) \quad \text{für alle } i .$$

Man erhält also

$$E_1(G,P(p)) \simeq \mathrm{Ext}(G_p,P(p)) \simeq F_1 \oplus \sum_{i=1}^{\infty *} B_i .$$

Da nun $P(p)$ eine Cotorsionsgruppe ist und F_1 torsionsfrei, so ist

$$E_2(G,P(p)) \simeq \mathrm{Ext}(\sum_{i=1}^{\infty *} B_i,P(p)) . \qquad (1)$$

B ist eine Basisuntergruppe von $t\sum^* B_i$ (Fuchs [4] p. 100) und die Folge

$$0 \longrightarrow B \longrightarrow t\sum^* B_i \xrightarrow{\beta} (t\sum^* B_i)/B \longrightarrow 0$$

ist also rein-exakt. Da ferner $\mathrm{Hom}(B,P(p)) = 0$ ist, so ist nach Lemma 5

$$\mathrm{Ext}((t\sum^* B_i)/B,P(p))\beta' \simeq \mathrm{Ext}((t\sum^* B_i)/B,P(p)) .$$

Letztere Gruppe ist nach Lemma 6 torsionsfrei, denn $(t\sum^* B_i)/B$ ist eine teilbare p-Gruppe. Setzen wir $\mathrm{Ext}((t\sum^* B_i)/B,P(p)) = F_2$, so folgt nach Lemma 5

$$\mathrm{Ext}(t\sum^* B_i,P(p)) \simeq F_2 \oplus \mathrm{Ext}(B,P(p)) \simeq F_2 \oplus \sum^* B_i .$$

Da nach Lemma 1 und dem Isomorphismus (1)

$$\mathrm{Ext}(t\sum^* B_i,P(p)) \simeq \mathrm{Ext}(\sum^* B_i,P(p)) \simeq E_2(G,P(p))$$

ist, so folgt aus der Isomorphie von $E_2(G,P(p))$ und $F_2 \oplus \sum^* B_i$, dass

$$E_3(G,P(p)) \simeq \mathrm{Ext}(\sum^* B_i, P(p)) \simeq E_2(G,P(p))$$

ist. Wir haben also

$$E_2(G,P(p)) \simeq E_3(G,P(p)) \simeq \sum^* B_i \oplus \mathrm{Ext}((t\sum^* B_i)/B, P(p)) .$$

Ist B endlich, so folgt $(t\sum^* B_i)/B = 0$. Ist aber B unendlich, so folgt, da jedes B_i endlich ist,

$$r(t\sum^* B_i)/B) = 2^{\aleph_0} .$$

Setzen wir nun $\Gamma_G = 2^{\aleph_0}$ falls B unendlich ist, $\Gamma_G = 0$ für B endlich und bemerken wir, dass $(t\sum^* B_i)/B$ eine teilbare p-Gruppe ist und

$$\mathrm{Ext}(Z(p^\infty), P(p)) \simeq P(p) ,$$

so folgt die Aussage ii). Hieraus können wir nun iv) und v) ohne Mühe ableiten.

Ist $G_p \neq pG_p$, d.h. $B \neq 0$, so enthält $\sum^{*\infty}_{i=1} B_i$ einen zyklischen direkten Summanden $Z(p^k)$ für geeignetes k und es folgt aus ii) $E_2(G,P(p)) \neq 0$. Ist andrerseits G_p teilbar, so ist $B = 0$ und damit nach ii) $E_2(G,P(p)) = 0$. Damit ist iv) erledigt. Aus $E_i(G,P(p)) \neq 0$ für alle i folgt insbesondere $E_2(G,P(p)) \neq 0$. Nach iv) muss also $G_p \neq pG_p$ sein. Ist umgekehrt $G_p \neq pG_p$, so ist wegen iv) $E_2(G,P(p)) \neq 0$. Aus ii) folgt also $E_i(G,P(p)) \neq 0$ für alle i. Damit ist Lemma A vollständig bewiesen.

ZUSATZ A. *Jede bezüglich* $\mathfrak{A}$ *rechts-periodische Klasse ist in einer Klasse* $\mathfrak{K}_p$ *enthalten.*

BEWEIS. Sei $\mathfrak{K}$ eine rechts-periodische Klasse, die in keinem $\mathfrak{K}_p$ enthalten ist. Zu jeder Primzahl p gibt es also eine Gruppe G_p in $\mathfrak{K}$ und eine positive ganze Zahl $i(p)$ derart, dass $r(G_p, p^{i(p)})$ unendlich ist. Jedes G_p enthält folglich einen zu $\sum^o_{\mathfrak{m}(p)} Z(p^{i(p)})$ isomorphen direkten Summanden, mit $\mathfrak{m}(p)$ unendlich, denn $\sum^o_{\mathfrak{m}(p)} Z(p^{i(p)})$ ist algebraisch kompakt und rein in G_p. Sei nun F derartig, dass alle Gruppen aus $\mathfrak{K}$ rechts F-periodisch sind. Dann enthält jedes $\mathrm{Ext}(G_p,F)$ einen zu $\mathrm{Ext}(\sum^o_{\mathfrak{m}(p)} Z(p^{i(p)}),F)$ isomorphen direkten Summanden. Wäre

$$\mathrm{Ext}(Z(p^{i(p)}),F) = F/p^{i(p)}F = 0 \quad \text{für alle } p ,$$

so wäre $F = p^{i(p)}F$ für alle p, woraus die Teilbarkeit von F folgen würde. In diesem Fall wäre dann $E_i(G,F) = 0$ für alle $i \geq 1$ und alle G aus $\mathfrak{K}$ (Fuchs [3] p. 238). Es existiert also eine Primzahl q derart, dass $\mathrm{Ext}(Z(q^{i(q)}),F) \neq 0$ ist. Wenden wir nun Hilfssatz A2 an, so folgt, dass G_q nicht F-periodisch sein kann. Damit ist der Zusatz bewiesen.

BEWEIS VON SATZ A. Wegen Lemma A sind die Klassen $\mathfrak{K}_p$ rechts-periodisch. Nebst der Maximalität der Klassen $\mathfrak{K}_p$, folgt aus Zusatz A, dass die $\mathfrak{K}_p$ die einzigen maximalen rechts-periodischen Klassen bezüglich $\mathfrak{A}$ sind. Damit ist Satz A vollständig bewiesen.

ERGÄNZUNGSSATZ. *Ist* G *eine Gruppe aus der Klasse* $\mathfrak{K}_p$, *so gibt es eine*

Untergruppe U *von* G *, die eine direkte Summe zyklischer p-Gruppen ist und ebenfalls in* $\mathfrak{F}_p$ *liegt, derart dass*

$$E_2(G,P(p)) \simeq E_2(U,P(p)) \quad \textit{und} \quad E_2(G/U,P(p)) = 0 \ .$$

(Eine Basisuntergruppe der p-Komponente von tG *besitzt diese Eigenschaften).*

BEWEIS. Sei $B = \sum_{i=1}^{\infty} B_i$ eine Basisuntergruppe der p-Komponente von tG . Aus

$$\text{Ext}(B,P(p)) \simeq \sum_{i=1}^{\infty}{}^{*}\text{Ext}(B_i,P(p)) \simeq \sum_{i=1}^{\infty}{}^{*}B_i$$

folgt

$$E_2(B,P(p)) \simeq \text{Ext}(\textstyle\sum^{*}B_i,P(p)) \ .$$

Nach Lemma A ist aber auch

$$E_2(G,P(p)) \simeq \text{Ext}(\textstyle\sum^{*}B_i,P(p))$$

und folglich ist

$$E_2(G,P(p)) \simeq E_2(B,P(p)) \ .$$

Wenden wir nun Lemma 1 und Folgerung 6 an, so folgt

$$\text{Ext}(G/B,P(p)) \simeq \text{Ext}(tG/B,P(p)) \simeq \text{Ext}(G_p/B,P(p)) \ .$$

Letztere Gruppe ist torsionsfrei, denn wegen Lemma 6 ist $\text{Ext}(Z(p^{\infty}),P(p)) \simeq P(p)$. Dann ist aber $E_2(G/B,P(p)) = 0$, da $P(p)$ eine Cotorsionsgruppe ist, und die Behauptung ist bewiesen.

3. DIE RECHTS-ITERIERTE EXT-KETTE $\mathfrak{R}$.

SATZ B. *Die Klasse aller (abelschen) Gruppen ist eine maximale links-periodische Klasse bezüglich* $\mathfrak{R}$ *, und zwar ist* $E^1(R/Z,H) \simeq E^2(R/Z,H)$ *für alle Gruppen* H .

BEWEIS. Da R/Z eine Torsionsgruppe ist, so folgt nach Lemma 3 , dass $\text{Ext}(R/Z,H)$ für alle H eine reduzierte Cotorsionsgruppe ist. Wenden wir nun Lemma 4 an, so gilt

$$\text{Ext}(R/Z,\text{Ext}(R/Z,H)) \simeq \text{Ext}(R/Z,H) \ ,$$

$$\text{d.h.} \quad E^2(R/Z,H) \simeq E^1(R/Z,H) \ .$$

Damit ist der Satz bewiesen.

SATZ C. *Die Klasse aller (abelschen) Gruppen ist eine maximale rechts-periodische Klasse bezüglich* $\mathfrak{R}$*, und zwar gilt für alle Gruppen* G *und jede Primzahl* p *die Isomorphie*

$$E^1(G,\textstyle\sum^{*}_{\aleph_0}Z(p)) \simeq E^2(G,\sum^{*}_{\aleph_0}Z(p)) \ .$$

BEWEIS. Da $Z(p)$ eine Cotorsionsgruppe ist und eine cartesische Summe von Cotorsionsgruppen wieder eine Cotorsionsgruppe ist (Fuchs [10] p. 12), so ist $\sum^{*}_{\aleph_0}Z(p)$ eine Cotorsionsgruppe. Wegen Lemma 2 gilt also

$$\text{Ext}(G,\textstyle\sum^{*}_{\aleph_0}Z(p)) \simeq \text{Ext}(tG,\sum^{*}_{\aleph_0}Z(p)) \ .$$

Ferner ist $\sum^{*}_{\aleph_0}Z(p)$ eine p-Gruppe und $tG = \sum_q^{\circ} G_q$, wobei die G_q die Primärkomponenten von tG sind. Hieraus folgt nach Lemma 2

$$\mathrm{Ext}(G,\sum^*_{\aleph_0} Z(p)) \simeq \mathrm{Ext}(G_p,\sum^*_{\aleph_0} Z(p)) \simeq \sum^*_{\aleph_0}\mathrm{Ext}(G_p,Z(p)) .$$

Da nach Fuchs [3] p. 243, $p\mathrm{Ext}(G_p,Z(p)) = 0$ ist, so ist $\mathrm{Ext}(G_p,Z(p)) \simeq \sum^{o}_{\mathfrak{m}} Z(p)$, wobei $\mathfrak{m}$ eine gewisse Kardinalzahl ist. Ist $\mathfrak{m} \leq 2^{\aleph_0}$, so folgt

$$E^1(G,\sum^*_{\aleph_0} Z(p)) \simeq \sum^*_{\aleph_0}\mathrm{Ext}(G_p,Z(p)) \simeq \sum^*_{\aleph_0}\sum^{o}_{\mathfrak{m}} Z(p)$$
$$\simeq \sum^*_{\aleph_0} Z(p) = E^0(G,\sum^*_{\aleph_0} Z(p)) ,$$

und G ist rechts $\sum^*_{\aleph_0} Z(p)$-periodisch. Ist dagegen $\mathfrak{m} > 2^{\aleph_0}$, so ist

$$\sum^{o}_{\mathfrak{m}} Z(p) \simeq \sum^*_{\mathfrak{n}} Z(p) , \text{ wobei } 2^{\mathfrak{n}} = \mathfrak{m}.$$

Es is also

$$E^1(G,\sum^*_{\aleph_0} Z(p)) \simeq \sum^*_{\aleph_0}\mathrm{Ext}(G_p,Z(p)) \simeq \sum^*_{\aleph_0}\sum^*_{\mathfrak{n}} Z(p) \simeq \sum^*_{\mathfrak{n}} Z(p) ,$$

und

$$E^2(G,\sum^*_{\aleph_0} Z(p)) \simeq \mathrm{Ext}(G,E^1(G,\sum^*_{\aleph_0} Z(p)) \simeq \mathrm{Ext}(G,\sum^*_{\mathfrak{n}} Z(p)) .$$

Da $\sum^*_{\mathfrak{n}} Z(p)$ eine p-Gruppe ist, so folgt wieder nach Lemma 1 und 2

$$\mathrm{Ext}(G,\sum^*_{\mathfrak{n}} Z(p)) \simeq \mathrm{Ext}(G_p,\sum^*_{\mathfrak{n}} Z(p)) \simeq \sum^*_{\mathfrak{n}}\mathrm{Ext}(G_p,Z(p))$$
$$\simeq \sum^*_{\mathfrak{n}}\sum^*_{\mathfrak{n}} Z(p) \simeq \sum^*_{\mathfrak{n}} Z(p) .$$

Damit haben wir gezeirgt, dass

$$E^2(G,\sum^*_{\aleph_0} Z(p)) \simeq E^1(G,\sum^*_{\aleph_0} Z(p))$$

gilt, und da z.B.

$$E^i(Z(p),\sum^*_{\aleph_0} Z(p)) \simeq \sum^*_{\aleph_0} Z(p) \neq 0 \quad \text{für all } i ,$$

so ist damit die rechts-periodizität der Klasse aller Gruppen nachgewiesen.

LITERATURVERZEICHNIS.

[1] BAER R., Die Torsionsuntergruppe einer abelschen Gruppe. Math. Ann. 135, p. 219-234 , (1958).

[2] CARTAN H. - EILENBERG S., Homological Algebra. Princeton 1956.

[3] FUCHS L., Abelian Groups. Pergamon Press Ltd. (1960).

[4] FUCHS L., Notes on Abelian Groups I . Ann. Univ. Sci. Budapest Sectio Math. 2, 5-23, (1959).

[5] GROSSE P., Periodizität der iterierten Homomorphismengruppen. Arch. Math. 16, 393-406, (1965).

[6] GROSSE P., Maximale, periodische Klassen abelscher Gruppen. Math. Zeitschr. 94, 235-255, (1966).

[7] HARRISON D.K., Infinite Abelian Groups and Homological Methods. Ann. Math. 69, 366-391, (1959).

[8] NUNKE R.J., On the Structure of Tor. Proceedings of the Colloquium on Abelian Groups. Tihany (Hungary). Académiai Kiadó, Budapest (1964).

[9] NUNKE R.J., Modules of Extensions over Dedekind Rings. Illinois Journal of Math. Vol. 3, 222-241, (1959).

[10] Topics in Abelian Groups. Scott Foresman & Co. (1962).

Frankfurt am Main
Mathematisches Seminar der Universität.

THE JACOBSON RADICAL OF SOME ENDOMORPHISM RINGS

by Franklin HAIMO

In what follows, G always denotes an abelian group where 0_G is its zero and EG is its endomorphism ring. If S is a ring, then JS is to be its Jacobson radical, 0_S is to be its zero, while its unity, if any, is denoted by 1_S. In answer to a query of Jacobson's [3, p. 23], Patterson [5] [4] showed that the Jacobson radical of the ring of row-finite matrices over S is the ring of row-finite matrices over JS if and only if JS has a right-vanishing condition due to Levitzki, namely that if $b_0, b_1, \ldots$ is any sequence chosen from JS, then there is a least non-negative integer n (depending upon the sequence) for which the product $b_0 \ldots b_n$ (just b_0 if $n = 0$) vanishes. If n depends only upon the initial sequence member b_0, then [4] this sort of right vanishing is called uniform.

Now let $\mathfrak{D} = \sum_\Lambda \oplus G_\lambda$, the direct sum of $|\Lambda|$ copies G_λ of G, where Λ is some index class. It is well known [1, p. 212] that $E\mathfrak{D}$ can be given by $M_{rc}(EG, |\Lambda|)$, the ring of row-convergent $|\Lambda|$-by-$|\Lambda|$ matrices over EG. We shall show that JEG has a certain right-vanishing condition which generalizes the uniformly right-vanishing condition if and only if $JM_{rc}(EG, |\Lambda|) = M_{rc}(JEG, |\Lambda|)$. We shall actually go slightly beyond this. The methods used in the proof are basically those employed in [4] and in [2].

Let us say that a subring S of EG is *uniformly almost right vanishing with respect to* G if, to each $g \in G$, there corresponds a least non-negative integer $n = n(g)$ such that, for all ordered $(n+1)$-tuples $(b_0, \ldots, b_n)$ (just (b_0) if $n = 0$) with each $b_i \in S$, then $g \in \ker(b_0 \ldots b_n)$ ($g \in \ker b_0$ if $n = 0$).

LEMMA 1. *Let* S, *a subring of* EG, *be uniformly almost right vanishing with respect to* G. *Then* S *has the Krull property* : $\bigcap_{m=1,2,\ldots} S^m = \{0_S\}$.

For any ring S, let S^+ be its additive abelian group, and let S_R be the right Cayley representation of S on S^+ as the set of all right multiplications s_R by elements $s \in S$.

LEMMA 2. *A ring* S *is uniformly right vanishing if and only if* S_R *is uniformly almost right vanishing with respect to* S^+.

THEOREM 1. *Let* Λ *be a set of infinite cardinal, let* G *be an abelian group, and let* S *be any subring of* EG *which contains* ι_G, *the identity automorphism on* G. *Let* $\mathfrak{D} = \sum_\Lambda \oplus G_\lambda$ *for copies* G_λ *of* G *as* λ *ranges over* Λ. *Then a necessary and sufficient condition that, as endomorphism rings on* $\mathfrak{D}$ *,*

$$JM_{rc}(S,|\Lambda|) = M_{rc}(JS,|\Lambda|) \qquad (A)$$

is that JS *be uniformly almost right vanishing with respect to* G .

PROOF. First suppose that JS is uniformly almost right vanishing with respect to G . For convenience, denote the left and right sides of (A) respectively by J and M , and let N denote $M_{rc}(S,|\Lambda|)$. Each $B \in M$ has the form $B = (b(\alpha,\beta))$ where each $b(\alpha,\beta) \in JS$ for all $\alpha,\beta \in \Lambda$. Since $1_S = \iota_G$, the identity matrix I is a member of N . Suppose that $x \in G$, that x has at most one non-zero component $x(\alpha(1)) \in G_{\alpha(1)} = G$ where $\alpha(1) \in \Lambda$ and that $x \in \ker(I-B)$. Computing at the component with index $\alpha(1)$,

$$x(\alpha(1))(\iota_G - b(\alpha(1),\alpha(1))) = 0_G .$$

Since each $b(\alpha,\beta) \in JS$, each such is also quasi-regular in S , therefore quasi-regular in EG so that $\iota_G - b(\alpha(1),\alpha(1)) \in \mathrm{Aut}\ G$, and $x(\alpha(1))$ is consequently 0_G

Assume, inductively, that, for each $B \in M$, $\ker(I-B)$ is devoid of non-zero element of $\mathfrak{D}$ with n or fewer non-zero components. Suppose for some $D = (d(\alpha,\beta)) \in M$ that there exist $x \in \mathfrak{D}$ such that $x \in \ker(I-D)$ and such that x has precisely n+1 non-zero components $x(\alpha(i)), 1 \le i \le n+1$. It is possible to derive, among many others, the following n+1 identities :

$$x(\alpha(i)) = \sum_{j=1}^{n+1} x(\alpha(j))d(\alpha(j),\alpha(i)), 1 \le i \le n+1 . \qquad (B)$$

From the last of these,

$$x(\alpha(n+1)) = \left(\sum_{j=1}^{n} x(\alpha(j))d(\alpha(j),\alpha(n+1))\right)(\iota_G - d(\alpha(n+1),\alpha(n+1)))^{-1} .$$

Substituting in (B) and writing

$$c(\alpha(j),\alpha(i)) = d(\alpha(j),\alpha(i)) + d(\alpha(j),\alpha(n+1))(\iota_G - d(\alpha(n+1),\alpha(n+1)))^{-1} d(\alpha(n+1),\alpha(i)) \in EG,$$

we have

$$x(\alpha(i)) = \sum_{j=1}^{n} x(\alpha(j))c(\alpha(j),\alpha(i)), 1 \le i \le n . \qquad (C)$$

Denoting $d(\alpha(n+1),\alpha(n+1))$ by $d \in JS$ with q.i. $d^* \in JS$, observe that $(\iota_G - d)^{-1} = \iota_G - d^*$. Hence $c(\alpha(j),\alpha(i)) \in JS$.

Now construct a $|\Lambda|$-by-$|\Lambda|$ matrix $C = (c(\beta,\gamma))$ over JS , $\beta,\gamma \in \Lambda$, by setting $c(\beta,\gamma) = c(\alpha(j),\alpha(i))$ whenever both $\beta = \alpha(j)$ and $\gamma = \alpha(i), 1 \le i,j \le n$, and by setting $c(\beta,\gamma) = 0$, the trivial endomorphism on G , otherwise. By construction, $C \in M$. Let y be that member of $\mathfrak{D}$ for which $y(\beta) = x(\alpha(i))$ if $\beta = \alpha(i), 1 \le i \le n$, while $y(\beta) = 0_G$ for all other $\beta \in \Lambda$. From equations (C) , $y \in \ker(I-C)$. But y has just n non-zero components, contradicting the induction assumption. We have thus shown that I-B is a monendomorphism on $\mathfrak{D}$ for each $B \in M$.

To show that each I-B is an ependomorphism, let us define G_n as the set of all $g \in G$ such that $g \in \ker(b_1 \ldots b_n)$ ($g \in \ker b_1$ if $n = 1$) for all ordered n-tuples $(b_1, \ldots, b_n)$ (just b_1 if $n = 1$) where each $b_i \in JS$. Observe that the G_n ascend with n and, by the uniformly almost right vanishing condition, cover G. Suppose that $g \in G_1$. For $\alpha \in \Lambda$, let g^α be that member of $\mathfrak{D}$ for which the α-th component is $g^\alpha(\alpha) = g$ while all other components $g^\alpha(\beta) = 0_G$ for all $\beta \in \Lambda$, $\beta \neq \alpha$. Since the entries of B lie in JS, the definition of G_1 shows that $g^\alpha(I-B) = g^\alpha$. Assume, inductively, that for each $g \in G_m$, $g^\alpha \in \mathrm{Im}(I-B)$ for each $\alpha \in \Lambda$. Now consider $g \in G_{m+1}$. Define $z(\alpha,\beta) \in G_\beta = G$ for $\alpha, \beta \in \Lambda$ by setting $z(\alpha,\beta) = g(\iota_G - b(\alpha,\alpha))$ if $\beta = \alpha$, while $z(\alpha,\beta) = -gb(\alpha,\beta)$ if $\beta \neq \alpha$. Since B is row-convergent, almost all the $z(\alpha,\beta)$ vanish for fixed α so that there exist $z_\alpha \in G$ with components $z_\alpha(\beta) = z(\alpha,\beta)$ for all $\beta \in \Lambda$. By construction, $z_\alpha = g^\alpha(I-B)$. There exists $u_\alpha \in \mathfrak{D}$ with components $u_\alpha(\gamma) = gb(\alpha,\gamma)$ for each $\gamma \in \Lambda$, and each such component lies in G_m since $g \in G_{m+1}$ and since each $b(\alpha,\gamma) \in JS$. By the induction assumption there exists $y_\alpha \in \mathfrak{D}$ such that $y_\alpha(I-B) = u_\alpha$. Now $g^\alpha = z_\alpha + u_\alpha = (g^\alpha + y_\alpha)(I-B)$, placing $g^\alpha \in \mathrm{Im}(I-B)$ for every $g \in G_{m+1}$ and for every $\alpha \in \Lambda$. We have thus shown inductively that each I-B is an ependomorphism, therefore an automorphism, on $\mathfrak{D}$. Since $I \in N$, each such B is quasi regular in N. For any $A \in N$, $AB \in M$ since JS is an ideal in S. By what we have just done, AB is quasi regular in N, so that $B \in JN = J$. We have established that $M \leq J$. That $J \leq M$ follows from a standard argument [3, p. 12] [4].

Conversely, suppose that $J = M$. Since Λ is infinite, one can select from it a sequence of distinct element $\alpha(1), \alpha(2), \ldots$. Let $a_1, a_2, \ldots$ be a sequence of elements from JS, repetitions allowed. Now construct $B = (b(\beta,\gamma)) \in M$ as follows : $b(\beta,\gamma) = 0_S$ if at least one of β, γ is not in the sequence $\{\alpha(j)\}$, while $b(\alpha(i),\alpha(j)) = 0_S$ if $j \neq i+1$, and $b(\alpha(i),\alpha(i+1)) = a_i$. (See [4] for this example). Since $J = M$, B has q.i. $X = x(\beta,\gamma))$ where each $x(\beta,\gamma) \in JS$. If we write $Y = X+B$ and $W = XB$, then the entries of Y include, among others, $y(\alpha(1),\alpha(j)) = x(\alpha(1),\alpha(j))$ if $j \neq 2$ and $y(\alpha(1),\alpha(2)) = x(\alpha(1),\alpha(2)) + a_1$. Likewise, among the entries of W are $w(\alpha(1),\alpha(1)) = 0_S$ and, for $i \geq 2$, $w(\alpha(1),\alpha(i)) = x(\alpha(1),\alpha(i-1))a_{i-1}$. Since $Y = W$, one readily finds that $x(\alpha(1),\alpha(1)) = 0_S$, that $x(\alpha(1),\alpha(2)) = -a_1$, and inductively that $x(\alpha(1),\alpha(n+1)) = -a_1 \ldots a_n$ for $n > 2$. Now consider any $g \in G$. Since X is row-convergent, almost all $gx(\alpha(1),\beta)) = 0_G$ as β ranges over Λ. In particular, there exists a least positive integer $n = n(g)$, an integer which we can take > 1 since $gx(\alpha(1),\alpha(1)) = 0_G$, such that $j \geq n$ implies that $gx(\alpha(1),\alpha(j)) = 0_G$. That is, $g \in \ker(a_1 \ldots a_{n-1})$ ($g \in \ker a_1$ if $n = 2$), as we wished to show, completing the proof of the theorem.

Observe that the ring P of p-adic integers, the ring of endomorphisms of $G = C(p^\infty)$, furnishes us with an example in that JP , the ideal on p , is uniformly almost right vanishing with respect to G . See [2].

REFERENCES

[1] FUCHS L., Abelian Groups, Budapest, (1958).

[2] HAIMO F., Endomorphism radicals which characterize some divisible groups, Annales Univ. Sci. Budapest, Sectio Math., 10 (1967), 25-29.

[3] JACOBSON N., Structure of rings, Providence, (1956).

[4] PATTERSON E.M., On the radicals of certain infinite matrices, Proceedings Royal Soc. Edinburg, Section A, 65 (1957-1961), 263-271.

[5] PATTERSON E.M., On the radical of rings of row-finite matrices, same Proceedings 66 (1961-1962), 42-46.

FOOTNOTE

This work was supported, in part, by NSF grants GP-3874 and GP-7138.

Washington University
Saint Louis, Missouri, (U.S.A.)

AUTOMORPHISMENGESÄTTIGTE KLASSEN ABZÄHLBARER ABELSCHER GRUPPEN.

Von Jutta HAUSEN

EINLEITUNG

Die vorliegende Arbeit beschäftigt sich mit der Untersuchung von Klassen $\mathfrak{K}$ abelscher Gruppen, die den beiden folgenden Bedingungen genügen :

(I) Abelsche Automorphismengruppen von $\mathfrak{K}$-Gruppen sind wieder $\mathfrak{K}$-Gruppen.

(II) Jede $\mathfrak{K}$-Gruppe ist abzählbar.

Beispiele für Klassen dieser Art sind :

1. die Klasse aller endlichen abelschen Gruppen,

2. die Klasse aller endlich erzeugbaren abelschen Gruppen [siehe Mal'cev],

3(E). die Klasse aller Minimaxgruppen im engeren Sinne mit endlicher Torsionsuntergruppe [siehe Baer, 3],

3(W). die Klasse aller Minimaxgruppen im weiteren Sinne mit endlicher Torsionsuntergruppe.

Dabei heißt eine Gruppe G eine *Minimaxgruppe im engeren Sinne*, wenn G abelsch ist und eine noethersche Untergruppe N mit artinscher Faktorgruppe G/N besitzt (siehe S. 160 , Definition).

Eine *Minimaxgruppe im weiteren Sinne* ist eine abelsche Erweiterung einer Minimaxgruppe im engeren Sinne durch eine Torsionsgruppe mit endlichen Primärkomponenten, (siehe S. 160, Definition).

Der Kürze halber nennen wir eine Klasse abelscher Gruppen mit den Eigenschaften (I) und (einer abgeschwächten Form von) (II) kompakt (siehe § 1, S. 150, Definitionen, und § 4, S. 172).

Unsere Hauptresultate können wir dann zusammenfassen zum

HAUPTSATZ A : *Sei G eine abelsche Gruppe.*

(a) G *ist dann und nur dann endlich erzeugbar, wenn* G *in einer kompakten, epimorphismenvererblichen Gruppenklasse liegt.*

(b) G *ist dann und nur dann eine fast-torsionsfreie Minimaxgruppe im engeren Sinne, wenn* G *in einer kompakten, untergruppenvererblichen Klasse* $\mathfrak{K}$ *liegt, die mit jeder Gruppe deren reduzierte epimorphe Bilder enthält.*

(c) G *ist dann und nur dann eine fast-torsionsfreie Minimaxgruppe im weiteren Sinne, wenn* G *in einer kompakten Gruppenklasse* $\mathfrak{K}$ *liegt, die mit jeder Gruppe deren fast-torsionsfreie epimorphe Bilder enthält.*

Dabei nennen wir der Kürze halber eine Gruppe *fast-torsionsfrei*, wenn ihre maximale Torsionsuntergruppe endlich ist.

Hauptsatz A, (a), führt uns zu einer Charakterisierung der Klasse aller endlich erzeugbaren abelschen Gruppen.

HAUPTSATZ B : *Die Klasse* $\mathfrak{K}$ *abelscher Gruppen ist dann und nur dann die Klasse aller endlich erzeugbaren abelschen Gruppen, wenn sie folgende Eigenschaften hat :*

(1) $\mathfrak{K}$ *ist kompakt.*

(2) $\mathfrak{K}$ *enthält mit zwei Gruppen deren direkte Summe.*

(3) $\mathfrak{K}$ *ist epimorphismenvererblich.*

(4) *Es gibt eine unendliche Gruppe in* $\mathfrak{K}$.

Einen ähnlichen Satz können wir auch für die Klasse aller endlichen abelschen Gruppen bewiesen (Satz 4.4, S.174) ; allerdings müssen wir dazu die Forderung der Kompaktheit durch eine wesentlich schärfere Bedingung ersetzen.

Um eine zu Hauptsatz B analoge Charakterisierung der oben aufgeführten Klassen 3(E) und 3(W) zu erhalten, führen wir die Begriffe der $\mathfrak{M}$E- und $\mathfrak{M}$W-Ähnlichkeit zweier Gruppen ein.

DEFINITIONEN :

(E) Die torsionsfreien abelschen Gruppen A und B haben $\mathfrak{M}$E-*ähnliche Charakteristik*, wenn sie gleichrangig sind und es freie Untergruppen E und F in A bezw. B derart gibt, daß A/E und B/F Torsionsgruppen sind und für fast alle Primzahlen p ihre p-Komponenten $(A/E)_p$ und $(B/F)_p$ den gleichen Rang haben.

Die abelschen Gruppen A und B heißen $\mathfrak{M}$E-*ähnlich*, wenn ihre maximalen Torsionsuntergruppen tA und tB zueinander isomorph sind und die Faktorgruppen A/tA und B/tB eine $\mathfrak{M}$E-ähnliche Charakteristik haben.

(W) Die torsionsfreien abelschen Gruppen A und B haben $\mathfrak{M}$W-*ähnliche Charakteristik*, wenn sie gleichrangig sind und es freie Untergruppen E und F in A bezw. B derart gibt, daß A/E und B/F Torsionsgruppen sind und für fast alle Primzahlen p die maximalen teilbaren Untergruppen ihrer p-Komponenten $(A/E)_p$ und $(B/F)_p$ zueinander isomorph sind.

Die abelschen Gruppen A und B heißen $\mathfrak{M}$W-*ähnlich*, wenn ihre maximalen Torsionsuntergruppen tA und tB zueinander isomorph sind und die Faktorgruppen A/tA und B/tB eine $\mathfrak{M}$W-ähnliche Charakteristik haben.

Diese Definitionen sind so gewählt, daß die Menge aller Minimaxgruppen im engeren Sinne, die torsionsfrei sind und einen festen Rang n haben, eine Klasse $\mathfrak{M}$E-ähnlicher Gruppen ist ; die torsionsfreien Minimaxgruppen im weiteren Sinne vom Rang n bilden eine Klasse $\mathfrak{M}$W-ähnlicher Gruppen.

HAUPTSATZ C :

(E) *Die Klasse* $\mathfrak{K}$ *abelscher Gruppen ist dann und nur dann die Klasse aller fast-torsionsfreien Minimaxgruppen im engeren Sinne, wenn sie den folgenden Bedingungen genügt :*

(1) $\mathfrak{K}$ *ist kompakt.*

(2) $\mathfrak{K}$ *enthält mit zwei Gruppen deren direkte Summe.*

(3) $\mathfrak{K}$ *enthält mit einer Gruppe auch alle zu ihr* $\mathfrak{M}$*E-ähnlichen Gruppen.*

(4) *Es gibt eine unendliche Gruppe in* $\mathfrak{K}$.

(W) *Die Klasse* $\mathfrak{K}$ *abelscher Gruppen ist dann und nur dann die Klasse aller fast-torsionsfreien Minimaxgruppen im weiteren Sinne, wenn sie den folgenden Bedingungen genügt :*

(1) $\mathfrak{K}$ *ist kompakt.*

(2) $\mathfrak{K}$ *enthält mit zwei Gruppen deren direkte Summe.*

(3) $\mathfrak{K}$ *enthält mit einer Gruppe auch alle zu ihr* $\mathfrak{M}$*W-ähnlichen Gruppen.*

(4) *Es gibt eine unendliche Gruppe in* $\mathfrak{K}$.

Die Hilfsbetrachtungen in §3 über Unterringe algebraischer Zahlkörper haben vielleicht unabhängiges Interesse.

BEZEICHNUNGEN

tG	: (maximale) Torsionsuntergruppe der Gruppe G
$rg(G)$	: Rang von G [vgl. Fuchs S. 31]
$G[p]$	: Menge aller Elemente $x \in G$ mit $px = 0$
G_p	: Menge aller $x \in G$ mit $p^n x = 0$ für fast alle n
$Aut(G)$	: (volle) Automorphismengruppe von G
$Z(n)$	: zyklische Gruppe der Ordnung $n \geq 0$
Q	: additive Gruppe der rationalen Zahlen
$\underline{Q}$	: Körper der rationalen Zahlen
$\{\dots\}$	: von den eingeschlossenen Elementen erzeugte Untergruppe
$A \subsetneqq_{\circ} B$	: A ist eine reine Untergruppe von B [vgl. Fuchs S. 76]
$A \oplus B$	: direkte Summe der Gruppen A und B
$\sum^{\circ} A_r$	: direkte Summe der Gruppen A_r
$\sum^{*} A_r$	: vollständige direkte (oder cartesische) Summe der A_r
$G \times H$	: direktes Produkt der multiplikativen Gruppen G und H
$\Pi^{\circ} G_s$	: direktes Produkt der multiplikativen Gruppen G_s
$\Pi^{*} G_s$	: cartesisches Produkt der G_s
R^+	: additive Gruppe des Ringes R
$R[X]$	: Polynomring in der Unbestimmten X über dem Ring R
$[\dots \mid \mathcal{E}]$	: Menge aller Elemente mit der Eigenschaft $\mathcal{E}$
$\lvert \mathcal{M} \rvert$	: Mächtigkeit der Menge $\mathcal{M}$

Ein *Faktor* der Gruppe G ist ein epimorphes Bild einer Untergruppe von G.
Der *torsionsfreie Rang* von G ist der Rang von G/tG [Fuchs S. 31].
Die Gruppe G heißt *fast-torsionsfrei*, wenn tG endlich ist.
Eine torsionsfreie Gruppe G heißt *quotiententeilbar*, wenn sie eine freie

Untergruppe F mit teilbarer Faktorgruppe G/F besitzt.

Ein *algebraischer Zahlkörper* ist ein (kommutativer) Körper endlichen Grades über dem Körper $\underline{Q}$ der rationalen Zahlen.

§ 1. BESCHRÄNKTE AUTOMORPHISMENGESÄTTIGTE GRUPPENKLASSEN

Von einer Gruppenklassen wird im folgenden stets angenommen, daß sie nicht leer ist und mit einer Gruppe G auch alle zu G isomorphen Gruppen enthält.

Das Wort "Gruppe" wird fast ausnahmslos im Sinne von "abelsche Gruppe" verwandt. Ist eine Gruppe nicht abelsch, so wird dies ausdrücklich betont.

DEFINITION 1. Genügt eine Gruppenklasse $\mathfrak{K}$ den Bedingungen :

(1) alle Gruppen aus $\mathfrak{K}$ sind abelsch,

(2) $\mathfrak{K}$ enthält mit einer Gruppe G alle abelschen Untergruppen der vollen Automorphismengruppe von G ,

so heißt $\mathfrak{K}$ *automorphismengesättigt*.

Es ist klar, daß jede abelsche Gruppe in einer automorphismengesättigten Klasse liegt - die Klasse aller abelschen Gruppen hat natürlich diese Eigenschaft. Von Interesse sind automorphismengesättigte Gruppenklassen, die eine obere Schranke für die Mächtigkeiten ihrer Elemente besitzen.

Wir wollen in dieser Arbeit automorphismengesättigte Klassen abzählbarer Gruppen untersuchen. Dabei wird es sich herausstellen, daß die Abzählbarkeit der Elemente bereits aus einer schwächeren Beschränktheitsforderung folgt.

DEFINITION 2. Die Kardinalzahlen α_i seien induktiv definiert durch

$$\alpha_0 = \aleph_0 , \qquad \alpha_{i+1} = 2^{\alpha_i} , \qquad i \geq 0 .$$

Eine Gruppenklasse $\mathfrak{K}$ heißt *beschränkt*, wenn es eine natürliche Zahl N gibt, so daß die Mächtigkeit einer jeden Gruppe in $\mathfrak{K}$ die Kardinalzahl α_N nicht überschreitet.

LEMMA 1.1. *Sei $\mathfrak{K}$ eine beschränkte automorphismengesättigte Gruppenklasse, und sei die Gruppe* G *aus $\mathfrak{K}$ die direkte Summe der Untergruppen aus einer Menge* M . *Dann ist* M *endlich.*

BEWEIS. Wir benötigen die folgende Aussage :

(+) Jede abelsche Gruppe A mit mehr als zwei Elementen besitzt einen Automorphismus der Ordnung 2.

Beweis von (+) : Die Abbildung

$$\alpha : a \longrightarrow -a , \qquad a \in A ,$$

ist stets ein Automorphismus von A mit $\alpha^2 = 1$. Ist die Ordnung von α von 2 verschieden, so gilt für alle Elemente a aus A

$$a = -a ,$$

und A ist eine elementar-abelsche 2-Gruppe. Da A mindestens drei Elemente besitzt, hat es die Form :

$$A = \{z_1\} \oplus \{z_2\} \oplus C \,, \qquad \{z_i\} \cong Z(2) \,, \qquad i = 1,2$$

[vgl. Fuchs S. 34, Theorem 8.4.] ; die Abbildung β , die z_1 und z_2 vertauscht und alle Elemente aus C fixiert, kann man auf eine und nur eine Weise fortsetzen zu einem Automorphismus der Ordnung 2 von A . Damit haben wir (+) bewiesen.

Sei ϑ die Menge aller Kardinalzahlen $\mathfrak{w}$, für die $\mathfrak{K}$ eine Gruppe A enthält, so daß A darstellbar ist als direkte Summe von Untergruppen aus einer Menge der Mächtigkeit $\mathfrak{w}$. Mit $\mathfrak{w}$ liegt dann natürlich auch jede kleinere Kardinalzahl in ϑ . Es ist zu zeigen, daß jede Kardinalzahl in ϑ endlich ist. Wir nehmen an, ϑ enthalte eine unendliche Kardinalzahl. Dann ist insbesondere $\mathfrak{a}_0$ ein Element von ϑ (vgl. Definition 2), und da die Mächtigkeiten der Gruppen in $\mathfrak{K}$ nach Voraussetzung durch eine der oben definierten Kardinalzahlen $\mathfrak{a}_N$ beschränkt sind, gibt es eine ganze Zahl $n \geq 0$ mit der Eigenschaft

(++) $$\mathfrak{a}_n \in \vartheta \,, \qquad \mathfrak{a}_{n+1} \notin \vartheta \,.$$

Nach Definition von ϑ enthält $\mathfrak{K}$ eine Gruppe A von der Form

(+++) $$A = \sum_{k\in K}^{\circ} A_k \quad ; \quad A_k \neq 0 \text{ für } k \in K, \qquad |K| = \mathfrak{a}_n \,.$$

Nun ist $\mathfrak{a}_n$ eine unendliche Kardinalzahl; daher können wir - notfalls durch Zusammenfassen der Summanden zu Paaren - eine Zerlegung von A von der Form (+++) finden, in der alle Summanden mehr als zwei Elemente enthalten. Aus (+) folgt dann die Existenz eines Automorphismus α_k von A_k der Ordnung 2 . Wegen

$$P \cong \prod_{2^{\mathfrak{a}_n}}^{\circ} Z(2) \cong \prod_{\mathfrak{a}_n}^{*} Z(2) \cong \prod_{k\in K}^{*}\{\alpha_k\} \cong \Gamma \subseteq \mathrm{Aut}(A)$$

[siehe Fuchs S. 34, Theorem 8.4.], ist P ein Element der automorphismengesättigten Klasse $\mathfrak{K}$, und nach Definition enthält ϑ dann die Kardinalzahl $2^{\mathfrak{a}_n} = \mathfrak{a}_{n+1}$ - ein Widerspruch zu (++). Die oben gemachte Annahme war falsch ; jede Kardinalzahl in ϑ ist endlich.

LEMMA 1.2. *Jede Gruppe aus einer beschränkten automorphismengesättigten Klasse ist reduziert.*

BEWEIS. Wir betrachten zunächst die Automorphismengruppen der vollen rationalen Gruppe Q und der Prüferschen Gruppe von Typ p^∞ . Der Endomorphismenring von Q ist isomorph zum Körper der rationalen Zahlen [Fuchs S. 211, 3.]. Die volle Automorphismengruppe von Q ist folglich im wesentlichen die multiplikative Gruppe $Q^\times$ dieses Körpers. Aus der eindeutigen Darstellung der positiven ganzen Zahlen als Produkte von Primzahlpotenzen folgt

$$Q^\times \cong Z(2) \times \prod_{\aleph_0}^{\circ} Z(0) \,,$$

und damit gilt

(1) $$\mathrm{Aut}(Q) \supseteq \Gamma \cong \prod_{\aleph_0}^{\circ} Z(0) \,.$$

Der Endomorphismenring der Prüferschen Gruppe $Z(p^\infty)$ ist isomorph zum (kommutativen) Ring der ganzen p-adischen Zahlen [Fuchs S. 211, 5.] . Die Einheiten in diesem Ring - und damit die Automorphismen von $Z(p^\infty)$ - entsprechen umkehrbar eindeutig den formalen Potenzreihen $a_0 + a_1 . p + a_2 . p^2 + \dots$ mit ganzen Zahlen a_i ; $a_0 \neq 0$, $0 \leq a_i < p$ für $i \geq 0$ [siehe Kurosh S.155 ; van der Waerden S. 257]. Daraus folgt unter Benutzung wohlbekannter mengentheoretischer Argumente

(2) $$|\mathrm{Aut}[Z(p^\infty)]| = 2^{\aleph_0} .$$

Nun ist die Automorphismengruppe von $Z(p^\infty)$ abelsch und ihre maximale Torsionsuntergruppe endlich [Baer, 2, S. 521, Theorem] . Wegen (2) hat $\mathrm{Aut}[Z(p^\infty)]$ dann überabzählbaren torsionsfreien Rang und es gilt

(3) $$\mathrm{Aut}[Z(p^\infty)] \supseteq \Delta \cong \prod_{2^{\aleph_0}}^{\circ} Z(0) .$$

Sei nun G eine nicht reduzierte abelsche Gruppe. Dann ist die additive Gruppe Q der rationalen Zahlen oder eine Prüfersche Primärgruppe $Z(p^\infty)$ isomorph zu einem direkten Summanden von G [vgl. Fuchs S. 62, Theorem 18.1, und S. 64, Theorem 19.1.] , und die volle Automorphismengruppe dieses direkten Summanden ist im wesentlichen eine Gruppe von Automorphismen von G . Wegen (1) und (3) hat G dann eine frei-abelsche Automorphismengruppe von unendlichem Rang und kann nach Lemma 1.1 in keiner kompakten Klasse liegen.

HILFSSATZ 1.3. *Ist jede Primärkomponente der abelsche Gruppe* A *endlich und sind unendlich viele Primärkomponenten von* A *von* 0 *verschieden, so gibt es eine unendliche elementar-abelsche 2-Gruppe von Automorphismen von* A .

BEWEIS. Wir erinnern zunächst an den wohlbekannten Satz :

(+) Ist die p-Komponente T_p der abelschen Gruppe B endlich, so ist T_p ein direkter Summand von B [Fuchs S. 80, Cor. 24.6.] .

Sei T_p die p-Komponente von A . Nach Voraussetzung gibt es eine unendliche Folge von Primzahlen p_i mit $p_i \neq 2$ derart, daß $T_{p_i} \neq 0$. Wegen (+) ist $A = T_{p_1} \oplus B_1$ für eine geeignete Untergruppe B_1 von A .

Sind die Untergruppen $B_1,\dots,B_k$ von A so gewählt, daß

(++) $$B_i = T_{p_{i+1}} \oplus B_{i+1} , \qquad A = \sum_{j=1}^{i}{}^{\circ} T_{p_j} \oplus B_i , \qquad i = 1,\dots,k-1 ,$$

so ist $T_{p_{k+1}}$ die p_{k+1}-Komponente von B_k , und aus (+) folgt : es gibt eine Untergruppe B_{k+1} von B_k mit $B_k = T_{p_{k+1}} \oplus B_{k+1}$. Damit haben wir Untergruppen $B_1,\dots,B_k,B_{k+1}$ in A so gefunden, daß (++) für $i = 1,\dots,k$ gilt. Durch Induktionsschluß folgt : Es gibt eine absteigende Folge von Untergruppen B_i von A mit

$$B_i = T_{p_{i+1}} \oplus B_{i+1} ; \qquad A = \sum_{j=1}^{i}{}^{\circ} T_{p_j} \oplus B_i \qquad \text{für} \qquad i \geq 1 .$$

Sei σ_k der eindeutig bestimmte Automorphismus von A, der jedes Element aus $\sum_{j=1}^{k-1}{}^{\oplus} T_{p_j} \oplus B_k$ fixiert und jedes Element x aus T_{p_k} auf $-x$ abbildet. Da für alle natürlichen Zahlen i und ν $B_i = \sum_{j=1}^{\nu}{}^{\oplus} T_{p_{i+j}} \oplus B_{i+\nu}$, und da die Primzahl 2 unter den p_j nicht vorkommt, sind die σ_k paarweise vertauschbare Automorphismen der Ordnung 2 ; und sie erzeugen die gesuchte unendliche elementar-abelsche 2-Gruppe von Automorphismen von A.

Ist G eine abelsche Gruppe, H eine Untergruppe von G, so wollen wir mit $\sum(G/H,H)$ die Gesamtheit aller Automorphismen von G bezeichnen, die in H und in der Faktorgruppe G/H den 1-Automorphismus induzieren. Man nennt $\sum(G/H,H)$ den Stabilisator von H in G.

HILFSSATZ 1.4. *Der Stabilisator* $\sum(G/H,H)$ *von* H *in* G *ist eine abelsche Gruppe. Die Abbildung* $\sigma \longrightarrow \sigma-1$, $\sigma \in \sum(G/H,H)$, *ist ein Isomorphismus der (multiplikativen) Gruppe* $\sum(G/H,H)$ *auf die (additive) Gruppe aller Homomorphismen von* G/H *in* H *;* $\sum(G/H,H) \cong \mathrm{Hom}(G/H,H)$ [siehe Specht S. 88] .

BEWEIS. Sei E die Gesamtheit aller Endomorphismen von G, die G in H abbilden und H annullieren. Jeder Endomorphismus ε aus E induziert dann einen Homomorphismus $\bar{\varepsilon}$ von G/H in H. Man sieht leicht ein, daß die Abbildung $\varepsilon \longrightarrow \bar{\varepsilon}$, $\varepsilon \in E$, ein Isomorphismus von E auf $\mathrm{Hom}(G/H,H)$ ist, und da dieser Isomorphismus ein sehr natürlicher ist, identifizieren wir $\mathrm{Hom}(G/H,H)$ und E. Für $\sigma \in \sum(G/H,H)$ liegt $\sigma-1$ in E.

Ist umgekehrt ε ein Endomorphismus aus E, so gilt $\varepsilon^2 = 0$ und daher

$$1 = 1-\varepsilon^2 = (\varepsilon+1)(1-\varepsilon) = (1-\varepsilon)(\varepsilon+1) .$$

Also sind $1-\varepsilon$ und $\varepsilon+1$ Automorphismen von G ; und man prüft rasch nach, daß $\varepsilon+1$ die Gruppen H und G/H elementweise fixiert. Folglich liegt $\varepsilon+1$ in $\sum(G/H,H)$ und wir haben gezeigt :

(+) Durch : $\sigma \longrightarrow \sigma-1$, $\sigma \in \sum(G/H,H)$,

wird $\sum(G/H,H)$ umkehrbar eindeutig auf E abgebildet.

Nun ist für σ und τ aus $\sum(G/H,H)$

$$0 = (\sigma-1)(\tau-1) = \sigma\tau-\sigma-\tau+1$$

oder

$$\sigma\tau-1 = (\sigma-1)+(\tau-1) ,$$

und wegen (+) folgt daraus, daß die Abbildung

$$\sigma \longrightarrow \sigma-1 , \qquad \sigma \in \sum(G/H,H) ,$$

ein Monomorphismus von $\sum(G/H,H)$ auf die additive Gruppe $E \cong \mathrm{Hom}(G/H,H)$ ist. Insbesondere haben wir $\sum(G/H,H) \cong \mathrm{Hom}(G/H,H)$, und $\sum(G/H,H)$ ist abelsch.

LEMMA 1.5. *Die Gruppe* G *liege in einer beschränkten automorphismengesättigten Gruppenklasse. Dann ist die maximale Torsionsuntergruppe* tG *von* G *ein endlicher direkter Summand.*

BEWEIS. Da tG eine reine Untergruppe von G ist und endliche reine Untergruppen direkte Summanden sind [siehe Fuchs S. 80, Cor. 24.6.], haben wir nur die Endlichkeit von tG zu zeigen. Aus Lemma 1.2 folgt

(1) G ist reduziert

und aus Lemma 1.1 [vgl. Fuchs S. 34, Theorem 8.4.]

(2) Jede elementar-abelsche Gruppe von Automorphismen von G ist endlich.

Sei p eine Primzahl, für die die p-Komponente G_p von G nicht verschwindet. Dann gilt $pG \subset G$. Denn aus $pG = G$ folgt die Teilbarkeit der reinen p-Untergruppe $G_p \neq 0$ von G – ein Widerspruch zu (1). Also ist $G/pG \neq 0$, und G enthält insbesondere eine Untergruppe M vom Index p. Wir betrachten den Stabilisator $\Sigma = \Sigma(G/M,M)$ von M in G. Nach Hilfssatz 1.4 ist Σ eine abelsche Gruppe von Automorphismen von G und

(3) $\Sigma \cong \mathrm{Hom}(G/M,M) \cong \mathrm{Hom}(Z(p),M) \cong M[p]$ [vgl. Fuchs S. 206, 2.].

Also ist Σ elementar abelsch, und aus (2) und (3) erhalten wir :

(4) $M[p]$ ist endlich.

Es gilt : $Z(p) \cong G/M \supseteq (G_p[p]+M)/M \cong G_p[p]/(M \cap G_p[p]) = G_p[p]/M[p]$, und wegen (4) folgt hieraus die Endlichkeit von $G_p[p]$. Da G_p nach (1) reduziert ist und reduzierte Primärgruppen mit endlichem Sockel endlich sind [Fuchs S. 68, Exercise 19., und S. 65, Theorem 19.2.], ist G_p endlich und wir haben gezeigt :

(5) Alle Primärkomponenten von G sind endlich.

Aus (2) und Hilfssatz 1.3 folgt dann die Endlichkeit von tG.

HILFSSATZ 1.6. *Jede unendliche abelsche Torsionsgruppe besitzt einen Automorphismus der Ordnung* 0.

BEWEIS. Sei T eine unendliche Torsionsgruppe. Wir unterscheiden zwei Fälle :

1) Die Ordnungen der Elemente von T sind nicht beschränkt. Dann besitzt T entweder unendlich viele von 0 verschiedene Primärkomponenten, oder für eine geeignete Primzahl p_0 enthält die p_0-Komponente T_{p_0} von T Elemente beliebig hoher Ordnungen. Ist q eine von der – im ersten Fall beliebig gewählten – Primzahl p_0 verschiedene Primzahl, so hat der Automorphismus α von T mit

$$t \longrightarrow t\alpha = \begin{cases} q \cdot t & \text{für } t \in T_{p_0} \\ p_0 \cdot t & \phantom{\text{für }} t \in \sum_{p \neq p_0}^{\sigma} T_p \end{cases}$$

in beiden Fällen die Ordnung 0.

2) Es gibt eine obere Schranke N für die Ordnungen der Elemente von T. Da T unendlich ist, folgt daraus die Existenz einer Primzahl p mit

(+) T_p unendlich.

Nun ist T_p beschränkt und daher eine direkte Summe zyklischer Gruppen [Fuchs S. 44, Theorem 11.2.], von denen wegen (+) und $NT_p = 0$ unendlich viele dieselbe

Ordnung p^k haben :

$$T_p = \sum_{i=-\infty}^{\infty}{}^{\circ} \{z_i\} \oplus C \qquad \text{mit} \qquad \{z_i\} \cong Z(p^k) \,, \qquad i = 0, \pm 1, \dots$$

Es gibt einen und nur einen Automorphismus α von T mit

$$\alpha : \begin{cases} z_i \longrightarrow z_{i+1}, & i = 0, \pm 1, \dots \\ x \longrightarrow x & x \in C \oplus \sum_{q \neq p}^{\circ} T_q \,. \end{cases}$$

α ist in diesem Fall der gesuchte Automorphismus der Ordnung 0 .

SATZ 1.7. *Die automorphismengesättigte Gruppenklasse* $\mathfrak{K}$ *bestehe nicht nur aus der* 0 *und enthalte mit* X *und* Y *auch deren direkte Summe* $X \oplus Y$. *Dann ist* $\mathfrak{K}$ *untergruppenvererblich und enthält alle endlichen abelschen Gruppen. Gibt es außerdem eine unendliche Gruppe in* $\mathfrak{K}$, *so umfasst* $\mathfrak{K}$ *die Klasse aller endlich erzeugbaren abelschen Gruppen.*

BEWEIS. Sei A irgendeine von 0 verschiedene Gruppe in $\mathfrak{K}$. Dann enthält $\mathfrak{K}$ auch die direkte Summe A_n von n zu A isomorphen Gruppen. Die symmetrische Gruppe des Grades n ist offenbar isomorph zu einer Gruppe von Automorphismen von A_n ; und da jede endliche Gruppe Untergruppe einer Permutationsgruppe endlichen Grades ist, folgt :

(1) $\mathfrak{K}$ enthält alle endlichen abelschen Gruppen.

Liegt keine unendliche Gruppe in $\mathfrak{K}$, so ist $\mathfrak{K}$ wegen (1) die Klasse aller endlichen abelschen Gruppen und damit insbesondere untergruppenvererblich.

Wir können also im folgenden annehmen, daß es eine unendliche Gruppe G in $\mathfrak{K}$ gibt. Nach Voraussetzung enthält $\mathfrak{K}$ auch $A \oplus B$ mit $A \cong B \cong G$. Es gibt dann einen Isomorphismus τ von A auf B ; und es gibt einen und nur einen Automorphismus λ von $A \oplus B$ mit

$$a\lambda = a + a\tau \qquad \text{für} \qquad a \in A$$
$$b\lambda = b \qquad \text{für} \qquad b \in B \,.$$

Ist $G \cong A \cong B$ *keine* Torsionsgruppe, so überzeugt man sich sofort, daß dieser Automorphismus die Ordnung 0 hat. Ist G eine (unendliche) Torsionsgruppe, so besitzt G nach Hilfssatz 1.6 einen Automorphismus der Ordnung 0 . Da $\mathfrak{K}$ automorphismengesättigt ist, haben wir in beiden Fällen gezeigt :

(2) $\mathfrak{K}$ enthält eine unendliche zyklische Gruppe.

Aus (2) folgt in Verbindung mit (1) :

(3) $\mathfrak{K}$ enthält alle endlich erzeugbaren abelschen Gruppen.

Sei nun H eine beliebige Gruppe aus $\mathfrak{K}$ und U eine Untergruppe von H . Nach (2) liegt auch $Z \cong Z(0)$ und damit $H \oplus Z$ in $\mathfrak{K}$. Zu $u \in U$ gibt es einen und nur einen Automorphismus $\alpha(u)$ von $H \oplus Z$ mit

$$\alpha(u) : \begin{cases} h \longrightarrow h & \text{für} \quad h \in H \\ z \longrightarrow z+u \,, & \{z\} = Z \,. \end{cases}$$

Die Abbildung $u \longrightarrow \alpha(u)$, $u \in U$, ist ein Isomorphismus von U auf eine (abelsche) Gruppe Γ von Automorphismen von $H \oplus Z$. Daher liegt U in $\mathfrak{K}$ und $\mathfrak{K}$ ist untergruppenvererblich.

LEMMA 1.8. *Sei die Gruppenklasse $\mathfrak{K}$ beschränkt, automorphismengesättigt und untergruppenvererblich. Dann hat jede Gruppe in $\mathfrak{K}$ endlichen Rang und ist insbesondere abzählbar.*

BEWEIS. Es ist klar, daß Gruppen endlichen Ranges abzählbar sind. Sei G irgendeine Gruppe aus $\mathfrak{K}$ und r ihr Rang. Dann enthält G eine Untermenge $[a_\lambda]_{\lambda\in\Lambda}$ der Mächtigkeit r , so daß die von den a_λ erzeugte Untergruppe die direkte Summe der $\{a_\lambda\}$ ist [Fuchs S.30, Lemma 8.1.]. Nach Voraussetzung liegt $\{a_\lambda \;;\; \lambda \in \Lambda\} = \sum^{o}_{\lambda\in\Lambda}\{a_\lambda\}$ in $\mathfrak{K}$, und wegen Lemma 1.1 ist r dann endlich.

§ 2. AUTOMORPHISMENGESÄTTIGTE KLASSEN ABZÄHLBARER GRUPPEN

TERMINOLOGISCHE VORBEMERKUNG : Eine Gruppe heißt *fast-torsionsfrei*, wenn ihre maximale Torsionsuntergruppe endlich ist.

Unter *Erweiterungsvererblichkeit* verstehen wir im folgenden die Vererblichkeit auf abelsche Erweiterungen.

SATZ 2.1. *Die Klasse $\mathfrak{K}$ abelscher Gruppen habe die folgenden Eigenschaften :*

(1) *Jede $\mathfrak{K}$-Gruppe ist fast-torsionsfrei.*

(2) *$\mathfrak{K}$ ist untergruppen- und erweiterungsvererblich und enthält mit jeder Gruppe G alle fast-torsionsfreien epimorphen Bilder von G .*

(3) *Es gibt eine unendliche Gruppe in $\mathfrak{K}$.*

(4) *Ist K ein algebraischer Zahlkörper, R ein Unterring von K mit 1 , und ist die additive Gruppe von R eine $\mathfrak{K}$-Gruppe, so ist die Einheitengruppe von R endlich erzeugbar.*

Dann gilt :

(I) *Abelsche Automorphismengruppen von $\mathfrak{K}$-Gruppen sind $\mathfrak{K}$-Gruppen.*

(II) *Jede $\mathfrak{K}$-Gruppe ist endlichen Ranges und also abzählbar.*

Der Beweis von Satz 2.1 verläuft völlig analog zum Beweis von Lemma 3.6 aus R. Baer [3] .

BEWEIS VON SATZ 2.1. Wir wollen zunächst (II) zeigen und nehmen dazu an, $\mathfrak{K}$ enthalte eine Gruppe H unendlichen Ranges. Wegen (1) hat H dann unendlichen torsionsfreien Rang, und die torsionsfreie teilbare Gruppe Q vom Rang 1 ist ein epimorphes Bild von H [siehe Fuchs S. 338] , das wegen (2) in $\mathfrak{K}$ liegt. Q ist aber die additive Gruppe des Körpers der rationalen Zahlen, dessen Einheitengruppe unendlichen Rang hat - ein Widerspruch zu (4). Unsere Annahme war falsch, es gilt :

(a) Jede $\mathfrak{F}_{\mathfrak{r}}$-Gruppe hat endlichen Rang und ist insbesondere abzählbar.

Wegen (1) und (3) ist nicht jede Gruppe in $\mathfrak{F}_{\mathfrak{r}}$ eine Torsionsgruppe ; also enthält die wegen (2) untergruppenvererbliche Klasse $\mathfrak{F}_{\mathfrak{r}}$ eine unendliche zyklische Gruppe, und wegen der Vererblichkeit auf endliche epimorphe Bilder liegt dann jede zyklische Gruppe in $\mathfrak{F}_{\mathfrak{r}}$. Aus der Erweiterungsvererblichkeit folgt

(b) $\mathfrak{F}_{\mathfrak{r}}$ enthält alle endlich erzeugbaren abelschen Gruppen.

Sei K eine torsionsfreie Untergruppe der $\mathfrak{F}_{\mathfrak{r}}$-Gruppe H. Nach Hilfssatz 1.4 ist der Stabilisator Σ von K in H abelsch und isomorph zur Gruppe aller Homomorphismen von H/K in K :

(c) $$\Sigma = \Sigma(H/K,K) \cong \mathrm{Hom}(H/K,K) .$$

Ist F eine freie Untergruppe von H/K mit Torsionsfaktorgruppe $(H/K)/F$, so induziert jeder Homomorphismus ϕ von H/K in K einen Homomorphismus $\overline{\phi}$ von $F \subseteq H/K$ in K, und die Abbildung

$$\vartheta : \phi \longrightarrow \overline{\phi}, \qquad \phi \in \mathrm{Hom}(H/K,K),$$

ist ein Homomorphismus von $\mathrm{Hom}(H/K,K)$ in $\mathrm{Hom}(F,K)$.

Gilt $\phi\vartheta = 0$, so liegt F im Kern von ϕ und wir haben :

$$K \supseteq \mathrm{Bild}(\phi) \cong (H/K)/\mathrm{Kern}(\phi) \cong [(H/K)/F]/(\mathrm{Kern}(\phi)/F) .$$

Da $(H/K)/F$ eine Torsionsgruppe ist und K torsionsfrei, folgt daraus $\mathrm{Bild}(\phi) = 0$ und $\phi = 0$. Also ist ϑ ein Monomorphismus und

(d) $$\mathrm{Hom}(H/K,K) \cong V \subseteq \mathrm{Hom}(F,K) .$$

Nach (a) haben H und F endlichen Rang. Daher gilt

$$\mathrm{Hom}(F,K) \cong \sum_{rg(F)}^{\circ} \mathrm{Hom}(Z(0),K) \cong \sum_{rg(F)}^{\circ} K$$

[vgl. Fuchs S. 208, Lemma 54.2., und S. 206, Example 1.], und wegen (2) ist auch $\mathrm{Hom}(F,K)$ eine $\mathfrak{F}_{\mathfrak{r}}$-Gruppe. Aus (d) und (c) erhalten wir :

(e) Ist H eine $\mathfrak{F}_{\mathfrak{r}}$-Gruppe und K eine torsionsfreie Untergruppe von H, so ist der Stabilisator von K in H eine $\mathfrak{F}_{\mathfrak{r}}$-Gruppe.

Eine Gruppe Γ von Automorphismen einer torsionsfreien Gruppe G heißt *fast-irreduzibel*, wenn G/U für jede Γ-zulässige Untergruppe $U \neq 0$ von G eine Torsionsgruppe ist.

Sei H eine torsionsfreie $\mathfrak{F}_{\mathfrak{r}}$-Gruppe und sei Γ eine fast-irreduzible abelsche Gruppe von Automorphismen von H. Γ erzeugt einen kommutativen Unterring Δ des Endomorphismenrings von H ; und es gilt die folgende Aussage :

(0) Ist $h \in H$ und $\delta \in \Delta$ mit $h\delta = 0$, so ist $h = 0$ oder $\delta = 0$

[siehe R. Baer, 3, Beweis von Folgerung 3.2]. Daher ist für ein beliebiges Element $h \neq 0$ aus H die Abbildung

$$\zeta_h : \delta \longrightarrow h\delta , \qquad \delta \in \Delta ,$$

ein Monomorphismus der Additionsgruppe Δ^+ von Δ in H, und wegen (2) liegt Δ^+ dann in $\mathfrak{F}$. Weiter folgt aus (0) die Nullteilerfreiheit von Δ, und wir können Δ einbetten in seinen (kommutativen) Quotientenkörper K. Wegen der Torsionsfreiheit von $H \supseteq U \simeq \Delta^+$ hat K die Charakteristik 0, und der Körper $\underline{Q}$ der rationalen Zahlen ist der Primkörper von K.

Nun ist ein maximales System linear unabhängiger Elemente aus Δ^+ auch eine Menge von Elementen aus K, die maximal ist bezüglich der linearen Unabhängigkeit über dem Primkörper $\underline{Q}$: der Rang der $\mathfrak{F}$-Gruppe Δ^+ ist gleich dem Grad $[K : \underline{Q}]$ von K über dem Körper der rationalen Zahlen. Wegen (a) ist $[K : \underline{Q}]$ also endlich und K damit ein algebraischer Zahlkörper. Wir wenden (4) auf K und seinen Unterring Δ an : die Einheitengruppe von Δ ist endlich erzeugbar und folglich auch ihre Untergruppe Γ. Es gilt :

(f) Abelsche fast-irreduzible Automorphismengruppen torsionsfreier $\mathfrak{F}$-Gruppen sind endlich erzeugbar.

Sei Γ eine beliebige abelsche Automorphismengruppe der torsionsfreien $\mathfrak{F}$-Gruppe H. Da H nach (a) endlichen Rang hat, folgt aus R. Baer |3| , Hilfssatz 3.4, die Existenz Γ-zulässiger Untergruppen H_i von H mit den folgenden Eigenschaften : $0 = H_0$; $H_i \subset H_{i+1}$ für $0 \leq i < n$; $H_n = H$,

(+) H_{i+1}/H_i ist torsionsfrei, $i = 0,\dots,n-1$,

(++) Γ induziert in H_{i+1}/H_i eine fast-irreduzible Gruppe von Automorphismen.

Wegen (2) ist jede der Faktorgruppen H_{i+1}/H_i eine $\mathfrak{F}$-Gruppe.

Bezeichnen wir mit Γ_i die Gesamtheit der Automorphismen aus Γ, die in H_{i+1}/H_i den 1-Automorphismus induzieren, so ist Γ/Γ_i im wesentlichen die von Γ in H_{i+1}/H_i induzierte (abelsche) Gruppe von Automorphismen. Wegen (+) und (++) können wir (f) anwenden und erhalten daraus : Γ/Γ_i ist endlich erzeugbar. Setzt man $\Delta = \bigcap_{i=0}^{n-1}\Gamma_i$, so ist Γ/Δ einer Untergruppe des direkten Produktes der Γ/Γ_i isomorph, und es folgt :

(g) Γ/Δ ist endlich erzeugbar.

Sei nun Δ_i die Gesamtheit aller Automorphismen aus Δ, die in H_i den 1-Automorphismus induzieren. Da $\Delta_0 = \Delta$, liegt Δ/Δ_0 in $\mathfrak{F}$, und wir machen die Induktionannahme :

(h) Δ/Δ_i ist eine $\mathfrak{F}$-Gruppe , $0 \leq i \leq k < n$.

Δ_{k+1} ist eine Untergruppe von Δ_k , und Δ_k/Δ_{k+1} ist im wesentlichen eine Untergruppe des Stabilisators von H_k in H_{k+1}. Dann liegt Δ_k/Δ_{k+1} wegen (e) und der Untergruppenvererblichkeit von $\mathfrak{F}$ ebenfalls in $\mathfrak{F}$, und damit wegen (h) und der Vererblichkeit von $\mathfrak{F}$ auf abelsche Erweiterungen auch Δ/Δ_{k+1} . Wir können den Induktionsschluß vollziehen : $\mathfrak{F}$ enthält Δ/Δ_n . Nun ist $\Delta_n = 1$, und daher gilt :

(i) Δ ist eine $\mathfrak{Fr}$-Gruppe.

$\mathfrak{Fr}$ enthält wegen (g) und (b) auch Γ/Δ ; aus (i) und (2) folgt dann, daß Γ eine $\mathfrak{Fr}$-Gruppe ist, und wir haben gezeigt :

(k) Abelsche Automorphismengruppen torsionsfreier $\mathfrak{Fr}$-Gruppen sind $\mathfrak{Fr}$-Gruppen. Sei G ein beliebiges Element von $\mathfrak{Fr}$ und Γ eine abelsche Gruppe von Automorphismen von G. Nach Voraussetzung (l) ist die maximale Torsionsuntergruppe T von G endlich und daher ein direkter Summand [Fuchs S. 80, Corollary 24.6.]. Wegen (a) haben wir : $G = T \oplus H$, T endlich, H torsionsfrei endlichen Ranges. Die charakteristische Untergruppe T von G ist natürlich Γ-zulässig. Bezeichnen wir mit Θ die Gesamtheit aller Automorphismen aus Γ , die in T den 1-Automorphismus induzieren, so ist Γ/Θ im wesentlichen eine Gruppe von Automorphismen der endlichen Gruppe T ,und es folgt :

(ℓ) Γ/Θ ist endlich.

In der torsionsfreien $\mathfrak{Fr}$-Gruppe $G/T \cong H$ induziert Θ eine (abelsche) Gruppe Λ von Automorphismen. Bezeichnen wir die Menge aller Automorphismen aus Θ , die G/T elementweise fixieren, mit Ψ , so ist $\Lambda \cong \Theta/\Psi$, und wir erhalten aus (k) :

(m) $\Lambda \cong \Theta/\Psi$ ist eine $\mathfrak{Fr}$-Gruppe.

Nun ist Ψ eine Untergruppe des Stabilisators von T in G . Aus Hilfssatz 1.4 folgt daher :

(n) $\Psi \cong W \subseteq \mathrm{Hom}(H,T)$, $H \cong G/T$.

Da T endlich ist, gibt es eine natürliche Zahl n , so daß $nT = 0$. Dann enthält der Kern eines jeden Homomorphismus ϕ von H in T die Untergruppe nH von H und induziert daher einen Homomorphismus $\bar{\phi}$ von H/nH in T . Man sieht leicht ein, daß die Abbildung

$$\phi \longrightarrow \bar{\phi} , \qquad \phi \in \mathrm{Hom}(H,T) ,$$

ein Isomorphismus von $\mathrm{Hom}(H,T)$ auf die Gruppe aller Homomorphismen von H/nH in T ist :

(p) $\mathrm{Hom}(H,T) \cong \mathrm{Hom}(H/nH,T)$ für $nT = 0$.

Nach (a) hat H endlichen Rang und die beschränkte Gruppe H/nH ist daher endlich [vgl. Fuchs S. 180, Exercise 12., S. 44, Theorem 11.2.]. Aus (p) und der Endlichkeit von T folgt dann die Endlichkeit von $\mathrm{Hom}(H,T)$, und aus (n) erhalten wir :

(q) Ψ ist endlich.

Die nach (q) und (ℓ) endlichen Gruppen Ψ und Γ/Θ liegen wegen (b) in $\mathfrak{Fr}$; aus der Erweiterungsvererblichkeit von $\mathfrak{Fr}$ und (m) folgt unsere Behauptung (II) : Γ ist eine $\mathfrak{Fr}$-Gruppe.

FOLGERUNG 2.2. *Die Klasse* $\mathcal{EE}$ *aller endlich erzeugbaren abelschen Gruppen ist automorphismengesättigt und beschränkt* [vgl. Baer, 1 ; Mal'cev] .

BEWEIS. Es ist klar, daß die Klasse $\mathfrak{E}\mathfrak{E}$ aller endlich erzeugbaren Gruppen den Bedingungen (1) bis (3) von Satz 2.1 genügt. Daß $\mathfrak{E}\mathfrak{E}$ auch die Forderung (4) von Satz 2.1 erfüllt, folgt aus Lemma 1, S. 168, von R. Baer [1] . Da eine Klasse abzählbarer Gruppen natürlich beschränkt ist (siehe Definition 2, S.150),ergibt sich aus Satz 2.1 die Behauptung.

Zwei weitere für uns wichtige Gruppenklassen sind die Klasse aller Minimaxgruppen im engeren und die Klasse aller Minimaxgruppen im weiteren Sinne.

DEFINITION. Eine *Minimaxgruppe im engeren Sinne* ist eine abelsche Gruppe A , die eine noethersche Untergruppe N mit artinscher Faktorgruppe A/N besitzt.

Dabei heißt eine Gruppe $\left\{\begin{matrix}\text{artinsch}\\ \text{noethersch}\end{matrix}\right\}$, wenn ihre Untergruppen der $\left\{\begin{matrix}\text{Minimalbedingung}\\ \text{Maximalbedingung}\end{matrix}\right\}$ genügen.

DEFINITION. Ist die abelsche Gruppe G eine Erweiterung einer Minimaxgruppe im engeren Sinne durch eine Torsionsgruppe, deren sämtliche Primärkomponenten endlich sind, so heißt G eine *Minimaxgruppe im weiteren Sinne*.

Die folgenden beiden Lemmata werden wir in § 5 benötigen.

LEMMA 2.3 (E) . *Die folgenden Eigenschaften der torsionsfreien Gruppe* G *sind äquivalent :*

(i) G *ist eine Minimaxgruppe im engeren Sinne.*

(ii) G *hat endlichen Rang, und für jede freie Untergruppe* E *von* G *mit Torsionsfaktorgruppe* G/E *sind fast alle Primärkomponenten von* G/E *gleich* 0 .

(iii) G *hat endlichen Rang und besitzt eine freie Untergruppe* F *mit Torsionsfaktorgruppe* G/F *, so daß fast alle Primärkomponenten von* G/F *verschwinden.*

BEWEIS. Nach Baer [3] , Folgerung 1.4 und Lemma 1.2, folgt (ii) aus (i); die Aussage (iii) ist eine schwächere Form von (ii).

Wir setzen die Gültigkeit von (iii) voraus. Da rg(G) = rg(F) .nach Voraussetzung endlich ist, ist F endlich erzeugbar, also noethersch [vgl. Fuchs S. 40, Theorem 10.3.]. Alle Primärkomponenten von G/F haben endlichen Rang [vgl. Fuchs S. 180, Exercise 12.], und nur endlich viele von ihnen sind ungleich 0. Daher ist der Rang von G/F endlich,und als Torsionsgruppe endlichen Ranges ist G/F dann artinsch [vgl. Fuchs S. 68, Exercise 18. (a)] . Nach Definition ist G eine Minimaxgruppe im engeren Sinne.

LEMMA 2.3 (W) . *Die folgenden Eigenschaften der torsionsfreien Gruppe* G *sind äquivalent :*

(i)   G *ist eine Minimaxgruppe im weiteren Sinne .*

(ii)   G *hat endlichen Rang, und für jede freie Untergruppe* E *von* G *mit Torsionsfaktorgruppe* G/E *sind fast alle Primärkomponenten von* G/E *reduziert.*

(iii)   G *hat endlichen Rang und besitzt eine freie Untergruppe* F *mit Torsionsfaktorgruppe* G/F *, so daß fast alle Primärkomponenten von*   *reduziert sind.*

BEMERKUNG. Da reduzierte Primärgruppen endlichen Ranges endlich sind, kann man in Lemma 2.3 (W) das Wort "reduziert" durch das Wort "endlich" ersetzen.

BEWEIS. Aus Beaumont und Pierce [1], S. 77, Lemma 5.9., folgt sofort die Äquivalenz von (ii) und (iii).

Gilt (i), so enthält G nach Definition eine Minimaxgruppe M im engeren Sinne, so daß G/M eine Torsionsgruppe mit endlichen Primärkomponenten ist. Nach Lemma 2.3 (E) ist $rg(M) = rg(G)$ endlich und für eine freie Untergruppe F maximalen Ranges in M gilt $(M/F)_p = 0$ für fast alle Primzahlen p . Wegen $(G/M)_p \simeq (G/F)_p/(M/F)_p$ ist für fast alle Primzahlen p dann $(G/F)_p \simeq (G/M)_p$ und $(G/F)_p$ ist endlich ; es gilt (iii).

Umgekehrt folgt aus (iii) die Existenz zweier Untergruppen M und H in G mit $G/F \simeq M/F \oplus H/F$, wobei alle Primärkomponenten von H/F reduziert und fast alle Primärkomponenten von M/F gleich 0 sind. Nach Lemma 2.3 (E) ist M dann eine Minimaxgruppe im engeren Sinne. Es gilt $G/M \simeq (G/F)/(M/F) \simeq H/F$, und alle Primärkomponenten von H/F haben endlichen Rang [Fuchs S. 180, Exercise 12.]; als reduzierte Primärgruppen endlichen Ranges sind sie endlich [Fuchs S. 68, Exercise 18. (a)] ; G ist nach Definition eine Minimaxgruppe im weiteren Sinne.

Lemma 2.3 (W) ist damit bewiesen.

In [3] , Lemma 3.1, beweist R. Baer, daß Unterringe algebraischer Zahlkörper, die das Einselement enthalten und deren additive Gruppe eine Minimaxgruppe im engeren Sinne ist, eine endlich erzeugbare Einheitengruppe haben. Man überlegt sich leicht, daß die Klasse aller Minimaxgruppen im engeren Sinne faktoren- und erweiterungsvererblich ist. Aus Satz 2.1 erhalten wir :

FOLGERUNG 2.4. *Die Klasse* 𝔐 E *aller fast-torsionsfreien Minimaxgruppen im engeren Sinne ist automorphismengesättigt und beschränkt* [siehe R. Baer, 3, Lemma 3.6].

Aus den entsprechenden Aussagen für Minimaxgruppen im engeren Sinne folgert man schnell, daß auch die Klasse aller Minimaxgruppen im weiteren Sinne erweiterungs- und faktorenvererblich ist. Minimaxgruppen im weiteren Sinne, die isomorph sind zur additiven Gruppe eines Unterrings eines algebraischen Zahlkörpers, sind auch Minimaxgruppen im engeren Sinne [vgl. Beaumont und Pierce, 1, S. 74, Corollary 4.9., und CH. Ayoub] . Aus Satz 2.1 ergibt sich daher - wieder wegen Baer [3] , Lemma 3.1 :

FOLGERUNG 2.5. *Die Klasse* $\mathfrak{M}W$ *aller fast-torsionsfreien Minimaxgruppen im weiteren Sinne ist automorphismengesättigt und beschränkt.*

Ist $\mathcal{J}$ eine Primzahlmenge, so ist eine *$\mathcal{J}$-Minimaxgruppe im engeren Sinne* eine Minimaxgruppe im engeren Sinne, die höchstens für Primzahlen aus $\mathcal{J}$ eine unendliche p-Torsionsfaktorgruppe besitzt [vgl. R. Baer, 3].

Unter einer *$\mathcal{J}$-Minimaxgruppe im weiteren Sinne* verstehen wir dann eine abelsche Erweiterung einer $\mathcal{J}$-Minimaxgruppe im engeren Sinne durch eine Torsionsgruppe mit endlichen Primär-Komponenten. Wir bemerken noch, daß für jede Primzahlmenge $\mathcal{J}$ die Klasse aller fast-torsionsfreien $\mathcal{J}$-Minimaxgruppen im engeren - und die Klasse aller fast-torsionsfreien $\mathcal{J}$-Minimaxgruppen im weiteren - Sinne den Voraussetzungen von Satz 2.1 genügen und daher ebenfalls automorphismengesättigt sind [vgl. R. Baer, 3, Lemma 3.6].

In § 5 werden wir zeigen, daß jede Gruppenklasse, die die Voraussetzungen von Satz 2.1 erfüllt, eine Klasse von Minimaxgruppen im weiteren Sinne ist (vgl. Hauptsatz A, (c)).

§ 3. UNTERRINGE ALGEBRAISCHER ZAHLKÖRPER

Im folgenden benötigen wir den

SATZ VON CH. AYOUB UND R. BAER. *Sei* K *ein algebraischer Zahlkörper, und sei* R *ein Unterring von* K *, der das 1-Element enthält. Dann sind die folgenden Aussagen äquivalent :*

(i) *Die Einheitengruppe von* R *ist endlich erzeugbar.*

(ii) *Die additive Gruppe von* R *ist eine Minimaxgruppe im engeren Sinne.*

[R. Baer, 3, Lemma 3.1 , Christine Ayoub].

Die multiplikative Gruppe K^{x} eines algebraischen Zahlkörpers K ist bekanntlich das direkte Produkt einer endlichen zyklischen und einer freien Gruppe abzählbar unendlichen Ranges [vgl. Fuchs S. 296] . Ist R ein Unterring mit 1 von K , und ist die Einheitengruppe R^{*} von R nicht endlich erzeugbar, so folgt daraus, daß R^{*} eine freie Untergruppe unendlichen Ranges enthält. Nun operiert die Einheitengruppe von R als abelsche Gruppe von Automorphismen auf der additiven Gruppe von R . Aus dem Satz von Ch. Ayoub und R. Baer zusammen mit Lemma 1.1 und Folgerung 2.4 ergibt sich daher

FOLGERUNG 3.1. *Sei* K *ein algebraischer Zahlkörper und sei* R *ein Unterring von* K *, der das 1-Element enthält. Dann sind äquivalent :*

(i) *Die additive Gruppe* R^+ *von* R *liegt in einer beschränkten automorphismengesättigten Gruppenklasse.*

(ii) R^+ *ist eine (torsionsfreie) Minimaxgruppe im engeren Sinne.*

Ist K ein algebraischer Zahlkörper und ist die Gruppe G isomorph zur additiven Gruppe eines Unterrings von K , so wollen wir sagen : "G *läßt eine Multiplikation vom Typ* K *zu*". Bei Beaumont und Pierce [1], S. 93, Corollary 8.5. und Theorem 8.6., und [2] , S. 214, Theorem 4.1., finden sich Kriterien dafür, daß eine torsionsfreie Gruppe G endlichen Ranges eine Multiplikation vom Typ eines algebraischen Zahlkörpers zuläßt. Von besonderem Interesse ist für uns die Frage, ob es einen algebraischen Zahlkörper K und einen Unterring R *mit 1* in K gibt, dessen additive Gruppe isomorph zu G ist.

LEMMA 3.2. *Sei* K *ein algebraischer Zahlkörper und* S *ein Unterring von* K . *Dann gibt es einen Ring* R *in* K *und eine Untergruppe* H *von* S^+ *mit den folgenden Eigenschaften :*

(1) R *enthält des Einselement von* K .

(2) $R^+ \simeq H$.

3) S^+/H *ist artinsch.*

BEWEIS. Wir können ohne Beschränkung der Allgemeinheit annehmen, daß K der Quotientenkörper von S ist. Dann gilt bekanntlich $rg(K^+) = rg(S^+)$ und

(a) K^+/S^+ ist eine Torsionsgruppe.

K kann aus dem Körper $\underline{Q}$ der rationalen Zahlen durch Adjunktion eines ganz-algebraischen Elements ϕ gewonnen werden [siehe etwa Hecke, S. 80 unten]. Ist $[K : \underline{Q}] = n$, so bilden die Zahlen $1,\phi,\phi^2,\dots,\phi^{n-1}$ eine Körperbasis von K über $\underline{Q}$, das heißt, jedes Element $x \in K$ hat eine eindeutige Darstellung von der Form $x = \sum_{i=0}^{n-1} r_i\phi^i$ mit rationalen Koeffizienten r_i . Da ϕ ganz-algebraisch ist, gibt es ganze rationale Zahlen k_i mit $\phi^n = \sum_{i=0}^{n-1} k_i\phi^i$. Für jede natürliche Zahl m folgt daraus durch Induktion

(b) $$\phi^m = \sum_{i=0}^{n-1} k_i^{(m)}\phi^i \text{ mit ganz-rationalen } k_i^{(m)} \ ; \ m \geq 0 \ .$$

Nun gibt es wegen (a) eine ganze,rationale Zahl n_o , so daß

(c) $$n_o\phi^i \in S \qquad \text{für} \qquad i = 0,\dots,n-1 \ .$$

Bezeichnen wir wie üblich den größten gemeinsamen Teiler zweier ganzer Zahlen a und b mit (a,b) , so ist

$$W = [s^{-1}\sum_{i=0}^{n-1} t_i\phi^i \,|\, s,t_i \text{ ganz-rational}, \ (s,n_o) = 1]$$

eine wohlbestimmte Teilmenge von K , und es gilt :

(d) W ist eine Untergruppe von K^+ .

Nach Definition enthält W das Einselement und wegen (b) alle positiv-ganzzahligen Potenzen von ϕ. Dann liegt auch $r\phi^m$ in W für jede nichtnegative ganz-rationale Zahl m und beliebige rationale Zahlen r, deren Nenner zu n_o teilerfremd sind. Da W nach (d) eine additive Gruppe ist, folgt daraus auch die multiplikative Abgeschlossenheit von W und

(e) W ist ein Unterring von K mit 1.

Die Menge aller Elemente in K von der Form $n_o^t x$ mit $x \in S$ und ganz-rationalem t bildet, wie man leicht nachprüft, einen Ring, den wir T nennen wollen. Nach Definition von T ist

(f) $S \subseteq T = [n_o^t x \mid x \in S,\ t \text{ ganz-rational}]$,

und wegen (c) gilt weiter

(g) $1, \phi, \ldots, \phi^{n-1} \in T$.

Wir setzen $R = W \cap T$. Dann ist auch R ein Ring und aus (e) und (g) folgt:

(h) R ist ein Unterring von K mit 1.

Sei x irgendein Element aus R. Nach Definition von $W \supseteq R$ hat x dann die Form $x = s^{-1}\sum_{i=0}^{n-1} t_i\phi^i$ mit $(s,n_o) = 1$. Wegen (c) liegt das Element $y = n_o\sum_{i=0}^{n-1} t_i\phi^i = \sum_{i=0}^{n-1} t_i[n_o\phi^i]$ in S; es gilt:

(i) $s[n_o x] = y \in S$, $\quad (s,n_o) = 1$.

Nun ist R auch enthalten in T. Nach der Definition (f) von T gibt es daher eine natürliche Zahl m, so daß

(k) $n_o^m x = n_o^{m-1}[n_o x] \in S$.

Aus (i) and (k) folgt, daß die Ordnung der Restklasse $n_o x + S^+$ in der Torsionsgruppe K^+/S^+ sowohl s als auch n_o^{m-1} teilt. Wegen $(s,n_o) = 1$ ist dann $n_o x \in S$. Damit ist gezeigt:

(l) $n_o R \subseteq S$.

Wir setzen $H = n_o R^+$. Nach (l) ist H eine Untergruppe von S^+, und aus der Torsionsfreiheit von R^+ folgt:

$$H \cong R^+.$$

Es bleibt noch nachzuweisen, daß S^+/H artinsch ist.

Nach Konstruktion von W besitzt die Torsionsgruppe

$$T^+/R^+ = T^+/T^+ \cap W^+ \cong (W^+ + T^+)/W^+ \subseteq K^+/W^+$$

nur endlich viele von 0 verschiedene Primärkomponenten, und jede Primärkomponente von T^+/R^+ hat endlichen Rang [siehe Fuchs S. 180, Exercise 12.]; als Torsionsgruppe endlichen Ranges ist T^+/R^+ dann artinsch [vgl. Fuchs S. 68, Exercise 18. (a)]. Ganz analog folgt, daß $R^+/n_o R^+$ eine artinsche Gruppe und wegen der Beschränktheit von $R^+/n_o R^+$ sogar endlich ist [siehe Fuchs S. 65, Theorem 19.2.]. Da sich die Minimalbedingung für Untergruppen auf Erweiterungen vererbt, ist dann auch T^+/n_oR^+ und damit ihre Untergruppe $S^+/n_oR^+ = S^+/H$ artinsch.

Der oben konstruierte Ring R hat alle in Lemma 3.2 geforderten Eigenschaften.

Beaumont und Pierce zeigen in [1] , S. 74, Corollary 4.9., daß jede Gruppe G, die eine Multiplikation vom Typ eines algebraischen Zahlkörpers zuläßt, eine freie Untergruppe F mit teilbarer Faktorgruppe G/F enthält.

Das wirft die folgende Frage auf : Gibt es zu einer natürlichen Zahl n und einer teilbaren Torsionsgruppe D höchstens n-ten reduzierten Ranges [vgl. Fuchs S. 34 oben] einen algebraischen Zahlkörper K und eine torsionsfreie Gruppe G mit den Eigenschaften :

(1) $rg(G) = n$,

(2) G läßt eine Multiplikation vom Typ K zu,

(3) G enthält eine freie Gruppe F mit Torsionsfaktorgruppe $G/F \cong D$?

Diese Frage hat R.S. Pierce kürzlich für alle $n > 1$ negativ beantwortet. Dagegen gilt der folgende

SATZ 3.3. *Sei* $\mathfrak{P}$ *eine unendliche Primzahlmenge, und sei* n *eine natürliche Zahl. Dann gibt es eine unendliche Teilmenge* $\mathfrak{Q}$ *von* $\mathfrak{P}$ *und eine abelsche Gruppe* H *mit den folgenden Eigenschaften :*

(1) H *ist torsionsfrei vom Rang* n .

(2) *Es gibt eine freie Untergruppe* F *von* H *mit Torsionsfaktorgruppe* $H/F \cong \sum^{o}_{q\in\mathfrak{Q}} Z(q^\infty)$.

(3) *Es gibt einen algebraischen Zahlkörper* K *und einen das 1-Element enthaltenden Unterring* R *von* K *mit* $R^+ \cong H$.

Dem Beweis dieses Satzes wird der Beweis eines Hilfssatzes vorausgeschickt, den wir Frau Professor Christine Ayoub verdanken :

HILFSSATZ 3.4. *Sei* $\mathfrak{P}$ *eine unendliche Primzahlmenge, und sei* n *eine natürliche Zahl. Dann gibt es eine ganze Zahl* a *und eine unendliche Teilmenge* $\mathfrak{Q}$ *von* $\mathfrak{P}$ *, für die gilt :*

(i) a *ist quadratfrei und ungleich* 1 .

(ii) *Für alle Primzahlen* $q \in \mathfrak{Q}$ *ist die Gleichung* $X^n+a = 0$ *im Primkörper der Charakteristik* q *lösbar.*

BEWEIS. Wir können $n > 1$ voraussetzen. Sei K_p der Primkörper der Charakteristik p . Seine multiplikative Gruppe $K_p^\times$ ist zyklisch und hat die Ordnung p-1 . Die Menge aller n-ten Potenzen in $K_p^\times$ ist die Untergruppe $(K_p^\times)^n$, die wir der Kürze halber mit S_p bezeichnen wollen. Für jede Primzahl p ist $K_p^\times/S_p$ dann zyklisch und $[K_p^\times/S_p]^n = 1$. Es folgt

(1) $K_p^\times/S_p$ ist zyklisch mit n teilender Ordnung.

Ist p irgendeine Primzahl und $\mathcal{M}$ eine Menge von n^2 zu p teilerfremden ganzen Zahlen, so liegen wegen (1) mindestens n Zahlen aus $\mathcal{N}$ in derselben Restklasse von $K_p^\times/S_p$. Es folgt : Sind $p_1,\dots,p_{n^2}$ die ersten n^2 Primzahlen, so gibt es zu jeder Primzahl p ein n-Tupel

$$i_1^{(p)},\dots,i_n^{(p)}$$

ganzer Zahlen mit den Eigenschaften :

$$(2) \qquad \begin{cases} 1 \leq i_\nu^{(p)} \leq n^2, & \nu = 1,\dots,n, \\ i_1^{(p)} < i_2^{(p)} < \dots < i_n^{(p)}, & \\ p_{i_1^{(p)}} \equiv p_{i_2^{(p)}} \equiv \dots \equiv p_{i_n^{(p)}} \pmod{S_p}. & \end{cases}$$

Es gibt aber nur endlich viele Möglichkeiten, n ganze Zahlen i_ν so zu wählen, daß

$$1 \leq i_\nu \leq n^2 \qquad \text{für} \qquad \nu = 1,\dots,n$$

und

$$i_1 < i_2 < \dots < i_n.$$

Daher folgt, daß für unendlich viele Primzahlen p einer jeden unendlichen Primzahlmenge die n-Tupel $i_1^{(p)},\dots,i_n^{(p)}$ mit den Eigenschaften (2) übereinstimmen, und wir haben gezeigt :

Es gibt eine unendliche Teilmenge $\mathfrak{Q}$ von $\mathfrak{P}$ und n paarweise verschiedene Primzahlen p_{i_ν} mit

$$p_{i_1} \equiv p_{i_2} \equiv \dots \equiv p_{i_n} \pmod{S_q} \quad \text{für alle Primzahlen } q \in \mathfrak{Q}.$$

Zu $q \in \mathfrak{Q}$ gibt es dann ganze Zahlen $x_\nu^{(q)}$, so daß

$$p_{i_\nu} \equiv p_{i_1}[x_\nu^{(q)}]^n \pmod{q}, \quad \nu = 1,\dots,n,$$

und folglich

$$p_{i_1}\cdot p_{i_2}\cdots p_{i_n} \equiv [p_{i_1}x_1^{(q)}\cdots x_n^{(q)}]^n \pmod{q}, \qquad q \in \mathfrak{Q}.$$

Setzen wir $a = -(p_{i_1}\cdot p_{i_2}\cdots p_{i_n})$, so genügen a und die Primzahlmenge $\mathfrak{Q}$ den Forderungen von Hilfssatz 3.4.

BEWEIS VON SATZ 3.3. Mit K_q bezeichnen wir wieder den Primkörper der Charakteristik q. Hilfssatz 3.4 sichert uns die Existenz einer unendlichen Primzahlmenge $\mathfrak{Q}_0 \subseteq \mathfrak{P}$ und einer quadratfreien ganzen Zahl $a \neq 1$, so daß gilt :

(1) Für jedes $q \in \mathfrak{Q}_0$ ist die Gleichung $X^n + a = 0$ lösbar in K_q.

Da $1 \neq a$ quadratfrei ist, folgt aus dem Eisensteinschen Irreduzibilitätskriterium [siehe van der Waerden S. 85] :

(2) Das Polynom $f(X) = X^n+a$ ist irreduzibel über dem Körper der rationalen Zahlen.

Wir können X^n+a auch als ein Polynom über dem Primkörper der Charakteristik p ansehen, das wir dann $f_p(X)$ nennen wollen.

Die Restklasse der Diskriminante von $f_p(X)$ enthält die Diskriminante von $f(X)$ [siehe v.d. Waerden, Beweis S. 90 f] . Da nur endlich viele Primzahlen die

Diskriminante $D(f)$ von $f(X)$ teilen $[D(f) \neq 0$, vgl. v.d. Waerden S. 132, S. 92], so ist für fast alle Primzahlen p die Diskriminante von $f_p(X)$ ungleich 0 und die Nullstellen von f_p sind paarweise verschieden [v.d. Waerden S. 92/93]. Zusammen mit (1) folgt daraus :

(3) Es gibt eine unendliche Primzahlmenge $\mathfrak{R}_1 \subseteq (\mathfrak{R}_0 \subseteq) \mathfrak{P}$, so daß für alle $q \in \mathfrak{R}_1$ gilt :

$$f_q(X) = (X-b_q)h_q(X) \,,\quad b_q \in K_q \,,\quad h_q(X) \in K_q[X] \,,\quad h_q(b_q) \neq 0 \,.$$

Der Körper $\underline{Q}$ der rationalen Zahlen ist isomorph eingebettet in den Körper $R^{(p)}$ der p-adischen Zahlen. Also können wir f auch als ein Polynom aus $R^{(p)}[X]$ ansehen, und aus (3) und dem Henselschen Lemma [siehe Zariski und Samuel II, S. 279] folgt dann :

Zu $q \in \mathfrak{R}_1$ gibt es eine q-adische Zahl ξ_q und ein Polynom $k_q(X) \in R^{(q)}[X]$, so daß

(4) $X^n+a = (X-\xi_q)k_q(X)$, $\quad q \in \mathfrak{R}_1$,

(5) $k_q(X) = \gamma_0^{(q)} + \gamma_1^{(q)}X + \dots + \gamma_{n-2}^{(q)}X^{n-2} + X^{n-1}$ mit Koeffizienten $\gamma_i^{(q)} \in R^{(q)}$.

Sei nun V ein Vektorraum der Dimension n über dem Körper der rationalen Zahlen, und sei $x_0, x_1, \dots, x_{n-1}$ eine Basis von V. Dann kann man V isomorph einbetten in einen n-dimensionalen Vektorraum $V^{(p)}$ über dem Körper $R^{(p)}$ der p-adischen Zahlen, und die Elemente $x_0, x_1, \dots, x_{n-1}$ aus V bilden auch eine Basis von $V^{(p)}$. Es sei für $q \in \mathfrak{R}_1$ (siehe (5)) :

$$z(q) = \gamma_0^{(q)}x_0 + \gamma_1^{(q)}x_1 + \dots + \gamma_{n-2}^{(q)}x_{n-2} + x_{n-1} \in V^{(q)} \,.$$

Für jede Primzahl p definieren wir dann einen $R^{(p)}$-Unterraum δ_p von $V^{(p)}$:

$$(6) \qquad \delta_p = \begin{cases} R^{(p)}.z(p) & \text{für } p \in \mathfrak{R}_1 \\ 0 & p \notin \mathfrak{R}_1 \end{cases} .$$

Nach Beaumont und Pierce [1], S. 63, Theorem 1.9., enthält die additive Gruppe V eine torisonsfreie Untergruppe A mit den Eigenschaften :

(i) A ist torsionsfrei vom Rang n .

(ii) A ist *quotiententeilbar*, das heißt, es gibt eine freie Gruppe E in A mit teilbarer Torsionsfaktorgruppe A/E .

(iii) Für jede Primzahl p ist $\delta_p(A) = \delta_p$.

Dabei sind die $\delta_p(A)$ folgendermaßen definiert [siehe Beaumont und Pierce, 1 , S. 78/79] : Da A eine Untergruppe von V ist, und da V für jede Primzahl p isomorph eingebettet ist in den Vektorraum $V^{(p)}$ der Dimension n über dem Körper $R^{(p)}$ der p-adischen Zahlen, bildet die Menge

$$A^{(p)} = [\textstyle\sum \zeta_i x_i \in V^{(p)} | x_i \in A \,,\ \zeta_i \text{ ganze p-adische Zahlen}]$$

eine Untergruppe von $V^{(p)}$.Die eindeutig bestimmte maximale teilbare Untergruppe von

$A^{(p)}$ ist dann $\delta_p(A)$; insbesondere ist $\delta_p(A)$ ein $R^{(p)}$-Unterraum von $V^{(p)}$. Nach Konstruktion der $\delta_p = \delta_p(A)$ ist für jede Primzahl p entweder $\delta_p(A) = 0$, oder $\delta_p(A)$ wird als $R^{(p)}$-Modul erzeugt von dem Element

$$z(p) = \gamma_o^{(p)}x_o + \ldots + \gamma_{n-2}^{(p)}x_{n-2} + x_{n-1}\ , \quad \gamma_i^{(p)} \in R^{(p)}\ ,$$

wobei in diesem Fall das Polynom

$$\gamma_o^{(p)} + \gamma_1^{(p)}X + \ldots + \gamma_{n-2}^{(p)}X^{n-2} + X^{n-1} = k_p(X)$$

ein Faktor von $f(X) = X^n + a$ mit Koeffizienten in $R^{(p)}$ ist (siehe (4) und (5)). Wegen (i), (ii) und (2) können wir Corollary 8.5., S. 93, von Beaumont und Pierce [1] anwenden, und es folgt :

(7) Ist $f(\vartheta) = \vartheta^n + a = 0$, so enthält der algebraische Zahlkörper $K = \underline{Q}(\vartheta)$ einen Unterring S , dessen additive Gruppe S^+ isomorph zu A ist.

(8) Es gibt eine freie Untergruppe E in A mit Torsionsfaktorgruppe

$$A/E \cong \sum_{q\in\mathfrak{Q}_1}^{o} Z(q^\infty)\ .$$

Die Aussage (8) folgt aus Corollary 5.15., S. 80, und Lemma 5.9., S. 77, von Beaumont und Pierce [1] unter Benutzung von (ii), (iii) und der speziellen Form (6) der δ_p .

Aus (7) und Lemma 3.2 ergibt sich :

(+) K enthält einen Unterring R mit 1 , dessen additive Gruppe R^+ isomorph zu einer Untergruppe H von A ist ; es ist A/H artinsch.

Wegen (i) folgt daraus insbesondere :

(++) H ist torsionsfrei vom Rang n .

Jede Gruppe, die eine Multiplikation vom Typ eines algebraischen Zahlkörpers zuläßt, ist quotiententeilbar [siehe Beaumont und Pierce, 1, S. 74, Corollary 4.9.]. Wegen (+) enthält H also eine freie Gruppe F mit teilbarer Torsionsfaktorgruppe H/F . Dann ist für eine geeignete Untergruppe C von A

(9) $A/F \cong H/F \oplus C/F$, $\quad H/F$ teilbar

[vgl. Fuchs S. 62, Theorem 18.1.]. Wegen (8) und Lemma 5.9., S. 77, von Beaumont und Pierce [1] gilt $A/F \supseteq U \cong \sum_{q\in\mathfrak{Q}_1}^{o} Z(q^\infty)$. Da $C/F \cong A/H$ nach (+) artinsch ist, folgt aus (9) [vgl. Fuchs S. 64, Theorem 19.1., und S. 65 Theorem 19.2.] :

Es gibt eine unendliche Primzahlmenge $\mathfrak{Q} \subseteq (\mathfrak{Q}_1 \subseteq)\ \mathfrak{P}$, so daß

(+++) $H/F \cong \sum_{q\in\mathfrak{Q}}^{o} Z(q^\infty)$, $\quad F$ frei.

FOLGERUNG 3.5. *Sei* $\mathfrak{P}$ *eine unendliche Primzahlmenge und* n *eine natürliche Zahl. Dann gibt es eine unendliche Teilmenge* $\mathfrak{Q}$ *von* $\mathfrak{P}$ *und eine torsionsfreie abelsche Gruppe* H *des Ranges* n *mit den folgenden Eigenschaften :*

(1) H *enthält eine freie Untergruppe* F *mit Torsionsfaktorgruppe*

$H/F \cong \sum_{q \in Q}^{\circ} Z(q^\infty)$.

(2) *Es gibt keine beschränkte automorphismengesättigte Gruppenklasse, die* H *enthält.*

BEWEIS. Satz 3.3, Lemma 2.3 (E) und Folgerung 3.1.

§ 4. AUTOMORPHISMENGESÄTTIGTE KLASSEN ENDLICH ERZEUGBARER GRUPPEN

DEFINITION. Sei A eine torsionsfreie Gruppe endlichen Ranges und F eine freie Untergruppe von A mit Torsionsfaktorgruppe A/F . Die Menge aller Primzahlen p , für die die maximale teilbare Untergruppe von A/F eine von 0 verschiedene p-Komponente besitzt, heißt ***Charakteristik*** *von* A und wird mit Char(A) bezeichnet.

Daß die Charakteristik von A eine Gruppeninvariante, also von der Wahl der in der obigen Definition auftretenden freien Gruppe F unabhängig ist, folgt aus der Endlichkeit von rg(A) : sind E_1 und E_2 freie Untergruppen von A mit Torsionsfaktorgruppen A/E_1 und A/E_2 , so sind die maximalen teilbaren Untergruppen von A/E_1 und A/E_2 zueinander isomorph [siehe Beaumont und Pierce, 1, S. 77, Lemma 5.9.].

HILFSSATZ 4.1. *Es sei* A *eine torsionsfreie Gruppe endlichen und* B *eine torsionsfreie Gruppe höchstens abzählbaren Ranges ; die Charakteristik von* A *enthalte eine Primzahl* p , *so daß* B *nicht* p-*teilbar ist. Dann hat* Ext(A,B) *überabzählbaren torsionsfreien Rang.*

BEWEIS. Wir wollen den Beweis mit homologischen Methoden führen. Sei F eine freie Untergruppe von A mit Torsionsfaktorgruppe A/F . Dann ist Ext(F,B) = 0 [Fuchs S. 238, (a)] , und aus der Exaktheit der Folge $0 \longrightarrow F \longrightarrow A \longrightarrow A/F \longrightarrow 0$ folgt die Exaktheit von

(1) $\mathrm{Hom}(F,B) \longrightarrow \mathrm{Ext}(A/F,B) \longrightarrow \mathrm{Ext}(A,B) \longrightarrow \mathrm{Ext}(F,B) = 0$

[siehe Rotman,2,S.229,Theorem 10.34].Da A nach Voraussetzung endlichen Rang hat, ist $\mathrm{Hom}(F,B) \cong \sum_{rg(A)}^{\circ} B$ [vgl. Fuchs S. 208, Lemma 54.2.,und S.206, 1.], und wegen der Abzählbarkeit von B gilt :

(2) Hom(F,B) ist abzählbar.

Sei V eine minimale teilbare Gruppe, die B enthält. Nach Voraussetzung gibt es eine Primzahl p mit $A/F \supseteq Z(p^\infty)$ und $B \neq pB$, also $0 \neq (V/B)_p \supseteq Z(p^\infty)$. Da teilbare Untergruppen stets direkte Summanden sind [Fuchs S. 62, Theorem 18.1], folgt daraus $\mathrm{Hom}(A/F,V/B) \supseteq W \cong \mathrm{Hom}(Z(p^\infty),Z(p^\infty))$ [Fuchs S. 208, Lemmata 54.2. und 54.4.] . Nun ist $\mathrm{Hom}(A/F,V/B) \cong \mathrm{Ext}(A/F,B)$ [Fuchs S.244, E)] und daher

(3) $\mathrm{Ext}(A/F,B) \supseteq U \cong \mathrm{Hom}(Z(p^\infty),Z(p^\infty))$.

Die Gruppe $\mathrm{Hom}(Z(p^\infty),Z(p^\infty))$ ist bekanntlich isomorph zur additiven Gruppe der

ganzen p-adischen Zahlen [Fuchs S. 211, 5.] , also torsionsfrei von der Mächtigkeit des Kontinuums [Fuchs S. 26 f] . Aus (3) folgt :

(4) $\text{Ext}(A/F,B)$ hat überabzählbaren torsionsfreien Rang.

Die Exaktheit der Folge (1) und die Aussagen (4) und (2) ergeben die Behauptung.

LEMMA 4.2. *Für eine Gruppe G höchstens abzählbaren torsionsfreien Ranges
sind die beiden Aussagen äquivalent :*

(i) $\text{Ext}(G,G) = 0$.

(ii) *Es gibt eine (torsionsfreie) quotiententeilbare Gruppe R vom Rang 1 ,
so daß $G \simeq tG \oplus \sum^0 R$, und für jede Primzahl p mit $(tG)_p \neq 0$ ist $G = pG$.*

TERMINOLOGISCHE ERINNERUNG. Eine torsionsfreie Gruppe A heißt *quotiententeilbar,* wenn A eine freie Untergruppe F mit teilbarer Faktorgruppe A/F besitzt.

BEWEIS VON LEMMA 4.2. Wir nehmen zunächst die Gültigkeit von (ii) an und
setzen zur Abkürzung $G = tG \oplus H$. Nach Voraussetzung enthält R eine zyklische
Untergruppe Z mit teilbarer Torsionsfaktorgruppe R/Z ; ist $(R/Z)_p \neq 0$ für eine
Primzahl p , so gilt $R = pR$.

Wegen $H \simeq G/tG \simeq \sum^0 R$ besitzt H eine freie Untergruppe F mit Torsionsfaktorgruppe $H/F \simeq \sum^0 R/Z$; aus $(H/F)_p \neq 0$ folgt dann $R = pR$ und damit
$H = pH$. Für eine Primzahl p mit $(tG)_p = 0$ ist H ebenfalls p-teilbar ; denn
aus $(tG)_p \neq 0$ folgt nach Voraussetzung $G = pG$ und damit $H = pH$. Da
$G/F \simeq tG \oplus H/F$, haben wir gezeigt :

(a) Ist $(G/F)_p \neq 0$, so gilt $H = pH$.

Sei V eine minimale teilbare Gruppe, die H enthält. Ist $H = pH$, so liegt
jedes Element $x \in V$ mit $px \in H$ bereits in H ; es gilt $(V/H)_p = 0$. Wegen (a)
haben wir also für jede Primzahl p entweder $(G/F)_p = 0$ oder $(V/H)_p = 0$ und
folglich $\text{Hom}[(G/F)_p,(V/H)_p] = 0$. Da

$$0 = \sum_p^* \text{Hom}[(G/F)_p,(V/H)_p] \simeq \text{Hom}(G/F,V/H) \simeq \text{Ext}(G/F,H)$$

[siehe Fuchs S. 209, Corollary 54.5., und S. 244, E)] , gilt

(b) $\text{Ext}(G/F,H) = 0$.

Die Folge $0 \longrightarrow F \longrightarrow G \longrightarrow G/F \longrightarrow 0$ ist exakt. Daraus folgt die Exaktheit von
$\text{Ext}(G/F,H) \longrightarrow \text{Ext}(G,H) \longrightarrow \text{Ext}(F,H)$ [vgl. Fuchs S. 239, Theorem 62.1.] , und
aus (b) und $\text{Ext}(F,H) = 0$ [Fuchs S. 238, (a)] erhalten wir :

(c) $\text{Ext}(G,H) = 0$.

Natürlich ist die Torsionsgruppe tG durch jede Primzahl p mit $(tG)_p = 0$
teilbar ; nach Voraussetzung folgt aus $(tG)_p \neq 0$ die p-Teilbarkeit von G und
damit die p-Teilbarkeit der reinen Untergruppe tG von G . Also ist tG eine
teilbare Gruppe und es gilt

(d) $\text{Ext}(G,tG) = 0$

[Fuchs S. 238, (b)] . Aus (c) und (d) folgt $Ext(G,G) = 0$ [vgl. Fuchs S. 239, (d)]. Wir haben (i) aus (ii) hergeleitet.

Da aus der Exaktheit einer Folge $0 \longrightarrow U \longrightarrow X \longrightarrow X/U \longrightarrow 0$ für jede Gruppe Y die Exaktheit von $Ext(X,Y) \longrightarrow Ext(U,Y) \longrightarrow 0$ folgt [siehe Fuchs S. 239, Theorem 62.1.] , gilt die folgende Aussage :

(0) Ist $Ext(X,Y) = 0$ und $U \subseteq X$, so ist auch $Ext(U,Y) = 0$.

Wir nehmen nun die Gültigkeit von (i) an. Wegen $Ext(Z(p),G) \cong G/pG$ [vgl. Fuchs S. 243, B)] folgt aus (0) unmittelbar :

(+) Für jede Primzahl p mit $(tG)_p \neq 0$ ist $G = pG$.

Also ist tG teilbar und G zerfällt [Fuchs S. 62, Theorem 18.1.] :

(++) $G = tG \oplus H$, tG teilbar.

Wegen (++) ist dann $Ext(G,G) \cong Ext(G,H)$ [vgl. Fuchs S. 239, (e)] und somit $Ext(G,G) \cong Ext(H,H) \oplus Ext(tG,H)$ [Fuchs S. 238, (c)] ; aus unseren Voraussetzungen folgt daher :

(1) $Ext(H,H) = 0$, H ist torsionsfrei und abzählbar.

Aus Hilfssatz 4.1 erhalten wir wegen (1) und (0) unmittelbar :

(2) Ist $U \subseteq H$ mit $rg(U) < \infty$, so gilt $H = pH$ für jede Primzahl p mit $p \in Char(U)$.

Sei U nun eine reine Untergruppe endlichen Ranges von H und E eine freie Untergruppe von U mit Torsionsfaktorgruppe U/E. Aus der Exaktheit der Folge $0 \longrightarrow E \longrightarrow U \longrightarrow U/E \longrightarrow 0$ ergibt sich wieder die Exaktheit von $Hom(E,H) \longrightarrow Ext(U/E,H) \longrightarrow Ext(U,H) = 0$ [vgl. Rotman, 2, S. 229, Theorem 10.34] ; und da wegen der Endlichkeit von $rg(U) = rg(E)$ und der Abzählbarkeit von H die Gruppe $Hom(E,H)$ abzählbar ist [Fuchs S. 208, Lemma 54.2., S. 206, 1.], folgt daraus die Abzählbarkeit von $Ext(U/E,H)$. Nun gilt $Ext(U/E,H) \cong \sum^{*} Ext((U/E)_p,H)$ [Fuchs S. 238, (c)] und daher :

(3) Für fast alle Primzahlen p ist $Ext((U/E)_p,H) = 0$.

Sei p eine Primzahl, mit $(U/E)_p \neq 0$ und $Ext((U/E)_p,H) = 0$. Nach (0) gilt dann auch $Ext(Z(p),H) = 0$ und wie oben folgt daraus $H = pH$. Die reine Untergruppe U von H und deren epimorphe Bilder sind dann ebenfalls p-teilbar ; $(U/E)_p$ ist teilbar. Wir haben gezeigt :

(4) Ist $Ext((U/E)_p,H) = 0$, so ist $(U/E)_p$ teilbar.

Nach (3) und (4) sind fast alle Primärkomponenten von U/E teilbar. Da U endlichen Rang hat, folgt daraus [siehe etwa Beaumont und Pierce, 1, S. 77, Lemma 5.4.]:

(5) Für $U \subseteq_\circ H$ mit $rg(U) < \infty$ ist U quotiententeilbar.

Sei weiter L/U eine reine Untergruppe von H/U des Ranges 1. Dann ist auch L eine reine Untergruppe endlichen Ranges von H und nach (5) quotiententeilbar. Da torsionsfreie Faktorgruppen quotiententeilbarer Gruppen endlichen Ranges quotiententeilbar sind [Beaumont und Pierce, 1, S. 77, Corollary 5.8.], ist L/U ebenfalls quotiententeilbar. Also gibt es eine zyklische Untergruppe $\{c+U\} = C/U$

von L/U mit teilbarer Torsionsfaktorgruppe (L/U)/(C/U) ; und die Folge $\mathcal{H}$ der p-Höhen von c+U in L/U besteht dann nur aus den Symbolen 0 und ∞ . Ist $\mathcal{H}_p$ die Höhe von c+U in L/U bezüglich der Primzahl p [vgl. Fuchs S. 146, oben], so folgt aus $\mathcal{H}_p = \infty$ die p-Teilbarkeit von L/U und $[(L/U)/(C/U)]_p \cong Z(p^\infty)$; wegen der Endlichkeit von rg(L) ist dann $p \in$ Char(L), und nach (2) gilt H = pH. Umgekehrt folgt aus H = pH die p-Teilbarkeit der reinen Untergruppe L von H und deren Faktorgruppe L/U , und es ist dann $\mathcal{H}_p = \infty$. Also haben wir $\mathcal{H}_p = \infty$ dann und nur dann, wenn H = pH, und für Primzahlen q mit $H \neq qH$ ist $\mathcal{H}_q = 0$. Der Typ einer torsionsfreien Gruppe des Ranges 1 ist durch die Folge der p-Höhen eines ihrer Elemente schon eindeutig bestimmt [vgl. Fuchs S. 149, Theorem 42.2.]; bezeichnen wir mit $[\mathcal{H}]$ den Typ von L/U , so ist H/S für jede reine Untergruppe S endlichen Ranges von H also eine homogene Gruppe mit Elementen vom Typ $[\mathcal{H}]$. Aus [Fuchs S. 175, Corollary 48.3.] erhält man :

(+++) $H \cong \sum^{\circ} R$, rg(R) = 1 , Typ(R) = $[\mathcal{H}]$.

Nach (5) (oder wegen $\mathcal{H}_p = 0$ oder $\mathcal{H}_p = \infty$ für alle Primzalen p) ist R quotiententeilbar. Dies ergibt zusammen mit (+), (++) und (+++) die Behauptung (ii).

BEMERKUNG : Ohne die Vorraussetzung der Abzählbarkeit von G/tG ist Lemma 4.2. falsch. Zwar folgt - wie der Beweis gezeigt hat - auch ohne diese Voraussetzung die Aussage (i) aus der Bedingung (ii) ; aber umgekehrt gibt es torsionsfreie Gruppen von der Mächtigkeit des Kontinuums, für die (i) gilt und die direkt unzerlegbar sind, z.B. die additive Gruppe der ganzen p-adischen Zahlen [vgl. Harrison S. 371 ; Fuchs S. 150, Theorem 43.1.].

Von nun an wollen wir der Kürze halber eine beschränkte automorphismengesättigte Gruppenklasse *kompakt* nennen. Aussage (a) von Hauptsatz A ist enthalten in dem

SATZ 4.3. *Die folgenden Eigenschaften der abelschen Gruppe* G *sind äquivalent*:

(1) G *ist endlich erzeugbar.*

(2) G *liegt in einer kompakten epimorphismenvererblichen Gruppenklasse.*

(3) *Jede Torsionsfaktorgruppe von* G *liegt in einer kompakten Klasse.*

(4) *Die Torsionsfaktorgruppen von* G *sind endlich.*

(5) G *ist abzählbar und liegt in einer kompakten Klasse* $\mathfrak{K}$, *die mit* X *und* Y *auch* Ext(X,Y) *enthält.*

BEMERKUNG. Wir konnten nicht entscheiden, ob Satz 4.3 auch ohne die Abzählbarkeitsforderung in (5) richtig ist.

BEWEIS. Es soll zunächst die Äquivalenz der ersten vier Aussagen gezeigt werden.

Nach Folgerung 2.2 ist die Klasse $\mathcal{E}\mathcal{E}$ aller endlich erzeugbaren Gruppen kompakt; natürlich ist sie auch epimorphismenvererblich. Es folgt also (2) aus (1). Die Aussage (3) ist eine schwächere Form von (2), und wegen Lemma 1.5 ergibt sich (4) aus (3).

Hat eine abelsche Gruppe G die Eigenschaft (4), so ist insbesondere $Z(p^\infty)$ *kein* epimorphes Bild von G und der torsionsfreie Rang von G daher endlich [vgl. Fuchs S. 337 f, III]. Jede freie Untergruppe F maximalen Ranges in G ist also endlich erzeugbar, und nach Voraussetzung ist die Torsionsgruppe G/F endlich. Damit ist G endlich erzeugbar und die Äquivalenz der Aussagen (1) bis (4) bewiesen.

Als nächstes sei (5) vorausgesetzt. Nach Lemma 1.5 hat G die Form

(d) $G = T \oplus H$, T endlich, H torsionsfrei,

und wir nehmen an, daß $H \neq 0$; denn für $H = 0$ ist $G = T$ endlich und (1) ist gezeigt. Wegen (d) gilt

(e) $\mathrm{Ext}(H,H) \cong U \subseteq \mathrm{Ext}(G,G)$ [Fuchs S. 238 f (c) und (d)].

Nun ist $\mathrm{Ext}(G,G)$ nach Lemma 1.2 reduziert und $\mathrm{Ext}(H,H)$ wegen der Torsionsfreiheit von H eine teilbare Gruppe [Fuchs S. 245, I)]. Aus (e) folgt daher $\mathrm{Ext}(H,H) = 0$; da G nach Voraussetzung abzählbar ist, können wir Lemma 4.2 anwenden und erhalten :

(f) $0 \neq H \cong \sum^{\circ} R$, $\mathrm{rg}(R) = 1$, R quotiententeilbar.

Wir nehmen an, die quotiententeilbar Gruppe R wäre nicht zyklisch. Dann gibt es eine Primzahl p mit $R = pR$, und die Multiplikation mit p induziert einen Automorphismus λ der Ordnung 0 von R . Wegen (f) und (d) ist λ fortsetzbar zu einem Automorphismus der Ordnung 0 von G . Die kompakte Klasse $\mathfrak{K}$ enthält also eine unendliche zyklische Gruppe Z und nach Voraussetzung dann auch $\mathrm{Ext}(G,Z)$. Wie oben folgt aus der Reduziertheit von $\mathrm{Ext}(G,Z)$ und der Teilbarkeit von

$$\mathrm{Ext}(R,Z) \cong C \subseteq \mathrm{Ext}(G,Z) ,$$

daß

(g) $\mathrm{Ext}(R,Z) = 0$.

Nun ist jede abzählbare Gruppe X mit $\mathrm{Ext}(X,Z(0)) = 0$ frei [siehe Rotman, 1, S. 248, Theorem 2] . Aus (g) folgt daher, daß R zyklisch ist, entgegen unserer Annahme. H ist eine freie Gruppe, und wegen (d) und Lemma 1.1 hat H endlichen Rang. Also ist G endlich erzeugbar und (1) aus (5) hergeleitet.

Sind A und B zwei endlich erzeugbare abelsche Gruppen, so ist Ext(A,B) endlich [Fuchs S. 244, C)] ; die Klasse $\mathcal{E}\mathcal{E}$ aller endlich erzeugbaren abelschen Gruppen enthält also mit zwei Gruppen X und Y auch Ext(X,Y) . Da jede endlich erzeugbare Gruppe G abzählbar ist, folgt aus (1) auch (5), und Satz 4.3 ist vollständig bewiesen.

Wir können nun den in der Einleitung aufgeführten Hauptsatz B bewiesen.

BEWEIS VON HAUPTSATZ B. Nach Folgerung 2.2 ist die Klasse aller endlich erzeugbaren abelschen Gruppen kompakt und hat dann die Eigenschaften (1) bis (4) des Hauptsatzes B.
Sei umgekehrt $\mathfrak{K}$ eine Gruppenklasse, die den Bedingungen (1) bis (4) von Hauptsatz B genügt. Wegen (1), (2) und (4) können wir Satz 1.7 anwenden, und es folgt : $\mathfrak{K}$ enthält alle endlich erzeugbaren abelschen Gruppen. Wegen (1)', (3) und Satz 4.3 ist umgekehrt aber auch jede Gruppe in $\mathfrak{K}$ endlich erzeugbar und somit $\mathfrak{K} = \mathcal{E}\mathcal{E}$.

BEMERKUNG. Nach Satz 4.3 (zusammen mit Satz 1.7 und Lemma 1.8) kann die Forderung (3) in Hauptsatz B durch jede der beiden folgenden Bedingungen ersetzt werden :

(3)* $\mathfrak{K}$ enthält mit jeder Gruppe deren Torsionsfaktorgruppen.

(3)** $\mathfrak{K}$ enthält mit X und Y auch Ext(X,Y).

Mit X' bezeichnen wir im folgenden die Kommutatorgruppe einer (nicht notwendig abelschen) Gruppe X und mit $\mathfrak{F}(n)$ die nicht-abelsche freie Gruppe vom Rang n .

SATZ 4.4. *Die Gruppenklasse* $\mathfrak{K}$ *ist dann und nur dann die Klasse* $\mathcal{E}$ *aller endlichen abelschen Gruppen, wenn sie den folgenden Bedingungen genügt :*

(1) $\mathfrak{K}$ *ist beschränkt.*

(2) *Ist* G *ein Element aus* $\mathfrak{K}$, Γ *eine Gruppe von Automorphismen von* G , *so liegt* Γ/Γ' *in* $\mathfrak{K}$.

(3) $\mathfrak{K}$ *enthält mit zwei Gruppen deren direkte Summe.*

(4) $\mathfrak{K} \neq \{0\}$.

BEWEIS. Natürlich genügt die Klasse $\mathcal{E}$ aller endlichen abelschen Gruppen den Bedingungen (1) bis (4).
Ist umgekehrt $\mathfrak{K}$ eine Gruppenklasse, die die Forderungen (1) bis (4) erfüllt, so ist $\mathfrak{K}$ insbesondere automorphismengesättigt und wir können Satz 1.7 anwenden. Es folgt :

(+) Jede endliche abelsche Gruppe liegt in $\mathfrak{K}$.

Angenommen, nicht jede Gruppe in $\mathfrak{K}$ ist endlich. Nach Satz 1.7 enthält $\mathfrak{K}$ dann alle endlich erzeugbaren Gruppen, also auch eine freie Gruppe F vom Rang 2 . Die volle Automorphismengruppe von F ist bekanntlich isomorph zur (multiplikativen) Gruppe M aller 2-reihigen,ganzzahligen Matrizen mit Determinante 1 oder -1 .

Die Matrizen $\begin{pmatrix}1 & 0\\ 2 & 1\end{pmatrix}$ und $\begin{pmatrix}1 & 2\\ 0 & 1\end{pmatrix}$ liegen in M und erzeugen eine nicht-abelsche freie Gruppe [siehe Hall und Hartley, S. 26, Lemma 14] :

(a) $\mathfrak{F}(2) \cong \{\begin{pmatrix}1 & 0\\ 2 & 1\end{pmatrix}, \begin{pmatrix}1 & 2\\ 0 & 1\end{pmatrix}\} \subseteq M \cong \mathrm{Aut}(F)$.

Nun enthält $\mathfrak{F}(2)$ eine nicht-abelsche freie Gruppe vom Rang $\aleph_0$ [siehe Specht, S. 40, Beispiel 3] , die wegen (a) isomorph zu einer Gruppe Γ von Automorphismen von F ist :

(b) $\mathfrak{F}(\aleph_0) \cong \Gamma \subseteq \mathrm{Aut}(F)$,

und aus der vorausgesetzten Bedingung (2) folgt

(c) $\Gamma/\Gamma' \in \mathfrak{K}$.

Die Faktorkommutatorgruppe einer freien nicht-abelschen Gruppe $\mathfrak{F}(\mathfrak{r})$ vom Rang $\mathfrak{r}$ ist frei-*abelsch* vom Rang $\mathfrak{r}$ [siehe Scott, S. 198; 8.4.5.]. Wegen (b) gilt daher

$$\Gamma/\Gamma' \cong \mathfrak{F}(\aleph_0)/[\mathfrak{F}(\aleph_0)]' \cong \prod_{\aleph_0}{}^{o} Z(\sigma) ;$$

Γ/Γ' ist eine freie abelsche Gruppe unendlichen Ranges. Nach Lemma 1.1 gibt es dann keine kompakte Gruppenklasse, die Γ/Γ' enthält - ein Widerspruch zu (c). Unsere obige Annahme war falsch, und jede Gruppe aus $\mathfrak{K}$ ist endlich. Aus (+) folgt $\mathfrak{K} = \mathfrak{E}$.

§ 5. AUTOMORPHISMENGESÄTTIGTE KLASSEN VON MINIMAXGRUPPEN

Wir erinnern an die in der Einleitung, S. 2, gegebene Definition der $\mathfrak{M}$E- und $\mathfrak{M}$W-Ähnlichkeit zweier Gruppen. Man sieht leicht ein, daß jede dieser Ähnlichkeiten eine Aquivalenzrelation auf den Isomorphieklassen der abelschen Gruppen erklärt. Mit $\mathfrak{M}$E bezeichnen wir wieder die Klasse aller fast-torsionsfreien Minimaxgruppen im engeren, mit $\mathfrak{M}$W die Klasse aller fast-torsionsfreien Minimaxgruppen im weiteren Sinne.

Zum Beweis von Hauptsatz C benötigen wir zwei Hilfssätze :

HILFSSATZ 5.1 $\{{(E) \atop (W)}\}$. *Für jede natürlich Zahl* n *bilden die torsionsfreien Minimaxgruppen im* $\{{\textit{engeren} \atop \textit{weiteren}}\}$ *Sinne des Ranges* n *eine Klasse zueinander* $\{{\mathfrak{M}E \atop \mathfrak{M}W}\}$ *-ähnlicher Gruppen.*

BEWEIS. Sei F eine freie Gruppe vom Rang n . Dann ist jede Torsionsfaktorgruppe von F endlich, und eine abelsche Gruppe G ist nach Definition genau dann zu F $\{{\mathfrak{M}E \atop \mathfrak{M}W}\}$-ähnlich, wenn sie torsionsfrei vom Rang n ist, und wenn gilt :

(+) G enthält eine freie Untergruppe E vom Rang n , so daß fast alle Primärkomponenten von G/E $\{{\text{verschwinden} \atop \text{reduziert sind}}\}$.

Eine torsionsfreie Gruppe endlichen Ranges genügt nach Lemma 2.3 $\{{(E) \atop (W)}\}$ genau dann der Bedingung (+), wenn sie eine Minimaxgruppe im $\{{\text{engeren} \atop \text{weiteren}}\}$ Sinne ist.

Die maximale teilbare Untergruppe einer Gruppe G sei im folgenden mit d(G) bezeichnet.

HILFSSATZ 5.2 (E) . *Ist* X *keine fast-torsionsfreie Minimaxgruppe im engeren Sinne, so gibt es eine Untergruppe* U *von* X *und eine Gruppe* A *mit den Eigenschaften :*

(1) A *und* U *sind* $\mathfrak{M}E$*-ähnlich.*

(2) A *liegt in keiner kompakten Gruppenklasse.*

BEWEIS VON (E). Nach Lemma 1.5 und Lemma 1.1 ist die Behauptung sicher richtig, wenn X eine unendliche Torsionsgruppe oder eine freie Gruppe unendlichen Ranges enthält. Wir können deshalb annehmen, daß X die Form hat [Fuchs S. 80, Cor. 24.6.] :

(a) $X = tX \oplus Y$, tY endlich, Y torsionsfrei vom endlichen Rang n . Sei F eine freie Untergruppe von Y mit Torsionsfaktorgruppe Y/F . Da $X \notin \mathfrak{M}E$, folgt aus Lemma 2.3 (E) die Existenz einer unendlichen Primzahlmenge $\mathfrak{P}$ mit

(b) $(Y/F)_p \neq 0$ für $p \in \mathfrak{P}$.

Aus Folgerung 3.5 erhalten wir : Es gibt eine torsionsfreie abelsche Gruppe A vom Rang n und eine unendliche Teilmenge $\mathfrak{Q}$ von $\mathfrak{P}$, so daß gilt :

(c) A liegt in keiner kompakten Gruppenklasse,

A enthält eine freie Gruppe E mit

(d) $A/E \simeq \sum^{o}_{q \in \mathfrak{Q}} Z(q^\infty)$.

Wegen (b) enthält Y eine Untergruppe U mit

HILFSSATZ 5.2 (W) . *Ist* X *keine fast-torsionsfreie Minimaxgruppe im weiteren Sinne, so gibt es eine Untergruppe* U *von* X *und eine Gruppe* A *mit den Eigenschaften :*

(1) A *und* U *sind* $\mathfrak{M}W$*-ähnlich.*

(2) A *liegt in keiner kompakten Gruppenklasse.*

BEWEIS VON (W). Nach Lemma 1.5 und Lemma 1.1 ist die Behauptung sicher richtig, wenn X eine unendliche Torsionsgruppe oder eine freie Gruppe unendlichen Ranges enthält. Wir können deshalb annehmen, daß X die Form hat [Fuchs S. 80, Cor. 24.6.] :

(a) $X = tX \oplus Y$, tY endlich, Y torsionsfrei vom endlichen Rang n . Sei F eine freie Untergruppe von Y mit Torsionsfaktorgruppe Y/F . Da $X \notin \mathfrak{M}W$, folgt aus Lemma 2.3 (W) die Existenz einer unendlichen Primzahlmenge $\mathfrak{P}$ mit

(b) $d[(Y/F)_p] \neq 0$ für $p \in \mathfrak{P}$.

Aus Folgerung 3.5 erhalten wir : Es gibt eine torsionsfreie abelsche Gruppe A vom Rang n und eine unendliche Teilmenge $\mathfrak{Q}$ von $\mathfrak{P}$, so daß gilt :

(c) A liegt in keiner kompakten Gruppenklasse,

A enthält eine freie Gruppe E mit

(d) $A/E \simeq \sum^{o}_{q \in \mathfrak{Q}} Z(q^\infty)$.

Wegen (b) enthält Y eine Untergruppe U mit

$U \supseteq F$; $(U/F)_p \simeq \begin{cases} 0 & \text{für } p \notin \mathfrak{P} \\ Z(p) & p \in \mathfrak{P} \end{cases}$. Nach Definition der $\mathfrak{M}E$-Ähnlichkeit sind A und U zueinander $\mathfrak{M}E$-ähnlich. Aus (c) folgt die Behauptung.

$U \supseteq F$; $(U/F)_p \simeq \begin{cases} 0 & \text{für } p \notin \mathfrak{P} \\ Z(p^\infty) & p \in \mathfrak{P} \end{cases}$. Nach Definition der $\mathfrak{M}W$-Ähnlichkeit sind A und U zueiander $\mathfrak{M}W$-ähnlich. Aus (c) folgt die Behauptung.

BEWEIS VON $\left\{\begin{matrix}\text{HAUPTSATZ } C(E)\\ \text{HAUPTSATZ } C(W)\end{matrix}\right\}$. Aus $\left\{\begin{matrix}\text{Folgerung } 2.4\\ \text{Folgerung } 2.5\end{matrix}\right\}$ und Hilfssatz 5.1 $\left\{\begin{matrix}E\\ W\end{matrix}\right\}$ folgt, daß die Klasse $\left\{\begin{matrix}\mathfrak{M}E\\ \mathfrak{M}W\end{matrix}\right\}$ aller fast-torsionsfreien Minimaxgruppen im $\left\{\begin{matrix}\text{engeren}\\ \text{weiteren}\end{matrix}\right\}$ Sinne die Forderungen (1) bis (4) von $\left\{\begin{matrix}\text{Hauptsatz } C(E)\\ \text{Hauptsatz } C(W)\end{matrix}\right\}$ erfüllt.

Sei umgekehrt $\mathfrak{K}$ eine Gruppenklasse, die den Bedingungen (1) bis (4) des $\left\{\begin{matrix}\text{Hauptsatzes } C(E)\\ \text{Hauptsatzes } C(W)\end{matrix}\right\}$ genügt. Aus Satz 1.7 erhalten wir wegen (1) und (2)

(a) $\mathfrak{K}$ ist untergruppenvererblich,

und wegen (4)

(b) $\mathfrak{K}$ enthält alle endlich erzeugbaren abelschen Gruppen.

Nun ist nach Lemma 2.3 $\left\{\begin{matrix}(E)\\ (W)\end{matrix}\right\}$ und nach Definition der $\left\{\begin{matrix}\mathfrak{M}E\\ \mathfrak{M}W\end{matrix}\right\}$-Ähnlichkeit jede fast-torsionsfreie Minimaxgruppe im $\left\{\begin{matrix}\text{engeren}\\ \text{weiteren}\end{matrix}\right\}$ Sinne $\left\{\begin{matrix}\mathfrak{M}E\\ \mathfrak{M}W\end{matrix}\right\}$-ähnlich zu einer endlich erzeugbaren Gruppe. Aus (b) und der Bedingung (3) folgt daher :

(c) $\mathfrak{K}$ enthält alle fast-torsionsfreien Minimaxgruppen im $\left\{\begin{matrix}\text{engeren}\\ \text{weiteren}\end{matrix}\right\}$ Sinne.

Sei die Gruppe X nun *keine* torsionsfreie Minimaxgruppe im $\left\{\begin{matrix}\text{engeren}\\ \text{weiteren}\end{matrix}\right\}$ Sinne. Dann gibt es nach $\left\{\begin{matrix}\text{Hilfssatz } 5.2\ (E)\\ \text{Hilfssatz } 5.2\ (W)\end{matrix}\right\}$ eine Untergruppe U von X und eine abelsche Gruppe A , so daß U und A zueinander $\left\{\begin{matrix}\mathfrak{M}E\\ \mathfrak{M}W\end{matrix}\right\}$-ähnlich sind und A in keiner kompakten Gruppenklasse liegt. Da $\mathfrak{K}$ nach (a) untergruppenvererblich ist und der Bedingung (3) von $\left\{\begin{matrix}\text{Hauptsatz } C(E)\\ \text{Hauptsatz } C(W)\end{matrix}\right\}$ genügt, kann X kein Element von $\mathfrak{K}$ sein und wir haben gezeigt :

(d) Jede Gruppe in $\mathfrak{K}$ ist eine fast-torsionsfreie Minimaxgruppe im $\left\{\begin{matrix}\text{engeren}\\ \text{weiteren}\end{matrix}\right\}$ Sinne.

Zusammen mit (c) folgt daraus die Behauptung.

LEMMA 5.3. *Sei* R *eine torsionsfreie abelsche Gruppe vom Rang* 1 . *Dann sind äquivalent :*

(i) R *ist eine Minimaxgruppe im weiteren Sinne.*

(ii) *Es gibt eine kompakte Gruppenklasse, die* R *enthält.*

BEWEIS. Nach Folgerung 2.5 folgt (ii) aus (i).

Wir setzen die Gültigkeit von (ii) voraus. Nach Lemma 1.1 hat dann jede Gruppe von Automorphismen von R endlichen Rang, und es gibt folglich nur endlich viele Primzahlen p mit $R = pR$. Ist Z eine zyklische Untergruppe von R mit Torsionsfaktorgruppe R/Z, so sind dann fast alle Primärkomponenten von R/Z reduziert, und R ist nach Lemma 2.3 (W) eine Minimaxgruppe im weiteren Sinne.

HILFSSATZ 5.4. *Sei* G *eine torsionsfreie Gruppe vom endlichen Rang* n. *Dann gibt es* n *torsionsfreie Gruppen* R_k *vom Rang* 1 *mit den Eigenschaften :*

(1) R_k *ist eine epimorphes Bild von* G ; $k=1,\dots,n$.

(2) $G \simeq U \subseteq \sum_{k=1}^{n}{}^{\circ} R_k$.

BEWEIS. Die minimale teilbare Gruppe V, die G enthält, ist ein Vektorraum der Dimension n über dem Körper $\underline{Q}$ der rationalen Zahlen [vgl. Fuchs S. 64, Theorem 19.1., und S. 69, Exercices 30.]. Sind $e_1,\dots,e_n$ linear unabhängige Elemente aus G, so bilden sie eine Basis von V, und jedes Element x aus V hat eine eindeutige Darstellung von der Form :

$$(+) \quad x = \sum_{i=1}^{n} r_i e_i \quad \text{mit} \quad r_i \in \underline{Q}.$$

Die Abbildung

$$x = \sum_{i=1}^{n} r_i e_i \longrightarrow r_k, \quad x \in G, \quad 1 \leq k \leq n,$$

ist ein Epimorphismus von G auf eine Gruppe R_k von rationalen Zahlen. Da G den Rang n hat, gibt es zu jedem k mit $1 \leq k \leq n$ Elemente $x = \sum_{i=1}^{n} r_i e_i$ aus G, für die $r_k \neq 0$. Es folgt :

$$Q \supseteq R_k \neq 0 \quad \text{für} \quad k = 1,\dots,n,$$

und die R_k sind torsionsfreie epimorphe Bilder von G vom Rang 1.

Die Abbildung

$$x = \sum_{i=1}^{n} r_i e_i \longrightarrow (r_1, r_2,\dots,r_n), \qquad x \in G, \; r_i \in \underline{Q},$$

ist der gesuchte Monomorphismus von G auf eine Untergruppe U von $\sum_{k=1}^{n}{}^{\circ} R_k$.

Die Äquivalenz (c) von Hauptsatz A ist enthalten in dem folgenden

SATZ 5.5. *Für eine abelsche Gruppe* G *sind die folgenden Aussagen äquivalent:*

(1) G *ist eine fast-torsionsfreie Minimaxgruppe im weiteren Sinne.*

(2) G *liegt in einer kompakten Gruppenklasse, die mit jeder Gruppe deren fast-torsionsfreie epimorphe Bilder enthält.*

(3) G *liegt in einer kompakten Klasse* $\mathfrak{F}_{\mathfrak{r}}$, *die alle torsionsfreien Faktorgruppen des Ranges* 1 *von* G *enthält.*

BEWEIS. Nach Folgerung 2.5 folgt (2) aus (1) ; die Aussage (3) ist eine

schwächere Form von (2).
Wir nehmen die Gültigkeit von (3) an. Nach Lemma 1.5 enthält G eine Untergruppe H mit

(+) $G = T \oplus H$, T endlich, H torsionsfrei.

Nun ist jedes torsionsfreie epimorphe Bild vom Rang 1 von H auch ein epimorphes Bild von G und liegt damit nach Voraussetzung in $\mathfrak{K}$.
Aus Lemma 5.3 erhalten wir :

(++) Jedes torsionsfreie epimorphe Bild vom Rang 1 von H ist eine Minimaxgruppe im weiteren Sinne.

Die additive Gruppe Q der rationalen Zahlen gehört natürlich nicht zu $\mathfrak{M}W$ [vgl. Lemma 2.3 (W)] und ist dann wegen (++) kein epimorphes Bild von H . Also ist der Rang von H endlich [siehe Fuchs S. 338] , und wir können Hilfssatz 5.4 anwenden. Es folgt :

(+++) $H \cong U \subseteq \sum_{k=1}^{n} {}^{\circ} R_k$; R_k torsionsfrei, $rg(R_k) = 1$, $R_k \cong H/U_k$, $k = 1,\dots,n$.

Wegen (++) und der Vererblichkeit der Klasse $\mathfrak{M}W$ auf Erweiterungen und Untergruppen ist H dann eine Minimaxgruppe im weiteren Sinne, und aus (+) ergibt sich die Behauptung (1). Die Aussagen (1) bis (3) sind äquivalent.

Wir erinnern daran, daß ein *Faktor* einer Gruppe G ein epimorphes Bild einer Untergruppe von G ist.

Teil (b) von Hauptsatz A folgt aus

SATZ 5.6. *Für eine abelsche Gruppe* G *sind die folgenden Aussagen äquivalent:*

(1) G *ist eine fast-torsionsfreie Minimaxgruppe im engeren Sinne.*

(2) G *liegt in einer kompakten untergruppenvererblichen Klasse, die mit jeder Gruppe deren reduzierte epimorphe Bilder enthält.*

(3) G *liegt in einer kompakten Klasse, die alle reduzierten Torsionsfaktoren von* G *enthält.*

(4) G *ist reduziert und die reduzierten Torsionsfaktoren von* G *sind endlich.*

BEWEIS. Wie oben bereits bemerkt, vererbt sich die Klasse aller Minimaxgruppen im engeren Sinne auf Untergruppen und epimorphe Bilder ; und aus der Definition folgt unmittelbar, daß Torsionsminimaxgruppen im engeren Sinne artinsch sind. Folglich ist die maximale Torsionsuntergruppe einer jeden Minimaxgruppe im engeren Sinne artinsch, und da reduzierte artinsche Gruppen endlich sind [vgl. Fuchs S. 65, Theorem 19.1.], gilt

(+) Eine reduzierte Minimaxgruppe im engeren Sinne ist fast-torsionsfrei.

Wegen (+) vererbt sich die Klasse $\mathfrak{M}E$ aller fast-torsionsfreien Minimaxgruppen im engeren Sinne auf Untergruppen und reduzierte epimorphe Bilder;

nach Folgerung 2.4 folgt (2) aus (1). Natürlich gilt mit (2) auch die schwächere Aussage (3), und wegen Lemma 1.2 und Lemma 1.5 folgt (4) aus (3).

Wir nehmen an, G genüge der Bedingung (4). Nach Lemma 1.2 von Baer [3] ist G dann eine Minimaxgruppe im engeren Sinne, und da G nach Voraussetzung reduziert ist, folgt aus (+) die Behauptung (1).

Satz 5.6 und alle in der Einleitung aufgeführten Hauptsätze sind damit bewiesen.

Wir kennen Beispiele kompakter Gruppenklassen, die nicht nur aus Minimaxgruppen (im weiteren Sinne) bestehen und die untergruppenvererblich sind oder aber mit jeder Gruppe deren reduzierte epimorphe Bilder enthalten. In Hauptsatz A , (b), sind also beide Abschlußforderungen für $\mathfrak{K}$ nötig.

LITERATURVERZEICHNIS

AYOUB, Christine W., On the group of units of an integral domain, Archiv der Mathematik, erscheint demnächst.

BAER, R.,

[1] Auflösbare Gruppen mit Maximalbedingung, Math. Ann. 129 (1955), p. 139-173.

[2] Finite extensions of abelian groups with minimum condition, Trans. Am. Math. Soc. 79 (1955), p. 521-540.

[3] Polyminimaxgruppen, Math. Ann., erscheint demnächst.

BEAUMONT, R.A. - PIERCE, R.S.,

[1] Torsion free rings, Ill. Journal Math. 5 (1961), p. 61-98.

[2] Subrings of algebraic number fields, Acta Sci. Math. Szeged 22 (1961), p. 202-216.

FUCHS, L., Abelian Groups, Budapest 1958.

HALL, P., - HARTLEY, B., The stability groups of a series of subgroups, Proc. London Math. Soc. 16 (1966), p. 1-39.

HARRISON, D.K., Infinite abelian groups and homological methods, Ann. of Math. (2) 69 (1959), p. 366-391.

HECKE, E., Vorlesungen über die Theorie der algebraischen Zahlen, Leipzig 1923.

KUROSH, A.G., The Theory of Groups, Vol. I, New York 1960.

MAL'CEV, I.A., On certain classes of infinite solvable groups, Am. Math. Soc. Trans. (2) 2 (1956), p. 1-21.

ROTMAN, J.J.,

[1] On a problem of Baer and a problem of Whitehead, Acta Math. Hung 12 (1961), p. 245-254.

[2] The Theory of Groups, Boston 1966.

SCOTT, R.W., Group Theory, Englewodd Cliffs, New Jersey 1964.

SPECHT, W., Gruppentheorie, Berlin - Göttingen - Heidelberg 1960.

Van der WAERDEN, B.L., Algebra I, Berlin - Göttingen - Heidelberg 1960.

ZARISKI, O., - SAMUEL, P., Commutative Algebra, Vol. II, Princeton 1960.

Mathematisches Seminar
der Universität
Frankfurt am Main

ON DIRECT SUMS OF COUNTABLE GROUPS AND GENERALIZATIONS

Paul HILL and Charles MEGIBBEN

Part A - SURVEY AND INTRODUCTION

In 1933 Ulm [30] published his paper which classified countable primary groups. The original proof of Ulm's theorem was rather complicated, but Zippin [32] immediately improved not only the proof but the theorem itself.

ZIPPIN'S THEOREM : Let G and H be reduced primary groups and let α be an ordinal number. If G and H have the same Ulm invariants, then any isomorphism from $p^{\alpha}G$ onto $p^{\alpha}H$ can be extended to an isomorphism from G onto H provided that G and H are countable.

For our purposes here, when we speak of Ulm's theorem we shall mean the special case of Zippin's Theorem obtained by taking α to be, say, Ω or ∞ . Kaplansky and Mackey [20] also gave a very elegant proof of Ulm's theorem and essentially extended the theorem to a small class of mixed modules of torsion free rank one. Although generalizations of Ulm's theorem in this direction are not in the scope of the present paper, we mention that the Kaplansky and Mackey result has recently been improved by Megibben [23] , [26] .

As far as primary groups are concerned, the Ulm-Zippin theorem stood as the main result, without improvement, for twenty-five years until Kolettis [21] proved Ulm's theorem - but not Zippin's theorem - for direct sums of countable groups. Hill and Megibben established Zippin's theorem for direct sums of countable groups in [13] . Peter Crawley also proved Zippin's theorem for d.s.c.'s independently at almost the same time.

Following Nunke [29] , we shall abbreviate "direct sum of reduced countable primary groups" to "d.s.c.". The general idea of Kolettis' proof of Ulm's theorem for d.s.c.'s was to get a canonical decomposition of such a group that is uniquely determined by the Ulm invariants of the group. It took considerable effort but eventually such a decomposition was obtained and Ulm's theorem was thereby established for d.s.c.'s. More specifically, Kolettis proved the following. Let the reduced primary group G be an uncountable direct sum of countable groups and let $f_{\alpha}(G)$ denote the α-th Ulm invariant of G . Then $G = \Sigma K_{\beta}$ where the summation is over those ordinals β such that $f_{\beta}(G) \neq 0$ and for such a β the group K_{β} is the unique reduced countable primary group whose Ulm's invariants are given

This work was supported by NSF Grant GP-5875.

by : $f_\alpha(K_\alpha) = 0$ if $\alpha > \beta$ or if $\alpha < \beta$ and $f_\alpha(G) < \aleph_0$; $f_\alpha(K_\beta) = \aleph_0$ if $\alpha < \beta$ and $f_\alpha(G) > \aleph_0$; $f_\beta(K_\beta) = \inf(f_\beta(G), \aleph_0)$. The proof of Ulm's theorem for d.s.c.'s given by Hill [8] is entirely different. Hill proved that if $G = \Sigma G_i$ and $H = \Sigma H_j$ have the same Ulm invariants, where G_i and H_j are reduced countable primary groups, then there are courser decompositions $G = \Sigma G_\lambda$ and $H = \Sigma H_\lambda$ such that G_λ and H_λ are isomorphic for each λ and G_λ and H_λ are countable blocks of the original decompositions. The proof by Hill is based on the fact that a d.s.c. is summable ; summable groups are discussed in detail below. They have been studied by Honda [14] under the name principal group.

As we have indicated, Hill and Megibben, in [13] , proved Zippin's theorem for d.s.c.'s. Indeed a much stronger result was obtained : if G and H are primary groups with the same Ulm invariants, and if is a countable ordinal such that $G/p^\alpha G$ and $H/p^\alpha H$ are d.s.c.'s, then any isomorphism from $p^\alpha G$ onto $p^\alpha H$ can be extended to an isomorphism from G onto H . Since the same result is proved under a more general hypothesis in the second part of this paper, we shall not review method of proof here.

Aside from Ulm's theorem and Zippin's theorem, in the past few years, there have been other major developments concerning direct sums of countable groups and their subgroups. We shall review these results now. Recall that when Kolettis proved Ulm's theorem for d.s.c.'s, it was unknown whether or not a subgroup of a d.s.c. had to be a d.s.c. itself. The question was still open at the Conference at New Mexico State in 1962, although Nunke apparently was near a solution ; he had settled the question negatively by the time of the Tihany Conference in 1963. Nunke [28] used Tor to construct the first counterexample ; he showed, for example, that $\mathrm{Tor}(P,\overline{B})$ is not a d.s.c. if P is the reduced Prufer group and $\overline{B}$ is the standard $\overline{B}$, the torsion closure of $\Sigma Z(p^i)$. But $\mathrm{Tor}(P,\overline{B})$ is a subgroup of the sum of $2^{\aleph_0}$ copies of P . Now we know an easy way to get a counterexample [12] . Let K be a reduced primary group such that $p^\Omega K \neq 0$ and $K/p^\Omega K$ is a d.s.c. If G is maximal in K with respect to $G \cap p^\Omega K = 0$, then it is easy to show that G cannot be a d.s.c. We mention also that in case G is a direct sum of $\aleph_1$ copies of the Prufer group, Hill [11] has given an explicit description of a subgroup H of G that is not a direct sum of countable groups. We show in the second part of this paper that an example given by Dieudonne in [2] is a subgroup of a d.s.c. that is not itself a d.s.c. Thus there are various ways of showing that a subgroup of a d.s.c. is not necessarily a d.s.c. On the positive side, one has the well-known result of Kaplansky [18] : a direct summand of a d.s.c. is a d.s.c.

Nunke has investigated in [29] under what conditions a subgroup of a d.s.c.

is again a d.s.c. We should add that Nunke has also investigated when a subgroup of a d.s.c., even if it is not a d.s.c., can be expected to enjoy at least some order of projectivity, but we shall limit our discussion initially to the d.s.c. question. Nunke obtained the following result.

THEOREM (Nunke [29]). *Let* G *be a d.s.c. and let* α *be a countable ordinal. If* H *is a* p^α*-pure subgroup of* G *and if* $p^{\alpha+\omega}G$ *is countable, then* H *is a d.s.c. If* $p^{\alpha+\omega}G$ *is uncountable, then there exists a* p^α*-pure subgroup* H *of* G *that is not a d.s.c.*

A subgroup H of G is said to be p^α-pure if $H \rightarrowtail G \twoheadrightarrow G/H$ represents an element in $\mathrm{Ext}(G/H,H)$ having height at least α. For the second half of the above theorem, it is enough to prove that if G is a d.s.c. such that $p^\omega G$ is uncountable then G contains a neat subgroup H of G that is not a d.s.c. The point is that if A is a neat subgroup of $p^\alpha G$ and B is maximal in G with respect to $B \cap p^\alpha G = A$, then B is p^α-pure in G. If A is not a d.s.c. then neither is B since $p^\alpha B = A$. But the result that any d.s.c. G with $p^\omega G$ uncountable contains a neat subgroup that is not a d.s.c. can be established in a quite straightforward manner [11]. Recently, Hill [12] has proved that an isotype subgroup H of a d.s.c. having countable length is necessarily a d.s.c. This means that the first half of Nunke's subgroup theorem can be improved by replacing p^α-purity by weak p^α-purity. A subgroup H of G is said to be weakly p^α-pure in G if $p^\beta G \cap H = p^\beta H$ for all $\beta \leq \alpha$. If a subgroup is p^α-pure, then it is weakly p^α-pure [17], [29].

THEOREM (Hill [12]). *Let* G *be a d.s.c. and let* α *be a countable ordinal. If* H *is a weakly* p^α*-pure subgroup of* G *and if* $p^{\alpha+\omega}G$ *is countable, then* H *is a d.s.c.*

The proof is as follows. Since $p^{\alpha+\omega}G$ is countable, every subgroup of $p^\alpha G$ is a d.s.c. Furthermore, $H/p^\alpha H$ is, under the natural embedding, an isotype subgroup of $G/p^\alpha G$. Hence $H/p^\alpha H$ is a d.s.c. We conclude that H is a d.s.c. by another important recent result due to Nunke [29] (see [13] for an alternate proof and [16] for a restricted version) which states that the reduced primary group G is a d.s.c. if $p^\alpha G$ and $G/p^\alpha G$ are d.s.c.'s for α countable.

A reduced p-primary group G is said to be totally projective if $G/p^\alpha G$ is p^α-projective for each α, $p^\alpha \mathrm{Ext}(G/p^\alpha G,A) = 0$ for every A. It was proved in [17], for the primary group G, that if G/S is p^α-projective where $S \subseteq G[p]$, then G is $p^{\alpha+1}$-projective. Thus if G is a primary group such that $p^{\alpha+1}G = 0$ and such that $G/p^\alpha G$ is p^α-projective, then G is $p^{\alpha+1}$-projective. Now if β is a limit ordinal and G is a countable primary group such that $p^\beta G = 0$, then

$G = \Sigma_{\alpha<\beta} G_\alpha$ where $p^\alpha G_\alpha = 0$. Hence it follows by induction on the length of G that if G is a reduced countable primary group, then G is totally projective. But clearly the totally projective groups are closed with respect to arbitrary direct sums. Thus a d.s.c. is totally projective. Nunke has proved the converse, for admissible lenths, in [29], which gives the following nice homological characterization of d.s.c.'s. A primary group G is a d.s.c. if and only if $p^\Omega G = 0$ and G is totally projective.

Note that for the proof of the converse, that is, for the proof of the statement that a totally projective reduced primary group of length not exceeding Ω is a d.s.c., one can use induction on the length of G without encountering any difficulties at nonlimit ordinals. Indeed, if G is a totally projective group of length $\alpha+1$, then $G/p^\alpha G$ is a totally projective group of length α and $p^\alpha G$ is a d.s.c. since $p(p^\alpha G) = 0$. But $G/p^\alpha G$ is a d.s.c. by the induction hypothesis and, therefore, G is a d.s.c. To complete the proof, however, we have to deal with the limit case. Suppose that $\beta-1$ does not exist and that G is a totally projective group of length $\beta \leq \Omega$. Then G is a direct summand of a sum of totally projective groups of length less than β; for example, G is a direct summand of $\mathrm{Tor}(H_\beta, G)$ where $H_\beta = \Sigma_{\alpha<\beta} H_\alpha$ and H_α is the canonical totally projective group of length α [29]. The proof is finished by the induction hypothesis and Kaplansky's theorem [18].

We have mentioned the result that if G is a primary group such that G/S is p^α-projective for some $S \subseteq G[p]$ then G must be $p^{\alpha+1}$-projective. It follows from this and the subgroup theorem for direct sums of cyclic groups that if H is any subgroup of G where G is a d.s.c. of length $\omega+n$, $n < \omega$, then H is $p^{\omega+n}$-projective - - whether H is a d.s.c. or not. However, this phenomenon fails at length $\omega 2$. Consider the commutative diagram

$$\begin{array}{ccccc} K & \rightarrowtail & H & \twoheadrightarrow & \overline{B} \\ \| & & \downarrow & & \downarrow \\ K & \rightarrowtail & G & \twoheadrightarrow & D \end{array}$$

where G is a d.s.c. of length $\omega 2$, K is dense and $p^{\omega 2}$-pure in G, and $\overline{B}$ is the torsion completion of the standard basic subgroup B. In order to show the existence of the diagram, let B_0 be a proper basic subgroup of B. Now let G be the d.s.c. such that $G/p^\omega G \cong \Sigma_{2^{\aleph_0}} B = p^\omega G$ and let K be maximal in G with respect to $K \cap p^\omega G = \Sigma_{2^{\aleph_0}} B_0$. Then K is dense in G and $p^{\omega 2}$-pure. Since G/K is large enough to imbed $\overline{B}$, the diagram exists. Using some fairly heavy homological machinery, Nunke [29] shows that the group H is not p^α-projective for *any* α.

There is a lighter version of projectivity that is inherited by subgroups of d.s.c.'s. We study this weak projectivity in Part B. The notion appears to be of some significance; for example, this weak p^α-projectivity of $G/p^\alpha G$ is sufficient to extend endomorphisms from $p^\alpha G$ to G.

Now we mention a few applications of the results described above. First, the authors used their theorem on extending automorphisms to prove the following result in [13]. If β is a countable ordinal and $G/p^\beta G$ is a d.s.c. for the primary group G, then decompositions of $p^\beta G$ lift to decompositions of G. Technically speaking, the result is: if $p^\beta G = \Sigma_{i\in I} C_i$, then $G = H+\Sigma_{i\in I} K_i$ where H is a d.s.c. of length not exceeding β and K_i is a group such that $|K_i| \leq \aleph_0 |C_i|$ and $p^\beta K_i = C_i$ for $i \in I$. In particular, if $p^\beta G$ and $G/p^\beta G$ are d.s.c.'s for a countable β, then G is also a d.s.c. - a result that we referred to above. In another direction, the theorems established in [6] on the automorphism group of a countable primary groups can be carried over to the automorphism group of a d.s.c. For example, if G is a d.s.c., then $A(G)/A_\alpha(G) \cong A(p^\alpha G)$ where $A(G)$ denotes the automorphism group of G and $A_\alpha(G)$ denotes the automorphism of G that leave $p^\alpha G$ elementwise fixed. Another application is that endomorphisms of $p^\beta G$ extend to endomorphisms of G if $G/p^\beta G$ is a d.s.c.; in the second part of this paper, we improve this result.

Suppose that we consider the class $\mathcal{C}$ of primary groups G where $G/p^\omega G$ is a d.s.c. Such groups were called pillared groups in [10]. Hill [9] has shown that the Beaumont-Pierce [1] criterion for quasi-isomorphism of countable primary groups is equally applicable to pillared groups, and it was shown in [10] that direct decomposition commutes with quasi-isomorphism for the calss $\mathcal{C}$ of pillared groups. Related to the notion of quasi-isomorphism is the quotient category $\mathcal{A}/\mathcal{B}$ where $\mathcal{B}$ is the Serre class of bounded groups; see, for example, [31]. Ensey [3] has established a version of Ulm's theorem for d.s.c.'s in the category $\mathcal{A}/\mathcal{B}$.

Megibben settled in [24] the long-standing question of whether or not every primary group is transitive [19] Using the recent results concerning d.s.c.'s, Griffith [7] has proved the following result concerning transitivity.

THEOREM (Griffith [7]). *Let G be a primary group such that $G/p^\beta G$ is a d.s.c. for a countable β. Then G is transitive if and only if $p^\beta G$ is transitive.*

A similar result is proved for full transitivity without the countability condition on β.

PART B - FURTHER RESULTS

1. SUMMABLE GROUPS. We mentioned in Part A that Hill's proof of Ulm's theorem for d.s.c.'s was based on the fact that a d.s.c. is summable. In this

section we study summable groups in some detail. One of the results established here is that a direct summand of a summable group is summable.

A subsocle S of the primary group G is said to be summable if there is a direct decomposition $S = \Sigma S_\alpha$ where $S_\alpha - 0 \subseteq p^\alpha G - p^{\alpha+1}G$, that is, the nonzero elements of S_α have height precisely α. A reduced primary group G is said to be summable if $G[p]$ is summable. One of the basic results about summable subsocles is the following theorem. The proof that we give is not much more than a simplification of the proof given by Honda [14] that a summable (= principal) group cannot have length exceeding Ω, the first uncountable ordinal.

THEOREM 1.1. *Let* G *be a reduced primary group. If* $G[p] = S + p^\Omega G[p]$, *then in order for* S *to be summable it must be that* $p^\Omega G = 0$.

PROOF. Suppose that $G[p] = S + p^\Omega G[p]$ where S is summable and $p^\Omega G \neq 0$. Let $S = \Sigma_{\alpha<\Omega} S_\alpha$ where $S_\alpha - 0 \subseteq p^\alpha G - p^{\alpha+1}G$ and let $\pi_\alpha : S \longrightarrow S_\alpha$ be the natural projection associated with the above decomposition of S. Since $p^\Omega G \neq 0$, there exists an element z in G having height exactly Ω. It is easy to construct inductively a sequence $y_0, y_1, \ldots, y_i, \ldots$ in G such that, for each i, (1) $py_i = z$, (2) y_i has countable height β_i, (3) $\beta_{i+1} > \beta_i$ and (4) $\pi_\alpha(y_{i+1} - y_i) = 0$ for $\alpha \geq \beta_{i+1}$. Next let y_ω be an element of G such that $py_\omega = z$ and such that y_ω has countable height $\beta \geq \sup_{i<\omega}\beta_i$. Let $x = y_\omega - y_0$. Then $x \in G[p]$ and there is no loss of generality in assuming that $x \in S$, for we can reselect y_ω. Now it is easy to see that $\pi_\alpha(x) = \pi_\alpha(y_{i+1} - y_i)$ for all $\alpha < \beta_{i+1}$. In particular, $\pi_{\beta_i}(x) \neq 0$ for each i. This contradicts the fact that $\pi_\alpha(x) = 0$ for all but a finite number of α if $x \in S = \Sigma S_\alpha$, and the proof is finished.

Call a subgroup H of G height-finite if the heights (as computed in G) of the elements of H assume only finitely many values. If S is a subsocle of G, the length λ of S is the smallest ordinal α such that $S \cap p^\alpha G = 0$. We observe that a summeble subsocle of countable length is the union of a monotone sequence of height finite subgroups. Indeed, let $S = \Sigma_{\alpha<\lambda} S_\alpha$ where $S_\alpha - 0 \subseteq p^\alpha G - p^{\alpha+1}G$ and λ is countable. Let $\alpha_1, \alpha_2, \ldots, \alpha_n, \ldots$ be an enumeration of the ordinal less than λ and set $Q_n = S_{\alpha_1} + S_{\alpha_2} + \ldots S_{\alpha_n}$. Then the Q_n's are heigth-finite and $S = \bigcup_{n<\omega} Q_n$. Honda has proved the converse.

PROPOSITION 1.2. (Honda [14]). *If a subsocle* S *of* G *is the monotone union of a sequence of height-finite subgroups of* G, *then* S *is summable.*

The proof uses standard techniques and is straightforward.

COROLLARY 1.3. *Countable subsocles of reduced groups are summable and countable reduced groups are summable.*

Since clearly direct sums of summable groups are summable, we have

COROLLARY 1.4. ([14] *and* [8]) *Direct sums of countable reduced groups are summable.*

Let us note that Kulikov's criterion ([5] or [19]) tells us that summable groups of length $\leq \omega$ are direct sums of cyclic groups. It is not difficult to see, however, that for each ordinal λ such that $\omega < \lambda \leq \Omega$, there exists a summable p-group of length λ that is not a d.s.c. Indeed the existence for all such λ is evident once one is obtained of length $\omega+1$.

LEMMA 1.5. *If* G *is summable and* H *is a* p^{α}*-high subgroup of* G, *then* H *is summable.*

PROOF. We may assumae that $\alpha < \lambda$ = length of G ; Write $G[p] = \Sigma_{\alpha<\lambda} S_{\alpha}$ with $S_{\alpha}-0 \subseteq p^{\alpha}G-p^{\alpha+1}G$. If H' is a neat subgroup of G with $H'[p] = \Sigma_{\beta<\alpha} S_{\beta}$, then H' is a p^{α}-high subgroup of G and clearly H' is summable since heights computed in H' are the same as computed in G. Now the canonical projection $G \longrightarrow G/p^{\alpha}G$ maps p^{α}-high subgroups isomorphically and in a height preserving manner. Moreover, under this mapping, the socles of any two p^{α}-high subgroups have the same image. Hence one p^{α}-high subgroup being summable implies that they are all summable.

PROPOSITION 1.6. *If* H *has countable length* λ *and is isotype in the summable group* G, *then* H *is summable.*

PROOF. Imbedding H in a p^{λ}-high subgroup of G, we see from Lemma 1.5. that there is no loss in generality in assuming G has length λ. Then by our observation preceding Proposition 1.2, $G[p]$ is the union of a monotone sequence $Q_1, Q_2, \ldots$ of height finite subgroups of G. But since H is isotype in G, $P_n = Q_n \cap H$ is height finite in H. Since clearly $H[p] = \bigcup_{n=1}^{\infty} P_n$, Proposition 1.2 tells us that H is summable.

One observes that the proof of Proposition 1.6. actually shows that : if G is a summable group of countable length, then every subsocle of G is summable. As later results will show, countability can neither be dropped in this remark nor in the statement of Proposition 1.6.

The next porposition is a generalization of an observation in [25] and is most useful.

PROPOSITION 1.7. *Let* M *and* A *be p-primary groups such that* M *has length* α *and* M *contains a neat subgroup* H *with* $M[p] \subseteq \{H[p], p^{\beta}M\}$ *for all*

$\beta < \alpha$ and $M/H \cong D/A$ where D is the minimal divisible group containing A. Then there is a p-group G such that $G/p^\alpha G \cong M$, $p^\alpha G = A$ and H is p^α-high in G.

PROOF. We take G to be a subdirect sum of M and D with kernels H and A. In other words, we consider G to be a subgroup of the direct sum $M+D$ such that $\{G,M\} = \{G,D\} = M+D$, $G \cap M = H$ and $G \cap D = A$.

First we observe that G is neat in $M+D$. If $x \in M+D$ and $px \in G$, we write $x = g+m$ with $g \in G$ and $m \in M$. Then $pm = px-pg \in pM \cap G = pM \cap H = pH$ and we have $px = p(g-h) \in pG$ for some $h \in H$.

Since $M[p] \subseteq \{H[p], p^\beta M\}$ for all $\beta < \alpha$, $H[p] \subseteq G[p]$ and D is divisible, $(M+D)[p] \subseteq \{G[p], p^\beta(M+D)\}$ for all $\beta < \alpha$. Therefore by Lemma 1 in [23], $G \cap p^\beta(M+D) = p^\beta G$ for all $\beta \leq \alpha$. In particular $p^\alpha G = G \cap D = A$. Thus $G/p^\alpha G = G/A = G/G \cap D \cong \{G,D\}/D = M+D/D \cong M$.

Finally we must show that H is maximal in G with respect to $H \cap A = 0$. It suffices to show that $\{H,g\} \cap A \neq 0$ whenever $g \in G-H$. But if $g \in G-H$, we write $g = m+d$ with $m \in M$ and $d \in D$. Since D is minimal divisible containing A, there is a positive integer n such that $0 \neq nd \in A$. Then $nm = ng-nd$ $G \cap M = H$ and nd is thus a nonzero element of $\{H,g\} \cap A$.

Certain remarks concerning Proposition 1.7. seem appropriate. First, M and A need not necessarily be primary groups. Next, we actually just require $pM \cap H = pH$ instead of H being neat in M. Also, in addition to these weakened hypotheses, the same proof goes through if D is only assumed to be a p-divisible essential extension of A. It is worth noting that, given any p-group M of length $\alpha \geq \omega$, there exists a neat subgroup H of M such that $M[p] \subseteq \{H[p], p^\beta M\}$ for all $\beta < \alpha$ and $M/H \cong C(p^\infty)$. It follows then from these remarks that, given any abelian group A and any ordinal α, there exists a group G such that $p^\alpha G = A$ and $G/p^\alpha G$ is p-primary. Indeed, $G/p^\alpha G$ can be chosen to be a p^α-projective p-group or a direct sum of countable reduced p-groups if $\alpha \leq \Omega$.

Toward a converse of Proportion 1.7, we remark that the proof of Lemma 1 in [25] actually establishes the following.

PROPOSITION 1.8. *Let Q be a subgroup of $p^\omega G$ and let D be minimal divisible containing Q. If K is generated by G and D subject to $G \cap D = Q$, then*

(i) *G is a pure subgroup of K;*

(ii) *$K = H+D$ with $H \cong G/Q$;*

(iii) *$H \cap G$ is maximal in G with respect to intersecting Q trivially;*

(iv) $K = \{H, G\}$; *and*

(v) G *is a subdirect sum of* H *and* D .

It is immediate from results in [12] and [29] that if H is a neat subgroup of G with G/H divisible, then H is p^α-pure in G if and only if $G[p] \subseteq \{H[p], p^\beta G\}$ for all $\beta < \alpha$. This observation will be extremely useful to us. One easy application is that in Proposition 1.8, G is p^α-pure in K if $Q \subseteq p^\alpha G$. In that case, $H \cap G$ will also be p^α-pure in H .

We can now prove a striking consequence of Theorem 1.1.

THEOREM 1.9. *If* G *is summable, then* $p^\Omega \mathrm{Ext}(C(p^\infty), G) = 0$.

PROOF. Suppose $p^\Omega \mathrm{Ext}(C(p^\infty), G) \neq 0$. Then there is a reduced group K containing G as a p^Ω-pure subgroup with $K/G \cong C(p^\infty)$. In particular, we have $K[p] \subseteq \{G[p], p^\alpha K\}$ for all $\alpha < \Omega$. By Proposition 1.7, we can find a reduced group H containing G as a p^Ω-high subgroup and $p^\Omega H \cong C(p)$. Then $H[p] = G[p] + p^\Omega H$ and the summability of G implies that of H contrary to the fact that H has length $\Omega+1$.

Theorem 1.9, is, of course, equivalent to the statement that $p^\Omega \mathrm{Ext}(D, G) = 0$ whenever G is summable and D is a divisible p-group. Another equivalent formulation is the following

THEOREM 1.9'. *If* H *is a proper* p^Ω*-pure subgroup of the reduced p-group* G *with* G/H *divisible, then* H *is not summable.*

Thus one sees that every group of length Ω contains an isotype subgroup that is not summable.

The condition $p^\Omega \mathrm{Ext}(C(p^\infty), G) = 0$ for summable groups G is equivalent to G being p^Ω-high injective (see also Theorem 1.1 above), that is, a summable group is a direct summand of any group in which it is p^Ω-high. It would be interesting to know if summable groups have any further injective properties.

THEOREM 1.10. *A direct summand of a summable group is summable.*

If H is a subgroup of G , a direct decomposition $H = \Sigma H_\lambda$ is called "natural" if $h_G(h_1+h_2+\dots+h_n) = \min[h_G(h_1), h_G(h_2), \dots, h_G(h_n)]$, where $h_G(x)$ denotes the p-height of x in G , whenever $h_i \in H_{\lambda_i}$ with $\lambda_i \neq \lambda_j$ for $i \neq j$. If $S = \Sigma_{\alpha<\lambda} S_\alpha \subseteq G$ with $S_\alpha \cap (p^\alpha G - p^{\alpha+1} G)$, then the decomposition $\Sigma_{\alpha<\lambda} S_\alpha$ is "natural". If $S \subseteq G[p]$, $S = \Sigma_{i\in I} T_i$ is a "natural" decomposition and each T_i is summable, then it is easy to see that S is also summable. Since countable subsocles are summable, we immediately have

LEMMA 1.11. *A subsocle* S *of a reduced group* G *is summable if and only if there is a "natural" decomposition* $S = \Sigma_{i\in I} T_i$ *with* $|T_i| \leq \aleph_0$ *for each* $i \in I$.

Theorem 1.10. is an immediate corollary of the following technical lemma.

LEMMA 1.12. *If* S *is a summable subsocle of* G *and* π *is a projection of* S *into itself such that* $T = \pi(T)+(1-\pi)(T)$ *is "natural" whenever* $\pi(T) \subseteq T$, *then* $\pi(S)$ *is summable.*

PROOF. The result is trivial if S is countable. We assume that S is uncountable and let $S = \Sigma_I T_i$ be a "natural" decomposition with $|T_i| \leq \aleph_0$. Using the "back-and-forth" method discussed in Section 3, we construct a well-ordered ascending sequence $\{I_\alpha\}_{\alpha<A}$ of subsets of I having I as its union and such that (1) $|I_{\alpha+1}-I_\alpha| \leq \aleph_0$ for all α, (2) $I_\alpha = \cup_{\beta<\alpha} I_\beta$ if α is a limit ordinal and (3) $\pi(\Sigma_{I_\alpha} T_i) \subseteq \Sigma_{I_\alpha} T_i$ for all α. Then, by hypothesis, the decomposition $\Sigma_{I_\alpha} T_i = A_\alpha + B_\alpha$ is "natural", where $A_\alpha = \pi(\Sigma_{I_\alpha} T_i)$ and $B_\alpha = (1-\pi)(\Sigma_{I_\alpha} T_i)$. But then $\Sigma_{I_{\alpha+1}} T_i = A_\alpha + B_\alpha + \Sigma_{I_{\alpha+1}-I} T_i$ is also a "natural" decomposition and consequently $A_{\alpha+1} = A_\alpha + C_\alpha$ is "natural" if $C_\alpha = A_{\alpha+1} \cap (B_\alpha + \Sigma_{I_{\alpha+1}-I_\alpha} T_i)$.

We may assume that $I_0 = \emptyset$ and hence $C_0 = \pi(\Sigma_{I_1} T_i)$. Then it follows that $\pi(S) = \Sigma_{\alpha<A} C_\alpha$ where $|C_\alpha| \leq \aleph_0$ and this decomposition of $\pi(S)$ is easily seen to be "natural". Hence $\pi(S)$ is summable by Lemma 1.11.

Note that Lemma 1.5 also follows from this lemma. As a corollary, we have

COROLLARY 1. 13. *If* S *is a summable subsocle of* G *and* $S = U+V$ *is a "natural" decomposition, then* U *and* V *are summable subsocles.*

PROOF. Take π to be the projection of S into itself such that $\pi(S) = U$ and $V = \operatorname{Ker} \pi$.

2. WEAK PROJECTIVES. In this section, S, S_1 and S_2 denote preradicals [22] on the category of abelian groups that commute with direct products. Let $F_0 \rightarrowtail F \twoheadrightarrow C$ be a free-resolution of the group C and let, $\delta_H : \operatorname{Hom}(F_0,H) \longrightarrow \operatorname{Ext}(C,H)$ be the connecting homomorphism induced by this resolution. Recall that C is said to be S-projective if $S\operatorname{Ext}(C,H) = 0$ for all groups H. We shall say that C is weakly S-projective if $\delta_H(S\operatorname{Hom}(F_0,H)) = 0$ for all H. It is easily seen that this definition is independent of the free-resolution used and, clearly, S-projectives are weak S-projectives. It is also evident that the weak 1-projectives are just the 1-projectives, that is, they are the free groups. It is routine to verify that direct sums of weak S-projectives are once again weak S-projectives, as are direct

summands of weak S-projectives (but compare the much stronger assertion of Theorem 2.4 below). The proof of the following lemma is a simple exercice.

LEMMA 2.1. *If* F *is free, then* $\phi \in S\,Hom(F,H)$ *if and only if* ϕ *is a homomorphism of* F *to* H *such that* $\phi(F) \subseteq SH$.

Although the proof of the foregoing lemma is indeed routine, it is worth noting that it is in this proof and this proof alone that we use the hypothesis that S commutes with direct products.

We can now establish the following useful characterization of weak S-projectives.

THEOREM 2.2. *A group* C *is a weak S-projective if and only if for each short exact sequence* $A \rightarrowtail B \twoheadrightarrow C$ *, for each group* H *and for each homomorphism* $\phi : A \longrightarrow SH$ *, there exists a homomorphism* $\psi : B \longrightarrow H$ *such that*

$$\begin{array}{ccccc} A & \rightarrowtail & B & \twoheadrightarrow & C \\ \downarrow{\scriptstyle\phi} & & \downarrow{\scriptstyle\psi} & & \\ SH & \longrightarrow & H & & \end{array}$$

is commutative.

PROOF. Consider the commutative diagram

$$\begin{array}{ccccc} F_0 & \rightarrowtail & F & \twoheadrightarrow & C \\ \downarrow{\scriptstyle\sigma} & & \downarrow & & \| \\ A & \rightarrowtail & B & \twoheadrightarrow & C \\ \downarrow{\scriptstyle\overline{\Phi}} & & \downarrow & & \| \\ H & \rightarrowtail & G & \twoheadrightarrow & C \end{array}$$

where the rows are exact, the top row is a free-resolution of C and $\overline{\Phi}(A) \subseteq SH$. Then $\overline{\Phi}\sigma \subseteq S\,Hom(F_0,H)$ by the preceding lemma. If C is a weak S-projective, then the bottom row splits and hence $\overline{\phi}$ extends to a homomorphism $\psi : B \longrightarrow H$ as desired.

Conversely, assume that C satisfies the condition of the theorem and that $\overline{\phi} \in S\,Hom(F_0,H)$. Then we have a commutative diagram

$$\begin{array}{ccccc} F_0 & \rightarrowtail & F & \twoheadrightarrow & C \\ \downarrow{\scriptstyle\overline{\phi}} & & \downarrow & & \| \\ H & \rightarrowtail & G & \twoheadrightarrow & C \end{array}$$

where both rows are exact, the top row is a free-resolution of C and $\overline{\phi}(F_0) \subseteq SH$ But then $\overline{\phi}$ extends to a homomorphism $\psi : F \longrightarrow H$ and therefore the bottom row splits, that is, $\delta_H(\overline{\phi}) = 0$.

COROLLARY 2.3. *If* G/SG *is a weak S-projective, then every homomorphism* $\phi : SG \longrightarrow SH$ *extends to a homomorphism from* G *to* H *. In particular, the endomorphisms of* SG *extend to endomorphisms of* G *.*

THEOREM 2.4. *A subgroup of a weak S-projective is itself a weak S-projective.*

PROOF. Suppose C' is a subgroup of the weak S-projective C. Given a free-resolution $F_o \rightarrowtail F \twoheadrightarrow C$ we obtain a commutative diagram

$$\begin{array}{ccccc} F_o & \rightarrowtail & F' & \twoheadrightarrow & C' \\ \| & & \downarrow & & \downarrow \\ F_o & \rightarrowtail & F & \twoheadrightarrow & C \end{array}$$

where the rows are exact and the vertical maps are inclusions. Let $\phi \in S\,\mathrm{Hom}(F_o, H)$. Then $\delta_H(\phi) = 0$, or equivalently, there is a $\overline{\phi} \in \mathrm{Hom}(F, H)$ such that $\overline{\phi}|F_o = \phi$. If $\psi = \overline{\phi}|F'$, then ψ is an extension of ϕ to F'. Hence zero is the image of ϕ under the connecting homomorphism $\mathrm{Hom}(F_o, H) \longrightarrow \mathrm{Ext}(C', H)$.

Recall that a d.s.c. of length α is p^α-projective. Hence, 2.3. and 2.4. yield

COROLLARY 2.5. *If* $G/p^\alpha G$ *is a subgroup of a d.s.c. of length* α, *then every endomorphism of* $p^\alpha G$ *extends to an endomorphism of* G.

Compare the next theorem with Proposition 2.5 of [29].

THEOREM 2.6. *If, in the short exact sequence* $A \rightarrowtail B \twoheadrightarrow C$, A *is weakly* S_2*-projective and* C *is weakly* S_1*-projective, then* B *is weakly* S_1S_2*-projective.*

PROOF. Let $A' \overset{\alpha}{\rightarrowtail} G \twoheadrightarrow B$ be exact and suppose ϕ is a homomorphism of A' into $(S_1S_2)H = S_1(S_2H)$. We have a commutative diagram

$$\begin{array}{ccccc} A' & \overset{\alpha'}{\rightarrowtail} & G' & \twoheadrightarrow & A \\ \| & & \downarrow{\scriptstyle\gamma} & & \downarrow \\ A' & \overset{\alpha}{\rightarrowtail} & G & \twoheadrightarrow & B \\ & & \downarrow & & \downarrow \\ & & C & = & C \end{array}$$

where the rows and columns are exact. Since A is a weak S_1-projective, there is a $\overline{\phi} : G' \longrightarrow S_2H$ such that $\overline{\phi}\alpha' = \phi$. Since C is a weak S_2-projective, there is a $\psi : G \longrightarrow H$ such that $\psi\gamma = \overline{\phi}$. Thus $\psi\alpha = \psi\gamma\alpha' = \overline{\phi}\alpha' = \phi$ and we conclude that B is weakly S_1S_2-projective.

COROLLARY 2.7. *If* $F \rightarrowtail G \twoheadrightarrow C$ *is exact with* F *free and* C *a weak S-projective, then* G *is a weak S-projective.*

Let S be a cotorsion functor with enough projectives, that is, S is represented in the sense of Nunke [27] by an extension $Z \rightarrowtail A \twoheadrightarrow B$ of the integers with B an S-projective torsion group. Then clearly, given a free group F, there is an extension $F \rightarrowtail M \twoheadrightarrow H$ where $F = SM$ and H is an S-projective torsion group.

THEOREM 2.8. *If* S *is a cotorsion functor with enough projectives, then a group* G *is a weak S-projective if and only if* G *is the extension of a free group by subgroup of an S-projective torsion group.*

PROOF. That such an extension is weakly S-projective follows from 2.7. Let us assume therefore that G is a weak S-projective. Then we obtain a commutative diagram

$$\begin{array}{ccccc} F_o & \rightarrowtail & F & \overset{\sigma}{\twoheadrightarrow} & G \\ \| & & \downarrow \beta & & \downarrow \gamma \\ F_o & \rightarrowtail & M & \twoheadrightarrow & H \end{array}$$

with exact rows, where, in fact, the top row is a free resolution of G and $F_o = SM$ and H is an S-projective torsion group. Let K be the kernel of β and let $j : K \longrightarrow F$ be the inclusion map. It is then readily seen that σj is monic and that $K \overset{\sigma j}{\rightarrowtail} G \overset{\gamma}{\longrightarrow} H$ is exact.

COROLLARY 2.9. *If* S *is a cotorsion functor with enough projectives, then a torsion group is a weak S-porjective if and only if it is the subgroup of an S-projective.*

COROLLARY 2.10. A *weak* p^α*-projective group is p-reduced.*

COROLLARY 2.11. *If* G *is a weak* p^α*-projective torsion group, then* G *is a reduced p-group of length at most* α .

COROLLARY 2.12. *If* $\alpha \leq \omega$, *then a p-group is a weak* p^α*-projective if and only if it has length at most* α *and is a direct sum of cyclic groups ; that is, for* $\alpha \leq \omega$, *the weak* p^α*-projectives are just the* p^α*-projectives.*

Following Nunke [27], we let Γ be the smallest class of p-primary groups such that

(i) $0 \in \Gamma$;

(ii) a group isomorphic to a member of Γ belongs to Γ ;

(iii) if $B \subseteq A[p]$ and $A/B \in \Gamma$, then $A \in \Gamma$;

(iv) if $A \subseteq \Sigma_{i \in I} B_i$ and $B_i \in \Gamma$ for all i , then $A \in \Gamma$.

Nunke shows that a p-group is the subgroup of some p^α-projective p-group if and only if it is a member of Γ . Therefore we have

THEOREM 2.13. *A p-primary group* G *is weakly* p^α*-projective for some ordinal* α *if and only if* $G \in \Gamma$.

Recall that a p-group G *is said to be starred if* $|G| = |B|$ *whenever* B is a basic subgroup of G and is said to be fully starred if each of its subgroups is starred. From an observation in [27] it follows that a weakly p^α-projective p-group is fully starred.

The proof of the next proposition involves a very simple technique which, how--ever, yields some rather interesting results.

PROPOSITION 2.14. *Let* G *and* K *be, respectively,* p^{μ} - *and* p^{λ} - *projective p-groups. Then any extension of a subgroup of* G *by a subgroup of* K *is the subgroup of a* $p^{\lambda+\mu}$*-projective p-group.*

PROOF. Consider a short exact sequence $A \rightarrowtail B \xrightarrow{\beta} \twoheadrightarrow C$ where $A \subseteq G$ and $C \subseteq K$. There is a p-group M such that $p^{\lambda}M = G$ and $M/p^{\lambda}M$ is p^{λ}-projective. But by Proposition 2.5. in [29], M is $p^{\lambda+\mu}$-projective. Then by the weak p^{λ}-projectivity of C we have a homomorphism $\phi : B \longrightarrow M$ such that the diagram

$$\begin{array}{ccc} A & \rightarrowtail & B \\ \downarrow & & \downarrow \phi \\ G & \rightarrowtail & M \end{array}$$

is commutative. We then define a mapping ψ of B into the direct sum $M+K$ by $\psi(b) = (\phi(b), \beta(b))$. ψ is readily seen to be a monomorphism and we have B imbedded in the $p^{\lambda+\mu}$-projective $M+K$.

As a special case, we have the following corollary.

COROLLARY 2.15. *If* G *is a p-primary group such that* $p^{\alpha}G$ *is a subgroup of a d.s.c. and* $G/p^{\alpha}G$ *is a subgroup of a d.s.c. of countable length, then* G *is the subgroup of a d.s.c.*

We can now easily settle a question raised by Irwin and Khabbaz [15]. Let u_1 denote the radical defined by $u_1G = G^1$ and recall that the u_1-projectives are just the direct sums of cyclic groups.

THEOREM 2.16. *A group* G *is the extension of a direct sum of cyclic groups by a direct sum of cyclic groups if and only if* G *is the subgroup of a group* K *such that both* K^1 *and* K/K^1 *are direct sums of cyclic groups.*

REMARK. If both K^1 and K/K^1 are direct sums of cyclic groups, then (as established in [16]) K is a direct sum of countable reduced groups. Indeed, our Theorem 3.7 below implies that K has a direct decomposition $K = C+\Sigma K_{\lambda}$ where C is a direct sum of cyclic groups and, for each λ, K_{λ}^1 is cyclic and $K_{\lambda}/K_{\lambda}^1$ is a countable direct sum of finite cyclic groups.

PROOF. If $G \subseteq K$ and both K^1 and K/K^1 are direct sums of cyclic groups, then we have the short exact sequence $G \cap K^1 \rightarrowtail G \twoheadrightarrow G/G \cap K^1$ where both $G \cap K^1$ and $G/G \cap K^1 \cong \{G,K^1\}/K^1$ are direct sums of cyclic groups. On the other hand, suppose $A \rightarrowtail G \twoheadrightarrow B$ is exact where A and B are direct sums of cyclic groups. From an observation in [25], there exists a group M such that $M^1 = A$ and M/M^1 is a direct sum of finite cyclic groups. Then using the weak u_1-projectiveity of B, we form a commutative diagram

$$\begin{array}{ccccc} A & \rightarrowtail & G & \twoheadrightarrow & B \\ \| & & \downarrow & & \\ A & \rightarrowtail & M & \twoheadrightarrow & M/M^1 . \end{array}$$

As in the proof of Proposition 2.8, we imbed G into the direct sum $K = M+B$ where $K^1 \cong A$ and K/K^1 is isomorphic to the direct sum of M/M^1 and B .

COROLLARY 2.17. A p-primary group G *is the extension of a direct sum of cyclic groups by a direct sum of cyclic groups if and only if* G *is a subgroup of a d.s.c. of length at most* $\omega 2$.

We now see that a well-known example due to Dieudonne [2] is an example of a subgroup of a d.s.c. that is not itself a d.s.c. Dieudonne's example is a p-group G such that $p^{\omega}G = 0$ and G/P is a direct sum of cyclic groups for some $P \subseteq G[p]$, whereas G is not itself a direct sum of cyclic groups. But, of course, the above results tell us that G is a subgroup of a d.s.c. of length $\omega+1$ -- this observation about G also follows from Nunke's work on p^{α}-projectives [27].

We close this section with a decomposition theorem that we shall require in the next section and which generalizes theorems in [13] and [12].

THEOREM 2.18. *If* S *is a radical and if* H *is a subgroup of* G *such that*

(1) $(G/H)/S(G/H)$ *is a weak S-projective ;*

(2) $H \cap SG = SH$;

(3) $\{H,SG\}/SG$ *is a direct summand of* G/SG *; and*

(4) $SG = SH+C$,

then $G = H+L$ *where* $L \supseteq C$.

PROOF. Let $G/SG = \{H,SG\}/SG+K/SG$. Then $\{H,SG\} = \{H,C\}$ and $G/\{H,C\} \cong K/SG$. Since $S(K/SG) \subseteq S(G/SG) = 0$, $S(G/H) = \{H,C\}/H$ and hence $G/\{H,C\}$ is a weak S-projective. Then we have a commutative diagram

$$\begin{array}{ccccc} F_0 & \rightarrowtail & F & \twoheadrightarrow & G/\{H,C\} \\ \downarrow{\scriptstyle\phi} & & \downarrow & & \| \\ H & \overset{j}{\rightarrowtail} & G/C & \twoheadrightarrow & G/\{H,C\} \\ \downarrow & & \downarrow & & \| \\ H/SH & \rightarrowtail & G/SG & \twoheadrightarrow & G/\{H,C\} \end{array}$$

with exact rows where the top row is a free-resolution of $G/\{H,C\}$ and all maps are the obvious ones. But (3) tells us that the bottom row splits ; and this fact yields an obvious homomorphism from F to H/SH which, since F is projective, lifts to a homomorphism $\varepsilon : F \longrightarrow H$. If $\phi' = \phi - \varepsilon|F_0$ and $\mu' = \mu - j\varepsilon$, then the diagram

$$\begin{array}{ccccc} F_o & \rightarrowtail & F & \twoheadrightarrow & G/\{H,C\} \\ \downarrow \phi' & & \downarrow \mu' & & \| \\ H & \rightarrowtail & G/C & \twoheadrightarrow & G/\{H,C\} \end{array}$$

is commutative. It is easily seen that $\phi'(F_o) \subseteq SH$ and thus ϕ' extends to a homomorphism of F to H. Therefore the sequence $H \rightarrowtail G/C \twoheadrightarrow G/\{H,C\}$ splits and we have a direct decomposition $G/C = H+C/C+L/C$, from which we conclude that $G = H+L$.

3. EXTENDING AUTOMORPHISMS. Let S be a radical on the category of abelian groups that is represented in the sense of Nunke [27] by an extension $Z \rightarrowtail A \twoheadrightarrow B$ of the integers, that is, $x \in SG$ if and only $x = \phi(1)$ for some $\phi \in \mathrm{Hom}(A,G)$. We shall call such an S a representable radical and we associate with it the cardinal $m(S) = |A|$. Note by [27] that $m(p^\beta) = |\beta|$ if $\beta \geq \omega$. As observed in [27], if $x \in SG$, there is a subgroup H of G such that $|H| \leq m(S)$ and $x \in SH$. Indeed, if $x = \phi(1)$ for $\phi \in \mathrm{Hom}(A,G)$, take $H = \phi(A)$.

LEMMA 3.1. *Suppose* S *is a representable radical and that* $m \geq m(S)$. *Let* H *be a subgroup of* G *such that* $H \cap SG = SH$ *and let* K_o *be a subgroup of* G *such that* $|K_o/H| \leq m$. *Then there is a subgroup* $K \supseteq K_o$ *such that* $|K/H| \leq m$ *and* $K \cap SG = SK$.

PROOF. Since $(K_o \cap SG)/SH \cong \{K_o \cap SG,H\}/H$, we may choose a system $[x_\lambda]$ of generators of $K_o \cap SG$ modulo SH having cardinality $\leq m$. Let N_λ be a subgroup of G having cardinality $\leq m(S)$ and such that $x_\lambda \in SN$ and let K_1 be the subgroup generated by H and all the N_λ's. Then $|K_1/H| \leq m$ and $K_o \cap SG \subseteq SK_1$. Continuing in this manner, we obtain an ascending sequence $K_o, K_1, \ldots, K_n, \ldots$ of subgroups such that $|K_n/H| \leq m$ and $K_n \cap SG \subseteq SK_{n+1}$. Set $K = \bigcup_{n<\omega} K_n$.

THEOREM 3.2. *Suppose* S *is a representable radical and that* $m \geq m(S)$. *If* G *is a group such that* G/SG *is a weak S-projective and such that both* SG *and* G/SG *are direct sums of groups of cardinality* $\leq m$, *then* G *itself is a direct sum of groups of cardinality* $\leq m$.

PROOF. Fix direct decompositions $G/SG = \Sigma_{\lambda\in\Lambda} A_\lambda$ and $SG = \Sigma_{i\in I} C_i$. Let $\pi : G \longrightarrow G/SG$ be the canonical map and let $[x_\mu]_{\mu<M}$ be a well-ordering of the elements of G. We wish to represent G as a monotone union of a well-ordered sequence $[K_\mu]_{\mu<M}$ of subgroups such that

(i) $x_\mu \in K_{\mu+1}$,

(ii) $K_\mu = \bigcup_{\sigma<\mu} K_\sigma$ if μ is a limit ordinal,

(iii) $\pi(K_\mu) = \Sigma_{\lambda\in\Lambda_\mu} A_\lambda$ for some subset Λ_μ of Λ,

(iv) $SG \cap K_\mu = SK_\mu = \Sigma_{i\in I_\mu} C_i$ for some subset I_μ of I, and

(v) $|K_{\mu+1}/K_\mu| \leq m$.

We take $K_o = 0$. Suppose the desired K_σ's have been defined for all $\sigma < \mu$. If μ is a limit ordinal, then K_μ is defined by (ii) with the other conditions being satisfied automatically. Assume then that μ-1 exists. We define inductively a sequence $[H_n]_{n<\omega}$ of subgroups as follows : $H_o = \{K_{\mu-1}, x_{\mu-1}\}$: T_n is the minimal subset of Λ such that $\pi(H_{n-1}) \subseteq \Sigma_{\lambda\in T_n} A_\lambda$; $P_n = \{H_{n-1}, U_n\}$ where U_n is a subset of G having cardinality $\leq m$ and such that $\pi(P_n) = \Sigma_{\lambda\in T_n} A_\lambda$; J_n is the minimal subset of I such that $P_n \cap SG \subseteq \Sigma_{i\in J_n} C_i$; H_n is a subgroup of G containing $\{P_n, \Sigma_{i\in J_n} C_i\}$ such that $|H_n/K_{\mu-1}| \leq m$ and $H_n \cap SG = SH_n$. Setting $K_\mu = \bigcup_{n<\omega} H_n$, $\Lambda_\mu = \bigcup_{n<\omega} T_n$ and $I_\mu = \bigcup_{n<\omega} J_n$, one easily checks that conditions (i)-(v) are satisfied.

If we can obtain direct decompositions $K_{\mu+1} = K_\mu + L_\mu$, then we shall have $G = \Sigma_{\mu<M} L_\mu$ with $|L_\mu| \leq m$. We shall obtain such a decomposition of $K_{\mu+1}$ by observing that the conditions of Theorem 2.18 are satisfied. First note that $K_\mu \cap SK_{\mu+1} = SK_\mu$ and $SK_{\mu+1} = SK_\mu + \Sigma_{i\in I_{\mu+1}-I_\mu} C_i$. Now under the canonical isomorphism of $\{K_{\mu+1}, SG\}/SG$ onto $K_{\mu+1}/SK_{\mu+1}$, $\{K_\mu, SK_{\mu+1}\}/SK_{\mu+1}$ is the image of $\{K_\mu, SG\}/SG$. We conclude from this that $\{K_\mu, SK_{\mu+1}\}/SK_{\mu+1}$ is a direct summand of $K_{\mu+1}/SK_{\mu+1}$ and that $K_{\mu+1}/\{K_\mu, SK_{\mu+1}\} \cong \{K_{\mu+1}, SG\}/\{K_\mu, SG\} \cong \Sigma_{\lambda\in\Lambda_{\mu+1}-\Lambda_\lambda} A_\lambda$. Since for each λ, it follows that $\{K_\mu, SK_{\mu+1}\}/K_\mu = S(K_{\mu+1}/K_\mu)$. Therefore $(K_{\mu+1}/K_\mu)/S(K_{\mu+1}/K_\mu) \cong \Sigma_{\lambda\in\Lambda_{\mu+1}-\Lambda_\mu} A_\lambda$ is a weak S-projective. The conditions of 2.18 are thus satisfied.

For each ordinal α, define the radical u_α by $u_\alpha G = G^\alpha$, the α-th Ulm subgroup of G. Then u_α is a representable radical with $m(u_\alpha) = |\alpha|$.

COROLLARY 3.3. *If both* G^β *and* G/G^β *are direct sums of groups of cardinality* $\leq|\beta|$ *and* G/G^β *is weakly* u_β*-projective, then* G *is itself a direct sum of groups cardinality* $\leq|\beta|$.

We refer to the method used in the proof of Theorem 3.3. as the "back-and-forth" technique. We shall be much less explicit in giving detailed constructions in our further applications of this technique.

PROPOSITION 3.4. *Suppose* S *is a representable radical and that* $m \geq m(S)$. *Let* G *be a group such that* G/SG *is a weak S-projective and such that both* SG *and* G/SG *are direct sums of groups of cardinality* $\leq m$. *If* $G/SG \cong H/SH$ *and* ϕ

is an isomorphism of SG *onto* SH *, then there exist direct decompositions* $G = \Sigma_{\mu\in M} G_\mu$ *and* $H = \Sigma_{\mu\in M} H_\mu$ *where* $|G_\mu| = |H_\mu| \leq m$, $G_\mu/SG_\mu \simeq H_\mu/SH_\mu$ *and* $SH_\mu = \phi(SG_\mu)$.

PROOF. By a standard construction we reduce the proof to the case where $SH = SG$ and ϕ is the identity map of SG . We fix decompositions $G/SG = \Sigma_{\lambda\in\Lambda} A_\lambda$, $H/SH = \Sigma_{\lambda\in\Lambda} \overline{A}_\lambda$ and $SG = SH = \Sigma_{i\in I} C_i$ where $A_\lambda \simeq \overline{A}_\lambda$. We then modify the construction in the proof of the preceding theorem to obtain $G = \bigcup_{\mu<M} K_\mu$ and $H = \bigcup_{\mu<M} \overline{K}_\mu$ where $\pi(K_\mu) = \Sigma_{\lambda\in\Lambda_\mu} A_\lambda \simeq \Sigma_{\lambda\in\Lambda_\mu} \overline{A}_\lambda = \overline{\pi}(\overline{K}_\mu)$ -- $\overline{\pi}$ being the canonical map of H onto H/SH -- and $SG \cap K_\mu = SK_\mu = S\overline{K}_\mu = SH \cap \overline{K}_\mu = \Sigma_{i\in I_\mu} C_i$. Such a modification falls easily within thescope of our technique (see, for example, the details in the proof of Theorem 4 in [13]). We obtain decomposition $K_{\mu+1} = K_\mu + G_\mu$ and $\overline{K}_{\mu+1} = \overline{K}_\mu + H_\mu$ where $SG_\mu = SH_\mu$ and $G_\mu/SG_\mu \simeq \Sigma_{\lambda\in\Lambda_{\mu+1}-\Lambda_\mu} A_\lambda \simeq H_\mu/SH_\mu$. We now generalise Theorem 4 of [13] .

THEOREM 3.5. *Let* α *be a countable limit ordinal and suppose* $G/p^\alpha G$ *is a direct sum of countable p-primary groups. If* $G/p^\alpha G \simeq H/p^\alpha H$ *, then every isomorphism of* $p^\alpha G$ *onto* $p^\alpha H$ *extends to an isomorphism of* G *onto* H .

PROOF. In the case when $G/p^\alpha G$ is countable, this is essentially due to Zippin. For example, if one looks at the proof of Ulm's theorem as given, say, in [19] , he easily sees that an isomorphism of $p^\alpha G$ onto $p^\alpha H$ may be fixed and the standard argument goes through using not finiteness but rather finiteness modulo $p^\alpha G$ and $p^\alpha H$. α being a limit insures that H and K have the same Ulm invariants.

Now if $p^\alpha G$ is a direct sum of cyclic groups, we obtain, by Proposition 3.4, direct decompositions $G = \Sigma G_\mu$ and $H = \Sigma H_\mu$ where $|G_\mu| = |H_\mu| \leq \aleph_0$, $G_\mu/p^\alpha G \simeq H_\mu/p^\alpha H_\mu$ and $p^\alpha H_\mu$ is the image of $p^\alpha G_\mu$ under our isomorphism from $p^\alpha G$ to $p^\alpha H$. Therefore, when $p^\alpha G$ is a direct sum of cyclic groups, the theorem follows from the countable case.

It remains then only to reduce the proof to the case when $p^\alpha G$ is a direct sum of cyclic groups. Let B be a p-basic subgroup (see [4]) of $p^\alpha G$. Then $p^\alpha G/B$ is p-divisible and, since $G/p^\alpha G$ is p-primary, we have a direct decomposition $G/B = K/B + p^\alpha G/B$. Similarly, if C is the image of B under our isomorphism from $p^\alpha G$ to $p^\alpha H$, we have $H/C = L/C + p^\alpha H/C$. But $p^\alpha K = B$, $p^\alpha L = C$ and $K/B \simeq G/p^\alpha G \simeq H/p^\alpha H \simeq L/C$. Since B is a direct sum of cyclic groups, we have an extension of our isomorphism restricted to B to an isomorphism of K onto L. This latter isomorphism, however, extends in an obvious manner to an isomorphism of $G = \{K, p^\alpha G\}$ onto $H = \{L, p^\alpha H\}$.

We can now push on to a further generalization.

THEOREM 3.6. *Let* α *be a countable ordinal and suppose* G/G^α *is torsion and a direct sum of countable groups. If* $H/H^\alpha \cong G/G^\alpha$ *, then any isomorphism of* G^α *onto* H^α *extends to an isomorphism of* G *onto* H .

PROOF. Let ϕ be an isomorphism of G^α onto H^α . We have direct decompositions

$$G/G^\alpha = \Sigma G^{(p)}/G^\alpha \quad \text{and} \quad H/H^\alpha = \Sigma H^{(p)}/H^\alpha$$

where, for each prime p , $G^{(p)}/G^\alpha$ and $H^{(p)}/H^\alpha$ are the p-primary components of G/G^α and H/H^α , respectively. One easily verifies that $G^\alpha = p^{\omega\alpha}G^{(p)}$ and $H^\alpha = p^{\omega\alpha}H^{(p)}$. Theorem 3.5. therefore yields isomorphism $\phi^{(p)} : G^{(p)} \longrightarrow H^{(p)}$ that extend ϕ . Now let $g \in G$ and write $g = g_1+\dots+g_n$ where $g_i \in G^{(p_i)}$. Set $\overline{\phi}(g) = \phi^{(p_1)}(g_1)+\dots+\phi^{(p_n)}(g_n)$. It is then routine to check that $\overline{\phi}$ is a well-defined isomorphism of G onto H that extends ϕ .

In the case $\alpha = 1$, we can slightly weaken the condition that G/G^1 be torsion.

THEOREM 3.7. *If* G/G^1 *is a direct sum of cyclic groups and if* $G/G^1 \cong H/H^1$, *then every isomorphism of* G^1 *onto* H^1 *extends to an isomorphism of* G *onto* H .

The proof is simple. One merely observes that we necessarily have direct decompositions $G = A+F_1$ and $H = B+F_2$ where F_1 and F_2 are isomorphic free groups, $G^1 = A^1$, $H^1 = B^1$ and A/G^1 and B/H^1 are isomorphic direct sums of finite cyclic groups.

We shall prove a few more rather special results related to direct sums of countable groups. Recall that if S is a cotorsion functor with enough projectives, then H is an S-pure subgroup of G if and only if $H \cap SG = SH$ and $\{H,SG\}/SG$ is S-pure in G/SG (see Proposition 1.8. in [29]). The case when $S = p^\alpha$ is also established in [12] . We have called H weakly p^α-pure in G if $H \cap p^\beta G = p^\beta H$ for all $\beta \leq \alpha$. If H is a subgroup of G , there exists a weakly p^α-pure subgroup $K \supseteq H$ such that $|K| \leq |H||\alpha|$ provided $\alpha \geq \omega$. If moreover H contains a subgroup A such that $|H/A| \leq |\alpha|$ and A is weakly p^α-pure in G ; then the weakly p^α-pure $K \supseteq H$ can be chosen such that $|K/H| \leq |\alpha|$ (the proof is similar to that of Lemma 3.1 above). The following theorem may be viewed as a generalization of the fact that every infinite subgroup of a p-group can be imbedded in a p^ω-pure subgroup of the same caridnality.

THEOREM 3.8. *If* λ *is a countable limit ordinal and if* $G/p^\alpha G$ *is a direct sum of countable groups for all* $\alpha < \lambda$, *then every infinite subgroup of* G *can be imbedded in a* p^λ*-pure subgroup of the same cardinality.*

PROOF. Let H be an infinite subgroup of G. Fix direct decompositions of the groups $G/p^{\alpha}G$ for all $\alpha < \lambda$. Using the "back-and-forth" method, we construct a weakly p^{λ}-pure subgroup $K \supseteq H$ such that $|K| = |H|$ and $\{K, p^{\alpha}G\}/p^{\alpha}G$ is a direct summand of $G/p^{\alpha}G$ for all $\alpha < \lambda$. Since $K \cap p^{\alpha}G = p^{\alpha}K$ and $\{K, p^{\alpha}G\}/p^{\alpha}G$ is p^{α}-pure in $G/p^{\alpha}G$ for all $\alpha < \lambda$, we conclude that K is p^{α}-pure in G for all $\alpha < \lambda$. Since λ is a limit ordinal, K is p^{λ}-pure in G.

THEOREM 3.9. *Let λ be a countable limit ordinal and suppose G is a primary group with $G/p^{\alpha}G$ a d.s.c. for all $\alpha < \lambda$. If G contains a subgroup H such that G/H is a d.s.c. of length $\leq \lambda$, then $G = K+L$ where L is a d.s.c. of length $\leq \lambda$, $K \supseteq H$ and $|K| = |H|\aleph_0$.*

PROOF. We fix direct decompositions of the groups $G/p^{\alpha}G$ and the group G/H. We construct K as in the proof of the previous theorem, except with the further condition that K/H be a direct summand of G/H. Then K is p^{λ}-pure in G and G/K is p^{λ}-projective since it is isomorphic to a direct summand of G/H. Hence the desired decomposition follows.

An example in [29] shows that the preceding theorem is false for $\lambda = \Omega$.

Our next theorem generalizes the fact that a summable group of length ω is a direct sum of cyclic groups.

THEOREM 3.10. *If G is a summable group of countable length λ and if $G/p^{\alpha}G$ is a d.s.c. for all $\alpha < \lambda$, then G is itself a d.s.c.*

PROOF. If λ is not a limit ordinal, then Theorem 3.2 applies. Assume then that λ is a limit ordinal, fix decompositions of $G/p^{\alpha}G$ for all $\alpha < \lambda$ and let $G[p] = \Sigma_{i \in I} T_i$ be a "natural" decomposition with $|T_i| \leq \aleph_0$ for each i. Then apply the "back-and-forth" method to obtain G as the monotone union of a well-ordered sequence $[H_{\mu}]_{\mu<M}$ of subgroups such that

(i) $H_{\mu} = \bigcup_{\sigma<\mu} H_{\sigma}$ if μ is a limit ordinal ;

(ii) H_{μ} is p^{λ}-pure in G ;

(iii) $H_{\mu}[p] = \Sigma_{i \in I_{\mu}} T_i$ for some subset I_{μ} of I ;

(iv) $|H_{\mu+1}/H_{\mu}| \leq \aleph_0$.

If we can obtain direct decompositions $H_{\mu+1} = H_{\mu}+L_{\mu}$, we shall have $G = \Sigma_{\mu<M} L_{\mu}$ where $|L_{\mu}| \leq \aleph_0$. Since H_{μ} is p^{λ}-pure in $H_{\mu+1}$, it is sufficient to show that $H_{\mu+1}/H_{\mu}$ is p^{λ}-projective. Since, however, this quotient group is at most countable, it is enough to show that it has length $\leq \lambda$. Let $\Sigma_{i \in I_{\mu+1} - I_{\mu}} T_i = \Sigma_{\alpha<\lambda} S_{\alpha}$ where $S_{\alpha} - 0 \subseteq p^{\alpha}G - p^{\alpha+1}G$. As H_{μ} is p^{λ}-pure in $H_{\mu+1}$, we have $p^{\alpha}(H_{\mu+1}/H\ )[p] = \{H_{\mu}, (p^{\alpha}H_{\mu+1})[p]\}/H_{\mu}$ for all $\alpha < \lambda$ (see [29]). But clearly

$(p^{\alpha}H_{\mu+1})[p] = (p^{\alpha}H_{\mu})|p|+\Sigma_{\alpha<\beta<\lambda}S_{\beta}$ and consequently $p^{\alpha}(H_{\mu+1}/H_{\mu})|p| = \{H_{\mu},\Sigma_{\alpha<\beta<\lambda} S_{\beta}\}/H_{\mu} = \{H_{\mu},S_{\alpha}\}/H_{\mu}+p^{\alpha+1}(H_{\mu+1}/H_{\mu})[p]$. Therefore, we have a direct decomposition $(H_{\mu+1}/H_{\mu})[p] = \Sigma_{\alpha<\lambda}\{H_{\mu},S_{\alpha}\}/H_{\mu}$ where $\{H_{\mu},S_{\alpha}\}/H_{\mu}-0 \subseteq p^{\alpha}(H_{\mu+1}/H_{\mu}) -p^{\alpha+1}(H_{\mu+1}/H_{\mu})$. In particular, $p^{\lambda}(H_{\mu+1}/H_{\mu})[p] = 0$, as desired.

The following theorem may be viewed as a generalization of the existence theorem for basic subgroups of primary groups. Once again the theorem fails for uncountable ordinals.

THEOREM 3.11. *Let* λ *be an ordinal such that* $\omega \leq \lambda < \Omega$ *and let* G *be a p-primary group. If* λ *is a limit ordinal, then the following two conditions are equivalent :*

(i) $G/p^{\alpha}G$ *is a d.s.c. for all* $\alpha < \lambda$.

(ii) G *contains a* p^{λ}*-pure subgroup* H *such that* G/H *is divisible and* H *is a d.s.c. having length* $\leq \lambda$.

Even for non-limits, (i) *implies* (ii) *without the restriction on the length of* H .

PROOF. Now if λ is a limit and if H is p^{λ}-pure subgroup of G such that G/H is divisible, then $G = \{H,p^{\alpha}G\}$ and, consequently, $H/p^{\alpha}H = H/p^{\alpha}G \quad H \simeq G/p^{\alpha}G$ for all $\alpha < \lambda$ (see Theorem 16 in [17]). Thus, if H is a d.s.c., $G/p^{\alpha}G$ is a d.s.c. for all $\alpha < \lambda$.

Assume that (i) holds and λ is a limit. Choose an increasing sequence $\alpha_1,\alpha_2,\dots,\alpha_n,\dots$ of ordinals having λ as its limit. Let T_o be the socle of a p^{α_1}-high subgroup of G and, for $n \geq 1$, let T_n be such that $(p^{\alpha_n}G)[p] = T_n+(p^{\alpha_{n+1}}G)[p]$. Set $S = \Sigma_{n<\omega}T_n$. Since $G[p] = T_o+\dots+T_{n-1}+(p^{\alpha_n}G)[p]$ for each $n \geq 1$, $G[p] = \{S,(p^{\alpha}G)[p]\}$ for all $\alpha < \lambda$. Choose H to be a neat subgroup of G such that $H[p] = S$. Then H is p^{λ}-pure in G since $G[p] = \{H[p] , (p^{\alpha}G)[p]\}$ for all $\alpha < \lambda$ and G/H is divisible since $\lambda \geq \omega$. As noted above $H/p^{\alpha}H \simeq G/p^{\alpha}G$ is a d.s.c. for all $\alpha < \lambda$. If we can show that H is summable, then Theorem 3.10 will yields the desired conclusion that H is a d.s.c. However, each T_n is the subgroup of a $p^{\alpha_{n+1}}$-high subgroup of G and, since each $p^{\alpha_{n+1}}$-high subgroup of G is summable, each T_n is summable. As $S = \Sigma_{n<\omega}T_n$ is clearly a "natural" decomposition, $S = H[p]$ is summable, that is, H itself is summable.

Assume that (i) holds and $\lambda = \beta+1$ for some countable ordinal β . Let B be a basic subgroup of $p^{\beta}G$ and choose H such that H/B is maximal in G/B with respect to intersecting $p^{\beta}G/B$ trivially, Then we have a direct decomposition $G/B = p^{\beta}G/B+H/B$. It is routine to verify that H is neat in G and that

$G[p] = \{H[p], (p^\beta G)[p]\}$. Thus H is p^λ-pure in G and $B = p^\beta G \cap H = p^\beta H$. Since both $p^\beta H$ and $H/p^\beta H = H/B \cong G/p^\beta G$ are d.s.c.'s, H is a d.s.c.

LEMMA 3.12. *Let λ be a limit ordinal and let G be a primary group of length λ. If A is a p^λ-pure subgroup of G having length $\beta < \lambda$, then G/A has length λ.*

PROOF. Since A is p^λ-pure in G, we have $p^\alpha(G/A)[p] = \{A, (p^\alpha G)[p]\}/A$ for all $\alpha < \lambda$. Since $p^\beta G \cap A = 0$ for some $\beta < \lambda$, it is readily seen that $p^\alpha(G/A) \neq 0$ for all $\alpha < \lambda$ and that $\bigcap_{\alpha<\lambda} p^\alpha(G/A)[p] = 0$.

THEOREM 3.13. *Let λ be a countable limit ordinal and let G be a primary group such that $G/p^\alpha G$ is a d.s.c. for all $\alpha < \lambda$. If A is a countable p^λ-pure subgroup of G having length $\beta < \lambda$, then A is a direct summand of G.*

PROOF. Since $A \cap p^\beta G = 0$ for $\beta < \lambda$, we conclude from the proof of Theorem 3.11 that there is a p^λ-pure subgroup H of G such that $H \supseteq A$, G/H is divisible and H is a d.s.c. of length $\leq \lambda$. As H is a d.s.c., we obtain a direct decomposition $H = B+C$ where $B \supseteq A$ and B is also countable. We may assume that B has length λ and therefore, by Lemma 3.12, B/A has length λ. Thus B/A is p^λ-projective and A is a direct summand of B. But then we have a direct decomposition $H = A+K$. Since $G = \{H, p^\beta G\}$ and $A \cap p^\beta G = 0$, we obtain the decomposition $G = A+\{K, p^\beta G\}$.

Finally, we give a proof of a recent result due to Hill that is simpler than the original proof.

THEOREM 3.14. *If G is a d.s.c. and H is an isotype subgroup of countable length, then H is also a d.s.c.*

PROOF. Let H be isotype in G and suppose H has countable length λ. Since $\{H, p^\lambda G\}/p^\lambda G$ is isotype in $G/p^\lambda G$, we may assume that λ is also the length of G. The proof is then by induction on λ. Assume that the theorem is established for all lengths less than λ. If $\lambda-1$ exists, then, by induction, $H/p^{\lambda-1}H \cong \{H, p^{\lambda-1}G\}/p^{\lambda-1}G$ is a d.s.c. But $p^{\lambda-1}H$ is a direct sum of cyclic groups of order p, and therefore, by Theorem 3.2, H is a d.s.c.

We may assume then that λ is a limit ordinal. By induction, $H/p^\beta H$ is a d.s.c. for all $\beta < \lambda$. Therefore, we fix direct decompositions of the groups $H/p^\beta H$ and let $G = \Sigma_{i\in I} G_i$. Using the "back-and-forth" method, we express I as the monotone union of a well-ordered sequence $|I_\mu|_{\mu<M}$ of subsets such that

(i) $H \cap \Sigma_{i\in I_\mu} G_i$ is isotype in H;

(II) $\{H \cap \Sigma_{i\in I_\mu} G_i, p^\beta H\}/p^\beta H$ is a direct summand of $H/p^\beta H$ for all $\beta < \lambda$;

(III) $I_\mu = \bigcup_{\sigma<\mu} I_\sigma$ if is a limit ordinal ; and

(iv) $|I_{\mu+1} - I_\mu| \leq \aleph_0$.

Thus, $H \cap \Sigma_{i\in I_n} G_i$ is p^β-pure in H for all $\beta < \lambda$ and, consequently, p^λ-pure in H . However, $H \cap \Sigma_{i\in I_{\mu+1}} G_i / H \cap \Sigma_{i\in I_\mu} G_i$ is a countable group of length $\leq \lambda$ and is therefore p^λ-projective - - the group is, in fact, isomorphic to $\{H \cap \Sigma_{i\in I_{\mu+1}} G_i, \Sigma_{i\in I_\mu} G_i\} / \Sigma_{i\in I_\mu} G_i \subseteq \Sigma_{i\in I_{\mu+1}} G_i / \Sigma_{i\in I_\mu} G_i \cong \Sigma_{i\in I_{\mu+1} - I_\mu} G_i$. But then we have direct compositions $H \cap \Sigma_{i\in I_{\mu+1}} G_i = L_\mu + H \cap \Sigma_{i\in I_\mu} G_i$, from which it follows that $H = \Sigma_{\mu<M} L_\mu$.

REFERENCES

[1] BEAUMONT R. - PIERCE R., Quasi-isomorphism of p-groups, Proceedings of the Colloquium on Abelian Groups, Budapest, 1964, 13-27.

[2] DIEUDONNE J., Sur les p-groupes abeliens infinis, Port. Math.11 (1952), 1-5.

[3] ENSEY R., Isomorphism invariants for abelian groups modulo bounded groups, Dissertation, New Mexico State University, 1966.

[4] FUCHS L., Notes on abelian groups, II, Acta. Math. Acad. Sci. Hungar. 11 (1960), 117-125.

[5] FUCHS L., Abelian groups, Budapest, 1958.

[6] FUCHS L., On the automorphism group of abelian p-groups, Publ. Math. Debrecen 7 (1960), 122-129.

[7] GRIFFITH P., Transitive and fully-transitive primary abelian groups, to appear.

[8] HILL P., Sums of countable primary groups, Proc. Amer. Math. Soc. 17 (1966), 1469-1470.

[9] HILL P., Quasi-isomorphism of primary groups, Michigan J. Math. 13 (1966), 481-484.

[10] HILL P., On quasi-isomorphic invariants of primary groups, Pacific J. Math., to appear.

[11] HILL P., On primary groups with an uncountable number of elements of infinite height, to appear.

[12] HILL P., Isotype subgroups of direct sum of countable groups, to appear.

[13] HILL P. - MEGIBBEN C., Extending automorphisms and lifting decompositions in abelian groups, Math. Ann., to appear.

[14] HONDA K., On the structure of abelian p-groups, Proceedings of the Colloquium on Abelian Groups, Budapest, 1964, 81-86.

[15] IRWIN J. - KHABBAZ S., On generating subgroups of abelian groups, Proceedings of the Colloquium on Abelian Groups, Budapest, 1964, 87-98.

[16] IRWIN J. - RICHMAN F., Direct sums of countable groups and related concepts, Jour. of Algebra 2 (1965), 443-450.

[17] IRWIN J. - WALKER C. - WALKER E., On p^α-pure sequences of abelian groups, Topics in Abelian Groups, Chicago, 1963, 69-120.

[18] KAPLANSKY I. Projective modules, Annals of Math. 68 (1958), 371-377.

[19] KAPLANSKY I., Infinite Abelian Groups, Ann Arbor, University of Michigan Press, 1954.

[20] KAPLANSKY I. - MACKEY G., A generalization of Ulm's Theorem, Summa Brasil. Math. 2 (1951), 195-202.

[21] KOLETTIS G., Direct sums of countable groups, Duke Math. J. 27 (1960), 111-125

[22] MARANDA J., Injective structures, Trans. Amer. Math. Soc. 110 (1964), 98-135.

[23] MEGIBBEN C., On mixed groups of torsion-free rank one, Illinois J. Math. 11 (1967), 134-143.

[24] MEGIBBEN C., Large subgroups and small homomorphisms, Michigan J. Math. 13 (1966), 153-160.

[25] MEGIBBEN C., On high subgroups, Pacific J. Math. 14 (1964), 1353-1358.

[26] MEGIBBEN C., Modules over incomplete discrete valuation rings, Proc. Amer. Math. Soc., to appear.

[27] NUNKE R., Purity and subfunctors of the identity, Topics in Abelian Groups, Chicago, 1963, 121-171.

[28] NUNKE R., On the structure of Tor, Proceedings of the Colloquium on Abelian Groups, Budapest, 1964, 115-124.

[29] NUNKE R., Homology and direct sums of abelian groups, to appear.

[30] ULM H., Zur Theorie der abzahlbar-unendlichen abelschen Gruppen, Math. Ann. 107 (1933), 774-803.

[31] WALKER E., Quotient categories and quasi-isomorphism of abelian groups, Proceeding of the Colloquium on Abelian Groups, 147-162.

[32] ZIPPIN L., Countable torsion groups, Annals of Math. 36 (1935), 86-99.

ON TOPOLOGICAL METHODS IN ABELIAN GROUPS

by Toshiko KOYAMA and John IRWIN

INTRODUCTION

Every group in this paper is an abelian p-group. We will observe some properties of abelian p-groups using topological methods.

Let G be a p-group. Then we can introduce the p-adic topology in G. If G has no elements of infinite height, this topology is a metric topology.

Let G be a p-group without elements of infinite height. If every bounded Cauchy sequence of G has a limit in G, G is called torsion complete. A torsion complete group G has the following properties.

(I) Let $B = B_1 \oplus B_2$ be a basic subgroup of G. Then $G = B_1^- \oplus B_2^-$.
(II) Let H be a pure subgroup of G. Then H^- is a direct summand of G.
(III) Let H be a pure subgroup of G. Then H^- is again pure.

After considering these properties a natural question arises - Are the reduced p-groups which satisfy (I) necessarily torsion complete ? We will give an affirmative answer to this question in theorem 3. This gives rise to a nice characterization of torsion complete groups.

Paul Hill [2] called the reduced p-groups which satisfy (III) quasi-closed group. He showed an example which is quasi-closed but not torsion complete in [2]. On the other hand, T.J. Head considered a reduced p-group G which has the following property :
(IV) $(\text{red.}\ \frac{G}{H})^1 = 0$ for any pure subgroup H.

Theorem 1 gives us a characterization of quasi-closed groups. That is, Head groups and quasi-closed groups are the same, and moreover, a reduced p-group is quasi-closed if and only if G satisfies the "strong purifications property".

We will show in theorem 4 that unbounded direct sum of cyclic groups are not quasi-closed.

Paul Hill and Megibben [3] called the p-groups with the socle purification property pure-complete group. Since a direct sum of cyclic groups is pure-complete, it follows theorem 4 that pure-complete group is not necessarily quasi-closed.

Kulikov showed that torsion complete groups satisfy the following condition. (Cf. Fuchs [1]).
(V) Let $G = \sum G_\lambda$. Then there exists a positive integer N such that

$p^N G_\lambda = 0$ for all but a finite number of λ's .
The p-group which satisfies property (V) is called essentially finitely indecomposable. From theorem 4 we see that a quasi-closed group is essentially finitely indecomposable.

One of the authors showed that (II) above provides us with a characterization of torsion complete groups (see Theorem 3.1.).

PART I

DEFINITION AND FUNDAMENTAL PROPERTIES OF p-ADIC TOPOLOGY

Let G be a p-group. We write $h(x) = n$ if $x \in p^n G$ and $x \notin p^{n+1} G$. If $x \in p^n G$ for all n , then we write $h(x) = \infty$.

Let $d(x,y) = p^{-h(x-y)}$ for $x, y \in G$. We may replace p by some other number > 1 .

(I) $0 \leq d(x,y) = d(y,x) \leq 1$.

(II) Since $h(x+y) \geq \min (h(x),h(y))$ for any $x, y \in G$,

$$d(x,y) = p^{-h(x-y)} = p^{-h(x-z+z-y)}$$
$$\leq \max (p^{-h(x-z)}, p^{-h(z-y)}) = d(x,z)+d(z,y) .$$

Therefore d defines a pseudo-metric in G . Since d is invariant, G is a topological group with this pseudo-metric. This topology is called p-adic topology of G . If we assume the condition $G^1 = 0$ $(G^1 = \bigcap_{n=0}^{\infty} p^n G)$, then d defines a metric in G .

Let H be a subset of G , then we write H^- for the closure of H in G with respect to the p-adic topology of G .

LEMMA 1. $B = \{p^n G , n = 0,1,2,\ldots\}$ *is a local base at* 0 *for the p-adic topology of* G *. Hence* $\{0\}^- = G^1$ *, the p-adic topology in a bounded group is discrete and the p-adic topology in a divisible group is trivial.*

LEMMA 2. *If* H *is a pure subgroup of* G *, then the p-adic topology of* H *coincides with the relative topology, since* $p^n H = H \cap p^n G$ *. Therefore we need not distinguish the relative topology and the p-adic topology whenever* H *is pure in* G *.*

LEMMA 3. *Let* $G = \sum_{i=1}^{m} G_i$ *. Then the p-adic topology of* G *is the product of p-adic topologies in* G_i *. Hence a direct summand of* G *is closed in* G *whenever* G *has no elements of infinite height.*

PROOF. $p^n G = \sum_{i=1}^{m} p^n G_i$ implies $p^n G$ is open with respect to the product topology.

$\{\sum_{i=1}^{m} p^{n_i} G_i\}$ is a local base of the product topology. There exists n such that $p^n G = \sum_1^m p^n G_i \subset \sum_1^m p^{n_i} G_i$. Therefore each member of this base is open with respect to the p-adic topology of G.

If $G = H \oplus K$, H is the inverse image of 0 by the projection onto K along H. Therefore H is closed whenever G has no elements of infinite height.

LEMMA 4. $G[p^n] = \{x \in G : p^n x = 0\}$ $(n = 1,2,3,\ldots)$ *is closed in* G *with respect to any compatible Hausdorff topology in* G.

PROOF. $f(x) = p^n x$ is continuous in any topological group, 0 is closed in any Hausdorff topological group and $G[p^n]$ is the inverse image of 0 by $f(x)$. Hence $G[p^n]$ is closed.

LEMMA 5. *Let* H *be a subgroup of* G *; Then* $(\frac{G}{H})^1 = \frac{H^-}{H}$.

PROOF. Let ϕ be a canonical homomorphism $G \longrightarrow G/H$. $h(\phi(x)) = \infty$ if and only if $(x+p^n G) \cap H \neq \emptyset$ for all n. That is, $x \in H^-$.

LEMMA 6. *A subgroup* H *is dense in* G *if and only if* G/H *is divisible.*

PROOF. By Lemma 5, $(\frac{G}{H})^1 = \frac{H^-}{H}$. Hence $H^- = G$ if and only if $(\frac{G}{H})^1 = \frac{G}{H}$, i.e. $\frac{G}{H}$ is divisible.

LEMMA 7. *Let* H *be a pure subgroup of* G. *Then* $(\frac{G}{H})^1$ *is divisible (i.e. reduced part of* $\frac{G}{H}$ *has no elements of infinite height) if and only if* H^- *is pure.*

PROOF. By Lemma 2, Kaplansky [5], $(\frac{G}{H})^1 = \frac{H^-}{H}$ is pure in $\frac{G}{H}$ if and only if H^- is pure in G.

LEMMA 8. *Let* G *be a p-group without elements of infinite height and let* H *be a pure subgroup of* G. *Then*

1. $(H[p])^- = H^-[p]$.
2. $H[p] = H^-[p]$ *if and only if* $H = H^-$ *i.e.* $H[p]$ *is closed if and only if* H *is closed.*
3. $H^-[p] = G[p]$ *if and only if* $H^- = G$ *i.e.* $H[p]$ *is dense in* $G[p]$ *if and only if* H *is dense in* G.

PROOF. 1. $(H[p])^- \subset (G[p])^- \cap H^- = G[p] \cap H^- = H^-[p]$.

Suppose $x \in H^-[p]$. $H \cap (x+p^n G) \neq \emptyset$ for all n and $px = 0$. That is, there exists $h_n \in H$ and $g_n \in G$ such that $h_n = x+p^n g_n$ and $ph_n = p^{n+1} g_n$. Since H is pure there exists $h'_n \in H$ such that $ph_n = p^{n+1} h'_n$.

$h_n - p^n h'_n = x + p^n(g_n - h'_n)$, where $h_n - p^n h'_n \in H[p]$. That is, $H[p] \cap (x+p^n G) \neq \emptyset$ for all n . Hence $x \in (H[p])^-$.

2. H is pure in H^- , since H is pure in G . By Lemma 12, Kaplansky [5], $H[p] = H^-[p]$ implies $H = H^-$.

3. Suppose $H^-[p] = G[p]$. It suffices to show that $pg \in H^-$ implies $g \in H^-$.

If $pg \in H^-$, then $(pg+p^nG) \cap H \neq \emptyset$ for all n . Write $h_n = pg + p^n g_n$ where $h_n \in H$, $g_n \in G$. Since H is pure, there exists $h'_n \in H$ such that $h_n = ph'_n$. $g+p^{n-1}g_n-h'_n \in G[p] = H^-[p]$. Hence $g+p^{n-1}g_n \in H^-$, i.e. $(g+p^{n-1}G) \cap H^- \neq \emptyset$. Therefore $g \in H^-$.

THEOREM 1. *Let* G *be a reduced p-group. Following three conditions are equivalent.*

(I)*) *Let* H *be a pure subgroup of* G *, then* H^- *is again pure.*

(II) *Let* H *be a pure subgroup of* G *. Then* $(\frac{G}{H})^1$ *is divisible (i.e. reduced part of* $\frac{G}{H}$ *has no elements of infinite height.).*

(III) *(Strong Purification Property) For a given subgroup* P *of* $G[p]$ *and for a given pure subgroup* H *of* G *such that* $H[p] \subset P$ *, there exists a pure subgroup* K *containing* H *such that* $K[p] = P$.

PROOF. (I) $\Longleftrightarrow$ (II) by Lemma 7 .

(II) $\Longrightarrow$ (III)

Since G is reduced and $\{0\}^- = G^1$ is pure by (I) , G has no elements of infinite height.

By Zorn's Lemma there exists a maximal pure subgroup K such that $K \supset H$ and $K[p] \subset P$. Suppose $x \in P$ and $x \notin K[p]$. Let ϕ be a canonical homomorphism $G \longrightarrow G/K$. $\phi(x) \in \frac{G}{K}[p]$ and $\phi(x) \neq 0$.

Suppose $h(\phi x) = n < \infty$. Then we can write $\phi x = p^n \phi y$. $\langle \phi y \rangle$ is pure in $\frac{G}{K}$ by Theorem 9, Kaplansky [5] . Hence $K' = \langle y \rangle \oplus K$ is pure by Lemma 2 , Kaplansky [5] . This contradicts to the maximality of K .

Suppose $h(\phi x) = \infty$. Since $(\frac{G}{K})^1$ is divisible, there exists K' containing K such that $\frac{K'}{K} \simeq Z(p^\infty)$ and $\frac{K'}{K}[p] = \langle \phi x \rangle$. By Lemma 1 , Kaplansky [5] , $\phi(K'[p]) = (\phi K')[p] = \langle \phi x \rangle$. Hence $K'[p] = \langle x \rangle \oplus K[p] \subset P$. This contradicts to the maximality of K .

---

*) Paul Hill [2] named the reduced p-group which satisfies (I) quasi-closed group. He showed in [2] an example which is quasi-closed but not torsion complete.

Therefore $K[p] = P$.

(III) $\Longrightarrow$ (I)

Since G satisfies socle purification property, G has no elements of infinite height.

Let H be a pure subgroup of G . By the strong purification property, there exists a pure subgroup K such that $K \supset H$ and $K[p] = H^-[p]$. By Lemma 8 , (1) and (2) K is closed. Hence $H^- \subset K$. Since K is pure, we can apply Lemma 8, (3) . Therefore $H^- = K$.

THEOREM 2. *Let* G *be a group which has three properties in theorem 1 . Let* H *be a pure subgroup of* G *. Then the reduced part of* G/H *has the same properties as* G *has.*

PROOF. Suppose there exists a pure subgroup K/H of red. G/H such that

$$(\text{red. } \frac{\text{red. } G/H}{K/H})^1 \neq 0 .$$

K is pure in G of course.

$$G/K \cong \frac{G/H}{K/H} \cong \frac{\text{red. } G/H}{K/H} \oplus \text{div. } G/H .$$

Hence red. $G/K \cong$ red. $\frac{\text{red. } G/H}{K/H}$. Therefore $(\text{red } G/K)^1 \neq 0$. This contradicts to the assumption on G .

PART II

DEFINITION OF TORSION COMPLETE GROUP AND SOME OF ITS PROPERTIES

Let G be a p-group with $G^1 = 0$. If every bounded Cauchy sequence in G with respect to the p-adic topology has a limit, G is called torsion complete group.

LEMMA 9. *A direct summand of a torsion complete group is torsion complete and a direct sum of finite number of torsion complete group is torsion complete.*

This is an immediate consequence of Lemma 3 .

LEMMA 10. *Let* G *be a p-group and* $G^1 = 0$ *. Let* $B = \sum_{i=1}^{\infty} B_i$ *where* $B_i \cong \sum c(p^i)$ *, be a basic subgroup of* G *. Each* $x \in G$ *can be expressed as the limit of a bounded Cauchy sequence* $\{x_n = \sum_{i=1}^{n} b_i\}$ *where* $b_i \in B_i$ *. This expression is unique.*

Hence we will write $x = \sum_{i=1}^{\infty} b_i$ instead of $\lim_{n\to\infty} \sum_{i=1}^{n} b_i$.

PROOF. Since B is dense in G , there exists a Cauchy sequence $y_n \longrightarrow x$ where $y_n \in B$. (The Cauchy sequence $\{y_n\}$ is not necessarily of bounded order.

Suppose $b_{2n} \in B_{2n}$ and $o(b_{2n}) = p^{2n}$ for all n. Then $y_n = p^n b_{2n} \longrightarrow 0$, but $o(y_n) = p^n \longrightarrow \infty$).

For any n, there exists a positive integer $M(n)$ such that for all $m, l \geq M(n)$,

$$x-y_m \in p^nG ,$$

$$\begin{aligned} y_m-y_l &\in p^nG \cap B \\ &= p^nB . \end{aligned} \qquad (1)$$

Hence for all $m \geq M(n)$,

$$y_m = \sum_{i=1}^{n} b_i + b(m,n)$$

where $b_i \in B_i$ and $b(m,n) \in \sum_{i=n+1}^{\infty} B_i$.

Thus b_i is well defined for all i. Set $x_n = \sum_{i=1}^{n} b_i$. Suppose

$$\begin{aligned} y_{M(n)} &= \sum_{i=1}^{n} b_i + b(M(n),n) \\ &= x_n + \sum_{i=n+1}^{n} b_i' . \end{aligned} \qquad (2)$$

For $m \geq M(K)$,

$$\begin{aligned} y_m &= \sum_{i=1}^{K} b_i + b(m,K) \\ &= x_K + b(m,K) . \end{aligned} \qquad (3)$$

Since $m \geq M(K) \geq M(n)$, we will get $b(m,K) \in p^nB$, comparing equations (1), (2) and (3). Therefore for any n, there exist K and M such that for all $m \geq M$,

$$x-y_m = x-x_K-b(m,K) \in p^nG$$

where $b(m,K) \in p^nB$. Hence

$$x-x_K \in p^nG$$

Since $K \geq n$, $\lim_{n\to x} x_n = x$.

$\{x_n\}$ is bounded, since $o(x).x_n = \sum_{i=1}^{\infty} o(x).b_i \longrightarrow 0$ implies $o(x).b_i = 0$ for all i.

The uniqueness is obvious.

LEMMA 11. *Let* G *and* $B = \sum_{i=1}^{\infty} B_i$ *be same as in Lemma 10. Let* $\{y_n\}$ *be a bounded Cauchy sequence in* G. *Then there exists a bounded Cauchy sequence* $\{x_n = \sum_{i=1}^{n} b_i\}$ *where* $b_i \in B_i$ *such that* $y_{m(n)} - x_n \longrightarrow 0$ *where* $\{y_{m(n)}\}$ *is a subsequence of* $\{y_n\}$.

PROOF. Write $y_n = \sum_{i=1}^{\infty} b_i^n$ in the sence of Lemma 10. There exists N such that $p^N y_n = 0$ for all n. Then $b_i^n \in p^{i-N-1}G$.

For any positive integer n there exists a positive integer $M(n)$ such that

$$y_m - y_{m'} \in p^nG \quad \text{for any } m , m' \geq M(n) .$$

Moreover there exists $L(m) \geq n$ such that

$$y_m - \sum_{i=1}^{L(m)} b_i^m \in p^n G .$$

In the case of $m = M(n)$,

$$y_{M(n)} - \sum_{i=1}^{L(M(n))} b_i^{M(n)} \in p^n G.$$

Hence

$$\sum_{i=1}^{L(m)} b_i^m - \sum_{i=1}^{L(M(n))} b_i^{M(n)} \in p^n G .$$

From the last equation we will know $b_n^m = b_n^{M(n)}$ for all $m \geq M(n)$. So we can define $b_n = b_n^{M(n)}$.

$$y_{m(n)} - \sum_{i=1}^{n} b_i - \sum_{n+1}^{L(M(n))} b_i^{M(n)} \in p^n G .$$

Since $b_i^{M(n)} \in p^{i-N-i}G$, $y_{M(n)} - \sum_{i=1}^{n} b_i \in p^{n-N}G$.

By Lemma 10 , we can embed G and B as pure dense subgroup in the collection of bounded Cauchy sequences $\sum_{i=1}^{\infty} b_i$. This group is denoted by $\overline{G}$ or $\overline{B}$ and is called the torsion completion of G or torsion completion of B since $\overline{G}$ is a torsion complete group by Lemma 11. (Cf. Fuchs Chap. 6, § 33 and § 34).

LEMMA 12. *Let* G *be a torsion complete group and let* $B = C_1 \oplus C_2$ *be a basic subgroup of* G . *Then* $G = C_1^- \oplus C_2^-$.

PROOF. Let $B = \sum_{i=1}^{\infty} B_i$ where $B_i \cong \Sigma c(p^i)$. Each element $x \in G$ is the limit of a bounded Cauchy sequence $\{x_n = \sum_{i=1}^{n} b_i \text{ , } b_i \in B_i\}$ with respect to the p-adic topology of G . Write $x_n = x_{1,n} + x_{2,n}$ where $x_{1,n} \in C_1$, $x_{2,n} \in C_2$. $\{x_{1,n}\}$ and $\{x_{2,n}\}$ are bounded Cauchy sequences. Hence $\{x_{1,n}\}$ and $\{x_{2,n}\}$ have limits x_1 C_1^- and x_2 C_2^- respectively. That is, $G = C_1^- + C_2^-$.

Suppose $x_1 \in C_1^-$, $x_2 \in C_2^-$ and $x_1 + x_2 = 0$. There exists $x_{1,n} \in C_1$ and $x_{2,n} \in C_2$ such thar $x_{1,n} \longrightarrow x_1$ and $x_{2,n} \longrightarrow x_2$. $x_{1,n} + x_{2,n} \longrightarrow 0$ implies $x_{1,n} \longrightarrow 0$ and $x_{2,n} \longrightarrow 0$. Hence $x_1 = x_2 = 0$. Therefore $G = C_1^- \oplus C_2^-$.

The following is a characterization of torsion complete groups.

THEOREME 3. *A reduced p-group* G *has the following property,*

$$\circledast \begin{cases} \textit{Let } B = C_1 \oplus C_2 \textit{ be any basic subgroup and its decomposition.} \\ \textit{Then } G = C_1^- \oplus C_2^- . \end{cases}$$

if and only if G *is torsion complete.*

For the proof of Theorem 3 we need a few lemmas.

LEMMA 13. *This property* $\circledast$ *is inherited by the direct summand.*

PROOF. Let $G = G_1 \oplus G_2$, let $C_1' \oplus C_2'$ be a basic subgroup of G_1 and let C_3' be a basic subgroup of G_2 .

Suppose G has property ⊛ . We can consider G as a pure subgroup of its torsion completion $\overline{G}$, since $C_1^- \cap C_2^- = G^1 = 0$.

$$G = C_1'^- \oplus (C_2' \oplus C_3')^- .$$

$$\begin{aligned}(C_2' \oplus C_3')^- &= \overline{(C_2' \oplus C_3')} \cap G \\ &= (\overline{C_2'} \oplus \overline{C_3'}) \cap (G_1 \oplus G_2) \\ &= \overline{C_2'} \cap G_1 \oplus \overline{C_3'} \cap G_2 \\ &= C_2'^- \oplus G_2 ,\end{aligned}$$

where $\overline{C_2'}$, $\overline{C_3'}$ and $\overline{C_2' \oplus C_3'}$ are the closures of C_2' , C_3' and $C_2' \oplus C_3'$ in $\overline{G}$ respectively.

Therefore $G = C_1'^- \oplus C_2'^- \oplus G_2$. Since G_1 is closed in G , $C_1'^- \oplus C_2'^- \subset G_1$ implies $G_1 = C_1'^- \oplus C_2'^-$.

LEMMA 14. *Let* $B = \sum B_i$, $B_i \cong \sum c(p^i)$ *and* $|B_i| < \infty$. *There exist an element* x *which belongs to* $B[p]$ *and a basic subgroup* B' *of* B *such that* $x = \sum_{i=1}^{\infty} b_i'$, $b_i' = \sum_{j=1}^{n_i} b'_{ij}$ *where* $\{b'_{ij} : j = 1,\dots,n_i\}$ *is a basis of* $B_i'[p]$

The following proof of existence of x and B' is not constructive. However Kaplansky's exercices 16 gives us an explicit example.

Let $B = \sum_{i=1}^{\infty} \langle x_i \rangle$ where $o(x_i) = p^i$ and $S = \sum_{i=1}^{\infty} \langle y_i \rangle$ where $y_i = x_i - px_{i+1}$. Then $x_1 = \sum_{i=1}^{\infty} p^{i-1} y_i$.

Proof of Lemma 14. Let B' be a group isomorphic to B . Let $B' = \sum B_i'$ where $B_i' \cong \sum c(p^i)$. Let $\{b_{ij}' : j = 1,\dots,n_i\}$ be a basis of $B_i'[p]$. Embed B' in $\overline{B'}$. Set $b_i' = \sum_{j=1}^{n_j} b_{ij}'$. Then $x = \sum_{i=1}^{\infty} b_i'$ belongs to $\overline{B'}$. By the strong purification property of $\overline{B'}$, there exists a pure subgroup H of $\overline{B'}$ such that H contains B' and $H[p] = \{B'[p], x\}$. $|H[p]| = \aleph_0$ implies $H \cong B' \cong B$. Hence we can transfer the relation between H and B' on B by the isomorphism $H \cong B$.

LEMMA 15. *Suppose* G *satisfies* ⊛ . *Let* $B = \sum_{i=1}^{\infty} B_i$ *be a basic subgroup and let* $B_i = B_i' \oplus B_i''$ *be a decomposition of each* B_i *where* B_i' *or* B_i'' *may be* 0. *Embed* G *in its torsion completion* $\overline{G}$.

$$y = \sum_{i=1}^{\infty} (y_i' + y_i'') = \sum_{i=1}^{\infty} y_i' + \sum_{i=1}^{\infty} y_i'' ,$$

where $y_i' \in B_i'$ *and* $y_i'' \in B_i''$.

Then $\sum_{i=1}^{\infty} y_i'$ *and* $\sum_{i=1}^{\infty} y_i''$ *again belong to* G .

PROOF. We can write $y = y_1+y_2$ where

$$y_1 \in (\sum_{i=1}^{\infty} B_i')^- \subset \overline{(\sum_{i=1}^{\infty} B_i')} , \ y_2 \in (\sum_{i=1}^{\infty} B_i'')^- \subset \overline{(\sum_{i=1}^{\infty} B_i'')}$$

by the property ⊛ . On the other hand $\sum_{i=1}^{\infty} y_i' \in \overline{(\sum_{i=1}^{\infty} B_i')}$ and $\sum_{i=1}^{\infty} y_i'' \in \overline{(\sum_{i=1}^{\infty} B_i'')}$.

Hence $\sum_{i=1}^{\infty} y_i' = y_1 \in G$ and $\sum_{i=1}^{\infty} y_i'' = y_2 \in G$.

REDUCTION STEP. To prove theorem 3, it suffices to show $\overline{B}[p] = G[p]$ for some basic subgroup B .

Let $x \in \overline{B}[p]$ and $B = \sum_{i=1}^{\infty} B_i$. Then $x = \sum_{i=1}^{\infty} b_i$, where $b_i \in B_i$. There exists B_i' such that $B_i = B_i' \oplus B_i''$, $b_i \in B_i'$ and $|B_i'| < \infty$ for all i . Set $B' = \sum B_i'$ and $B'' = \sum B_i''$. Then $x \in \overline{B}'$. $B = B' \oplus B''$ implies $G = B'^- \oplus B''^-$. B'^- has the property ⊛ by Lemma 13.

Hence if we have known B'^- is torsion complete, $x \in \overline{B}' = B'^- \subset G$. Thus we have to prove this theorem only for G whose basic subgroup is $B = \sum B_i$, $|B_i| < \infty$.

Proof of Theorem 3. Fix the basic subgroup B which is called B' in Lemma 14. Hence there exists $x \in G$ such that $x = \sum_{i=1}^{\infty} \sum_{j=1}^{n_i} b_{ij}$ where $\{b_{ij} : j = 1,\dots,n_i\}$ is a basis of $B_i[p]$.

$y \in \overline{B}[p]$ can be expressed as

$$y = \sum_{i=1}^{\infty} \sum_{j=1}^{n_i} \alpha_{ij} b_{ij}$$

$$= \sum_{i=1}^{\infty} \sum_{N_{i,1}} b_{ij} + 2\sum_{i=1}^{\infty} \sum_{N_{i,2}} b_{ij} + \dots (p-1)\sum_{i=1}^{\infty} \sum_{N_{i,p-1}} b_{ij}$$

where $\alpha_{ij} = 0,1,\dots,$ or $p-1$ and $N_{i,k}(k = 1,\dots,p-1)$ are chosen from the set of integers $\{1,2,\dots,n_i\}$ collecting all subscripts j such that $\alpha_{ij} = k$. Applying lemma 15 to the element $x = \sum_{i=1}^{\infty} \sum_{j=1}^{n_i} b_{ij} \in G$, we will get $\sum_{i=1}^{\infty} \sum_{N_{i,k}} b_{ij} \in G$ for $k = 1,2,\dots, p-1$. Hence $y \in G$.

The converse follows from Lemma 12.

REMARK. There exists a p-group with a basic subgroup $B = \sum_{i=1}^{\infty} c(p^i)$ which is not torsion complete but satisfies the following condition :

For any decomposition $B = B_1 \oplus B_2$ such that for each i, $c(p^i)$ is contained either in B_1 or in B_2, $G = B_1^- \oplus B_2^-$.

PROOF. Let $p_1, p_2, p_3, \ldots$ be all prime numbers. Let $N_j = \{n \in N \; ; \; (n, p_j) = 1\}$

Consider the subgroup of $\overline{B}$ generated by $\{\overline{\sum_{i \in N_j} c(p^i)} : j = 1,2,\ldots\}$. Call this group G. Then

1. G contains B.
2. G is pure in $\overline{B}$.
3. G is proper subgroup of $\overline{B}$.
4. G is invariant under any projection with respect to $B = \sum_{i=1}^{\infty} c(p^i)$.

1. Let $b = \sum_{i=1}^{\infty} b_i$ be an element of B where $b_i \in c(p^i)$. Only a finite number of b_i's are not zero. Hence there exists a prime number p_k which does not divide the subscripts of these non-zero b_i's. Therefore $b \in \overline{\sum_{i \in N_k} c(p^i)} \subset G$.

2. Set $\overline{B_n} = \{\overline{\sum_{i \in N_j} c(p^i)} : j = 1,\ldots,n\}$. Then $\overline{B_n}$ is a direct summand of B, since $\overline{B_n} = \sum_{p_1 \cdots p_n \nmid i} c(p^i)$. G is the union of the ascending chain $\{\overline{B_n}\}$. Therefore G is pure in $\overline{B}$.

3. Let $b_i \in c(p^i)$ and $o(b_i) = p$. Then $b = \sum_{i=1}^{\infty} b_i \in \overline{B}|p|$. Since every component b_i is not 0, $b \notin G$.

4. Since G is the union of ascending chain $\{\overline{B_n}\}$ and $\overline{B_n}$ is invariant under any projection with respect to $B = \sum_{i=1}^{\infty} c(p^i)$, G is invariant.

REMARK. Kaplansky's exercise 16 shows us how a direct sum of cyclic groups does not satisfy the property ⊛ in theorem 3.

Let $B = \sum_{i=1}^{\infty} \langle x_i \rangle$ where $o(x_i) = p^i$ and let $S_o = \sum_{i=1}^{\infty} y_{2i-1}$ and $S_e = \sum_{i=1}^{\infty} y_{2i}$ where $y_i = x_i - px_{i+1}$. Then $S = S_o \oplus S_e$ is a basic subgroup of B. On the other hand S_o and S_e are the direct summands of B. Hence $S_o^- \oplus S_e^- = S_o \oplus S_e \neq B$.

LEMMA 16. *Let* G *be a torsion complete group and let* H *be a pure subgroup of* G. *Then* H^- *is a direct summand of* G *and the reduced part of* $\frac{G}{H}$ *is again torsion complete.*

PROOF. Let B_1 be a basic subgroup of H. Let $B = B_1 \oplus B_2$ be a basic subgroup of G. Then $G = B_1^- \oplus B_2^-$. B_1 is dense in H, hence $H^- = B_1^-$.

$$\frac{G}{H} \simeq \frac{H^-}{H} \oplus B_2^- ,$$

hence reduced part of $\frac{G}{H}$ is isomorphic to B_2^- .

LEMMA 17. *A torsion complete group has "strong purification property".*

PROOF. Cf. Irwin, Richman and Walker [4] .

LEMMA 18. *A direct sum of countably many torsion complete groups has purification property.*

PROOF. Let $G = \sum_{i=1}^{\infty} C_i$ where C_i's are torsion complete. Set $G_n = \sum_{i=1}^{n} C_i$. Then $G = \bigcup_{n=1}^{\infty} G_n$. Let P be a given subgroup of $G[p]$.

Suppose H_n is a pure subgroup of G_n such that $H_n[p] = P \cap G_n$. Since G_{n+1} is torsion complete, there exists a pure subgroup H_{n+1} of G_{n+1} such that $H_{n+1} \supset H_n$, $H_{n+1}[p] = P \cap G_{n+1}$. Set $H = \bigcup_{n=1}^{\infty} H_n$. Then H is pure and $H[p] = P$.

COROLLARY. *A direct sum of arbitrary many cyclic groups has purification property.*

THEOREM 3.1. *A reduced p-group* G *is torsion complete if and only if* H^- *is a direct summand of* G *whenever* H *is a pure subgroup of* G .

PROOF. See [6], and [2]. The proof follows easily from Theorem 3, (and Theorem 4 in [2]).

PART III

SOME PROPERTIES OF DIRECT SUMS OF CYCLIC GROUPS

Let $B = \sum_{n=1}^{\infty} \langle x_n \rangle$. If $o(x_n) = p^n$, B is called a standard group. If $\{o(x_n)\}$ is a trictly increasing sequence, B is called a substandard group.

LEMMA 19. *A direct sum of unbounded cyclic groups is not torsion complete.*

PROOF. *) It is sufficient to show that a substandard B is not torsion complete.

$B = \sum_{i=1}^{\infty} \langle x_i \rangle$, $o(x_i) = p^{n_i}$, $n_1 < n_2 < n_2 < \dots$. Set $y_m = \sum_{i=1}^{m} p^{n_i - 1} x_i$. $\{y_m\}$ is a Cauchy sequence. Suppose $y = \sum_{i=1}^{k} \alpha_i p^{n_i - 1} x_i$ is the limit of this

---

*) This Lemma follows immediately from Theorem 3 and the fact that $S_o^- \oplus S_e^- = S_e \oplus S_o \neq B$ in the preceding remark (p.10).

sequence. For n_{k+1}, there exists M such that for all $m \geq M$, $h(y_m - y) \geq n_{k+1}$. This implies $y = \sum_{i=1}^{k} p^{n_i-1} x_i$ and $y_m - y = \sum_{i=k+1}^{m} p^{n_i-1} x_i$. Hence $h(y_m - y) = n_{k+1}-1$. This is a contradiction.

LEMMA 20. *Let* B *be a direct sum of cyclic groups and let* H *be a pure subgroup of* B. *Then there exists a decomposition* $B = H_1 \oplus H_2$ *such that* $H \simeq H_1$ *and* H_2 *is isomorphic to the basic subgroup of* $\frac{B}{H}$.

PROOF. Let $H \oplus K$ be a basic subgroup of B.

$$\frac{B}{H \oplus K} \simeq \frac{\frac{B}{H}}{\frac{H \oplus K}{H}} .$$

Hence $\frac{H \oplus K}{H}$ ($\simeq K$) is a basic subgroup of $\frac{B}{H}$. Since $B \simeq H \oplus K$, there exists a decomposition $B = H_1 \oplus H_2$ where $H_1 \simeq H$ and $H_2 \simeq K$.

COROLLARY. *There is no homomorphism from a substandard group* B *onto Prüfer's group with pure kernel.*

PROOF. Prüfer's group has elements of infinite height. Hence the kernel of homomorphism from B onto Prüfer's group is not 0. However Prüfer's group has a standard basic subgroup.

THEOREM 4. *Let* B *be a substandard group. There exists a pure subgroup* H *of* B *such that* $(\frac{B}{H})^1 \simeq c(p)$ *i.e.,* H^- *is not pure.* *)

PROOF. Let $B = \sum_{i=1}^{\infty} \langle x_i \rangle$, $o(x_i) = p^{n_i}$, $1 \leq n_1 < n_2 < n_3 \ldots$.

Set $y_i = x_{2i} + p^{n_{2i+1}-n_{2i}+1} x_{2i+1} - p^{n_{2i+2}-n_{2i}} x_{2i+2}$. Then $o(y_i) = p^{n_{2i}}$. Let H be a subgroup of B generated by $\{y_i : i = 1,2, \ldots\}$.

1. $\{y_i : i = 1,2, \ldots\}$ is an independant set of generators of H.

Suppose $\sum_{i=i_0}^{j} \alpha_i y_i = 0$ and $\alpha_{i_0} y_{i_0} \neq 0$.

$$\alpha_{i_0} x_{2i_0} + \sum_{i=i_0}^{j-1} (\alpha_{i+1} - p^{n_{2i+2}-n_{2i}} \alpha_i) x_{2i+2} + \sum_{i=i_0}^{j} \alpha_i p^{n_{2i+1}-n_{2i}+1} x_{2i+1} - \alpha_j p^{n_{2j+2}-n_{2j}} x_{2j+2} = 0$$

implies $\alpha_{i_0} x_{2i_0} = 0$, i.e. $p^{n_{2i_0}} | \alpha_{i_0}$. Since $o(y_i) = p^{n_{2i}}$, $\alpha_{i_0} y_{i_0} = 0$.

---

*) Since a direct sum of cyclic groups has a purification property, we see that the purification property is not enough in Theorem 1.

This is a contradiction.

2. Set $z_i = p^{n_{2i}-1} x_{2i} - p^{n_{2i+2}-1} x_{2i+2} = p^{n_{2i}-1} y_i$.

$H[p]$ is generated by $\{z_i : i = 1,2, \ldots\}$.

3. H is pure.

By Lemma 7, Kaplansky, it is sufficient to examine the height of the elements in $H[p]$.

Each element $x \in H[p]$ can be expressed as

$$x = \sum_{i=i_0}^{j} \alpha_i z_i$$

$$= \alpha_{i_0} p^{n_{2i_0}-1} x_{2i_0} + \sum_{i=i_0+1}^{j} p^{n_{2i}-1} (\alpha_i - \alpha_{i-1}) x_{2i} - p^{n_{2j+2}-1} \alpha_j x_{2j+2}$$

where $p^{n_{2i_0}-1} x_{2i_0} \neq 0$. Hence $h(x) = n_{2i_0} - 1$.

Consider an element $y \in H$ such that

$$y = \sum_{i=i_0}^{j} p^{n_{2i}-n_{2i_0}} \alpha_i y_i$$

$$p^{n_{2i_0}-1} y = \sum_{i=i_0}^{j} p^{n_{2i}-1} \alpha_i y_i$$

$$= \sum_{i=i_0}^{j} \alpha_i z_i$$

$$= x .$$

Therefore H is pure.

4. $p^{n_2-1} x_2 \notin H$ but $p^{n_2-1} x_2 \in H^-$.

Suppose $p^{n_2-1} x_2 = \sum_{i=1}^{j} \alpha_i z_i$ where $(p, \alpha_j) = 1$.

$$p^{n_2-1} x_2 = \alpha_1 p^{n_2-1} x_2 + \sum_{i=2}^{j} p^{n_{2i}-1} (\alpha_i - \alpha_{i-1}) x_{2i} - p^{n_{2j+2}-1} \alpha_j x_{2j+2} .$$

But $p^{n_{2j+2}-1} \alpha_j x_{2j+2} \neq 0$. This is a contradiction. Hence $p^{n_2-1} x_2 \notin H$. From the structure of $H[p]$, $p^{n_2-1} x_2 - p^{n_{2j+2}-1} x_{2j+2} = \sum_{i=1}^{j} z_i \in H$ for all j . This means $p^{n_2-1} x_2 \in H^-$.

5. $H^- = \langle p^{n_2-1} x_2\rangle \oplus H$, i.e. $(\frac{B}{H})^1 = \frac{H^-}{H} \cong \langle p^{n_2-1} x_2\rangle$.

Let $x \in H^-$. Then for any positive integer n , there exists an element $g \in H$ such that $h(g-x) \geq n$.

Let $x = \sum_{i=1}^{m} \alpha_i x_i$. Hence there exists an element $g \in H$ such that $h(g-x) = n_{m+2}$. g can be written as

$$g = x + \sum_{i=m+3}^{\ell} \alpha_i x_i \ . \tag{1}$$

On the other hand,

$$\begin{aligned} g &= \sum_{i=1}^{k} \beta_i y_i \\ &= \beta_1 x_2 + \sum_{i=1}^{k-1} (\beta_{i+1} - p^{n_{2i+2}-n_{2i}} \beta_i) x_{2i+2} \\ &+ \sum_{i=1}^{k} \beta_i p^{n_{2i+2}-n_{2i}+1} x_{2i+1} - \beta_k p^{n_{2k+2}-n_{2k}} x_{2_{k+2}} \ . \end{aligned}$$

Take a number i_0 such that $m+1 \leq 2i_0+1 \leq m+2$.

$$\begin{aligned} g &= [\beta_1 x_2 + \sum_{i=1}^{i_0-1} (\beta_{i+1} - p^{n_{2i+2}-n_{2i}} \beta_i) x_{2i+2} + \sum_{i=1}^{i_0} \beta_i p^{n_{2i+1}-n_{2i}+1} x_{2i+1}] \\ &+ [\sum_{i_0}^{k-1} (\beta_{i+1} - p^{n_{2i+2}-n_{2i}} \beta_i) x_{2i+2} + \sum_{i_0+1}^{k} \beta_i p^{n_{2i+1}-n_{2i}+1} x_{2i+1} \\ &- \beta_k p^{n_{2k+2}-n_{2k}} x_{2_{k+2}}] \ . \end{aligned} \tag{2}$$

In the right hand side of (2), the last term of first part = $\beta_{i_0} p^{n_{2i_0+1}-n_{2i_0}+1} x_{2i_0+1}$, the first term of second part = $(\beta_{i_0+1} - p^{n_{2i_0+2}-n_{2i_0}} \beta_{i_0}) x_{2i_0+2}$.

Comparing (1) and (2), we will have

$$\begin{aligned} x = \sum_{i=1}^{m} \alpha_i x_i &= \beta_1 x_2 + \sum_{i=1}^{i_0-1} (\beta_{i+1} - p^{n_{2i+2}-n_{2i}} \beta_i) x_{2i+2} \\ &+ \sum_{i=1}^{i_0} \beta_i p^{n_{2i+1}-n_{2i}+1} x_{2i+1} \ . \end{aligned}$$

Since $m+1 \leq 2i_0+1 \leq m+2$, $\beta_{i_0} p^{n_{2i_0+1}-n_{2i_0}+1} x_{2i_0+1} = 0$.

Hence $p^{n_{2i_0+1}} \mid \beta_{i_0} p^{n_{2i_0+1}-n_{2i_0}+1}$, i.e. $p^{n_{2i_0}-1} \mid \beta_{i_0}$.

Write $\beta_{i_0} = p^{n_{2i_0}-1}\beta$.

$$x = \beta_1 x_2 + \sum_{i=1}^{i_0-1}(\beta_{i+1} - p^{n_{2i+2}-n_{2i}}\beta_i)x_{2i+2} + \sum_{i=1}^{i_0}\beta_i p^{n_{2i+1}-n_{2i}+1}x_{2i+1}$$

$$= \sum_{i=1}^{i_0}\beta_i y_i + \beta_{i_0} p^{n_{2i_0+2}-n_{2i_0}} x_{2i_0+2}$$

$$= \sum_{i=1}^{i_0}\beta_i y_i - \beta(p^{n_2-1}x_2 - p^{n_{2i_0+2}-1}x_{2i_0+2}) + \beta p^{n_2-1}x_2 .$$

$\sum_{i=1}^{i_0}\beta_i y_i \in H$, $\beta(p^{n_2-1}x_2 - p^{n_{2i_0+2}-1}x_{2i_0+2}) \in H[p]$ by 4 and $\beta p^{n_2-1}x_2 \in \langle p^{n_2-1}x_2\rangle$.

Therefore $x \in \langle p^{n_2-1}x_2\rangle \oplus H$.

COROLLARY. *If* G *has a direct summand which is an unbounded direct sum of cyclic groups, then* G *does not satisfy the three conditions in theorem 1* .

REMARK. Let G be a p-group with $G^1 = 0$ and let $|\frac{\overline{G}}{G}| \leq \aleph_0$, where $\overline{G}$ is a torsion completion of G .

Then G has no direct summand which is an unbounded direct sum of cyclic groups.

PROOF. Suppose G has a substandard group B as a direct summand, then

$$|\frac{\overline{G}}{G}| \geq |\frac{\overline{B}}{B}| \geq 2^{\aleph_0} .$$

This is a contradiction.

Let B be a p-group that for any decomposition $G = \sum G_\lambda$, there exists a positive integer N such that $p^N G_\lambda = 0$ for all but a finite number of λ's . This group is called essentially finitely indecomposable.

LEMMA 21. *Let* G *be a p-group with* $G^1 = 0$. G *is essentially finitely indecomposable if and only if* G *has no direct summand which is an unbounded direct sum of cyclic groups.*

From the corollary to theorem 4 and lemma 21, we have the following.

THEOREM 5. *A quasi-closed group is essentially finitely indecomposable.*

BIBLIOGRAPHY

[1] FUCHS L., Abelian Groups, Publ. House of the Hungarian Academy of Sciences, Budapest, (1958).

[2] HILL P., Quasi-closed primary groups, (to appear).

[3] HILL P. - MEGIBBEN - CHARLES, On primary groups with countable basic subgroups, (to appear).

[4] IRWIN J. - RICHMAN F. - WALKER E.A., Countable direct sums of torsion complete groups, Proc. Amer. Math. Soc. 17 (1966).

[5] KAPLANSKY - IRVING, Infinite Abelian Groups. University of Michigan Press, (1954).

[6] KOYAMA T., On quasi-closed groups and torsion complete groups, Bull. Soc. Math. France. 95 (1967).

T. KOYAMA, Ochanomizu University
Tokyo, Japan

J. IRWIN, Wayne State University
Detroit, Michigan.

This paper is based on the doctoral dissertation written by T. Koyama at Wayne State University under J. Irwin.

HOMOGENEOUSLY DECOMPOSABLE MODULES

by George KOLETTIS

1. INTRODUCTION.

The well known theorem of Baer-Kulikov-Kaplansky asserts that a direct summand of a completely decomposable torsion-free abelian group is again completely decomposable. The study of completely decomposable torsion-free abelian groups was initiated by Baer in [1] . One of the results he proved is that direct summands of such a group are completely decomposable whenever the group satisfies a maximum condition. Kulikov [8] proved that every countable direct summand of an arbitrary completely decomposable torsion-free abelian group is completely decomposable, a nontrivial result. By proving that a direct summand of a direct sum of countably generated modules is again a direct sum of countably generated modules, Kaplansky [7] obtained the complete theorem. An important contribution was also made by Fuchs [5], who gave an elegant and much shorter proof of Kulikov's result.

It is this theorem and its proof which have motivated the work in this paper. Our purpose herein is twofold.

First, as a natural generalization of completely decomposable torsion-free abelian groups, we study in §2 direct sums of homogeneous torsion-free abelian groups. We call such groups *homogeneously decomposable*. Our main result on these is a set of necessary and sufficient conditions for a countable abelian group to be homogeneously decomposable. The conditions are inherited by direct summands and so a corollary to this result is the assertion that every direct summand of a countable homogeneously decomposable group is homogeneously decomposable. By Kaplansky's theorem the result and its corollary hold for direct sums of countable abelian groups. Since, apart from the notion of type used to define homogeneous, no special properties of the domain Z of rational integers are required, we are able to carry out this discussion for torsion-free modules over any integral domain once the appropriate notion of type is defined. In this discussion, the analogue of a countable torsion-free abelian group is a torsion-free module of countable rank. To extend the results to direct sums of torsion-free modules of countable rank, the second version [7] of Kaplansky's theorem is used : a direct summand of a direct sum of torsion-free modules of countable rank is a direct sum of modules of countable rank. This version was used by Kaplansky to complete the proof of the Baer-Kulikov-Kaplansky theorem for modules over a principal ideal domain.

Since the Baer-Kulikov-Kaplansky theorem does not hold for modules over an arbitrary integral domain, our second aim is in §3 to prove it for modules over a Dedekind domain. This requires extending, with appropriate modifications, to modules over Dedekind domains a few standard results from the theory of torsion-free abelian groups. These extensions, while not instantaneous, cause no serious problems.

We also take up the question of uniqueness in the decomposition of a torsion-free module over a Dedekind domain as a direct sum of rank one modules. We settle this question by giving a complete set a invariants for a completely decomposable module.

2. HOMOGENEOUSLY DECOMPOSABLE MODULES.

Let R be an integral domain and let K be its quotient field. All modules and homomorphisms will be R-modules and R-homomorphisms.

We introduce an equivalence relation on the set of rank one submodules of K by declaring two rank one submodules to be *equivalent* if each is isomorphic to a submodule of the other. Each equivalence class is a *type* α and modules in this equivalence class will be said to be of type α. The usual approach to types [4] for Z-modules makes heavy use of the fact that Z is a principal ideal domain. A similar approach can be used for modules over a Dedekind domain. We shall outline this approach in §3 and show that it is in fact in agreement with our present one. For the present we content ourselves with the relationship between equivalence and isomorphism of rank one submodules of K.

THEOREM 1. *If R is a principal ideal domain, two rank one submodules of K are equivalent if and only if they are isomorphic. Conversely, if equivalence of rank one submodules of K implies isomorphism, then R is a principal ideal domain.*

PROOF. In order to avoid duplication we delay the proof of the first assertion until §3 where the result follows from the Dedekind case.

To prove the second assertion, we first observe that two rank one submodules X and Y of K are isomorphic if and only if $aX = bY$ for some nonzero elements a and b of R. For under an isomorphism from X to Y, each element x of X corresponds to an element $(a/b)x$ of Y for some nonzero elements a and b of R which must be the same for all x in X. Whence isomorphism implies $aX = bY$. Conversely, if $aX = bY$, X and Y are clearly isomorphic.

Next we see which nonzero submodules of K are equivalent to R. By the preceding remark, if X is equivalent to a nonzero submodule I of R, $aX = bI$ for some nonzero a and b of R. X is thus a nonzero fractional ideal. Every nonzero fractioanl ideal is clearly equivalent to R and so the type of R is just the equivalence class consisting of all nonzero fractional ideals of R . If each such fractional ideal is isomorphic to R , R is a principal ideal domain.

Types are partially ordered by defining $a \leq b$ to mean that X , of type a , is isomorphic to a submodule of Y , of type b , a definition which is independent of the choice of representatives. The set of types is then a lattice where the infimum of a and b is the type of $X \cap Y$, and supremum the type of X+Y.

Every rank one torsion-free module U is isomorphic to a nonzero submodule X of K and the type of U is defined to be the type of any such X . The type of a nonzero element x of a torsion-free module is the type of the pure rank one submodule U(x) generated by x .

A homomorphism $G \longrightarrow H$ of torsion-free modules with $x \longrightarrow y \neq 0$ maps U(x) monomorphically into U(y) and so the type of x is less than or equal to that of y .

If x, z, and x+z are nonzero elements of a torsion-free module, then it is not difficult to see that the type of x+z is greater than or equal to the infimum of the types of x and z . In the case of a direct sum, the type of a nonzero element is precisely the infimum of the types of its nonzero components.

Of special interest are the submodules $M(a)$ and $M^*(a)$ of a torsion-free module M . $M(a)$ is by definition the sum of all rank one submodules of M of type greater than or equal to a . It follows that the nonzero elements of $M(a)$ are the elements of M whose types are greater than or equal to a . $M^*(a)$ is defined to be the sum of all rank one submodules of M of types greater than (but not equal to) a. A nonzero element of $M^*(a)$ will have type greater than or equal to a but will be a sum of nonzero elements whose types are greater than a .

Every homomorphism $G \longrightarrow H$ of torsion-free modules maps $G(a)$ into $H(a)$ and $G^*(a)$ into $H^*(a)$. Hence every direct decomposition $M = \oplus M_i$ of a torsion-free module yields direct decompositions $M(a) = \oplus M_i(a)$ and $M^*(a) = \oplus M_i^*(a)$.

A torsion-free module will be called *a-homogeneous* if all its nonzero elements are of type a . Every rank one torsion-free module is of course a-homogeneous for some type a . A direct sum of homogeneous torsion-free modules, that is a homogeneously decomposable module, will be called *finitely* homogeneously decomposable when it is a direct sum of a finite number of homogeneous modules. For a given decomposition of a homogeneously decomposable module M as a direct sum of homogeneous modules, the sum of all the a-homogeneous summands is called the a-component M_a of M . M_a is not unique, depending as it does on the direct decomposition of M , but it is unique up to isomorphism. This is so because $M(a)$

is the sum of all M_b with $a \leq b$ and $M^*(a)$ is the sum of all M_b with $a < b$, whence M_a is isomorphic to $M(a)/M^*(a)$.

A necessary condition, then, for a torsion-free module M to be homogeneously decomposable is that for every type a , $M(a)$ and $M^*(a)$ are direct summands of M . This condition is inherited by arbitrary direct summands of M . For if $M = \oplus M_i$, each $M_i(a)$ is a direct summand of $M(a)$, hence of M and so of M_i . Similarly for $M_i^*(a)$

The condition is also sufficient provided the elements of M belong to only a finite number of types. To see this, choose a type a which is maximal among the types appearing. Then $M(a)$ is an a-homogeneous direct summand of M . Every complementary summand of $M(a)$ involves fewer types and an obvious induction gives the result. As a corollary, one sees that a direct summand of a finitely homogeneously decomposable module is homogeneously decomposable.

By supplementing this condition with one more, we will obtain necessary and sufficient conditions for a torsion-free module of countable rank to be homogeneously decomposable. The virtue of these conditions is that they are inherited by direct summands. We state the conditions and prove this in the following Lemma.

LEMMA 1. *Let* M *be a torsion-free module such that*

1) *every* $M(a)$ *and* $M^*(a)$ *is a direct summand of* M .

2) *every element of* M *lies in a finitely homogeneously decomposable direct summand of* M .

Then every direct summand of M *satisfies the same conditions.*

PROOF. Say $M = A \oplus B$. We must prove that every x in A lies in a finitely homogeneously decomposable direct summand of A .

We first observe that if we can find a finitely homogeneously decomposable direct summand S of M containing x and having a complementary summand T with $T = (T \cap A) \oplus (T \cap B)$ we will be finished.

For then

$$M = S \oplus (T \cap A) \oplus (T \cap B) ,$$

so

$$A = (T \cap A) \oplus [A \cap (S \oplus (T \cap B))]$$

and

$$B = (T \cap B) \oplus [B \cap (S \oplus (T \cap A))] ,$$

whence

$$M = [A \cap (S \oplus (T \cap B))] \oplus [B \cap (S \oplus (T \cap B))] \oplus T .$$

Thus x lies in $A \cap (S \oplus (T \cap B))$ which is a direct summand of A and is finitely decomposable, being isomorphic to a direct summand of S .

This argument shows that if a direct summand T of $M = A \oplus B$ splits along A and B , i.e., if $T = (T \cap A) \oplus (T \cap B)$, then T possesses a complementary summand which also splits along A and B .

Our task now is to find such an S .

It will suffice to prove that every direct summand of M which is a direct sum of n homogeneous modules of n distinct types is contained in a direct summand of M which is also a direct sum of n homogeneous modules but which has a complementary summand splitting along A and B . We note that the n homogeneous modules produced by such an enlargement procedure have the n types of the original homogeneous modules. With this in mind, we use induction and proceed as follows.

Given a direct summand of M which is a direct sum of n homogeneous modules of n distinct types, express the summand as $G \oplus H$ where G is a direct sum of $n-1$ homogeneous modules and H is homogeneous of a type a which is maximal among the n types. Because of this maximality, we can assume that G possesses a complementary summand F which splits along A and B . We can do this because H will be contained in every complementary summand of the direct summand of M obtained by applying the enlargement procedure to G .

We now have $M = G \oplus F$ with H contained in $F(a)$ and $F = (F \cap A) \oplus (F \cap B)$. H is a direct summand of $F(a)$, and $F^*(a)$ is contained in every complementary summand of H . So $F(a) = H \oplus D \oplus F^*(a)$ where $H \oplus D$ is a-homogeneous. But $F(a)$ itself is a direct summand of F and possesses a complementary summand E which splits along $F \cap A$ and $F \cap B$. Thus $F^*(a) \oplus E$ splits along $F \cap A$ and $F \cap B$ and hence along A and B . So enlarging $G \oplus H$ to $G \oplus (H \oplus D)$ yields a direct summand of M which is a direct sum of n homogeneous modules and possesses a complementary summand splitting along A and B .

This lemma yields the following "if and only if" characterization of homogeneously decomposable modules in the countable rank case.

THEOREM 2. *Let* M *be a torsion-free module of countable rank. Then* M *is homogeneously decomposable if anf only if every* $M(a)$ *and* $M^*(a)$ *is a direct summand of* M *and every element of* M *lies in a finitely homogeneously decomposable direct summand of* M .

PROOF. The "only if" part is clear.

To prove the "if" part, let $x_1, x_2, \ldots$ be a (countable) maximal independant subset of M . Then M is the pure submodule generated by the x_i's .

x_1 lies in a finitely homogeneously decomposable direct summand M_1 of M . Say $M = M_1 \oplus N_1$. By the lemma, N_1 satisfies the same conditions so that the projection y_2 of x_2 on N_1 lies in a finitely homogeneously decomposable direct summand M_2 of N_1. Say $N_1 = M_2 \oplus N_2$.

Proceeding in this way we obtain a pure homogeneously decomposable submodule of M $M_1 \oplus M_2 \oplus \dots$ which is all of M, containing as it does $x_1, x_2, \dots$.

COROLLARY 1. Every direct summand N *of a torsion-free homogeneously decomposable module* M *of countable rank is homogeneously decomposable.*

It should be noted that each a-component N_a of N is isomorphic to a direct summand of the a-component M_a of M. For $N(a)/N^*(a)$ is isomorphic to a direct summand of $M(a)/M^*(a)$.

Kaplansky's theorem allows us to extend the theorem and the corollary to modules which are direct sums of modules of countable rank.

COROLLARY 2. *A direct sum of modules of countable rank is homogeneously decomposable if and only if it satisfies the conditions of Lemma 1.*

COROLLARY 3. *Every direct summand of a direct sum of homogeneous modules of countable rank is again a direct sum of homogeneous modules of countable rank.*

3. THE DEDEKIND CASE.

Throughout this section R will be a Dedekind domain. The results of the preceding section will be applied to prove the Baer-Kulikov-Kaplansky Theorem for modules over Dedekind domains.

We begin with an analysis of rank one modules over R.

LEMMA 2. *Let* U *be a rank one torsion-free module and let* V *be a submodule of* U *isomorphic to* U. *Then* $V = IU$ *for some nonzero ideal* I *of* R.

PROOF. Given an isomorphism between U and V, there exist nonzero elements a and b of R such that for every x in U, ax corresponds to the element bx in V. Hence $aU = bV$. If the ideals Ra and Rb factor as $Ra = II_0$ and $Rb = JI_0$ where $I+J = R$, one obtains $I_0(IU) = I_0(JV)$. I_0 can be cancelled from both sides here by choosing a nonzero ideal I_1 such that $II_1 = Rc$ is principal, then multiplying both sides by I_1 to obtain $c(IU) = c(JV)$, whence torsion-freeness of U yields $IU = JV$. Then $V = RV = (I+J)V = IV+IU = IU$.

LEMMA 3. *If* U *is a rank one torsion-free module and* I *is a nonzero ideal of* R, *then* U/IU *is cyclic.*

PROOF. There is a largest (the sum of all such ideals) ideal J of R such that $JR = IR$. If we assume, as we can, that I is this largest ideal, we prove that U/IU is cyclic of order I. If $I = R$, this is trivial so we confine ourselves to the case $I \neq R$.

We factor I into a product $P_1^{n_1}\dots P_k^{n_k}$ of positive powers of distinct prime ideals. For each of these prime ideals P_i, we must have $P_iU \neq U$. This is so because if $P_iU = U$, then $P_i^{-1}I$ is an (integral) ideal of R larger than I for which $(P_i^{-1}I)U = IU$.

Therefore $(P_i^{-n_i}I)U$ cannot be contained in P_iU for this would imply that $RU = (P_i+P_i^{-n_i}I)U$ is contained in P_iU. By choosing, for each i, an element x_i lying in $(P_i^{-n_i}I)U$ but not in P_iU, we obtain an element $x = x_1+\dots+x_k$ which lies in no P_iU.

For every nonzero element y of U, we can find nonzero ideals I_1 and I_2 of R such that $I_1x = I_2y$. By cancelling ideals if necessary, we can assume that $I_1+I_2 = R$. Then x lies in $(I_1+I_2)x$ which is contained in I_2U. Since x lies in no P_iU, I_2 and I are relatively prime. But then y lies in $(I_2+I)y$ which is contained in $Rx+IU$. This proves that $U = Rx+IU$.

We remark that if I_0 and I' are ideals of R where I' contains I, then as soon as I_0x is contained in $I'U$, I_0 must be contained in I'. This is obvious if $I_0 = 0$. Otherwise factor I_0 and I' into products of ideals I_0^*D and I'^*D where $I_0^*+I'^* = R$. Then I_0^*x is contained in I'^*U and so x lies in I'^*U. But any prime ideal containing I'^* must be one of the P_i's. Thus $I'^* = R$ and I_0 is contained in I'.

This remark implies that if an element y in $U = Rx+IU$ is expressed as $y = a_1x+z_1$ and as $y = a_2x+z_2$ with a_1 and a_2 in R and z_1 and z_2 in IU, then since $R(a_1-a_2)x$ is contained in IU, a_1-a_2 must lie in I. So we can define an epimorphism $\phi : U \longrightarrow R/I$ by defining $\phi(y) = a_1+IR$. The kernel of ϕ is IU and thus U/IU is cyclic of order I.

LEMMA 4. *A submodule of the rank one torsion-free module* U *of the same type as* U *is of the form* $I'U$ *for some nonzero ideal* I' *of* R.

PROOF. By Lemma 2, it will suffice to prove that every submodule of U which contains IU, where I is a nonzero ideal of R, is of this form. Continuing with the notation of the preceding proof, such a submodule is the preimage under ϕ of a submodule I'/I in R/J, where I' is an ideal containing I. This preimage is $I'x+IU$. We need only verify that $I'U = I'x+IU$.

Obviously $I'U$ contains $I'x+IU$. For the inclusion the other way, note that $I'U$, as a submodule of $U = Rx+IU$, has the form I_0x+IU for some ideal I_0 of R. By the remark in the proof of Lemma 3, I_0 must be contained in I'. Thus $I'U$ is contained in $I'x+IU$.

THEOREM 3. *The rank one torsion-free modules* U *and* V *are of the same type if and only if* IU *and* JV *are isomorphic for some nonzero ideals* I *and* J *of* R .

PROOF. If U and V are of the same type, by Lemma 4 V is isomorphic to $I'U$ for some nonzero ideal of R .

Conversely, if IU and JV are isomorphic and J_0J is a nonzero principal ideal of R , then V , $(J_0J)V$ and $(J_0I)U$ are all isomorphic. Thus V is isomorphic to a submodule of U . Analogously, U is isomorphic to a submodule of V.

We remark that the condition of the theorem could just as well have been given as "if and only if V is isomorphic to IU for some nonzero ideal of R ."

If R is a principal ideal domain, we now have a proof of the fact that if U and V are of the same type, they are isomorphic. In the case of a general Dedekind domain isomorphism occurs according to the following theorem.

THEOREM 4. *Let* U *and* V *be rank one torsion-free modules such that* IU *and* JV *are isomorphic for some nonzero ideals* I *and* J *of* R . *Then* U *and* V *are isomorphic if and only if the fractional ideal* IJ^{-1} *is a product of a principal fractional ideal with a product of positive or negative powers of prime ideals* P *having the property that* $PU = U$.

PROOF. Since $PU = U$ is equivalent to $P(IU) = IU$ and hence to $P(JV) = JV$ and $PV = V$, this condition on P is symmetric with respect to U and V . For any nonzero ideal I_0 of R , $I_0U = U$ if and only if I_0 is a product of prime ideals P with $PU = U$.

To prove the "if" part of the theorem, suppose that IJ^{-1} is as described, that is, suppose that $aII_0 = bJJ_0$ where I_0 and J_0 are (integral) ideals of R such that $I_0U = U$ and $J_0V = V$ and a and b are nonzero elements of R . Then $IU = II_0U$ is isomorphic to $aII_0U = bJJ_0U = bJU$, which is isomorphic to JU . Choosing a nonzero ideal J_1 , such that $JJ_1 = Rc$ is principal, we obtain cU and cV are isomorphic and hence U and V are isomorphic.

Conversely, if U and V are isomorphic, IU and IV are isomorphic. Thus there exists an isomorphism from IV to JV . But then there exist nonzero elements a and b of R such that ay maps onto by for all y in IV . Therefore $aIV = bJV$.

If the ideals aI and bJ factor as $aI = I_1I_0$ and $bJ = J_1I_0$ where $I_1+J_1 = R$, we get $I_1V = J_1V$. So $V = (I_1+J_1)V = I_1V = J_1V$ and both I_1 and J_1 are products of prime ideals P with $PV = V$.

The product IJ^{-1} is the same as the product $ba^{-1}I_1J_1^{-1}$, which proves the assertion.

We shall now indicate how the usual method [4] of defining types for abelian groups, as equivalence classes of height functions, can be used in the Dedekind case.

If x is a nonzero element of the torsion-free module M over the Dedekind domain R, define the height function of x, $H(p, x, M)$, at each prime ideal P of R as follows :

$$H(P,x,M) = \begin{cases} i & \text{if } x \text{ is in } P^iM \text{, but not in } P^{i+1}M \\ \infty & \text{if } x \text{ is in } P^iM \text{ for all } i . \end{cases}$$

We assemble some properties of this function for rank one modules in the following lemma where, for any nonzero ideal I of R, we denote by $n(P,I)$ the exponent of the power of P appearing in the factorization of I into a product of powers of prime ideals of R.

LEMMA 5. *If* U *and* V *are rank one torsion-free modules,* I *is a nonzero ideal of* R, *and* a, x, *and* y *are nonzero elements of* R, U, *and* V, *respectively, then for all prime ideals* P *of* R

1. $H(P,ax, U) = H(P, x, U)+n(P, Ra)$
2. $H(P, x, U) = \infty$ *if and only if* $PU = U$
3. *If* x *is in* IU, *then* $H(P, x, U) = H(P, x, IU)+n(P, I)$
4. x *is in* IU *if and only if* $H(P, x, U) \geq n(P, I)$
5. $H(P, x, U) = H(P, y, V)$ *if and only if there existe an isomorphism* $U \longrightarrow V$ *such that* $x \longrightarrow y$.

PROOF. 1. It is clear that $H(P, ax, U) \geq H(P, x, U)+n(P, Ra)$.

Suppose that ax is in $P^{n+i}U$ where $n = n(P, Ra)$. Then P^nQx is contained in $P^{n+i}U$ where $Ra = P^nQ$ with Q an ideal of R relatively prime to P. Then Qx is in P^iU and so x is in P^iU. Thus $H(P, ax, U) \leq H(P, x, U)+n(P,Ra)$.

2. If x_1 is also a nonzero element of U, then $a_1x_1 = ax$ for some nonzero elements a and a_1 of R. Hence, by 1, $H(P, x_1, U) = \infty$ if and only if $H(P, x, U) = \infty$.

3. Let $n = n(P,I)$. Thus $I = P^nQ$ where $P+Q = R$. Since x is in P^nQU, whenever x is in $P^{n+i}U$, x is in $P^{n+i}QU = P^iIU$. This proves 3.

4. By 3, if x is in IU, $H(P, x, U) \geq n(P,I)$. The converse is clear.

5. The "if" part is obvious.

If $H(P, x, U) = H(P, y, V)$ for all P, then for each nonzero element x_1 in U there are nonzero elements a and a_1 of R such that $a_1x_1 = ax$.

By 1 and 4, ay is in a_1V, i.e., there is an element y_1 in V such that $a_1y_1 = ay$. It is easy to see that the map $x_1 \longrightarrow y_1$ yields an isomorphism $U \longrightarrow V$ with $x \longrightarrow y$.

The following theorem gives the connection between height functions of rank one torsion-free modules of the same type.

THEOREM 5. *Let* U *and* V *be rank one torsion-free modules. A necessary and sufficient condition for the existence of nonzero ideals* I *and* J *of* R *such that* IU *and* JV *are isomorphic is that for every nonzero* x *in* U *and* y *in* V, $H(P, x, U) = H(P, y, V)$ *at all* P *except possibly at a finite number where both* $H(P, x, U)$ *and* $H(P, y, V)$ *are finite.*

PROOF. To prove the necessity, suppose there is an isomorphism $IU \longrightarrow JV$, and let x and y be nonzero elements of U and V respectively. If c is a nonzero element of I there exist nonzero elements a and b of R such that $a(cx) \longrightarrow by$.

By the Lemma, $H(P, acx, IU) = H(P, by, JV)$, $H(P, acx, IU)+n(P,I) = H(P, acx, U) = H(P, x, U)+n(P, Rac)$ and $H(P, by, JV)+n(P,J) = H(P, by, V) = H(P, y, V) + n(P, Rb)$. Thus $H(P, x, U)$ and $H(P, y, V)$ agree for all prime ideals P where either $H(P, x, U)$ or $H(P, y, V)$ is infinite and at all remaining prime ideals which do not divide any of I, J, Rac, or Rb.

For the sufficiency, choose nonzero elements x and y of U and V respectively. Define the ideals I and J by

$$n(P, I) = \begin{cases} 0 \text{ if } H(P, x, U) = H(P, y, V) = \infty. \\ \max\{0, H(P, x, U)-H(P, y, V)\} \text{ otherwise,} \end{cases}$$

and

$$n(P, J) = \begin{cases} 0 \text{ if } H(P, x, U) = H(P, y, V) = \infty \\ \max\{0, H(P, y, V)-H(P, x, U)\} \text{ otherwise.} \end{cases}$$

Then $H(P, x, U)+n(P, J) = H(P, y, V)+n(P, I)$ for all P. The element x lies in IU because $H(P, x, U) \geq n(P, I)$ for all P due to the fact that $n(P, J)$ is 0 whenever $n(P, I)$ is greater than 0. Similarly y lies in JV. So the last equality can be written as $H(P, x, IU)+n(P, I)+n(P, J) = H(P, y, JV)+n(P, J)+n(P, I)$. Since $n(P, I)+n(P, J)$ is always finite, $H(P, x, IU) = H(P, y, JV)$. But this guarantees an isomorphism $IU \longrightarrow JV$ with $x \longrightarrow y$.

This theorem makes it natural to define an equivalence relation for height functions by declaring $H(P, x, U)$ and $H(P, y, V)$ to be equivalent if they agree except possibly at a finite number of prime ideals where both height functions assume finite values. Then by the theorem all nonzero elements of U have height functions belonging to the same class as do all nonzero elements of any rank one torsion-free module V of the smae type as U . So the usual abeliar group definition of types as an equivalence class of height functions can be used for Dedekind domains to yield a notion of type consistant with our definition.

It is easy to determine in terms of height functions, when two rank one torsion-free modules over a Dedekind domain are isomorphic. We formulate this in the following theorem.

THEOREM 6. *Two rank one torsion-free modules* U *and* V *are isomorphic if and only if for any nonzero elements* x *in* U *and* y *in* V *there exist nonzero principal ideals* Ra *and* Rb *in* R *such that* $H(P, x, U)+n(P, Ra) = H(P, y, V)+n(P, Rb)$ *for all prime ideals* P .

PROOF. If $U \longrightarrow V$ is an isomorphism, then $ax \longrightarrow by$ for some nonzero elements a and b of R . By Lemma 5, $H(P, ax, U) = H(P, by, V)$ whence $H(P, x, U)+n(P, Ra) = H(P, y, V)+n(P, Rb)$.

Conversely, if $H(P, x, U)+n(P, Ra) = H(P, y, V)+n(P, Rb)$, it follows that $H(P, ax, U) = H(P, by, V)$ and there is an isomorphism $U \longrightarrow V$ with $ax \longrightarrow by$.

We now turn our attention to completely decomposable torsion-free modules over R , considering first the homogeneous case.

THEOREM 7. *Let* M *be a completely decomposable* a*-homogeneous torsion-free module over the Dedekind domain* R . *Let* N *be an* a*-homogeneous submodule of* M . *Then* N *is completely decomposable.*

LEMMA 6. *Let* $G \longrightarrow H \longrightarrow 0$ *be an exact sequence of torsion-free modules over the Dedekind domain* R *where* H *is a completely decomposable* a*-homogeneous module and where* $G = G(a)$. *Then the sequence splits.*

PROOF. We first prove the Lemma for the case where H is of rank one. Let x be an element of G such that $f(x) \neq 0$ where f is the given epimorphism from G to H . Let W be the pure submodule of G generated by x . Then W is mapped monomorphically into H . By hypothesis, W, and hence also $f(W)$, is of type greater than or equal to a . Thus $f(W)$ is of type a and by Lemma 4 , $f(W) = IH$ for some nonzero ideal I of R . We assume that I is the largest ideal for which $f(W) = IH$. We thus have a monomorphism $h_1 : IH \longrightarrow G$ such that fh_1 is the identity on IH . If $I = R$, we are finished.

If $I \neq R$, let z be an element of H such that $z + IH$ generates the cyclic module H/IH . Say that y is an element of G such that $f(y) = z$ and let Y be the pure rank one submodule of G generated by y . Then, as above,

$f(Y) = JH$ for some nonzero ideal J of R. Again we suppose that J is the largest ideal for which $f(Y) = JH$. We have a monomorphism $h_2 : JH \longrightarrow G$ such that fh_2 is the identity on JH.

Since z is in JH, $IH+JH = H$. If a prime ideal P divides both I and J then $PH = H$ and $P^{-1}I$ is an integral ideal with $(P^{-1}I)H = (P^{-1}I)(PH) = IH$. Since I is the largest such ideal, this is impossible. Hence $I+J = R$.

Suppose c and d are element of I and J such that $c+d = 1$. For any element w in H define $g(w)$ to be the element $h_1(cw)+h_2(dw)$ of G. g is a monomorphism of H into G for $fg(w) = f(h_1(cw)+h_2(dw)) = cw+dw = w$. Thus fg is the identity on H and the sequence splits.

In the general case where H is the direct sum $\oplus H_i$ of rank one modules of type a, the epimorphsim $f : G \longrightarrow H$ induces a family of epimorphisms $f_i : G \longrightarrow H_i$. For each of these we have a monomorphism $g_i : H_i \longrightarrow G$ such that fg_i is the identity on H_i. These induce a monomorphism $g : H \longrightarrow G$ such that fg is the identity on H. So the sequence splits.

The proof of the theorem is a familiar argument. If M is the direct sum of a well-ordered family of rank one submodules $\{U_i\}$, let N_i be the intersection of N with the sum ΣU_j where $j \leq i$. A homomorphism of N_i into U_i is obtained by mapping each element of N_i into its i-th coordinate. If the kernel is not all of N_i, the image is a rank one submodule of U_i of types less than or equal to a. By the Lemma, N_i is the direct sum of the kernel and a rank one submodule V_i of N_i. If the kernel is all of N_i, let $V_i = 0$. One checks that N is the direct sum of the $\{V_i\}$.

The following corollaries are immediate consequences of the theorem.

COROLLARY 4. *If a module is a direct sum of fractional ideals of* R, *then so is every submodule* [5].

COROLLARY 5. *Every pure submodule of an a-homogeneous completely decomposable torsion-free module is completely decomposable.*

The Baer-Kulikov-Kaplansky theorem for modules over Dedekind domains now follows from Corollary 5 and the theorem.

THEOREM 8. *Every direct summand of a completely decomposable torsion-free module is completely decomposable.*

PROOF. By Corollary 3, the direct summand is homogeneously decomposable and since each of its homogeneous components is isomorphic to a direct summand of a homogeneous completely decomposable module the preceding theorem yields the result.

In the abelian group case, a completely decomposable torsion-free group is, up to isomorphism, uniquely a direct sum of rank one subgroups. In the Dedekind case, the homogeneous components of a completely decomposable torsion-free module are unique up to isomorphism but their decompositions as direct sums of rank one modules are not. As we shall see, the situation is analogous to that for finitely generated torsion-free modules over Dedekind domains. To obtain a uniqueness theorem one needs to use the tensor product.

We recall that the tensor product (always over R) of torsion-free modules is again torsion-free [3] . A tensor product $U \otimes V$ of rank one torsion-free modules is thus a rank one torsion-free module and an element $x \otimes y$ of $U \otimes V$ is 0 if and only if either $x = 0$ or $y = 0$.

As we have seen, the type of $U \otimes V$ (one could define a product for types this way) can be described by exhibiting the height function of any nonzero element of $U \otimes V$. Our next lemma gives such a description.

LEMMA 7. *Let* U *and* V *be rank one torsion-free modules over* R . *Then for any nonzero element in* $U \otimes V$ *of the form* $x \otimes y$, $H(P, x \otimes y, U \otimes V) = H(P, x, U) + H(P, y, V)$ *for all prime ideals* P *of* R . *In particular* $I(U \otimes V) = U \otimes V$ *if and only if* $IU = U$ *or* $IV = V$.

PROOF. First, we observe that in $U \otimes V$ a necessary and sufficient condition for $x \otimes y = w \otimes z$ is that $ax = bw$ and $by = az$ for some nonzero elements a and b of R . For from $ax = bw$ and $by = az$ one has $a(x \otimes y - w \otimes z) = ax \otimes y - w \otimes az = bw \otimes y - w \otimes by = 0$ and so $x \otimes y = w \otimes z$. To prove the necessity, choose a nonzero element a of R such that $ax = bw$ and $az = b'y$ for b and b' in R . Then from $x \otimes y - w \otimes z = 0$ one has $0 = bb'(x \otimes y - w \otimes z) = (ab - ab')(x \otimes z) = 0$ Hence $b = b'$.

Second, given an arbitrary element t in $U \otimes V$ and a fixed prime ideal P of R we can find an element c of R , but not in P , such that ct is of the form $u \otimes v$. In fact, if $t = \sum_{i=1}^{k} u_i \otimes v_i$, c can be found so that $ct = u \otimes v$ with u equal to one of the u_i . To see this, say $Iu_1 = Ju_2$ where $I + J = R$. We can choose c_1 and c_2 in R such that $c_1 u_1 = c_2 u_2$ and where at least one, say c_1 , of c_1 and c_2 is not in P . Then $c_1(u_1 \otimes v_1 + u_2 \otimes v_2) = u_2 \otimes (c_2 v_1 + c_1 v_2)$ and so in the expression $c_1 t = c_1 \sum_{i=1}^{k} u_i \otimes v_i$, $c_1(u_1 \otimes v_1) + c_1(u_2 \otimes v_2)$ can be replaced by the term $u_2 \otimes (c_2 u_1 + c_1 v_2)$. Iteration yields the desired result.

To prove the lemma, suppose $x \otimes y$ is in $P^m(U \otimes V)$. Say $x \otimes y$ is a sum $\sum_i d_i(u_i \otimes v_i) = \sum_i (d_i u_i) \otimes v_i$ with each d_i in P^m . By the preceding comment, there exists a c in R, but not in P, such that $c(x\otimes y) = (d_i u_i)\otimes v$ for some i and some element v in V. By the first comment, there exist nonzero elements a and b of R such that $acx = bd_i u_i$ in U and $by = av$ in V.

Thus

$$n(P, Ra)+n(P, Rc)+H(P, x, U) = n(P, Rb)+n(P, Rd_i)+H(P, u_i, U)$$

and

$$n(P, Rb)+H(P, y, V) = n(P, Ra)+H(P, v, V) .$$

Adding these, and cancelling $n(P, Ra)$ and $n(P, Rb)$ which are finite, we get

$$n(P, Rc)+H(P, x, U)+H(P, y, V) = n(P, Rd_i)+H(P, u_i, U)+H(P, v, V)$$

Since $n(P, Rc) = 0$ and $n(P, Rd_i) \geq m$, we conclude that $H(P, x, U)+H(P, y, V) \geq m$. Hence $H(P, x, U)+H(P, y, V) \geq H(P, x\otimes y, U\otimes V)$. But the inequality the other way is clear.

In particular, $P(U\otimes V) = U\otimes V$ if and only if $PU = U$ or $PV = V$ whence $I(U\otimes V) = U\otimes V$ if and only if $IU = U$ or $IV = V$ for any nonzero ideal P of R.

The next Lemma is valid over any commutative ring.

LEMMA 8. *If a module* M *is expressed as a direct sum* $M = U_1 \oplus \dots \oplus U_n$ *and if* $U_i \wedge U_i = 0$ *for all* i, *then the homomorphism*

$$f : U_1 \otimes \dots \otimes U_n \longrightarrow \overset{n}{\wedge} M$$

defined by $(x_1 \otimes \dots \otimes x_n) = x_1 \wedge \dots \wedge x_n$ *is an isomorphism.*

PROOF. Because of the condition $U_i \wedge U_i = 0$, $\overset{n}{\wedge} M$ is generated by the n-vectors $x_1 \wedge \dots \wedge x_n$, x_i in U_i, and so the mapping is onto.

Let $y_1,\dots,y_n$ be elements of M and let p_i denote the projection of M onto U_i. Define the map

$$(y_1,\dots,y_n) \longrightarrow \sum_{\sigma} p_1(y_{\sigma(1)}) \otimes \dots \otimes p_n(y_{\sigma(n)}) ,$$

where σ ranges over the elements of the symmetric group S_n, of M^n into $U_1 \otimes \dots \otimes U_n$. It is easy to see that this is an alternating multilinear map. Let $g : \overset{n}{\wedge} M \longrightarrow U_1 \otimes \dots \otimes U_n$ be the induced homomorphism. Since gf is the identity on $U_1 \otimes \dots \otimes U_n$ and f is onto, f is an isomorphism.

LEMMA 9. *If* U *is a rank one torsion-free module over the Dedekind domain* R, *then* $U \wedge U = 0$.

PROOF. Let x and y be nonzero elements of U. Suppose $Ix = Jy$ with $I+J = R$. Then in $U \wedge U$, $R(x \wedge y) = (I+J)(x \wedge y)$ is contained in $(Ix \wedge y)+(x \wedge Jy)$, which is $J(y \wedge y)+I(x \wedge x) = 0$. But then $U \wedge U = 0$.

THEOREM 9. *Let* M *and* N *be torsion-free modules of the same rank which are completely decomposable and a-homogeneous. Say* $M = \oplus U_i$ *and* $N = \oplus V_i$ *are decompositions of* M *and* N *as direct sums of rank one modules, i ranging over some index set. If the index set is finite, a necessary and sufficient condition for* M *and* N *to be isomorphic is that the tensor products* $\otimes U_i$ *and* $\otimes V_i$ *are isomorphic. If the index set is infinite,* M *and* N *are always isomorphic.*

PROOF. Suppose that M and N are of finite rank.

If M and N are isomorphic, Lemmas 8 and 9 show that the two tensor products are isomorphic.

Conversely, suppose that the two tensor products are isomorphic. Since all the U_i's and V_i's are of type a we can suppose that $U_i \cong I_i U$ and $V_i \cong J_i U$ where I_i and J_i are ideals of R and U is a rank one module. Then the tensor products $I_1 U \otimes \ldots \otimes I_n U = (I_1 \ldots I_n)(\overset{n}{\otimes} U)$ and $J_1 U \otimes \ldots \otimes J_n U = (J_1 \ldots J_n)(\overset{n}{\otimes} U)$ are isomorphic. By Theorem 4, $aI_1 \ldots I_n I = bJ_1 \ldots J_n J$ for some nonzero elements a and b of R and ideals I and J of R such that $I(\overset{n}{\otimes} U) = J(\overset{n}{\otimes} U)$. By Lemma 7, $IU = JU = U$.

Since $aI_1 \ldots I_n I = bJ_1 \ldots J_n J$, we have $I_1 \oplus \ldots \oplus (I_n I)$ and $J_1 \oplus \ldots \oplus (J_n J)$ isomorphic by a well known result on Dedekind domains [2, p. 149]. But then $(I_1 \oplus \ldots \oplus I_n I)U = (I_1 \oplus \ldots \oplus I_n)U$ and $(J_1 \oplus \ldots \oplus J_n J)U = (J_1 \oplus \ldots \oplus J_n)U$ are isomorphic which proves that M and N are also.

In the infinite case, with $U_i \cong I_i U$ and $V_i \cong J_i U$, M and N are isomorphic to $(\oplus I_i)U$ and $(\oplus J_i)U$. By a theorem of Kaplansky [6], $\oplus I_i$ and $\oplus J_i$ are isomorphic if both have the same infinite rank.

COROLLARY 6. *Let* $M = \oplus U_i$ *and* $N = \oplus V_j$ *be direct sums of rank one torsion-free modules* U_i *and* V_j *over the Dedekind domain* R. *Then* M *and* N *are isomorphic if and only if for each type* a, *the number of summands* U_i *of type* a *is the same as the number of summands* V_j *of type* a *and if this number is finite the tensor products,* $\otimes U_i$ *and* $\otimes V_j$ *of the summands of type* a, *are isomorphic.*

BIBLIOGRAPHY

[1] BAER R., Abelian groups without elements of infinite order, Duke Math. J. 3 (1937), p. 68-122.

[2] CURTIS C. - REINER I., Representation theory of finite groups and associative algebras, Interscience, New York, (1962).

[3] DIEUDONNE J., Sur les produits tensoriels, Ann. Sci. Ecole Norm. Sup., 64 (1948), p. 101-117.

[4] FUCHS L., Abelian Groups, Pergamon, New York, (1960).

[5] FUCHS L., Notes on abelian groups, Ann. Univ. Sci. Budapest. Eotvos Sect. Math., 2 (1959), p. 5-23.

[6] KAPLANSKY I., Modules over Dedekind rings and valuation rings, Trans. Amer. Math. Soc., 72 (1952), p. 327-340.

[7] KAPLANSKY I., Projective modules, Ann. of Math., 68 (1958), 372-377.

[8] KULIKOV L., Direct decompositions of groups, Ukrain. Mat. Z. 4 (1952), p. 230-275 and 347-372 ; Amer. Math. Soc. Translations, Series 2, vol. 2, p. 23-87.

University of Notre Dame
Notre Dame, Indiana.

ENDOMORPHISM RINGS OF ABELIAN P-GROUPS

by Wolfgang LIEBERT

To Prof. Reinhold BAER on his 65th birthday.

INTRODUCTION

The well known fact that the set EA of all endomorphisms of an abelian group A forms a ring has suggested the problem of finding necessary and sufficient conditions that an abstract ring be isomorphic to EA for some abelian group A. In two recent papers ([2] and [3]) we have solved this problem for the classes of finite and bounded abelian p-groups. The present paper is concerned with the solution of that problem for p-groups without elements of infinite height.

If A is a p-group without elements of infinite height, and B is a basic subgroup of A, then EA contains an embedded copy of the ring $E_p(B)$ consisting of all bounded endomorphisms ϕ of A for which $B\phi \subseteq B$. At the Tihany Colloquium R.S. Pierce (see [8]) has characterized those extensions of a fixed ring $E_p(B)$ (where B is an unbounded basic group) which are of the form EA for some group A without elements of infinite height which has B as its basic subgroup. In this paper, however, we shall attack the problem from its most general side : we characterize the endomorphism rings EA for p-groups A without elements of infinite height purely ring-theoretical without referring to the unnatural basic subgroups of A.

In our characterization the so-called finite endomorphisms of A will play an important role. This is the set E_oA of all endomorphisms of A which map A onto a finite subgroup. Clearly E_oA is a two sided ideal in EA. In the vector space case $(pA = 0)$ E_oA is the right socle (sum of all minimal right ideals) as well as the left socle of EA and at the same time the intersection of all non-zero two sided ideals of EA. This is no longer true if $pA \neq 0$ because in that general case EA has considerably more structure (in [4] we investigated the minimal ideals of EA). Call an ideal of a ring *potent* if it is not a nil ideal. It turns out that for every p-group A the ideal E_oA of EA is both the potent right socle (sum of all minimal potent right ideals) and the potent left socle of EA ([3]).

In Section 2 we find necessary and sufficient conditions for an abstract ring to be isomorphic to an E_oA containing subring of the endomorphism ring EA of a reduced p-group A. In particular E_oA itself is characterized.

In Section 3 we show that for p-groups A without elements of finite height EA is the only E_oA containing subring of EA which is complete in its finite topology. This topology on EA is defined by taking the annihilators of the finite subsets of A as neighborhoods of 0 in EA . Together with the results of Section 1 this leads to a characterization of EA for p-groups A without elements of infinite height. We also characterize the torsion subring T(EA) of EA for reduced p-groups A .

Finally, Section 4 is devoted to a characterization of EA for p-groups A which are torsion complete in their p-adic topology. The endomorphism rings of these groups are complete in their p-finite topology. Neighborhoods of 0 for that topology are those right ideals in EA which map finite subsets of A into p^iA . It is exactly the topology of pointwise convergence on A .

We mention that our characterization of EA for bounded p-groups A in [3] did not involve any topological considerations.

1. DEFINITIONS AND PRELIMINARIES

Throughout this paper "group" will mean additively written "abelian group". A always denotes a p-group, unless otherwise stated. Let us agree upon the following notation.

$O(a) = p^{e(a)}$ = order of the element a in A .

exp A = exponent of A = maximum of the orders of the elements of A .

$A[p^m] = \{a \in A \mid p^m a = 0\}$.

h(a) = height of a in A .

$p^\omega A = \bigcap_n p^n A$ = subgroup of elements of infinite height in A .

$p^\infty A$ = maximal divisible subgroup of A .

$\{a\}$ = cyclic group generated by the element a .

$Z(p^m)$ = cyclic group of order p^m .

$Z(p^\infty)$ = quasicyclic group of type p^∞ .

We shall denote by EA the ring of all endomorphisms of A . The elements of EA shall operate on the elements of A on the right.

Suppose that E is a subring of EA . If S is any subset of A , then $P_E(S)$ is the totality of σ in E such that $S\sigma = 0$, and $\Lambda_E(S)$ is the set of α in E for which $A\alpha \subseteq S$. If S is actually a subgroup of A , then $P_E(S)$ is a right ideal and $\Lambda_E(S)$ is a left ideal in E . If Γ is any subset of E , then $R_E(\Gamma)$ denotes the totality of σ in E such that $\Gamma\sigma = 0$. Similarly $L_E(\Gamma)$ denotes the left annihilator of Γ in E . Clearly $R_E(\Gamma) = E \cap R_{EA}(\Gamma)$ and $P_E(S) = E \cap P_{EA}(S)$, plus the corresponding relations for the operators L and Λ . Whenever E = EA , we shall write P,Λ,R,L instead of $P_{EA},\Lambda_{EA},R_{EA},L_{EA}$. The operators R and L will also be used to denote right and left annihilating in arbitrary rings. If N is any subset of E then K(N), the kernel of N , is the totality of x in A for which $xN = 0$, and AN is the set of elements $a\alpha$ for a in A and α in N. We state the following useful result the proof of which is obvious (see Liebert [3] and Wolfson [10]).

1.1. LEMMA. *Let* A *be an abelian group and* E *a subring of* EA. *Then*

(i) $A\Lambda_E(S) \subseteq S$ *for every subset* S *of* A.

(ii) $S \subseteq K[P_E(S)]$ *for every subset* S *of* A.

(iii) $\Lambda_E[K(T)] = L_E(T)$ *for every subset* T *of* E.

(iv) $P_E(AT) = R_E(T)$ *for every subset* T *of* E.

We shall denote the torsion subring of a ring $\sum$ by $T(\sum)$. A p-ring E is a ring whose additive group E^+ is a p-group.

2. THE FINITE ENDOMORPHISMS

An endomorphism ϕ of the abelian group A is termed *finite* if the subgroup $A\phi$ of A is finite. We denote by E_oA the set of all the finite endomorphisms of A. It is obvious that E_oA is a two sided ideal in the ring EA of all endomorphisms of A. Let us characterize this ideal of EA inside EA.

2.1. LEMMA. *Let* A *be an abelian p-group. Suppose that* H *is a subgroup of finite index in* A. *Then* H *contains a subgroup* K *such that* K *is a direct summand of* A *and* A/K *is finite* (Pierce [7], Lemma 16.5., p. 303).

Now let A be an abelian p-group and $\alpha \in E_oA$. Then by (2.1.) we can write $A = F \oplus K$ with $K\alpha = 0$ and finite F. Choose a basis $f_1,\dots,f_n$ of F and denote by π_i the projection of A onto the direct summand $\{f_i\}$ (K and the other summands $\{f_j\}$ being annihilated by π_i). Then $\alpha = \sum_{i=1}^{n}\pi_i\alpha$. Therefore $E_oA \subseteq \sum_{\pi\in\phi}\pi EA$, where ϕ is the set of all idempotents of EA such that $A\pi$ is cyclic. Obviously the reverse inclusion also holds. Thus $E_oA = \sum_{\pi\in\phi}\pi EA$.

The idempotents π in ϕ are easily characterized in EA.

2.2. DEFINITION. *An idempotent* π *of a ring* K *is called minimal if* $\pi \neq 0$ *and if it is not possible to write* $\pi = \pi_1+\pi_2$ *where* π_1 *and* π_2 *are non-zero, orthogonal idempotents in* K.

In the endomorphism rings EA of abelian p-groups A there are (at most) two different types of minimal idempotents. This follows from the fact that an idempotent σ in EA is minimal iff the subgroup $A\sigma$ of A is indecomposable; but there are exactly two different types of indecomposable abelian p-groups: $Z(p^n)$ and $Z(p^\infty)$. If $A\sigma \cong Z(p^n)$, then σ is contained in the torsion subring $T(EA)$ of EA, where as $A\sigma \cong Z(p^\infty)$ implies $\sigma \notin T(EA)$. Therefore the above defined ϕ is the set of all those minimal odempotents of EA which are contained in $T(EA)$. This characterizes E_oA.

For our purpose we prefer a characterization of E_oA in terms of *potent* ideals of EA .

2.3. DEFINITION. *An ideal of a ring* K *is called potent it it is not a nil ideal. The sum of all minimal potent right (left) ideals of* K *is called the potent right (left) socle of* K .

Let us quickly show that the right ideals πEA for $\pi \in \Phi$ are minimal potent right ideals of EA .

2.4. LEMMA. *Let* A *be a p-group and* $E_oA \subseteq E \subseteq EA$, *where* E *is a subring of* EA . *Let* π *and* σ *be minimal idempotents of* E . *If either* A *is reduced or* $\pi,\sigma \in T(E)$ *then the additive group* $\pi E\sigma^+$ *of* $\pi E\sigma$ *is cyclic.*

PROOF. Let A be reduced or $\pi,\sigma \in T(E)$. Then each one of the groups $A\pi$ and $A\sigma$ must be cyclic. Therefore the conclusion of (2.4.) follows from $\pi EA\sigma^+ \cong Hom(A\pi,A\sigma)$.

2.5. LEMMA. *Let* E *be a ring whose torsion subring* T(E) *is a p-ring. Suppose that* e *is a minimal idempotent of* E *such that* $e \in T(E)$ *and* eEe^+ *is cyclic. Then* eE(Ee) *is a minimal potent right (left) ideal of* E .

PROOF. Let R be a right ideal of E which is properly contained in eE . We have to show that R is a nil ideal. In fact, R is nilpotent. First, $e \notin R^2$, for otehrwise R = eE . Secondly, $R^2 = eReR$. Therefore $eRe \neq eEe$. Now, by hypothesis, eEe^+ is a cyclic p-group, say of order p^k , generated by e . Hence $eRe \subseteq peEe \subseteq peE$. This implies $R^2 \subseteq peE$. Since $p^ke = 0$, it follows that the right ideal peE is nilpotent. Thus, R^2 is nilpotnet, whence R is nilpotent. The same arguments imply that Ee is a minimal potent left ideal of E . This completes the proof.

Thus we see that E_oA is a sum of minimal potent right ideals of EA . On the other hand, the next lemma shows that each minimal potent right ideal of EA is contained in E_oA .

2.6. LEMMA. *A minimal potent right ideal of a ring is generated by an idempotent.* (Michler [6], Hifssatz, 2.2., p. 236).

It is clear that the generating idempotent of a minimal potent right (left) ideal is a minimal idempotent. Now let πEA be a minimal potent right ideal of EA . Then $p\pi EA$ is a nil ideal since $p\pi EA \neq \pi EA$. Therefore $p\pi$ is nilpotent, say $(p\pi)^n = 0$. But $(p\pi)^n = p^n\pi^n = p^n\pi$. Thus π is in T(EA) , which implies $\pi EA \subseteq E_oA$.

In this chapter we are more interested in the rings between E_oA and EA than in EA itself. However, it is clear that *all rings between* E_oA *and* EA *have the same minimal potent ideals.* To sum up :

2.7. THEOREM. *Let* A *be a p-group and* E *a subring of* EA *which contains* E_oA . *Then* E_oA *is both the potent right socle and the potent left socle of* E .

REMARKS. (a) for the proof that E_oA is the potent left socle of E , see Liebert [3], Satz, 3.5.

(b) Let πEA be a minimal potent right ideal of EA . Then $A = A\pi \oplus K(\pi)$, and $A\pi$ is cyclic. Therefore $\pi EA = PK(\pi)$. Furthermore, $A\pi EA = A[p^k]$, where $p^k = O(A\pi) = O(\pi)$.

(c) It is clear that $E_oA = 0$ (i.e. that there are no minimal potent right and left ideals in E) iff A is divisible.

The fact that E_oA is a two sided ideal of EA has the following consequence :

2.8. PROPOSITION. *Let* A *be a p-group and* $E_oA \subseteq E \subseteq EA$ *where* E *is a subring of* EA . *Then every left ideal in the ring* E_oA *is a left ideal in the ring* E . *If* A *has no elements of infinite height then every right ideal of* E_oA *is also a right ideal of* E .

PROOF. If A is divisible then $E_oA = 0$. Let us therefore assume that $pA \neq A$.

Let L be a left ideal of E_oA and $\phi \in E$. We have to show that $\phi L \subseteq L$. Pick $\lambda \in L$. Then $\phi\lambda \in E_oA$ since E_oA is a two sided ideal of E . Thus the isomorphism $A\phi\lambda \simeq A/K(\phi\lambda)$ implies that $A/K(\phi\lambda)$ is finite. We apply Pierce's Lemma 2.1. and deduce that there exists a decomposition $A = B \oplus F$ where F is finite and $B \subseteq K(\phi\lambda)$. Now let π be the projection of $B \oplus F$ onto F . Then $\phi\lambda = \pi\phi\lambda$. Since $\pi\phi \in E_oA$, this tells us that $\phi\lambda \in L$. Hence L is also a left ideal of the ring E .

Assume that $p^\omega A = 0$ and let R be a right ideal of E_oA . Again we have to show that $\rho\alpha \subseteq R$ for every $\alpha \in E$ and every $\rho \in R$. Every finite subgroup of a p-group without elements of infinite feight can be embedded into a finite summand of it. Hence there exists a decomposition $A = G \oplus H$ of A such that H is finite and $A\rho\alpha \subseteq H$. Let σ be a projection of A onto H . Then $\rho\alpha = \rho\alpha\sigma$. But $\alpha\sigma \in E_oA$. Therefore $\rho\alpha \in R$, since R is a right ideal in E_oA . This concludes the proof.

If A has nonzero elements of infinite height then the situation is not quite clear. Suppose for example, that A is not divisible and that its divisible part $p^\infty A$ has at least rank 2 . We know then that there exists a decomposition $A = \{a\} \oplus K$ of A . Pick any $x \neq 0$ in the socle $(p^\omega A)[p]$ of $p^\omega A$ and denote by α the finite endomorphism of A defined by

$$a\alpha = x$$
$$K\alpha = 0$$

Then α generates a nilpotent right ideal N of E_oA with exactly p elements since $p^\omega A$ (and therefore x) is annihilated by E_oA. But N is certainly not a right ideal of EA since $\{x\}$ is not a fully invariant subgroup of A. In fact, for every $y \in p^\infty A[p]$ there is a β in EA such that $x\beta = y$.

There are, however, p-groups A with $p^\omega A \neq 0$ for which the just constructed N is also a (finite) right ideal (with p elements) in EA : take the Prüfer group ; or take a reduced p-group A with $p^\omega A \neq 0$ such that every endomorphism of A acts on $p^\omega A$ as a p-adic integer ; the existence of those groups has been proved by Megibben ([5], Theorem 1.4.).

The intention of this section is to find necessary and sufficient conditions that an abstract ring be isomorphic to the ring E_oA of all finite endomorphisms of a reduced p-group A. And our ultimate aim is to characterize the full endomorphism rings EA of p-groups A without elements of infinite height. The following two propositions on the annihilators of E_oA are very useful for this purpose.

2.9. PROPOSITION. *Let* A *be a p-group and* E *a subring of* EA *such that* $E_oA \subseteq E$. *If* A *is bounded or of infinite length then the right annihilator* $R_E(E_oA)$ *of* E_oA *in* E *is zero. Conversely, if* $E = EA$ *then* $R(E_oA) = 0$ *implies that* A *is either bounded or of infinite length.*

PROOF. By (1.1.) we have $R_E(E_oA) = P_E(AE_oA)$. Cleraly $AE_oA = A$ iff A is either bounded or of infinite length. Hence $R_E(E_oA) = 0$ in case A is bounded or of infinite length.

The converse is not necessarily true in general, as may be seen from the special case $E = E_oA$ and $A = B \oplus p^\infty A$ where $B \neq 0$ is bounded and $p^\infty A \neq 0$. However, if we assume $E = EA$ for this type of group A, then $R(E_oA) = P(AE_oA) = P(A[p^k]) = p^kEA \neq 0$, where $p^k = \exp B$. This completes the proof.

2.10. PROPOSITION. *A p-group* A *has no elements of infinite height if and only if the left annihilator* $L(E_oA)$ *of* E_oA *in* EA *is zero.*

PROOF. By 1.1., $L(E_oA) = A[K(E_oA)]$. But $K(E_oA) = p^\omega A$ (see next lemma). Therefore $p^\omega A = 0$ implies $L(E_oA) = 0$. Conversely, suppose that $L(E_oA) = 0$. Then $\Lambda p^\omega A = 0$. Therefore A is not divisible, and consequently has a cyclic direct summand $\{a\}$. If $p^\omega A \neq 0$ then there exists a finite endomorphism in $\Lambda p^\omega A$ mapping a onto an arbitrary non-zero element in $p^\omega A[p]$. This contradicts $\Lambda p^\omega A = 0$. Thus, $L(E_oA) = 0$ implies $p^\omega A = 0$. Therefore the proof is complete modulo the following lemma.

2.11. LEMMA. *Let* A *be a p-group. Then the subgroup of all elements of infinite height of* A *is exactly the kernel of the ideal* E_oA *of* EA .

PROOF. Let $x \in K(E_oA)$ and choose a basic subgroup B of A . For every $n \geq 1$ there exist elements $b \in B$ and $a \in A$ such that $x = b+p^na$. Embed b into a finite direct summand F of A and pick a projection π of A onto F . Then $\pi \in E_oA$ and consequently,

$$0 = x\pi = b\pi+p^na\pi = b+p^na\pi .$$

Thus $b = -p^na\pi \in p^nA$, which proves $x \in p^nA$. Since this is true for every $n \geq 1$, we have $x \in p^\omega A$. Hence $K(E_oA) \subseteq p^\omega A$. Obviously, the opposite inclusion $p^\omega A \subseteq K(E_oA)$ is also true. Therefore $K(E_oA) = p^\omega A$.

2.12. COROLLARY. *Let* A *be a non-divisible p-group and* E *an* E_oA *containing subring of* EA . *Then* $p^\omega A = 0$ *if and only if* $L_E(E_oA) = 0$.

We will now study some further properties of the minimal potent right ideals of EA .

2.13. PROPOSITION. *Let* A *be a p-group and* $E_oA \subseteq E \subseteq EA$ *where* E *is a subring of* EA . *Let* I_1 *and* I_2 *be minimal potent right ideals in* E *of exponent* p^{k_1} *and* p^{k_2} . *If* $k_1 \leq k_2$ *then*

(a) $R_E(I_2) \subseteq R_E(I_1)$

(b) $I_2 . I_1 = I_2[p^{k_1}]$.

PROOF. (a) By 1.1., $R_E(I_i) = P_E(AI_i)$ for $i = 1,2$. But $AI_i = A[p^{k_i}]$. Since $A[p^{k_1}] \subseteq A[p^{k_2}]$, this implies $R_E(I_2) \subseteq R_E(I_1)$.

(b) By 2.6. there exist minimal idempotents π_1 and π_2 in E such that $I_1 = \pi_1E$ and $I_2 = \pi_2E$. Moreover, $A\pi_1 = \{a\} \simeq Z(p^{k_1})$ and $A\pi_2 = \{b\} \simeq Z(p^{k_2})$. Since $k_1 \leq k_2$, there exists an endomorphism β of A such that $b\beta = a$. Let $\alpha = \pi_2\beta\pi_1$. Then $\alpha \in E_oA \subseteq E$. The inclusion of $I_2 . I_1$ in $I_2(p^{k_1})$ is clear. To prove the reverse inclusion, we let γ be an element of $I_2[p^{k_1}]$. Then there must exist an element $c \in A[p^{k_1}]$ such that $b\gamma = c$. Evidently, c is also an image of a under a suitable endomorphism ϕ in I_1 . Therefore $b\alpha\phi = a\phi = c = b\gamma$ with α , $\gamma \in I_2$ and $\phi \in I_1$. Since an endomorphism in I_2 is completely determined by its effect on b , we must have $\alpha\phi = \gamma$. Hence $\gamma \in I_2 . I_1$ which completes the proof.

Let $A = B \oplus C$ be an arbitrary decomposition of A and choose any minimal potent right ideal I of EA . Then there is a minimal idempotent π generating I . Furthermore, $A\pi = \{a\}$ is a cyclic subgroup of A and $I^+ \simeq \mathrm{Hom}(A\pi,A) = \mathrm{Hom}(\{a\},A)$. But $\mathrm{Hom}(U_1,V_1 \oplus V_2) \simeq \mathrm{Hom}(U_1,V_1) \oplus \mathrm{Hom}(U_1,V_2)$ for arbitrary groups U_1,V_1 and V_2 . Hence
$I^+ \simeq \mathrm{Hom}(\{a\},B \oplus C) \simeq \mathrm{Hom}(\{a\},B) \oplus \mathrm{Hom}(\{a\},C)$. Obviously this implies

$I^+ = (I \cap \Lambda B)^+ \oplus (I \cap \Lambda C)^+$. Consequently :

2.14. LEMMA. *Let* $A = B \oplus C$ *be a p-group and* Σ *any sum of minimal potent right ideals of* EA . *Then*
$\Sigma^+ = (\Sigma \cap \Lambda B)^+ \oplus (\Sigma \cap \Lambda C)^+ = (\Lambda_\Sigma B)^+ \oplus (\Lambda_\Sigma C)^+$ *where* $\Lambda_\Sigma(B) \neq 0$ *and* $\Lambda_\Sigma(B) \neq 0$.

Next we come to a property of the finite endomorphisms which will be the most important one in our characterization theorem. First, a preliminary lemma.

2.15. LEMMA. *Let* A *be a p-group which is either bounded or of infinite length. Let* E *be a subring of* EA *such that* $E_0A \subseteq E$. *Suppose further that* L *is a left ideal of* E . *Then* AL *is a subgroup of* A .

PROOF. The hypothesis on A immediately implies : given $x,y \in A$, then there exists a decomposition $A = \{z\} \oplus B$ of A such that $O(z) \geq O(x),O(y)$. Now let $a = x\lambda_1$ and $b = y\lambda_2$ with $\lambda_1,\lambda_2 \in L$. We have to show that there exists a $\lambda_3 \in L$ and an element $c \in A$ such that $a+b = c\lambda_3$. Define the endomorphisms α and β of A by

$$z\alpha = x \qquad B\alpha = 0$$
$$z\beta = y \qquad B\beta = 0$$

Then $\alpha,\beta \in E_0A \subseteq E$ and

$$a+b = x\lambda_1+y\lambda_2 = z\alpha\lambda_1+z\beta\lambda_2 = z(\alpha\lambda_1+\beta\lambda_2) .$$

Hence $c = z$ and $\lambda_3 = \alpha\lambda_1+\beta\lambda_2$.

It is easy to see that the conclusion of 2.15 also holds when A is a direct sum of a bounded and a non-zero divisible group, provided $E = EA$.

We shall say that a left ideal L of a ring K has *a complement* in K , if there is a left ideal H in K such that K is the direct sum of L and H .

2.16. THEOREM. *Let* A *be a non-divisible p-group and* $E = E_0A$. *Then the following two properties are equivalent :*

(a) *If* H *is a left ideal of* E *and* $R_E(H)$ *is nilpotent then* H *cannot have a non-zero complement in* E .

(b) A *is reduced.*

PROOF. Assume (a) and write $A = B \oplus p^\infty A$. By 2.14, $\Lambda_E(B)$ and $\Lambda_E(p^\infty A)$ are complementary left ideals in E . Moreover,

$$R_E[\Lambda_E(B)] = P_E[A\Lambda_E(B)] = P_E(B) = 0 ,$$

since $p^\infty A \subseteq K(E_0A)$ by 2.11. [see also 2.17.] . Therefore (a) implies $\Lambda_E(p^\infty A) = 0$. Hence $p^\infty A = 0$, since $B \neq 0$ by hypothesis. Thus A is reduced.

Now assume (b). Then $AE = A$. Suppose that $E = H_1 \oplus H_2$, where H_1 and H_2 are left ideals of E . Then $A = AE = A(H_1 \oplus H_2) \subseteq AH_1+AH_2$. Hence $A = AH_1+AH_2$.

By 2.15., AH_1 and AH_2 are subgroups of A. We claim that their sum is direct. Let $x \in AH_1 \cap AH_2$. Then $x = a\eta_1 = b\eta_2$ with $\eta_1 \in H_1$ and $\eta_2 \in H_2$. We choose a decomposition $A = \{z\} \oplus G$ of A such that $O(z) \geq O(a), O(b)$. Define the finite endomorphisms α and β of A by

$$z\alpha = a \qquad G\alpha = 0$$

$$z\beta = b \qquad G\beta = 0$$

We obtain $z\alpha\eta_1 = a\eta_1 = x = b\eta_2 = z\beta\eta_2$ and $G\alpha\eta_1 = 0 = G\beta\eta_2$. Therefore $\alpha\eta_1 = \beta\eta_2 \in H_1 \cap H_2 = 0$. Thus $x = 0$. This shows that $A = AH_1 \oplus AH_2$. Now suppose that $R_E(H_1)$ is nilpotent. If the reduced group AH_2 were different from zero, then it would have non-zero cyclic direct summands ; consequently, E would contian minimal idempotents annihilating AH_1, which contradicts the nilpotency of $R_E(H_1)$. Hence $AH_2 = 0$, and therefore $H_2 = 0$ which completes the proof of 2.16.

REMARKS. (1) If A is divisible then property (a) of 2.16. holds.

(2) We could not find a nice condition for the nilpotency of the right annihilator of an arbitrary left ideal of E. Only if A is a vector space, i.e. if $pA = 0$, then the following nice property holds in any E_oA containing subring E of EA (E has no non-zero nilpotent ideals) : the right annihilator of a left ideal L of E is zero iff $E_oA \subseteq L$ (see Wolfson [10], Theorem 3.5., p. 368). We may consider 2.16. to be a generalization of Wolfson's result.

It is well-known that an abelian p-group is determined by its endomorphism ring EA. If A is bounded then A is isomorphic to $(\sigma EA)^+$, where σ is a minimal idempotent in EA of maximum order. Note that σEA is a minimal potent right ideal of EA of maximum expotent. If A is unbounded, but not a direct sum of a bounded and a divisible group, then A is isomorphic to the direct limit of the additive groups of a sequence of right ideals $\sigma_i EA$ of EA, where the σ_i are minimal idempotents in EA of increasing additive order (see, for example, Richman and Walker [9], Theorem 1, p. 77). Note again, that the right ideals $\sigma_i EA$ are minimal potent. Thus we know how to construct the reduced group if we start out with an abstract ring and wish to show that it is isomorphic to the endomorphism ring of that group.

After one further preparatory lemma we are ready to prove the main result of this section.

2.17. LEMMA. *Let* A *be an abelian p-group which is either bounded or of infinite length. Assume that* E *is a subring of* EA *such that the following condition holds :*

(1) *If* A *bounded of exponent* p^k *then* E *contians a minimal potent right ideal of* EA *of exponent* p^k.

(2) *If* A *is unbounded then* E *contains minimal potent right ideals of* EA *of arbitrary high exponent.*

Then $A\Lambda_E(S) = S$ *for every subgroup* S *of* A .

For the proof see Liebert [3], Satz 2.5.

2.18. THEOREM. *Let* E *be a ring with potent right socle* E_o . *Then there exists a reduced p-group* A *such that* E *is isomorphic to a ring of endomorphisms of* A *containing the ring* E_oA *if and only if the following conditions hold :*

(1) E_o *is a p-ring whose right annihilator* $R_E(E_o)$ *is zero.*

(2) *If* σ *and* τ *are minimal idempotents of* E *then* $\sigma E_o \tau^+$ *is cyclic.*

(3) *Let* I_1 *and* I_2 *be minimal potent right ideals of* E *of exponent* p^{k_1} *and* p^{k_2} . *If* $k_1 \leq k_2$ *then* $R_E(I_2) \subseteq R_E(I_1)$ *and* $I_2 . I_1 = I_2[p^{k_1}]$.

(4) *If* H *is a left ideal of* E_o *and* $R_{E_o}(H)$ *is nilpotent then* H *cannot have a non-zero complement in* E_o .

PROOF. Assume that E is isomorphic to a ring between E_oA and EA , where A is a reduced p-group. By 2.7., E_oA is essentially the potent right socle of E which clearly is a p-ring. Therefore (1), follows from 2.9. Furthermore, (2) and (3) hold by virtue of 2.4. and 2.13. Finally, (4) is a consequence of 2.16.

Assume now that (1) - (4) are valid. If $E_o = 0$ then $E = 0$ by (1). Let us therefore assume that $E \neq 0$ which implies $E_o \neq 0$ (i.e. the existence of minimal potent right ideals in E). The proof of this "only if" part of the theorem will be given in several steps.

(a) Construction of the group A . By 2.6., a minimal potent right ideal of a ring is always generated by a minimal idempotent. Since E_o is a p-ring, this implies that the minimal potent right ideals of E are bounded p-rings. Choose a sequence $I_1, I_2, I_3, \ldots$ of minimal potent right ideals with increasing exponents $p^{k_1} < p^{k_2} < p^{k_3} \ldots$ such that it is an infinite sequence in case E_o is an unbounded p-ring. We wish A to be the direct limit of the bounded p-groups I_1^+ . Hence we must show that there exist monomorphisms $f_n : I_n^+ \longrightarrow I_{n+1}^+$. Let $I_n = \sigma_n E$ and $I_{n+1} = \sigma_{n+1} E$, where σ_n and σ_{n+1} are minimal idempotents of E (see 2.6.). Then $O(\sigma_n) = p^{k_n}$ and $O(\sigma_{n+1}) = p^{k_{n+1}}$. Consider $\sigma_{n+1} E \sigma_n^+$. This is a cyclic p-group by (2), since $\sigma E = \sigma E_o$ for every minimal potent right ideal σE of $E (\sigma \in E_o)$. Let α_n be the generating element of $\sigma_{n+1} E \sigma_n^+$. Then $p^{k_n} \alpha_n = 0$ since $p^{k_n} \sigma_n = 0$. Suppose $p^{k_n - 1} \alpha_n = 0$. Then

$$I_{n+1} p^{k_n - 1} \sigma_n = p^{k_n - 1} \sigma_{n+1} E \sigma_n = p^{k_n - 1} \alpha_n = 0 .$$

So $p^{k_n - 1} \sigma_n \in R_E(I_{n+1}) \subseteq R_E(I_n)$ by (3), and therefore $0 = p^{k_n - 1} \sigma_n^2 = p^{k_n - 1} \sigma_n$.

This contradicts $O(\sigma_n) = p^{k_n}$. Thus $\sigma_{n+1}E\sigma_n^+ = \{\sigma_n\}$ is a cyclic p-group of order p^{k_n} . Now the map $f_n : I_n \longrightarrow I_{n+1}$ defined by $\xi \longrightarrow \alpha_n\xi$ (left multiplication in E by α_n) is clearly a homomorphism. If $\alpha_n\xi = 0$, then $0 = \sigma_{n+1}E\sigma_n\xi = \sigma_{n+1}E\xi$, and we can repeat the argument above : $I_{n+1}\xi = 0$ implies $I_n\xi = 0$ by (3) ; therefore $\alpha_n\xi = \xi = 0$. Thus f_n is a monomorphism. Finally define $A = \varinjlim_{f_n} I_n^+$. Clearly A is a p-group which is unbounded or bounded according to whether E_o is unbounded or bounded.

(b) A is a right E-module such that $A\alpha = \varinjlim_{f_n} I_n\alpha^+$ for all $\alpha \in E$. Each I_n^+ is a right E-module since I_n is a right ideal in E . Moreover, the projections $f_n : I_n \longrightarrow I_{n+1}$ are E-homomorphisms. Therefore A is a right E-module (Eilenberg and Steenrod [1], Theorem 4.6., p. 222). Obviously we may identity the groups $A\alpha$ and $\varinjlim_{f_n} I_n\alpha^+$ for each $\alpha \in E$.

(c) E is (essentially) a subring of EA . Let $\alpha \in E$ such that $A\alpha = 0$. Then $\varinjlim_{f_n} I_n\alpha^+ = 0$. Thus $I_n\alpha = 0$ for all n . In view of the first condition in (3) we must have $I\alpha = 0$ for all minimal potent right ideals I of E . Then $\alpha = 0$, by (1) . Hence A is a faithful right E-module. We may as well identity E with a subring of EA .

(d) $E_o \subseteq E_oA$. Let $I = \sigma E$ be minimal potent right ideal of E , σ being a minimal idempotent of E_o of additive order $O(\sigma) = p^e$. Then, by (2),

$$A\sigma = \varinjlim_{f_n} I_n\sigma^+ = \varinjlim_{f_n} I_n\sigma^+ = \varinjlim_{f_n} Z(p^e) = Z(p^e) \; .$$

$$\exp I_n \geq O(\sigma)$$

Therefore $\sigma \in E_oA$, whence $I = \sigma E \subseteq E_oA$ since E_oA is a two sided ideal in EA.

(e) Every minimal potent right ideal I of E is a minimal potent right ideal of EA . Let $I = \sigma E$, where σ is a minimal idempotent of order p^m in E . Then $A\sigma$ is cyclic of order p^m (see (d)). Moreover, $A = A\sigma \oplus K(\sigma)$, since $\sigma^2 = \sigma$. All we have to show is, that I is exactly the set of all endomorphisms of A which annihilate $K(\sigma)$, or, equivalently, that $AI = A[p^m]$. Now (2) implies

$$I_n.I = \{i_n.i \mid i_n \in I, i \in I\}$$

Hence we see from the second condition under (3), after obvious identifications, that

$$AI = \varinjlim I_n.I^+ = \varinjlim I_n.I^+ = \varinjlim I_n[p^m] = A[p^m] \; .$$

$$\exp I_n \geq p^m$$

(f) $E_oA \subseteq E$ (i.e. $E_oA = E_o$) . By 2.7., E_oA is the sum of all minimal potent right ideals of EA . Hence we have to show that E contains all minimal potent right ideals of EA . If $I = \sigma EA$ is any minimal potent right ideal then there is a decomposition $A = \{a\} \oplus B$ of A such that $I = P(B)$: simply

$\{a\} = A\sigma$ and $B = K(\sigma)$. Conversely, each such decomposition of A determines a minimal potent right ideal of EA. Hence to prove $E_oA \subseteq E$ we must show that to each decomposition $A = \{a\} \oplus B$, the annihilator PB of B is contained in E. Because of (e), it follows from 2.14. that $E_o = \Lambda_{E_o}\{a\} \oplus \Lambda_{E_o}(B)$ and $\Lambda_{E_o}\{a\} \neq 0 \neq \Lambda_{e_o}(B)$. Therefore $\Lambda_{E_o}\{a\}$ and $\Lambda_{E_o}(B)$ are complementary left ideals of E_o. Hence by (4), $R_E[\Lambda_E(B)]$ is not nilpotent. By virtue of 2.17. we have $A\Lambda_{E_o}(B) = B$. This implies $R_{E_o}[\Lambda_{E_o}(B)] = P_{E_o}[A\Lambda_{E_o}(B)] = P_E(B)$ by 1.1. Consequently there exists a $\beta \in P_{E_o}(B)$ such that $a\beta = a+b$ for some $b \in B$. Clearly $\beta^2 = \beta$, and moreover, β is minimal since $A\beta = \{a+b\}$ is cyclic. Then 2.5. tells us that βE is a minimal potent right ideal of E. As such it is, by (e), a minimal potent right ideal of EA. This implies $\beta E = PB = \{\alpha \in EA | B\alpha = 0\}$, which is exactly what we had to show. We can also put it that way : $P_E(B) = P(B)$.

(g) A is reduced. This is a consequence of (4) and 2.16., since A is not divisible if $A \neq 0$.

This completes the proof of 2.18.

We are now able to characterize E_oA itself, combining 2.7. and 2.18.

2.19. COROLLARY. *Let* E *be an arbitrary ring. Then there exists a reduced p-group* A *such that* E *is isomorphic to the ring* E_oA *of all finite endomorphisms of* A *if and only if the following five conditions hold.*

(1) E *is its own potent right socle.*

(2) E *is a p-ring whose right annihiloter is zero.*

(3) *If* σ *and* τ *are minimal idempotents of* E *then* $\sigma E\tau^+$ *is cyclic.*

(4) *Let* I_1 *and* I_2 *be minimal potent right ideals of* E *of exponent* p^{k_1} *and* p^{k_2}. *If* $k_1 \leq k_2$ *then* $R_E(I_2) \in R_E(I_1)$ *and* $I_2 \cdot I_1 = I_2[p^{k_1}]$.

(5) *If a left ideal* H *of* E *has nilpotent right annihilater then* H *cannot have a non-zero complement in* E.

Finally we observe from 2.12. that we obtain from 2.18. and 2.19. the corresponding characterization theorems for p-groups without elements of infinite height by requiring in addition that the left annihilator of E_o is zero.

3. THE FINITE TOPOLOGY

In this section we will obtain a characterization of EA for p-groups A without elements of infinite height. In view of the results of the preceding section we only have to solve the following problem : let A be a p-group without elements of infinite height and E a subring of EA containing E_oA ; find a property of E which is characteristic for the particular case $E = EA$. The solution will be as easy as simple, it is, however, a topological one : completeness of E in its *finite topology*. Unfortunately this method does not work for arbitrary p-groups. In this general case there are rings properly between

E_oA and EA which are complete in their finite topology, for example the ring $P(p^\omega A) = \{\alpha \in EA | (p^\omega A)\alpha = 0\}$. The best possible result using this topological method will be a characterization of the torsion subring of EA for reduced p-groups A : it is the torsion completion of E_oA. Many arguments in the case $p^\omega A = 0$ are essentially the same as in Pierce [8], except that Pierce completed the torsion subring $T(EA)$ of EA, whereas we complete E_oA.

3.1. DEFINITION. *Let* A *ba an arbitrary group and* E *any subring of* EA. *Then the family* $P_E(F) = \{\alpha \in E | F\alpha = 0\}$, *where* F *runs over all finite subsets of* A, *constitutes a neighborhood basis at* 0 *for a topology on* E *which we call the finite topology.*

Clearly, the finite topology is Hausdorff. The simple fact $P_E(F) = E \cap P(F)$ shows that the finite topology on a subring E of EA is the same as the relative topology induced by the finite topology of EA.

For the purpose we have in mind we have to find an abstract definition of the finite topology. If A is a p-group with $p^\omega A = 0$ then each finite subset of A can be embedded in a finite direct summand. Therefore in that case, and only in that case, the finite topology on the rings between E_oA and EA can be defined by taking the right annihilators $R_E(\pi)$ of the finite idempotents π of E. (See Pierce [8]).

For a bigger class of p-groups, which contains in particular the reduced ones, the following abstract definition of the finite topology is possible.

3.2. PROPOSITION. *Let* A *be a p-group and* $E_oA \subseteq E \subseteq EA$ *where* E *is a subring of* EA. *Define a topology on* E *by taking the right annihilators of the finite subsets of* E_oA *as a neighborhood basis at* 0. *If* A *is either bounded or of infinite length, then this topology on* E *coincides with the finite topology. If* $E = EA$ *and* A *is unbounded and of finite length, then this topology on* E *does not coincide with the finite topology.*

PROOF. (a) Assume that A is either bounded or of infinite length. Let Φ be a finite subset of E_oA. Then $A\Phi$ is finite and $R_E(\Phi) = P_E(A\Phi)$ by 1.1. Conversely, let S be a finite subset of A, say $\exp S = p^k$ for some $k \geq 0$. Then A contains a cyclic summand $\{z\}$ such that $o(z) \geq p^k$. Assume $A = \{z\} \oplus B$. Then each $s \in S$ is the endomorphic image of z produced by the finite endomorphism α_s defined by $B\alpha_s = 0$ and $z\alpha_s = s$. Let $\Gamma = \{\alpha_s | s \in S\}$. Then Γ is a finite subset of E_oA such that $A\Gamma = S$. Hence $R_E(\Gamma) = P_E(A\Gamma) = P_E(S)$.

(b) Let $A = B \oplus p^\infty A$ where B is bounded of exponent p^k and $p^\infty A \neq 0$. Then A contians a subgroup (isomorphic to) $Z(p^{k+1})$. Assume that there is a finite subset Φ of E_oA such that $P[Z(p^{k+1})] = R(\Phi)$. Then

$$R(\Phi) = P(A\Phi) \subseteq P(AE_oA) = P(A[p^k]) .$$

Hence, $p^k \in R(\Phi)$. But $p^k \notin P[Z(p^{k+1})]$. This contradiction shows that there is no (finite) subset Φ of E_oA such that $P[Z(p^{k+1})] = R(\Phi)$. Therefore the two topologies don't coincide. This completes the proof.

In the following we will use the notation $\{\xi_i | i \in D\}$, where D is a directed set, to denote a (Cauchy) net in E . Such a net is called *bounded*, if there is some natural number k such that $k\xi_i = 0$ for all i . A subring E of EA will be called *torsion complete* if E is a torsion ring and if every bounded Cauchy net has a limit in E . The following lemmata are merely generalizations of results of Pierce in [8] .

3.3. LEMMA. *Let* A *be an arbitrary abelian group. Then* EA *is complete and* $T(EA)$ *, the torsion subring of* EA *, is torsion complete in their finite topologies. Moreover, every subring of* EA *, which is of the form* PS *for some subset* S *of* A *, is complete in its finite topology.*

PROOF. We have to show that all Cauchy nets in EA and all bounded Cauchy nets in $T(EA)$ converge. Let $\{\xi_i | i \in D\}$ be a Cauchy net in EA . If a is an arbitrary element in A , then there exists a $j \in D$ such that $a(\xi_i - \xi_{i'}) = 0$ for all i and i' in D which satisfy $i, i' \geq j$. So $a\xi_i = a\xi_{i'}$ for all $i, i' \geq j$. Define $a\xi = a\xi_j$. It is easy to check that ξ is a well defined endomorphism of A such that $\lim_{i \in D} \xi_i = \xi$. Therefore EA is complete in its finite topology.

Now the torsion completeness of $T(EA)$ follows from the two facts that bounded nets can only converge to bounded elements and that the finite topology on $T(EA)$ is the relative topology induced by the finite topology on EA .

Finally, let $E = P(S)$ for some subset S of A . Let $\{\xi_i | i \in D\}$ be a Cauchy net in $P(S)$. Then $\{\xi_i | i \in D\}$ is also a Cauchy net in the finite topology of EA . Since EA is complete, there exists an element $\xi \in EA$ such that $\xi = \lim_{i \in D} \xi_i$. Let F be a finite subset of S . Then there is a $j \in D$ such that $\xi - \xi_j \in P(F)$. Thus $0 = F(\xi - \xi_j) = F\xi$ since $S\xi_j = 0$. Hence $F\xi = 0$ for every finite subset F of S . Consequently $S\xi = 0$, so that $\xi \in P(S)$.

3.4. LEMMA. *Let* A *be a p-group. Then* E_oA *is dense in* $T(EA)$ *in the finite topology. Furthermore,* E_oA *is dense in* EA *in the finite topology if and only if* $p^\omega A = 0$.

PROOF. Let F be a finite subset of A and $\alpha \in T(EA)$, say $o(\alpha) = p^m$. Then there is a finite summand H of A such that $F \subseteq H + p^mA$. If σ is a projection of A onto H then $(H+p^mA)(\sigma\alpha - \alpha) = H(\sigma\alpha-\alpha) + p^mA(\sigma\alpha - \alpha) = 0$. Thus $\sigma\alpha - \alpha \in P(S)$ and $\sigma\alpha = \alpha + (\sigma\alpha - \alpha) \in E_oA$. And this means density of E_oA in $T(EA)$

Now assume $p^{\omega}A = 0$. Let $\alpha \in EA$ and let S be a finite subset of A . We have to show that $E_oA \cap (\alpha+P(S))$ is not empty. Embed S into a finite summand of A and let π be a projection of A onto this finite summand. Then $1-\pi \in P(S)$ and therefore $(1-\pi)\alpha \in P(S)$ since $P(S)$ is a right ideal in EA . But $\pi\alpha = \alpha-(1-\pi)\alpha \in E_oA$.

Conversely, assume that E_oA is dense in EA . Let $x \in p^{\omega}A$. Then there exists a β in $E_oA \cap (1+P(x))$, so that $\beta = 1+\gamma \in E_oA$ with $\gamma \in P(x)$. By 2.11. $p^{\omega}A = K(E_oA)$. Therefore $x\beta = 0$. On the other hand, $x\beta = x(1+\gamma) = x+x\gamma = x$ since $\gamma \in P(x)$. Consequently $x = 0$.

3.5. LEMMA. *Let* A *be a p-group without elements of infinite height. Suppose that* $E_oA \subseteq E \subseteq EA$ *where* E *is a subring of* EA . *If* E *is complete in its finite topology then* $E = EA$.

The proof follows from 3.3. and 3.4. Likewise we obtain :

3.6. LEMMA. *Let* A *be a p-group and* $E_oA \subseteq E \subseteq T(EA)$ *where* E *is a subring of* $T(EA)$. *Suppose that* E *is torsion complete in its finite topology. Then* $E = T(EA)$.

The following definition of the finite topology on arbitrary rings is suggested by 3.2.

3.7. DEFINITION. *Let* K *be a ring with potent right socle* K_o . *Let* $\Phi(K_o)$ *be the family of all finite subsets of* K_o . *For each* $S \in \Phi(K_o)$, *define* $R(S) = \{\alpha \in K | S\alpha = 0\}$. *The family* $\{R(S) | S \in \Phi(K_o)\}$ *constitutes a neighborhood basis at* 0 *for a topology on* K *which we will call the finite topology.*

We are now ready to characterize (a) the ring $T(EA)$ if A is reduced and (b) the ring EA if $p^{\omega}A = 0$.

3.8. THEOREM. *Let* E *be a ring with potent right socle* E_o . *Then there exists a reduced p-group* A *such that* E *is isomorphic to the torsion subring of* EA *if and only if the following conditions hold :*

(1) E *is a p-ring.*

(2) $R(E_o) = 0$

(3) *If* σ *and* τ *are minimal idempotents of* E *then* $\sigma E\tau^+$ *is cyclic.*

(4) *Let* I_1 *and* I_2 *be minimal potent right ideals of* E *of exponent* p^{k_1} *and* p^{k_2} . *If* $k_1 \leq k_2$ *then* $R(I_2) \subseteq R(I_1)$ *and* $I_2 . I_1 = I_2[p^{k_1}]$.

(5) *If* H *is a left ideal of* E_o *whose right annihilator in* E_o *is nilpotent then* H *cannot have a non-zero complement in* E_o .

(6) E *is torsion complete in its finite topology.*

PROOF. Assume that $E \simeq T(EA)$ where A is a reduced p-group. Then (2) - (5) follow from 2.18. and (6) is a consequence of 3.3. Clearly, $T(EA)$ is a p-ring.

Conversely, assume that E is a ring satisfying (1) - (6). By 2.18. there is a reduced p-group A such that E is (isomorphic to) a subring Σ of EA which contains E_0A. Now (1) implies $\Sigma \subseteq T(EA)$. Therefore we conclude $\Sigma = T(EA)$ from 3.6., since Σ is torsion complete in its finite topology.

Applying 2.12., we obtain

3.9. COROLLARY. *Let* E *be a ring with potent right socle* E_0. *Then there exists a p-group* A *without elements of infinite height such that* E *is isomorphic to the torsion subring of* EA *if and only if* $L(E_0) = 0$ *and* E *satisfies* (1) - (6) *of* 3.8.

3.10. THEOREM. *Let* E *be a ring with potent right socle* E_0. *Then there exists a p-group* A *without elements of infinite height such that* E *is isomorphic to the ring* EA *of all endomorphisms of* A *if and only if the following conditions hold :*

(1) E_0 *is a p-ring whose left and right annihilator in* E *are zero.*

(2) *If* σ *and* τ *are minimal idempotents of* E *then* $(\sigma E\tau)^+$ *is cyclic.*

(3) *Let* I_1 *and* I_2 *be minimal potent right ideals of* E *of exponent* p^{k_1} *and* p^{k_2}. *If* $k_1 \leq k_2$ *then* $R(I_2) \subseteq R(I_1)$ *and* $I_2 \cdot I_1 = I_2[p^{k_1}]$.

(4) *If* H *is a left ideal of* E_0 *and* $R_{E_0}(H)$ *is nilpotent then* H *cannot have a non-zero complement in* E_0.

(5) E *is complete in its finite topology.*

The proof follows from 2.12., 2.18., 3.2., 3.3. and 3.5.

4. THE P-FINITE TOPOLOGY

In the preceding section we have characterized the endomorphism rings of p-groups without elements of infinite height. Now we turn our attention to the endomorphism rings of torsion complete p-groups. For this purpose we introduce an appropriate topology on rings of endomorphisms.

Let A be a p-group and E a subring of EA. If F,G are subsets of A, then define $\Lambda_E(F,G) = \{\alpha \in E | F\alpha \subseteq G\}$. If G is a fully invariant subgroup of A then $\Lambda_E(F,G)$ is a right ideal of E.

4.1. DEFINITION. *Let* $\Phi(A)$ *be the family of all finite subsets of the p-group* A. *Then the family* $\{\Lambda_E(F,p^iA) | F \in \Phi(A), i = 0,1,2,...\}$ *constitutes a neighborhood basis at* 0 *for a topology on* E *which we will call the p-finite topology.*

The p-finite topology on E is the relative topology induced by the p-finite topology on EA. It is Hausdorff iff $p^\omega A = 0$. Moreover, endowing A with its p-adic topology, we see that the p-finite topology is that of pointwise convergence on A. Therefore a net $\{\xi_i | i \in D\}$ in EA converges to ξ iff $\{x\xi_i | i \in D\}$

converges to $x\xi$ for each x in A.

4.2. LEMMA. *Let* A *be a p-group without elements of infinite height. Then the following three properties are equivalent :*

(a) EA *is complete in its p-finite topology.*

(b) $T(EA)$ *is torsion complete in its p-finite topology.*

(c) A *is torsion complete in its p-adic topology.*

PROOF. Clearly, (a) implies (b).

(b) implies (c). Let $\{a_i\}$ be a bounded Cauchy sequence in A and p^k the least upper bound for $o(a_i)$.

Write $A = \{a\} \oplus B$ with $o(a) \geq p^k$. Define endomorphisms α_i by

$$a\alpha_i = a_i \qquad B\alpha_i = 0 .$$

Then $\{\alpha_i\}$ is a bounded Cauchy sequence in the p-finite topology of $T(EA)$. Let $\alpha = \lim_{i\to\infty} \alpha_i$. Sequential convergence in EA is equivalent to pointwise convergence. Therefore $\lim_{i\to\infty} a_i = \lim_{i\to\infty} (a\alpha_i) = a$. Consequently, A is torsion complete in its p-adic topology.

(c) implies (a). Let $\{\xi_i | i \in D\}$ be a Cauchy net in EA and choose $a \in A$. Then $\{a\xi_i | i \in D\}$ is a bounded Cauchy net in the p-adic topology of A. Let $x_a = \lim_{i\in D} (a\xi_i)$. Define $a\xi = x_a \in A$. It is easy to verify that ξ is a well defined endomorphism of A. Hence $\{\xi_i | i \in D\}$ converges pointwise to ξ. Therefore EA is complete in its p-finite topology.

4.3. LEMMA. *Let* A *be a p-group without elements of infinite height. Then* E_oA *is dense in* $T(EA)$ *and* EA *in their p-finite topology.*

PROOF. Let S be a finite subset of A. Then $\bigcap_{i=0}^{\infty} \Lambda(S,p^iA) = \Lambda(S,p^\omega A) = P(S)$. Therefore 4.3. follows from 3.4.

Combining 4.2. and 4.3. we get

4.4. LEMMA. *Let* A *be a p-group without elements of infinite height.*

(a) *Let* $E_oA \subseteq E \subseteq EA$ *where* E *is a subring of* EA. *Suppose that* E *is complete in its p-finite topology. Then* $E = EA$, *and* A *is torsion complete in its p-adic topology.*

(b) *Let* $E_oA \subseteq E \subseteq T(EA)$ *where* E *is a subring of* $T(EA)$. *Suppose that* E *is torsion complete in its p-finite topology. Then* $E = T(EA)$, *and* A *is torsion complete in its p-adic topology.*

Let us now show how the p-finite topology can be defined on EA without referring to the underlying group A.

We need a preliminary lemma.

4.5. LEMMA. *Let* A *be a p-group and* $E_oA \subseteq E \subseteq EA$ *where* E *is a subring of* EA. *Then* $\Lambda_E(p^iA) = L_E(E[p^i])$ *for each* i.

PROOF. By 1.1., $L_E(E[p^i]) = \Lambda_E[K(E[p^i])]$. All we have to show is $K(E[p^i]) = p^iA$. Clearly $p^iA \subseteq K(E[p^i])$. In order to prove $K(E[p^i]) \subseteq p^iA$ we choose $x \in K(E[p^i])$. Assume $x \notin p^iA$ and let B be a basic subgroup of A . From $A/p^iA \cong B/p^iB$ it follows that $B[p]$ contains an element $y \neq 0$ such that $h(y) \geq h_{A/p^iA}(x)$. Embed y into a finite summand F of A and x into a finite summand of A/p^iA . Then there exists $\alpha^* \in \mathrm{Hom}(S,F)$ such that $x\alpha^* = y$. Evidently, α^* can be extended to $\alpha \in \mathrm{Hom}(A/p^iA,F)$. Let β be the canonical epimorphism from A onto A/p^iA . Then $\phi = \beta\alpha \in \mathrm{Hom}(A,F) \subseteq E_oA \subseteq E$ and $x\phi = y \neq 0$. But $p^iA\phi = p^iA\beta\alpha = 0$. Hence $p^i\phi = 0$. Therefore $\phi \in E[p^i]$. This, however, contradicts the choise of x as an element of $K(E[p^i])$. Thus $x \in p^iA$, and the proof is complete.

4.6. PROPOSITION. *Let* A *be a p-group and* $E_oA \subseteq E \subseteq EA$ *where* E *is a subring of* EA . *Let* $\Phi(E_oA)$ *be the family of all finite subsets of* E_oA . *For each* $\Gamma \in \Phi(E_oA)$ *and each integer* $i \geq 0$ *define* $N(\Gamma,i) = \{\alpha \in E \mid \Gamma\alpha \subseteq L_E(E[p^i])\}$. *The family* $\{N(\Gamma,i) \mid \Gamma \in \Phi(E_oA), i \geq 0\}$ *constitutes a neighborhood basis at* 0 *for a topology on* E *which coincides with the p-finite topology on* E .

PROOF. Let $\Phi(A)$ denote the family of all finite subsets of A . We have to show that $\{N(\Gamma,i) \mid \Gamma \in \Phi(E_oA), i \geq 0\} = \{\Lambda_E(F,p^iA) \mid F \in \Phi(A), i \geq 0\}$. Let $\Gamma \in \Phi(E_oA)$. Then $A\Gamma \in \Phi(A)$. Now, making use of 4.5., we see that $N(\Gamma,i) = \Lambda_E(A\Gamma,p^iA)$ follows from the equivalence of the following statements : $\alpha \in N(\Gamma,i), \Gamma\alpha \subseteq L_E(E[p^i]), \Gamma\alpha \subseteq \Lambda_E(p^iA), \alpha \in \Lambda_E(A\Gamma,p^iA)$. Therefore each $N(\Gamma,i)$ is a $\Lambda_E(F,p^iA)$. To prove the converse, let $F \in \Phi(A)$ and write $A = B \oplus p^\infty A$. Then each $f \in F$ has a representation $f = b_f + d_f$ with $b_f \in B$ and $d_f \in p^\infty A$. Let $B_F = \{b_f \mid f \in F\}$. Then $B_f \in \Phi(A)$, and there is a $T \in \Phi(E_oA)$ such that $AT = B_f$. Since $d_f \in p^\infty A$, we have $\Lambda_E(B_f,p^iA) = \Lambda_E(F,p^iA)$. Therefore the argument above shows that $N(T,i) = \Lambda_E(AT,p^iA) = \Lambda_E(B_f,p^iA) = \Lambda_E(F,p^iA)$, which completes the proof.

The previous theorem suggests the following definition.

4.7. DEFINITION. *Let* K *be a ring with potent right socle* K_o *and* $\Phi(K_o)$ *the family of all finite subsets of* K_o . *For each* $\Gamma \in \Phi(K_o)$ *and each integer* $i \geq 0$, *define* $N(\Gamma,i) = \{\alpha \in K \mid \Gamma\alpha \subseteq L(K[p^i])\}$. *The family* $\{N(\Gamma,i) \mid \Gamma \in \Phi(K_o), i \geq 0\}$ *constitutes a neighborhood basis at* 0 *for a topology on* K *which we call the p-finite topology.*

We are now in a position to characterize the endomorphism rings of the torsion complete p-groups.

4.8. THEOREM. *Let* E *be a ring with potent right socle* E_o . *Then there exists a torsion complete p-group* A *such that* E *is isomorphic to the ring* EA *of all endomorphisms of* A *if and only if the following conditions hold :*

(1) E_o *is a p-ring whose left and right annihilator in* E *are zero.*

(2) *If* σ *and* τ *are minimal idempotents in* E *then* $\sigma E\tau^+$ *is cyclic.*

(3) *Let* I_1 *and* I_2 *be minimal potent right ideals in* E *of exponent* p^{k_1} *and* p^{k_2} . *If* $k_1 \leq k_2$ *then* $R(I_2) \subseteq R(I_1)$ *and* $I_2 . I_1 = I_2[p^{k_1}]$.

(4) *If* H *is a left ideal of* E_o *and* $R_{E_o}(H)$ *is nilpotent then* H *cannot have a non-zero complement in* E_o .

(5) E *is complete in its p-finite topology.*

4.9. THEOREM. *Let* E *be a ring with potent right socle* E_o . *Then there exists a torsion complete p-group such that* E *is isomorphic to the torsion subring of* EA *if and only if the following conditions hold :*

(1) E *is a p-ring.*

(2) *Left and right annihilator of* E_o *in* E *are zero.*

(3) *If* σ *and* τ *are minimal idempotents in* E *then* $\sigma E\tau^+$ *is cyclic.*

(4) *Let* I_1 *and* I_2 *be minimal potent right ideals in* E *of exponent* p^{k_1} *and* p^{k_2} . *If* $k_1 \leq k_2$ *then* $R(I_2) \subseteq R(I_1)$ *and* $I_2 . I_1 = I_2[p^{k_1}]$.

(5) *If* H *is a left ideal of* E_o *and* $R_{E_o}(H)$ *is nilpotent then* H *cannot have a non-zero complement in* E_o .

(6) E *is torsion complete in its p-finite topology.*

The proofs of 4.8. and 4.9. follow immediatly from 2.12., 2.18., 4.2., 4.4. and 4.6.

REFERENCES

[1] EILENBERG S. - STEENROD N., Foundations of Algebraic Topology, Princeton University Press, (1952).

[2] LIEBERT W., Charakterisierung der Endomorphismenringe endlicher Abelscher Gruppen, Archiv der Mathematik 18, (1967), p. 128-135.

[3] LIEBERT W., Charakterisierung der Endomorphismenringe beschränkter Abelscher Gruppen, Mathematische Annalen. 174, p. 217-232, (1967).

[4] LIEBERT W., Die minimalen Ideale der Endomorphismenringe Abelscher p-Gruppen, Mathematische Zeitschrift 97, (1967), p. 85-104.

[5] MEGIBBEN Ch., Large subgroups and small homomorphisms, Michigan Mathematical Journal 13, (1966), p. 153-160.

[6] MICHLER G., Radikale und Sockel, Mathematische Annalen 167, (1966), p. 1-48.

[7] PIERCE R.S., Homomorphisms of primary Abelian groups, Topics in Abelian groups, p. 215-310. Chicago : Scott, Foresman and Co., (1963).

[8] PIERCE R.S., Endomoprhism rings of primary Abelian groups. Proceedings of the Colloquium on Abelian groups in Tihany (Hungary), p. 125-137. Budapest (1964).

[9] RICHMAN F. - WALKER E.A., Primary Abelian groups as modules over their endomorphism rings, Mathematische Zeitschrift 89, p. 77-81, (1965).

[10] WOLFSON K.G., An ideal-theoretic characterization of the ring of all linear transformations. American Journal of Mathematics 75, (1953), p. 357-386.

New Mexico State University
Las Cruces, New Mexico (U.S.A.)

Le Secrétariat du Département de Mathématiques de la Faculté des Sciences de Montpellier, et en particulier Madame Julier qui a assuré intégralement la frappe des épreuves de tous les articles.

Enfin la Maison Dunod qui en acceptant de publier les actes du colloque, lui assure une remarquable présentation et une large diffusion.

B. CHARLES

EXTENSIONS OF ABELIAN GROUPS

by Adolf MADER

INTRODUCTION. The object of extension theory is to give a survey of the possible abstractly different extensions of a group T by a group K. Our solution consists in exhibiting a representative family of extensions of T by K supplemented by a criterion for the isomorphy of groups of this family. We consider arbitrary reduced groups T and arbitrary groups K. The solution is complete in the central case when T is a reduced torsion group and K is torsion-free. For such T and K the results are the following.

Let T^* be the n-adic or the co-torsion completion of T. Let $\phi : T^* \longrightarrow T^*/T$ be the natural homomorphism. Then the following hold.

(1) $\mathrm{Ext}(K,T) \cong \mathrm{Hom}(K,T^*/T)/\mathrm{Hom}(K,T^*)\phi$.

(2) Every extension M of T by K is isomorphic with a subgroup of $E = T^* \oplus K$ of the form $M = T+K(1+\xi r)$ where $\xi \in \mathrm{Hom}(K,T^*/T)$ and $r : T^*/T \longrightarrow T^*$ is a function choosing a representative for every coset in T^*/T .

(3) The subgroups $M = T+K(1+\xi r)$ of E are characterized by the property that $M \cap T^* = T$ and $M+T^* = E$.

(4) $M = T+K(1+\xi r)$ and $M' = T+K(1+\xi' r)$ are isomorphic iff there exists $\beta \in \mathrm{Aut}\, K$ and $\delta \in \mathrm{Aut}\, T$ such that $\beta\xi' \equiv \xi\delta^*$ $(\mathrm{mod}\ \mathrm{Hom}(K,T^*)\phi)$ where $\delta \in \mathrm{Aut}\, T$ is identified with its unique extension $\delta \in \mathrm{Aut}\, T^*$ and $\delta^* \in \mathrm{Aut}(T^*/T)$ is given by $\phi\delta^* = \delta\phi$.

For arbitrary reduced T and K any abelian group, the above results only hold with certain restrictions. For details see the text. Some special cases and applications are included as illustrations.

1. PRELIMINARIES. This paper deals with abelian extensions of abelian groups. We shall usually write "group" instead of "abelian group". A group M will be called an *extension of* T *by* K if $T \leq M$ and $M/T \cong K$; the group M will be called a *p-pure (pure) extension of* T *by* K if M is an extension of T by K and T is p-pure (pure) in M . We shall consider $\mathrm{Ext}(K,T)$ as the set of equivalence classes of short exact sequences of the form $0 \longrightarrow T \longrightarrow M \longrightarrow K \longrightarrow 0$ with the addition as defined by R. Baer [1] . See also [3], pages 289-293. Every extension of T by K is isomorphic to the group M of an arbitrary representative $0 \longrightarrow T \longrightarrow M \longrightarrow K \longrightarrow 0$ of some element of $\mathrm{Ext}(K,T)$. Similar statement are true for p-pure (pure) extensions of T by K and

$p^{\omega}Ext(K,T)$ (resp. $Pext(K,T) = [Ext(K,T)]^1$) . See [6], page 72, and [5], page 368. Throughout the paper we assume that T *is reduced* without explicitely repeating this hypothesis. We proceed by imbedding T in a group T^* as follows.

1.1. CHOICE OF THE GROUPS T^*.

(1) If $p^{\omega}T = 0$, let T^* be the p-adic completion of T .

(2) If $T^1 = 0$, let T^* be the n-adic completion of T .

(3) If T is reduced, let T^* be the cotorsion-completion of T , i.e. let $T^* = Ext(Q/Z,T)$. (See [5]).

It should be noted that the topological completions have a very concrete and simple description, but even in the case (3) the information on T^* is extensive. We shall need the following properties of the groups T^*.

1.2. PROPERTIES OF T^* .

(1) For any of the choices of T^*, T^*/T is divisible.

(2) For any of the choices of T^*, every $\delta \in End\ T$ has a unique extension $\delta \in End\ T^*$.

(3) For any of the choices of T^*, T^* is cotorsion, i.e. T^* is reduced and $Ext(K,T^*) = 0$ for torsion-free K .

(4) In case 1.1. (1) and (2), $Pext(K,T^*) = 0$ for arbitrary K .

(5) In case 1.1. (1), $p^{\omega}Ext(K,T^*) = 0$ for arbitrary K .

These are well-known facts of either topological or homological nature. The topological facts are scattered in the literature. Main references are [5] and [7] . Property (2) for the cotorsion-completion T^* follows easily by standard homological techniques from the torsion-freeness of T^*/T .

2. GROUPS OF EXTENSIONS. For any reduced group T there is an exact sequence

2.1. $$0 \longrightarrow T \longrightarrow T^* \longrightarrow T^*/T \longrightarrow 0$$

where T^* is one of the choices of 1.1. By [5], page 369, and by [6], page 72, 2.1. implies the following exact sequences.

2.2. THE BASIC EXACT SEQUENCES.

(1) For any choice of T^*, and for torsion-free K , $0 \longrightarrow Hom(K,T) \longrightarrow Hom(K,T^*) \longrightarrow Hom(K,T^*/T) \longrightarrow Ext(K,T) \longrightarrow 0$ is exact.

(2) In case 1.1. (1) and (2) and for arbitrary K , $0 \longrightarrow Hom(K,T) \longrightarrow Hom(K,T^*) \longrightarrow Hom(K,T^*/T) \longrightarrow Pext(K,T) \longrightarrow 0$ is exact.

(3) In case 1.1. (1) and for arbitrary K , $0 \longrightarrow Hom(K,T) \longrightarrow Hom(K,T^*)$ $Hom(K,T^*/T) \longrightarrow p^{\omega}Ext(K,T) \longrightarrow 0$ is exact.

The following case is worth mentioning.

2.3. PROPOSITION. *If the natural map* $\mathrm{Hom}(K,T) \longrightarrow \mathrm{Hom}(K,T^*)$ *is onto then we have* $\mathrm{Ext}(K,T) \cong \mathrm{Hom}(K,T^*/T)$; $\mathrm{Pext}(K,T) \cong \mathrm{Hom}(K,T^*/T)$ *and* $p^\omega\mathrm{Ext}(K,T) \cong \mathrm{Hom}(K,T^*/T)$ *respectively in the cases* 2.2. (1), (2) *and* (3).

The hypothesis of 2.3. is satisfied if K is divisible, and also in the following situation.

2.4. EXAMPLE. Let $p_1,p_2,\dots$ be the sequence of primes in increasing order. Let $T = \oplus\{T_i : i = 1,2,\dots\}$ where each T_i is a bounded p_i-group. Then T is Hausdorff in the n-adic topology and the n-adic completion of T is $T^* = \oplus^*\{T_i : i = 1,2,\dots\}$. Let n_i be the exponent of T_i for $i = 1,2,\dots$. For every $g \in T^*$, either $H_{p_i}(g) = \infty$ or else $0 \leq H_{p_i}(g) < n_i$, and $H_{p_i}(g) = \infty$ iff the T_i-component of g equals zero. Assume that K is a torsion-free group such that, for all $k \in K$, the type $T(k)$ satisfies the inequality $T(k) \geq (n_1,n_2,\dots)$. Let $\xi \in \mathrm{Hom}(K,T^*)$. Then $T(g\xi) \geq T(g) \geq (n_1,n_2,\dots)$. Thus $H_{p_i}(g\xi) = \infty$ for almost all i , i.e. $g\xi \in T$. Thus 2.3. applies and $\mathrm{Ext}(K,T) \cong \mathrm{Hom}(K,T^*/T)$.

3. A REPRESENTATIVE FAMILY OF EXTENSIONS OF T BY K . We state our theorems for case 2.2. (1) with cases 2.2. (2) and (3) in parenthesis. Let $\phi : T^* \longrightarrow T^*/T$ be the natural homomorphism. We use the well-known fact that the element of $\mathrm{Ext}(K,T)(\mathrm{Pext}(K,T),p^\omega\mathrm{Ext}(K,T))$ which is the image of $\xi \in \mathrm{Hom}(K,T^*/T)$ is represented by the short exact sequence $0 \longrightarrow T \longrightarrow M \longrightarrow K \longrightarrow 0$ where

3.1. $$M = \{t+k : t \in T^*, k \in K, t\phi = k\xi\} \leq T^* \oplus K .$$

For the remainder of this paper put $E = T^* \oplus K$ and let $\phi : E \longrightarrow E/T$ be the natural homomorphism. Note that ϕ is just the natural extension of the above $\phi : T^* \longrightarrow T^*/T$ to all of E . The following is our first major result.

3.2. THEOREM. *Every (pure, p-pure) extension of* T *by* K *is isomorphic with a subgroup of* $E = T^* \oplus K$ *of the form* $M = T+K(1+\xi r)$ *where* $\xi \in \mathrm{Hom}(K,T^*/T)$ *and* $r : T^*/T \longrightarrow T^*$ *is a function choosing a representative for every coset in* T^*/T .

PROOF. Since $r\phi = 1$, it follows from 3.1. that $t+k \in M$ iff $t\phi = k\xi r\phi$, and this implies that $t = t'+k\xi r$ for some $t' \in T$, so that $t+k = t'+k+k\xi r = t'+k(1+\xi r)$. Conversely, if $k \in K$ and $t = t'+k\xi r$, $t' \in T$, then $k\xi = t\phi$. Thus $M = \{t'+k(1+\xi r) : t' \in T, k \in K\} = T+K(1+\xi r)$.

The following lemma will be used several times.

3.3. LEMMA. *Let* $M = T+K(1+\xi r)$. *Then*

a) $M\phi = K(\phi+\xi)$.

b) $M \cap T^* = T$ *and* $M+T^* = E$.

c) $E\phi = T^*\phi \oplus M\phi$.

d) $K(\phi+\xi) = K(\phi+\xi'), \xi, \xi' \in \mathrm{Hom}(K, T^*/T)$, *implies* $\xi = \xi'$.

PROOF.

a) $M\phi = [T+K(1+\xi r)]\phi = T\phi+K(1+\xi r)\phi = K(\phi+\xi)$.

b) Clearly $T \subset M \cap T^*$. Let $t \in M \cap T^*$. Then $t\phi \in M\phi \cap T_1^*\phi = K(\phi+\xi) \cap T^*\phi = K\phi \cap T^*\phi = 0$. Thus $t \in T$.

c) This follows directly from b) .

d) The hypothesis says that for all $k \in K$ there is $k' \in K$ such that $k\phi+k\xi = k'\phi+k'\xi'$. Here $k\phi, k'\phi \in K\phi$ while $k\xi, k'\xi' \in T^*\phi$. Since $K\phi \cap T^*\phi = 0$ it follows that $k\phi = k'\phi$, thus $k = k'$ and $k\xi = k\xi'$, i.e. $\xi = \xi'$.

The following second major theorem characterizes our representative family of (pure, p-pure) extensions of T by K in a second way. Note that 3.4. holds for any group T^* and any subgroup T of T^*. It is a generalization of [8] Theorem 2.6. which is contained in 3.4. as the special case $T = 0$.

3.4. THEOREM. *Let* $\mathcal{M} = \{M : M \leq E, M \cap T^* = T, M+T^* = E\}$. *Then* $\mathcal{M} = \{M = T+K(1+\xi r) : \xi \in \mathrm{Hom}(K, T^*/T)\}$, *and* $\xi \longrightarrow M = T+K(1+\xi r)$ *is a one-to-one correspondence of* $\mathcal{M}$ *with* $\mathrm{Hom}(K, T^*/T)$.

PROOF. By 3.3. b) $\{M = T+K(1+\xi r)\} \subset \mathcal{M}$. Let $M \leq E$ be such that $M \cap T^* = T$ and $M+T^* = E$. Then $E\phi = T^*\phi \oplus M\phi$, but also $E\phi = T^*\phi \oplus K\phi$. Thus $M\phi$ and $K\phi$ are both complementary summands of $T^*\phi$ in $E\phi$. Theorem 2.6. in [8] states that there is $\xi' \in \mathrm{Hom}(K\phi, T^*\phi)$ such that $M\phi = K\phi(1+\pi\xi')$ where $\pi : E\phi \longrightarrow K\phi$ is the projection map. Put $\xi = (\phi|K)\xi'$. Then $\xi \in \mathrm{Hom}(K, T^*/T)$. If $M' = T+K(1+\xi r)$, then $M'\phi = K(\phi+\xi)$ by 3.3. a). On the other hand, $\phi|K : K \longrightarrow K\phi$ is an isomorphism, and $\phi\pi(\phi|K)^{-1} = 1$ on K , therefore $M\phi = K\phi(1+\pi\xi') = K(\phi+\phi\pi(\phi|K)^{-1}(\phi|K)\xi') = K(\phi+\xi)$. Finally $M'\phi = M\phi$ implies $M = M'$. That $\xi \longrightarrow M = T+K(1+\xi r)$ is one-to-one--the only thing to check--follows immediately from 3.3. a) and d).

4. ISOMORPHISMS BETWEEN THE GROUPS OF $\mathcal{M}$. Theorems 3.2. and 3.4. achieve a survey of the possible (pure, p-pure) extensions of T by K by exhibiting the representative family $\mathcal{M}$. The members of $\mathcal{M}$ can be conveniently compared, in particular, it is possible to investigate which of the groups in $\mathcal{M}$ are abstractly different, i.e. non-isomorphic. This is the intend of this section. The main results are theorems 4.7. and 4.9. The criterion for isomorphy of members of $\mathcal{M}$ is complete in the central case where T is torsion and K torsion-free.

4.1. LEMMA. *Let* M_i , $i = 1,2$, *be members of* $\mathcal{M}$. *Then every homomorphism*

$h : M_1 \longrightarrow M_2$ *with* $Th \subset T$ *can be extended uniquely to an endomorphism* f *of* E *with* $T^*f \subset T^*$.

PROOF. By 1.2. (2) $h : T \longrightarrow T$ possesses a unique extension $h' : T^* \longrightarrow T^*$. Define $f : E \longrightarrow E$ as follows : Write $x \in E$ as $x = t+m, t \in T^*, m \in M_1$. Now put $xf = th'+mh$. The map f is well defined since $t+m = t'+m', t, t' \in T^*$, $m, m' \in M_1$, implies $t-t' = m-m \in M_1 \cap T^* = T$. But h and h' coincide on T, thus $th'-t'h' = (t-t')h' = (m'-m)h = m'h-mh$, and finally $th'+mh = t'h'+m'h$. Clearly f is a homomorphism. If f' is any other extension of h, then $f'|T^* = h'$ and $xf' = tf'+mf' = th'+mh = xf$.

This lemma yields a second lemma.

4.2. LEMMA. *Under the hypothesis of 4.1., every isomorphism* $h : M_1 \longrightarrow M_2$ *with* $Th = T$ *can be extended uniquely to an automorphism* f *of* E *with* $T^*f = T^*$.

PROOF. Both h and $h^{-1} : M_2 \longrightarrow M_1$ have extensions f respectively f' to E. Then $f'f|M_1 = 1$ and $ff'|M_2 = 1$. By the uniqueness assertion of 4.1., f and f' are inverses of one another.

Lemma 4.2. suggests that the subgroup $A = \{\alpha \in \mathrm{Aut}\, E : T^*\alpha = T^*\}$ of the automorphism group $\mathrm{Aut}\, E$ of E is essential for our purposes. The group A has the following useful description.

4.3. PROPOSITION. *If* $E = T^* \oplus K, \tau : E \longrightarrow T^*, \chi : E \longrightarrow K$ *are the projections, and* $\mathrm{Aut}_{T^*}E$ *is the set of automorphisms of* E *which leave* T^* *elementwise fixed, then* $\mathrm{Aut}_{T^*}E = [1+\chi\mathrm{Hom}(K,T^*)][\tau+\chi\mathrm{Aut}\, K]$ *is a semi-direct product with left factor normal, and* $A = \{\alpha \in \mathrm{Aut}\, E : T^*\alpha = T^*\} = [\mathrm{Aut}_{T^*}E][\tau\mathrm{Aut}\, T^*+\chi]$ *is a semi-direct product with left factor normal. Thus every* $\alpha \in A$ *has a unique representation*

$$\alpha = (1+\chi\eta)(\tau+\chi\beta)(\tau\delta+\chi) = \tau\delta+\chi\eta\delta+\chi\beta$$

where $\eta \in \mathrm{Hom}(K,T^*)$, $\delta \in \mathrm{Aut}\, T^*$ *and* $\beta \in \mathrm{Aut}\, K$.

The proposition may be proved either with the methods of [8] or with the methods of [4], pages 212/13.

4.4. LEMMA. *Let* $M = T+K(1+\xi r)$ *and* $M' = T+K(1+\xi' r)$ *be members of* $\mathcal{M}$. *Then the restriction of automorphisms of* E *to* M *establishes a one-to-one correspondence between the set of isomorphisms* $\alpha : M \longrightarrow M'$ *with* $T\alpha = T$ *and the set of automorphisms* $\alpha = \tau\delta+\chi\eta\delta+\chi\beta$ *of* E (Cf. 4.3.) *subject to the conditions*

4.5. $$T\delta = T \quad \text{and} \quad \beta\xi' = \eta\delta\phi+\xi\delta^*$$

where $\delta^* \in \mathrm{Aut}(T^*/T)$ *is given by* $\phi\delta^* = \delta\phi$.

PROOF. a) We shall show first that every isomorphism $\alpha : M \longrightarrow M'$ with $T\alpha = T$ extends uniquely to an automorphism $\alpha \in A$ satisfying 4.5. Then we show that $\alpha \in A$ satisfying 4.5. maps M onto M'. For both implications we need the following identity. If $\alpha = \tau\delta+\chi\eta\delta+\chi\beta \in \mathrm{Aut}\, E$ and $T\alpha = T$, then

4.6. $$M\alpha\phi = K(\eta\delta\phi+\beta\phi+\xi\delta^*) \qquad (\phi\delta^* = \delta\phi).$$

In fact, $M\alpha\phi = [T+K(1+\xi r)]\alpha\phi = K(1+\xi r)\alpha\phi = K(\alpha\phi+\xi r\alpha\phi) = K(\eta\delta\phi+\beta\phi+\xi r\delta\phi)$. Furthermore, if $\delta \in \mathrm{Aut}\, T^*$ with $T\delta = T$ then δ^* is well defined by $\phi\delta^* = \delta\phi$ and clearly $\delta^* \in \mathrm{Aut}(T^*/T)$. Note that $r\delta\phi = \delta^*$.

b) Let $\alpha : M \longrightarrow M'$ be an isomorphism with $T\alpha = T$. By 4.2., α extends uniquely to an automorphism in A which we also denote by α. By 4.3. $\alpha = \tau\delta+\chi\eta\delta+\chi\beta$. Note first that $T\alpha = T$ implies $T\delta = T$. By 3.3. a), $M'\phi = K(\phi+\xi')$, and by hypothesis $M'\phi = M\alpha\phi$. Thus 4.6. yields

$$K(\phi+\xi') = K(\eta\delta\phi+\beta\phi+\xi\delta^*).$$

This means that for all $k \in K$, there is $k' \in K$ such that

$$k(\phi+\xi') = k'(\eta\delta\phi+\beta\phi+\xi\delta^*).$$

Here $k\phi$, $k'\beta\phi \in K\phi$, while $k\xi', k'\eta\delta\phi, k'\xi\delta^* \in T^*\phi$. Since $K\phi \cap T^*\phi = 0$, it follows that $k\phi = k'\beta\phi$ and thus $k = k'\beta$. Using this fact we obtain $\beta\xi' = \eta\delta\phi+\xi\delta^*$.

c) Now let $\alpha = \tau\delta+\chi\eta\delta+\chi\beta \in \mathrm{Aut}\, E$ satisfy 4.5. The first condition of 4.5. implies $T\alpha = T$. The second condition implies that for all $k \in K$, $k\beta\xi' = k(\eta\delta\phi+\xi\delta^*)$, therefore $k\beta(\phi+\xi') = k(\eta\delta\phi+\beta\phi+\xi\delta^*)$. Thus $K(\phi+\xi') = K(\eta\delta\phi+\beta\phi+\xi\delta^*)$. The left side of this equation equals $M'\phi$ by 3.3. a), while the right side equals $M\alpha\phi$ by 4.6. But if $M'\phi = M\alpha\phi$ then $M' = M\alpha$.

4.7. THEOREM. *Let* $M = T+K(1+\xi r)$ *and* $M' = T+K(1+\xi' r), \xi, \xi' \in \mathrm{Hom}(K,T^*/T)$. *Then there exists an isomorphism* $\alpha : M \longrightarrow M'$ with $T\alpha = T$ *iff there exists* $\delta \in \mathrm{Aut}\, T$ *and* $\beta \in \mathrm{Aut}\, K$ *such that*

4.8. $$\beta\xi' \equiv \xi\delta^* (\mathrm{mod}\ \mathrm{Hom}(K,T^*)\phi)$$

where $\delta \in \mathrm{Aut}\, T$ *is identified with its unique extension* $\delta \in \mathrm{Aut}\, T^*$ *and* $\delta^* \in \mathrm{Aut}(T^*/T)$ *is given by* $\phi\delta^* = \delta\phi$.

PROOF. a) Let $\alpha : M \longrightarrow M'$ be given. Extend α to E and apply 4.4.

b) If 4.8. is satisfied, then there exists $\eta \in \mathrm{Hom}(K,T^*)$ such that 4.5. is satisfied, and $\alpha = \tau\delta+\chi\eta\delta+\chi\beta \in A$ maps M isomorphically onto M' by 4.4.

4.9. THEOREM. *Let* T *be torsion,* K *torsion-free,* $M = T+K(1+\xi r)$ *and* $M' = T+K(1+\xi' r)$. *Then* $M \cong M'$ *iff there exists* $\beta \in \mathrm{Aut}\, K$ *and* $\delta \in \mathrm{Aut}\, T$ *such that*

4.10. $$\beta\xi' \equiv \xi\delta^* (\mathrm{mod}\ \mathrm{Hom}(K,T^*)\phi)$$

where $\delta \in \mathrm{Aut}\, T$ *is identified with its unique extension* $\delta \in \mathrm{Aut}\, T^*$ *and* $\delta^* \in \mathrm{Aut}(T^*/T)$ *is given by* $\phi\delta^* = \delta\phi$.

PROOF. In this case T is the maximal torsion subgroup of both M and M', thus $T\alpha = T$ for any isomorphism $\alpha : M \longrightarrow M'$. This observation makes 4.9. an immediate corollary of 4.7.

4.11. COROLLARY. *If* T *is torsion,* K *torsion-free and* M, $M' \in \mathcal{M}$ *are isomorphic extensions of* T *by* K*, then the corresponding elements of* $\mathrm{Ext}(K,T)$ *have the same order.*

PROOF. Let $M = T+K(1+\xi r)$ and $M' = T+K(1+\xi' r)$. Then the corresponding elements of $\mathrm{Ext}(K,T)$ are $\xi+\mathrm{Hom}(K,T^*)\phi$ and $\xi'+\mathrm{Hom}(K,T^*)\phi$. If $M \cong M'$, then by 4.9. there are $\beta \in \mathrm{Aut}\, K$ and $\delta \in \mathrm{Aut}\, T^*$ with $T\delta = T$ such that

$$\beta\xi' \equiv \xi\delta^*(\mathrm{mod\ Hom}(K,T)\phi) .$$

Since β and δ^* are isomorphisms it is clear that $n\xi' \equiv 0$ iff $n\xi \equiv 0$.

The last theorem of this section is included here because it is an easy corollary of 4.4. It is the basic tool for a partial solution of Fuchs' Problem 34. (Unpublished).

4.12. THEOREM. *Let* T *be torsion,* K *torsion-free, and let* $M = T+K(1+\xi r)$ *with* $\xi \in \mathrm{Hom}(K,T^*/T)$. *Then the restriction of automorphisms of* E *to* M *establishes a one-to-one correspondence between* $\mathrm{Aut}\, M$ *and the set of automorphisms* $\alpha = \tau\delta+\chi\eta\delta+\chi\beta$ *of* E (Cf. 4.3.) *subject to the conditions*

4.13. $T\delta = T$ *and* $\beta\xi = \eta\delta\phi+\xi\delta^*$,

where $\delta^* \in \mathrm{Aut}(T^*/T)$ *is given by* $\phi\delta^* = \delta\phi$.

5. AN APPLICATION. Let $T = \oplus\{C(p) : p = 2,3,5,\ldots\}$. Let K be a torsion-free rank 1 group with type $\geq (1,1,\ldots)$. Then by 2.4. $\mathrm{Ext}(K,T) \cong \mathrm{Hom}(K,T^*/T)$. Let $x_0 \in K, x_0 \neq 0$. Since K is of rank 1 and T^*/T is torsion-free and divisible, every map of $\mathrm{Hom}(K,T^*/T)$ is uniquely determined by its effect on x_0, and there is a $\xi \in \mathrm{Hom}(K,T^*/T)$ with $x_0\xi = t\phi$ for every $t\phi \in T^*\phi = T^*/T$. It follows that $\mathrm{Ext}(K,T) \cong T^*/T$.

From 4.9. it follows that extension groups M, M' corresponding to ξ and ξ' are isomorphic iff there are $\beta \in \mathrm{Aut}\, K$ and $\delta \in \mathrm{Aut}\, T^*$ such that $(\phi\delta^* = \delta\phi)$

$$\xi' \equiv \beta\xi\delta^*(\mathrm{mod\ Hom}(K,T\ )\phi) .$$

For the given K, $\mathrm{Hom}(K,T^*)\phi = 0$ and β is the multiplication by some integer. Let $x_0\xi = t\phi$ and $x_0\xi' = t'\phi$. Then the above condition is equivalent with $t'\phi = t\beta\delta^*$. Since $\mathrm{Aut}\, T^*$ is isomorphic with the complete direct product of the groups $\mathrm{Aut}\, C(p)$, it is easily seen that M, M' are isomorphic iff $H_p(t) = H_p(t')$ for all but finitely many p. On the other hand $\mathrm{Ext}(K,T)$ is torsion-free and divisible, hence there are "essentially" only two different extensions, the split extension and the non-split extension.

6. THE NATURAL ENDOMORPHISM RING OF Ext(K,T) . In [2] R. Baer suggests that "the lack of structure of Ext(K,T) could possibly be remedied by a systematic use of the natural endomorphism ring of Ext(K,T) . This natural endomorphism ring is generated by the endomorphisms induced in Ext(K,T) by the endomorphisms of the components K and T" .

With our approach and for torsion-free K , the natural endomorphism ring of Ext(K,T) has an extremely simple description. We identify

$$\mathrm{Ext}(K,T) = \mathrm{Hom}(K,T^*/T)/\mathrm{Hom}(K,T)\phi .$$

Let $\phi^* : \mathrm{Hom}(K,T^*/T) \longrightarrow \mathrm{Ext}(K,T)$ be the natural homomorphism. If $\beta \in \mathrm{End}\, K$, then $(\xi\phi^*) \longrightarrow (\beta\xi)\phi^*$ is the natural endomorphism induced by β . If $\delta \in \mathrm{End}\, T$, then its unique extensions $\delta \in \mathrm{End}\, T^*$ satisfies $T\delta \subset T$. Thus $\phi\delta^* = \delta\phi$ defines $\delta^* \in \mathrm{End}(T^*/T)$, and the natural endomorphism of Ext(K,T) induced by δ is $(\xi\phi^*) \longrightarrow (\xi\delta^*)\phi^*$.

Some of our major results can be formulated very nicely in terms of natural endomorphisms, and this paper supports further the fruitfulness of Baer's suggestion.

REFERENCES

[1] BAER R., Erweiterung von Gruppen und ihren Isomorphismen, Math. Zeit. 38, (1954), p. 375-416.

[2] BAER R., Die Torsionsuntergruppe einer Abelschen Gruppe, Math. Annalen, Bd. 135, (1958), p. 219-234.

[3] CARTAN H. - EILENBERG S., Homological Algebra (Princeton University Press), (1956).

[4] FUCHS L., Abelian Groups (Pergamon Press, Oxford, London, New-York, Paris), (1960).

[5] HARRISON D.K., Infinite Abelian Groups and Homological methods, Annals of Math. 69, (1959), p. 366-391.

[6] IRWIN J.M. - WALKER C.L. - WALKER E.A., On p -pure sequences of abelian groups in "Topics in Abelian Groups" (Scott, Foresman, Chicago), (1963), p. 69-119.

[7] KAPLANSKY I., Infinite Abelian Groups (The University of Michigan Press, Ann Arbor), (1960).

[8] MADER A., On the automorphism group and the endomorphism ring of abelian groups, Annales Univ. Sci. Budapest VIII, (1965), p. 3-12.

University of Hawaii
Honolulu, Hawaii

SUR LES PROPRIETES UNIVERSELLES DES FONCTEURS ADJOINTS

Par J.-M. MARANDA

1. INTRODUCTION

Etant donné une construction fondamentale (S,p,k) sur une catégorie, Kleisli [3] d'une part et Eilenberg-Moore [2] d'autre part ont démontré que (S,p,k) peut toujours être définie par une paire de foncteurs adjoints. De plus il a été démontré dans [5] que ces paires de foncteurs adjoints de Kleisli et de Eilenberg-Moore ont certaines propriétés universelles.

Dans la première partie de ce travail nous modifierons et généraliserons quelque peu les résultats de [5] . Nous introduirons ensuite dans les sections 3 et 4 des notions de morphisme et de morphisme dual d'une catégorie munie d'une construction fondamentale à une catégorie munie d'une coconstruction fondamentale et nous montrerons que ces notions mènent à de nouvelles propriétés universelles des paires de foncteurs adjoints de Kleisli et de Eilenberg-Moore.

La cinquième et dernière section contient quelques généralisations des notions de construction, de coconstruction, de morphisme et de morphisme dual.

2. PREMIERES PROPRIETES UNIVERSELLES DES FONCTEURS ADJOINTS DE KLEISLI ET DE EILENBERG-MOORE.

Une construction (fondamentale) sur une catégorie $\mathscr{C}$ est un triple (S,p,k) où $S : \mathscr{C} \longrightarrow \mathscr{C}$ est un foncteur et où $p : S^2 \longrightarrow S$ et $k : 1_{\mathscr{C}} \longrightarrow S$ sont des transformations naturelles telles que

$$p(k * S) = 1_S = p(S * k)$$

$$p(p * S) = p(S * p)$$

Les couples $(\mathscr{C},(S,p,k))$ sont les objets d'une catégorie $\mathfrak{S}$ dont les morphismes (la définition est due à Appelgate), disons de $(\mathscr{C},(S,p,k))$ à $(\mathscr{C}',(S',p',k'))$, sont les couples (X,μ) où $X : \mathscr{C} \longrightarrow \mathscr{C}'$ est un foncteur et $\mu : XS \longrightarrow S'X$ est une transformation naturelle telle que

$$\mu (X * k) = k' * X \qquad \text{et} \qquad \mu (X * p) = (p' * X)(S' * \mu)(\mu * S)$$

Si

$$(\mathscr{C},(S,p,k)) \xrightarrow{(X,\mu)} (\mathscr{C}',(S',p',k')) \xrightarrow{(X',\mu')} (\mathscr{C}'',(S'',p'',k''))$$

dans $\mathfrak{S}$, alors leur produit est défini par

$$(X',\mu')(X,\mu) = (X'X,(\mu' * X)(X' * \mu))$$

Un morphisme adjoint d'une catégorie $\mathscr{D}$ à une catégorie $\mathscr{C}$ est un quadruple (T,U,k,u) où $T : \mathscr{D} \longrightarrow \mathscr{C}$ et $U : \mathscr{C} \longrightarrow \mathscr{D}$ sont des foncteurs, U étant défini comme adjoint à gauche de T par les transformations naturelles $k : 1_{\mathcal{C}} \longrightarrow TU$ et $u : UT \longrightarrow 1_{\mathcal{D}}$. Tout morphisme adjoint

$$\mathcal{D} \xrightarrow{(T,U,k,u)} \mathcal{C}$$

définit une construction (S,p,k) de $\mathcal{C}$ où $S = TU$ et $p = T * u * U$. Les morphismes adjoints sont les objets d'une catégorie $\mathbb{A}$ dont les morphismes, disons de (T,U,k,u) à (T',U',k',u') sont les couples (X,Y) où $X : \mathcal{C} \longrightarrow \mathcal{C}'$ et $Y : \mathcal{D} \longrightarrow \mathcal{D}'$ sont des foncteurs tels que $YU = U'X$. Le produit de deux tels morphismes successifs est défini par $(X',Y')(X,Y) = (X'X,Y'Y)$.

PROPOSITION 1. *Si*

$$\mathcal{D} \xrightarrow{(T,U,k,u)} \mathcal{C} \quad \text{et} \quad \mathcal{D}' \xrightarrow{(T',U',k',u')} \mathcal{C}'$$

sont deux morphismes adjoints définissant les constructions (S,p,k) *et* (S',p',k') *respectivement, si* $(X,Y) : (T,U,k,u) \longrightarrow (T',U',k',u')$ *dans* $\mathbb{A}$ *et si l'on pose* $\mu = (T'Y * u * U)(k' * XS)$ *alors*

$$(X,\mu) : (\mathcal{C},(S,p,k)) \longrightarrow (\mathcal{C}',(S',p',k'))$$

dans $\mathbb{S}$.

PREUVE.

$$\begin{aligned}\mu(X * k) &= (T'Y * u * U)(k' * XS)(X * k)\\ &= (T'Y * u * U)(S'X * k)(k' * X)\\ &= (T'Y * ((u * U)(U * k)))(k' * X) = k' * X\end{aligned}$$

$$\begin{aligned}&(p' * X)(S' * \mu)(\mu * S)\\ &= (T' * u' * U'X)(T'U'T'Y * u * U)(T'U' * k' * XS)(\mu * S)\\ &= (T' * ((u' * Y)(U'T'Y * u)) * U)(T'U' * k' * XS)(\mu * S)\\ &= (T'Y * u * U)(T' * u' * YUTU)(T'U' * k' * XS)(\mu * S)\\ &= (T'Y * u * U)(T' * ((u' * U')(U' * k')) * XS)(\mu * S)\\ &= (T'Y * u * U)(\mu * S)\\ &= (T'Y * u * U)(T'Y * u * UTU)(k' * XTUTU)\\ &= (T'Y * u * U)(T'YUT * u * U)(k' * XTUTU)\\ &= (T'Y * u * U)(T'U'XT * u * U)(k' * XTUTU)\\ &= (T'Y * u * U)(k' * XTU)(XT * u * U) = \mu(X * p)\end{aligned}$$

Nous pouvons maintenant définir un foncteur $\mathbb{T} : \mathbb{A} \longrightarrow \mathbb{S}$. Chaque objet :

$$\mathcal{D} \xrightarrow{(T,U,k,u)} \mathcal{C}$$

de $\mathbb{A}$ définit une construction (S,p,k) de $\mathcal{C}$ et on pose

$$\mathbb{T}(T,U,k,u) = (\mathcal{C},(S,p,k)).$$

D'après la Proposition 1, chaque morphisme

$$(T,U,k,u) \xrightarrow{(X,Y)} (T',U',k',u')$$

de $\mathbb{A}$ définit un morphisme

$$\mathbb{T}(X,Y) = (X,\mu) : \mathbb{T}(T,U,k,u) \longrightarrow \mathbb{T}(T',U',k',u')$$

où $\mu = (T'Y * u * U)(k' * XS)$. Si

$$(T,U,k,u) \xrightarrow{(X,Y)} (T',U',k',u') \xrightarrow{(X',Y')} (T'',U'',k'',u'')$$

alors

$$\mathbb{T}(X',Y')\mathbb{T}(X,Y)$$

$$= (X',(T''Y' * u' * U')(k'' * X'S'))(X,(T'Y * u * U)(k' * XS))$$

$$= (X'X,(T''Y' * u' * U'X)(k'' * X'S'X)(X'T'Y * u * U)(X' * k' * XS))$$

$$= (X'X,(T''Y' * u' * U'X)(S''X'T'Y * u * U)(k'' * X'S'XS)(X' * k' * Xs))$$

$$= (X'X,(T''Y' * ((u' * Y)(U'T'Y * u)) * U)(S''X' * k' * XS)(k'' * X'XS))$$

$$= (X'X,(T''Y'Y * u * U)(T''Y' * u' * YUTU)(S''X' * k' * XS)(k'' * X'XS))$$

$$= (X'X,(T''Y'Y * u * U)(T''Y' * ((u' * U')(U' * k')) * XS)(k'' * X'XS))$$

$$= (X'X,(T''Y'Y * u * U)(k'' * X'XS)) = \mathbb{T}((X',Y')(X,Y))$$

Evidemment $\mathbb{T}(1_{(T,U,k,u)}) = 1_{\mathbb{T}(T,U,k,u)}$.

Le théorème suivant est une modification et une généralisation du Théorème 1 de [5] .

THEOREME 1. *Le foncteur* $\mathbb{T}$ *possède un adjoint à gauche* $\mathbb{U}$ *, permettant d'identifier* $\mathbb{S}$ *à une sous-catégorie réflective de* $\mathbb{A}$ *.*

PREUVE. Etant donné une construction (S,p,k) de $\mathcal{C}$, Kleisli [3] a démontré qu'il existe toujours un morphisme adjoint

$$\mathbb{U}(\mathcal{C},(S,p,k)) = (\overline{T},\overline{U},k,\overline{u}) : \mathcal{D} \longrightarrow \mathcal{C}$$

définissant (S,p,k), c'est-à-dire tel que

$$\mathbb{T}\mathbb{U}(\mathcal{C},(S,p,k)) = (\mathcal{C},(S,p,k))$$

Ce que nous devons démontrer est que ce morphisme adjoint jouit de la propriété universelle suivante : étant donnés un morphisme adjoint

$$\mathcal{D}' \xrightarrow{(T',U',k',u')} \mathcal{C}'$$

induisant la construction (S',p',k') de $\mathcal{C}'$ et un morphisme

$$(X,\mu) : (\mathcal{C},(S,p,k)) \longrightarrow (\mathcal{C}',(S',p',k'))$$

dans $\mathbb{S}$, il existe un et un seul foncteur $Y : \bar{\mathcal{D}} \longrightarrow \mathcal{D}'$ tel que $YU = U'X$ et $\mathbb{T}(X,Y) = (X,\mu)$.

Supposons qu'un tel foncteur Y existe. Alors si $f \in M_{\bar{\mathcal{D}}}(A,B)$

$$Y(A) = Y\overline{U}(A) = U'X(A) \quad \text{et}$$

$$Y(f) = Y(f\overline{u}_{\overline{U}(A)}\overline{U}(k_A)) = Y(\overline{u}_{\overline{U}(B)}\overline{U}\overline{T}(f)\overline{U}(k_A))$$

$$= Y(\overline{u}_{\overline{U}(B)})U'X(\overline{T}(f)k_A) = Y(\overline{u}_{\overline{U}(B)})U'X(p_B S(f)k_A)$$

$$= Y(\overline{u}_{\overline{U}(B)})U'X(f) = Y(\overline{u}_{\overline{U}(B)})u'_{U'XS(B)}U'(k'_{XS(B)})U'X(f)$$

$$= u'_{U'X(B)}U'T'Y(\overline{u}_{\overline{U}(B)})U'(k'_{XS(B)})U'X(f)$$

$$= u'_{U'X(B)}U'(\mu_B X(f))$$

d'où l'unicité de Y .

Vérifions maintenant que si l'on pose, pour chaque $f \in M_{\mathscr{D}}(A,B)$, $Y(A) = U'X(A)$ et $Y(f) = u'_{U'X(B)}U'(\mu_B X(f))$ alors Y est effectivement un foncteur avec les propriétés voulues.

Si $f \in M_{\mathscr{D}}(A,B)$ et $g \in M_{\mathscr{D}}(B,C)$, alors

$$\begin{aligned} Y(gf) &= u'_{U'X(C)}U'(\mu_C X(p_C S(g)f)) \\ &= u'_{U'X(C)}U'(p'_{X(C)}S'(\mu_C)\mu_{S(C)}X(S(g)f)) \\ &= u'_{U'X(C)}U'(p'_{X(C)}S'(\mu_C)S'X(g)\mu_B X(f)) \\ &= u'_{U'X(C)}U'T'(u'_{U'X(C)}U'(\mu_C X(g)))U'(\mu_B X(f)) \\ &= u'_{U'X(C)}U'(\mu_C X(g))u'_{U'X(B)}U'(\mu_B X(f)) = Y(g)Y(f) \end{aligned}$$

$$\begin{aligned} Y(1_A) = Y(k_A) &= u'_{U'X(A)}U'(\mu_A X(k_A)) \\ &= u'_{U'X(A)}U'(k'_{X(A)}) = 1_{U'X(A)} = 1_{Y(A)} \end{aligned}$$

Si $f \in M_{\mathscr{C}}(A,B)$, alors $Y\overline{U}(A) = Y(A) = U'X(A)$ et

$$\begin{aligned} Y\overline{U}(f) = Y(k_B f) &= u'_{U'X(B)}U'(\mu_B X(k_B f)) \\ &= u'_{U'X(B)}U'(k'_{X(B)})U'X(f) = U'X(f) \end{aligned}$$

donc $Y\overline{U} = U'X$.

Finalement, pour chaque objet A de $\mathscr{C}$,

$$\begin{aligned} T'Y(\overline{u}_{\overline{U}(A)})k'_{XS(A)} &= T'(u'_{U'X(A)}U'(\mu_A X(1_{S(A)})))k'_{XS(A)} \\ &= p'_{X(A)}S'(\mu_A)k'_{XS(A)} = p'_{X(A)}k'_{S'X(A)}\mu_A = \mu_A \end{aligned}$$

donc $\mu = (T'Y * \overline{u} * \overline{U})(k' * XS)$.

Nous allons maintenant étudier une situation analogue. Les couples $(\mathscr{C},(S,p,k))$ où (S,p,k) est une construction de $\mathscr{C}$ sont les objets d'une catégorie $\mathbb{S}_d$ dont les morphismes, appellés morphismes duals, disons de $(\mathscr{C},(S,p,k))$ à $(\mathscr{C}',(S',p',k'))$, sont les couples (X,μ) où $X : \mathscr{C} \longrightarrow \mathscr{C}'$ est un foncteur et $\mu : S'X \longrightarrow XS$ est une transformation naturelle telle que

$$\mu(k' * X) = X * k \qquad \text{et} \qquad \mu(p' * X) = (X * p)(\mu * S)(S' * \mu)$$

Un tel morphisme dual sera représenté par

$$(X,\mu) : (\mathscr{C},(S,p,k)) \longmapsto (\mathscr{C}',(S',p',k'))$$

Si

$$(\mathscr{C},(S,p,k)) \xmapsto{(X,\mu)} (\mathscr{C}',(S',p',k')) \xmapsto{(X',\mu')} (\mathscr{C}'',(S'',p'',k''))$$

dans $\mathbb{S}_d$, alors leur produit est défini par

$$(X',\mu')(X,\mu) = (X'X,(X' * \mu)(\mu' * X))$$

Les morphismes adjoints $\mathscr{C} \xrightarrow{(T,U,k,u)} \mathscr{D}$ sont les objets d'une catégorie $\mathbb{A}_d$

dont les morphismes, appelés morphismes duals, disons de (T,U,k,u) à (T',U',k',u'), sont les couples (X,Y) où $X : \mathcal{C} \longrightarrow \mathcal{C}'$ et $Y : \mathcal{D} \longrightarrow \mathcal{D}'$ sont des foncteurs tels que $T'Y = XT$. Un tel morphisme dual sera représenté par

$$(X,Y) : (T,U,k,u) \longmapsto (T',U',k',u')$$

Le produit de deux tels morphismes duals successifs est défini par

$$(X',Y')(X,Y) = (X'X,Y'Y)$$

PROPOSITION 2. *Si* $\mathcal{D} \xrightarrow{(T,U,k,u)} \mathcal{C}$ *et* $\mathcal{D}' \xrightarrow{(T',U',k',u')} \mathcal{C}'$ *sont des morphismes adjoints définissant les constructions* (S,p,k) *et* (S',p',k') *respectivement, si*

$$(X,Y) : (T,U,k,u) \longmapsto (T',U',k',u')$$

dans $\mathbb{A}_d$ *et si l'on pose*

$$\mu = (T' * u' * YU)(S'X * k)$$

alors

$$(X,\mu) : (\mathcal{C},(S,p,k)) \longmapsto (\mathcal{C}',(S',p',k'))$$

dans $\mathbb{S}_d$.

PREUVE.
$$\begin{aligned}\mu(k' * X) &= (T' * u' * YU)(S'X * k)(k' * X)\\ &= (T' * u' * YU)(k' * XS)(X * k)\\ &= (((T' * u')(k' * T')) * YU)(X * k) = X * k\end{aligned}$$

$$\begin{aligned}&(X * p)(\mu * S)(S' * \mu)\\ &= (XT * u * U)(T' * u' * YUTU)(T'U'X * k * TU)(S' * \mu)\\ &= (T' * u' * YU)(T'U'T'Y * u * U)(T'U'X * k * TU)(S' * \mu)\\ &= (T' * u' * YU)(T'U'X * ((T * u)(k * T)) * TU)(S' * \mu)\\ &= (T' * u' * YU)(S' * \mu)\\ &= (T' * u' * YU)(T'U'T' * u' * YU)(T'U'T'U'X * k)\\ &= (T' * u' * YU)(S'X * k)(T' * u' * U'X) = \mu(p' * X)\end{aligned}$$

Nous pouvons maintenant définir un foncteur $\mathbb{T}_d : \mathbb{A}_d \longrightarrow \mathbb{S}_d$ assignant à chaque objet $\mathcal{D} \xrightarrow{(T,U,k,u)} \mathcal{C}$ de $\mathbb{A}_d$ l'objet $(\mathcal{C},(S,p,k))$ où (S,p,k) est la construction de $\mathcal{C}$ définie par (T,U,k,u) et assignant à chaque morphisme dual

$$(T,U,k,u) \overset{(X,Y)}{\longmapsto} (T',U',k',u')$$

le morphisme dual

$$(\mathcal{C},(S,p,k)) \overset{(X,\mu)}{\longmapsto} (\ ',(S',p',k'))$$

où $\mu = (T' * u' * YU)(S'X * k)$. Si

$$(T,U,k,u) \xrightarrow{(X,Y)} (T',U',k',u') \xrightarrow{(X',Y')} (T'',U'',k'',u'')$$

alors

$$\begin{aligned}&\mathbb{T}_d(X',Y')\mathbb{T}_d(X,Y)\\ &(X',(T'' * u'' * Y'U')(S''X' * k'))(X,(T' * u' * YU)(S'X * k))\\ &(X'X,(X'T' * u' * YU)(X'S'X * k)(T'' * u'' * Y'U'X)(S''X' * k' * X))\\ &(X'X,(X'T' * u' * YU)(T'' * u'' * Y'U'XS)(T''U''T''Y'U'X * k)(S''X' * k' * X))\end{aligned}$$

$(X'X,(T'' * u'' * Y'YU)(T''U''T''Y' * u' * YU)(S''X' * k' * XS)(S''X'X * k))$

$(X'X,(T'' * u'' * Y'YU)(S''X' * ((T' * u')(k' * T')) * YU)(S''X'X * k)$

$(X'X,(T'' * u'' * Y'YU)(S''X'X * k)) = \mathbb{T}_d((X',Y')(X,Y))$

et évidemment, $\mathbb{T}_d(1_{(T,U,k,u)}) = 1_{\mathbb{T}_d(T,U,k,u)}$.

Le théorème suivant est une modification et une généralisation du Théorème 2 de [5] .

THEOREME 2. *Le foncteur* $\mathbb{T}_d$ *possède un adjoint à droite* $\mathbb{U}_d$ *permettant d'identifier* $\mathbb{S}_d$ *à une sous-catégorie coréflective de* $\mathbb{A}_d$.

PREUVE. Eilenberg et Moore [2] ont démontré qu'étant donnée une construction (S,p,k) de $\mathcal{C}$ il existe un morphisme adjoint

$$\mathbb{U}_d(\mathcal{C},(S,p,k)) = (\underline{T},\underline{U},k,\underline{u}) : \underline{\mathcal{D}} \longrightarrow \mathcal{C}$$

définissant (S,p,k) , c'est-à-dire tel que

$$\mathbb{T}_d\,\mathbb{U}_d(\mathcal{C},(S,p,k)) = (\mathcal{C},(S,p,k))$$

Ce que nous devons démontrer est que ce morphisme adjoint jouit de la propriété universelle suivante : étant donnés un morphisme adjoint

$$\mathcal{D}' \xrightarrow{(T',U',k',u')} \mathcal{C}'$$

induisant la construction (S',p',k') de $\mathcal{C}'$ et un morphisme

$$(X,\mu) : (\mathcal{C}',(S',p',k')) \longrightarrow (\mathcal{C},(S,p,k))$$

dans $\mathbb{S}_d$ il existe un et un seul foncteur $Y : \mathcal{D}' \longrightarrow \underline{\mathcal{D}}$ tel que $\underline{T}Y = XT'$ et $\mathbb{T}_d(X,Y) = (X,\mu)$.

Supposons qu'un tel foncteur Y existe. Si A' est un objet de $\mathcal{D}'$, posons $Y(A') = (A,\phi)$. Alors $A = \underline{T}(A,\phi) = \underline{T}Y(A') = XT'(A')$ et

$$\phi = \underline{T}(\phi) = \underline{T}(\underline{u}_{(A,\phi)}) = \underline{T}(\underline{u}_{Y(A')}) = \underline{T}(\underline{u}_{Y(A')})SX(T'(u'_{A'})k'_{T'(A')})$$

$$= \underline{T}Y(u'_{A'})\underline{T}(\underline{u}_{YU'T'(A')})SX(k'_{T'(A')}) = XT'(u'_{A'})\mu_{T'(A')}$$

De plus si $f' : A' \longrightarrow B'$ dans $\mathcal{D}'$ alors $Y(f') = \underline{T}Y(f') = XT'(f')$ d'où l'unicité de Y .

Vérifions maintenant que si l'on pose, pour chaque $f' \in M_{\mathcal{D}'}(A',B'), Y(A') = (XT'(A'),XT'(u'_{A'})\mu_{T'(A)})$ et $Y(f') = XT'(f')$, alors Y est effectivement un foncteur. Pour ce faire il suffit évidemment de vérifier que chaque $Y(A')$ est un objet de $\underline{\mathcal{D}}$. Or

$$XT'(u'_{A'})\mu_{T'(A')}k_{XT'(A')} = XT'(u'_{A'})X(k_{T'(A')}) = 1_{XT'(A')}$$

$$XT'(u'_{A'})\mu_{T'(A')}p_{XT'(A')}$$

$$= XT'(u'_{A'})X(p'_{T'(A')})\mu_{S'T'(A')}S(\mu_{T'(A')})$$

$$= XT'(u'_{A'})XT'(u'_{U'T'(A')})\mu_{S'T'(A')}S(\mu_{T'(A')})$$

$$= XT'(u'_{A'})XT'U'T'(u'_{A'})\mu_{S'T'(A')}S(\mu_{T'(A')})$$

$$= XT'(u'_{A'})\mu_{T'(A')}S(XT'(u'_{A'})\mu_{T'(A')})$$

Evidemment, $\underline{T}Y = XT'$.

Finalement, pour chaque objet A' de $\mathcal{C}'$,

$$\underline{T}(\underline{u}_{YU'(A')})SX(k'_{A'})$$

$$= \underline{T}(\underline{u}_{(XT'U'(A'),XT'(u'_{U'(A')})\mu_{T'U'(A')})})SX(k'_{A'})$$

$$= XT'(u'_{U'(A')})\mu_{T'U'(A')}SX(k'_{A'})$$

$$= X(p'_{A'})\mu_{S'(A')}SX(k'_{A'}) = X(p'_{A'})XS'(k'_{A'})\mu_{A'} = \mu_{A'}$$

donc $\mu = (\underline{T} * \underline{u} * YU')(SX * k')$.

Tous ces résultats sont évidemment dualisables. Une coconstruction sur une catégorie $\mathcal{D}$ est un triple (F,r,u) où $F : \mathcal{D} \longrightarrow \mathcal{D}$ est un foncteur et $r : F \longrightarrow F^2$ et $u : F \longrightarrow 1_{\mathcal{D}}$ sont des transformations naturelles telles que

$$(F * u)r = 1_F = (u * F)r$$

$$(F * r)r = (r * F)r$$

Les couples $(\mathcal{D},(F,r,u))$, où (F,r,u) est une coconstruction de $\mathcal{D}$, sont les objets d'une catégorie $\mathbb{F}_d$ dont les morphismes, appelés morphismes duals, disons de $(\mathcal{D},(F,r,u))$ à $(\mathcal{D}',(F',r',u'))$, sont les couples (Y,ν) , où $Y : \mathcal{D} \longrightarrow \mathcal{D}'$ est un foncteur et $\nu : F'Y \longrightarrow YF$ est une transformation naturelle telle que

$$(Y * u)\nu = u' * Y \qquad \text{et} \qquad (Y * r)\nu = (\nu * F)(F' * \nu)(r' * Y)$$

Le produit de deux tels morphismes successifs

$$(\mathcal{D},(F,r,u)) \xmapsto{(Y,\nu)} (\mathcal{D}',(F',r',u')) \xmapsto{(Y',\nu')} (\mathcal{D}'',(F'',r'',u''))$$

est donné par

$$(Y',\nu')(Y,\nu) = (Y'Y,(Y' * \nu)(\nu' * Y))$$

Chaque morphisme adjoint $\mathcal{D} \xrightarrow{(T,U,k,u)} \mathcal{C}$ définit une coconstruction (F,r,u) de $\mathcal{D}$, où $F = UT$ et $r = U * k * T$. Tout morphisme

$$(X,Y) : (T,U,k,u) \longmapsto (T',U',k',u')$$

de $\mathbb{A}_d$ induit un morphisme

$$(Y,\nu) : (\mathcal{D},(F,r,u)) \longmapsto (\mathcal{D}',(F',r',u'))$$

de $\mathbb{F}_d$, où

$$\nu = (u' * YF)(U'X * k * T)$$

Ceci définit un foncteur $\mathbb{P}_d : \mathbb{A}_d \longrightarrow \mathbb{F}_d$ et la proposition duale du Théorème 1 s'énonce comme suit :

THEOREME 1'. *Le foncteur* $\mathbb{P}_d$ *possède un adjoint à gauche* $\mathbb{Q}_d$ *permettant d'identifier* $\mathbb{F}_d$ *à une sous-catégorie réflective de* $\mathbb{A}_d$.

Les couples $(\mathcal{D},(F,r,u))$ sont aussi les objets d'une catégorie $\mathbb{F}$ dont les morphismes, disons de $(\mathcal{D},(F,r,u))$ à $(\mathcal{D}',(F',r',u'))$, sont les couples (Y,ν) où $Y : \mathcal{D} \longrightarrow \mathcal{D}'$ est un foncteur et $\nu : YF \longrightarrow F'Y$ est une transformation naturelle telle que

$$Y * u = (u' * Y)\nu \quad \text{et} \quad (r' * Y)\nu = (F' * \nu)(\nu * F)(Y * r) .$$

Le produit de deux tels morphismes successifs

$$(\mathcal{D},(F,r,u)) \xrightarrow{(Y,\nu)} (\mathcal{D}'(F',r',u')) \xrightarrow{(Y',\nu')} (\mathcal{D}'',(F'',r'',u''))$$

est donné par

$$(Y',\nu')(Y,\nu) = (Y'Y,(\nu' * Y)(Y' * \nu))$$

Si

$$(X,Y) : (T,U,k,u) \longrightarrow (T',U',k',u')$$

dans $\mathbb{A}$, où (T,U,k,u) et (T',U',k',u') induisent les coconstructions (F,r,u) et (F',r',u') sur $\mathcal{D}$ et $\mathcal{D}'$ respectivement, et si l'on pose

$$\nu = (F'Y * u')(U' * k' * XT)$$

alors

$$(Y,\nu) : (\mathcal{D},(F,r,u)) \longrightarrow (\mathcal{D}',(F',r',u'))$$

dans $\mathbb{F}$. Ceci définit un foncteur $\mathbb{P} : \mathbb{A} \longrightarrow \mathbb{F}$.

THEOREME 2'. *Le foncteur* $\mathbb{P}$ *possède un adjoint à droite* $\mathbb{Q}$ *permettant d'identifier* $\mathbb{F}$ *à une sous-catégorie coréflective de* $\mathbb{A}$.

3. MORPHISMES GAUCHES DE MORPHISMES ADJOINTS.

Si (S,p,k) est une construction de $\mathcal{C}$ et (F',r',u') est une coconstruction de $\mathcal{D}'$, un morphisme de $(\mathcal{C},(S,p,k))$ à $(\mathcal{D}',(F',r',u'))$ est un couple (Q,γ) où $Q : \mathcal{C} \longrightarrow \mathcal{D}'$ est un foncteur et $\gamma : F'QS \longrightarrow Q$ est une transformation naturelle telle que $\gamma(F'Q * k) = u' * Q$ et

$$\gamma(F'Q * p) = \gamma(F' * \gamma * S)(r' * QS^2)$$

Etant donnés deux morphismes adjoints

$$\mathcal{D} \xrightarrow{(T,U,k,u)} \mathcal{C}$$
$$\mathcal{D}' \xrightarrow{(T',U',k',u')} \mathcal{C}'$$

un morphisme gauche du premier au second est un couple (P,Q) où $P : \mathcal{D} \longrightarrow \mathcal{C}'$ et $Q : \mathcal{C} \longrightarrow \mathcal{D}'$ sont des foncteurs tels que $PU = T'Q$. Nous écrirons alors

$$(P,Q) : (T,U,k,u) \twoheadrightarrow (T',U',k',u')$$

PROPOSITION 3. *Si*

$$\mathcal{D} \xrightarrow{(T,U,k,u)} \mathcal{C} \quad \text{et} \quad \mathcal{D}' \xrightarrow{(T',U',k',u')} \mathcal{C}'$$

sont deux morphismes adjoints définissant la construction (S,p,k) *et la coconstruction* (F',r',u') *respectivement, si*

$$(P,Q) : (T,U,k,u) \twoheadrightarrow (T',U',k',u')$$

et si l'on pose

$$\gamma = (u' * Q)(U'P * u * U)$$

alors

$$(Q,\gamma) : (\mathscr{C},(S,p,k)) \longrightarrow (\mathscr{D}',(F',r',u'))$$

PREUVE. $\gamma(F'Q * k) = (u' * Q)(U'P * u * U)(U'T'Q * k)$

$= (u' * Q)(U'P * ((u * U)(U * k))) = u' * Q$

$\gamma(F'Q * p) = (u' * Q)(U'P * u * U)(U'T'QT * u * U)$

$= (u' * Q)(U'P * u * U)(U'P * u * UTU)$

$= (u' * Q)(U'P * u * U)(U' * ((T' * u')(k' * T')) * QTU)(U'P * u * UTU)$

$= (u' * Q)(U'P * u * U)(U'T' * u' * QTU)(U'T'U'P * u * UTU)(U' * k' * PUTUTU)$

$= \gamma(F' * \gamma * S)(r' * QS^2)$.

THEOREME 3. *Si* (S,p,k) *est une construction de* $\mathscr{C}$ *, si* $\overline{\mathscr{D}} \xrightarrow{(\overline{T},\overline{U},k,\overline{u})} \mathscr{C}$ *est le morphisme adjoint de Kleisli définissant* (S,p,k) *, si*

$$(Q,\gamma) : (\mathscr{C},(S,p,k)) \longrightarrow (\mathscr{D}',(F',r',u'))$$

où (F',r',u') *est une coconstruction de* $\mathscr{D}'$ *et si* $\mathscr{D}' \xrightarrow{(T',U',k',u')} \mathscr{C}'$ *est un morphisme adjoint définissant* (F',r',u') *, alors il existe un foncteur unique* $P : \overline{\mathscr{D}} \longrightarrow \mathscr{C}'$ *tel que* $P\overline{U} = T'Q$ et $\gamma = (u' * Q)(U'P * \overline{u} * \overline{U})$.

PREUVE. Supposons premièrement qu'un tel foncteur P existe. Alors pour chaque objet A de $\overline{\mathscr{D}}$.

$P(A) = P\overline{U}(A) = T'Q(A)$ et si $f \in M_{\overline{\mathscr{D}}}(A,B)$ alors

$P(f) = P(f\overline{u}_{\overline{U}(A)}\overline{U}(k_A)) = P(\overline{u}_{\overline{U}(B)}\overline{UT}(f)\overline{U}(k_A))$

$= P(\overline{u}_{\overline{U}(B)})T'Q(\overline{T}(f)k_A) = P(\overline{u}_{\overline{U}(B)})T'Q(p_B S(f)k_A)$

$= P(\overline{u}_{\overline{U}(B)})\ T'Q(f) = T'(u'_{Q(B)})k'_{P\overline{U}(B)}P(\overline{u}_{\overline{U}(B)})T'Q(f)$

$= T'(u'_{Q(B)})T'U'P(\overline{u}_{\overline{U}(B)})k'_{P\overline{UTU}(B)}T'Q(f) = T'(\gamma_B)k'_{T'QS(B)}T'Q(f)$

$= T'(\gamma_B)T'U'T'Q(f)k'_{T'Q(A)} = T'(\gamma_B F'Q(f))k'_{T'Q(A)}$

d'où l'unicité de P .

Montrons maintenant que si, pour chaque $f \in M_{\overline{\mathscr{D}}}(A,B)$, on pose $P(A) = T'Q(A)$ et $P(f) = T'(\gamma_B F'Q(f))k'_{T'Q(A)}$ alors P est un foncteur avec les propriétés requises. Si $f \in M_{\overline{\mathscr{D}}}(A,B)$ et $g \in M_{\overline{\mathscr{D}}}(B,C)$ alors

$P(g)P(f) = T'(\gamma_C F'Q(g))k'_{T'Q(B)}T'(\gamma_B F'Q(f))k'_{T'Q(A)}$

$= T'(\gamma_C F'Q(g))T'U'T'(\gamma_B F'Q(f))T'U'(k'_{T'Q(A)})k'_{T'Q(A)}$

$= T'(\gamma_C F'(Q(g)\gamma_B F'Q(f))r'_{Q(A)})k'_{T'Q(A)}$

$= T'(\gamma_C F'(\gamma_{S(C)})F'^2Q(S(g)f)r'_{Q(A)})k'_{T'Q(A)}$

$= T'(\gamma_C F'(\gamma_{S(C)})r'_{QS^2(C)}F'Q(S(g)f))k'_{T'Q(A)}$

$= T'(\gamma_C F'Q(p_C S(g)f))k'_{T'Q(A)}$

$= T'(\gamma_C F'Q(gf))k'_{T'Q(A)} = P(gf)$

De plus le morphisme identité de A dans $\mathfrak{D}$ est k_A et

$$P(k_A) = T'(\gamma_A F'Q(k_A))k'_{T'Q(A)} = T'(u'_{Q(A)})k'_{T'Q(A)} = 1_{P(A)}$$

Si $f \in M_{\mathcal{C}}(A,B)$ alors

$P\overline{U}(f) = P(k_B f) = T'(\gamma_B F'Q(k_B f))k'_{T'Q(A)}$

$= T'(u'_{Q(B)}F'Q(f))k'_{T'Q(A)} = T'Q(f)T'(u'_{Q(A)})k'_{T'Q(A)} = T'Q(f)$

donc $P\overline{U} = T'Q$.

Finalement

$u'_{Q(A)}U'P(\overline{u}_{\overline{U}(A)}) = u'_{Q(A)}U'(T'(\gamma_A F'Q(1_{S(A)}))k'_{T'QS(A)})$

$= u'_{Q(A)}F'(\gamma_A)U'(k'_{T'QS(A)}) = \gamma_A u'_{F'QS(A)}U'(k'_{T'QS(A)}) = \gamma_A$

PROPOSITION 4. *Si*

$(T,U,k,u) \xrightarrow[\ominus]{(P,Q)} (T',U',k',u')$ *induit* $(\mathcal{C},(S,p,k)) \xrightarrow{(Q,\gamma)} (\mathfrak{D}',(F',r',u'))$,

$(\hat{T},\hat{U},\hat{k},\hat{u}) \xrightarrow{(X,Y)} (T,U,k,u)$ *induit* $(\hat{\mathcal{C}},(\hat{S},\hat{p},\hat{k})) \xrightarrow{(X,\mu)} (\mathcal{C},(S,p,k))$,

$(T',U',k',u') \xrightarrow{(X',Y')} (\hat{T}',\hat{U}',\hat{k}',\hat{u}')$ *induit* $(\mathfrak{D}',(F',r',u')) \xrightarrow{(Y',\nu)} (\hat{\mathfrak{D}}',(\hat{F}',\hat{r}',\hat{u}'))$

alors

$$(Y'QX,X'PY) : (\hat{T},\hat{U},\hat{k},\hat{u}) \xrightarrow{\ominus} (\hat{T}',\hat{U}',\hat{k}',\hat{u}')$$

et induit

$$(Y'QX,(Y' * \gamma * X)(\nu * Q * \mu)) : (\hat{\mathcal{C}},(\hat{S},\hat{p},\hat{k})) \longrightarrow (\hat{\mathfrak{D}}',(\hat{F}',\hat{r}',\hat{u}')) .$$

PREUVE. Il est évident que

$$(X'PY,Y'QX) : (\hat{T},\hat{U},\hat{k},\hat{u}) \xrightarrow{\ominus} (\hat{T}',\hat{U}',\hat{k}',\hat{u}')$$

puisque $X'PY\hat{U} = X'PUX = X'T'QX = \hat{T}'Y'QX$.

D'après la Proposition 3 , $(X'PY,Y'QX)$ induit $(Y'QX,(\hat{u}' * Y'QX)(\hat{U}'X'PY * \hat{u} * \hat{U}))$

Or

$(\hat{u}' * Y'QX)(\hat{U}'X'PY * \hat{u} * \hat{U})$

$= (\hat{u}' * Y'QX)(\hat{U}'X'PY * \hat{u} * \hat{U})(\hat{U}'X'P * ((u * U)(U * k)) * X\hat{T}\hat{U})$

$= (\hat{u}' * Y'QX)(\hat{U}'X'P * u * Y\hat{U})(\hat{U}'X'PUTY * \hat{u} * \hat{U})(\hat{F}'Y'Q * k * X\hat{S})$

$= (\hat{u}' * Y'QX)(\hat{U}'X'P * u * UX)(\hat{F}'Y'Q * \mu)$

$= (\hat{u}' * Y'QX)(\hat{U}'X' * ((T' * u')(k' * T')) * QX)(\hat{U}'X'P * u * UX)(\hat{F}'Y'Q * \mu)$

$= (\hat{u}' * Y'QX)(\hat{F}'Y' * u' * QX)(\hat{U}'X'T'U'P * u * UX)$
$\quad (\hat{U}'X' * k' * PUTUX)(\hat{F}'Y'Q * \mu)$

$= (Y' * u' * QX)(\hat{u}' * Y'U'T'QX)(\hat{F}'Y'U'P * u * UX)$
$\quad (\hat{U}'X' * k' * PUTUX)(\hat{F}'Y'Q * \mu)$

$= (Y' * u' * QX)(Y'U'P * u * UX)(\hat{u}' * Y'U'PUTUX)$
$\quad (\hat{U}'X' * k' * PUTUX)(\hat{F}'Y'Q * \mu)$

$= (Y' * \gamma * X)(\nu * Q * \mu)$

Dans la situation de la Proposition 4 on peut évidemment définir une opération ternaire

$$(Y',\nu) \,\square\, (Q,\gamma) \,\square\, (X,\mu) = (Y'QX,(Y' * \gamma * X)(\nu * Q * \mu)) ,$$

opération qui est associative et toujours définie d'après les théorèmes 1, 1' et 3. Mais nous ne nous attarderons pas sur ce point. Nous définissons plutôt une nouvelle catégorie $\mathbb{C}$ dont les objets sont les morphismes

$$(Q,\gamma) : (\mathcal{C},(S,p,k)) \longrightarrow (\mathcal{D}',(F',r',u'))$$

et dont les morphismes, disons de (Q,γ) à

$$(\hat{Q},\hat{\gamma}) : (\hat{\mathcal{C}},(\hat{S},\hat{p},\hat{k})) \longrightarrow (\hat{\mathcal{D}}',(\hat{F}',\hat{r}',\hat{u}')) ,$$

sont les couples $((X,\mu),(Y',\nu))$ où

$$(X,\mu) : (\mathcal{C},(S,p,k)) \longrightarrow (\hat{\mathcal{C}},(\hat{S},\hat{p},\hat{k}))$$

$$(Y',\nu) : (\mathcal{D}',(F',r',u')) \longmapsto (\hat{\mathcal{D}}',(\hat{F}',\hat{r}',\hat{u}'))$$

et

$$(Y',\nu) \,\square\, (Q,\gamma) = (\hat{Q},\hat{\gamma}) \,\square\, (X,\mu)$$

c'est-à-dire que $\hat{Q}X = Y'Q$ et

$$(\hat{\gamma} * X)(\hat{F}'\hat{Q} * \mu) = (Y' * \gamma)(\nu * QS)$$

Le produit de deux couples successifs s'obtient en multipliant les composantes correspondantes.

Nous définissons aussi une catégorie $\mathbb{B}$ dont les objets sont les morphismes gauches

$$(T,U,k,u) \xrightarrow[\ominus]{(P,Q)} (T',U',k',u')$$

et dont les morphismes, disons de (P,Q) à

$$(\hat{T},\hat{U},\hat{k},\hat{u}) \xrightarrow{(\hat{P},\hat{Q})} (\hat{T}',\hat{U}',\hat{k}',\hat{u}')$$

sont les couples $((X,Y),(X',Y'))$, où

$$(X,Y) : (T,U,k,u) \longrightarrow (\hat{T},\hat{U},\hat{k},\hat{u})$$

$$(X',Y') : (T',U',k',u') \longmapsto (\hat{T}',\hat{U}',\hat{k}',\hat{u}')$$

et où $X'P = \hat{P}Y$ et $Y'Q = \hat{Q}X$, le produit de deux couples successifs étant obtenu en multipliant les composantes correspondantes.

On définit un foncteur $\mathbb{G} : \mathbb{B} \longrightarrow \mathbb{C}$ en posant, pour chaque objet (P,Q) de $\mathbb{B}$,

$$\mathbb{G}(P,Q) = (Q,(u' * Q)(U'P * u * U))$$

et en posant, pour chaque morphisme

$$((X,Y),(X',Y')) : (P,Q) \longrightarrow (\hat{P},\hat{Q}) ,$$

$$\mathbb{G}((X,Y),(X',Y')) = (\mathbb{T}(X,Y),\mathbb{P}_d(X',Y'))$$

Il est alors facile de déduire des théorèmes 1, 1' et 3, le théorème suivant.

THEOREME 4. *Le foncteur* $\mathbb{G}$ *possède un adjoint à gauche* $\mathbb{H}$ *permettant d'identifier* $\mathbb{C}$ *à une sous-catégorie réflective de* $\mathbb{B}$.

Les résultats précédents sont évidemment dualisables. Etant donnés un objet

$(\mathcal{D}',(F',r',u'))$ de $\mathbb{F}_d$ et un objet $(\mathcal{C},(S,p,k))$ de $\mathbb{S}$, un morphisme du premier au second est un couple (K,δ) où $K : \mathcal{D}' \longrightarrow \mathcal{C}$ est un foncteur et $\delta : K \longrightarrow SKF'$ est une transformation naturelle telle que

$$(SK * u')\delta = k * K \quad \text{et} \quad (SK * r')\delta = (p * KF'^2)(S * \delta * F')\delta$$

Etant donnés deux morphismes adjoints

$$\mathcal{D} \xrightarrow{(T,U,k,u)} \mathcal{C} \quad \text{et} \quad \mathcal{D}' \xrightarrow{(T',U',k',u')} \mathcal{C}'$$

un morphisme droit du second au premier est un couple (H,K) où $H : \mathcal{C}' \longrightarrow \mathcal{D}$ et $K : \mathcal{D}' \longrightarrow \mathcal{C}$ sont des foncteurs tels que $UK = HT'$. Un tel morphisme sera représenté par

$$(H,K) : (T',U',k',u') \mathrel{-\!\boxminus\!\!\rightarrow} (T,U,k,u)$$

PROPOSITION 3'. *Si*

$$\mathcal{D} \xrightarrow{(T,U,k,u)} \mathcal{C} \quad \text{et} \quad \mathcal{D}' \xrightarrow{(T',U',k',u')} \mathcal{C}'$$

sont deux morphismes adjoints définissant la construction (S,p,k) *et la coconstruction* (F',r',u') *respectivement si*

$$(H,K) : (T',U',k',u') \mathrel{-\!\boxminus\!\!\rightarrow} (T,U,k,u)$$

et si l'on pose

$$\delta = (TH * k' * T')(k * K)$$

alors

$$(K,\delta) : (\mathcal{D}',(F',r',u')) \longrightarrow (\mathcal{C},(S,p,k))$$

THEOREME 3'. *Si* (F',r',u') *est une coconstruction de* $\mathcal{D}'$, *si*

$$\mathcal{D}' \xrightarrow{(\overline{T}',\overline{U}',\overline{k}',u')} \overline{\mathcal{C}}'$$

est le morphisme adjoint de Kleisli définissant (F',r',u'), *si*

$$(K,\delta) : (\mathcal{D}',(F',r',u')) \longrightarrow (\mathcal{C},(S,p,k))$$

et si

$$\mathcal{D} \xrightarrow{(T,U,k,u)} \mathcal{C}$$

est un morphisme adjoint définissant (S,p,k) *alors il existe un et un seul foncteur* $H : \overline{\mathcal{C}}' \longrightarrow \mathcal{D}$ *tel que* $UK = H\overline{T}'$ et $\delta = (TH * \overline{k}' * \overline{T}')(k * K)$.

PROPOSITION 4'. *Si*

$$(T',U',k',u') \xrightarrow{(H,K)} (T,U,k,u) \quad \textit{induit} \quad (\mathcal{D}',(F',r',u')) \xrightarrow{(K,\delta)} (\mathcal{C},(S,p,k))$$

$$(\hat{T}',\hat{U}',\hat{k}',\hat{u}') \xrightarrow{(X',Y')} (T',U',k',u') \quad \textit{induit} \quad (\hat{\mathcal{D}}',(\hat{F}',\hat{r}',\hat{u}')) \xrightarrow{(Y',\nu)} (\mathcal{D}',(F',r',u'))$$

$$(T,U,k,u) \xrightarrow{(X,Y)} (\hat{T},\hat{U},\hat{k},\hat{u}) \quad \textit{induit} \quad (\mathcal{C},(S,p,k)) \xrightarrow{(X,\mu)} (\hat{\mathcal{C}},(\hat{S},\hat{p},\hat{k}))$$

alors

$$(YHX',XKY') : (\hat{T}',\hat{U}',\hat{k}',\hat{u}') \mathrel{-\!\boxminus\!\!\rightarrow} (\hat{T},\hat{U},\hat{k},\hat{u})$$

et induit

$$(XKY',(\mu * K * \nu)(X * \delta * Y')) : (\hat{\mathcal{D}}',(\hat{F}',\hat{r}',\hat{u}')) \longrightarrow (\hat{\mathcal{C}},(\hat{S},\hat{p},\hat{k}))$$

On peut évidemment définir maintenant les catégories $\mathbb{C}^\circ$ et $\mathbb{B}^\circ$ et les foncteurs $\mathfrak{G}^{\circ}$ et $\mathfrak{H}^{\circ}$, notions duales des catégories $\mathbb{C}$ et $\mathbb{B}$ et des foncteurs adjoints $\mathfrak{G}$ et $\mathbb{H}$.

PROPOSITION 5. *Si*

$$(T,U,k,u) \xrightarrow[\ominus]{(P,Q)} (T',U',k',u') \quad \textit{induit} \quad (\mathscr{C},(S,p,k)) \xrightarrow{(Q,\gamma)} (\mathscr{D}',(F',r',u'))$$

$$(T',U',k',u') \xrightarrow[\boxminus]{(H,K)} (\hat{T},\hat{U},\hat{k},\hat{u}) \quad \textit{induit} \quad (\mathscr{D}',(F',r',u')) \xrightarrow{(K,\delta)} (\hat{\mathscr{C}},(\hat{S},\hat{p},\hat{k}))$$

alors

$$(KQ,HP) : (T,U,k,u) \longrightarrow (\hat{T},\hat{U},\hat{k},\hat{u})$$

dans $\mathbb{A}$ *et induit*

$$(KQ,(\hat{S}K * \gamma)(\delta * QS)) : (\mathscr{C},(S,p,k)) \longrightarrow (\hat{\mathscr{C}},(\hat{S},\hat{p},\hat{k}))$$

PREUVE. Evidemment

$$(KQ,HP) : (T,U,k,u) \longrightarrow (\hat{T},\hat{U},\hat{k},\hat{u})$$

puisque $HPU = HT'Q = \hat{U}KQ$. D'après la Proposition 1 (KQ,HP) induit $(KQ,(\hat{T}HP * u * U)(\hat{k} * KQS))$. Or

$$\begin{aligned}
&(\hat{T}HP * u * U)(\hat{k} * KQS) \\
&\quad = (\hat{T}H * ((((T' * u')(k' * T')) * Q)(P * u * U)))(\hat{k} * KQS) \\
&\quad = (\hat{S}K * u' * Q)(\hat{T}HT'U'P * u * U)(\hat{T}H * k' * PUTU)(\hat{k} * KQS) \\
&\quad = (\hat{S}K * ((u' * Q)(U'P * u * U)))(((\hat{T}H * k' * T')(\hat{k} * K)) * QS) \\
&\quad = (\hat{S}K * \gamma)(\delta * QS)
\end{aligned}$$

PROPOSITION 5'. *Si*

$$(T',U',k',u') \xrightarrow[\boxminus]{(H,K)} (T,U,k,u) \quad \textit{induit} \quad (\mathscr{D}',(F',r',u')) \xrightarrow{(K,\delta)} (\mathscr{C},(S,p,k))$$

$$(T,U,k,u) \xrightarrow[\ominus]{(P,Q)} (\hat{T},\hat{U},\hat{k},\hat{u}) \quad \textit{induit} \quad (\mathscr{C},(S,p,k)) \xrightarrow{(Q,\gamma)} (\hat{\mathscr{D}},(\hat{F},\hat{r},\hat{u}))$$

alors

$$(PH,QK) : (T',U',k',u') \longmapsto (\hat{T},\hat{U},\hat{k},\hat{u})$$

dans $\mathbb{A}_d$ *et induit*

$$(QK,(\gamma * KF')(\hat{F}Q * \delta)) : (\mathscr{D},(F',r',u')) \longmapsto (\hat{\mathscr{D}},(\hat{F},\hat{r},\hat{u}))$$

Les propositions 5 et 5' nous permettent de parler d'un morphisme inversible

$$(Q,\gamma) : (\mathscr{C},(S,p,k)) \longrightarrow (\mathscr{D}',(F',r',u'))$$

c'est-à-dire pour lequel il existe un morphisme

$$(K,\delta) : (\mathscr{D}',(F',r',u')) \longrightarrow (\mathscr{C},(S,p,k))$$

tel que $QK = 1_{\mathscr{D}'}$, $KQ = 1_{\mathscr{C}}$ et

$$(\gamma * KF')(F'Q * \delta) = 1_{F'}$$

$$(SK * \gamma)(\delta * QS) = 1_S \,.$$

Ce sont les objets d'une sous-catégorie pleine $\mathbb{D}$ de $\mathbb{C}$.

On peut aussi parler de la sous-catégorie pleine $\mathbb{E}$ de $\mathbb{B}$ dont les objets sont les morphismes gauches inversibles

$$(P,Q) : (T,U,k,u) \xrightarrow{\ominus} (T',U',k',u')$$

c'est-à-dire pour lesquels il existe un morphisme droit

$$(H,K) : (T',U',k',u') \to (T,U,k,u)$$

tel que $HP = 1_{\mathcal{D}}$, $PH = 1_{\mathcal{C}'}$, $QK = 1_{\mathcal{D}'}$ et $KQ = 1_{\mathcal{C}}$. Le théorème suivant est alors à peu près évident.

THEOREME 5. $\mathbb{G}$ *induit un foncteur de* $\mathbb{E}$ *à* $\mathbb{D}$ *qui possède un adjoint à gauche permettant d'identifier* $\mathbb{D}$ *à une sous-catégorie réflective de* $\mathbb{E}$.

4. MORPHISMES GAUCHES DUALS DE MORPHISMES ADJOINTS.

Il existe une théorie semblable à celle que nous venons d'exposer dans la section précédente dans laquelle les morphismes adjoints de Eilenberg-Moore jouent un rôle analogue à celui qui était joué par les morphismes adjoints de Kleisli. Sauf pour le théorème principal (Théorème 6), pour lequel nous donnerons une preuve détaillée, nous nous contenterons d'énoncer les résultats. Les preuves sont tout à fait semblables à celles que nous avons données dans la section précédente et peuvent être retrouvées facilement.

Si (S,p,k) est une construction de $\mathcal{C}$ et (F',r',u') est une coconstruction de $\mathcal{D}'$ alors un morphisme dual

$$(\mathcal{D}',(F',r',u')) \longmapsto (\mathcal{C},(S,p,k))$$

est un couple (Q,γ) où $Q : \mathcal{D}' \longrightarrow \mathcal{C}$ est un foncteur et $\gamma : SQF' \longrightarrow Q$ est une transformation naturelle telle que

$$\gamma(k * QF') = Q * u' \quad \text{et} \quad \gamma(p * QF') = \gamma(S * \gamma * F')(S^2Q * r')$$

Etant donnés deux morphismes adjoints

$$\mathcal{D} \xrightarrow{(T,U,k,u)} \mathcal{C} \qquad \text{et} \qquad \mathcal{D}' \xrightarrow{(T',U',k',u')} \mathcal{C}'$$

un morphisme gauche dual

$$(T',U',k',u') \longmapsto (T,U,k,u)$$

est un couple (P,Q) où $P : \mathcal{C}' \longrightarrow \mathcal{D}$ et $Q : \mathcal{D}' \longrightarrow \mathcal{C}$ sont des foncteurs tels que $TP = QU'$

PROPOSITION 6. *Si*

$$\mathcal{D} \xrightarrow{(T,U,k,u)} \mathcal{C} \qquad \text{et} \qquad \mathcal{D}' \xrightarrow{(T',U',k',u')} \mathcal{C}'$$

sont des morphismes adjoints définissant la construction (S,p,k) *et la coconstruction* (F',r',u') *respectivement et si*

$$(P,Q) : (T',U',k',u') \longmapsto (T,U,k,u)$$

alors (P,Q) *induit un morphisme dual*

$$(Q,\gamma) : (\mathcal{D}',(F',r',u')) \longmapsto (\mathcal{C},(S,p,k))$$

où

$$\gamma = (Q * u')(T * u * PT') .$$

THEOREME 6. *Si* (S,p,k) *est une construction de* $\mathcal{C}$, *si* $\underline{\mathcal{D}} \xrightarrow{(\underline{T},\underline{U},\underline{k},\underline{u})} \mathcal{C}$

est le morphisme adjoint de Eilenberg-Moore définissant (S,p,k) , *si*

$$(Q,\gamma) : (\mathcal{D}',(F',r',u')) \mapsto\!\!\!\rightarrow (\mathcal{C},(S,p,k))$$

et si $\mathcal{D}' \xrightarrow{(T',U',k',u')} \mathcal{C}'$ *est un morphisme adjoint définissant* (F',r',u') *alors il existe un foncteur unique* $P : \mathcal{C}' \longrightarrow \underline{\mathcal{D}}$ *tel que* $\underline{T}P = QU'$ et

$$\gamma = (Q * u')(\underline{T} * \underline{u} * PT') .$$

PREUVE. Supposons premièrement qu'un tel foncteur P existe. Si A' est un objet de $\mathcal{C}'$, posons $P(A') = (A,\phi)$. Alors $A = \underline{T}(A,\phi) = \underline{T}P(A') = QU'(A')$ et

$$\begin{aligned}\phi = \underline{T}(\phi) &= \underline{T}(\underline{u}_{(A,\phi)}) = \underline{T}(\underline{u}_{P(A')})\\ &= Q(u'_{U'(A')})QU'(k'_{A'})\underline{T}(\underline{u}_{P(A')})\\ &= Q(u'_{U'(A')})\underline{T}(\underline{u}_{PT'U'(A')})\underline{TUT}P(k'_{A'})\\ &= \gamma_{U'(A')}SQU'(k'_{A'})\end{aligned}$$

De plus, si $f' : A' \longrightarrow B'$ dans $\mathcal{C}'$ alors $P(f) = \underline{T}P(f) = QU'(f)$, d'où l'unicité de P .

Montrons maintenant que si l'on pose, pour chaque morphisme $f' : A' \longrightarrow B'$ de $\mathcal{C}'$,

$$P(A') = (QU'(A'),\gamma_{U'(A')}SQU'(k'_{A'})) \quad \text{et} \quad P(f) = QU'(f)$$

alors P est effectivement un foncteur de $\mathcal{C}'$ à $\underline{\mathcal{D}}$. Il suffit évidemment de démontrer que chaque $P(A')$ est un objet de $\underline{\mathcal{D}}$. Or

$$\begin{aligned}\gamma_{U'(A')}SQU'(k'_{A'})k_{QU'(A')} &= \gamma_{U'(A')}k_{QU'T'U'(A')}QU'(k'_{A'})\\ &= Q(u'_{U'(A')})QU'(k'_{A'}) = Q(1_{U'(A')}) = 1_{QU'(A')}\end{aligned}$$

et

$$\begin{aligned}\gamma_{U'(A')}SQU'(k'_{A'})p_{QU'(A')} &= \gamma_{U'(A')}p_{QF'U'(A')}S^2QU'(k'_{A'})\\ &= \gamma_{U'(A')}S(\gamma_{F'U'(A')})S^2Q(r'_{U'(A')})S^2QU'(k'_{A'})\\ &= \gamma_{U'(A')}S(\gamma_{F'U'(A')})S^2QF'U'(k'_{A'})S^2QU'(k'_{A'})\\ &= \gamma_{U'(A')}SQU'(k'_{A'})S(\gamma_{U'(A')})S^2QU'(k'_{A'})\end{aligned}$$

Il est évident que $\underline{T}P = QU'$

Finalement, pour chaque objet A' de $\mathcal{D}'$,

$$\begin{aligned}&Q(u'_{A'})\underline{T}(\underline{u}_{PT'(A')})\\ &= Q(u'_{A'})\underline{T}(\underline{u}_{(QU'T'(A'),\gamma_{U'T'(A')}SQU'(k'_{T'(A')}))})\\ &= Q(u'_{A'})\gamma_{U'T'(A')}SQU'(k'_{T'(A')})\\ &= \gamma_{A'}SQF'(u'_{A'})SQU'(k'_{T'(A')}) = \gamma_{A'}\end{aligned}$$

PROPOSITION 7. *Si*

$(T',U',k',u') \xrightarrow{(P,Q)} (T,U,k,u)$ *induit* $(\mathcal{D}',(F',r',u')) \xrightarrow{(Q,\gamma)} (\mathcal{C},(S,p,k))$

$(\hat{T}',\hat{U}',\hat{k}',\hat{u}') \xrightarrow{(X'Y')} (T',U',k',u')$ *induit* $(\hat{\mathcal{D}}',(\hat{F}',\hat{r}',\hat{u}')) \xrightarrow{(Y',\nu)} (\mathcal{D}',(F',r',u'))$

$(T,U,k,u) \xrightarrow{(X,Y)} (\hat{T},\hat{U},\hat{k},\hat{u})$ *induit* $(\mathcal{C},(S,p,k)) \xrightarrow{(X,\mu)} (\hat{\mathcal{C}},(\hat{S},\hat{p},\hat{k}))$

alors

$$(YPX',XQY') : (\hat{T}',\hat{U}',\hat{k}',\hat{u}') \longmapsto (\hat{T},\hat{U},\hat{k},\hat{u})$$

et induit

$$(XQY',(X * \gamma * Y')(\mu * Q * \nu)) : (\hat{\mathcal{D}}',(\hat{F}',\hat{r}',\hat{u}')) \longmapsto (\hat{\mathcal{C}},(\hat{S},\hat{p},\hat{k}))$$

Si

$$\mathcal{D} \xrightarrow{(T,U,k,u)} \mathcal{C} \quad \text{et} \quad \mathcal{D}' \xrightarrow{(T',U',k',u')} \mathcal{C}'$$

sont des morphismes adjoints définissant la construction (S,p,k) et la coconstruction (F',r',u') respectivement alors un morphisme droit dual

$$(T,U,k,u) \longmapsto (T',U',k',u')$$

est un couple (H,K) où $H : \mathcal{D} \longrightarrow \mathcal{C}'$ et $K : \mathcal{C} \longrightarrow \mathcal{D}'$ sont des foncteurs tels que $KT = U'H$ et un morphisme dual $(\mathcal{C},(S,p,k)) \longmapsto (\mathcal{D}',F',r',u'))$ est un couple (K,δ) où $K : \mathcal{C} \longrightarrow \mathcal{D}'$ est un foncteur et $\delta : K \longrightarrow F'KS$ est une transformation naturelle telle que

$$(u' * KS)\delta = K * k \quad \text{et} \quad (r' * KS)\delta = (F'^2K * p)(F' * \delta * S)\delta$$

Nous laissons au lecteur le soin d'énoncer, s'il le désire, les duals des Propositions 6 et 7 et du Théorème 6.

PROPOSITION 8. *Si*

$(T',U',k',u') \xrightarrow{(P,Q)} (T,U,k,u)$ *induit* $(\mathcal{D}',(F',r',u')) \xrightarrow{(Q,\gamma)} (\mathcal{C},(S,p,k))$

$(T,U,k,u) \xrightarrow{(H,K)} (\hat{T},\hat{U},\hat{k},\hat{u})$ *induit* $(\mathcal{C},(S,p,k)) \xrightarrow{(K,\delta)} (\hat{\mathcal{D}},(\hat{F},\hat{r},\hat{u}))$

alors

$$(HP,KQ) : (T',U',k',u') \longrightarrow (\hat{T},\hat{U},\hat{k},\hat{u})$$

et induit

$$(KQ,(\hat{F}K * \gamma)(\delta * QF')) : (\mathcal{D}',(F',r',u')) \longrightarrow (\hat{\mathcal{D}},(\hat{F},\hat{r},\hat{u}))$$

Nous laissons aussi au lecteur le soin d'interpréter ces résultats et leurs duals comme ceci a été fait pour les résultats analogues de la section précédente.

5. QUELQUES GENERALISATIONS.

Nous appellerons catégorie de deuxième ordre un système

$$\mathbb{X} = (\mathcal{C},\mathfrak{X},\otimes,I,\omega,\rho,\lambda)$$

où 1) $\mathcal{C}$ est une catégorie, 2) pour chaque morphisme f de $\mathcal{C}$, $\mathfrak{X}(f)$ est une catégorie, 3) pour chaque paire de morphismes successifs de $\mathcal{C}$

$$A \xrightarrow{f} B \xrightarrow{g} C ,$$

$$\otimes : \mathfrak{X}(g) \times \mathfrak{X}(f) \longrightarrow \mathfrak{X}(gf)$$

est un foncteur, 4) pour chaque objet A de $\mathcal{C}$, I_A est un objet de $\mathfrak{X}(1_A)$,

5) pour chaque triple de morphismes successifs de $\mathcal{C}$

$$A \xrightarrow{f} B \xrightarrow{g} C \xrightarrow{h} D ,$$

$$\omega : \otimes(\otimes \times \mathfrak{X}(f)) \longrightarrow \otimes(\mathfrak{X}(h) \times \otimes)$$

est une équivalence naturelle et 6) pour chaque morphisme $f : A \longrightarrow B$ de $\mathcal{C}$,

$$\rho : \mathfrak{X}(f) \otimes I_A \longrightarrow 1_{\mathfrak{X}(f)} \quad \text{et} \quad \lambda : I_B \otimes \mathfrak{X}(f) \longrightarrow 1_{\mathfrak{X}(f)}$$

sont des équivalences naturelles, ces notions satisfaisant aux conditions suivantes :

$$A \xrightarrow{f} B \xrightarrow{g} C \xrightarrow{h} D \xrightarrow{k} E$$

étant des morphismes de $\mathcal{C}$ et X, Y, Z, U etant des objets de $\mathfrak{X}(f), \mathfrak{X}(g), \mathfrak{X}(h)$ et $\mathfrak{X}(k)$ respectivement,

A1. $(U \otimes \omega_{ZYX}) \omega_{U, Z\otimes Y, X} (\omega_{UZY} \otimes X)$

$= \omega_{U,Z,Y\otimes Z}\, \omega_{U\otimes Z, Y, X}$

A2. $(Y \otimes \rho_X) \omega_{YXI_A} = \rho_{Y \otimes X}$

A3. $\lambda_{Y\otimes X} \omega_{I_C YX} = \lambda_Y \otimes X$

A4. $(Y \otimes \lambda_X) \omega_{YI_B X} = \rho_Y \otimes X$

A5. $\rho_{I_A} = \lambda_{I_A}$

Evidemment une catégorie du second ordre $\mathfrak{X}$ où $\mathcal{C}$ est une catégorie triviale (avec un seul morphisme) est tout simplement une catégorie avec multiplication (1) tandis que si $\mathcal{C}$ est un ensemble préordonné dans lequel $A \leq B$ quels que soient les éléments A et B alors $\mathfrak{X}$ est une généralisation de la notion de catégorie avec multiplication et de la notion habituelle de catégorie du second type ou de 2-catégorie (où les ω, ρ et λ sont toutes des identités ; voir e.g.[4]) généralisation mentionnée récemment par G. Bénabou (645th Meeting, Amer, Math. Soc. Univ. of Chicago, April 1967).

Etant donnée une catégorie du deuxième ordre $\mathfrak{X}$ et un objet A de $\mathcal{C}$, un semi-groupe sur A est un triple (R,m,i) où R est un objet de $\mathfrak{X}(A) = \mathfrak{X}(1_A)$ et $m : R\otimes R \longrightarrow R$ et $i : I_A \longrightarrow R$ sont des morphismes de $\mathfrak{X}(A)$ tels que

$$m(m\otimes R) = m(R\otimes m)\omega_{RRR}$$

$$m(R\otimes i) = \rho_R \qquad m(i\otimes R) = \lambda_R$$

Les couples $(A,(R,m,i))$, où A est un objet de $\mathcal{C}$ et (R,m,i) est un semi-groupe sur A , sont les objets d'une catégorie dont les morphismes, disons de $(A,(R,m,i))$ à $(A',(R',m',i'))$, sont les triples (f,X,μ) , où $f : A \longrightarrow A'$ dans $\mathcal{C}$, X est un objet de $\mathfrak{X}(f)$ et $\mu : X\otimes R \longrightarrow R'\otimes X$ dans $\mathfrak{X}(f)$, tels que

$$\mu(X\otimes i) = (i'\otimes X)\lambda_X^{-1}\rho_X$$

$$\mu(X\otimes m)\omega_{XRR} = (m'\otimes X)\omega^{-1}_{R'R'X}(R'\otimes\mu)\omega_{R'XR}(\mu\otimes R) ,$$

le produit de deux tels morphismes successifs étant donné par

$$(f',X',\mu')(f,X,\mu) = (f'f,X'\otimes X,\omega_{R''X'X}(\mu'\otimes X)\omega^{-1}_{X'R'X}(X'\otimes\mu)\omega_{X'XR})$$

On définit évidemment une catégorie du second ordre en se donnant une classe quelconque $\mathfrak{C}$ de catégories, en assignant à chaque paire de catégories $\mathcal{A},\mathcal{B} \in \mathfrak{C}$ la catégorie $\mathfrak{X}(\mathcal{A},\mathcal{B})$ des foncteurs de $\mathcal{A}$ à $\mathcal{B}$ et leurs transformations naturelles, en assignant à chaque triple $\mathcal{A},\mathcal{B}, \mathcal{C} \in \mathfrak{C}$, l'opération habituelle

$$\mathfrak{X}(\mathcal{B},\mathcal{C}) \times \mathfrak{X}(\mathcal{A},\mathcal{B}) \xrightarrow{*} \mathfrak{X}(\mathcal{A},\mathcal{C})$$

et en choisissant, pour chaque $\mathcal{A} \in \mathfrak{C}$, $I_{\mathcal{A}} = 1_{\mathcal{A}}$. Dans ce contexte, les semi-groupes sur $\mathcal{A}$ sont tout simplement les constructions fondamentales de $\mathcal{A}$ et les morphismes d'un couple $(\mathcal{A},(S,p,k))$ à un autre sont ceux que nous avons étudiés dans les sections précédentes.

Après ces remarques le lecteur pourra, sans doute, retrouver sans difficultés, dans le contexte d'une catégorie du second ordre quelconque, la notion duale de co-semi-groupe ainsi que les diverses notions de morphismes et de morphismes duals étudiées dans les sections précédentes.

Il est bien connu qu'un semi-groupe sur une catégorie avec multiplication $\mathfrak{X}$ est tout simplement un morphisme, au sens de Bénabou [1] , d'une catégorie triviale avec multiplication, à $\mathfrak{X}$. Celà suggère maintenant les généralisations suivantes.

Etant données deux catégories du second ordre $\mathbb{X}$ et $\mathbb{X}'$, un morphisme de la première à la seconde est un quadruple (T,H,α,β) , où 1) T est un foncteur de $\mathcal{C}$ à $\mathcal{C}'$, 2) pour chaque morphisme f de $\mathcal{C}$, H_f est un foncteur de $\mathfrak{X}(f)$ à $\mathfrak{X}'(T(f))$, 3) pour chaque paire de morphismes successifs de $\mathcal{C}$

$$A \xrightarrow{f} B \xrightarrow{g} C ,$$

α est une transformation naturelle de $\otimes(H_g \times H_f)$ à $H_{gf}\otimes$ et 4) pour chaque objet A de $\mathcal{C}$,

$$\beta_A : I'_{T(A)} \longrightarrow H_{1_A}(I_A)$$

dans $\mathfrak{X}'(1_{T(A)})$, ces notions satisfaisant aux conditions suivantes :

$$A \xrightarrow{f} B \xrightarrow{g} C \xrightarrow{h} D$$

étant des morphismes de $\mathcal{C}$ et X,Y,Z étant des objets de $\mathfrak{X}(f)$, $\mathfrak{X}(g)$ et $\mathfrak{X}(h)$ respectivement,

<u>B1.</u> $H_{hgf}(\omega_{ZYX})\alpha_{X,Z\otimes Y}(\alpha_{YZ}\otimes H_f(X))$

$$= \alpha_{Y\otimes X,Z}(H_h(Z)\otimes\alpha_{XY})\omega'_{H_h(Z)H_g(Y)H_f(X)}$$

<u>B2</u>. $H_f(\rho_X)\alpha_{I_A X}(H_f(X)\otimes\beta_A) = \rho'_{H_f(X)}$

<u>B3</u>. $H_f(\lambda_X)\alpha_{X I_B}(\beta_B\otimes H_f(X)) = \lambda'_{H_f(X)}$

Un comorphisme de $\mathfrak{X}$ à $\mathfrak{X}'$ est un quadruple (S,K,ζ,η) où 1) S est un foncteur contravariant de $\mathcal{C}$ à $\mathcal{C}'$, 2) pour chaque morphisme f de $\mathcal{C}$, K_f est un foncteur de $\mathfrak{X}(f)$ à $\mathfrak{X}'(S(f))$, 3) pour chaque paire de morphismes successifs de $\mathcal{C}$

$$A \xrightarrow{f} B \xrightarrow{g} C ,$$

ζ est une transformation naturelle de $K_{gf}\otimes c$ à $\otimes(K_f \times K_g)$, c désignant le foncteur "permutation des variables" de $\mathfrak{X}(f) \times \mathfrak{X}(g)$ à $\mathfrak{X}(g) \times \mathfrak{X}(f)$, et 4) pour chaque objet A de $\mathcal{C}$,

$$\eta_A : K_{1_A}(I_A) \longrightarrow I'_{S(A)}$$

est un morphisme de $\mathfrak{X}'(1_{S(A)})$, ces notions satisfaisant à des conditions analogues à <u>B1</u>., <u>B2</u>. et <u>B3</u>., conditions que le lecteur retrouvera sans difficulté.

Soient

$$\mathfrak{X} \underset{(\overline{T},\overline{H},\overline{\alpha},\overline{\beta})}{\overset{(T,H,\alpha,\beta)}{\rightrightarrows}} \mathfrak{X}'$$

deux morphismes de catégorie du second ordre. Un morphisme du premier au second est un triple (τ,V,ϕ) où 1) τ est une transformation naturelle de T à $\overline{T}$, 2) pour chaque objet A de $\mathcal{C}$, $V(A)$ est un objet de $\mathfrak{X}'(\tau_A)$ et 3) pour chaque morphisme $f : A \longrightarrow B$ de $\mathcal{C}$, ϕ est une transformation naturelle de $\overline{H}_f\otimes V(A)$ à $V(B)\otimes H(f)$, ces notions satisfaisant aux conditions suivantes :

<u>C1</u>. Si

$$A \xrightarrow{f} B \xrightarrow{g} C$$

dans $\mathcal{C}$, si X est un objet de $\mathfrak{X}(f)$ et si Y est un objet de $\mathfrak{X}(g)$ alors

$$\phi_{Y\otimes X}(\overline{\alpha}_{YX}\otimes V(A)) = (V(C)\otimes\alpha_{YX})\omega'(\phi_Y\otimes H_f(X))\omega'^{-1}(\overline{H}_g(Y)\otimes\phi_X)\omega'$$

<u>C2</u>. Pour chaque objet A de $\mathcal{C}$,

$$\phi_{I_A}(\beta_A\otimes V(A)) = (V(A)\otimes\beta_A)\rho'^{-1}_{V(A)}\lambda'_{V(A)}$$

Soient (T,H,α,β) un morphisme et (S,K,ζ,η) un comorphisme de $\mathfrak{X}$ à $\mathfrak{X}'$. Nous appellerons transformation naturelle de T à S une famille de morphismes

$$\theta_A : T(A) \longrightarrow S(A)$$

telle que si $f : A \longrightarrow B$ dans $\mathcal{C}$ alors le diagramme

$$\begin{array}{ccc} T(A) & \xrightarrow{T(f)} & T(B) \\ \downarrow{\scriptstyle \theta_A} & & \downarrow{\scriptstyle \theta_B} \\ S(A) & \xleftarrow{S(f)} & S(B) \end{array}$$

est commutatif. Un morphisme de (T,H,α,β) à (S,K,ζ,η) est un triple (θ,W,χ) où 1) θ est une transformation naturelle de T à S, 2) pour chaque objet A de $\mathcal{C}$, $W(A)$ est un objet de $\mathfrak{X}'(\theta_A)$ et 3) pour chaque morphisme $f : A \longrightarrow B$ de $\mathcal{C}$, χ est une transformation naturelle de $((K_f \otimes W(B)) \otimes H_f)d$ au foncteur constant de $\mathfrak{X}(f)$ à $\mathfrak{X}'(\theta_A)$ déterminé par $W(A)$, d étant le foncteur "diagonale" de $\mathfrak{X}(f)$ à $\mathfrak{X}(f) \times \mathfrak{X}(f)$, ces notions satisfaisant aux conditions suivantes :

<u>D1</u>. Si $A \xrightarrow{f} B \xrightarrow{g} C$ sont des morphismes de $\mathcal{C}$, si X est un objet de $\mathfrak{X}(f)$ et si Y est un objet de $\mathfrak{X}(g)$ alors

$$\chi_X((K_f(X) \otimes \chi_Y) \otimes H_f(X))(\omega' \otimes H_f(X))((\omega' \otimes H_g(Y)) \otimes H_f(X))$$

$$\omega'^{-1}((\zeta_{XY} \otimes W(C)) \otimes (H_g(Y) \otimes H_f(X))) = \chi_{Y \otimes X}((K_{gf}(Y \otimes X) \otimes W(C)) \otimes \alpha_{YX})$$

<u>D2</u>. Pour chaque objet A de $\mathcal{C}$,

$$\chi_{I_A}((K_{1_A}(I_A) \otimes W(A)) \otimes \beta_A) = \lambda'_{W(A)}(\eta_A \otimes W(A))\rho'_{K_{1_A}(I_A)} \otimes W(A)$$

Le lecteur pourra maintenant retrouver facilement les généralisations des autres notions de morphisme ou de morphisme dual étudiées dans les sections précédentes.

L'étude systématique de l'algèbre de ces notions ainsi que des diverses généralisations ou modifications possibles dépasserait évidemment le cadre du présent travail.

BIBLIOGRAPHIE

[1] BENABOU J., Catégories avec multiplication, C.R. Acad. Sci., Paris, 256, (1963), p. 1887-1890.

[2] EILENBERG S. - MOORE J.C., Adjoint Functors and Triples, Illinois J. of Math., Vol. 9, N° 3, p. 381-398.

[3] KLEISLI H., Every Standard Construction is induced by a Pair of Adjoint Functors, Proc. Am. Math. Soc., Vol. 16, N° 3, p. 544-546.

[4] MARANDA J.M., Formal Categories, Jour. Can. de Math., Vol. 17, (1965), p. 758-801.

[5] MARANDA J.M., On Fundamental Constructions and Adjoint Functors, Bull. Can. de Math., Vol. 9, (1966), p. 581-591.

RADICAL, SOCLE ET RELATIVISATION

par Robert MARTY

§ 1. INTRODUCTION.

La notion de pureté introduite dans la théorie des groupes abéliens en 1923 par H. Prüfer dans son article "Untersuchungen über die Zerlegharkeit der abzählbaren primären abelsche gruppen" est à l'origine de nombreux concepts de l'algèbre homologique relative.

Rappelons qu'un sous-groupe A d'un groupe abélien B est dit pur dans B si $nA = A \cap nB$ (1) pour tout entier naturel n . Etudier les sous-groupes purs d'un groupe donné revient donc, dans le langage de l'algèbre homologique relative, à sélectionner parmi tous les monomorphsimes de but B ceux dont l'image A possède la propriété (1). Axiomatiser la théorie revient donc, dans une certaine mesure, à choisir parmi les nombreuses propriétés des sous-groupes purs celles qui constitueront un système d'axiomes suffisants pour développer une théorie dans laquelle un nombre optimal de résultats subsisteront. Plusieurs auteurs ont indiqué des systèmes d'axiomes possibles (voir [1], [5], [6], [7], [12]) qui sont en général contenus dans l'ensemble suivant :

Une catégorie abélienne relative est un couple $(\mathcal{C}, \Omega)$ formé d'une catégorie abélienne $\mathcal{C}$ et d'une classe Ω de morphismes de $\mathcal{C}$ qu'on appelle les morphismes permis (ou propres). Si on désigne par Ω_m la classe des monismes de Ω et par Ω_e la classe des épismes on imposera que Ω vérifie tout ou partie des axiomes suivants :

I - 1) *Si* $\chi \in \ker \sigma$ *et* $\sigma \in \operatorname{coker} \chi$ *il y a équivalence entre* $\chi \in \Omega_m$ *et* $\sigma \in \Omega_e$.
    2) $\alpha \in \Omega$ *si et seulement si* $\operatorname{Im} \alpha \subseteq \Omega_m$ *et* $\operatorname{Coim} \alpha \subseteq \Omega_e$.

II - (Rel 1) α *inversible à gauche* $\Longrightarrow \alpha \in \Omega_m$
    (Rel 1') α' *inversible à droite* $\Longrightarrow \alpha' \in \Omega_e$
    (Rel 2) α *monisme,* β *monisme,* $\beta\alpha \in \Omega_m \Longrightarrow \alpha \in \Omega_m$.
    (Rel 2') α' *épisme,* β' *épisme,* $\alpha'\beta' \in \Omega_e \Longrightarrow \alpha' \in \Omega_e$.

III- (Rel 3) $\alpha \in \Omega_m$, $\beta \in \Omega_m$, $\beta\alpha$ *défini* $\Longrightarrow \beta\alpha \in \Omega_m$
    (Rel 3') $\alpha' \in \Omega_e$, $\beta' \in \Omega_e$, $\alpha'\beta'$ *défini* $\Longrightarrow \alpha'\beta' \in \Omega_e$

IV - (Rel 4) *Une somme directe finie de monismes permis est permise.*
    (Rel 4') *Une somme directe finie d'épismes permis est permise.*

V - *Si* $\mathcal{C}$ *possède des sommes et produits directs quelconques*
    (Rel 5) *Une somme directe de monismes permis est permise.*
    (Rel 5') *Un produit direct d'épisme permis est permis.*

Notons tout de suite que si les axiomes I et V sont vérifiés alors une somme directe d'épismes permis est un épisme permis et un produit direct de monismes permis est un monisme permis.

Si on désigne par $\mathrm{Ext}_\Omega(C,A)$ l'ensemble des extensions permises d'un objet A par un objet C il parait justifié d'exiger que Ext_Ω soit un foncteur additif de deux variables de la même variance que le foncteur Ext . Identifiant Ext_Ω à un sous-groupe de Ext il revient au même d'exiger que Ext_Ω soit un E-foncteur au sens de Butler-Horrocks [2]. Tout système d'axiomes de relativisation devra donc comporter les axiomes I, II et IV qui sont nécessaires et suffisants pour que Ext_Ω soit un E-foncteur (voir [9]).

L'adjonction des axiomes III appelés axiomes de transitivité permet d'obtenir les deux suites exactes des Ext_Ω , c'est-à-dire que si la suite

$$A \rightarrowtail B \twoheadrightarrow C$$

est exacte permise alors une condition nécessaire et suffisante pour que la suite

$$0 \longrightarrow \mathrm{Hom}(C,G) \longrightarrow \mathrm{Hom}(B,G) \longrightarrow \mathrm{Hom}(A,G) \longrightarrow \mathrm{Ext}^1_\Omega(C,G) \longrightarrow \mathrm{Ext}^1_\Omega(B,G) \longrightarrow \mathrm{Ext}^1_\Omega(A,G)$$

soit exacte pour tout objet G de $\mathcal{C}$ est que Rel 3 soit vérifié (sinon il peut y avoir défaut d'exactitude en $\mathrm{Ext}^1_\Omega(B,G)$) et de même la suite

$$0 \longrightarrow \mathrm{Hom}(G,A) \longrightarrow \mathrm{Hom}(G,B) \longrightarrow \mathrm{Hom}(G,C) \longrightarrow \mathrm{Ext}^1_\Omega(G,A) \longrightarrow \mathrm{Ext}^1_\Omega(G,B) \longrightarrow \mathrm{Ext}^1_\Omega(G,C)$$

est exacte si et seulement si Rel 3' est vérifié (sinon il peut y avoir défaut d'exactitude en $\mathrm{Ext}^1_\Omega(G,B)$) (voir Théorème 1.1 de [2]).

Ainsi les axiomes I, II, III, IV ou I, II, III, V dans le cas où $\mathcal{C}$ possède des sommes et produits directs quelconques apparaissent comme nécessaires si l'on veut sauvegarder les propriétés fondamentales du foncteur Ext . En outre, comme ils forment un système autodual, ils présentent aussi l'avantage de préserver la dualité. Il y a lieu enfin de remarquer que (I, II, III) implique IV.

Cependant il est bien connu que dans une catégorie abélienne relative possédant des sommes et produits directs quelconques, c'est-à-dire vérifiant les axiomes I, II, III, V et ayant assez de projectifs ou d'injectifs relatifs les foncteurs Ext^n définis comme foncteurs dérivés à droite du foncteur Hom commutent aux sommes directes et produits directs. Mais les Ext^n_Ω peuvent être définis sans supposer l'existence d'assez de projectifs ou d'injectifs relatifs - c'est la théorie des Ext sans projectifs. Nous donnerons dans le paragraphe 2 une démonstration élémentaire directe de la commutation des Ext^n_Ω sans projectifs aux sommes directes et produits directs ; l'établissement de cette propriété ne nécessitant pas de nouveaux axiomes, les axiomes précités apparaissent donc, en définitive, comme ceux qu'il est le plus raisonnable de choisir.

Toute relativisation donne naissance à deux classes d'objets, les projectifs et les injectifs relatifs que l'on peut définir de la manière suivante :

L'objet P est un projectif relatif si, pour toute suite exacte permise $A \rightarrowtail B \twoheadrightarrow C$ on a la suite exacte

$$\mathrm{Hom}(P,A) \rightarrowtail \mathrm{Hom}(P,B) \twoheadrightarrow \mathrm{Hom}(P,C)$$

ou, ce qui est équivalent $\mathrm{Ext}^1_\Omega(P,G) = 0$ pour tout objet G de $\mathcal{C}$.

La définition est duale pour les injectifs relatifs.

On en déduit une nouvelle façon d'aborder les problèmes de relativisation ([4], [11]) qui consiste à choisir une classe quelconque d'objets $\mathcal{P}$ et à la déclarer, par exemple, classe des projectifs relatifs. Alors les épismes permis sont définis par :

Soit $\sigma : A \longrightarrow B$, alors $\sigma \in \Omega_e$ si et seulement si quel que soit $P \in \mathcal{P}$ et $\alpha : P \longrightarrow B$ il existe $\beta : P \longrightarrow A$ tel que $\alpha = \sigma\beta$.

Ω_m est la classe des noyaux des $\sigma \in \Omega_e$ et Ω est la classe des morphismes tels que l'un des termes de leur décomposition canonique appartienne à Ω_e ou Ω_m.

Si la classe $\mathcal{P}$ est fermée pour quotient (dans le cas injectif relatif pour sous-groupe) alors la classe Ω associée est une h. f. classe au sens de Buchsbaum [1] c'est-à-dire vérifie I, II, III et IV (voir [11], Théorème 2.1).

Pour une classe quelconque déclarée projective ou injective se pose le problème de la détermination de sa fermeture injective ou projective (voir [4] et [10]).

Nous examinerons ces problèmes dans les paragraphes 3 et 4 dont le résultat éssentiel est d'énoncer des conditions nécessaires et suffisantes pour qu'une classe donnée fermée pour un produit direct et sous-groupe (resp. pour somme directe et quotient) soit englobée dans la fermeture injective (resp. projective) d'une autre classe déclarée injective (resp. projective). Ces caractérisations font appel aux notions de radical et de socle associées à une classe de groupes. On en déduit, dans le cas projectif, des corollaires qui généralisent les théorèmes 5 et 6 de l'article de F. Richman, C.P. Walker et E.A. Walker "Projectives classes of abelian groups" publiés dans le présent volume. La connaissance de leurs résultats et les échanges procurés par le Colloque Abélien m'ont permis d'améliorer considérablement la rédaction et la présentation du présent article.

§ 2. COMMUTATION DES EXT RELATIFS AUX SOMMES DIRECTES ET PRODUITS DIRECTS QUELCONQUES.

Soit $\mathcal{C}$ une catégorie abélienne relative possédant des sommes et produits directs quelconques c'est-à-dire vérifiant les axiomes I, II, III et V. Pour tout ce qui concerne ce paragraphe nous nous référerons aux méthodes et aux notations de

[1] et [12] .

THEOREME 2.1. *Soient* $(A_i)_{i\in I}$ *et* $(C_j)_{j\in J}$ *deux familles d'objets de* $\mathcal{C}$ *. On a :*

$$\mathrm{Ext}^n_\Omega(\bigoplus_{j\in J} C_j, \prod_{i\in I} A_i) \simeq \prod_{(i,j)\in I\times J} \mathrm{Ext}^n_\Omega(C_j,A_i)$$

1°. REDUCTION DE LA DEMONSTRATION. Il suffit de démontrer que $\mathrm{Ext}^n_\Omega(C,\prod_{i\in I} A_i) \simeq \prod_{i\in I} \mathrm{Ext}^n_\Omega(C,A_i)$ car, par dualité, il en résulte que $\mathrm{Ext}^n_\Omega(\bigoplus_{j\in J} C_j,A) \simeq \prod_{j\in J} \mathrm{Ext}^n_\Omega(C_j,A)$ d'où en combinant $\mathrm{Ext}^n_\Omega(\bigoplus_{j\in J} C_j, \prod_{i\in I} A_i) \simeq \prod_{i\in I} \mathrm{Ext}^n_\Omega(\bigoplus_j C_j,A_i) \simeq \prod_{(i,j)\in I\times J} \mathrm{Ext}^n_\Omega(C_j,A_i)$.

2°. DEMONSTRATION DE $\mathrm{Ext}^n_\Omega(C,\prod_{i\in J} A_i) \simeq \prod_{i\in I} \mathrm{Ext}^n_\Omega(C,A_i)$.

Soit $A_j \underset{e_j}{\overset{p_j}{\rightleftarrows}} \prod_{i\in I} A_i = A$ la représentation de $A = \prod_i A_i$ comme produit. On obtient un homomorphisme θ :

$$\theta : \mathrm{Ext}^n_\Omega(C,\prod_{i\in I} A_i) \longrightarrow \prod_{i\in I} \mathrm{Ext}^n_\Omega(C,A_i)$$

en posant $\theta(S) = (p_iS)_{i\in I}$ où $S \in \mathrm{Ext}^n_\Omega(C,\prod_{i\in I} A_i)$ et $p_iS \in \mathrm{Ext}^n_\Omega(C,A_i)$. Nous allons montrer que θ est un isomorphisme en démontrant qu'il admet pour inverse l'homomorphisme ϕ défini par :

$$\phi[(S_i)_{i\in I}] = (\prod_{i\in I} S_i)\Delta$$

où $S_i \in \mathrm{Ext}^n_\Omega(C,A_i)$ et $\Delta : C \longrightarrow C^I$ est le morphisme diagonal.

DEMONSTRATION DE $\theta\phi = 1$.

LEMME 2.2. *Soit* $S_i \in \mathrm{Ext}^n_\Omega(A_i,C_i)$, p_j *et* q_j *les projections canoniques* $p_j : \prod_{i\in I} A_i \longrightarrow A_j$; $q_j : \prod_{i\in I} C_i \longrightarrow C_j$. *On a la congruence d'extensions n-uples :*

$$p_j(\prod_{i\in I} S_i) \equiv S_jq_j$$

Soit $S_i = E_i^n \dots E_i^1$ une décomposition de S_i en suites exactes courtes permises. On a $\prod_{i\in I} S_i \equiv (\prod_{i\in I} E_i^n)\dots(\prod_{i\in I} E_i^1)$ ce qui permet de ramener la démonstration à $n = 1$.

Considérons donc les suites exactes courtes permises (E_i) : $A_i \overset{\chi_i}{\rightarrowtail} B_i \overset{\sigma_i}{\twoheadrightarrow} C_i$ et considérons les diagrammes commutatifs suivants :

$$
\begin{array}{ccccc}
(\underset{i\in I_i}{\Pi}E_i)\underset{i\in J}{\Pi}A_i & \xrightarrow{\underset{i\in I}{\Pi}X_i} & \underset{i\in I}{\Pi}B_i & \xrightarrow{\underset{i\in I}{\Pi}\sigma_i} & \underset{i\in J}{\Pi}C_i \\
\downarrow p_j & & \downarrow \alpha & & \| \\
p_j(\underset{i\in I}{\Pi}E_i)A_j & \xrightarrow{X} & X_j & \xrightarrow{\sigma} & \underset{i\in I}{\Pi}C_i \\
\| & \uparrow \beta' & & & \| \\
(E_j q_j)A_j & \xrightarrow{X'_j} & Y_j & \xrightarrow{\sigma'_j} & \underset{i\in I}{\Pi}C_i
\end{array}
\qquad
\begin{array}{ccccc}
(E_j)A_j & \xrightarrow{X_j} & B_j & \xrightarrow{\sigma_j} & C_j \\
\| & & \downarrow \beta_j & & \downarrow q_j \\
(E_j q_j)A_j & \xrightarrow{X'_j} & Y_j & \xrightarrow{\sigma'_j} & \underset{i\in I}{\Pi}C_i
\end{array}
$$

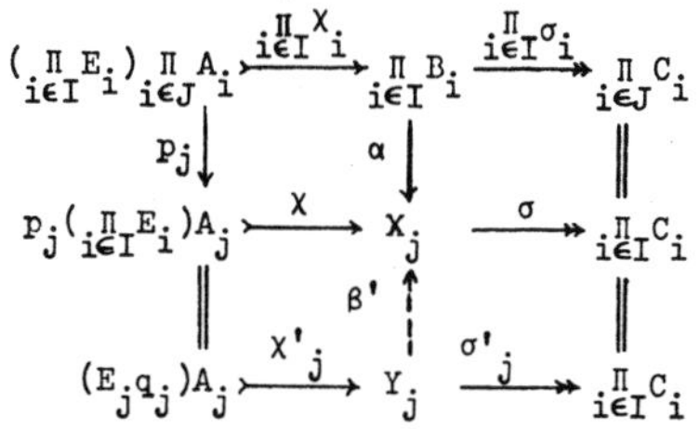

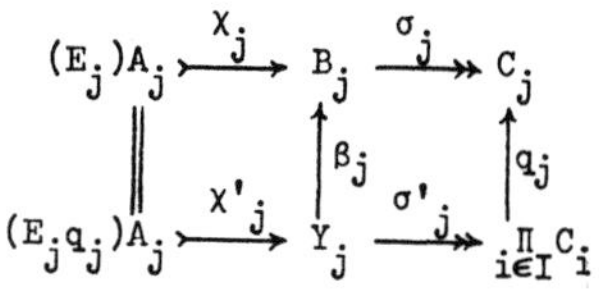

Dans le diagramme de gauche on a construit $p_j(\underset{i}{\Pi}E_i)$; dans celui de droite $E_j q_j$. Tout revient à démontrer qu'il existe β' rendant commutatif la partie inférieure du diagramme de gauche. Pour cela considérons le diagramme commutatif suivant dans lequel e_j, f_j, g_j sont des injections canoniques

$$
\begin{array}{ccccc}
(E_j q_j)A_j & \xrightarrow{X'_j} & Y_j & \xrightarrow{\sigma'_j} & \underset{i\in I}{\Pi}C_i \\
\downarrow e_j & & \downarrow f_j & & \downarrow g_j \\
\underset{i\in I}{\Pi}(E_i q_i)\underset{i\in I}{\Pi}A_i & \xrightarrow{\underset{i\in I}{\Pi}X'_i} & \underset{i\in I}{\Pi}Y_i & \xrightarrow{\underset{i\in I}{\Pi}X'_i} & (\underset{i\in I}{\Pi}C_i)^I
\end{array}
$$

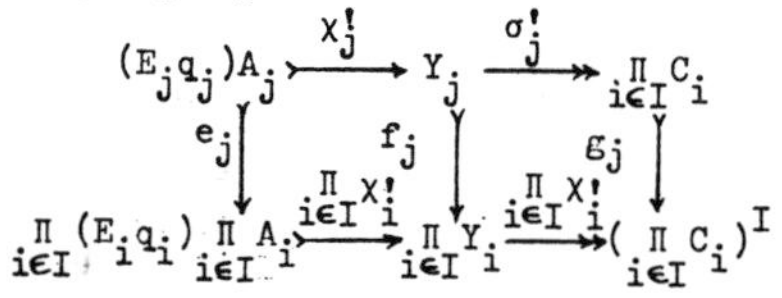

En prenant $\beta' = \alpha(\underset{i\in I}{\Pi}\beta_i)f_j$ on a bien :

$$\beta'X'_j = \alpha(\underset{i\in J}{\Pi}\beta_i)f_j X'_j = \alpha(\underset{i\in I}{\Pi}\beta_i)(\underset{i\in I}{\Pi}X'_i)e_j = \alpha(\underset{i\in J}{\Pi}\beta_i X'_i)e_j = \alpha(\underset{i\in J}{\Pi}X_i)e_j = xp_j e_j = x$$

$$\sigma\beta' = \sigma\alpha(\underset{i\in I}{\Pi}\beta_i)f_j = (\underset{i\in I}{\Pi}\sigma_i)(\underset{i\in I}{\Pi}\beta_i)f_j = \left[\underset{i\in I}{\Pi}(\sigma_i\beta_i)\right]f_j$$

$$= \left[\underset{i\in I}{\Pi}(q_i\sigma'_i)\right]f_j = (\underset{i\in I}{\Pi}q_i)(\underset{i\in I}{\Pi}\sigma'_i)f_j = (\underset{i\in I}{\Pi}q_i)g_j\sigma'_j = 1_{\underset{i\in I}{\Pi}C_i}\sigma'_j = \sigma'_j$$

On en déduit immédiatement que $\theta\phi = 1$ car

$$\theta\phi\left[(S_i)_{i\in I}\right] = (p_j(\underset{i\in I}{\Pi}S_i)\Delta)_{j\in I} = (S_j q_j\Delta)_{j\in I} = (S_j)_{j\in I}$$

DEMONSTRATION DE $\phi\theta = 1$.

LEMME 2.3. *Soit la suite exacte courte permise :*

$$(E) \quad A = \underset{i\in I}{\Pi}A_i \xrightarrow{X} B \xrightarrow{\sigma} C$$

On a la congruence d'extensions $E \equiv (\underset{i\in I}{\Pi}(p_iE))\Delta$.

Construisons p_iE :

$$
(E) \quad
\begin{array}{ccccc}
\underset{i\in I}{\Pi}A_i & \xrightarrow{X} & B & \xrightarrow{\sigma} & C \\
\downarrow p_i & & \downarrow \beta_i & & \| \\
A'_i & \xrightarrow{} & B'_i & \xrightarrow{} & C
\end{array}
\quad (p_iE)
$$

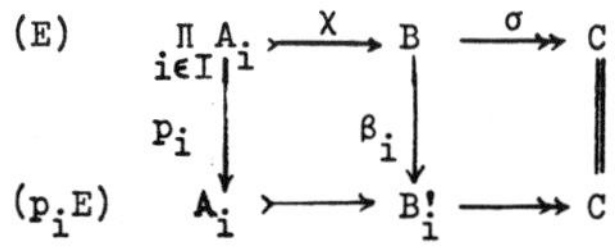

Tout revient à démontrer qu'il existe β' rendant commutatif le diagramme suivant :

$$
\begin{array}{ccccccc}
\underset{i\in I}{\Pi}(p_i E) & \underset{i\in I}{\Pi} A_i & \xrightarrow{\underset{i\in I}{\Pi} X_j^!} & \underset{i\in I}{\Pi} B_i^! & \xrightarrow{\underset{i\in I}{\Pi}\sigma_i^!} & C^I \\
& \Big\| & & \Big\uparrow{\scriptstyle \beta'} & & \Big\uparrow{\scriptstyle \Delta_C} \\
(E) & \underset{i\in I}{\Pi} A_i & \xrightarrow{\ X\ } & B & \xrightarrow{\ \sigma\ } & C
\end{array}
$$

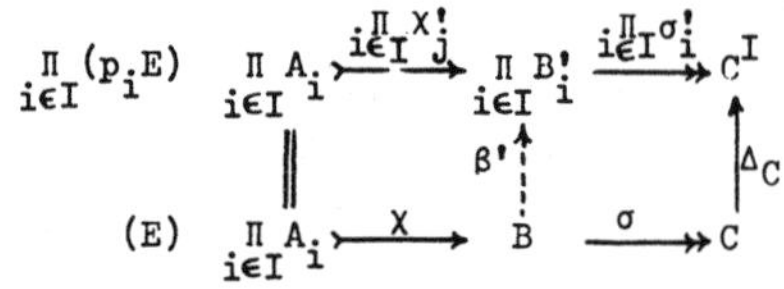

Pour cela nous considèrerons le diagramme commutatif :

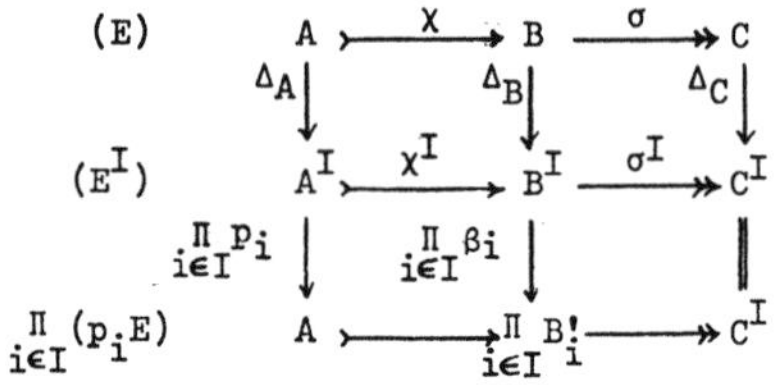

$$
\begin{array}{ccccccc}
(E) & A & \xrightarrow{\ X\ } & B & \xrightarrow{\ \sigma\ } & C \\
& \Big\downarrow{\scriptstyle \Delta_A} & & \Big\downarrow{\scriptstyle \Delta_B} & & \Big\downarrow{\scriptstyle \Delta_C} \\
(E^I) & A^I & \xrightarrow{\ X^I\ } & B^I & \xrightarrow{\ \sigma^I\ } & C^I \\
& \Big\downarrow{\scriptstyle \underset{i\in I}{\Pi} p_i} & & \Big\downarrow{\scriptstyle \underset{i\in I}{\Pi}\beta_i} & & \Big\| \\
\underset{i\in I}{\Pi}(p_i E) & A & \xrightarrow{\ \ \ \ } & \underset{i\in I}{\Pi} B_i^! & \xrightarrow{\ \ \ \ } & C^I
\end{array}
$$

On prendra $\beta' = (\underset{i\in I}{\Pi}\beta_i)\Delta_B$. On a :

$$
(\underset{i\in I}{\Pi}\beta_i)\Delta_B X = (\underset{i\in I}{\Pi}\beta_i)X^I\Delta_A = (\underset{i\in I}{\Pi}X_j^!)(\underset{i\in I}{\Pi}p_i)\Delta_A = \underset{i\in I}{\Pi}X_j^!, \ (\underset{i\in I}{\Pi}\sigma_i^!)(\underset{i\in I}{\Pi}\beta_i)\Delta_B = \sigma^I\Delta_B = \Delta_C\sigma
$$

LEMME 2.4. *Soit la suite exacte courte permise*

$$(F) : K \longrightarrow B \twoheadrightarrow C$$

On a la congruence d'extensions $F^I\Delta \equiv \Delta F$.

Il suffit d'appliquer le lemme 2 avec $A_i = K$, $A = K^I$, $E = \Delta F$. On a :

$$\Delta F \equiv [\underset{i\in I}{\Pi}(p_i \Delta F)]\Delta = F^I\Delta$$

On en déduit immédiatement que $\phi\theta = 1$. Soit en effet $S \in \mathrm{Ext}_\Omega^n(C,A)$ et sa décomposition canonique $S \equiv E^n E^{n-1}\dots E^1$. On a :

$$
\begin{aligned}
[\underset{i\in I}{\Pi}(p_i S)]\Delta &\equiv [\underset{i\in I}{\Pi}(p_i E^n E^{n-1}\dots E^1)]\Delta \\
&\equiv (\underset{i\in I}{\Pi}p_i E^n)(E^{n-1})^I\dots(E^1)^I\Delta \\
&\equiv [\underset{i\in I}{\Pi}(p_i E^n)]\Delta E^{n-1}\dots E^1 \qquad \text{(Lemme 2.4)} \\
&\equiv E^n.E^{n-1}\dots E^1 \equiv S \qquad \text{(Lemme 2.3)}
\end{aligned}
$$

ce qui achève la démonstration.

CONSEQUENCE. En appliquant le théorème pour $n = 1$ on retrouve le fait qu'une somme directe quelconque de projectifs relatifs est un projectif relatif et qu'un produit direct quelconque d'injectifs relatifs est un injectif relatif.

§ 3. RADICAL ET COPURETE.

C.P. Walker [11] généralise la notion de pureté en considérant la propriété caractéristique des sous-groupes purs d'être "localement" des facteurs directs et, dualement, la copureté. Les deux notions coïncident d'ailleurs lorsqu'on définit cette notion à l'aide de la classe des groupes abéliens finis et redonnent la pureté ordinaire. Un autre possibilité d'associer à une classe de groupes abéliens une notion de pureté, et inversement, est de considérer le radical ou le socle (voir § 4) associés à cette famille ou, inversement, un radical ou un socle étant donnés, considérer la classe des groupes abéliens à radical nul ou celle des groupes abéliens qui sont des socles.

Pour des raisons de commodité et en vue des applications à la catégorie des groupes abéliens nous exprimerons tous les théorèmes et propositions qui suivent dans cette dernière catégorie, bien qu'on puisse les exprimer dans une catégorie, abélienne quelconque.

Le mot "groupe" sera dorénavant employé pour "groupe abélien".

DEFINITION 3.1. *A tout groupe* G *on associe un sous-groupe* R(G) . *On dira que* R *est un radical si :*

(i) R(G) *est un sous-groupe fonctoriel, c'est-à-dire que quel que soit* $u : G \longrightarrow G'$ *on a* $u[R(G)] \subseteq R(G')$

(ii) *Quel que soit* G *on a* $R(G/R(G)) = 0$.

Nous énoncerons sans démonstration quelques propriétés élémentaires du radical (voir par exemple [3] ou [8]) :

1 - $A \subseteq G \Longrightarrow R(A) \subseteq A \cap R(G)$

2 - $A \subseteq R(G) \Longrightarrow R(G/A) = R(G)/A$.

3 - Si $(R_i)_{i\in I}$ est une famille de radicaux alors $R = \bigcap_{i\in I} R_i$ défini par $R(G) = \bigcap_{i\in I} R_i(G)$ est un radical.

La vérification des propositions suivantes est aisée :

PROPOSITION 3.1. *Soit* X *une classe de groupes. On obtient un radical en posant* R(G) = *intersection des noyaux des homomorphismes* $\alpha : G \longrightarrow H$ *tels que* $H \in X$.

PROPOSITION 3.2. *Si* R *est un radical il est associé à la classe* X *des groupes* H *tels que* $R(H) = 0$.

PROPOSITION 3.3. *On ne change pas* R *en fermant la classe* X *pour produit direct quelconque et sous-groupe. L'ensemble* $\overline{X}$ *des groupes* H *tels que* $R(H) = 0$ *est la fermeture de* X *pour produit direct quelconque et sous-groupe.*

PROPOSITION 3.4. *Si* $R_{\{H\}}$ *est le radical associé à* $H \in X$ *et* R *le radical associé à la classe* X *on a* $R = \bigcap_{H\in X} R_{\{H\}}$.

Soit R un radical ; nous désignerons par X la classe des groupes H tels que $R(H) = 0$ et par X^* la classe des groupes G tels que $\mathrm{Ext}(G,H) = 0$ quel que soit $H \in X$.

DEFINITION 3.2. *La suite exacte* $A \rightarrowtail B \twoheadrightarrow C$ *est R-copure (ou* A *est R-copur dans* B *) si* $R(A) = A \cap R(B)$.

Soit J une classe quelconque de groupes ; rappelons la définition bien connue :

DEFINITION 3.3. *La suite exacte* $A \rightarrowtail B \twoheadrightarrow C$ *est J-copure si et seulement si la suite*

$$\mathrm{Hom}(C,G) \rightarrowtail \mathrm{Hom}(B,G) \longrightarrow \mathrm{Hom}(A,G) \longrightarrow 0$$

est exacte quel que soit $G \in J$.

NOTATIONS. Nous désignons par :

$F(R)$ la classe des suites R-copures.

$F(J)$ la classe des suites J-copures.

Si $\mathcal{E}$ est une classe quelconque de suites exactes, on peut considérer $I(\mathcal{E})$, classe des groupes injectifs pour les suites exactes de $\mathcal{E}$. Nous poserons alors :

$$\overline{J} = I(F(J)) \text{ fermeture injective de } J .$$

PROPOSITION 3.5. *Si* $X \subseteq \overline{J}$ *alors* $F(J) \subseteq F(R)$.

PREUVE. Soit $H \in X$, $A \overset{\chi}{\rightarrowtail} B \overset{\sigma}{\twoheadrightarrow} C$ une suite exacte de $F(J)$ et $\alpha : A \longrightarrow H$ un homomorphisme. On a le diagramme :

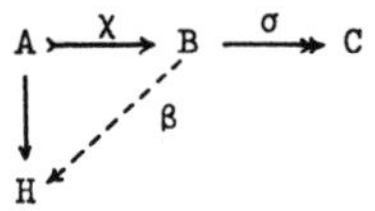

comme par hypothèse $H \in \overline{J}$ il existe $\beta : B \longrightarrow H$ tel que $\alpha = \beta\chi$. Soit $R_{\{H\}}$ le radical associé à H ; on a $R_{\{H\}}(A) \subseteq A \cap R_{\{H\}}(B)$ mais on a aussi l'inclusion inverse car :

$$R_{\{H\}}(A) = \bigcap_{\alpha:A\to H} \ker \alpha = \bigcap_{\beta:B\to H} \ker \beta\chi = \bigcap_{\beta:B\to H} (A \ \ker \beta) \supseteq A \cap R_{\{H\}}(B)$$

d'où $R_{\{H\}}(A) = A \cap R_{\{H\}}(B)$, mais d'après la proposition 3.4, $R = \bigcap_{H\in X} R_{\{H\}}$ donc $R(A) = A \cap R(B)$.

Avant d'énoncer le thèorème principal, notons les points suivants faciles à varifier :

1 - Si $H \in X$ alors $\mathrm{Hom}(G/R(G),H) \simeq \mathrm{Hom}(G,H)$.

Dans la suite nous identifierons ces deux groupes d'homomorphismes.

2 - Si $(E) : A \rightarrowtail B \twoheadrightarrow C$ est dans $F(R)$ alors la suite $A/R(A) \rightarrowtail B/R(B) \twoheadrightarrow B/(A+R(B))$ est exacte. Nous la noterons $\partial_R E$.

THEOREME 3.6. *On a* $X \subseteq \overline{J}$ *si et seulement si* $F(J) \subseteq F(R)$ *et* $X \subseteq I(\partial_R(F(J)))$.

PREUVE. 1° - Supposons que $X \subseteq \overline{J}$. Par la proposition 3.5 nous avons $F(J) \subseteq F(R)$.

Soit (E) $A \rightarrowtail B \twoheadrightarrow C$ dans $F(J)$; comme $(E) \in F(R)$ on peut considérer $(\partial_R E)$. Pour tout $H \in X$ on a le diagramme commutatif :

$$\begin{array}{ccccc} \mathrm{Hom}(C,H) \rightarrowtail & \mathrm{Hom}(B,H) & \twoheadrightarrow & \mathrm{Hom}(A,H) & \\ & \| & & \| & \\ & \mathrm{Hom}(B/R(B),H) & \longrightarrow & \mathrm{Hom}(A/R(A),H & \xrightarrow{\delta} \mathrm{Ext}(B/A+R(B)),H) \end{array}$$

dans lequel la première ligne est exacte puisque $H \in \overline{J}$ et la deuxième ligne est une partie d'une suite exacte des Ext écrite pour la suite $(\partial_R E)$, δ étant l'homomorphisme de connexion.

On en conclut que $\delta = 0$.

Or δ fait correspondre à $\alpha \in \mathrm{Hom}(A/R(A),H)$ l'extension $\alpha(\partial_R E)$ de $\mathrm{Ext}(B/(A+R(B)),H)$. On a donc, quel que soit $\alpha \in \mathrm{Hom}(A/R(A),H)$ et quel que soit $H \in X$:

$$\begin{array}{lccccc} (\partial_R E) & A/R(A) & \xrightarrow{\chi'} & B/R(B) & \twoheadrightarrow & B/(A+R(B)) \\ & \alpha \downarrow & \overset{\rho}{\swarrow} & \downarrow & & \| \\ \alpha(\partial_R E) \equiv 0 & H & \rightarrowtail & \cdot & \twoheadrightarrow & B/(A+R(B)) \end{array}$$

donc il existe ρ tel que $\alpha = \rho\chi'$, autrement dit $H \in I(\partial_R F(J))$.

2° - Supposons que $F(J) \subseteq F(R)$ et $X \subseteq I(\partial_R F(J)$ soit $H \in X$ et (E) $A \longrightarrow B \twoheadrightarrow C$ dans $F(J)$.

H étant injectif pour $(\partial_R E)$ par hypothèse on a le diagramme commutatif :

$$\begin{array}{ccccc} \mathrm{Hom}(C,H) \rightarrowtail & \mathrm{Hom}(B,H) & \longrightarrow & \mathrm{Hom}(A,H) \\ & \| & & \| \\ & \mathrm{Hom}(B/R(B),H) & \twoheadrightarrow & \mathrm{Hom}(A/R(A),H) \end{array}$$

On en conclut que $\mathrm{Hom}(B,H) \longrightarrow \mathrm{Hom}(A,H)$ est surjectif, donc $X \subseteq J$.

COROLLAIRE 3.7. *Si pour toute suite* $A \rightarrowtail B \twoheadrightarrow C$ *de* $F(J)$ *on a* $B/(A+R(B)) \in X^*$ *alors* $X \subseteq \overline{J}$ *si et seulement si* $F(J) \subseteq F(R)$.

Supposons que $F(J) \subseteq F(R)$ et soit (E) $A \rightarrowtail B \twoheadrightarrow C$ dans $F(J)$; pour tout $H \in X$ on a le diagramme commutatif :

$$\begin{array}{ccccc} \mathrm{Hom}(B/R(B),H) & \longrightarrow & \mathrm{Hom}(A/R(A),H) & \longrightarrow & \mathrm{Ext}(B/(A+R(B)),H) = 0 \\ \| & & \| & & \\ \mathrm{Hom}(B,H) & \longrightarrow & \mathrm{Hom}(A,H) & \longrightarrow & 0 \end{array}$$

La ligne du haut étant exacte il en est de même de celle du bas, donc $X \subseteq \overline{J}$.

COROLLAIRE 3.8. *Si pour toute suite* $A \rightarrowtail B \twoheadrightarrow C$ *de* $F(J)$ *on a* $B/R(B) \in X^*$ *alors* $X \subseteq \overline{J}$ *si et seulement si* $F(J) \subseteq F(R)$ *et* $B/(A+R(B)) \in X^*$ *pour toute suite* $A \rightarrowtail B \twoheadrightarrow C$ *de* $F(J)$.

En effet $F(J) \subseteq F(R)$ entraîne que $\partial_R F(J)$ est défini et $B/(A+R/B)) \in X^*$ entraîne $X \subseteq I(\partial_R F(J))$ donc $X \subseteq \overline{J}$. Inversement si $X \subseteq \overline{J}$ alors $F(J) \subseteq F(R)$ et si $A \rightarrowtail B \twoheadrightarrow C$ est dans $F(J)$ du diagramme commutatif

$$\begin{array}{ccccc} Hom(C,H) \rightarrowtail & Hom(B,B) & \twoheadrightarrow & Hom(A,H) & \\ & \| & & \| & \\ & Hom(B/R(B),H) & \rightarrow & Hom(A/R(A),H) & \twoheadrightarrow Ext(B/(A+R(B)),H) \end{array}$$

on déduit $Ext(B/(A+R(B)),H) = 0$ quel que soit $H \in X$.

CONSEQUENCE. Soit $\mathcal{U}$ une classe quelconque de groupes et soit $R_{\mathcal{U}}$ le radical associé (proposition 3.1) ; soit $\overline{\mathcal{U}}$ la fermeture de $\mathcal{U}$ pour produit direct et sous-groupe. Alors le théorème 3.6 fournit une condition nécessaire et suffisante pour que $\overline{\mathcal{U}} \subseteq \overline{J}$ ce qui permet de conclure que $\mathcal{U} \subseteq \overline{J}$. Si la classe $\mathcal{U}$ est fermée pour produit direct et sous-groupe alors le théorème 3.6 est un critère pour déterminer si la classe $\mathcal{U}$ est incluse ou non dans la fermeture injective d'une classe quelconque.

EXEMPLES ET APPLICATIONS :

1° - Prenons $R = t$ c'est-à-dire que tG = sous-groupe maximal de torsion de G .

On a : $X = \mathcal{F}$ classe des groupes sans torsion. Puisque $tA = A \cap tB$ pour tout sous-groupe A d'un groupe quelconque B , le théorème 3.6, devient dans ce cas particulier :

PROPOSITION 3.9. *Les groupes sans torsion appartiennent à la fermeture injective* $\overline{J}$ *d'une classe* J *de groupes si et seulement si, pour toute suite exacte* (E) $A \rightarrowtail B \twoheadrightarrow C$ *dans* $F(J)$ *ils sont injectifs pour la suite exacte* $A/tA \rightarrowtail B/tB \twoheadrightarrow B/(A+tB)$.

2° - Prenons $R = d$ c'est-à-dire dG = sous-groupe maximal divisible de G .

On a $X = \mathcal{R}$ classe des groupes résuits et X^* est la classe des groupes libres.

Remarquons que $\mathcal{R} \subseteq \overline{J}$ si et seulement si $\overline{J} = Ab$ où Ab désigne la catégorie des groupes abéliens, puisque les groupes divisibles sont des injectifs absolus. On a donc le théorème :

THEOREME 3.10. $\overline{J} = Ab$ *si et seulement si pour toute suite* (E) $A \rightarrowtail B \twoheadrightarrow C$ *de* $F(J)$ *on a* $dA = A \cap dB$ *et si les groupes réduits sont injectifs pour la suite* $(\partial_d E)$ $A/dA \rightarrow B/dB \twoheadrightarrow B/(A+dB)$.

§ 4. SOCLE ET PURETE.

Les notipns générales de ce paragraphe sont duales de celles du paragraphe précédent, ce qui nous dispense de démontrer les résultats généraux. Nous redonnerons cependant toutes les définitions et tous les énoncés car dans certain cas on combine la dualité dans les catégorie avec la dualité qui consiste à passer d'un objet quotient B/A d'un objet B au sous-objet A du même objet B .

Dans cet ordre d'idée, un radical R peut être conçu comme associant à l'objet A de la catégorie $\mathcal{C}$ la suite exacte

$$R(A) \rightarrowtail A \twoheadrightarrow A/R(A) = R^*(A)$$

En passant à la categorie opposée $\mathcal{C}^\circ$ on obtient la suite exacte

$$R(A)^\circ = S^*(A^\circ) \twoheadleftarrow A^\circ \leftarrowtail S(A^\circ) = R^*(A)^\circ$$

Dans les énoncés qui suivent, au lieu de passer de R à S^* on passe de R à S c'est-à-dire que l'on combine deux dualités. Par exemple la propriété $(\forall A) : R(A/R(A)) = 0$ du radical se traduit par $(\forall A) : S(S(A)) = S(A)$

Pour les applications particulières à la catégorie des groupes abéliens la dualité ne joue plus.

DEFINITION 4.1. *A tout groupe* G *on associe un sous-groupe* $S(G)$. *On dira que* S *est un socle si :*

(i) $S(G)$ *est un sous-groupe fonctoriel*

(ii) *Quel que soit* G *on a* $S(S(G)) = S(G)$.

Quelques propriétés élémentaires du socle :

1 - $A \subseteq B \Longrightarrow (A+S(B))/A \subseteq S(B/A)$

2 - $S(B) \subseteq A \Longrightarrow S(A) = A \cap S(B)$

3 - Si $(S_i)_{i\in I}$ est une famille de socles alors $S = \sum_{i\in I} S_i$ défini par $S(G) = \sum_{i\in I} S_i(G)$ est un socle.

PROPOSITION 4.1. *Soit* Y *une classe de groupes. On obtient un socle en posant* $S(G) =$ *somme des images des homomorphismes* $\alpha : H \longrightarrow G$ *tels que* $H \in Y$.

PROPOSITION 4.2. *Si* S *est un socle, il est associé à la classe* Y *des groupes tels que* $S(G) = G$.

PROPOSITION 4.3. *On ne change pas* S *en fermant la classe* Y *pour somme directe quelconque et quotient. L'ensemble* $\tilde{Y}$ *des groupes* K *tels que* $S(K) = K$ *est la fermeture de* Y *pour somme directe et quotient.*

PROPOSITION 4.4. *Si* $S_{\{K\}}$ *est le socle associé à* $K \in Y$ *et* S *le socle associé à la classe* Y *on a :* $S = \sum_{K\in Y} S_{\{K\}}$

Soit S un socle ; nous désignerons par Y la classe des groupes K tels que $S(K) = K$ et par $Y^{\#}$ la classe des groupes G tels que $Ext(K,G) = 0$ quel que soit $K \in Y$.

DEFINITION 4.2. *La suite exacte* $A \rightarrowtail B \twoheadrightarrow C$ *est S-pure (ou* A *est S-pur dans* B *) si*

$$(A+S(B))/A = S(C)$$

Soit $\mathcal{P}$ une classe quelconque de groupes.

DEFINITION 4.3. *La suite exacte* $A \rightarrowtail B \twoheadrightarrow C$ *est* $\mathcal{P}$*-pure si la suite*

$$Hom(G,A) \rightarrowtail Hom(G,B) \longrightarrow Hom(G,C) \longrightarrow 0$$

est exacte pour tout groupe $G \in \mathcal{P}$.

NOTATIONS : nous désignerons par :

$E(S)$: la classe des suites S-pures.

$E(\mathcal{P})$: la classe des suites $\mathcal{P}$-pures.

Si $\mathcal{E}$ est une classe quelconque de suites exactes, on peut considérer $P(\mathcal{E})$, la classe des groupes projectifs pour les suites exactes de $\mathcal{E}$. Nous poserons alors :

$\tilde{\mathcal{P}} = P(E(\mathcal{P}))$ fermeture projective de $\mathcal{P}$.

PROPOSITION 4.5. *Si* $Y \subseteq \tilde{\mathcal{P}}$ *alors* $E(\mathcal{P}) \subseteq E(S)$.

En vue de l'énoncé du théorème principal il y a lieu de noter les points suivants :

1. Si $K \in Y$ alors $Hom(K,S(G)) \simeq Hom(K,G)$

Dans la suite nous identifierons ces deux groupes d'homomorphismes.

2. A toute suite exacte S-pure (F) $A \rightarrowtail B \twoheadrightarrow C$ on peut associer une suite exacte notée $(\partial_S F)$ qui est la suite $A \cap S(B) \rightarrowtail S(B) \twoheadrightarrow S(C)$ puisque l'on a :

$$S(B)/A \cap S(B) \simeq (A+S(B))/A = S(C) .$$

THEOREME 4.6. *On a* $Y \subseteq \tilde{\mathcal{P}}$ *si et seulement si* $E(\mathcal{P}) \subseteq E(S)$ *et* $Y \subseteq P(\partial_S E(\mathcal{P}))$.

COROLLAIRE 4.7. *Si pour toute suite* $A \rightarrowtail B \twoheadrightarrow C$ *de* $E(\mathcal{P})$ *on a* $A \cap S(B)$ *somme directe d'un groupe divisible et d'un groupe de* $Y^{\#}$ *alors* $Y \subseteq \tilde{\mathcal{P}}$ *si et seulement si* $E(\mathcal{P}) \subseteq E(S)$.

Un sens est évident. Supposons donc que $E(\mathcal{P}) \subseteq E(S)$ et soit (F) $A \rightarrowtail B \twoheadrightarrow C$ dans $E(\mathcal{P})$; de $(\partial_S F)$ on déduit pour $K \in Y$ le diagramme commutatif

$$\begin{array}{ccccc} Hom(K,S(B)) & \longrightarrow & Hom(K,S(C)) & \longrightarrow & Ext(K,A\cap S(B)) = 0 \\ \| & & \| & & \\ Hom(K,B) & \longrightarrow & Hom(K,C) & & \end{array}$$

et on a bien $Y \subseteq \tilde{\mathcal{P}}$.

COROLLAIRE 4.8. *Si pour toute suite* $A \rightarrowtail B \twoheadrightarrow C$ *de* $E(\mathcal{P})$ *on a* $S(B)$ *somme directe d'un groupe divisible et d'un groupe de* $Y^{\#}$ *alors* $Y \subseteq \tilde{\mathcal{P}}$ *si et seulement si* $E(\mathcal{P}) \subseteq E(S)$ *et* $A \cap S(B)$ *est somme directe d'un groupe divisible et d'un groupe de* $Y^{\#}$.

En effet $E(\mathcal{P}) \subseteq E(S)$ entraîne que $\partial_S E(\mathcal{P})$ est défini et $A \cap S(B)$ somme directe d'un groupe divisible et d'un groupe de $Y^{\#}$ entraîne $Y \subseteq P(\delta_S E(\mathcal{P}))$.

Inversement si $Y \subseteq \tilde{\mathcal{P}}$ alors $E(\mathcal{P}) \subseteq E(S)$ et du diagramme commutatif $(K \in Y)$

$$\begin{array}{ccccc} \mathrm{Hom}(K,A) \longrightarrow & \mathrm{Hom}(K,B) & \twoheadrightarrow & \mathrm{Hom}(K,C) & \\ & \| & & \| & \\ & \mathrm{Hom}(K,S(B)) & \longrightarrow & \mathrm{Hom}(K,S(C)) & \twoheadrightarrow \mathrm{Ext}(K,A\cap S(B)) \end{array}$$

on déduit $\mathrm{Ext}(K, A \cap S(B)) = 0$ quel que soit $K \in Y$ donc $A \cap S(B)$ est somme directe d'un groupe divisible et d'un groupe de $Y^{\#}$

CONSEQUENCES. Elles sont en tous points analogues à celles du théorèmes 3.6. mais pour des classes de groupes fermées pour somme directe et quotient.

EXEMPLES ET APPLICATIONS.

1° - On prend $S = t$. Alors Y est la classe $\mathcal{C}$ des groupes de torsion et $Y^{\#}$ la classe des groupes divisibles. Donc les groupes de torsion appartiennent à la fermeture projective d'une classe $\mathcal{P}$ de groupes si et seulement si pour toute suite exacte $A \rightarrowtail B \twoheadrightarrow C$ de $E(\mathcal{P})$ on a : $(A+tB)/A \simeq t(B/A)$ et si de plus ils sont projectifs pour la suite exacte $A \cap tB \rightarrowtail tB \twoheadrightarrow tC$.

2° - On prend $S = d$. On a Y qui est la classe des groupes divisibles, $Y^{\#}$ la classe des groupes de cotorsion. Puisque dB est divisible on peut utiliser le corollaire 4.8 d'où : $\mathcal{D} \subseteq \tilde{\mathcal{P}}$ si et seulement si pour toute suite $A \rightarrowtail B \twoheadrightarrow C$ de $E(\mathcal{P})$ on a la suite exacte $A \cap dB \rightarrowtail dB \twoheadrightarrow dC$ et si de plus, $A \cap dB$ est somme directe d'un groupe divisible et d'un groupe de cotorsion (voir théorème 5 de [10]).

3° - On prend $S = td = dt$. Alors Y est la classe $\mathcal{Q}$ des groupes de torsion divisibles c'est-à-dire les groupes quasicycliques et $Y^{\#}$ est encore la classe des groupes de cotorsion. On peut encore utiliser le corollaire 4.8, donc puisque $A \cap tdB = tdA$.

$\mathcal{Q} \subseteq \tilde{\mathcal{P}}$ si et seulement si pour toute suite exacte $A \rightarrowtail B \twoheadrightarrow C$ on a la suite exacte $tdA \rightarrowtail tdB \twoheadrightarrow tdC$.

En prenant $S = d_p$ défini par $d_p(G)$ = composante primaire associée au nombre premier p de la partie divisible de G on retrouve de la même façon le théorème 6 de [10].

BIBLIOGRAPHIE

[1] BUCHSBAUM D., A note on homology in categories, Ann. of Math. (2), vol. 69, (1959), p. 66-74.

[2] BUTLER M.C.R. - HORROCKS G., Classes of extensions an resolutions. Philos. Trans. Roy. Soc. London, vol. 254, (1961), p. 155-222.

[3] CHARLES B., Sous-groupes fonctoriels et topologies, Etudes sur les groupes abéliens, p. 75-92, Dunod, Paris (1968).

[4] EILENBERG S. - MOORE J.C., Foundations of relative homological algebra. Memoirs of the Amer. Math. Soc. N° 55, (1965).

[5] HELLER A., Homological algebra in abelian categories. Ann. of Math. (2), vol. 68, (1958), p. 484-525.

[6] HOCHSCHILD G., Relative homological algebra. Trans. Amer. Math. Soc. vol 82, (1956), p. 246-269.

[7] MAC LANE S., Homology. Springer-Verlag. Berlin (1963).

[8] MARANDA J.M., Injectives structures, Trans. Amer. Math. Soc. vol. 110, (1964), p. 98-135.

[9] NUNKE R.J., Purity and subfunctors of the identity. Topics in abelian groups. Scott-Foresmen Chicago (1963), p. 121-172.

[10] RICHMAN F. - WALKER C.P. - WALKER E.A., Projectives classes of abelian groups. Etudes sur les groupes abéliens, p. 335-343, Dunod, Paris (1968).

[11] WALKER C.P., Relative homological algebra and abelian groups. Ill. Journal of Math., vol. 10 N° 2, (1966), p. 186-209.

[12] YONEDA N., On Ext and exact sequences. J. Fac. Univ. Tokyo, vol. 8, (1960), p. 507-526.

Collège Scientifique Universitaire
de Perpignan

TORSION AND COTORSION COMPLETIONS [1]

by Ray MINES

0. INTRODUCTION

The purpose of this paper is to study the torsion subgroup of the completion of a torsion group G with respect to the topology generated by $\{p^{\beta+1}G\}_{\beta<\alpha}$, where α is some fixed ordinal. The main result gives a characterization of those groups G which satisfy the property that $G/p^{\alpha}G$ is the torsion subgroup of $\mathrm{Ext}(Z(p^{\infty}),G)/p^{\alpha}\mathrm{Ext}(Z(p^{\infty}),G)$ for all ordinals α in terms of these completions.

The paper is divided into two main sections. Section One is definitions, notation, and some remarks about completions. Section Two is the statement and proof of the main result.

Throughout, all torsion groups are p-primary abelian groups. Notation is that used in [1] except for some standard exceptions.

1. BASIC CONCEPTS

If G is a group, then the subgroups $\{p^{\beta+1}G\}_{\beta<\alpha}$ induce on G a topology. This topology is a Hausdorff topology if and only if $p^{\alpha}G = 0$. Following the notation of Harrison, we will denote the completion of G by $L_{\alpha}(G)$; the torsion subgroup of $L_{\alpha}(G)$ will be denoted by $T_{\alpha}(G)$. In [6], Zelinsky has shown tha $L_{\alpha}(G)$ can be identified with $\varprojlim_{\beta<\alpha} G/p^{\beta+1}G$, which has the topology induced by the product topology of the discrete groups $G/p^{\beta+1}G$. The embedding δ_{α}, of G into $L_{\alpha}(G)$, is given by $g \longrightarrow (g+p^{\beta+1}G) \in \varprojlim G/p^{\beta+1}G$. The kernel of this mapping is exactly $p^{\alpha}G$. The following theorem summarizes the properties of this completion and embedding.

THEOREM 1. 1) $\delta_{\alpha}(G)$ *is a* p^{α}*-pure subgroup of* $L_{\alpha}(G)$;

2) $L_{\alpha}(G) = G/p^{\alpha}G$, *if* α *is not a limit ordinal;*

3) $L_{\alpha}(G)/\delta_{\alpha}(G)$ *is divisible if and only if* $L_{\alpha}(G) = \delta_{\alpha}(G)+p^{\beta+1}L_{\alpha}(G)$ *for all* $\beta < \alpha$;

4) *Condition* 3) *is true whenever* α *is a limit of a countable increasing sequence of ordinals.*

PROOF. Condition 2) is trivial. Conditions 1) and 3) are proved in [5].

---

1. This research was supported by NSF GP 6564.

Condition 4) is proved by Kulikov in [4] .

Notice that condition 4) says that whenever α is a limit of a countable increasing sequence of lesser ordinals, $\delta_\alpha(G)$ is dense in $L_\alpha(G)$, in the topology given by $p^{\beta+1}(L_\alpha(G))$.

In [5] an example is given to show that condition 4) does not hold if α is the first uncountable ordinal.

DEFINITION. *A torsion group* G *is said to be generally torsion complete if* $T_\alpha(G)/\delta_\alpha(G)$ *is reduced for all ordinals* α .

Notice that this is equivalent to saying that the divisible subgroup of $L_\alpha(G)/\delta_\alpha(G)$ is torsion free for all ordinals α .

An example of a generally torsion complete group is a group G such that $p^{\omega 2}G = 0$, with $p^\omega G$ and $G/p^\omega G$ both torsion complete groups.

2. THE RESULTS

THEOREM 2. *If* G *is a torsion group and* α *is not a limit of a countable increasing sequence of ordinals, then* $L_\alpha(G)$ *is a torsion group.*

PROOF. Let $(g_\beta+p^\beta G) \in L_\alpha(G) = \varprojlim G/p^\beta G$. Then there exists an integer k and a cofinal set of β's such that $p^k g_\beta = 0$. Suppose not ; then for all k there exists β_k such that $\beta > \beta_k$ implies $p^k g_\beta \neq 0$. Then $\sup\{\beta_k | k = 1,2,\ldots\} < \alpha$. Let β_0 be this sup ; then for $\beta > \beta_0$ we have $p^k x_\beta \neq 0$ for all k . The fact that G is a torsion p-group gives the desired contradiction.

The main theorem gives a connection between generally torsion complete groups and cotorsion groups. This theorem is similar to the result obtained in [5], which relates generally complete groups and cotorsion groups in the category of generalized p-primary groups.

THEOREM 3. *A torsion group* G *is generally complete if and only if* $G/p^\alpha G$ *is the torsion subgroup of* $\mathrm{Ext}(Z(p^\infty),G)/p^\alpha \mathrm{Ext}(Z(p^\infty),G)$ *for all ordinals* α .

PROOF. Theorem 3.4 of [5] gives the sufficiency. Assume that G is generally torsion complete, and let H be the torsion subgroup of $\mathrm{Ext}(Z(p^\infty),G)/p^\alpha \mathrm{Ext}(Z(p^\infty),G)$. The proof is by induction on α . The result is clear for $\alpha = 1$. Assume true for all $\beta < \alpha$, and assume α is a limit ordinal. Without loss of generality, we can assume that the length of $G \leq \alpha$. For each $\beta < \alpha$, $G/p^\beta G = H_\beta = H_\alpha/p^\beta H_\alpha$. Using the fact that G is p^α-pure in H_α , we have $H_\beta = G/p^\beta G = G/G \cap p^\beta H_\alpha = (G+p^\beta H_\alpha)/p^\beta H_\alpha$. Therefore, $H_\alpha = G+p^\beta H_\alpha$. This says that G is dense in H_α . Thus $H_\alpha \subseteq T_\alpha(G)$. But $T_\alpha(G)/G$ is reduced, and H_α/G is divisible. Therefore $H_\alpha = G$.

Now assume $\alpha = \beta+1$. Then, as before, $G+p^\beta H_\alpha = H_\alpha$. Then $pH_\alpha \subseteq pG+p^{\beta+1}H_\alpha = pG$. Thus, $p^\beta H_\alpha \subseteq G$, and so $H_\alpha = G$. This completes the proof.

BIBLIOGRAPHY

[1] FUCHS L., Abelian Groups, Budapest (1958).

[2] HARRISON D.K., On the structure of Ext, Topics in Abelian Groups, Chicago, (1963), p. 195-209.

[3] KULIKOV L. Ya., Generalized primary groups I , Trudy Mat. Obshestva I, (1952), p. 247-326, (Russian).

[4] KULIKOV L. Ya., Generalized primary groups II , Trudy Mat. Obshestva II, (1953), p. 85-167, (Russian).

[5] MINES R., A family of functors defined on generalized primary groups, Pacific J. Math., to appear.

[6] ZELINSKY, Rings with ideal nuclei, Duke Math. J., 18 (1951), p. 431-442.

New Mexico State University
Las Cruces, New Mexico.

A NOTE ON ENDOMORPHISM RINGS OF ABELIAN p-GROUPS

R.J. NUNKE*

In [1] B. Charles proved that the center of the endomorphism ring of an unbounded abelian p-group consists of the ring of p-adic integers acting by multiplication. The purpose of this note is to prove a generalization of this theorem of Charles.

Let A,B be abelian p-groups with endomorphism rings E(A),E(B) . There are ring homomorphisms $E(A) \longrightarrow E(\mathrm{Tor}(A,B))$, $E(B) \longrightarrow E(\mathrm{Tor}(A,B))$ given by $\alpha \longmapsto \mathrm{Tor}(\alpha,1)$, $\beta \longmapsto \mathrm{Tor}(\beta,1)$ for $\alpha \in E(A)$, $\beta \in E(B)$ respectively.

THEOREM. *If* A,B *are unbounded abelian p-groups, then the ring homomorphisms given above are monomorphisms embedding* E(A) *and* E(B) *in* E(Tor(A,B)) . *Each of* E(A) *and* E(B) *is the centralizer in* E(Tor(A,B)) *of the other and their intersection is the center of* E(Tor(A,B)) .

We get Charles' theorem for unbounded abelian p-groups from this theorem by using $Z(p^\infty)$ for B . Recall $E(Z(p^\infty))$ is the ring of p-adic integers acting by multiplication and there is a natural isomorphism $\mathrm{Tor}(A,Z(p^\infty)) \cong A$. Thus $E(A) \cong E(\mathrm{Tor}(A,Z(p^\infty)))$ so that the center of E(A) is isomorphic to the centralizer of E(A) in $E(\mathrm{Tor}(A,Z(p^\infty)))$ namely $E(Z(p^\infty))$.

The final statement of the theorem is an easy consequence of the other parts of the theorem and the above paragraph. If $\alpha \in E(A) \cap E(B)$ and $\beta \in E(A)$, then $\alpha\beta = \beta\alpha$ because E(B) centralizes E(A) . Hence α is in the center of E(A) hence it is multiplication by a p-adic integer and lies in the center of E(Tor(A,B)) .

Since A and B appear in symmetric fashion in Tor(A,B) it is enough to show that $E(B) \longrightarrow E(\mathrm{Tor}(A,B))$ is monic and that E(B) is the centralizer of E(A) .

Recall ([2] p. 150) that there is a natural isomorphism $\phi_x : \mathrm{Tor}(\{x\},B) \cong B[p^n]$ where $\{x\}$ is a cyclic group of order p^n generated by x . The map ϕ_x and its inverse are given by $\phi_x\langle kx,p^m,b\rangle = (kp^{m-n})b$ for k an integer, $b \in B(p^m)$, and $\phi_x^{-1}b = \langle x,p^n,b\rangle$ for $b \in B[p^n]$.

* This research was supported in part by the National Science Foundation grant GP - 6545.

Using this isomorphism we get

LEMMA 1. *Let* $x \in A$, b, $b' \in B$, $O(x) = p^n$, *and* $\langle x,p^n,b\rangle = \langle x,p^n,b'\rangle$ *in* $\mathrm{Tor}(A,B)$, *then* $b = b'$.

PROOF. Since Tor is left exact we can assume $\langle x,p^n,b\rangle = \langle x,p^n,b'\rangle$ in $\mathrm{Tor}(\{x\},B)$. Then $b = \phi_x\langle x,p^n,b\rangle = \phi_x\langle x,p^n,b'\rangle = b'$.

We also get the first statement of the theorem. For if A is unbounded and $\beta \in E(B)$ satisfies $\mathrm{Tor}(1,\beta) = 0$, let $b \in B$. Then there is an $x \in A$ with $O(x) = p^n = O(b)$ and $\langle x,p^n,\beta b\rangle = \mathrm{Tor}(1,\beta)\langle x,p^n,b\rangle = 0 = \langle x,p^n,0\rangle$ so that $b = 0$ by Lemma 1 . Thus $\mathrm{Tor}(1,\beta) = 0$ implies $\beta = 0$.

Now let $\phi \in E(\mathrm{Tor}(A,B))$ be such that $\phi\mathrm{Tor}(\alpha,1) = \mathrm{Tor}(\alpha,1)\phi$ for all $\alpha \in E(A)$. We must find a $\beta \in E(B)$ such that $\phi = \mathrm{Tor}(1,\beta)$.

LEMMA 2. *If* A' *is a direct summand of* A , *then* $\phi\mathrm{Tor}(A',B) \subseteq \mathrm{Tor}(A',B)$.

PROOF. Let $\alpha \in E(A)$ be a projection of A onto A' . Then, for $x \in A'$, $x = \alpha x$ and we get.
$\phi\langle x,p^n,b\rangle = \phi\langle \alpha x,p^n,b\rangle = \phi\mathrm{Tor}(\alpha,1)\langle x,p^n,b\rangle = \mathrm{Tor}(\alpha,1)\phi\langle x,p^n,b\rangle \in \mathrm{Tor}(A',B)$.
Since $\mathrm{Tor}(A',B)$ is generated by elements of the form $\langle x,p^n,b\rangle$ with $x \in A'$ we are done.

LEMMA 3. *Suppose* $A_i \subseteq A, B_i \subseteq B, \beta_i : B_i \longrightarrow B$ *for* $i = 1,2$ *are such that* $\phi = \mathrm{Tor}(1,\beta_i)$ *on* $\mathrm{Tor}(A_i,B_i)$. *Suppose further that there is an* $\alpha \in E(A)$ *carrying* A_1 *monomorphically into* A_2 *and that, for each* $b \in B_1 \cap B_2$, *there is an* $x \in A_1$ *with* $O(x) = O(b)$. *Then* $\beta_1 = \beta_2$ *on* $B_1 \cap B_2$.

PROOF. Let $b \in B_1 \cap B_2$ and let $x \in A_1$ satisfy $O(x) = O(b) = p^n$. Let $\alpha \in E(A)$ carry A_1 monomorphically into A_2 . Then $O(\alpha x) = p^n$ and $\langle \alpha x,p^n,\beta_2 b\rangle = \phi\langle \alpha x,p^n,b\rangle = \phi\mathrm{Tor}(\alpha,1)\langle x,p^n,b\rangle = \mathrm{Tor}(\alpha,1)\phi\langle x,p^n,b\rangle = \langle \alpha x,p^n,\beta_1 b\rangle$.
Then $\beta_2 b = \beta_1 b$ by Lemma 1 .

LEMMA 4. *If* A' *is a cyclic direct summand of* A *of order* p^n , *then there is a* $\beta_n : B[p^n] \longrightarrow B$ *such that* $\phi = \mathrm{Tor}(1,\beta_n)$ *on* $\mathrm{Tor}(A',B[p^n])$. *If* A' *is a direct summand of* A *isomorphic to* $Z(p^\infty)$, *then there is a* $\beta \in E(B)$ *such that* $\phi = \mathrm{Tor}(1,\beta)$ *on* $\mathrm{Tor}(A',B)$.

PROOF. By Lemma 1 we have $\phi\mathrm{Tor}(A',B) \subseteq \mathrm{Tor}(A',B)$. If A' is cyclic of order p^n and $\psi : \mathrm{Tor}(A',B) \cong B[p^n]$ is the isomorphism given before then let $\beta_n = \psi\phi\psi^{-1}$. Since ψ is natural we also have $\psi\mathrm{Tor}(1,\beta_n)\psi^{-1} = \beta_n$ so $\phi = \mathrm{Tor}(1,\beta_n)$ on $\mathrm{Tor}(A',B[p^n])$ because ψ is an isomorphism.

The case $A' \cong Z(p^\infty)$ is similar using an isomorphism $\mathrm{Tor}(Z(p^\infty),B)) \cong B$ natural in B .

We next complete the proof when A is not reduced. Write $D = \sum A_i$ where D

is the maximal divisible subgroup of A and each A_i a copy of $Z(p^\infty)$. By Lemma 4 there are $\beta_i \in E(B)$ such that $\phi = Tor(1,\beta_i)$ on $Tor(A_i,B)$. For any indices i,j we have $A_i \cong A_j$ and, since A_j is a direct summand of A, this isomorphism extends to $\alpha \in E(A)$ carrying A_j monomorphically onto A_i. Then Lemma 3 tells us that $\beta_i = \beta_j$. Thus there is a $\beta \in E(B)$ such that $\phi = Tor(1,\beta)$ on each $Tor(A_i,B)$. Since $Tor(-,B)$ commutes with direct sums $\phi = Tor(1,\beta)$ on $Tor(D,B)$.

Let $A = D \oplus R$ with D divisible and R reduced and let A' be a cyclic direct summand of R of order p^n. By Lemmas 1 and 4 we have $\beta_n : B[p^n] \longrightarrow B$ such that $\phi = Tor(1,\beta_n)$ on $Tor(A',B[p^n])$.

Since $D \neq 0$, and A' is a direct summand of R, there is an $\alpha \in E(A)$ carrying monomorphically into D. Then by Lemma 4, $\beta_n = \beta$ on $B[p^n]$.

If A'' is a basic subgroup of R we see from the above using the facts that $Tor(-,B)$ commutes with direct sums and that each cyclic direct summand of A'' is a direct summand of A, that $\phi = Tor(1,\beta)$ on A''. The proof is almost complete once we have the following Lemma.

LEMMA 5. *Let A'' be a basic subgroup of the unbounded reduced p-group A, let $\phi Tor(\alpha,1) = Tor(\alpha,1)\phi$ for all $\alpha \in E(A)$, and let $\phi = Tor(1,\beta)$ on $Tor(A'',B)$. Then $\phi = Tor(1,\beta)$.*

PROOF. Let $\langle x,p^n,b\rangle$ be any generator of $Tor(A,B)$. Since A is unbounded so is A'' and there is a cyclic direct summand C of A'' with order $\geq p^n$. If $x \in A''$, there is nothing to prove, so suppose x is not in A''. Choose k such that $p^k \geq O(C)$. Since A'' is a basic subgroup of A, there are elements $y \in A''$, $z \in A$ such that $x = y+p^k z$ and $O(y) = O(x)$. Then $O(p^k z) \leq O(x)$ and since x is not in A'', $p^k z \neq 0$. Hence $O(z) \geq p^k \geq O(C)$ and C being a cyclic direct summand of A, there is an $\alpha \in E(A)$ carrying C monomorphically into $\{z\}$. Since $O(p^k z) \leq O(x) \leq O(C)$. there is an element $c \in C$ with $\alpha c = p^k z$. Then $O(c) = O(p^k z)$ and the elements $\langle y,p^n,b\rangle, \langle c,p^n,b\rangle$ exist in $Tor(A,B)$. Then

$$\begin{aligned}\phi\langle x,p^n,b\rangle &= \phi\langle y,p^n,b\rangle+\phi\langle \alpha c,p^n,b\rangle = \langle y,p^n,\beta b\rangle+Tor(\alpha,1)\phi\langle c,p^n,b\rangle \\ &= \langle y,p^n,\beta b\rangle+\langle \alpha c,p^n,\beta b\rangle = \langle x,p^n,\beta b\rangle = Tor(1,\beta)\langle x,p^n,b\rangle .\end{aligned}$$

Since $\langle x,p^n,b\rangle$ is an arbitrary generator of $Tor(A,B)$ we have $\phi = Tor(1,\beta)$.

Returning to the proof, if R is bounded we let $A'' = R$ so $\phi = Tor(1,\beta)$ on $Tor(R,B)$ hence on $Tor(A,B)$ by additivity of Tor. If A is unbounded we let A'' be a basic subgroup and apply Lemma 5.

We are left with the case A reduced. If A' is a cyclic direct summand of order p^n, then Lemmas 1 and 4 show the existence of $\beta_n : B[p^n] \longrightarrow B$ such that $\phi = Tor(1,\beta_n)$ on $Tor(A',B[p^n])$. Suppose A'' is a cyclic direct summand of order

p^m with $m \geq n$ and $\beta_m : B[p^m] \longrightarrow B$ the corresponding map. Then there is an $\alpha \in E(A)$ carrying A' monomorphically into A'' and Lemma 3 shows that $\beta_n = \beta_m$ on $B[p^n]$.

Taking $m = n$ we see that β_n is independent of A' . Since A is unbounded it has cyclic direct summands of arbitrarily large orders. Hence there is $\beta \in E(B)$ such that $\beta = \beta_n$ for each n for which A has a cyclic direct summand of order p^n .

Hence $\phi = \mathrm{Tor}(1,\beta)$ on $\mathrm{Tor}(A',B)$ whenever A' is a cyclic direct summand of A . Then as before we have $\phi = \mathrm{Tor}(1,\beta)$ on $\mathrm{Tor}(A'',B)$ for A'' a basic subgroup of A , and finish the proof by use of Lemma 5.

REFERENCES

[1] CHARLES B., Le centre de l'anneau des endomorphismes d'un groupe abélien primaire, C.R. Acad. Sci. Paris, 236, (1953), p. 1122-1123.

[2] MACLANE S., Homology, Springer-Verlag, Berlin (1963).

University of Washington
Seattle, Washington (U.S.A.)

AN EXTENSION OF THE ULM-KOLETTIS THEOREMS [1]

by Larry D. PARKER and Elbert A. WALKER

CHAPTER I
INTRODUCTION.

I.1. TERMINOLOGY AND NOTATION.

All groups considered in this paper will be reduced p-primary Abelian groups for a fixed prime p. If G is such a group and α is an ordinal number, $p^\alpha G$ is defined by induction as follows : $p^0 G = G$, $p^\alpha G = p(p^\beta G)$ if $\alpha = \beta+1$, and $p^\alpha G = \bigcap_{\beta<\alpha} p^\beta G$ if α is a limit ordinal.

The *length* of a reduced p-group G, denoted by $\lambda(G)$, is the minimum ordinal α such that $p^\alpha G = 0$. The symbols $\oplus$ and $\bigoplus$ will denote direct sums of groups. With a few stated exceptions, the terminology will be as in [1] and [5].

Suppose $G = \bigoplus_{i \in I} G_i$. If $J \subset I$ and $J \neq \phi$, then the symbol $G[J]$ will mean $\bigoplus_{i \in J} G_i$. If H is a non-zero subgroup of G, the *cylinder* of H (with respect to the given decomposition), denoted by H_c, is defined by $H_c = G[K] = \bigoplus_{i \in K} G_i$, where K is the minimum subset of I such that $H \subset G[K]$.

If X is a set and α is an ordinal number, then the cardinal numbers of X and α will be denoted by $|X|$ and $|\alpha|$, respectively. The first infinite ordinal will be denoted by ω, and the first uncountable ordinal by Ω, with $\aleph_0 = |\omega|$ and $\aleph_1 = |\Omega|$.

If α is an ordinal, a subgroup H of G is *p^α-pure* (sometimes called p^α-weakly-pure) in G if $p^\beta G \cap H = p^\beta H$ for all ordinals $\beta \leq \alpha$.

I.2. ULM'S THEOREM.

If G is a reduced Abelian p-group, one can define a function f_G from ordinals to cardinals by $f_G(\alpha) = \dim[(p^\alpha G)[p]/(p^{\alpha+1}G)[p]]$ for any ordinal number α, where dim means dimension as a vector space over the p-element field. This function is called the *Ulm function* of G, and its values are rather loosely called the *Ulm invariants* of G, with $f_G(\alpha)$ being referred to as the α-th Ulm invariant of G (invariant because isomorphic groups are easily seen to have identical Ulm functions). Ulm's famous result is that the converse of this last statement holds for a certain class of groups.

---

[1] Portions of this research were supported by NSF-GP-6564.

THEOREM [11] . *Two countable reduced Abelian p-groups are isomorphic if and only if they have the same Ulm invariants.*

It is not surprising that this is referred to as "the most celebrated result in the theory of infinite abelian groups" [4] since it asserts that the whole structure of one of these groups is determined by a family of cardinal numbers.

Complementary to Ulm's Theorem is the existence theorem proved by Zippin [13] in 1935, which describes the Ulm function of a countable reduced p-group, and says roughly that any function which could possibly be the Ulm function of such a group actually is. Zippin also proved a stronger form of Ulm's Theorem, stating not only that two countable reduced p-groups A and B with the same Ulm invariants are isomorphic, but also that for any ordinal α , any isomorphism from $p^{\alpha}A$ onto $p^{\alpha}B$ can be extended to an isomorphism from A onto B .

I.3. KOLETTIS' THEOREM.

In 1960 Kolettis proved the following extension of Ulm's Theorem :

THEOREM [6] . *If the reduced primary Abelian groups* G *and* H *are direct sums of countable groups, then* G *and* H *are isomorphic if and only if their Ulm functions are equal.*

Recently much shorter proofs ([2] and [9]) of this theorem have appeared than the one given by Kolettis. In fact, the proof is accomplished in [9] "without group theory". However, Kolettis' paper [6] contains another major result. He proved an existence theorem for direct sums of countable groups analogous to Zippin's existence theorem for countable groups. This theorem will be explicitly stated in Chapter III.

Hill and Megibben [4] have recently extended Zippin's stronger form of Ulm's Theorem, which was mentioned at the end of section I.2, to the class of direct sums of countable groups.

I.4. RELATED RESULTS.

Other extensions of Ulm's Theorem, and results closely related to Ulm's Theorem, have also appeared. We first describe the one presented by Mitchell in 1964. A Σ-group is a primary Abelian group in which every subgroup maximal with respect to disjointness from $p^{\omega}G$ is a direct sum of cyclic groups.

THEOREM [7] . *Let* G *and* H *be two Abelian p-groups such that* G *and* H *are* Σ*-groups and* $p^{\omega}G$ *has a countable basic subgroup. Then* G *and* H *are isomorphic if and only if* $p^{\omega}G \cong p^{\omega}H$ *and* G *and* H *have the same Ulm invariants.*

Another related result was recently presented by Hill and Megibben.

THEOREM |4|. *Let* β *be a countable limit ordinal and suppose that* G *is a primary group such that* $G/p^{\beta}G$ *is a direct sum of countable groups. Then a primary group* $\overline{G}$ *is isomorphic to* G *if and only if* $\overline{G}/p^{\beta}\overline{G} \simeq G/p^{\beta}G$ *and* $p^{\beta}\overline{G} \simeq p^{\beta}G$. *Indeed, any isomorphism between* $p^{\beta}\overline{G}$ *and* $p^{\beta}G$ *can be extended to an isomorphism between* $\overline{G}$ *and* G .

It will be noted that neither of the above results is an extension of Kolettis' Theroem, which is our objective. Such an extension involves finding a new class of groups which properly contains the class of direct sums of countable groups such that two groups in the new class are isomorphic if and only if they have the same Ulm invariants. However, it is rather obvious that even this is not enough for a reasonable extension of Kolettis' Theorem. Consider the class of direct sums of countable groups, and form a new class by throwing in a group of length $\Omega+1$. This new class will clearly "satisfy" Ulm's Theorem, but it is not a meaningful extension of Kolettis' Theorem. We will discuss in the next section a possible "ideal" extension of Ulm's Theorem.

I.5. TOTALLY PROJECTIVE GROUPS.

Nunke [8] has recently defined a new class of Abelian groups, called the totally projective groups. If α is an ordinal, a group A is *p^{α}-projective* if $p^{\alpha}\mathrm{Ext}(A,C) = 0$ for all groups C . An Abelian p-group A is *totally projective* if it is reduced and $A/p^{\alpha}A$ is p^{α}-projective for every ordinal α .

Nunke's results concerning the class of totally projective groups (henceforth denoted by P) are extensive. He shows that P is closed under the operations of forming arbitrary direct sums and taking direct summands, and that, for each ordinal α , $A \in P$ if and only if $p^{\alpha}A \in P$ and $A/p^{\alpha}A \in P$. He also shows that the class of direct sums of countable reduced p-groups is precisely the class of totally projective groups of length less than or equal to Ω . It was this last result, together with a theorem of Hill and Megibben [4, Theorem 4] which suggested an attempt to extend Ulm's Theorem to the class P of totally projective groups.

This would be the "ideal" extension of Ulm's Theorem mentioned in the previous section. We pointed out there that it is easy to get worthless extensions of Ulm's Theorem. It seems clear that a reasonable extension should involve a "nice" class of groups, in the sense of being closed under the formation of sums and summands, etc. If it were true, as we conjecture, that two totally projective groups with the same Ulm invariants are isomorphic, then the extension of Ulm's Theorem to the class P of totally projective groups would be the best possible extension in the sense that P would be the only class of groups satisfying

Ulm's Theorem and (1) - (3) below.

(1) P *contains the cyclic group of order* p .

(2) P *is closed under the operations of forming arbitrary direct sums and taking direct summands.*

(3) *If* A *is a group and* α *is an ordinal, then* $A \in P$ *if and only if* $p^{\alpha}A \in P$ *and* $A/p^{\alpha}A \in P$.

In the next chapter we take a step in this direction. Results about totally projective groups in [8] will be referred to as needed.

CHAPTER II

AN EXTENSION OF THE ULM-KOLETTIS THEOREMS

In this chapter we present a result which is a partial solution of the problem of extending Ulm's Theorem to the class of totally projective groups. The class of groups involved in our extension is the class of totally projective groups of length less than $\Omega\omega$. This class is closed under the formation of finite direct sums and taking direct summands, and if A is in the class and α is an ordinal, then $p^{\alpha}A$ and $A/p^{\alpha}A$ are in the class. Conversely, if $p^{\alpha}A$ and $A/p^{\alpha}A$ are in the class, then A is in the class if and only if $\lambda(A) < \Omega\omega$. As we mentioned, the direct sums of countable groups are precisely the totally projective groups of length less than or equal to Ω, so our result is actually a considerable extension of Kolettis' Theorem. In fact, it is an extension of the stronger form of Kolettis' Theorem mentioned in Section I.3.

THEOREM 1. *If* A *and* B *are totally projective groups of length less than* $\Omega\omega$ *with the same Ulm invariants, then* A *and* B *are isomorphic. Moreover, for any limit ordinal* α*, any isomorphism from* $p^{\alpha}A$ *onto* $p^{\alpha}B$ *can be extended to an isomorphism from* A *onto* B .

The proof will be presented in several steps. We will induct on $\lambda(A) = \lambda(B)$, first showing that $A/p^{\Omega}A \cong B/p^{\Omega}B$ and $p^{\Omega}A \cong p^{\Omega}B$. To prove that $A \cong B$, we will then reduce to the case where $|A| = \aleph_1 = |B|$. After making another reduction, we will prove the theorem for the case where $p^{\Omega}A$ and $p^{\Omega}B$ are direct sums of cyclic groups. The proof of the second part of the theorem involves an application of Zorn's Lemma.

We now proceed with the proof of the first part of Theorem 1, that A and B are isomorphic. We induct on $\lambda(A) = \lambda(B)$. If $\lambda(A) \leq \Omega$, then A and B are direct sums of countable groups [8, Theorem 2.12], so we are finished by Kolettis' Theorem. Thus we may assume $\lambda(A) > \Omega$. Then $p^{\Omega}A$ and $p^{\Omega}B$ are totally projective [8, Prop. 2.6] , $p^{\Omega}A$ and $p^{\Omega}B$ have the same Ulm invariants, and

$\lambda(p^\Omega A) = \lambda(p^\Omega B) < \lambda(A) = \lambda(B)$ since $\lambda(A) = \lambda(B) < \Omega\omega$. Thus we apply the induction hypothesis to conclude that $p^\Omega A \simeq p^\Omega B$. $A/p^\Omega A$ and $B/p^\Omega B$ are totally projective [8, Prop.2.6.], so are direct sums of countable groups [8, Theorem 2.12] Since $A/p^\Omega A$ and $B/p^\Omega B$ have the same Ulm invariants, $A/p^\Omega A \simeq B/p^\Omega B$ by Kolettis' Theorem.

Now A is a direct summand of a direct sum of groups of cardinality at most $\aleph_1$ [8, Theorem 2.12] , and likewise for B. Thus A and B are direct sums of groups of cardinality at most $\aleph_1$ [12, Theorem 4.3] .

Let $A = \bigoplus_{i\in I} A_i$ and $B = \bigoplus_{i\in I} B_i$, where $|A_i| \leq \aleph_1$ and $|B_i| \leq \aleph_1$ for each $i \in I$. Then [9] there is a partition $\{I_\mu : \mu \in M\}$ of I into subsets I_μ of cardinality at most $\aleph_1$ such that $A[I_\mu]$ has the same Ulm invariants as $B[I_\mu]$ for each $\mu \in M$. But $|A[I_\mu]| \leq \aleph_1$ and $|B[I_\mu]| \leq \aleph_1$ for each $\mu \in M$, and $A[I_\mu]$ and $B[I_\mu]$ are totally projective [8, Prop. 2.6] , so we may assume that $|A| = \aleph_1 = |B|$ since $A = \bigoplus_{\mu\in M} A[I_\mu]$ and $B = \bigoplus_{\mu\in M} B[I_\mu]$.

We now have $A/p^\Omega A \simeq B/p^\Omega B$, $p^\Omega A \simeq p^\Omega B$, and $|A| = \aleph_1 = |B|$, and we wish to show $A \simeq B$. We will actually prove any isomorphism from $p^\Omega A$ onto $p^\Omega B$ can be extended to an isomorphism from A onto B. First we will reduce to the case where $p^\Omega A$ and $p^\Omega B$ are direct sums of cyclic groups.

Let f be an arbitrary isomorphism from $p^\Omega A$ onto $p^\Omega B$, and let K be a basic subgroup of $p^\Omega A$. Then $L = f(K)$ is a basic subgroup of $p^\Omega B$. Thus there exist subgroups G of A and H of B such that

$$A/K = G/K \oplus p^\Omega A/K \text{ and}$$
$$B/L = H/L \oplus p^\Omega B/L .$$

Clearly $G \supset K$ is maximal with respect to $G \cap p^\Omega A = K$ and K is neat in $p^\Omega A$, so [3, Section IV, Remark 1] G is $p^{\Omega+1}$-pure in A. Thus $p^\Omega G = p^\Omega A \cap G = K$, and similarly $p^\Omega H = p^\Omega B \cap H = L$. Thus

$G/p^\Omega G = G/(p^\Omega A \cap G) \simeq (G+p^\Omega A)/p^\Omega A = A/p^\Omega A \simeq B/p^\Omega B = (H+p^\Omega B)/p^\Omega B \simeq H/(p^\Omega B \cap H) = H/p^\Omega H$, and $(f{\downarrow}K)$ maps $K = p^\Omega G$ isomorphically onto $L = p^\Omega H$. Thus if $(f{\downarrow}K)$ could be extended to an isomorphism $\overline{f}$ from G onto H, we could define $\hat{f} : A \longrightarrow B$ by $\hat{f}(a+g) = f(a)+\overline{f}(g)$, where $a \in p^\Omega A$ and $g \in G$. If $a+g = a'+g'$ with $a, a' \in p^\Omega A$ and $g, g' \in G$, then $a-a' = g'-g \in p^\Omega A \cap G = K$, so $f(a)-f(a') = f(a-a') = f(g'-g) = \overline{f}(g'-g) = \overline{f}(g')-\overline{f}(g)$, so $f(a)+\overline{f}(g) = f(a')+\overline{f}(g')$. Thus $\hat{f}$ is well-defined. It is easy to see that $\hat{f}$ is an isomorphism from A onto B and that $\hat{f}$ extends f.

Thus we may assume that $p^\Omega A$ and $p^\Omega B$ are direct sums of cyclic groups. We have $A/p^\Omega A \simeq B/p^\Omega B$, $p^\Omega A \simeq p^\Omega B$, and $|A| = \aleph_1 = |B|$, and we wish to show that any isomorphism from $p^{\Omega}A$ onto $p^{\Omega}B$ can be extended to an isomorphism from A onto B.

Let f be an arbitrary isomorphism from $p^{\Omega}A$ onto $p^{\Omega}B$. We will extend f to an isomorphism $\hat{f}$ from A onto B.

Let $C = p^{\Omega}A = \bigoplus_{j\in J} Zx_j$ (where Zx is the cyclic group generated by x). For each $k \in N$ (the set of natural numbers) let $J_k = \{j \in J : O(x_j) = p^k\}$, and let $X_k = \bigoplus_{j\in J_k} Zx_j$. Then $C = \bigoplus_{k=1}^{\infty} X_k$.

Write $A/C = \bigoplus_{i\in I} A_i/C$ and $B/f(C) = \bigoplus_{i\in I} B_i/f(C)$, where for each $i \in I$, A_i/C is countable and $A_i/C \simeq B_i/f(C)$.

Since $|I| = \aleph_1$ we can index the elements of I by the ordinals less than Ω, so that $I = \{i_\alpha : \alpha < \Omega\}$.

We will construct by transfinite induction a collection $\{I_\alpha : \alpha < \Omega\}$ of pairwise disjoint countable subsets of I, indexed by the ordinals less than Ω.

We proceed to construct I_o. For each $k \in N$, $p^kA_{i_o} \cap X_k$ is countable. To see this, let $x_1, x_2 \in p^kA_{i_o} \cap X_k$. Then $x_1 = p^ky_1$ and $x_2 = p^ky_2$ where $y_1, y_2 \in A_{i_o}$. If $y_1+C = y_2+C$, then $x_1-x_2 = p^k(y_1-y_2) \in p^kC \cap X_k = p^kX_k = 0$, so $x_1 = x_2$. Thus different elements of $p^kA_{i_o} \cap X_k$ determine different elements of A_{i_o}/C, so $p^kA_{i_o} \cap X_k$ is countable since A_{i_o}/C is countable.

Define $C(0) = \bigoplus_{k=1}^{\infty} [p^kA_{i_o} \cap X_k]_c$, where the cylinders are with respect to the decomposition $C = \bigoplus_{j\in J} Zx_j$. It is evident that $C(0)$ is countable. Let $\{a_n^{(0)} : n \in N\}$ be a set consisting of one element from each non-zero coset of A_{i_o}/C. Let $\tau(1)$ be a countable ordinal such that $\omega \leq \tau(1)$ and $h_A(a_n^{(0)}) \leq \tau(1)$ for each $n \in N$ (where $h_A(x)$ means the height of x in A). Then [10, Theorem 2] there exists a countable $p^{\tau(1)}$-pure subgroup P_1 of B such that $f(C(0)) \subset P_1$.

Since P_1 is countable, there exists a countable subset $I(1)$ of I such that $i_o \in I(1)$ and $P_1 \subset B[I(1)]$. (Since $B = \sum_{i\in I} B_i$, we are using $B[I(1)]$ to denote $\sum_{i\in I(1)} B_i$). Thus $f(C(0)) \subset p^{\tau(1)}B \cap P_1 = p^{\tau(1)}P_1 \subset p^{\tau(1)}B[I(1)]$. Define $D(1) = \bigoplus_{k=1}^{\infty} [p^kB[I(1)] \cap f(X_k)]_c$, where the cylinders are with respect to the decomposition $f(C) = \bigoplus_{j\in J} Zf(x_j)$. Then $D(1)$ is countable since $B[I(1)]/f(C) = \bigoplus_{i\in I(1)} B_i/f(C)$ is countable. If we define $C(1) = f^{-1}(D(1))$, then since $f(C(0)) \subset p^{\tau(1)}B[I(1)] \subset p^{\omega}B[I(1)]$, we have $f(C(0)) \subset D(1)$ so $C(0) \subset C(1)$. Let $\{b_n^{(1)} : n \in N\}$ be a set consisting of one representative from each non-zero coset of $B[I(1)]/f(C)$, and let $\tau(2)$ be a countable ordinal such that $\tau(1) < \tau(2)$ and $h_B(b_n^{(1)}) \leq \tau(2)$ for each $n \in N$.

The group $C(1)+\sum_{n=1}^{\infty} Za_n^{(0)}$ is a countable subgroup of A, so [10, Theorem 2] there exists a countable $p^{\tau(2)}$-pure subgroup P_2 of A such that $C(1)+\sum_{n=1}^{\infty} Za_n^{(0)} \subset P_2$. Since P_2 is countable, there exists a countable subgroup $I(2)$ of I such that $I(1) \subset I(2)$ and $P_2 \subset A[I(2)]$. Then

$$C(1) \subset p^{\tau(2)}A \cap P_2 = p^{\tau(2)}P_2 \subset p^{\tau(2)}A[I(2)] .$$

Define $C(2) = \bigoplus_{k=1}^{\infty} [p^k A[I(2)] \cap X_k]_c$, where the cylinders are with respect to the decomposition $C = \bigoplus_{j \in J} Zx_j$. Then $C(2)$ is countable since $A[I(2)]/C = \bigoplus_{i \in I(2)} A_i/C$ is countable, and $C(1) \subset C(2)$ since $C(1) \subset p^{\tau(2)}A[I(2)] \subset p^{\omega}A[I(2)]$. Let $\{a_n^{(2)} : n \subset N\}$ be a set consisting of one representative from each non-zero coset of $A[I(2)]/C$, and let $\tau(3)$ be a countable ordinal such that $\tau(2) < \tau(3)$ and $h_A(a_n^{(2)}) \leq \tau(3)$ for each $n \in N$. Then [10, Theorem 2] there ex ists a countable $p^{\tau(3)}$-pure subgroup P_3 of B containing $f(C(2))+\sum_{n=1}^{\infty} Zb_n^{(1)}$. Let $I(3)$ be a countable subset of I such that $I(2) \subset I(3)$ and $P_3 \subset B[I(3)]$. Then

$$f(C(2)) \subset p^{\tau(3)}B \cap P_3 = p^{\tau(3)}P_3 \subset p^{\tau(3)}B[I(3)] .$$

Define $D(3) = \bigoplus_{k=1}^{\infty} [p^k B[I(3)] \cap f(X_k)]_c$, where the cylinders are with respect to the decomposition $f(C) = \bigoplus_{j \in J} Zf(x_j)$. Let $C(3) = f^{-1}(D(3))$. Then as before $C(3)$ is countable and $C(2) \subset C(3)$.

Continuing in this manner by induction, we get a chain $\{I(n) : n \in N\}$ of countable subsets of I .

Define $I_o = \bigcup_{n=1}^{\infty} I(n)$. Let τ_o be the smallest ordinal such that $\tau_o \geq \tau(n)$ for each $n \in N$. Define $C_o = \bigoplus_{k=1}^{\infty} [p^k A[I_o] \cap X_k]_c$. Then C_o is countable since $A[I_o]/C = \bigoplus_{i \in I_o} A_i/C$ is countable. Let $C = C_o \oplus E_o$, where $[E_o]_c = E_o$. We note the following facts :

(1) $C_o = \bigcup_{n=1}^{\infty} C(n)$.

Let $j \in J$ such that $x_j \in C(n)$. Since $C(0) \subset C(1) \subset \ldots$, $x_j \in C(n)$ for some even n, so $x_j \in [p^k A[I(n)] \cap X_k]_c$ for some $k \in N$. Thus there is some $m \in N$ such that $mx_j \neq 0$ and $mx_j \in p^k A[I(n)] \cap X_k \subset p^k A[I_o] \cap X_k$, so $x_j \in [p^k A[I_o] \cap X_k]_c \subset C_o$.

Let $j \in J$ such that $x_j \in C_o$. Then $x_j \in [p^k A[I_o] \cap X_k]_c$ for some $k \in N$ so there is some $m \in N$ such that $mx_j \neq 0$ and $mx_j \in p^k A[I_o] \cap X_k$. Then $mx_j \in p^k A[I_n] \cap X_k$ for some even $n \in N$, so $x_j \in [p^k A[I(n)] \cap X_k]_c \subset C(n)$.

(2) E_o *is pure in* $A[I_o]$.

Let $y \in E_o[p]$, $y \neq 0$. Then $y = y_{k_1} + y_{k_2} + \dots + y_{k_r}$, where $0 \neq y_{k_t} \in X_{k_t}$ for $t = 1,2,\dots,r$ and $k_1 < k_2 < \dots < k_r$. Thus $h_{E_o}(y) = k_1 - 1$. Suppose $y \in p^{k_1} A[I_o]$. For $t = 2,3,\dots,r$, since $k_t > k_1$ and $py_{k_t} = 0$, we have $y_{k_t} \in p^{k_t - 1} X_{k_t} \subset p^{k_t - 1} A[I_o] \subset p^{k_1} A[I_o]$, so $y_{k_1} = y - y_{k_2} - \dots - y_{k_r} \in p^{k_1} A[I_o] \cap X_{k_1}$ $\subset C_o$, so $y_{k_1} \in C_o \cap E_o = 0$, contradicting $y_{k_1} \neq 0$. Thus every element of $E_o[p]$ has the same height in E_o as in $A[I_o]$, so E_o is pure in $A[I_o]$.

(3) $p^{\tau_o} A[I_o] = C_o$.

Let $x \in C_o$. Then for some $n \in N$, $x \in C(m)$ for all $m \geq n$. Let m be odd such that $m \geq n$. Then $x \in C(m) \subset p^{\tau(m+1)} A[I(m+1)] \subset p^{\tau(m+1)} A[I_o]$, so $x \in p^{\tau_o} A[I_o]$ since $\tau(1) < \tau(2) < \tau(3) < \dots$ and $\tau_o = \lim_{n \in N} \tau(n)$. Thus $C_o \subset p^{\tau_o} A[I_o]$.

Suppose $x \in A[I_o] \setminus C_o$. Will show $x \notin p^{\tau_o} A[I_o]$. If $x \in C$, then $x = c + e$ with $c \in C_o$ and $e \in E_o$, and $e \neq 0$ since $x \notin C_o$, so e has finite height in $A[I_o]$ since E_o is pure in $A[I_o]$. But $\tau_o \geq \omega$, so since $c \in C_o \subset p^{\tau_o} A[I_o]$, c has infinite height in $A[I_o]$, so x has finite height in $A[I_o]$, so $x \notin p^{\tau_o} A[I_o]$.

If $x \notin C$, then $x \in A[I(n)] \setminus C$ for some even $n \in N$, since $A[I_o] = \bigcup_{n=1}^{\infty} A[I(n)]$. Thus $x = a_k^{(n)} + c$ for some $k \in N$ and $c \in C$, where $a_k^{(n)}$ is a member of the set of representatives of non-zero cosets of $A[I(n)]/C$. But $h_A(a_k^{(n)}) \leq \tau(n+1) < \tau_o$, so $h_{A[I_o]}(x) \leq h_A(x) = h_A(a_k^{(n)}) < \tau_o$, so $x \notin p^{\tau_o} A[I_o]$.

(4) $p^{\omega}(A[I_o]/C) = (p^{\omega} A[I_o] + C)/C$

Now $p^{\omega}(A[I_o]/C \subset p^{\omega}(A/C) = (p^{\omega} A)/C$, so if $x + C \in p^{\omega}(A[I_o]/C)$, then $x + C = a + C$ with $a \in p^{\omega} A$. Then $x = a + c$ with $c \in C$, so $x \in p^{\omega} A$. Also $x \in A[I(n)]$ for some even $n \in N$, so $x = a_k^{(n)} + c_1$ for some $k \in N$ and $c_1 \in C$, so $a_k^{(n)} = x - c_1 \in p^{\omega} A \cap P_{n+2} = p^{\omega} P_{n+2} \subset p^{\omega} A[I(n+2)] \subset p^{\omega} A[I_o]$. Thus

$x+C = a_k^{(n)}+C \in (p^\omega A[I_o]+C)/C$, so $p^\omega(A[I_o]/C) \subset (p^\omega A[I_o]+C)/C$. The other inclusion is obvious.

(5) $A[I_o]/(p^\omega A[I_o]\oplus E_o)$ *is a direct sum of cyclic groups.*

$A[I_o]/C = \bigoplus_{i\in I_o} A_i/C$ is countable, so $A[I_o]/(p^\omega A[I_o] \oplus E_o) =$ $A[I_o]/(p^\omega A[I_o]+C) \simeq (A[I_o]/C)/[(p^\omega A[I_o]+C)/C] = (A[I_o]/C)/p^\omega(A[I_o]/C)$ is a countable group with no elements of infinite height, so is a direct sum of cyclic groups [5, Theorem 11] .

(6) E_o *is a direct summand of* $A[I_o]$.

$(E_o\oplus p^\omega A[I_o])/p^\omega A[I_o]$ is pure in $A[I_o]/p^\omega A[I_o]$ and the quotient is a direct sum of cyclic groups by (5), so $(E_o\oplus p^\omega A[I_o])/p^\omega A[I_o]$ is a direct summand of $A[I_o]/p^\omega A[I_o]$. Thus [5, Lemma 6] E_o is a direct summand of $A[I_o]$.

Similarly, one can show that $p^{\tau_o}B[I_o] = f(C_o)$ and that $f(E_o)$ is a direct summand of $B[I_o]$. Let $A[I_o] = E_o\oplus S_o$ and $B[I_o] = f(E_o)\oplus T_o$. Then $S_o/p^{\tau_o}S_o = S_o/C_o \simeq (S_o\oplus E_o)/(C_o\oplus E_o) = A[I_o]/C = \bigoplus_{i\in I_o} A_i/C \simeq \bigoplus_{i\in I_o} B_i/f(C) =$ $B[I_o]/f(C) = (T_o\oplus f(E_o))/(f(C_o)\oplus f(E_o)) \simeq T_o/f(C_o) = T_o/p^{\tau_o}T_o$. Since $(f\restriction C_o)$ is an isomorphism from $p^{\tau_o}S_o = C_o$ onto $p^{\tau_o}T_o = f(C_o)$, $(f\restriction C_o)$ extends to an isomorphism f_o from S_o onto T_o [4, Theorem 4]. Define $\hat{f}_o : A[I_o] \longrightarrow B[I_o]$ by $\hat{f}_o(s+e) = f_o(s)+f(e)$, where $s \in S_o$ and $e \in E_o$. Then $\hat{f}_o$ is an isomorphism from $A[I_o]$ onto $B[I_o]$ and $(\hat{f}_o\restriction C) = f$.

Now suppose $0 < \alpha < \Omega$ and I_β has been defined for each $\beta < \alpha$. Let $I' = \bigcup_{\beta<\alpha} I_\beta$ and $I'' = I\setminus I'$. Then I' is countable, and $A/C = A[I']/C \oplus A[I'']/C$. We will show that $p^\Omega A[I''] = C$.

Since $A[I''] \subset A$, $p^\Omega A[I''] \subset p^\Omega A = C$. We will show by induction that $C \subset p^\mu A[I'']$ for each ordinal $\mu < \Omega$. This is clear for $\mu = 0$. Suppose $0 < \mu < \Omega$ and $C \subset p^\varepsilon A[I'']$ for each $\varepsilon < \mu$. If μ is a limit ordinal, then $C \subset \bigcap_{\varepsilon<\mu} p^\varepsilon A[I''] = p^\mu A[I'']$.

If $\mu = \varepsilon+1$, let $\bar{\varepsilon} = \max\{\varepsilon, \lambda(A[I']/C)\}$. If $c \in C$, then $c = py$ with $y \in p^{\bar{\varepsilon}}A$. Thus $y+C \in (p^{\bar{\varepsilon}}A)/C = p^{\bar{\varepsilon}}(A/C) = p^{\bar{\varepsilon}}(A[I']/C)\oplus p^{\bar{\varepsilon}}(A[I'']/C) =$ $p^{\bar{\varepsilon}}(A[I'']/C) \subset p^\varepsilon(A[I'']/C) = (p^\varepsilon A[I''])/C$, so $y \in p^\varepsilon A[I'']$, so $c = py \in p^\mu A[I'']$. Thus $C \subset \bigcap_{\mu<\Omega} p^\mu A[I''] = p^\Omega A[I'']$.

Thus we can construct I_α as a subset of I'' in exactly the same way as I_o was constructed as a subset of I .

It is clear from the construction that $\{I_\alpha : \alpha < \Omega\}$ is a partition of I. Thus $A/C = \bigoplus_{\alpha<\Omega} A[I_\alpha]/C$ and $B/f(C) = \bigoplus_{\alpha<\Omega} B[I_\alpha]/f(C)$. For each $\alpha < \Omega$ we have an isomorphism $\hat{f}_\alpha : A[I_\alpha] \longrightarrow B[I_\alpha]$ such that $(\hat{f}_\alpha \restriction C) = f$. Since $A = \sum_{\alpha<\Omega} A[I_\alpha]$ and $B = \sum_{\alpha<\Omega} B[I_\alpha]$, and since $(\hat{f}_\alpha \restriction C) = f$ for each $\alpha < \Omega$, the function $\hat{f} : A \longrightarrow B$ defined by $\hat{f}(\Sigma\, a_\alpha) = \Sigma\, \hat{f}_\alpha(a_\alpha)$ is a well-defined isomorphism from A onto B, and $\hat{f}$ extends f.

We have now proved the first part of Theorem 1 : that two totally projective groups A and B of length less than $\Omega\omega$ with the same Ulm invariants are isomorphic. We now assume that α is a limit ordinal and that f is an arbitrary isomorphism from $p^\alpha A$ onto $p^\alpha B$, and we wish to extend f to an isomorphism from A onto B. We do this by induction on α. If $\alpha < \Omega$, then $A/p^\alpha A$ is totally projective [8, Prop. 2.6.] and of length less than Ω, so $A/p^\alpha A$ is a direct sum of countable groups [8, Theorem 2.12]. Thus f can be extended to an isomorphism from A onto B [4, Theorem 4].

Suppose $\alpha = \Omega$. Then we must show that any isomorphism from $p^\Omega A$ onto $p^\Omega B$ can be extended to an isomorphism from A onto B. We have shown in the course of the above proof that this is so provided that $|A| = \aleph_1 = |B|$. We have $A = \bigoplus_{i\in I} A_i$ and $B = \bigoplus_{i\in I} B_i$ where $|A_i| \leq \aleph_1$ and $|B_i| \leq \aleph_1$ for each $i \in I$, and we may assume $A_i \simeq B_i$ for each $i \in I$.

Let S be the collection of all ordered pairs (g,J) where $J \subset I$, $(f \restriction p^\Omega A[J])$ is an isomorphism from $p^\Omega A[J]$ onto $p^\Omega B[J]$, and g is an isomorphism from $A[J]$ onto $B[J]$ extending $(f \restriction p^\Omega A[J])$. Partially order S by defining $(g,J) \leq (h,K)$ if $J \subset K$ and $(h \restriction A[J]) = g$. If $\{(g_t,J_t) : t \in T\}$ is a chain in S, define $J = \bigcup_{t\in T} J_t$ and define $g : A[J] \longrightarrow B[J]$ by $g(x) = g_t(x)$ if $x \in A[J_t]$. Clearly $(g,J) \in S$ and (g,J) is an upper bound for the chain $\{(g_t,J_t) : t \in T\}$. Thus we can apply Zorn's Lemma to get a maximal element (g,J) of S. We will assume $J \neq I$ and arrive at a contradiction.

Let $i \in I\setminus J$. We define by induction a collection $\{I_n : n \in N \cup \{0\}\}$ as follows : Define $I_0 = \{i\}$. Suppose $n \in N$ and I_m has been defined for each $m < n$.

Case 1. n odd

Let $K_1(n)$ be the minimum subset of I such that $f(p^\Omega A[I_{n-1}]) \subset B[K_1(n)]$ and $I_{n-1} \subset K_1(n)$. Let $K_2(n)$ be the minimum subset of I such that $f(p^\Omega A[K_1(n)]) \subset B[K_2(n)]$ and $K_1(n) \subset K_2(n)$. Let $K_3(n)$ be the minimum subset of I such that $f(p^\Omega A[K_2(n)]) \subset B[K_3(n)]$ and $K_2(n) \subset K_3(n)$. Continue in this manner by induction, and define $I_n = \bigcup_{m=1}^{\infty} K_m(n)$.

Case 2. n even

Let $K_1(n)$ be the minimum subset of I such that $f^{-1}(p^{\Omega}B[I_{n-1}]) \subset A[K_1(n)]$ and $I_{n-1} \subset K_1(n)$. Let $K_2(n)$ be the minimum subset of I such that $f^{-1}(p^{\Omega}B[K_1(n)]) \subset A[K_2(n)]$ and $K_1(n) \subset K_2(n)$. Let $K_3(n)$ be the minimum subset of I such that $f^{-1}(p^{\Omega}B[K_2(n)]) \subset A[K_3(n)]$ and $K_2(n) \subset K_3(n)$. Continue in this manner by induction, and define $I_n = \bigcup_{m=1}^{\infty} K_m(n)$.

Define $\bar{J} = \bigcup_{n=0}^{\infty} I_n$. Then $|\bar{J}| \leq \aleph_1$ by construction, and $(f{\downarrow}p^{\Omega}A[\bar{J}])$ is an isomorphism from $p^{\Omega}A[\bar{J}]$ onto $p^{\Omega}B[\bar{J}]$. Thus $(f{\downarrow}p^{\Omega}A[J \cup \bar{J}])$ is an isomorphism from $p^{\Omega}A[J \cup \bar{J}]$ onto $p^{\Omega}B[J \cup \bar{J}]$. Let $L = (J \cup \bar{J})\backslash J$. Then $J \cup L = J \cup \bar{J}$ and $J \cap L = \phi$. $L \neq \phi$ since $i \in L$.

Now $A[J \cup L] = A[J] \oplus A[L]$, so $p^{\Omega}B[J \cup L] = f(p^{\Omega}A[J \cup L]) = f(p^{\Omega}A[J]) \oplus f(p^{\Omega}A[L]) = p^{\Omega}B[J] \oplus f(p^{\Omega}A[L])$. Since $A[J \cup L]/A[J] \simeq A[L]$ is totally projective and $f(p^{\Omega}A[L])$ is a complementary summand of $p^{\Omega}B[J]$ in $p^{\Omega}B[J \cup L]$, it is clear from the proof of Prop 5 in [3] that we can choose a complementary summand M of $B[J]$ in $B[J \cup L]$ such that $f(p^{\Omega}A[L]) \subset M$. Thus $f(p^{\Omega}A[L]) = p^{\Omega}M$ since $p^{\Omega}B[J \cup L] = p^{\Omega}B[J] \oplus f(p^{\Omega}A[L]) = p^{\Omega}B[J] \oplus p^{\Omega}M$ and $f(p^{\Omega}A[L]) \subset p^{\Omega}B[J \cup L] \cap M = p^{\Omega}M$.

Now $B[J \cup L] = B[J] \oplus B[L] = B[J] \oplus M$, so $A[L] \simeq B[L] \simeq M$, and $(f{\downarrow}p^{\Omega}A[L])$ is an isomorphism from $p^{\Omega}A[L]$ onto $p^{\Omega}M$. Since $|A[L]| \leq \aleph_1$, we can extend $(f{\downarrow}p^{\Omega}A[L])$ to an isomorphism $\bar{g}$ from $A[L]$ onto M .

Now define $\theta : A[J \cup L] \longrightarrow B[J \cup L]$ by $\theta(x+y) = g(x)+\bar{g}(y)$ if $x \in A[J]$ and $y \in A[L]$. Then θ is an isomorphism from $A[J \cup L]$ onto $B[J \cup L]$, the pair $(\theta, J \cup L)$ is a member of S , and $(g,J) < (\theta, J \cup L)$, contradicting the maximality of (g,J) . Thus $J = I$, so f extends to an isomorphism from $A = A[I]$ onto $B = B[I]$. This completes the case where $\alpha = \Omega$.

The only case remaining is that where $\alpha > \Omega$. We may assume $\alpha < \Omega\omega$, since otherwise there is nothing to prove. Then $\alpha = \Omega+\beta$ where $\beta<\alpha$ and β is a limit, so $(p^{\Omega}A)/p^{\beta}(p^{\Omega}A) = (p^{\Omega}A)/(p^{\Omega+\beta}A) = (p^{\Omega}A)/(p^{\alpha}A) = p^{\Omega}(A/p^{\alpha}A) \simeq p^{\Omega}(B/p^{\alpha}B) = (p^{\Omega}B)/(p^{\alpha}B) = (p^{\Omega}B)/(p^{\Omega+\beta}B) = (p^{\Omega}B)/p^{\beta}(p^{\Omega}B)$. Thus we can apply the induction hypothesis to extend f to an isomorphism $\bar{f}$ from $p^{\Omega}A$ onto $p^{\Omega}B$. But then, as shown above, $\bar{f}$ can be extended to an isomorphism from A onto B . This completes the proof of Theorem 1 .

COROLLARY. *If* A *is a totally projective group of length less than* $\Omega\omega$ *and*

α is a limit ordinal, then any automorphism of $p^{\alpha}A$ can be extended to an automorphism of A.

This corollary is an extension of Theorem 3 in [4]. With a slight modification of the proof of Theorem 1, we can prove the following theorem, which, along with its corollary, generalizes Theorem 4 and Theorem 5 in [4].

THEOREM 2. *Let β be a limit ordinal less than $\Omega\omega$ and suppose that A is a primary group such that $A/p^{\beta}A$ is totally projective. Then a primary group B is isomorphic to A if and only if $A/p^{\beta}A \simeq B/p^{\beta}B$ and $p^{\beta}A \simeq p^{\beta}B$. Indeed, any isomorphism between $p^{\beta}A$ and $p^{\beta}B$ can be extended to an isomorphism between A and B.*

COROLLARY. *If β is a limit ordinal less than $\Omega\omega$ and A is a primary group such that $A/p^{\beta}A$ is totally projective, then every automorphism of $p^{\beta}A$ is induced by an automorphism of A.*

CHAPTER III
AN EXISTENCE THEOREM

The purpose of this chapter is to provide an existence theorem analogous to those which accompany Ulm's Theorem and Kolettis' Theorem ; that is, to describe those sequences of Ulm invariants which can belong to totally projective groups of length less than $\Omega\omega$. Since this theorem will be stated in terms of direct sums of countable groups, we will first state Kolettis' existence theorem.

Let f be a cardinal-valued function on the countable ordinals. If there exists a countable ordinal μ such that $f(\alpha) = 0$ for all countable ordinals α such that $\alpha \geq \mu$, then the *length* of f is the smallest such μ. Otherwise the length of f is Ω. The function f of length λ is *admissible* if whenever β is an ordinal such that $\beta+\omega \leq \lambda$, there exists an infinite sequence $\{n_k\}$ of finite ordinals such that each $f(\beta+n_k) \neq 0$. A set of countable ordinals is admissible if its characteristic function is admissible. The symbol $R(f)$ stands for the set of non-zero cardinals in the range of f, and $D(f)$ is the set of countable ordinals α such that $f(\alpha) \neq 0$. If $\aleph$ is an infinite cardinal, $D(f,\aleph)$ is the set of ordinals α in $D(f)$ for which $f(\alpha) \geq \aleph$. We define $R^*(f)$ and $R^{\circ}(f)$ as follows :

$$R^*(f) = \{\aleph \in R(f) : \aleph = \sup \aleph' \text{ for } \aleph' \in R(f) \text{ and } \aleph' < \aleph\}.$$

$$R^{\circ}(f) = R(f) - R^*(f).$$

THEOREM [6]. *Let f be an admissible cardinal-valued function on the* *countable ordinals. Then* f *is the Ulm function of a direct sum of countable reduced primary Abelian groups if and only if :*

(1) *for each uncountable cardinal* $\aleph$ *in* $R^\circ(f)$ *, the set* $D(f,\aleph)$ *is admissible, and*

(2) *if the length of* f *is* Ω *,* $\sup D(f,\aleph_1) = \Omega$.

We will now set forth the terminology to be used in our existence theorem.

A *proper* function is a cardinal-valued function whose domain is the set of ordinals less than $\Omega\omega$. If there is an ordinal $\alpha < \Omega\omega$ such that $f(\mu) = 0$ for all $\mu \geq \alpha$, then the *length* $\lambda(f)$ of f is the smallest such α . Otherwise the length of f is $\Omega\omega$. If f is a proper function of length less that $\Omega\omega$, then for each non-negative integer n such that $\Omega n < \lambda(f)$, we define the *n-th partial function* f_n of f as follows :

f_n has domain $\{\alpha : \alpha < \Omega\}$

$f_n(\alpha) = f(\Omega n+\alpha)$ for each $\alpha < \Omega$.

We are now ready to state our existence theorem. Several technical lemmas will be presented before the proof of the theorem is given.

THEOREM 3. *A proper function* f *of length less than* $\Omega\omega$ *is the Ulm function of a totally projective group if and only if :*

(1) *For each non-negative integer* n *such that* $\Omega n < \lambda(f)$ *, the* n-th *partial function* f_n *of* f *is the Ulm function of a group* G_n *which is a direct sum of countable reduced primary groups.*

(2) $|G_{n+1}| \leq \min_{\alpha<\Omega} |p^\alpha G_n|$ *for each non-negative integer* n *such that* $\Omega n < \lambda(f)$.

LEMMA 1. *If* G *is a countable reduced primary group, then* G *can be written as a direct sum* $G = \bigoplus_{i\in I} G_i$ *, where for each* $i \in I$ *there is an ordinal* λ_i *such that* $p^{\lambda_i} G_i \simeq Z(p)$ *, the cyclic group of order* p .

PROOF. We induct on $\lambda(G)$. If $\lambda(G) = 1$, the conclusion is obvious. Suppose $\lambda(G) = \lambda > 1$.

CASE 1. $\lambda = \alpha+1$

Then $p^\alpha G = \bigoplus_{i\in I} Zx_i$, where $Zx_i \simeq Z(p)$ for each $i \in I$. Thus [4, Theorem 11] $G = H \oplus (\bigoplus_{i\in I} G_i)$, where $p^\alpha H = 0$ and $p^\alpha G_i = Zx_i$ for each $i \in I$. Since $\lambda(H) < \lambda(G)$, H is a direct sum of groups of the desired kind by induction hypothesis.

CASE 2. λ is a limit ordinal.

Then [5, Exercise 41] G is a direct sum of groups of length less than λ , and we are finished by induction.

LEMMA 2. *If* G *is a countable reduced primary group and* λ *is an ordinal such that* $p^\lambda G \simeq Z(p)$ *, then for any* $n \in N$ *there is a countable reduced primary group* H *such that* $H/p^{\lambda+1}H \simeq G$ *and* $p^{\lambda+1}H \simeq Z(p^n)$.

PROOF. Using Zippin's existence theorem [13] , let H be a countable reduced primary group of length $\lambda+n+1$ satisfying :

$f_H(\alpha) = f_G(\alpha)$ for all $\alpha < \lambda$;

$f_H(\lambda+n) = 1$;

$f_H(\alpha) = 0$ if $\lambda \leq \alpha < \lambda+n$.

Consider the group $H/p^{\lambda+1}H$. It is routine to verify that this group has the same Ulm invariants as G for all $\alpha < \lambda$. The λ-th Ulm invariant of $H/p^{\lambda+1}H$ is $\dim[p^\lambda(H/p^{\lambda+1}H)[p]/p^{\lambda+1}(H/p^{\lambda+1}H)[p]] = \dim[p^\lambda H/p^{\lambda+1}H] = 1 = f_G(\lambda)$ since it is clear that $p^\lambda H \simeq Z(p^{n+1})$, so $H/p^{\lambda+1}H \simeq G$ by Ulm's Theorem.

LEMMA 3. *If* H *is a direct sum of countable reduced primary groups and* K *is a reduced primary group such that* $|K| \leq \min_{\alpha<\Omega}|p^\alpha H|$ *, then there is a reduced primary group* G *such that* $p^\Omega G \simeq K$ *and* $G/p^\Omega G \simeq H$.

PROOF. Let $H = \bigoplus_{i\in I} H_i$, where, for each $i \in I$, H_i is countable and for some ordinal λ_i , $p^{\lambda_i}H_i \simeq Z(p)$. Let $m = \min_{\alpha<\Omega}|p^\alpha H|$. Since $\lambda(H) = \Omega$ we have $m \geq \aleph_1$ [6, Lemma 3] . We will construct a collection $\{I_\mu : \mu \in M\}$ of pairwise disjoint subsets of I such that $|M| = |K|$ and such that $\lambda(H[I_\mu]) = \Omega$ for each $\mu \in M$.

CASE 1. $|K| \leq \aleph_1$.

Let $\{i_\alpha : \alpha < \Omega\}$ be a set of elements of I such that if $\alpha\neq\beta$ then $i_\alpha \neq i_\beta$ and such that $\lambda(H_{i_\alpha}) \geq \alpha$ for each $\alpha < \Omega$. Let $J = \{\alpha : \alpha < \Omega\}$. Since $|J| = \aleph_1 = |K| \cdot \aleph_1^\alpha$, we can partition J into a collection $\{J_\mu : \mu \in M\}$, where $|M| = |K|$ and $|J_\mu| = \aleph_1$ for each $\mu \in M$. For each $\mu \in M$, define $I_\mu = \{i_\alpha : \alpha \in J_\mu\}$. Then the collection $\{I_\mu : \mu \in M\}$ is pairwise disjoint, $|M| = |K|$, and for each $\mu \in M$, $\lambda(H[I_\mu]) = \Omega$.

CASE 2. $|K| > \aleph_1$.

Let Λ be the first ordinal such that $|\Lambda| = |K|$. We construct by induction a collection $\{I_\mu : \mu < \Lambda\}$ of pairwise disjoint subsets of I such that :

(1) $|I_\mu| = \aleph_1$ for each $\mu < \Lambda$.

(2) $\lambda(H[I_\mu]) = \Omega$ for each $\mu < \Lambda$.

Define $I_o = \{i_\alpha : \alpha < \Omega\}$, a set of elements of I indexed by the set of ordinals less than Ω such that if $\alpha \neq \beta$ then $i_\alpha \neq i_\beta$ and such that $\lambda(H_{i_\alpha}) \geq \alpha$ for each $\alpha < \Omega$.

Now suppose $0 < \mu < \Lambda$ and a collection $\{I_\lambda : \lambda < \mu\}$ of pairwise disjoint subsets of I satisfying (1) and (2) has been defined. Define $I' = \bigcup_{\lambda<\mu} I_\lambda$ and $I'' = I \setminus I'$. Then $|I'| \leq \aleph_1 \cdot |\mu| \leq |K| \leq m$, so $\lambda(H[I'']) = \Omega$. Thus we can let $I_\mu = \{j_\alpha : \alpha < \Omega\}$, a set of elements of I'' such that $\lambda(H_{j_\alpha}) \geq \alpha$ for each $\alpha < \Omega$.

If we let $M = \{\mu : \mu < \Lambda\}$, then the collection $\{I_\mu : \mu \in M\}$ is pairwise disjoint, $|M| = |\Lambda| = |K|$, and for each $\mu \in M$, $\lambda(H[I_\mu]) = \Omega$.

Thus in either case we have a collection $\{I_\mu : \mu \in M\}$ of pairwise disjoint subsets of I such that $|M| = |K|$ and such that $\lambda(H[I_\mu]) = \Omega$ for each $\mu \in M$. We can assume without loss of generality that $\bigcup_{\mu \in M} I_\mu = I$. Let θ be a one to one set function from K onto M.

Suppose $k \in K$ and $O(k) = p^n$. For each $i \in I_{\theta(k)}$, let L_i be a countable reduced primary group such that $L_i/p^{\lambda_i+1}L_i \simeq H_i$ and $p^{\lambda_i+1}L_i = Zx_i \simeq Z(p^n)$.

Define $A = K \oplus (\bigoplus_{i \in I} L_i)$. For each $k \in K$, define $C_k = \sum_{i \in I_{\theta(k)}} Z(k - x_i)$, and let $C = \sum_{k \in K} C_k$. Define $G = A/C$. We note the following facts :

(a) $K \cap C = 0$.

(b) $(K \oplus C)/C \subset p^\Omega G$.

Let $k \in K$ and let α be a countable ordinal. Let $i \in I_{\theta(k)}$ such that $\lambda_i + 1 \geq \alpha$. Then $x_i \in p^{\lambda_i+1}L_i \subset p^\alpha L_i \subset p^\alpha A$, so $k + C = x_i + C \in (p^\alpha A + C)/C \subset p^\alpha(A/C)$.

(c) $K \oplus C = K \oplus (\bigoplus_{i \in I} Zx_i)$.

(d) $G/[(K \oplus C)/C] \simeq H$.

$G/[(K \oplus C)/C] = (A/C)/[(K \oplus C)/C] \simeq A/(K \oplus C) = [K \oplus (\bigoplus_{i \in I} L_i)]/[K \oplus (\bigoplus_{i \in I} Zx_i)] \simeq (\bigoplus_{i \in I} L_i)/(\bigoplus_{i \in I} Zx_i) \simeq \bigoplus_{i \in I}(L_i/Zx_i) = \bigoplus_{i \in I} L_i/p^{\lambda_i+1}L_i \simeq \bigoplus_{i \in I} H_i = H$.

(e) $(K \oplus C)/C = p^\Omega G$.

Since $G/[(K \oplus C)/C] \simeq H$ has length Ω, $p^\Omega G \subset (K \oplus C)/C$.
Thus $p^\Omega G = (K \oplus C)/C \simeq K$ and $G/p^\Omega G \simeq H$, as desired.

LEMMA 4. *If* n *is a non-negative integer and* $G_o, G_1, \ldots, G_n$ *are direct sums of countable reduced primary groups such that* $|G_{k+1}| \leq \min_{\alpha<\Omega} |p^\alpha G_k|$ *for* $0 \leq k \leq n-1$, *then there is a totally projective group* G *such that* $p^{\Omega k}G/p^{\Omega(k+1)}G \simeq G_k$ *for* $0 \leq k \leq n$, $|G| = |G_o|$, *and* $p^{\Omega(n+1)}G = 0$.

PROOF. The proof is by induction on n. If $n = 0$, let $G = G_o$. Suppose $n > 0$ and the theorem holds for all $m < n$. Then by induction hypothesis there is a totally projective group H such that $p^{\Omega k}H/p^{\Omega(k+1)}H \simeq G_{k+1}$ for $0 \leq k \leq n-1$, $|H| = |G_1|$, and $p^{\Omega n}H = 0$.

Thus $|H| = |G_1| \leq \min_{\alpha<\Omega}|p^{\alpha}G_o|$, so by Lemma 3 there exists a reduced primary group G such that $p^{\Omega}G \simeq H$ and $G/p^{\Omega}G \simeq G_o$. If $0 < k < n$, then $p^{\Omega k}G/p^{\Omega(k+1)}G = p^{\Omega(k-1)}H/p^{\Omega k}H \simeq G_k$. We observe that $p^{\Omega(n+1)}G = p^{\Omega n}H = 0$. G is totally projective since $p^{\Omega}G$ and $G/p^{\Omega}G$ are.

LEMMA 5. *If* G *is a totally projective group of length less than* $\Omega\omega$, *then* $|p^{\Omega}G| \leq \min_{\alpha<\Omega}|p^{\alpha}(G/p^{\Omega}G)|$.

PROOF. G is a direct summand of a direct sum of groups of cardinality at most $\aleph_1$ [8, Theorem 2.12], so G is a direct sum of groups of cardinality at most $\aleph_1$ [12, Theorem 4.3].

Thus $G = \bigoplus_{i\in I}G_i$, where $|G_i| \leq \aleph_1$ for each $i \in I$. Let $J = \{i \in I : p^{\Omega}G_i \neq 0\}$. If $J = \phi$ then $p^{\Omega}G = 0$ and there is nothing to prove. If $J \neq \phi$ then $p^{\Omega}G = \bigoplus_{i\in J}p^{\Omega}G_i$, so $|p^{\Omega}G| \leq |J| \cdot \aleph_1$. But if $\alpha < \Omega$, $p^{\alpha}(G/p^{\Omega}G) \simeq (p^{\alpha}(\bigoplus_{i\in I}G_i/p^{\Omega}G_i) \supset p^{\alpha}(\bigoplus_{i\in J}G_i/p^{\Omega}G_i) = \bigoplus_{i\in J}p^{\alpha}(G_i/p^{\Omega}G_i)$, so $|p^{\alpha}(G/p^{\Omega}G)| \geq |J| \cdot \aleph_1$ since $\min_{\alpha<\Omega}|p^{\alpha}(G_i/p^{\Omega}G_i)| = \aleph_1$ for each $i \in J$.

PROOF OF THEOREM 3. Suppose that f is the Ulm function of a totally projective group G. Then if n is a non-negative integer such that $\Omega n < \lambda(f)$ and if $\alpha < \Omega$, we have $f_n(\alpha) = f(\Omega n+\alpha) = f_G(\Omega n+\alpha) = f_{p^{\Omega n}G}(\alpha) = f_{p^{\Omega n}G/p^{\Omega(n+1)}G}(\alpha)$,

so f_n is the Ulm function of $p^{\Omega n}G/p^{\Omega(n+1)}G$, which is a direct sum of countable reduced primary groups. Let $G_n = p^{\Omega n}G/p^{\Omega(n+1)}G$.

If n is a non-negative integer such that $\Omega(n+1) < \lambda(f)$, we need $|G_{n+1}| \leq \min_{\alpha<\Omega}|p^{\alpha}G_n|$. Since $p^{\Omega n}G$ is a totally projective group of length less than $\Omega\omega$, and since $p^{\Omega}(p^{\Omega n}G) = p^{\Omega(n+1)}G$, we have by Lemma 5 that

$$|G_{n+1}| = |p^{\Omega(n+1)}G/p^{\Omega(n+2)}G| \leq |p^{\Omega(n+1)}G| \leq \min_{\alpha<\Omega}|p^{\alpha}(p^{\Omega n}G/p^{\Omega(n+1)}G)| = \min_{\alpha<\Omega}|p^{\alpha}G_n| .$$

Conversely, suppose (1) and (2) hold. Let n be the smallest non-negative integer such that $\lambda(f) \leq \Omega(n+1)$. (This makes sense since $\lambda(f) < \Omega\omega$.) Then for $0 \leq k \leq n$, f_k is the Ulm function of a direct sum of countable reduced primary groups G_k, and $|G_{k+1}| \leq \min_{\alpha<\Omega}|p^{\alpha}G_k|$ for $0 \leq k \leq n-1$, so by Lemma 4 there is a totally projective group G such that $p^{\Omega k}G/p^{\Omega(k+1)}G \simeq G_k$ for $0 \leq k \leq n$ and $p^{\Omega(n+1)}G = 0$. Let $\alpha < \lambda(f)$ and let k be such that

$\Omega k \leq \alpha < \Omega(k+1)$. Then $\alpha = \Omega k+\beta$ with $\beta < \Omega$, so $f(\alpha) = f(\Omega k+\beta) = f_k(\beta) = f_{G_k}(\beta) = f_{p^{\Omega k}G/p^{\Omega(k+1)}G}(\beta) = f_{p^{\Omega k}G}(\beta) = f_G(\Omega k+\beta) = f_G(\alpha)$. Thus f is the Ulm function of G . The proof of Theorem 3 is complete.

BIBLIOGRAPHY

[1] FUCHS L., Abelian Groups, Pergamon, New York, (1960).

[2] HILL P., "Sums of Countable Primary Groups", *Proc. Amer. Math. Soc.* 17 (1966), 1469-1470.

[3] HILL P., "Isotype Subgroups of Direct Sums of Countable Groups", to appear.

[4] HILL P. and MEGIBBEN C., "Extending Automorphisms and Lifting Decompositions in Abelian Groups", *Math. Ann.*, to appear.

[5] KAPLANSKY I., *Infinite Abelian Groups*, University of Michigan Press, Ann Arbor, 1954.

[6] KOLETTIS G., Jr. "Direct Sums of Countable Groups", *Duke Math. J.* 27 (1960), 111-125.

[7] MITCHELL R., "An Extension of Ulm's Theorem", Thesis, New Mexico State University, 1964.

[8] NUNKE R.J., "Homology and Direct Sums of Countable Abelian Groups", *Math. Zeitschr.* 101, (1967), 182-212.

[9] RICHMAN F. and WALKER E.A., "Extending Ulm's Theorem Without Group Theory", to appear.

[10] De ROBERT E., "Généralisation d'un théorème de T. Szele et d'un problème de L. Fuchs", *C.R. Acad. Sc. Paris* 263, (1966), 237-240.

[11] ULM H., "Zur Theorie der abzählbarunendlichen abelschen Gruppen", *Math. Ann.* 107, (1933), 774-803.

[12] WALKER C., "Relative Homological Algebra and Abelian Groups", *Ill. J. of Math. 10*, (1966), 186-209.

[13] ZIPPIN L., "Countable Torsion Groups", *Annals of Math.* 36, (1935), 86-99.

New Mexico State University
Las Cruces, New Mexico

A CLASS OF RANK - 2 TORSION FREE GROUPS

by Fred RICHMAN

1. TYPE. This section has little to do with the main theme. I once thought that the notion to be discussed here was key to classifying finite rank torsion free groups; I still feel that it is the fundamental invariant for such groups. It seems to be in the back of the mind of averyone who studies these groups and it surfaces, more or less explicitly, in many discussions. I include it with the hope of giving it some formal standing.

DEFINITION. *Let* G *be a finite rank torsion free group and* $F \subseteq G$ *a free subgroup of the same rank. The* type *of* G *is the quasi-isomorphism class of* G/F .

I use the term "quasi-isomorphism" in the sense of Walker [4] although all definitions are equivalent here. Not that G/F is a subgroup of a finite direct sum of copies of Q/Z and quasi-isomorphism amounts to tampering with a finite number of cyclic summands. It is clear that this notion of types agrees with the standard one for rank-one torsion free groups.

It must, of course, be demonstrated that this notion of type is well-defined.

PROPOSITION 1. *Let* G *be a finite rank torsion free group and* F_1 *and* F_2 *free subgroups of* G *with the same rank as* G . *Then* G/F_1 *and* G/F_2 *are quasi-isomorphic.*

PROOF. Since F_1+F_2 is again free (it is finitely generated) and is of the same rank as G , we may assume that $F_1 \subseteq F_2$. But the exact sequence

$$0 \longrightarrow F_2/F_1 \longrightarrow G/F_1 \longrightarrow G/F_2 \longrightarrow 0$$

shows that G/F_1 is quasi-isomorphic to G/F_2 since F_2/F_1 is finitely generated torsion and hence bounded.

It is clear that the type of a group is a quasi-isomorphism invariant. A large part of its utility derives from its behavior under extension.

PROPOSITION 2. *If* $0 \longrightarrow A \longrightarrow B \xrightarrow{\phi} C \longrightarrow 0$ *is an exact sequence of finite rank torsion free groups then there is an exact sequence*

$$0 \longrightarrow TA \longrightarrow TB \longrightarrow TC \longrightarrow 0$$

where TX *is a representative of the type of* X .

PROOF. Let $F_1 \oplus F_2$ be a free subgroup of B with the same rank as B such that $F_1 \subseteq A$ has the same rank as A . Then

$$0 \longrightarrow A/F_1 \longrightarrow B/(F_1 \oplus F_2) \longrightarrow C/\phi(F_2) \longrightarrow 0$$

is the desired exact sequence.

A partial justification for formalizing this idea is provided by :

1. The concept of a *p-primary group* introduced by Kuroš [3] is the same as a group with p-primary type. The *reduced rank* of such a group is the rank of its type.

2. The notion of a *quotient divisible* group introduced by Beaumont and Pierce [2] is the same as a group with divisible type.

3. One of the invariants for rank-2 torsion free groups under quasi-isomorphism given by Beaumont and Pierce [1] may be mysteriously written $\sum +H(\xi)+H(\eta)$. This is a weaker invariant than type and may by constructed from the type by replacing $Z_p n \oplus Z_p m$ by $Z_p m+n$ $m,n = 0,1,2,\ldots,\infty$.

4. A group G is *locally free* if $G \otimes Q_p$ is a free Q_p module for all local subrings Q_p of Q . It is readily seen that G is locally free if and only if G has reduced type. These are precisely those finite rank torsion free groups which admit a minimal system of generators.

5. Baer has defined a group to be *minimax* if it is an extension of a noetherian group by an artinian group. For finite rank torsion free groups this is the same as finite rank type.

2. A CLASS OF GROUPS. Let $A \subseteq B$ be subrings of Q . Denote by $E(B,A)$ that class of groups G for which there exists an exact sequence

$$0 \longrightarrow A \longrightarrow G \longrightarrow B \longrightarrow 0 .$$

It is an easy exercise to show that $G \in E(B,A)$ if and only if G has the same type as $A \oplus B$ and contains an element of the same type as A .

We proceed to develop a technique for constructing groups in $E(B,A)$. Let $P = \{p \mid p$ is a prime and $p^{-1} \in B\setminus A\}$. We may as well assume that $B \neq A$ for otherwise $G \cong A \oplus A$. Let $\mathbb{P}_p$ denote the ring of p-adic integers and let $\alpha \in \Pi\mathbb{P} = \prod_{p\in P} \mathbb{P}_p$ be irrational. Set $G(B,A,\alpha) = (B\cdot 1+B\cdot\alpha) \cap \Pi\mathbb{P}$ where all action is viewed as taking place within $Q \otimes \Pi\mathbb{P}$.

THEOREM 1. *Let* $A \subseteq B$ *be subrings of* Q *and* G *a group. Then there exists a nonsplit exact sequence* $0 \longrightarrow A \longrightarrow G \longrightarrow B \longrightarrow 0$ *if and only if* $G \cong G(B,A,\alpha)$ *for some* α .

PROOF. We prove the "if" first. Consider $B\cdot 1 \cap \Pi\mathbb{P} \subseteq G(B,A,\alpha)$. Since 1 is divisible in $\Pi\mathbb{P}$ by precisely those primes p such that $p^{-1} \notin B\setminus A$, we have $B\cdot 1 \cap \Pi\mathbb{P} = A\cdot 1 \cong A$. Now

$$G(B,A,\alpha)/A\cdot 1 = (B\cdot 1+B\cdot\alpha) \cap \Pi\mathbb{P}/B\cdot 1 \cap \Pi\mathbb{P} \xrightarrow{\phi} (B\cdot 1+B\cdot\alpha)/B\cdot 1 \cong B .$$

The natural map ϕ is clearly an injection. The isomorphism on the end follows from the irrationality of α . If we can show that ϕ is onto we are done. This amounts to showing that $B\cdot\alpha \subseteq B\cdot 1.(B\cdot 1+B\cdot\alpha) \cap \Pi\mathbb{P}$. Suppose $\frac{s}{t} \in B$ is in lowest terms. Choose $n \in Z$ such that $\frac{n\cdot 1+s\alpha}{t} \in \Pi\mathbb{P}$ ($Z\cdot 1$ is dense in $\Pi\mathbb{P}$) . Then

$\frac{n\cdot 1}{t}+\frac{s\alpha}{t}\in(B\cdot 1+B\cdot\alpha)\cap \Pi P$ while $\frac{n}{t}\cdot 1\in B\cdot 1$. Finally, $A\cdot 1$ cannot split out of $G(B,A,\alpha)$ because ΠP contains no copy of B .

On the other hand, suppose G is a nonsplit extension of A by B . Observe that G is an A-module. Denote by $\hat{G}$ the completion of G with respect to the topology given by $p^nG, p\in P, n=0,1,2,\ldots$. This topology is Hausdorff since G is nonsplit. Since $G/pG\cong Z_p$ for $p\in P$ we have $\hat{G}\cong\Pi P$. The inclusion $G\subseteq\hat{G}$ is p-pure for $p\in P$ by the construction of $\hat{G}$; it is p-pure for $p^{-1}\in A$, because G is an A-module and hence it is p-pure for $p^{-1}\in B$. Choose x and y in G such that the p-height of x is zero for all $p\in P$ and $G\subseteq Bx+By$ (in $Q\otimes G$) ; this may be done by letting x be the identity of A in its imbedding in G and $y+A$ be the identity of $B\cong G/A$. That $G=(Bx+By)\cap\Pi P$ follows from the p-purity of G in ΠP for $p^{-1}\in B$. Now x is a unit in the ring ΠP so multiplication by x^{-1} yields an automorphism taking x to 1 and y to α . The image of G under this automorphism is $G(B,A,\alpha)$.

3. ISOMORPHISM AND QUASI-ISOMORPHISM. When a group is defined by parameters, as is $G(B,A,\alpha)$, it is of some interest to develop reasonable criteria specifying for what values of the parameters one gets isomorphic groups. Such a criterion is given by :

THEOREM 2. *The groups* $G(B,A,\alpha)$ *and* $G(B^1,A^1,\beta)$ *are isomorphic if and only if* $B=B^1$, $A=A^1$ *and* $\alpha=\frac{a+b\beta}{c+d\beta}$ *where* $a,b,c,d\in B$, $ad-bc$ *is a unit in* B *and* $c+d\beta$ *is a unit in* ΠP .

PROOF. Suppose the groups are isomorphic. It is clear from the characterization of $E(B,A)$ that B and A are in fact quasi-isomorphism invariants and so $B=B^1$ and $A=A^1$. Since $G(B,A,\alpha)$ is p-pure in ΠP for $p\in P$, and ΠP is p-pure-injective for $p\in P$, the isomorphism from $G(B,A,\alpha)$ to $G(B,A,\beta)$ is induced by multiplication by an element $\gamma\in\Pi P$. Since $1\in G(B,A,\beta)$, γ must be a unit in ΠP . Since $1\in G(B,A,\alpha)$, $\gamma=c+d\beta$ where $c,d\in B$. Since $\alpha\in G(B,A,\alpha)$, $\gamma\,\alpha=a+b\beta$ where $a,b\in B$. It remains to show that $ad-bc$ is a unit in B . This follows upon recalling that $a+b\beta$ and $c+d\beta$ are the images of α and 1 and so there exist $x,y,z,w\in B$ so that $1=x(a+b\beta)+y(c+d\beta)$ and $\beta=z(a+b\beta)+w(c+d\beta)$. Thus, since 1 and β are independent, we have the matrix equation

$$\begin{pmatrix}x & y\\ z & w\end{pmatrix}\cdot\begin{pmatrix}a & b\\ c & d\end{pmatrix}=\begin{pmatrix}1 & 0\\ 0 & 1\end{pmatrix}$$

Conversely, the required isomorphism from $G(B,A,\alpha)$ to $G(B,A,\beta)$ is effected by multiplication by $c+d\beta$. This maps $G(B,A,\alpha)$ into $G(B,A,\beta)$. The image is all of $G(B,A,\beta)$ since it is p-pure in ΠP for $p^{-1}\in B$ and contains $a+b\beta$ and

$c+d\beta$ and hence 1 and β since $ad-bc$ is a unit in B.

A slight modification of this argument shows for what values of the parameters one gets quasi-isomorphic groups.

THEOREM 3. *The groups* $G(B,A,\alpha)$ *and* $G(B^1,A^1,\beta)$ *are quasi-isomorphic if and only if* $A = A^1$, $B = B^1$ *and* $\alpha = \frac{a+b\beta}{c+d\beta}$ *where* $a,b,c,d \in B$, $ad-bc \neq 0$ *and* $c+d\beta \in \Pi\mathbb{P}$ *is a unit in* $Q \otimes \Pi\mathbb{P}$.

PROOF. If $G(B,A,\alpha)$ and $G(B^1,A^1,\beta)$ are quasi-isomorphic then $A = A^1$ and $B = B^1$ as in Theorem 2. Now $G(B,A,\alpha)$ is isomorphic to a group between $G(B,A,\beta)$ and $nG(B,A,\beta)$. This isomorphism is induced by multiplication by an element $\gamma \in \Pi\mathbb{P}$. Since $n \in nG(B,A,\beta), \gamma\delta = n$ for some $\delta \in \Pi\mathbb{P}$ so γ is a unit in $Q \otimes \Pi\mathbb{P}$. Since $1 \in G(B,A,\alpha)$, $\gamma = c+d\beta$ where $c,d \in B$. Since $\alpha \in G(B,A,\alpha)$, $\gamma\alpha = a+b\beta$ where $a,b \in B$. Finally, since 1 and α are independent, so are $c+d\beta$ and $a+b\beta$ and so $ad-bc \neq 0$.

Conversely, multiplication by $c+d\beta = \gamma$ maps $G(B,A,\alpha)$ isomorphically onto a subgroup of $G(B,A,\beta)$. Since γ is a unit in $Q \otimes \Pi\mathbb{P}$, $\frac{\gamma}{n} = \theta$ is a unit in $\Pi\mathbb{P}$. Now $\theta G(B,A,\alpha)$ contains $mG(B,A,\beta)$ where m is a numerator of $ad-bc$ since $\theta G(B,A,\alpha)$ is p-pure in $\Pi\mathbb{P}$ for $p^{-1} \in B$, contains $a+b\beta$ and $c+d\beta$, and hence contains m and $m\beta$. Thus $\gamma G(B,A,\alpha)$ contains $mnG(B,A,\beta)$.

Observe that isomorphism is the same as quasi-isomorphism if and only if $B = Q$. This corresponds to groups whose type contains Q/Z and, in the more general context of all rank-2 torsion free groups, was pointed out by Beaumont and Pierce in [1].

The perspicuity of these parameters is illustrated by :

COROLLARY. *The group* $G(B,A,\alpha)$ *admits a nontrivial direct sum decomposition if and only if there exist rational numbers* s_1/s_2 *and* t_1/t_2, *in lowest terms, such that* $s_1t_2-s_2t_1$ *is a unit in* B *and* $\{\alpha_p | p \in P\} = \{s_1/s_2, t_1/t_2\}$, *where* α_p *is the pth coordinate of* α *in* $\Pi\mathbb{P}$.

PROOF. If $G(B,A,\alpha)$ is decomposable then $G(B,A,\alpha) \cong C \oplus D$, where $T(C) \oplus T(D) \cong T(A) \oplus T(B)$, so C and D are subrings of B with $C \cap D = A$ and $C+D = B$. A group isomorphic to $G(B,A,\alpha)$ is then provided by $G(B,A,\beta)$ where $\beta_p = 1$ for $p^{-1} \in C\backslash D$ and $\beta_p = 0$ for $p^{-1} \in D\backslash C$. Thus $\alpha = \frac{a+b\beta}{c+d\beta}$ where $a,b,c,d \in B$ and $ad-bc$ is a unit in B. Hence $\alpha_p = \frac{a+b}{c+d}$ if $p^{-1} \in C\backslash D$ and $\alpha_p = \frac{a}{c}$ if $p^{-1} \in D\backslash C$. Let $s_1/s_2 = \frac{a}{c}$ and $t_1/t_2 = \frac{a+b}{c+d}$ where s_1/s_2, t_1/t_2 in lowest terms. Now $a(c+d)-c(a+b) = ad-bc$ is a unit in B. Since s_1/s_2 and t_1/t_2 are in lowest terms, $s_1t_2-s_2t_1$ is a unit in B.

Conversely, letting $\beta_p = 0$ if $\alpha_p = s_1/s_2$ and $\beta_p = 1$ if $\alpha_p = t_1/t_2$ we have $\alpha = \frac{s_1+(t_1-s_1)\beta}{s_2+(t_2-s_2)\beta}$. Moreover $s_1(t_2-s_2)-s_2(t_1-s_1) = s_1t_2-s_2t_1$ is a unit in B

and $s_2+(t_2-s_2)\beta$ is a unit in $\Pi\mathbb{P}$ since s_2 is a unit in $\Pi\mathbb{P}_p$ if $\alpha_p = s_1/s_2$ and t_2 is a unit in $\mathbb{P}_p$ if $\alpha_p = t_1/t_2$.

The proof of the criterion for quasi-decomposability is similar, easier, and omitted.

COROLLARY. *The group* $G(B,A,\alpha)$ *is quasi-decomposable if and only if there exist distinct rational numbers* s *and* t *such that* $\{\alpha_p | p \in P\} = \{s,t\}$.

4. SPECIAL GROUPS. D.K. Harrison (unpublished) introduced the notion of a *p-special* group and characterized them as the additive groups of certain valuation rings in algebraic number fields . Here we globalize this notion and apply it to the groups $G(B,A,\alpha)$. Call a torsion free group *strongly homogeneous* if given any two pure rank-1 subgroups there exists an automorphism taking one onto the other.

DEFINITION. *A finite rank torsion free group is special if*

1. $G/pG = 0$ *or* Z_p *for all primes* p .
2. G *contains a pure copy of a subring of* Q .
3. G *is strongly homogeneous.*

Harrison's definition is obtained by replacing 1) with : $G/pG = Z_p$ and $G/pG = 0$ for $q \neq p$. Condition 2) is then superfluous.

THEOREM 4. *A group* G *is special if and only if there exists an algebraic number field* F *and valuations* V_p *on* F *, indexed by a set of rational primes* P *,* V_p *inducing the p-adic valuation on* Q *, such that* Q *is dense in* F *under each* V_p *and* $G = \bigcap_{p\in P} R_p$ *, where* R_p *is the valuation ring of* V_p .

PROOF. If F is an algebraic number field then any imbedding of F into the p-adic number field $Q \otimes \mathbb{P}_p^*$ induces a valuation V_p on F by restricting the p-adic valuation on $Q \otimes P_p$. This V_p induces the p-adic valuation on Q and Q is dense in F under V_p . Moreover, any such valuation on F is so obtained. The associated valuation ring R_p is simply $F \cap \mathbb{P}_p$. Thus for G to be of the form $\bigcap_{p\in P} R_p$ is the same as for there to exist an imbedding of F in $Q \otimes \Pi\mathbb{P}_p$, where the product is taken over $p \in P$, such that $G = F \cap \Pi\mathbb{P}_p$. Here we make use of the fact that $V_p(x) = 0$ for almost all p if $0 \neq x \in F$.

If G is such a group then, since G is a pure subgroup of $\Pi\mathbb{P}_p$ containing 1 , we have $G/pG = 0$ for $p \notin P$, $G/pG \cong Z_p$ for $p \in P$. The subgroup $G \cap Q$ provides a pure copy of a subring of Q . If K is any pure rank one subgroup of G then there exists an element $x \in K$ such that $V_p(x) = 0$ for all $p \in P$. Multiplication by x induces an automorphism of G taking $G \cap Q$ onto K .

Conversely, let P be the set of primes p such that $G/pG \cong Z_p$. Complete G with respect to the primes in P . This imbeds G as a pure dense subgroup of $\Pi\mathbb{P}_p$, where the product is taken over P . Since G contains a pure copy of a subring A of Q, and is homogeneous, every element of G is contained in a pure copy of A. Since G is dense in ΠP_p it follows that $p^{-1} \in A$ if and only if $p \in P$. Thus $Q \cap \Pi P_p \doteq A$ and, since G is pure and ΠP_p is pure injective, we may arrange to have $1 \in G$.

We now show that G is a subring of ΠP_p. Let $x \in G$. Then $x = ny$ where $y \in G$ is a unit in ΠP_p and n is an integer (this fact shows that G will be an integral domain). It suffices to show that $yG \subseteq G$. But, by the strong homogeneity of G, there exists an automorphism of G taking 1 to y. This automorphism extends to ΠP_p and must be multiplication by y there. Thus $yG = G$.

Now $Q \otimes G = F$ is an algebraic number field. We have F imbedded in $Q \otimes \Pi P_p$ and $G = F \cap \Pi P_p$ by the purity of G in ΠP_p.

THEOREM 5. *A rank-2 torsion free group* G *is special if and only if* $G = G(Q,A,\alpha)$ *where* $Q[\alpha]$ *is a quadratic field.*

PROOF. Apply Theorem 4 and the first paragraph of the proof of Theorem 4.

5. THE ENDOMORPHISM RING. We now turn to the endomorphisms of $G(B,A,\alpha)$.

THEOREM 6. *Let* E *be the endomorphism ring of* $G(B,A,\alpha)$.

1) *If* α *is not quadratic over* Q *then* $E \cong A$.

2) *If* $\alpha^2+u\alpha+v = 0$, $u,v \in Q$, *and* s *is the least positive integer such that* $su, sv \in B$ *then* $G(B,A,s\alpha)$ *is a ring isomorphic to* E.

PROOF. Every endomorphism of $G(B,A,\alpha)$ is induced by multiplication by an element β of ΠP. For $\beta \in \Pi P$ to induce an endomorphism of $G(B,A,\alpha)$ it is necessary and sufficient that β and $\beta\alpha$ be in $G(B,A,\alpha)$. Since β, $\beta\alpha \in \Pi P$ it suffices to show they are in $B+B\alpha$. Thus we require

$$\beta = a+b\alpha$$
$$\beta\alpha = a\alpha+b\alpha^2 = c+d\alpha$$

where $a,b,c,d \in B$.

If α is not quadratic over Q then $b = 0$ and so $\beta = a \in A$ and we have $E \cong A$. If $\alpha^2+u\alpha+v = 0$, $u,v \in Q$, then $\beta\alpha = a\alpha-bu\alpha-bv = c+d\alpha$ and so $a-bu = d$ and $-bv = c$. Thus, $bu,bv \in B$ is the required condition on β. This is the same as to say $\beta = a+b^1s\alpha$, $a,b^1 \in B$. Thus $E \cong G(B,A,s\alpha)$.

Notice that the quasi-decomposable groups arise precisely in the quadratic case where x^2+ux+v is reducible over Q. In that case we have $(\alpha-r_1)(\alpha-r_2) = 0$, $r_1,r_2 \in Q$, as the minimal polynomial and so $r_1 \neq r_2$ and $\{\alpha_p\} = \{r_1,r_2\}$. For these groups, and only these groups, E fails to be a domain. An explicit description of such E as subrings of $Q \oplus Q$ follows easily from Theorem 6.

If x^2+ux+v is irreducible over Q then E is a subring of the algebraic number field $Q(\alpha)$ obtained by intersecting $B[s\alpha]$ with the appropriate valuation rings of $Q(\alpha)$.

REFERENCES

[1] BEAMONT R. - PIERCE R.S., Torsion free groups of rank 2. American Mathematical Society Memoir N°. 38.

[2] BEAMONT R. - PIERCE R.S., Torsion free rings. Illinois Journal 5 (1961), p. 61-98.

[3] KUROS A., Primitive torsionfreie abelsche Gruppen vom endlichen Range. Annals of Math. 38, (1937), p. 175-203.

[4] WALKER E.A., Quotient categories and quasi-isomorphisms of abelian groups, Proceedings of the colloquium on abelian groups. (Tihany), Akedemaia Kiado, Budapest, (1964).

New Mexico State University.

PROJECTIVE CLASSES OF ABELIAN GROUPS

Fred RICHMAN, Carol WALKER, Elbert A. WALKER [1]

Let A be an Abelian category. Associated with any class C of objects of A is the class $E(C)$ of *C-pure*, or proper, short exact sequences. A short exact sequence $A \rightarrowtail B \twoheadrightarrow C$ is in $E(C)$ if and only if the sequence

(*) $$\mathrm{Hom}(G,A) \rightarrowtail \mathrm{Hom}(G,B) \twoheadrightarrow \mathrm{Hom}(G,C)$$

is exact for all objects G in C. Also, given any class D of short exact sequences, there is associated the class $P(D)$ of objects G for which (*) is exact for all sequences $A \rightarrowtail B \twoheadrightarrow C$ in D. It is well known that

$$E(P(E(C))) = E(C)$$

and

$$P(E(P(D))) = P(D)$$

for any classes C and D of objects and short exact sequences, respectively.

The class $P(E((C)) = \overline{C}$ is the projective closure of C, and in case $C = \overline{C}$, C is called a *projective class*. Objects in $\overline{C}$ are called *C-projective*. Let $C_\Sigma^\perp$ denote the class of all direct summands of direct sums of objects in C. Clearly $C_\Sigma^\perp \subseteq \overline{C}$ is always the case. Theorem 1 gives an elementary but useful criterion for $C_\Sigma^\perp$ to be equal to be equal to $\overline{C}$ and to contain enough projectives.

Theorem 2 describes a condition on C which implies $\overline{C}$ contains divisible groups. Using these theorems we are able to describe the projective closure of the class of torsion complete Abelian p-groups, namely, it is the class of groups of the form $C \oplus F \oplus D$ where C is a direct sum of torsion complete p-groups, F is a free Abelian group, and D is a divisible p-group. Also the closure of the class of reduced torsion free groups is described, being the class of all torsion free groups.

Finally, several theorems are given which relate the existence of divisible groups in $\overline{C}$ to properties of the short exact sequences in $E(C)$.

1. PROJECTIVE CLASSES.

For a class C of objects, let C_Σ denote the class of direct sums of objects of C, and let $C_\Sigma^\perp$ denote the class of direct summands of objects of C_Σ.

---

[1] Work on this paper was partially supported by NSF GP-6564.

Then $\mathcal{C} \subseteq \mathcal{C}_\Sigma \subseteq \mathcal{C}_\Sigma^\perp \subseteq \overline{\mathcal{C}}$, so $\mathcal{C}_\Sigma$ is the first candidate when one looks for a description of $\overline{\mathcal{C}}$. (The question of whether $\mathcal{C}_\Sigma = \mathcal{C}_\Sigma^\perp$ often arises, and it seems to be particularly reasonable when $\mathcal{C}_\Sigma^\perp$ is a closed projective class.).

The following theorem gives a necessary and sufficient condition for $\mathcal{C}_\Sigma^\perp$ to be a projective class with enough projectives.

THEOREM 1. *Let* $\mathcal{A}$ *be an Abelian category with infinite direct sums, and* $\mathcal{C}$ *a class of objects of* $\mathcal{A}$. *Then* $\mathcal{C}_\Sigma^\perp = \overline{\mathcal{C}}$ *and contains enough projectives if and only if for each* A *in* $\mathcal{A}$ *there exists an epimorphism* $C \longrightarrow\!\!> A$ *with* C *in* $\mathcal{C}_\Sigma$ *and a set* $\mathcal{S}(A) \subseteq \mathcal{C}_\Sigma$ *such that every homomorphism* $P \longrightarrow A$ *with* P *in* $\mathcal{C}$ *can be factored through an object in* $\mathcal{S}(A)$.

PROOF. Suppose $\mathcal{C}_\Sigma^\perp = \overline{\mathcal{C}}$ and $\overline{\mathcal{C}}$ contains enough projectives. Then there exists a sequence $K \rightarrowtail C \twoheadrightarrow A$ in $E(\mathcal{C})$ with C in $\mathcal{C}_\Sigma$. This gives the desired epimorphism, and the set $\mathcal{S}(A) = \{C\}$ satisfies the statement of the theorem.

Conversely, suppose $C \twoheadrightarrow A$ is an epimorphism with C in $\mathcal{C}_\Sigma$, and $\mathcal{S}(A)$ satisfies the statement in the theorem. Let $G = \sum_{S \in \mathcal{S}(A)} \left(\sum_{\mathrm{Hom}(S,A)} S \right) \oplus C$, and let $f : G \longrightarrow A$ be the direct sum of the maps from the index sets and the epimorphism $C \twoheadrightarrow A$. Then f is an epimorphism, and G is in $\mathcal{C}_\Sigma$. We will show that the sequence $\mathrm{Ker}\, f \rightarrowtail G \xrightarrow{f}\!\!> A$ belongs to $E(\mathcal{C})$. To do this it suffices to show that $\mathrm{Hom}(1,f) : \mathrm{Hom}(P,G) \longrightarrow \mathrm{Hom}(P,A)$ is an epimorphism for each P in $\mathcal{C}$. Let $g : P \longrightarrow A$. Then there exists an S in $\mathcal{S}(A)$ and maps $P \xrightarrow{h} S \xrightarrow{k} A$ such that $kh = g$. But there is a summand of G corresponding to k . Let $S \xrightarrow{i} G$ be the injection onto this summand. Then $f(ih) = kh = g$, so $\mathrm{Hom}(1,f)$ is an epimorphism. Thus $\mathcal{C}_\Sigma$ contains enough projectives. In the case A belongs to $\overline{\mathcal{C}}$, the sequence $\mathrm{Ker}\, f \rightarrowtail G \twoheadrightarrow A$ splits, so A is in $\mathcal{C}_\Sigma^\perp$, and hence $\mathcal{C}_\Sigma^\perp = \overline{\mathcal{C}}$.

There are two common and rather trivial cases in which the hypotheses of the theorem are satisfied, which provide us with numerous examples of projective classes.

I. $\mathcal{C}$ is a set, and for each A in $\mathcal{A}$ there is an epimorphism $C \twoheadrightarrow A$ with C in $\mathcal{C}_\Sigma$.

II. $\mathcal{C}$ is closed under homomorphic images, and for each A in $\mathcal{A}$ there is an epimorphism $C \twoheadrightarrow A$ with C in $\mathcal{C}_\Sigma$ (see [6]) .

In case I, take $\mathcal{S}(A) = \mathcal{C}$ for all A . In case II, take $\mathcal{S}(A) = \{H \subseteq A \mid H \in \mathcal{C}\}$.

Some examples which fall in case I for the category of Abelian groups are the set of cyclic groups, the set of countable groups, the set $\{Z\}$, the set of rank one torsion free groups, the set containing Z and all rank one divisible groups, the set of all reduced rank one groups, and the set of all reduced rank one torsion free groups. For each of the sets C of the last sentence, it is known that $C = C^{\perp}$, so the projective classes are respectively, the direct sums of cyclic groups, the direct sums of countable groups, the free groups, the direct sums of rank one (i.e. completely decomposable) torsion free groups, the groups which are a direct sum of a free with a divisible, the completely decomposable reduced groups, and the completely decomposable reduced torsion free groups.

In general, knowing that $\overline{C} = C_{\Sigma}^{\perp}$ is still an incomplete description of $\overline{C}$. For example, the closure of the set of finite rank torsion free groups, although it is the class of direct summands of direct sums of finite rank torsion free groups, contains indecomposable torsion free groups of infinite rank [A.L.S. Corner, oral communication].

For the category of Abelian p-groups, the set of cyclic p-groups and the set of torsion complete p-groups of cardinal $\leq 2^{\aleph_0}$ provide a couple of examples of Case I. Here again it is known that $C_{\Sigma} = C_{\Sigma}^{\perp}$ [2,3].

The class of Abelian groups consisting of Z together with all of the torsion groups is an example of Case II, but not Case I. By Theorem 1, the class of groups of the form $F \oplus T$, with F free and T torsion, is a projective class with enough projectives.

2. PROJECTIVE CLASSES WHICH CONTAIN DIVISIBLE GROUPS.

The following theorem contains a criterion for the projective closure of a class of Abelian groups to contain certain divisible groups. The symbol ∞-group means torsion free group.

THEOREM 2. *Let* C *be a class of Abelian groups and* p *a prime or* ∞. *If for each cardinal* β *there exists a p-group* G *in* C *with a subgroup* H *such that* $\beta < |H|$, $2^{|H|} < 2^{|G|}$ *and* G/H *is divisible, then* $\overline{C}$ *contains the divisible p-groups.*

PROOF. Let $A \rightarrowtail B \twoheadrightarrow C$ be a sequence in $E(C)$, with C a rank one divisible p-group. In order to show that C is in $\overline{C}$ it suffices to show that every such sequence is splitting exact, for if $A \rightarrowtail X \twoheadrightarrow Y$ is any sequence in $E(C)$, the sequence $\mathrm{Hom}(C,X) \longrightarrow \mathrm{Hom}(C,Y) \xrightarrow{\phi} \mathrm{Ext}(C,A)$ is exact, and element in the image of ϕ are represented by sequences of the form $A \rightarrowtail B \twoheadrightarrow C$ in $E(C)$.

We first show that B cannot be a reduced group. It may be assumed that A is reduced, since the sequence $A/dA \rightarrowtail B/dA \twoheadrightarrow C$ still belongs to $E(C)$. Choose a p-group G in C with a subgroup H such that $|B| < |H|$, $2^{|H|} < 2^{|G|}$ and G/H is divisible. We may assume G is reduced, as otherwise we have the conclusion of the theorem already. We may also assume G/H is a p-group, and thus isomorphic to a direct sum of copies of C. Since G is in $\mathcal{C}$, the map $\mathrm{Hom}(G,B) \longrightarrow \mathrm{Hom}(G,C)$ is an epimorphism, implying that $|\mathrm{Hom}(G,B)| \geq |\mathrm{Hom}(G,C)|$. Now if B is reduced, since G/H is divisible, the sequence $0 \longrightarrow \mathrm{Hom}(G,B) \longrightarrow \mathrm{Hom}(H,B)$ is exact, so $|\mathrm{Hom}(G,B)| \leq |\mathrm{Hom}(H,B)| \leq |B|^{|H|} < 2^{|G|}$. But since G is infinite, $|\mathrm{Hom}(G,C)| = 2^{|G|}$. Thus B cannot be reduced.

Let D be the maximal divisible subgroup of B. Now $D \not\subset A$, since A is reduced and $D \neq 0$, so $(D+A)/A$ is a non-zero divisible subgroup of B/A, which is a rank one divisible group. It follows that $D+A = B$. We show $D \cap A = 0$, whence the sequence splits as desired. Let $B = D \oplus R$. Then we have the exact sequence

$$\mathrm{Hom}(G,R) \oplus \mathrm{Hom}(G,D) \xrightarrow{\alpha} \mathrm{Hom}(G,C) \longrightarrow 0 .$$

But $|\mathrm{Hom}(G,R)| < 2^{|G|}$ since R is reduced. Thus the index of $\alpha\mathrm{Hom}(G,D)$ in $\mathrm{Hom}(G,C)$ must be less than $2^{|G|}$. The exact sequence $\mathrm{Hom}(G,D) \xrightarrow{\alpha} \mathrm{Hom}(G,C) \longrightarrow \mathrm{Ext}(G,D \cap A) \longrightarrow 0$ shows we must have $|\mathrm{Ext}(G,D \cap A)| < 2^{|G|}$. Also the sequence $\mathrm{Hom}(H,D \cap A) \longrightarrow \mathrm{Ext}(G/H,D \cap A) \longrightarrow \mathrm{Ext}(G,D \cap A)$ is exact and $|\mathrm{Hom}(H,D \cap A)| < 2^{|G|}$. Now may assume $G/H \simeq \Sigma C$, so $\mathrm{Ext}(G/H,D \cap A) \simeq \prod_{|G|} \mathrm{Ext}(C,D \cap A)$ (since $|G/H| = |G|$), so if $\mathrm{Ext}(C,D \cap A) \neq 0$, $|\mathrm{Ext}(G/H,D \cap A)| \geq 2^{|G|}$ which cannot be. Thus $\mathrm{Ext}(C,D \cap A) = 0$, so the exact sequence $D \cap A \rightarrowtail D \twoheadrightarrow C$ splits. Since this implies $D \cap A$ is divisible, it must be 0.

We use this theorem to describe the closure of two classes of Abelian groups which do not satisfy either Case I or Case II of the previous section, the class of all p-primary torsion complete groups and the class of all torsion free reduced groups. Partial descriptions are given in the following two corollaries.

COROLLARY 1. *If a projective class contains all p-primary torsion complete groups then it contains the p-primary divisible groups.*

PROOF. For any cardinal β let $\alpha > \beta$ be a cardinal such that $\alpha^{\aleph_0} = 2^{\alpha}$. Let $B = \sum_n C(p^n)$ and set H equal to a direct sum of α copies of B. Let G be the torsion completion of H. Then G/H is divisible and $|G| = |H|^{\aleph_0}$. Thus we have $|H| = \alpha > \beta$ and $2^{|H|} < 2^{|G|}$.

COROLLARY 2. *If a projective class contains all reduced torsion free groups then it contains all torsion free groups.*

PROOF. For any cardinal β, let $\alpha > \beta$ be a cardinal such that $\alpha^{\aleph_0} = 2^{\alpha}$. Set H equal to a direct sum of α copies of the integers Z. Let $G = \mathrm{Ext}(Q/Z,H)$, which is torsion free and reduced. If D is the divisible envelope of H, the isomorphism $\mathrm{Hom}(Q/Z,D/H) \sim \mathrm{Ext}(Q/Z,H)$ shows the cardinalities work out right.

The existence of cardinal numbers such as the α's chosen in these two corollaries follows easily from the generalized continuum hypothesis. We include the following proposition to release us from that restriction.

PROPOSITION. *If* β *is any cardinal number then there exists a cardinal number* $\alpha > \beta$ *such that* $\alpha^{\aleph_0} = 2^{\alpha}$.

PROOF. Set $\alpha = \beta + 2^{\beta} + 2^{2^{\beta}} + \ldots$. Then $2^{\alpha} = 2^{\beta} \cdot 2^{2^{\beta}} \cdot \ldots$. Hence $\alpha^{\aleph_0} \geq 2^{\alpha}$. On the other hand if f is a function from the integers to α we can map f to its range. Any countable subset of α is the image of at most $2^{\aleph_0}$ functions f. Thus $2^{\alpha} = 2^{\aleph_0} \cdot 2^{\alpha} \geq \alpha^{\aleph_0}$.

The descriptions of the projective closures of the classes of p-primary torsion complete groups and the reduced torsion free groups are completed in the following two theorems. For Theorem 3 we need the following lemma.

LEMMA. *Let* R *be a reduced p-group and* C *a torsion complete p-group. Then every homomorphism from* C *to* R *can be factored through some torsion complete p-group of cardinal* $\leq |R|^{\aleph_0}$.

PROOF. Let $h : C \longrightarrow R$ and let $B = \sum_{\alpha \in I} \{b_{\alpha}\}$ be a basic subgroup of C. For $\alpha \in I$, choose a $b_{s(\alpha)}$ having smallest order such that $h(b_{s(\alpha)}) = h(b_{\alpha})$ and that $J = \{s(\alpha) | \alpha \in I\}$ satisfies $|J| \leq |R|$. Then $A = \sum_{\alpha \in J} \{b_{\alpha}\}$ is a summand of B. The function $s : I \longrightarrow J$ determines a homomorphism $k : B \longrightarrow A$ for which $h = hk$. Extend k to a homomorphism $\bar{k} : C \longrightarrow \bar{A}$, and we still have $h = h\bar{k}$. Now $|\bar{A}| \leq |R|^{\aleph_0}$, so we have factored h through a p-primary torsion complete group of cardinal $\leq |R|^{\aleph_0}$.

THEOREM 3. *Let* C *be the class of p-primary torsion complete groups. Then the projective closure of* C *consists of all groups of the form* $F \oplus C \oplus D$, *where* F *is free,* C *is a direct sum of p-primary torsion complete groups and* D *is p-primary divisible.*

PROOF. Let $\mathcal{D}$ be the class consisting of Z, $Z(p^{\infty})$ and all of the p-primary torsion complete groups. Now Z is in the projective closure of any class of Abelian groups, and by Corollary 1, $Z(p^{\infty})$ is in $\bar{\mathcal{C}}$ as well. Thus $\bar{\mathcal{C}} = \bar{\mathcal{D}}$. We show that $\mathcal{D}$ satisfies the hypothesis of Theorem 1, so that $\bar{\mathcal{C}} = \mathcal{D}_{\Sigma}^{\perp}$. If G is an Abelian group, write $G_p = D \oplus R$, where G_p is the p-primary component of G, D is divisible and R is reduced. Let $\mathcal{S}(G)$ be the set consisting of Z, $Z(p^{\infty})$ and all groups $D \oplus A$ where A is a p-primary torsion complete group of cardinal $\leq |R|^{\aleph_0}$. Let $f : C \longrightarrow G$, with C a p-primary torsion complete group. Then the image of f is contained in G_p . Let $g : C \longrightarrow D$ and $h : C \longrightarrow R$ be the maps obtained by following f by the projections, so $f = g \oplus h$. Using the lemma, let $h = \overline{h}k$ with the domain $\overline{A}$ of $\overline{h}$ a torsion complete p-group of cardinal $\leq |R|^{\aleph_0}$. Then the composition $C \xrightarrow{g \oplus \overline{k}} D \oplus \overline{A} \xrightarrow{1 \oplus \overline{h}} D \oplus R$ factors f through a group in $S(G)$.

This implies, by Theorem 1, that $\overline{\mathcal{D}} = \mathcal{D}_{\Sigma}^{\perp}$. Thus the groups in $\overline{\mathcal{D}}$ are summands of direct sums of copies of the integers, $Z(p^\infty)$ and p-primary torsion complete groups. It is well known that such groups are of the form $F \oplus D \oplus C$ where F is a direct sum of copies of the integers, D is a direct sum of copies of $Z(p^\infty)$, and C is a summand of a direct sum of p-primary torsion complete groups. That C is actually a direct sum of p-primary torsion complete groups is a theorem of P. Hill [2] .

THEOREM 4. *The projective closure of the class of reduced torsion free groups is the class of all torsion free groups.*

PROOF. By Corollary 2, the projective closure of the class of reduced torsion free groups contains all of the torsion free groups, so we need only show that this class is projectively closed. Let P be the group of p-adic integers. The exact sequence $P \rightarrowtail^{p} P \twoheadrightarrow P/pP$ yields an exact sequence $\mathrm{Hom}(G,P) \rightarrowtail^{p} \mathrm{Hom}(G,P) \twoheadrightarrow \mathrm{Hom}(G,P/pP)$ for every torsion free group G , since P is cotorsion. However, if T is a reduced p-group the map $\mathrm{Hom}(T,P/pP) \rightarrowtail \mathrm{Ext}(T,P)$ is one-to-one and $\mathrm{Hom}(T,P/pP) \neq 0$ so T cannot be in the projective closure of the class of torsion free groups. The sequence $C(p) \rightarrowtail Z(p^\infty) \xrightarrow{p}\!\!\!\!\rightarrow Z(p^\infty)$ yields the exact sequence $\mathrm{Hom}(G,C(p)) \rightarrowtail \mathrm{Hom}(G,Z(p^\infty)) \xrightarrow{p}\!\!\!\!\rightarrow \mathrm{Hom}(G,Z(p^\infty))$ for every torsion free group G , but it does not split, so $Z(p^\infty)$ cannot be in the projective closure of the torsion free groups. It follows that the projective closure of the torsion free groups contains only torsion free groups.

More information about this projective class is contained in [5] where it is shown, among other things, that the class of torsion free groups contains enough projectives.

3. PROPER EXACT SEQUENCES FOR WHICH DIVISIBLE GROUPS ARE PROJECTIVE.

For certain classes $\mathcal{C}$ of Abelian groups it is possible to describe the exact sequences in $E(\mathcal{C})$. For example, for $\mathcal{C}$ the set of cyclic groups, $E(\mathcal{C})$ is the class of pure exact sequences ; i.e. $A \rightarrowtail B \twoheadrightarrow C$ is in $E(\mathcal{C})$ if and only if $A \cap nB = nA$ for all positive integers n. R.J. Nunke [4] has given a characterization for $\mathcal{C}$ = all reduced countable p-groups. Namely,

$A \rightarrowtail B \twoheadrightarrow C$ is in $E(C)$ if and only if

$$(p^{\alpha}C)[p] = (A+(p^{\alpha}B)[p])/A$$

for all $\alpha < \Omega$, the first uncountable ordinal. If C is the class of all rank one* Abelian groups and $A \rightarrowtail B \twoheadrightarrow C$ is an exact sequence of torsion free groups, the sequence is in $E(C)$ if and only if every coset of B mod A is regular, i.e. contains an element having maximal height. This follows from the theorem of Lyapin [1, page 164]. If $A \rightarrowtail B \twoheadrightarrow C$ is a sequence of torsion groups, it belongs to $E(C)$ if and only if A is pure in B and the sequence $dA \rightarrowtail dB \twoheadrightarrow dC$ of divisible subgroups is exact. This is an easy consequence of Theorem 6 of this paper. The mixed case, for C the set of rank one groups, has not yet yielded to description.

The following theorems describe the classes $E(C)$ for which $\overline{C}$ contains divisible groups.

THEOREM 5. *The group* Q *of rationals is in* $\overline{C}$ *if and only if for each sequence* $A \rightarrowtail B \twoheadrightarrow C$ *in* $E(C)$, *the sequence of subgroups* $A \cap dB \rightarrowtail dB \twoheadrightarrow dC$ *is exact and* $A \cap dB$ *is the direct sum of a divisible group and a cotorsion group.*

PROOF. Suppose the latter conditions hold for an exact sequence $A \rightarrowtail B \twoheadrightarrow C$. Then the commutative exact diagram

$$\begin{array}{ccccc} \mathrm{Hom}(Q,B) & \longrightarrow & \mathrm{Hom}(Q,C) & & \\ \| & & \| & & \\ \mathrm{Hom}(Q,dB) & \longrightarrow & \mathrm{Hom}(Q,dC) & \longrightarrow & \mathrm{Ext}(Q,A \cap dB) = 0 \end{array}$$

implies Q is in $\overline{C}$. Now assume Q is in $\overline{C}$ and $A \rightarrowtail B \twoheadrightarrow C$ is in $E(C)$. The sequence $A \cap dB \rightarrowtail dB \longrightarrow dC$ is automatically exact, and since every map from Q to dC factors through dB the second map must be an epimorphism, i.e. the sequence $A \cap dB \rightarrowtail dB \twoheadrightarrow dC$ is exact. Now the exact commutative diagram

$$\begin{array}{ccccc} \mathrm{Hom}(Q,dB) & \longrightarrow & \mathrm{Hom}(Q,dC) & \twoheadrightarrow & \mathrm{Ext}(Q,A \cap dB) \\ \| & & \| & & \\ \mathrm{Hom}(Q,B) & \twoheadrightarrow & \mathrm{Hom}(Q,C) & & \end{array}$$

implies $\mathrm{Ext}(Q,A \cap dB) = 0$, so $A \cap dB$ is a direct sum of a cotorsion with a divisible group.

COROLLARY 3. *Let* $C = \{Z,Q\}$. *Then* $\overline{C} = C_{\Sigma}$, $\overline{C}$ *has enough projectives, and a sequence* $A \rightarrowtail B \twoheadrightarrow C$ *is in* $E(C)$ *if and only if the sequence of subgroups* $A \cap dB \rightarrowtail dB \twoheadrightarrow dC$ *is exact and* $A \cap dB$ *is a direct sum of a cotorsion group with a divisible group.*

* By the rank of a group is meant the sum of the torsion free and p-ranks.

PROOF. This follows directly from Theorem 1 and 5.

It should be pointed out that the condition that the sequence $A \cap db \rightarrowtail dB \twoheadrightarrow dC$ be exact is equivalent to the condition that $d(B/A) = (dB+A)/A$. Also, in the following theorems, the condition that $dA \rightarrowtail dB \twoheadrightarrow dC$ be exact is equivalent to the two conditions $d(B/A) = (dB+A)/A$ and $A \cap dB = dA$.

THEOREM 6. *The group* $Z(p^\infty)$ *is in* $\overline{C}$ *if and only if for each sequence* $A \rightarrowtail B \twoheadrightarrow C$ *in* $E(C)$ *the sequence of subgroups* $dA_p \rightarrowtail dB_p \twoheadrightarrow dC_p$ *is exact.*

PROOF. If the sequence of subgroups is exact it is splitting exact, and since $\mathrm{Hom}(Z(p^\infty),C) = \mathrm{Hom}(Z(p^\infty),dC_p)$ it is clear that $Z(p^\infty)$ is in $\overline{C}$. Conversely, assume $Z(p^\infty)$ is in $\overline{C}$ and $A \rightarrowtail B \twoheadrightarrow C$ is in $E(C)$. Then clearly $d(B/A)_p = (dB_p+A)/A$. The exact commutative diagram

$$\begin{array}{ccccccc} \mathrm{Hom}(Z(p^\infty),dB_p) & \longrightarrow & \mathrm{Hom}(Z(p^\infty),dC_p) & \longrightarrow & \mathrm{Ext}(Z(p^\infty),A \cap dB_p) & \longrightarrow & 0 \\ \| & & \| & & & & \\ \mathrm{Hom}(Z(p^\infty),B) & \longrightarrow & \mathrm{Hom}(Z(p^\infty),C) & \longrightarrow & 0 & & \end{array}$$

implies $\mathrm{Ext}(Z(p^\infty),A \cap dB_p) = 0$, which in turn implies, since $A \cap dB_p$ is a p-group, that $A \cap dB_p$ is divisible.

For future reference we point out that $Z(p^\infty)$ being in $\overline{C}$ implies that $A \cap dB$ is p-divisible. This can easily be seen by replacing dB_p by dB in the diagram in the above proof.

COROLLARY 4. *Let* $C = \{Z,Z(p^\infty)\}$. *Then* $\overline{C} = C_\Sigma$, $\overline{C}$ *has enough projectives, and a sequence* $A \rightarrowtail B \twoheadrightarrow C$ *is in* $E(C)$ *if and only if the sequence of subgroups* $dA_p \rightarrowtail dB_p \twoheadrightarrow dC_p$ *is exact.*

PROOF. This follows directly from Theorems 1 and 6.

Finally, we characterize the proper exact sequences when all of the divisible groups are projective.

COROLLARY 5. *Let* $C = \{Z,Q\} \cup \{Z(p^\infty) \mid p$ *is a prime*$\}$. *Then* $\overline{C} = C_\Sigma$, *there are enough projectives, and an exact sequence* $A \rightarrowtail B \twoheadrightarrow C$ *belongs to* $E(C)$ *if and only if the sequence of subgroups* $dA \rightarrowtail dB \rightarrowtail dC$ *is exact.*

PROOF. If the sequence of divisible subgroups is exact for all sequences in $E(C)$, it is clear that all divisible groups belong to $\overline{C}$. Conversely, Q being projective implies $d(B/A) = (dB+A)/A$, and $Z(p^\infty)$ being projective implies $A \cap dB$ is p-divisible for every prime p (see the remark after Theorem 6) and thus $A \cap dB = dA$. This implies $dA \rightarrowtail dB \twoheadrightarrow dC$ is exact.

BIBLIOGRAPHY

[1] FUCHS L., Abelian Groups. Oxford, Pergammon Press (1960).

[2] HILL P., The Isomorphic Refinement Theorem for Direct Sums of Closed Groups. Proc. Amer. Math. Soc., Vol. 18, N°5 (1967), p. 913-919.

[3] IRWIN J.M. - RICHMAN F. - WALKER E.A., Countable Direct Sums of Torsion Complete Groups. Proc. Amer. Math. Soc., Vol. 17, N°3, (1966), p. 763-766.

[4] NUNKE R.J., Homology and Direct Sums of Countable Abelian Groups. Math. Ann. Zeitschr. 101, p. 182-212, (1967).

[5] RICHMAN F. - WALKER E., Cotorsion Free, An Example of Relative Injectivity. Math. Zeitschr. 102, p. 115-117, (1967).

[6] WALKER C., Relative Homological Algebra and Abelian Groups. Ill. Jrnl. of Math., Vol. 10, N°2, (1966), p. 186-209.

New Mexico State University
Las Cruces, New Mexico.

GENERALIZED TORSION COMPLETE GROUPS

by John D. WALLER

It is well known that the direct sums of countable groups and the torsion complete groups are determined up to isomorphism by their Ulm invariants. The latter type of groups can be characterized as the torsion subgroup of the completion of a direct sum of cyclic groups. This completion is taken with respect to a p-adic topology which is described in Kaplansky's [3] book and is defined there only for groups without elements of infinite height. The purpose of this paper is to extend the definition of this topology to include groups of arbitrary countable length and to investigate the torsion complete concept in this case.

After defining the Ulm invariants in the form that will be used here, the new topology, generalized torsion completeness, and the concept of an isotype subgroup will be discussed. This will lead to a proof that the generalized torsion complete groups can be determined up to isomorphism by their Ulm invariants if they possess a suitable countability property. An example is also presented to show that every generalized torsion complete group cannot be determined by its Ulm invariants.

In order to demonstrate that the countability property to be introduced is not overly severe, the number of nonisomorphic groups possessing this property and yet having equal Ulm invariants is calculated. In the process, it will be shown that each primary group with this property can be embedded as an isotype subgroup of a generalized torsion complete group having the same Ulm function.

The word group will always refer to a primary, reduced, abelian group in which the operation is written additively. The groups and their elements will be denoted, respectively, by capital and small Latin letters with p reserved for the prime with respect to which the groups are primary.

This paper is the portion of a doctoral dissertation submitted to the University of Notre Dame and was partially sponsored by National Science Foundation Grant N°. GP-4. The author wishes to express his appreciation to Professor Georges Kolettis for the advice and support given.

BASIC CONCEPTS

For a group G, define a descending chain of subgroups G_α, one for each ordinal α, by setting

$$G_0 = G \qquad G_\alpha = \begin{cases} pG_\beta & \text{if } \alpha = \beta+1 \\ \bigcap_{\beta<\alpha} G_\beta & \text{if } \alpha \text{ is a limit ordinal.} \end{cases}$$

Since all groups are assumed to be reduced, there is an ordinal λ such that $G_\alpha = 0$ for $\alpha \geq \lambda$. The smallest such λ is the length of G and it will be denoted by $\ell(G)$. When $\ell(G) \leq \omega$, G is said to contain no elements of infinite height.

The Ulm invariant used here is defined as in Kaplansky's [3] book. That is, the αth Ulm invariant, for α an ordinal, is the dimension of the factor space $P_\alpha/P_{\alpha+1}$ where $P_\alpha = G_\alpha \cap \{x \in G | px = 0\}$ is a vector space over the Galois field of p elements. The invariants can be considered as a function $f(\alpha,G)$ from the ordinal to the cardinal numbers. Helmut Ulm [7] was the first to prove that these invariants determine a countable group up to isomorphism and the result has been extended to direct sums of countable groups by Kolettis [4].

A subgroup H of a group G is said to be isotype in G if $G_\alpha \cap H = H_\alpha$ for each ordinal. Kulikov developed this property in [5]. The collection of isotype subgroups of a fixed group form an inductive set and this is a transitive property. The following result gives a convenient procedure for proving when a subgroup is isotype.

Proposition 1. *A subgroup* H *is an isotype subgroup of a group* G *if* $G_\alpha \cap H \subset H_\alpha$ *implies that* $G_{\alpha+1} \cap H \subset H_{\alpha+1}$ *for each ordinal* α.

PROOF. Note that $G_\alpha \cap H \supset H_\alpha$ for each ordinal. Thus, using an induction argument, the proof will follow if the case of the limit ordinal can be proven. But if α is a limit ordinal and $G_\beta \cap H = H_\beta$ for all $\beta < \alpha$, then

$$G_\alpha \cap H = (\bigcap_{\beta<\alpha} G_\beta) \cap H = \bigcap_{\beta<\alpha} H_\beta = H_\alpha .$$

A useful property of pure groups which holds for isotype groups is

PROPOSITION 2. *If* H *is an infinite subgroup of a group* G *with countable length* λ, *then there exists an isotype subgroup* K *such that* $H \subset K \subset G$ *and* $|K|=|H|$.

PROOF. A chain of subgroups K^n will be defined by induction with $K = \bigcup K^n$. Set $K^0 = H$. Let n be a positive integer and define, for each ordinal $\alpha < \lambda$, the set $S^{\alpha,n}$ by taking one solution from G_α for each of the equations $px = g$ where g runs through the group $G_{\alpha+1} \cap K^{n-1}$. Denote by S^n the group generated by the elements of $\bigcup_{\alpha<\lambda} S^{\alpha,n}$ and set $K^n = K^{n-1} + S^n$.

By construction $H \subset K \subset G$ and $|K|=|H|$. Assume that $G_\alpha \cap K = K_\alpha$ and choose $g \in G_{\alpha+1} \cap K$. Let n be a positive integer n such that $g \in K^n$. Then by the definition of $S^{\alpha,n+1}$, there is an element y such that $y \in S^{\alpha,n+1}$ and $py = g$. By construction $S^{\alpha,n+1} \subset (G_\alpha \cap K)$ and by the induction assumption $G_\alpha \cap K = K_\alpha$. Therefore, $g \in K_{\alpha+1}$ and $G_{\alpha+1} \cap K \subset K_{\alpha+1}$. Proposition 1 now applies to show the isotype property.

THE TOPOLOGY AND TORSION COMPLETENESS

Let λ' be the first limit ordinal greater that or equal to the length of a group G. Then a Hausdorff topology can be constructed by using the subgroups G_α, for $\alpha < \lambda'$, as a base for the neighborhoods of the identity. If $\lambda' = \omega$ this is the p-adic topology described by Kaplansky [3]. This extension of the p-adic topology will be referred to as the natural topology or simply the topology of a group when no ambiguity will result.

Unless specifically stated otherwise, it will be assumed that all groups have countable length. This ensures a countable base for the topology and Theorem 15 will demonstrate that this is not unduly restrictive. If the length is not a limit ordinal then the topology is discrete.

The torsion completion of a group G is defined to be the torsion subgroup of the group obtained by forming the completion of G with respect to the natural topology and it will be denoted by G^*. Using the usual identification procedures, G can be considered as a subgroup of G^*. If $G = G^*$ under this identification, then G will be said to be torsion complete. If the natural topology is discrete, then the group is trivially torsion complete, so to avoid this case it will be assumed that all groups have a length which is a limit ordinal.

The next two propositions show that $\{(G^*)_\alpha \cap G\}_{\alpha<\ell(G^*)} \equiv \{G_\alpha\}_{\alpha<\ell(G)}$, which demonstrates that the topology induced on G by the natural topology of G^* is actually the natural topology of G.

PROPOSITION 3. *G is isotype in G^*.*

PROOF. Assume that $(G^*)_\alpha \cap G = G_\alpha$ and choose $g \in (G^*)_{\alpha+1} \cap G$. Then there exists a $g' \in (G^*)_\alpha$ such that $pg'=g$ and a sequence $\{g_n'\}$ in G which converges to g'. For sufficiently large n, $(g_n'-g') \in (G_\alpha^*)$ so $g_n' \in (G_\alpha^*) \cap G = G_\alpha$ also for these n. Therefore $pg_n'-g$ and pg_n' are in $G_{\alpha+1}$ for large n which demonstrates that $g \in G_{\alpha+1}$. The proof now follows by Proposition 1.

PROPOSITION 4. *If H is an isotype subgroup of G, dense in G with respect to the natural topology, then G and H have equal lengths.*

PROOF. Let λ_H and λ_G be the lengths of H and G respectively. Clearly $\lambda_H \leq \lambda_G$. If $g \in G_\alpha$ for $\alpha > \lambda_H$ and $\{h_n\}$ is a sequence in H converging to g, then $(h_n-g) \in G_\alpha$ for large n implies that $h_n \in G_\alpha \cap H = H_\alpha = 0$ for such n. Consequently $G_\alpha = 0$ for all $\alpha \geq \lambda_H$ and $\lambda_H = \lambda_G$.

Using the just demonstrated compatability of topologies, it is possible to characterize torsion completeness with sequences. For if g is an element of G^*

with order p^k and $\{g_n\}$ is any sequence in G converging to g in G^* then $p^k g_n$ converges to 0 in G. Therefore, by extracting subsequences and reindexing it can be assumed that $p^k g_n \in G_{\alpha_n + k}$ where $\{\alpha_n\}$ is a sequence of ordinals converging to $\ell(G)$. There then exists $g_n' \in G_{\alpha_n}$ such that $p^k g_n = p^k g_n'$ and $\{g_n - g_n'\}$ is a sequence in G which converges to g with $p^k(g_n - g_n') = 0$ for each n. Therefore, for any element g of G^*, it is always possible to obtain a sequence in G with elements of bounded order which converges to g. If all such bounded order sequences actually converge in G then $G = G^*$ and G is torsion complete. This method of demonstrating torsion completeness will be useful in several proofs.

For a subgroup H of G denote the topological closure of H in the natural topology of G^* with the symbol $\overline{H}$. Assume for the moment that the topology induced on H by the natural topology of G^* is the natural topology of H. Due to Propositions 3 and 4 this is equivalent to assuming that G induces the natural topology on H. With this as an assumption, a sequence in H is Cauchy in the natural topology of H if and only if it is Cauchy in the natural topology of G^*. Thus H is torsion complete if and only if $H = \overline{H}$. Also a natural isomorphism between $\overline{H}$ and H^* is obtained by associating an element of $\overline{H}$ with the equivalence class of Cauchy sequences in H converging to it.

The groups G_β, for β any ordinal, are subgroups of G which satisfy the assumption made for H in the last paragraph. Using this property, a criteria for the torsion completeness of G in terms of G_β will be developed. First it will be shown that not only is $\overline{G_\beta} \subset G^*$ but that $\overline{G_\beta} = (G^*)_\beta$. This result also demonstrates that a natural isomorphism can be constructed between $(G_\beta)^*$ and $(G^*)_\beta$ by going through $\overline{G_\beta}$.

THEOREM 5. *For any ordinal* α, $\overline{G_\alpha} = (G^*)_\alpha$.

PROOF. Choose $g \in (G^*)_\alpha$ with $\{g_n\}$ a sequence in G converging to g. Then there exists an integer N such that $g_n - g \in (G^*)_\alpha$ for $n \geq N$. Setting $g_k' = g_{N+k}$ gives a sequence in G_α converging to g which proves that $(G^*)_\alpha \subset \overline{G_\alpha}$.

The reverse containment is proven with an induction argument. For $\alpha = 0$ it is obvious so assume the theorem holds for all $\beta < \alpha$. If α is a limit ordinal then $\overline{G_\alpha} = \overline{\bigcap_{\beta<\alpha} G_\beta} \subset (\bigcap_{\beta<\alpha} \overline{G_\beta}) = \bigcap_{\beta<\alpha} (G^*)_\beta = (G^*)_\alpha$ so $\overline{G_\alpha} \subset (G^*)_\alpha$ in this case.

For α not a limit ordinal let β be such that $\beta+1 = \alpha$ and choose a sequence of ordinals α_n with $\ell(G)$ as a supremum and such that $\alpha_{n+1} > \alpha_n > \alpha$. Let $g \in \overline{G_\alpha}$. By properly picking a subsequence of a sequence in G_α converging to g, it is possible to obtain a sequence $\{g_n\}$ in G_α such that

$$\lim_{n\to\infty} g_n = g \, , \; g_{n+1} - g_n \in G_{\alpha_{n+1}+1}$$

for each n, and the g_n are of bounded order. Choose $z_1 \in G_\beta$ such that $pz_1 = g_1$ and select a $z \in G_{\alpha 2}$ such that $pz = g_2 - pz_1$. Setting $z_2 = z + z_1$ gives $pz_2 = g_2$, $z_2 - z_1 = z \in G_{\alpha 2}$, and $z_2 \in G_\beta$. Continuing by induction in this manner one obtains a Cauchy sequence $\{z_n\}$ in G_β such that $pz_n = g_n$. Let g' be the limit of $\{z_n\}$ in $\overline{G_\beta}$. Due to the induction assumption $g' \in (G^*)_\beta$, so $pg' = g \in (G^*)_\alpha$. Thus $\overline{G_\alpha} \subset (G^*)_\alpha$ for α a limit or non-limit ordinal and the theorem follows by transfinite induction.

COROLLARY 6. *For any* $\alpha < \ell(G)$, $G^* = G + \overline{G_\alpha} = G + (G^*)_\alpha$.

PROOF. Due to Theorem 5, it is sufficient to prove the left equality. For $g \in G^*$, let $\{g_n\}$ be a Cauchy sequence in G with elements of bounded order which converges to g. Denote by N, for $\alpha < \ell(G)$, the integer such that $g_N - g_n \in G_\alpha$ if $n > N$. By setting $z_k = g_N - g_{N+k}$, one obtains a Cauchy sequence in G_α. Let z be the limit of $\{z_n\}$ in $\overline{G_\alpha}$. Then $g = g_N - z$. Since this can be done for any element, $G^* = G + \overline{G_\alpha}$.

COROLLARY 7. *If the group* G *is torsion complete then* G_α *is torsion complete for each* $\alpha < \ell(G)$. *Conversely, if* G_α *is torsion complete for any* $\alpha < \ell(G)$ *then* G *is torsion complete.*

PROOF. Suppose that G is torsion complete ; i.e., $G = G^*$. Using Theorem 5, $G_\alpha = (G^*)_\alpha = \overline{G_\alpha}$ for each ordinal which proves that G_α is also torsion complete. If on the other hand G_α is torsion complete for some $\alpha < \ell(G)$, then $\overline{G_\alpha} = G_\alpha$ and, by Corollary 6, $G^* = G + \overline{G_\alpha} = G + G_\alpha = G$ which proves that G is also torsion complete.

On the basis of the last result a necessary and sufficient condition for a direct sum of groups to be torsion complete can be developed in terms of the direct summands. For if G can be expressed as a direct sum $\sum_{i \in I} H^i$ of subgroups and $\ell(H^{i_o}) = \alpha < \ell(G)$, then $G_\alpha = \sum_{i \in I - \{i_o\}} H^i_\alpha$. Therefore H^{i_o} has no effect on the torsion completeness of G. The exact relationship is given by the following theorem. In the proof of this theorem, the height of an element g in a group G is denoted by $ht_G(g)$. Recall that the height of an element is that ordinal such that $g \in G_\alpha$ but $g \notin G_{\alpha+1}$ and that in a direct sum representation the height of an element is the minimum of its component's heights. The height of the identity can safely be defined here as the first uncountable ordinal.

THEOREM 8. *The direct sum* $G = \sum_{i \in I} H^i$ *is torsion complete if and only if there exists an ordinal* $\alpha < \ell(G)$ *such that the set* $S = \{i \in I | \ell(G^i) > \alpha\}$ *is of nonzero finite cardinality and for each* $i \in S$ *the group* H^i *is torsion complete.*

PROOF. Assume that G is torsion complete. If there is no α such that the resulting S has nonzero finite cardinality then there is an increasing sequence of ordinals $\lambda_{i_n} < \ell(H^{i_n})$ such that $\lim_{n\to\infty} \lambda_{i_n} = \ell(G)$. Choose arbitrary nonzero $h_{i_n} \in H^{i_n}_{\lambda_{i_n}}[p]$ and let $g_m = \sum_{n=1}^{m} h_{i_n}$. The sequence $\{g_m\}$ is Cauchy with elements of bounded order so there exists a limit in G, say $g = \sum_{i\in F} h_i$ where F is a finite subset of I. Let n' be an integer such that $i_{n'} \notin F$. For $m > n'$;

$$ht_G(g-\sum_{n=1}^{m} h_{i_n}) = \min\{ht_{H^i}\pi_i(g-\sum_{n=1}^{m} h_{i_n})\} \leq ht_{H^{i_{n'}}}(h_{i_{n'}})$$

where $\pi_i : G \longrightarrow H^i$ is the projection map. Thus $ht_G(g-g_m)$ is bounded by $ht_{H^{i_{n'}}}(h_{i_{n'}})$ for large m, so $\{g_m\}$ does not converge to g which is a contradiction. Therefore, an α exists for which S has the proper cardinality.

Let $\{h_n^{i_o}\}_{n\in Z_+}$ be a Cauchy sequence in H^{i_o}, $i_o \in S$, with elements of bounded order. Since G is torsion complete the sequence has a limit $g = h^{i_o} + \sum_{i\in I-\{i_o\}} h^i$. But $ht_G(g-h_n^{i_o}) \leq ht_G(h^i)$ for any $i \in I-\{i_o\}$. So $h^i = 0$ for $i \in I-\{i_o\}$ since $\lim_{n\to\infty} ht_G\{g-h_n^{i_o}\} = ht_G(0)$, which is greater than the height of any nonzero element of G. Thus $g \in H^{i_o}$ and H^i is torsion complete for any $i \in S$.

For the converse assume that S has cardinality a positive integer with each H^i, for $i \in S$, torsion complete. In order to show that G is torsion complete, it is sufficient to prove that every bounded Cauchy sequence in G has a limit in G. Suppose $\{g_n\}$ is such a sequence and let $g_n = \sum_{i\in I} h_n^i$, then $\{h_n^i\}$ is a Cauchy sequence in the topology induced in H^i by the natural topology of G. If $i \in (I-S)$ then the induced topology is discrete so $\{h_n^i\}$ is constant for large n and has a limit h^i. If $i\in S$ then the induced topology is either discrete or the natural topology of H^i, and there exists a limit h^i in H^i since these H^i are torsion complete. Clearly $g = \sum h^i$ is the limit of $\{g_n\}$ and the proof is complete.

ISOMORPHISMS BETWEEN TORSION COMPLETE GROUPS

A principal reason that there is hope of classifying torsion complete groups by their Ulm invariants is that these invariants are the same for a group and its torsion completion. This is a special case of

THEOREM 9. *If* H *is an isotype, dense subgroup of* G, *then* G *and* H *have equal Ulm invariants.*

PROOF. Let $\phi : (H_\alpha \cap H[p])/(H_{\alpha+1} \cap H[p]) \longrightarrow (G_\alpha \cap G[p])/(G_{\alpha+1} \cap G[p])$ be the map induced by the injection map of H into G. Repeated application of the isotype property gives

$$(H_\alpha \cap H[p]) \cap G_{\alpha+1} \cap G[p] = (H_\alpha \cap G_{\alpha+1}) \cap H[p]$$
$$= (H \cap G_{\alpha+1}) \cap H[p] = H_{\alpha+1} \cap H[p]$$

which proves that ϕ is a monomorphism.

For an element $g \in G_\alpha \cap G[p]$ choose a sequence $\{g_n\}$ in H such that it has g as a limit. By adding terms and picking subsequences, we can assume that all the elements of the sequence are in H and of order p. Then for sufficiently large n we have $(g_n - g) \in (G_{\alpha+1} \cap G[p])$ which gives

$$\phi(g_n + (H_{\alpha+1} \cap H[p])) = g + (G_{\alpha+1} \cap G[p]) .$$

Thus ϕ is also an epimorphism. Therefore, the dimension of the image and range of ϕ are equal, so $f(\alpha,G) = f(\alpha,H)$ for each ordinal α.

Another insight into the closeness of G and G^* is given by the following which is proven in the same manner as the above.

THEOREM 10. *If* H *is an isotype, dense subgroup of* G *, then* $G/G_\alpha \cong H/H_\alpha$ *for all* $\alpha < \ell(G)$.

The aim is to show that torsion complete groups with equal Ulm invariants are isomorphic, but this is impossible as can be seen from the following example. Fuchs [1] gives two groups S and T having equal Ulm invariants and length $\omega+1$. They are constructed so that $(S[p]+S_\omega)/S_\omega$ is countable while $(T[p]+T_\omega)/T_\omega$ is uncountable. By Zippin's theorem [8], there exists a countable group K of length ω^2 with $f(\alpha,K) = 1$ for all ordinals $\alpha < \omega^2$. Due to Theorem 10 and the countability of K , $K^*/(K^*)_\omega$ is countable. Let $G = K^* \oplus S$ and $H = K^* \oplus T$. Then G and H are torsion complete with equal Ulm invariants and $(G[p]+G_\omega)/G_\omega$ is countable while $(H[p]+H_\omega)/H_\omega$ is uncountable. Therefore, G and H are not isomorphic.

But all is not lost since an isomorphism between two groups G and H carries G_α isomorphically to H_α for each ordinal α . Therefore, the natural topological structure is preserved by isomorphisms and such maps are actually homeomorphisms. Similarly every isomorphism between two groups can be extended uniquely to an isomorphism between their torsion completions by the natural process of taking converging sequences into converging sequences. This leads to

THEOREM 11. *A torsion complete group* G *containing a direct sum of countable groups which form an isotype, dense subgroup is determined up to isomorphism by its Ulm invariants.*

PROOF. Let G and H be two such torsion complete groups having equal Ulm invariants and containing subgroups C and K possessing the desired properties. Using the hypothesis and Theorem 9 gives $f(\alpha,C) = f(\alpha,G) = f(\alpha,H) = f(\alpha,K)$ for each ordinal α . Therefore, by Kolettis' [4] result on the direct sums of countable groups, C and K are isomorphic, and an isomorphism between G and H is obtained by the completion process.

This poses the problem of determining which groups contain a dense isotype subgroup which is a direct sum of countable groups. For a group of length less than or equal to the first countable ordinal ω , any of its basic subgroups will supply the desired subgroup. This can be seen from Kaplansky's [3] discussion of torsion complete groups without elements of infinite height. But such is not the case for groups of greater length. From Theorem 10 it can be seen that for a group G of countable length λ to contain the desired subgroup, G/G_α must be a direct sum of countable groups for all $\alpha < \lambda$. If G/G_α is countable for all $\alpha < \lambda$, then the proper subgroup can be found in the following manner.

THEOREM 12. *If the group* G *has countable length* λ *and* G/G_α *is countable for all* $\alpha < \lambda$ *, then there exists a countable, dense, and isotype subgroup* H *of* G .

PROOF. For each α less than the length λ of G , choose a set of representatives of the countable factor group G/G_α . Denote these representatives by $\{g_{\alpha,i}\}_{i\in Z_+}$ and let $S = \bigcup_{\alpha<\lambda}\{g_{\alpha,i}\}_{i\in Z_+}$. The set S is countable since λ is countable and thus S generates a countable group in G . By Proposition 2 we can find a countable isotype subgroup H of G which contains the set S .

The identity of H in the natural topology of G can be demonstrated by choosing any element g in G and producing a sequence in S converging to it. To accomplish this, pick a sequence of ordinals $\{\alpha_n\}$ with limit λ . Then for each n choose the representative g_n from $\{g_{\alpha_n,i}\}_{i\in Z_+}$ such that g is in the same coset as g_n modulo G_{α_n} . Since the ordinals α_n converge to λ , $\lim_{n\to\infty} g_n = g$ and the proof is completed.

The property of countable length and countable factor groups G/G_α, for α less than the length of G , will be referred to as the countability property. Using Theorems 11 and 12 we have

THEOREM 13. *Torsion complete groups with the countability property are determined up to isomorphism by their Ulm invariants.*

A result presented concurrently by Hill and Megibben [2] at the Abelian Group Conference at Montpellier permits this theorem to be extended. They proved that in Theorem 12 if G/G_α is a direct sum of countable groups then the H exists as a direct sum of countables. Therefore

THEOREM 14. *If* G *is a torsion complete group and* G/G_α *is a direct sum of countable groups for all* $\alpha < \ell(G)$ *, then* G *is determined up to isomorphism by its Ulm invariants.*

All of the groups considered so far have been of countable length and, except for this next theorem, all groups to be considered will be assumed to have countable length also. The reason for this is that the only class of nontorsion complete groups which have so far been shown to be determined by Ulm's invariants are the direct sum of countable groups. What will now be demonstrated is that if a direct sum of countable groups has a length equal to Ω , the first uncountable ordinal, then the group is already torsion complete. So, for such a group, the torsion completion offers no new class of groups with which to work. This is proven as

THEOREM 15. *Let* G *be the direct sum* $G = \sum_{i \in I} G^i$ *of countable groups with* $\ell(G) = \Omega$ *. Then* G *is a complete group under the natural topology.*

PROOF. Since the natural topology does not satsify the first axiom of countability, we are forced to used the concept of nets with the set of countable ordinals J forming the directed set. Let $\{g_\gamma\}_{\gamma \in J}$ be a Cauchy net. Then for each $i \in I$, we have the Cauchy net $\{\pi_i(g_\gamma)\}_{\gamma \in J}$ where $\pi_i : G \longrightarrow G^i$ is the projection map. Due to the Cauchy property, we are able to find an ordinal $\gamma_i \in J$ such that for the ordinal $\lambda(i) = \ell(G^i)$ we have

$$\pi_i(g_\gamma) - \pi_i(g_{\gamma'}) \in G_{\lambda(i)} \cap G^i_{\lambda(i)} = 0$$

if γ and γ' are greater than γ_i. Let g^i denote the common value of the $\pi_i(g_\gamma)$ for $\gamma > \gamma_i$.

Suppose that the set $S = \{i \in I | g^i \neq 0\}$ is not finite. Then we can form a sequence $\{i_n\}$ in S indexed by the integers. Let α' be the countable ordinal such that $\alpha' = \sup_{n \in Z+} \{\gamma^{i_n}\}$. Choose a countable ordinal $\gamma > \alpha'$, then $\pi_{i_n}(g_\gamma) = g^{i_n} \neq 0$ for at most a finite number of n . Therefore S must be a finite set. For each countable ordinal α there is a countable ordinal γ_α such that $g_\gamma - g_{\gamma'} \in G_\alpha$ if γ and γ' are greater than γ_α . Thus $\pi_i(g_\gamma) - \pi_i(g_{\gamma'}) \in G_\alpha$ for each $i \in I$. But if $i \notin S$ and $\gamma' > \gamma_i$ then $\pi_i(g_{\gamma'}) = 0$, so $\pi_i(g_\gamma) \in G_\alpha$ for all $\gamma > \gamma_\alpha$. If $i \in S$ and $\gamma' > \gamma_i$ then $\pi_i(g_{\gamma'}) = g^i$, so $\pi_i(g_\gamma) - g^i \in G_\alpha$ for all $\gamma > \gamma_\alpha$. Putting this together we have $g_\gamma - \sum_{i \in S} g^i \in G_\alpha$ if $\gamma > \gamma_\alpha$. But this implies that $\lim g_\gamma = \sum_{i \in S} g^i \in G$. So every Cauchy net in G converges in G.

NON ISOMORPHIC GROUPS

The countability property introduced above is not sufficient by itself to permit groups possessing it to be determined up to isomorphism by their Ulm invariants. In fact, it will be demonstrated that for certain Ulm functions there is a continumum number of non-isomorphic groups with that set of invariants and the countability property. This will be accomplished with the aid of the following embedding property.

THEOREM 16. *Let* G *be a group with the countability property and* C *a countable group with Ulm invariants equal to those of* G . *Then* G *can be embedded as an isotype subgroup of* C^* *such that* $C \subset G$.

PROOF. The existence of a countable, dense, isotype subgroup K of G is assured by Theorem 12 so the hypothesized C does exist. K and G can considered subgroups of K^* by means of the standard topological map embedding a space in its completion. The denseness of G in K^* follows from the fact that $K \subset G \subset \overline{K} = K^*$. By applying Proposition 1 as in previous proofs the isotype property of G can be demonstrated. Due to the equality of Ulm invariants K and C are isomorphic and this map can be extended to K^* and C^* to give the desired embedding map.

The next lemma calculates the cardinality of a torsion complete group which satisfies the countability condition.

LEMMA 17. *If* C *is a countable infinite group, then* $|C^*| = 2^{\aleph_0}$

PROOF. Since $|C| = \aleph_0$, the number of Cauchy sequences in C is less than or equal to $2^{\aleph_0}$ and consequently $|C^*| \leq 2^{\aleph_0}$. In order to show that $|C^*| \geq 2^{\aleph_0}$, choose a sequence of ordinals α_n with a supermum of $\ell(C)$ and such that $G_{\alpha_n}[p]$ is a proper subset of $G_{\alpha+1}[p]$. Then choose a $g_n \in \{G_{\alpha_n}[p] - G_{\alpha_{n+1}}[p]\}$.

Let V as the set of all $\aleph_0$ tuples $v = (v_1, v_2, v_3, \ldots)$, where v_n is 0 or 1 . Define the set theoretic map $\phi : V \longrightarrow G^*$ by $\phi(v) = \lim s_n$ where $s_n = \sum_{m=1}^{n} v_m g_m$. Let v and v' be two distinct members of V with m_0 the first m such that $v_m \neq v'_m$. Then, for $n > m_0$.

$$s_n - s'_n = \pm g_{m_0} + \sum_{m=m_0+1}^{n} (v_m g_m - v'_m g_m)$$

is not in $G_{\alpha_{m_0}+1}$ since g_{m_0} is not and the rest of the right summation is. Therefore, $\phi(v) \neq \phi(v')$, so ϕ is a 1-1 mapping of V into G^* and $2^{\aleph_0} = |V| \leq |G^*|$.

Let C be a countable group, then this lemma proves that each element of C can have at most $2^{\aleph_0}$ distinct images under the set of automorphisms of C^*. But every automorphism of C^*, being a homeomorphism, is determined by its action on C . Therefore, there are at most $(2^{\aleph_0})^{\aleph_0} = 2^{\aleph_0}$ automorphisms of C^*.

Let G and H be isomorphic groups which contain a subgroup C and are themselves contained in C^* as isotype subgroups. Then any isomorphism between G and H can be uniquely extended into an automorphism of C^* by the completion process. This gives

LEMMA 18. *There are at most* $2^{\aleph_0}$ *countable groups which can contain a given countable group* C *, be isotype subgroups of* C^**, and be isomorphic.*

PROOF. There are at most $2^{\aleph_0}$ automorphisms of C^* so there can be no more than $2^{\aleph_0}$ distinct isomorphisms to be uniquely extended to automorphisms of C^*. Therefore, the number isomorphic subgroups in question is limited to $2^{\aleph_0}$.

For the rest of the paper the groups considered will have a length which is a limit of nonlimit ordinals.

The following notation is necessary for the proof of the final theorem. Let C be a countable group with length $\beta+\omega$. Then $\ell(C_\beta) = \omega, |C_\beta| = \aleph_0$, and $|\overline{C_\beta}| = 2^{\aleph_0}$. Since C_β is a pure subgroup of $\overline{C_\beta}$ dense in the p-adic topology, $\overline{C_\beta}/C_\beta$ is divisible and it can be represented as the direct sum $\sum_{i\in I} C^i(p^\infty)$ where the $C^i(p^\infty)$ are quasi-cyclic groups. Due to the cardinalities of the groups, $|I| = 2^{\aleph_0}$. For each subset J of I , define H_J as the unique subgroup of $\overline{C_\beta}$ such that $(H_J/C_\beta) = \sum_{i\in J} C^i(p^\infty)$. Since there are $2^{\mathfrak{c}}$ distinct subsets J of I , there are $2^{\mathfrak{c}}$ distinct subgroups H_J of $\overline{C_\beta}$. Setting $G_J = H_J+C$ then produces an equal number of distinct subgroups of C^*. This is essentially the method used by Leptin in [6] for constructing a special set of subgroups.

Suppose that the subgroups G_J are all isotype in C^*. By Lemma 17 there are at most $2^{\aleph_0}$ of the G_J isomorphic to each other, so there would be $2^{\mathfrak{c}}$ subgroups of the type G_J such that no two would be isomorphic. This principale will be used in the proof of

THEOREM 19. *There are exactly* $2^{\mathfrak{c}}$ *non-isomorphic groups having a common Ulm function* f *, length* $\beta+\omega$ *, and satisfying the countability property.*

PROOF. Let C be a countable group with the function f as its Ulm function also. By Theorem 16 every group, with this Ulm function and the countability property, can be considered as an isotype subgroup of C^* containing C . There are at most $2^{\mathfrak{c}}$ such subgroups, since there are at most $(2)^{2^{\aleph_0}} = 2^{\mathfrak{c}}$ subsets of an set of cardinality $2^{\aleph_0}$ which is the cardinality of C^*. If it can be shown that the G_J derived above are all isotype in C^*, then the proof will be completed since there will then be at least $2^{\mathfrak{c}}$ isotype non-isomorphic subgroups of C^*.

Before showing the isotype property of G_J in C^*,induction will be used to prove that $H_J \subset (C_J)_\beta$. Clearly $H_J \subset (G_J)_0$ so assume $H_J \subset (C_J)_\alpha$ for all ordinals $\alpha < \alpha'$ where $\alpha' \leq \beta$. If α' is a limit ordinal then

$$H_J \subset \bigcap_{\alpha<\alpha'} (G_J)_\alpha = G_\alpha$$

If $\alpha'-1$ exists, then, due to the divisibility of H_J/C_β , for each $h \in H_J$ there is another $h' \in H_J$ such that $(ph'-h) \in C_\beta \subset (C_J)_\beta$. But $h' \in (G_J)_{\alpha'-1}$ so $ph' \in (G_J)_{\alpha'}$. Thus $h \in (G_J)_{\alpha'}$ and induction proves $(H_J) \in (G_J)_\beta$.

The isotype property of G_J in C^* can now be demonstrated by Proposition 1. Assume that $(C^*)_\alpha \cap G_J = (G_J)_\alpha$ and suppose g is in $(C^*)_{\alpha+1} \cap G_J$. Choose a decomposition $g = h+c$ where $h \in H_J$ and $c \in C$. The attempt to prove that g is in $(G_J)_{\alpha+1}$ will fall into three steps. First assume that $\alpha < \beta$, then $h \in H_J \subset (G_J)_\beta \subset (C^*)_\beta \subset (C^*)_{\alpha+1}$ so $c = g-h$ is in $(C^*)_{\alpha+1} \cap C = C_{\alpha+1}$ since g and h are in $(C^*)_{\alpha+1}$. But $c \in C_{\alpha+1} \subset (G_J)_{\alpha+1}$ and $h \in H_J \subset (G_J)_\beta \subset (G_J)_{\alpha+1}$ then imply that $g = h+c$ is in $(G_J)_{\alpha+1}$.

For the second case assume that α is such that $\alpha = \beta+n$ with n a non-negative integer, then since g and h are in $(C^*)_\beta$, $c = g-h$ is in $(C^*)_\beta \cap C = C_\beta$. Therefore $g = h+c$ is in $H_J+C_\beta = H_J$. Since H_J/C_β is divisible, there is a $c_n \in C_\beta$ and $h_n \in H_J$ such that $p^{n+1}h_n = g+c_n$. Hence c_n is in $(C^*)_{\alpha+1} \cap C = C_{\alpha+1}$. Consequently $g \in (G_J)_{\alpha+1}$ since $g = p^{n+1}h_n - c_n$ where $p^{n+1}h_n$ is in $p^{n+1}H_J \subset (G_J)_{\beta+n+1} = (G_J)_{\alpha+1}$ and c_n is in $C_{\alpha+1} \subset (G_J)_{\alpha+1}$. The third case is for α greater than $\beta+\omega$. But $(C^*)_{\alpha+1} = 0$, so $(C^*)_{\alpha+1} \cap G_J = 0$ and therefore g is contained in $(G_J)_{\alpha+1}$ trivially. Consequently independent of the ordinal α, $g \in (G_J)_{\alpha+1}$ and Proposition 1 is satisfied.

The discussion before the last theorem and the theorem's proof provides a method for constructing a group G such that G/G_ω is a direct sum of cyclic groups but where G is not a direct sum of countable groups. The existence of such groups is mentioned by Kolettis [4] and was the motivation for the consideration of the generalized torsion complete groups.

BIBLIOGRAPHIE

[1] FUCHS L., Abelian Groups. London : Pergamon Press, (1960).

[2] HILL P. - MEGIBBEN C., "On Direct Sums of Countable Groups and Generalizations", to appear.

[3] KAPLANSKY I., Infinite Abelian Groups. Ann Arbor : University of Michigan Press, (1954).

[4] KOLETTIS G., "Direct Sums of Countable Groups". Duke Math. Journal, Vol. 27 (1960), p. 111-128.

[5] KULIKOV L., Generalized Primary Groups I". Trudy Moskov. Mat. Obsi., Vol. 1 (1952), p. 247-326.

[6] LEPTIN H., "Zur Theorie der abelschen p Gruppen". Abh. Math. Sem. Univ. Hamburg, Vol. 24 (1960), p. 79-90.

[7] ULM H., "Zur Theorie der abzahlbarunendlichen Abelscen Gruppen". Math. Annalen., Vol. 107 (1933), p. 774-803.

[8] ZIPPIN L., "Countable Torsion Groups". Annals of Math., Vol. 36 (1935), p. 86-99.

Institute for Defense Analyses

Arlington, Virginia (U.S.A.)

Imprimé en France
Imprimerie Jean Grou-Radenez
27, rue de la Sablière - Paris XIVe
Dépôt légal no 5.755 - 3e trimestre 1968